Wolfgang Schneider
Lexikon zur Arzneimittelgeschichte
Band V/1: Pflanzliche Drogen, A - C

# Lexikon zur Arzneimittelgeschichte

Sachwörterbuch zur Geschichte der pharmazeutischen Botanik,
Chemie, Mineralogie, Pharmakologie, Zoologie

## Band V/1
Pflanzliche Drogen

A - C

von

Wolfgang Schneider

Govi-Verlag GmbH - Pharmazeutischer Verlag
Frankfurt a. M.
1974

# Pflanzliche Drogen

Sachwörterbuch zur Geschichte der pharmazeutischen Botanik
Teil 1, A - C

von

## Prof. Dr. Wolfgang Schneider

Leiter des Pharmaziegeschichtlichen Seminars
der Technischen Universität Braunschweig

Govi-Verlag GmbH - Pharmazeutischer Verlag
Frankfurt a. M.
1974

ISBN 3-7741-9983-3

Gesamtherstellung: Limburger Vereinsdruckerei GmbH, 6250 Limburg/Lahn

## Vorwort

Die Arbeiten für diesen Band haben sich über viele Jahre erstreckt. Wenn ich ihn nun meiner Frau, der Apothekerin

Margarete Schneider geb. Jacob

widme, so soll dies ein Ausdruck des Dankes dafür sein, daß all mein berufliches Tun immer wieder zu Hause in eine harmonische Atmosphäre einmünden durfte. Nur von dieser Basis aus, die meine Frau mir schuf, konnte ich arbeiten, wie es geschehen ist, konnte das mühselige Bemühen um diesen Band und so vieles andere zu einem glücklichen Ende geführt werden.

Es ist mir weiterhin ein Bedürfnis, meiner Sekretärin, Frau Henriette Lange, für die erstklassige Arbeit zu danken, die sie geleistet hat und die weit über das hinaus ging, was man gemeinhin als Schreibarbeit bezeichnet. Wie in den anderen bisher erschienenen Bänden, ist dazu dankend hervorzuheben, daß mir die Sachbeihilfen der Deutschen Forschungsgemeinschaft die Beschäftigung einer solchen Mitarbeiterin so lange ermöglicht haben. Auch die Förderung durch die Arbeitsgemeinschaft der Berufsvertretungen Deutscher Apotheker und der Bundesapothekerkammer erfordert meinen herzlichsten Dank. Weitere gute Helfer werden in der „Einführung" genannt.

Meine Leser bitte ich um Nachsicht, wenn sie in diesem Band nicht alle Wünsche erfüllt finden, auch wenn sie hier und da einen Fehler feststellen müssen; bei einer Arbeit solchen Umfanges sind Fehlleistungen unvermeidbar. Es wurde alles getan, sie einzuschränken, und so ist die große Masse des Tatsachenmaterials mit Sicherheit einwandfrei wiedergegeben. Eine wichtige Aufgabe dieser Informationen ist darin zu sehen, daß deutlich wird, wo spezielle Forschungen noch anzusetzen haben, um das Fundament, das dieser Band geschaffen hat, zu befestigen.

7

Ich glaube fest, daß dieser Band vielen Kollegen und Freunden der pharmazeutischen Botanik nützlich sein wird: Mit dieser Hoffnung gebe ich ihn in ihre Hände.

Prof. Dr. Wolfgang Schneider
Leiter des Pharmaziegeschichtlichen Seminars
der Technischen Universität Braunschweig

Braunschweig, im Mai 1974

# Einführung

**(I. Vom Werden dieses Bandes)**

Der Medizinhistoriker Prof. Dr. Robert Herrlinger plante die Herausgabe einer Enzyklopädie für die Medizingeschichte, und er forderte mich auf, dafür die pharmaziegeschichtlichen Beiträge zu liefern, insbesondere über die wichtigsten Arzneimittel. Sein Vorhaben wurde von der Deutschen Forschungsgemeinschaft gefördert, und so konnte er mir Mittel zur Verfügung stellen, um einen Mitarbeiter zu vorbereitenden Arbeiten einzusetzen. Mein damaliger Doktorand, Herr Apotheker Christian Wehle, übernahm diese Aufgabe in den Jahren 1960 bis 1963.

Wir fingen damit an, eine Kartei von solchen Stichwörtern anzulegen, die wir - unter Beschränkung auf das allerwichtigste - für das Herrlingersche Lexikon bearbeiten wollten. Es waren aus dem Sektor der pflanzlichen Drogen besonders solche, die bis zur Gegenwart gebraucht worden sind. Die Fakten, die Herr Wehle für jede dieser Drogen zusammenzustellen begann, lassen sich in vier Teile ordnen:
1.) Stammpflanze; Bezeichnung lateinisch und deutsch.
2.) Art der Verwendung, d. h. in welcher Form und wogegen.
3.) Zeitraum der Verwendung, d. h. Nachweis antiker und mittelalterlicher Quellen, dann Vorkommen in Pharmakopöen.
4.) Literatur.
Diese Vorarbeiten nahmen bereits einen solchen Umfang an, daß kaum daran zu denken war, sie in einem Lexikon unterzubringen, wie es Herr Herrlinger für den Bereich der gesamten Medizingeschichte plante. Wollte man nun auch noch Drogen erfassen, die in der Gegenwart ganz in Vergessenheit geraten sind, obwohl sie früher als sehr wichtig galten, wollte man auch auf die tierischen und mineralischen Drogen, außerdem auf das Riesengebiet der pharmazeutischen Chemikalien eingehen, so konnte dies nur im Rahmen eines speziellen Lexikons zur Arzneimittelgeschichte geschehen. Während dieser neue Plan festere Formen annahm, beendete der zu frühe Tod Herrlingers (1968) das ursprüngliche Unternehmen.
In der Zwischenzeit hatten wir das Zusammentragen von Material für ein Lexikon zur Geschichte pflanzlicher Drogen - als Teil eines Lexikons zur Arzneimittel-

geschichte - fortgesetzt. Seit 1965 förderte die Deutsche Forschungsgemeinschaft unser Vorhaben, das sich immer mehr ausweitete. Zunächst war beabsichtigt, etwa 400 Drogen, also nur die wichtigsten, in stichwortartiger Kurzform, entsprechend den oben angegebenen vier Gesichtspunkten, zu beschreiben. Wie es dann allmählich dazu kam, daß schließlich über 1000 Pflanzengattungen, in einer weit über das geplante Schema hinausgehenden Weise, abgehandelt wurden, soll hier nicht mehr in den einzelnen Schritten geschildert werden. Es muß genügen, das endlich gefundene Arbeitssystem zu erläutern. Man kann an diesem zweifellos vieles bemängeln, zur Entschuldigung sei aber auf folgendes hingewiesen:

Die gesamte Arbeit wurde - abgesehen von den ersten Vorarbeiten des Herrn Wehle - von mir allein in Zusammenarbeit mit Frau Henriette Lange, deren Hilfe mir die Deutsche Forschungsgemeinschaft sicherte, bewältigt. Die Fertigstellung mußte innerhalb einer vertretbaren Zeit, für die wir die Unterstützung der Deutschen Forschungsgemeinschaft in Anspruch nehmen konnten, erfolgen. Das erforderte die Einhaltung bestimmter, eng zu fassender Grenzen. An echte Geschichtsschreibung war dabei nicht zu denken. Allein die Schilderung der Geschichte von Chinadrogen würde ein ganzes Buch füllen. Außerdem gab es über viele Drogen noch gar keine historischen Untersuchungen, solche Monographien hätten oft Doktorarbeiten gleichkommen müssen.

*Es konnte also nur darum gehen, bestimmte repräsentative Fakten zusammenzustellen und damit eine thematisch begrenzte und klar umrissene, möglichst zeitlos gültige Bestandsaufnahme über das Gesamtgebiet der wichtigen pflanzlichen Drogen und ihrer Geschichte zu liefern.*

Im Laufe der Arbeiten fand sich dazu ein Weg. Daß die Ausarbeitungen der ersten Zeit noch in manchem von ihm abwichen, ist selbstverständlich. Deshalb wurde, nachdem im Sommer 1972 die letzte Monographie geschrieben war, eine Überarbeitung vorgenommen, durch die allerdings nur gröbere Abweichungen von dem inzwischen entwickelten Schema beseitigt werden konnten. Als diese Überarbeitung zum Beginn des Jahres 1974 abgeschlossen war, hätte es zweifellos dem Werk gutgetan, wenn auch die feineren Abweichungen noch korrigiert worden wären. Es erschien aber als wichtiger, stattdessen andere Aufgaben in Angriff zu nehmen, die den endgültigen Abschluß des gesamten lexikalischen Unternehmens in greifbare Nähe rücken.

Welches Arbeitsschema sich mit der Zeit entwickelt hat, das heißt aber, was man von diesem Lexikonband erwarten kann, das soll im Folgenden erläutert werden.

(II. B e g r e n z u n g   d e s   I n h a l t s   u n d   s e i n e   A n o r d n u n g)

Anläßlich statistischer Untersuchungen haben wir früher einmal Arzneitaxen ausgezählt und dabei unter anderem ermittelt, daß die Dresdner Arzneitaxe von 1683 über 1000 pflanzliche Drogen verzeichnet hatte. Bedenkt man, daß damals vieles, was in der Antike gebräuchlich gewesen war oder wovon Kräuterbuch-Autoren geschrieben hatten, nicht in Apotheken zu finden war, daß darüber hinaus in späterer Zeit sehr vieles hinzugekommen ist, wovon man im 17. Jahrhundert noch keine Ahnung hatte, so erhält man einen Begriff davon, was es heißt, alle einigermaßen wichtigen Arzneipflanzen bzw. Drogen erfassen und ihre Geschichte durch Fakten andeuten zu wollen. Es könnten sich Tausende von Kapiteln ergeben, unter denen auszuwählen war und die übersichtlich geordnet werden mußten.

## (II. 1. A u s w a h l )

Eine wertvolle Hilfe war, daß Georg Dragendorff um das Jahr 1900 herum eine bewundernswerte Arbeit veröffentlicht hatte: Die Heilpflanzen der verschiedenen Völker und Zeiten (Stuttgart 1898; Reprint München 1967; im folgenden zitiert als: **Dragendorff-Heilpflanzen**). Die Pflanzen sind darin nach damals gültiger botanischer Systematik geordnet, die im großen Ganzen noch heute gilt. Wesentliches ist nicht übersehen, zumindest sind alle Pflanzengattungen erfaßt, die irgendwie mit der Pharmazie in Beziehung gebracht werden können. Das Angebot ist sogar zu groß! Viele Arten, aber auch Gattungen sind dabei, die man getrost übergehen kann. Welche waren auszuscheiden? Hierzu diente die Feststellung, ob sie in anderen wichtigen sachdienlichen Werken vorkommen, die die frühere und die spätere Zeit betrafen. Drei solcher wurden bevorzugt:
1.) Der Bestand an Pflanzen, den man nach mittelalterlichen, einschließlich arabischen Quellen ermitteln kann, ist von Hermann Fischer in seinem Buch: Mittelalterliche Pflanzenkunde (München 1929; Reprint Hildesheim 1967; i. folg. zitiert als: **Fischer-Mittelalter**) zusammengestellt worden.
2.) Als äußerst wertvoll erwies sich das Werk von Philipp Lorenz Geiger, Handbuch der Pharmacie (benutzt wurde der Druck Stuttgart 1830, 3 Bände, von denen Bd. 3 die Pharmazeutische Botanik enthält; i. folg. zitiert als: **Geiger-Handbuch**). Geiger beschrieb nicht nur die gebräuchlichsten Drogen seiner Zeit nebst Anwendungsmöglichkeiten, sondern erwähnte auch die obsoleten, sowie solche, die nach damals neueren Publikationen vielleicht einmal breiteres Interesse finden konnten.
3.) Als Hauptquelle späterer Zeit (d. h. nach der Zeit Dragendorffs) diente das Lexikon von Heinz A. Hoppe, Drogenkunde (Hamburg [7]1958; i. folg. zitiert als: **Hoppe-Drogenkunde**).
Pflanzengattungen, die bei Dragendorff vorkommen, nicht jedoch in einem der drei genannten Werke, wurden fortgelassen, manchmal auch solche, die zwar bei Hoppe genannt sind, über die aber nichts wesentliches dabei ausgesagt war.

## (II. 2. K a p i t e l ü b e r s c h r i f t e n )

Es wurde angestrebt, die Kapitel, die immer einer Pflanzengattung gehören sollten, mit dem heute gültigen lateinischen Gattungsnamen zu überschreiben. Bald zeigte sich, daß diese Bezeichnungen zu den Zeiten Geigers, Dragendorffs, Fischers und

Hoppes gar nicht so selten sehr verschieden gewesen waren, und oft genug war es nicht einmal möglich, den heutigen Gattungsnamen (mit den verfügbaren Unterlagen) exakt festzustellen; ich hätte mich entschließen müssen, deswegen mit großem Zeitaufwand Ermittlungen, die bis zur jüngsten Spezialliteratur vorstoßen mußten, durchzuführen.

Folgendermaßen wurde verfahren:

Maßgeblich waren die lateinischen Namen und die Schreibweisen in Robert Zander, Handwörterbuch der Pflanzennamen (Stuttgart [10]1972; bearbeitet von Fritz Encke - dem ich für einige spezielle Auskünfte zu danken habe - und Günther Buchheim, unter Mitarbeit von Siegmund Seybold; i. folg. zitiert als: **Zander-Pflanzennamen**). Wenn Pflanzen dort nicht vorkamen, wurde hinzugezogen: Otto Schmeil und Jost Fitschen, Flora von Deutschland (Heidelberg [77]1965; bearb. von Werner Rauh; i. folg. zitiert als: **Schmeil-Flora**).

Leider gab es nicht allzu selten Gattungen und Arten, die weder in Zander-Pflanzennamen, noch in Schmeil-Flora vorkamen. Einige Male habe ich dann bei Frau Dr. Gunda Kraepelin, Braunschweig, und bei Herrn Dr. Herbert Schindler, Stuttgart, Rat gesucht und gefunden, wofür an dieser Stelle gedankt sei. Ich mochte die Genannten jedoch nicht zu oft behelligen. Ich habe dann die Gattungsnamen aus anderen Büchern verwandt, so besonders aus: Hagers Handbuch der Pharmazeutischen Praxis (Hrsg. Georg Frerichs, Georg Arends, Heinrich Zörnig; Berlin, Göttingen, Heidelberg 1925 und 1938, Nachdruck 1949; i. folg. zitiert als: **Hager-Handbuch**) und aus dem Ergänzungsband dazu (Hrsg. Benno Reichert; Berlin, Göttingen, Heidelberg 1941, Nachdruck 1949; i. folg. zitiert als: **Hager-Handbuch, Erg.-Bd. 1949**). Für einige Pilznamen stand das Buch von Edmund Michael (neu bearbeitet von Bruno Hennig): Handbuch für Pilzfreunde (2. Bd.), Jena 1960, zur Verfügung (i. folg. zitiert als: **Michael-Pilzfreunde**).

(II. 3. V e r w e i s u n g e n )

Die Auswahl von Pflanzengattungen, die bearbeitet werden mußten, belief sich auf 1139. Die fertigen Kapitel, mit den lateinischen Gattungsnamen als Überschrift, wurden alphabetisch geordnet. Damit war es aber nicht getan: Oft war der heutige Gattungsname völlig anders als die Bezeichnung der Droge, die ein Teil der Pflanze war. So ist z. B. Cortex Chinae unter Cinchona zu finden, Flores Genistae unter Cytisus, Radix Ratanhiae unter Krameria. Es mußten deshalb Verweisungen vorgenommen werden, im Beispiel von China auf das Kapitel Cinchona, von Genista auf das Kap. Cytisus, von Ratanhia auf das Kap. Krameria. In anderen Fällen ist die Droge kein Pflanzenteil, sondern ein Pflanzenprodukt, wie z. B. Kautschuk. Er wird von zahlreichen Gattungen gewonnen, die wichtigste ist Hevea. Kautschuk wird nun unter diesem Stichwort abgehandelt, von anderen Kautschuk-liefernden Gattungen wird auf das Kap. Hevea verwiesen. Es mußte aber auch das Stichwort „Kautschuk" erscheinen, mit Verweis auf Hevea und andere.


(II. 3.1. R e g i s t e r )

Daraus ergab sich die Notwendigkeit, außer den Kapitelüberschriften noch weitere Stichwörter zu bringen, von denen auf die Kapitel verwiesen wurde.
Hierbei war erneut eine Auswahl notwendig, um den Umfang dieses Lexikonbandes nicht zu groß werden zu lassen. Denn schließlich war es ja unabdingbar, auch von den deutschen Bezeichnungen, von mittelalterlich-lateinischen, von antiken und vielen anderen auf die zugehörigen Pflanzen zu verweisen.
So wurde denn ein Register angelegt, das am Schluß des vorliegenden Bandes zu finden ist. Dort erscheinen auch noch einmal alle Kapitelüberschriften mit dem Verweis „Kap.". Die Gesamtheit der Stichwörter wird erst im abschließenden Registerband des ganzen Lexikons erscheinen.


(II. 3.2. K a p i t e l b e g i n n )

Um das Auffinden von Zusammenhängen zu erleichtern, wurden bei den einzelnen Kapiteln, auf die Überschrift folgend, Verweisungen auf das Vorkommen des Gattungsnamens, auch einiger Synonyme (besonders deutscher), in anderen Kapiteln gemacht. Nicht genug damit: Es ist dort auch auf das Vorkommen in den anderen Lexikonbänden verwiesen und damit das interessante Tatsachenmaterial erschlossen, das besonders in Bd. II (über pharmakologische Arzneimittelgruppen) und in Bd. IV (über Geheimmittel und Spezialitäten) zu Fragen der pharmazeutischen Botanik enthalten ist.


(III. A n o r d n u n g  i n n e r h a l b  d e r  K a p i t e l )

Der Umfang der einzelnen Kapitel mußte sehr unterschiedlich ausfallen, von einigen Zeilen bis zu zahlreichen Seiten, je nach Bedeutung der Pflanzengattung in Vergangenheit und Gegenwart. Bei größeren Kapiteln wurde in der Regel folgendermaßen disponiert:
Auf die Kapitelüberschrift folgen zunächst (in Kleindruck) die soeben beschriebenen Verweisungen (vgl. II. 3.2.). Es schließen sich Zitate in zwei Gruppen an (1. Gruppe in Normaldruck, 2. Gruppe wieder in Kleindruck); auf alle diese Vorbemerkungen folgt der Kapiteltext.
Bei kleineren Kapiteln, aber auch einigen großen, bei denen der historische Werdegang sehr klar überschaubar ist, wurde auf die Voranstellung der Zitate ganz

oder teilweise (Fortfall der ersten Zitatgruppe) verzichtet; die Zitate sind im Text
verarbeitet.

(III. 1. Erste Zitatgruppe)

Es sind hier vor allem, in wiederkehrender Reihenfolge, bestimmte Quellen- bzw.
Literatur-Zitate zusammengestellt, die den folgenden Text entlasten sollen. Sie
lassen erkennen, wann die Pflanzen therapeutisch gebraucht wurden, wie man sie
bezeichnete und zu verschiedenen Zeiten botanisch-systematisch identifizierte,
einschließlich in der Gegenwart, das heißt um 1970.
In zahlreichen Kapiteln sind zu einer Pflanzengattung mehrere Arten anzugeben
gewesen. Sie sind in der Regel bei den einzelnen Quellen bzw. Literaturzitaten in
eine gezählte Reihenfolge gebracht, gekennzeichnet nicht durch Zahlen, sondern -
wegen besserer Übersichtlichkeit - durch Längsstriche, deren Menge den Zahlen
entspricht (höchstens 3 [- - -], sonst Zahl zwischen zwei Strichen [-4-]. Vor die
Summe der weniger wichtigen Arten sind drei Kreuze gesetzt [+ + +]).
Unter den Fakten, die von der 1. Zitatgruppe geboten werden, wird die gegenwärtig gültige Pflanzennomenklatur das größte Interesse beanspruchen. Leider
ist nicht abzusehen, wie lange sie sich halten wird (schon zwischen Schreibweisen
in Schmeil-Flora von 1965 und Zander-Pflanzennamen von 1972 ergaben sich
manchmal beträchtliche Unterschiede). Um nun Historikern für längere Zeit
wissenschaftlich einwandfreies Zitieren botanischer Namen zu ermöglichen, wird
folgendes vorgeschlagen:
*Man zitiere in Zukunft nach dem vorliegenden Lexikonband, indem man dem (um
1970) gültigen Gattungs- und Artnamen statt der Autorenbezeichnungen ein S.
(= Schneider, Lexikon zur Arzneimittelgeschichte, Bd. V, Pflanzliche Drogen) in
Klammern hinzufügt. Solche Schreibweise wird in der 1. Zitatgruppe vielfach als
„Zitat-Empfehlung" angegeben, wo nicht, kann die Formulierung selbst vorgenommen werden.*
Solche Zitate sind insofern wissenschaftlich einwandfrei, als sie unmißverständlich,
im Zusammenhang der Vorbemerkungen, die (um 1970) gültige botanisch-systema-
tische Schreibweise auffinden lassen. Es ist dann anhand der kommenden Auflagen
von Schmeil-Flora, Zander-Pflanzennamen oder anderen Systematik-Büchern kein
Problem mehr, von diesem Fixpunkt aus die vielleicht veränderte Schreibweise zu
ermitteln.
Als Vorteil dieser Art des Zitierens kommt die Vereinfachung hinzu: oft notwen-
dige lange Autorenbezeichnungen sind auf einen Buchstaben reduziert. Für historische Arbeiten dürfte ein solches Vorgehen vertretbar sein.
Die in der 1. Zitatgruppe genannten Quellen- oder Literaturstellen werden anschließend mit ihren Kurzbezeichnungen aufgezählt. In jedem Fall wird ein
Kulturkreis oder Zeitabschnitt dadurch gekennzeichnet, wobei 5 Schwerpunkte

zu erkennen sind (Nr. 1-5). *Fehlt eins der Zitate, so bedeutet das: die Pflanze oder Droge wurde in der entsprechenden Zeit nicht als Arzneimittel beachtet.*

Die regelmäßig zitierten Werke sind:

1.) Für die Antike: Die Übersetzung und Kommentierung von Julius Berendes: Des Pedanios Dioskurides aus Anazarbos Arzneimittellehre (Stuttgart 1902; i. folg. zitiert als: **Berendes-Dioskurides**). Angaben im späteren Text beziehen sich immer hierauf. Ob die Wahl dieser Ausgabe, die sich mir als mein Besitz anbot, eine glückliche war, ist nicht ganz sicher. Die Arbeit ist bestimmt nicht schlecht, aber in einigen Pflanzendeutungen umstritten. Man halte sich also vor Augen, daß diese *Identifizierungen nur die Meinung von Berendes wiedergeben;* ob sie von anderen Autoren geteilt wurde, zeigt in der Regel sofort ein Blick auf die übrigen Zitate dieser Vorbemerkungen (empfohlen wird auch, das Werk von Max Wellmann hinzuziehen: Pedanios Dioskurides, De materia medica libri quinque, Berlin 1906-1914 (3 Bände).

2.) Für das Mittelalter, einschließlich der arabischen Medizin: Fischer-Mittelalter (wurde bereits vorn genannt, vgl. II. 1. -1.-). Besonders wichtig ist hierin die Aufzählung mittelalterlicher Synonyme, von denen die meisten ins Zitat aufgenommen wurden.

3.) Für das 16. Jahrhundert, als Beispiel für die Kräuterbuch-Autoren: Die Bearbeitung, vor allem die botanische Identifizierung nach den Abbildungen und die Kommentierung von Brigitte Hoppe, Das Kräuterbuch des Hieronymus Bock als Quelle der Botanik- und Pharmakologiegeschichte (Dissertation Frankfurt/M. 1965; im Druck erschienen Stuttgart 1969; i. folg. zitiert als **Hoppe-Bock**).

4.) Für die Zeit um 1830, auch noch das Jahrhundert davor erfassend: Geiger-Handbuch (wurde bereits vorn genannt, vgl. II. 1. -2.-).

5.) Für die Zeit um 1930, auch noch zumindest das halbe Jahrhundert davor erfassend: Hager-Handbuch (bereits vorn genannt, vgl. II. 2.).

Zur Ergänzung dieser stets benutzten oder zumindest überprüften Quellen wurden häufig noch folgende hinzugezogen:

6.) Für die alte indische Medizin: Franciscus Hessler, Susrutas Ayurvedas (Erlangen 1844; i. folg. zitiert als: **Hessler-Susruta**).

7.) Für die altägyptische Medizin: Hildegard von Deines, Hermann Grapow, Wörterbuch der ägyptischen Drogennamen (Grundriß der Medizin der alten Ägypter, Bd. VI; Berlin 1959; i. folg. zitiert als: **Deines-Ägypten**).

8.) Für die altgriechische Medizin: In Alexander Tschirch, Handbuch der Pharmakognosie (Leipzig ²1932 uf.; Bd. I [Allgemeine Pharmakognosie], 3. Abt., S. 1237) sind nach v. Grot (1895) die pflanzlichen Arzneimittel des Corpus Hippocraticum abgedruckt (i. folg. zitiert als: **Grot-Hippokrates**).

9.) Für die arabische Medizin: Bei A. Tschirch (Zitat wie oben unter [8.], S. 1358-62) sind, nach Achundow, Drogen des Alhervi (um 1000 n. Chr.), (S. 1362 uf.), nach Guigues, Drogen des Najm ad-dyn Mahmoud (S. 1373), nach J. v. Sontheimer, Drogen des Ibn Baithar (13. Jh.) abgedruckt (i. folg. zusammen zitiert als: **Tschirch-Araber**).

Zusätzlich wurde benutzt: J. von Sontheimer, Große Zusammenstellung über die Kräfte der bekannten einfachen Heil- und Nahrungsmittel, von Abu Mohammed Abdallah ben Ahmed aus Malaga, bekannt unter dem Namen Ebn Baithar (Stuttgart 1840-1842, 2 Bände; i. folg. zitiert als: **Sontheimer-Araber**; der Quellenautor wird meist abgekürzt als: I. el B.; die richtige Schreibweise wäre: ibn al-Baiṭār). Bei Übereinstimmung wird auch zitiert: **Tschirch-Sontheimer-Araber.**

10.) Für die mittelalterliche Pflanzenkunde: Otto Beßler, Prinzipien der Drogenkunde im Mittelalter - Aussage und Inhalt des Circa instans und Mainzer Gart (Halle/Saale 1959, maschinenschriftliche Habilitationsarbeit; i. folg. zitiert als: **Beßler-Gart**).

11.) Für die Zeit um 1950: Hager-Handbuch, Erg.-Bd. 1949 (bereits vorn genannt, vgl. II. 2.).

12.) Für die (um 1970) gültige Schreibweise von Pflanzengattungen und Arten: Zander-Pflanzennamen und Schmeil-Flora (beide bereits vorn genannt, vgl. II. 2.). Eins dieser Bücher wurde meist nur zitiert, wenn die gleiche Schreibweise nicht schon in einem anderen der Zitate vorkam.

## (III. 2. Zweite Zitatgruppe)

Die 2. Zitatgruppe verweist auf Literatur, in der man weiteres über die Pflanzengattung erfahren kann.

1.) Regelmäßig wird angegeben: Dragendorff-Heilpflanzen (wurde bereits zitiert, vgl. II. 1.). Hier findet man stets die Pflanzenfamilie, zu der die Gattung gehört, und zwar in der Schreibweise Dragendorffs; hat sich später etwas geändert, wird die Schreibweise unserer Zeit zugefügt. In diesem Werk findet man meist weitere Arten der betrachteten Gattung, die - als weniger wichtig - von mir nicht berücksichtigt wurden.

2.) Häufig wird auf die historischen Ausführungen in Alexander Tschirch, Handbuch der Pharmakognosie, dessen 2. Auflage bereits erwähnt wurde (vgl. III. 1. -8.-), verwiesen (1. Auflage: Leipzig 1909-1923, 3 Bände; i. folg. zitiert als: **Tschirch-Handbuch**).

3.) Das Zitat: **Bertsch-Kulturpflanzen**, bringt die Seitenzahlen aus dem Buch von Karl und Franz Bertsch, Geschichte unserer Kulturpflanzen (Stuttgart 1949), wo die entsprechende Gattung beschrieben ist (über den neueren Stand der Forschungen bezüglich wichtiger Kulturpflanzen berichtet Jacqueline Murray, The first European Agriculture, Edinburg 1970).

4.) Zwei weitere Bücher sind mit ihren entsprechenden Kapiteln regelmäßig zitiert:

**Gilg-Schürhoff-Drogen:** Ernst Gilg und Paul Nepomuk Schürhoff, Aus dem Reiche der Drogen, Dresden 1926.

**Peters-Pflanzenwelt:** Hermann Peters, Aus der Geschichte der Pflanzenwelt in Wort und Bild, Mittenwald 1928.

5.) Von sonstiger Literatur ist nur erfaßt, was mir als Publikation im Laufe der Zeit begegnet war, ohne daß ich speziell danach gesucht hätte.

## (III. 3. Kapiteltext)

Das Programm für die Textgestaltung entsprach im wesentlichen der Konzeption, die anfangs geschildert wurde (vgl. I.). Die wichtigsten Bezeichnungen der Stammpflanzen und Literaturnachweise waren in den Vorbemerkungen niedergelegt worden (vgl. III. 1. und III. 2.), der Zeitraum der Verwendung war dort angedeutet. Nun ging es darum, diesen Zeitraum weiter zu erhellen und vor allem die Verwendung — Arzneiformen und ihre Nomenklatur, Indikationen — anzugeben, auch etwas über die Beschaffenheit der Drogen. Dabei war der Rahmen des Möglichen nicht sehr geräumig. Aufwendbare Zeit und vertretbarer Umfang des Unternehmens gestatteten nicht, die Auskünfte mit annähernder Vollständigkeit einzuholen und die Ergebnisse entsprechend auszuarbeiten. Es konnte nicht mehr geschehen, als daß wenige ausgewählte Quellen, von denen eine Anzahl bereits genannt ist, benutzt wurden, und zwar möglichst vollständig. Zur Ergänzung konnten dann gelegentlich einige weitere hinzugenommen werden. Entscheidend war die Auswahl. Ich habe mich bemüht, repräsentative Quellen zu finden. Dabei habe ich die alte Geschichte, einschließlich der mittelalterlichen, vernachlässigt, um mehr Zeit und Raum für die Neuzeit übrig zu behalten.

*Die Art meiner Darstellung ist bewußt auf die Vermeidung eigener Urteile zugeschnitten. Bei der flüchtigen Einsicht in den Einzelfall war die Gefahr von Fehlern zu groß. Sie ließen sich umgehen, indem der Text hauptsächlich aus Zitaten oder Referaten zusammengesetzt wurde. Dies Vorgehen hat den unbestreitbaren Vorteil, daß solche Aussagen zeitlos gültig bleiben, wenn man sie für das nimmt, was sie sind: Äußerungen auf der Basis eines zeitbedingten Wissensstandes.*

Die Form des Zitierens hat mir einigen Verdruß bereitet. Bei den botanischen Bezeichnungen war der Weg klar: Von Anfang an habe ich die Schreibweise der Quellen genau übernommen; daher kommt es, daß Groß- und Kleinschreibung bei Artbezeichnungen oft in buntem Wechsel erscheint. Schwieriger wurde es aber bei den Textzitaten mit altertümlichem Deutsch, schon manchmal aus Quellen der Zeit um 1900, in stärkerem Maße bei älteren Texten. Ich habe hier manchmal bei den langjährigen Arbeiten geschwankt, was wohl besser wäre: buchstabengetreue Wiedergabe oder Modernisierung, und bin mal so, mal so verfahren. In der Regel sind die Texte modernisiert worden, aber einige charakteristische alte Formen oder Ausdrücke wurden beibehalten. Es wäre gut gewesen, am Schluß der Arbeit noch einmal alle Kapitel nach einem einheitlichen Prinzip zu überarbeiten. Ich habe dies schon allein wegen des Umfangs der Arbeit unterlassen müssen, glaube auch, dies verantworten zu können, da die sachlichen Aussagen der Texte, um die es in dem Lexikon geht, so oder so die gleichen bleiben.

Beim Schreiben der vielen Texte waren Wiederholungen nicht zu vermeiden, die stilistisch mitunter unschön sind. Bei der Verbindung der Zitate, die regelmäßig mit dem jeweiligen Sachbezug wiederkehrten, bildete sich allmählich eine Art „Lexikon-Jargon" heraus, wie z. B. „die T(axe) Worm 1582 verzeichnet" oder „die Ph(armakopöe) Württemberg führt"; entsprechend stereotyp sind Quellen angeführt wie „Hager-Handbuch, um 1930, schreibt". Es ist mir vollkommen klar, daß hier weder Hager noch das Handbuch den folgenden Text geschrieben haben. Es ging aber an solchen Stellen um Formulierungen, bei denen - bei der umfangreichen Arbeit - nicht lange überlegt werden konnte; sie sollten bei größter Kürze nichts weiter als sachlich klar für den Leser sein. Die Bedeutung der immerwiederkehrenden Abkürzungen ist zum Teil schon erläutert worden, der Rest folgt anschließend.

Wie schon bei den Vorbemerkungen sind auch für den Text einige Werke regelmäßig, andere in Auswahl benutzt worden, wobei einige häufig, andere gelegentlich zur Verwendung kamen. Nehmen wir an, eine Droge einer Pflanzenart werde in allen Quellen erwähnt, so ergab sich in der Regel folgende Textzusammenstellung (auch in den Kapiteln ohne Vorbemerkungen ist die Anordnung meist entsprechend):

1.) [gelegentlich benutzt] Bemerkungen über die frühe Geschichte aus Tschirch-Handbuch (vgl. III. 2. -2.-).

2.) [gelegentlich] Bemerkungen über die frühe Geschichte aus Bertsch-Kulturpflanzen (vgl. III. 2. -3.-).

3.) [gelegentlich] Für die altindische Medizin: Bei A. Tschirch (vgl. III. 1. -8.-) sind die von Bretschneider (um 1880) identifizierten Pflanzen des Shen Nung Pen ts-ao abgedruckt.

4.) [regelmäßig] Antike Indikationen sind nach Berendes-Dioskurides (vgl. III. 1. -1.-) in Auswahl angeführt, manchmal außerdem noch einige andere Angaben aus der Antike.

Den Anschluß an Dioskurides bilden eigentlich arabische Quellen. Sie wurden im Text in der Regel nicht berücksichtigt, auch nicht andere mittelalterliche Traditionen. In beiden Fällen geben die Vorbemerkungen Anhaltspunkte. Erst der weitere Schritt zu Kräuterbüchern des 16. Jahrhundert wird deutlich gemacht.

5.) [regelmäßig] Eine Auswahl von Indikationen sind nach Hoppe-Bock (vgl. III. 1. -3.-) referiert oder zitiert. Hier kommen auch ab und an Indikationen vor, die Dioskurides nicht kannte, z. B. nach Brunschwig's Destillierbüchern. Ist die Übereinstimmung zwischen Dioskurides und Bock sehr groß, wird erklärt: „Kräuterbuchautoren des 16. Jh. übernahmen solche Indikationen".

6.) [gelegentlich] Zur Ergänzung von Hoppe-Bock wurde zusätzlich benutzt: Hieronymus Bock, Kreutterbuch (Straßburg 1577, Reprint München 1964), auch Leonhart Fuchs, New Kreutterbuch (Basel 1543, Reprint München 1964).

7.) [gelegentlich] Vorschriften und Kommentare lieferte des Valerius Cordus, Dispensatorium Pharmacopolarum (Nürnberg 1546; Facsimile-Ausgabe der Gesellschaft für Geschichte der Pharmazie, Mittenwald 1934, zu Ludwig Winkler, Das Dispensatorium des Valerius Cordus; i. folg. zitiert als: **Ph. Nürnberg 1546**; die Abkürzung „Ph." bedeutet immer „Pharmakopöe").

Auf solche Angaben folgen meist Zitate aus Apothekertaxen und -listen, sowie je nach Bedarf, wenn die Situation nicht ganz klar war, aus einigen anderen Quellen des 17./18. Jahrhundert:

8.) [regelmäßig] Bezeichnungen und Mengenangaben aus einer Inventurliste, aufgenommen 1475 in der Lüneburger Apotheke, nach Dietrich Arends, Erika Hickel, Wolfgang Schneider, Das Warenlager einer mittelalterlichen Apotheke (Braunschweig 1960, Veröffentlichung aus dem Pharmaziegeschichtlichen Seminar der T.H. Braunschweig, Bd. 4; i. folg. zitiert als: **Ap. Lüneburg 1475**; die Abkürzung „Ap." bedeutet immer „Apotheke").

9.) [regelmäßig] Bezeichnungen und alle Synonyme (buchstabengetreu) aus einer Apothekertaxe, „aufgerichtet im Jahr 1582", gedruckt Frankfurt/M. 1609 (i. folg. zitiert als: **T. Worms 1582**; die Abkürzung „T." bedeutet immer „Taxe").

10.) [gelegentlich] Bezeichnungen und Synonyme aus einer Apothekertaxe von Mainz, 1618 (abgedruckt in Hans Dadder, Das Apothekenwesen von Stadt- und Erzstift Mainz, Quellen und Studien zur Geschichte der Pharmazie, Hrsg. R. Schmitz, Bd. 2, Frankfurt/M. 1961, S. 225-319; i. folg. zitiert als: **T. Mainz 1618**).

11.) [häufig] Bezeichnungen und Synonyme (buchstabengetreu) aus einer Apothekertaxe von Frankfurt/Main, 1687 (i. folg. zitiert als: **T. Frankfurt/M. 1687**).

12.) [regelmäßig] Drogenbezeichnungen, Mengenangaben und zugehörige Präparate aus einer Inventurliste, aufgenommen 1666 in der Braunschweiger Ratsapotheke (Stadtarchiv Braunschweig, Apothekenrechnungen, Sign. B II 17 : 25; i. folg. zitiert als: **Ap. Braunschweig 1666**).

13.) [gelegentlich] Bezeichnungen und Mengenangaben aus einer Inventurliste, aufgenommen 1718 in der Lüneburger Ratsapotheke (Stadtarchiv Lüneburg, Sign. A 2 Nr. 29; i. folg. zitiert als: **Ap. Lüneburg 1718**).

14.) [gelegentlich] Bemerkungen aus der Augsburger Pharmakopöe von 1640 (i. folg. zitiert als: **Ph. Augsburg 1640**).

15.) [gelegentlich] Besonders bei Drogen, die erst in der (frühen) Neuzeit in Gebrauch kamen, wurde - manchmal ausführlich, der Text leicht modernisiert - bezüglich Herkunft, Art und Gewinnung, Anwendung, Präparate daraus, zitiert: Johann Schröder, Apotheke oder Höchstkostbarer Arzeney-Schatz (Nürnberg 1685, Reprint München 1963; i. folg. zitiert als: **Schröder, 1685**).

16.) [gelegentlich] Das soeben gesagte gilt auch für Michael Bernhard Valentini, Museum Museorum (Frankfurt/M. ²1714; i. folg. zitiert als: **Valentini, 1714**).

17.) [gelegentlich] Ganz vereinzelt wurden benutzt: Arthur Conrad Ernsting, Nucleus totius Medicinae (Helmstedt 1741; i. folg. zitiert als: **Ernsting, um 1750**) und Johann Jacob Woyt, Gazophylacium medicophysicum (Leipzig ¹²1746; i. folg. zitiert als: **Woyt, um 1750**).

Nach solchen Zitaten kommt ein neuer Schwerpunkt:

18.) [regelmäßig] Die Pharmacopoea Wirtenbergica (Stuttgart 1741; i. folg. zitiert als: **Ph. Württemberg 1741**). Sie galt als bestes Apothekerbuch ihrer Zeit, besonders wegen der gelungenen Beschreibungen der einfachen Drogen. Benutzt wurden davon: Alle Bezeichnungen (buchstabengetreu) und Synonyme; die meisten Indikationen; dazu alle Präparate, die aus der Droge nach Pharmakopöe-Vorschrift hergestellt wurden und im Namen des Präparates dies erkennen lassen. Von dieser Pharmakopöe erschienen im 18. Jahrhundert (noch 1798) zahlreiche Ausgaben, die sich nicht wesentlich von der 1. Ausgabe (1741) unterschieden: einiges kam hinzu, kaum etwas wurde ausgeschieden. Wegen einiger Zusätze ist ganz selten einmal eine Ausgabe Lausanne 1785 benutzt worden (zitiert als: **Ph. Württemberg 1785**).

19.) [gelegentlich] Ähnlich in Aufbau und Umfang wie die Württemberger Pharmakopöen war Jacob Reinbold Spielmann, Pharmacopoea Generalis (Straßburg 1783; i. folg. zitiert als: **Spielmann, um 1780**); dieses Buch bot einige Hinweise, die die Württemberger Pharmakopöen nicht gaben.

20.) [häufig] Stammpflanzenbezeichnungen, Fragen der Gewinnung, Handelsformen und anderes wurden (geringfügig modernisiert) zitiert aus Karl Gottfried Hagen, Lehrbuch der Apothekerkunst (Königsberg, Leipzig ³1786; i. folg. zitiert als: **Hagen, um 1780**); dieses Buch erfreute sich ebenfalls höchsten Ansehens.

Nachdem mit diesen Quellen die Geschichte bis zur Jahrhundertwende hin (18./

19. Jh) beleuchtet worden ist, wurde nun meist der Weg durch deutsche Pharmakopöen verfolgt, mit Angabe der (buchstabengetreu wiedergegebenen) Drogenbezeichnungen, Stammpflanzen und Präparate aus den Drogen. Benutzt wurden die repräsentativen preußischen Pharmakopöen (selten zur Ergänzung auch einmal andere deutsche Länderpharmakopöen der Zeit bis gegen 1860), dann die Deutschen Arzneibücher, einige Ergänzungsbücher dazu, auch ein Homöopathisches Arzneibuch.

*Diese Quellenauswahl gibt ein Bild der Entwicklung, das für die gesamte Drogengeschichte bestimmt nicht verallgemeinert werden darf.* Aus Pharmakopöen anderer europäischer und außereuropäischer Staaten können teilweise sehr abweichende Fakten gewonnen werden. Dies alles zu berücksichtigen hätte jedoch wiederum den Rahmen der Untersuchung gesprengt. Wenn schon nur ein Beispiel, eine Entwicklungslinie gezeigt werden konnte, dann hatte die oben angedeutete Wahl durchaus viel für sich. Es folgen nun die Zitate dieser Quellengruppe:

21.) [regelmäßig] Pharmacopoea Borussica (Berlin 1799; i. folg. zitiert als: **Ph. Preußen 1799**).

22.) [häufig] Weitere Ausgaben der preußischen Pharmakopöen wurden benutzt, wenn Drogen neu aufgenommen wurden oder aus der Pharmakopöe verschwanden oder wenn sich die Nomenklatur wesentlich änderte. Zitiert wird meist mit „Ausgabe" und folgender Jahreszahl oder mit „**Ph. Preußen**" und Jahreszahl. Die Pharmakopöen erschienen:

| | |
|---|---|
| Pharmacopoea Borussica, Editio Tertia Emendata | (Berlin 1813) |
| Pharmacopoea Borussica, Editio Quarta | (Berlin 1827) |
| Pharmacopoea Borussica, Editio Quinta | (Berlin 1829) |
| Pharmacopoea Borussica, Editio Sexta | (Berlin 1846) |
| Pharmacopoea Borussica, Editio Septima | (Berlin 1862). |

23.) [regelmäßig] Das erste Deutsche Arzneibuch, Pharmacopoea Germanica (Berlin 1872; i. folg. zitiert als: **DAB 1, 1872**).

24.) [häufig] Die folgenden DAB's unter gleichen Gesichtspunkten wie bei den preußischen Pharmakopöen (siehe oben).
Pharmacopoea Germanica, Editio altera (Berlin 1882; i. folg. zitiert als: **DAB 2, 1882**).
Arzneibuch für das Deutsche Reich, Dritte Ausgabe (Berlin 1890; i. folg. zitiert als: **DAB 3, 1890**).
Arzneibuch für das Deutsche Reich, Vierte Ausgabe (Berlin 1900; i. folg. zitiert als: **DAB 4, 1900**).
Deutsches Arzneibuch, 5. Ausgabe 1910 (Berlin 1910; i. folg. zitiert als: **DAB 5, 1910**).

25.) [regelmäßig] Deutsches Arzneibuch, 6. Ausgabe 1926 (Berlin 1926, Neudruck 1941; i. folg. zitiert als: **DAB 6, 1926**) und Deutsches Arzneibuch, 7. Ausgabe 1968 (Stuttgart, Frankfurt/M. 1968; i. folg. zitiert als: **DAB 7, 1968**).

26.) [gelegentlich] Deutscher Apotheker-Verein, Arzneimittel, welche in dem Arzneibuch für das Deutsche Reich, Dritte Ausgabe (Pharmacopoea Germanica, editio III) Neudruck 1895 nicht enthalten sind. Zweite Ausgabe (Berlin 1897; i. folg. zitiert als: **Erg.-B. 2, 1897**) und Deutscher Apotheker-Verein, Ergänzungsbuch zum Arzneibuch für das Deutsche Reich, 4. Ausgabe (Berlin 1916; i. folg. zitiert als **Erg.-B. 4, 1916**).

27.) [regelmäßig] Ergänzungsbuch zum Deutschen Arzneibuch (6. Ausgabe, 1941, Neudruck 1953; Stuttgart 1953; i. folg. zitiert als: **Erg.-B. 6, 1941**).

28.) [regelmäßig] Homöopathisches Arzneibuch (3. Auflage, 4. unveränderter Neudruck [der Ausgabe von 1953], Berlin 1958, Verlag Dr. Willmar Schwabe). Die Arzneimittel sind darin in 2 Gruppen geteilt:
„Die wichtigsten homöopathischen Arzneimittel" (im einzelnen i. folg. zitiert als: „wichtiges Mittel" in der Homöopathie);
„Selten gebrauchte homöopathische Arzneimittel" (im einzelnen i. folg. zitiert als: „weniger wichtiges Mittel" in der Homöopathie).

Waren mit diesen Quellen (21-28) Belege über das Vorkommen und die Nomenklatur von Drogen in wichtigen Arzneibüchern geliefert, so mußte nun noch etwas über die Anwendung zu verschiedenen Zeiten ausgesagt werden, um den Anschluß an die Linie von Dioskurides über Bock, manchmal Schröder und Valentini, und die Ph. Württemberg 1741 zu gewinnen. Dazu dienten, unter gleichzeitiger Übernahme weiterer, wissenswerter Fakten, z. B. über Handelssorten der Drogen usw. (Orthographie weitgehend modernisiert):

29.) [regelmäßig] Geiger-Handbuch (wurde bereits vorn genannt, vgl. II. 1. -2.-), im Text meist angeführt als: **Geiger, um 1830**.

30.) [gelegentlich] Pharmacopoea universalis, 2., nach der Pharmacopée universelle des A. J. L. Jourdan bearb. und vermehrte Ausgabe (Weimar 1832, 2 Bände; i. folg. zitiert als: **Jourdan, um 1830**).

31.) [gelegentlich] Hrsg. Friedrich Ludwig Meissner, Encyclopädie der medicinischen Wissenschaften nach dem Dictionnaire de Médecine (Leipzig 1830-1835, 14 Bände; i. folg. zitiert als: **Meissner-Enzyklopädie**, oder: **Meissner, um 1830**).

32.) [gelegentlich] August Wiggers, Grundriß der Pharmacognosie (Göttingen [3]1853; i. folg. zitiert als: **Wiggers, um 1850**).

33.) [häufig] Hermann Hager, Commentar zur Pharmacopoea Germanica (Berlin 1873/74, 2 Bände; i. folg. zitiert als: **Hager, 1874**).

34.) [gelegentlich] Wilhelm Marmé, Lehrbuch der Pharmacognosie (Leipzig 1886; i. folg. zitiert als: **Marmé, 1886**).

35.) [regelmäßig] Hager-Handbuch (wurde bereits vorn genannt, vgl. II. 2.), im Text meist mit der Zeitangabe „um 1930" versehen.

36.) [häufig] Hoppe-Drogenkunde (wurde bereits vorn genannt, vgl. II. 1. -3.-), im Text meist mit der Jahreszahl „1958" versehen. Vorzüglich ist hierin die Beschreibung der Drogenwirkungen und -anwendungen, die meist - mit einigen Kürzungen - zitiert worden sind.

(III. 4. H e r v o r h e b u n g e n )

In den Kapiteln - Vorbemerkungen wie Text - sind durch auffallende Druckweise hervorgehoben:

1.) [gesperrt] Die Stichwörter des Registers (einschließlich derer, die erst in den abschließenden Register-Lexikon-Band aufgenommen werden); sie können im Text mehrfach vorkommen, sind aber nur einmal hervorgehoben.
2.) [fett]
a) Pflanzennamen in moderner Schreibweise: der Gattungsname, der in der Kapitelüberschrift steht, ist abgekürzt, z. B. im Kap. Abies: A. alba Mill.
b) Die Zitat-Empfehlungen gemäß III. 1., z. B. Abies alba (S.).
3.) [kursiv] Pflanzennamen in wahrscheinlich moderner Schreibweise; sie fehlten bei Zander-Pflanzennamen oder Schmeil-Flora, sind aber in einem anderen der angegebenen Werke wahrscheinlich so zitiert, wie in der Gegenwart nötig (die zugehörige Zitat-Empfehlung ist wieder in fett gegeben).
Pflanzennamen ohne Hervorhebung sind entweder veraltete Bezeichnungen oder gültige, deren Nachprüfung unterblieb, weil entsprechende Literatur nicht zur Verfügung stand.

## Abkürzungen

Erklärungen dazu in der Einführung (Bd. V, 1) unter den angegebenen Nummern und Seitenzahlen.

| | |
|---|---|
| Ap. | III. 3. (Seite 19) |
| (= Apotheke) | |
| Ap. Braunschweig 1666 | III. 3. (Seite 19) |
| Ap. Lüneburg 1475 | III. 3. (Seite 19) |
| Ap. Lüneburg 1718 | III. 3. (Seite 20) |
| Berendes-Dioskurides | III. 1. (Seite 15); III. 3. (S. 18) |
| (Berendes um 1900; Dioskurides um 50 n. Chr.) | |
| Beßler-Gart | III. 1. (Seite 16) |
| (Beßler um 1960; Gart um 1450) | |
| Bertsch-Kulturpflanzen | III. 2. (Seite 16); III. 3. (S. 18) |
| (Bertsch um 1950) | |
| DAB 1, 1872 | III. 3. (Seite 21) |
| DAB 2, 1882 | III. 3. (Seite 21) |
| DAB 3, 1890 | III. 3. (Seite 21) |
| DAB 4, 1900 | III. 3. (Seite 21) |
| DAB 5, 1910 | III. 3. (Seite 21) |
| DAB 6, 1926 | III. 3. (Seite 22) |
| DAB 7, 1968 | III. 3. (Seite 22) |
| Deines-Ägypten | III. 1. (Seite 15) |
| (Deines um 1960; Ägypten im Altertum) | |
| Dragendorff-Heilpflanzen | II. 1. (Seite 11); III. 2. (S. 16) |
| (Dragendorff um 1900) | |
| Erg.-B. 2, 1897 | III. 3. (Seite 22) |
| Erg.-B. 4, 1916 | III. 3. (Seite 22) |
| Erg.-B. 6, 1941 | III. 3. (Seite 22) |
| Ernsting, um 1750 | III. 3. (Seite 20) |
| Fischer-Mittelalter | II. 1. (Seite 11); III. 1. (S. 15) |
| (Fischer um 1930) | |

# Abelmoschus

S o n t h e i m e r-Araber: H i b i s c u s esculentus.
F i s c h e r-Mittelalter: Hibiscus esculentus L. (arab.).
G e i g e r-Handbuch: Hibiscus esculentus; Hibiscus Abelmoschus ( B i s a m -
s t r a u c h ).
H a g e r-Handbuch: A. esculentus G. et P. (= Hibiscus esculentus L.); A. moscha-
tus Med. (= Hibiscus Abelmoschus L.).
Z a n d e r-Pflanzennamen: **A. esculentus (L.) Moench.; A. moschatus Medik.**
Z i t a t-Empfehlung: **Abelmoschus esculentus (S.); Abelmoschus moschatus (S.).**

Geiger, um 1830, erwähnt unter Hibiscus 2 A.-Arten:
1.) Hibiscus esculentus; „davon werden die noch unreifen grünen Früchte gekocht und als Gemüse genossen. Sie sind sehr schleimig und angenehm säuerlich.
Die Blätter benutzt man zu erweichenden Kataplasmen".
Nach Dragendorff-Heilpflanzen, um 1900 (S. 426; Fam. M a l v a c e a e ), wird
Hibiscus esculentus L. (= A. esculentus Guill. et Pers.) „ G o m b o oder O k r a
genannt. Die unreife Frucht dient als säuerliches Gemüse, der Same als Kaffeesurrogat, die Wurzel und das Blatt wie Althaea (auch äußerlich zu Kataplasmen)".
Nach Hoppe-Drogenkunde, 1958, wird die Wurzel von A. esculentus als Schleim-
droge gebraucht, die Frucht als Obst genossen und der Same wird als Kaffee-
ersatz „Gombo" gebraucht.
2.) Hibiscus Abelmoschus; „davon sind die Samen, Bisamkörner (semen Abelmoschi, A l c e a e aegyptiacae, Grana moschata) offizinell . . . Man gebrauchte
sie ehedem als stärkendes und reizendes Mittel. In Ostindien werden sie zum
Räuchern benutzt. Die Araber mischen sie dem Kaffee bei".
Die Ph. Württemberg 1741 führte Semen Abelmosch ( K e t m i a e Aegypticae,
Semine moschato, Alceae Aegypticae villosae, Bisamsamen; Aphrodisiacum, Odoramentum). Die Stammpflanze heißt nach Hagen, um 1780: Hibiscus Abelmoschus
(Bisamstrauch); „die Samenkörner davon . . . sind in den Apotheken unter dem
Namen Abelmosch oder Bisamkörner (Sem. Abelmoschi s. Grana moschata) auf-
genommen. Sie haben, wenn sie nur nicht zu alt sind, einen aus Ambra und Bisam
vermischten Geruch, wenn sie in der Hand erwärmt oder gerieben, oder auf
Kohlen geschüttet worden".
Dragendorff, um 1900, berichtet über Hibiscus Abelmoschus L. (= Abelmoschus
moschatus Mönch., B a m i a Abelm. R. Br.): „Samen dienen als Stimulans, Sto-
machicum, Antispasmodicum, auch gegen Schlangenbiß, das Blatt als Gemüse".
Nach Hager-Handbuch, um 1930, wird aus den M o s c h u s k ö r n e r n mit
Wasserdampf äther. Oleum Abelmoschi Seminis gewonnen (für Parfüme und zu
Likören). Die Samen und das äther. Öl sind - nach Hoppe, 1958 - Stimulans. In
der Homöopathie ist „Abelmoschus - B i s a m k ö r n e r" (Tinktur aus getrocknetem Samen) ein wichtiges Mittel.

## Abies

A b i e s  siehe Bd. II, Acopa; Antiscorbutica. / III, Essentia Abietis. / IV, G. 1807. / V, Picea; Pinus; Viscum.

T a n n e  siehe Bd. IV, G 957, 1266, 1592. / V, Picea; Usnea.

D e i n e s-Ägypten: + + + A. cilicica.

B e r e n d e s-Dioskurides: Kap. Andere Harze, dabei von Tanne.

S o n t h e i m e r-Araber: Abies.

F i s c h e r-Mittelalter: - **A. alba Mill.** (abies, p i n u s,  t a n n e ; poma abities).

H o p p e-Bock: - Kap. Weiß T h a n n e n b a u m , A. alba Mill.

G e i g e r-Handbuch: - Pinus Picea L. (= A. pectinata D. C., A. taxifolia H., Pinus Abies du Roi; W e i ß t a n n e ,  E d e l t a n n e ) - - Pinus balsamea (= A. balsamea L.).

H a g e r-Handbuch: - A. pectinata D. C. (= A. alba, Pinus picea L.) - - **A. balsamea (L.) Mill.** (= A. canadensis L.) + + + A. Fraseri Pursh.; A. canadensis Mich. (= T s u g a  canadensis Carr.); **A. sibirica Ledeb.**

Z i t a t-Empfehlung: **Abies alba (S.); Abies balsamea (S.); Abies sibirica (S.).**

Dragendorff-Heilpflanzen, S. 69 (Fam. C o n i f e r a e ; nach Schmeil-Flora Fam. P i n a c e a e ); Peters-Pflanzenwelt: Kap. Die Tanne, S. 161—168.

Die Weißtanne, deren botanische Bezeichnung oft gewechselt hat, wird im Hager, um 1930, lediglich als Lieferantin des „zur Zeit aus dem Handel verschwundenen Straßburger T e r p e n t i n ,  T e r e b i n t h i n a  alsatica" genannt. Bei Geiger, um 1830, heißt die Ware Terebinthina argentoratensis. Sie „riecht nicht so unangenehm wie gemeiner Terpentin [von der Kiefer], verhält sich sonst diesem ähnlich, macht gleichsam das Mittelglied zwischen diesem und venetianischem [von der Lärche] aus, wird bald für ersteren, zum Teil auch für letzteren verkauft".

Der K a n a d a b a l s a m  war Ende des 18./Anfang 19. Jh. in wenigen Pharmakopöen aufgenommen (z. B. Ph. Württemberg 1785) und Bestandteil einiger Zubereitungen (Tinctura B a l s a m i  C a n a d e n s i s , in Ph. Fulda 1791). Anwendung, nach Geiger, um 1830, wie Copaivabalsam; äußerlich legt man ihn auf Geschwüre. Neue Bedeutung erhielt er als Hilfsmittel für die Mikroskopie (zum Einbetten von Präparaten). So gelangte er wieder ins DAB 5, 1910. Definition nach DAB 6, 1926: „Der aus verschiedenen nordamerikanischen Abiesarten gewonnene Terpentin". Medizinische Anwendung nach Hager, um 1930, wie Terpentin, innerlich früher bei Bronchial- und Uretralerkrankungen. In der Homöopathie ist „Abies canadensis - H e m l o c k s t a n n e ,  S c h i e r l i n g s - t a n n e " (Essenz aus frischer Rinde und jungen Zweigspitzen mit Blättern; Hale 1873) ein wichtiges Mittel. Als Stammpflanze für das weniger wichtige Mittel „Pinus abies" wird A. excelsa Poiret angegeben.

Das von Hager, um 1930, beschriebene Oleum Pini sibiricum, Sibirisches F i c h -

t e n n a d e l ö l , wird durch Wasserdampfdestillation aus den Nadeln und jungen Zweigspitzen von A. sibirica Ledeb. gewonnen.

## Abrus

A b r u s  siehe Bd. IV, G 895.
J e q u i r i t y  siehe Bd. IV, G 1.
Dragendorff-Heilpflanzen, S. 332 (Fam. L e g u m i n o s a e ); Tschirch-Handbuch III, S. 753.

Nach Dragendorff, um 1900, wird von **A. precatorius L.** Wurzel (= indische L i q u i r i t i a ), Blatt und Stengel benutzt; Same ( J e q u i r i t y , P a t e r - n o s t e r e r b s e ;  war den Arabern, I. el B., bekannt) in Indien [Zitat bei Hessler-Susruta] als Aphrodisiacum gebraucht, wirkt emetisch, anthelmintisch, diaphoretisch, erzeugt Krampf. Nach Hager-Handbuch, um 1930, verwendet man die Samen in Amerika gegen Lupus u. a. Hautkrankheiten. Hoppe-Drogenkunde, 1958, Kap. A. precatorius, gibt über Verwendung des Samens an: „Früher in der Augenheilkunde, bes. bei Trachom. In China Febrifugum"; Blätter bei Erkrankungen der Mund- und Rachenhöhle. In der Homöopathie ist „Jequirity" (Tinktur aus reifen Samen) ein weniger wichtiges Mittel.
Z i t a t-Empfehlung: **Abrus precatorius (S.).**

## Abutilon

Geiger, um 1830, erwähnt S i d a  Abutilon, deren Kraut (herba Abutili) gebraucht worden sein soll. Dragendorff-Heilpflanzen, um 1900 (S. 422 uf.; Fam. M a l v a c e a e ), nennt 14 A.-Arten, darunter A. Avicennae Gärtn. (dient als Ersatz des Eibisch und als Diaphoreticum). Nach Zander-Pflanzennamen heißt A. avicennae Gaertn. bzw. Sida abutilon L.: **A. theophrasti Medik.**
In Hoppe-Drogenkunde, 1958, gibt es ein Kap. A. graveolens; aus den Samen wird Öl gewonnen.

## Acacia

A c a c i a  siehe Bd. II, Antepileptica; Refrigerantia. / IV, G 312. / V, Evernia; Inga; Leucaena; Piptadenia; Prosopis; Prunus.
C a t e c h u  siehe Bd. II, Adstringentia; Anthelmintica; Antidysenterica. / III (Essentia Catechu). / IV, D 3; E 374. / V, Cassia; Berberis; Uncaria.
G u m m i  a r a b i c u m  siehe Bd. II, Agglutinantia; Anonimi; Antidysenterica; Demulcantia. / IV, E 9, 58, 62, 223, 293, 307, 342; G 560, 1282. / V, Piptadenia.

D e i n e s-Ägypten: Gummi arabicum; A. farnesiana, A. nilotica, A. sejal.
G r o t-Hippokrates: Acacie (Wundmittel); A. Senegal (Haarwuchs).

B e r e n d e s-Dioskurides: Kap. A k a z i e - A. vera Willd. + + + A. farnesiana Willd.

T s c h i r c h-Araber: - Acacia des Dioskurides (Semen Acaciae, Succus Acaciae); Sontheimer: Mimosa nilotica - - Gummi arabicum.

F i s c h e r-Mittelalter: - A. vera Willd., A. farnesiana Willd. - - A. Senegal Willd., A. Verek G. et P., A. nilotica Krst., A. gummifera Willd. ( b d e l l i u m , s e t h y n ).

B e ß l e r-Gart: - Kap. A c h a c h i e (die eigentliche Akazia-Droge, d. h. der Saft der unreifen oder reifen Früchte (mitunter gemischt mit dem der Blätter), stammt von A. arabica Willd. = A. vera Willd. Die seltene Droge wird bald durch den „Saft wilder Prunellen" ersetzt, das deutsche Mittelalter versteht unter Ac(c)acia S c h l e h e n s a f t ) - - Gummi arabicum wird nur kurz erwähnt.

G e i g e r-Handbuch: - - [Lieferanten für Gummi arabicum] A. nilotica Nees (= A. versa J. Bauh., M i m o s a nilotica L.), A. arabica, A. Ehrenbergii Nees, A. Senegal W. (= Mimosa Senegal L.) - - - A. Catechu.

H a g e r-Handbuch: - - Kap. G u m m i a r a b i c u m , A. senegal (L.) Willd. (= A. Verek G. et P.) - - - Kap. Catechu, A. catechu (L. fil.) Willd. (= Mimosa sundra Roxb.), A. suma Kurz (= Mimosa suma Roxb.) + + + Kap. Acacia, A. Giraffae Burch., A. Farnesiana Willd., A. arabica Willd., A. decurrens Willd.

Z a n d e r-Pflanzennamen: [Schreibweise der wichtigsten Arten; für Saft] **A. nilotica (L.) Del.** (= A. arabica (Lam.) Willd.); [für Gummi arabicum] **A. senegal (L.) Willd.** (= A. verek Guill. et Perrott.); [für Catechu] **A. catechu (L. f.) Willd.**; [für Cassiablüten: **A. farnesiana (L.) Willd.**].

Z i t a t-Empfehlung: **Acacia nilotica (S.); Acacia senegal (S.); Acacia catechu (S.); Acacia farnesiana (S.).**

---

Dragendorff-Heilpflanzen, S. 290—294 (Fam. L e g u m i n o s a e ); Tschirch-Handbuch II, S. 453—455 (Gummi arabicum); III, S. 50 uf. (Catechu).

---

Wichtigste Produkte sind Saft, Gummi arabicum und Catechu.

Nach Dioskurides wächst die Akazie in Ägypten. Aus der Frucht wird ein Saft gepreßt und dieser getrocknet (bei Augenkrankheiten, Geschwüren, Frostschäden, Frauenleiden; Augenmittel), auch fließt ein Gummi aus (wirkt stopfend, scharfe Arzneien mildernd; mit Ei zusammen als Salbe bei Verbrennungen).

Acacia der Theriakvorschriften des 16. Jh. (Theriaca Andromachi, Ph. Nürnberg 1546) ist eigentlich, nach Cordus, der Saft des Baumes, der Gummi arabicum liefert; als Ersatz wird Schlehensaft genommen oder, wie Cordus im Abschnitt „Acacia succedania" beschreibt, ein Präparat aus Semen Tamarindorum und Sumach. Die Ph. Württemberg 1741 führt Succus Acaciae Aegypticae (Ägyptischer S c h o t t e n d o r n s a f t ; Adstringens, Refrigerans, Siccans; kommt selten nach Deutschland) und Succus A. Germanicae (eingetrockneter Schlehensaft; Verwendung wie der vorige und als Ersatz für ihn). Hagen, um 1780, gibt als Stammpflanze Mimosa nilotica L. an. Ebenso Meissner, um 1830 (dort die neuere Bezeichnung A. vera Willd. [= A. arabica Willd.]); das Mittel, einst bei Augenentzündungen, Dysenterie und Blutflüssen verwandt, ist zu dieser Zeit nicht mehr im Gebrauch.

Wichtiger als der Saft ist das Gummi, das schon bei den Ägyptern um 1500 v. Chr. (Papyrus Ebers) in Gebrauch war. Es hieß schon in der Antike (Nicolaus Damascenus, um Chr. Geburt) Gummi arabicum und blieb bis zur Gegenwart - mittelalterliche Quellen und alle Pharmakopöen bis DAB 7, 1968 - offizinell. In Ap. Lüneburg 1475 waren 9 lb. vorrätig, in Ap. Braunschweig 1666 sogar 117 lb. Nach Ph. Württemberg 1741 ist Arabicum Officinale (Gummi Senegal, Senica; Arabisch Gummi, Dintengummi) Temperans, für scharfe Lymphe, und Adstringens. Nach Hagen, um 1780, ist die Hauptstammpflanze für Arabisch Gummi (G u m m i   S e r a p i o n i s): Mimosa nilotica; G u m m i   S e n e g a l, S e n i -c a, soll dagegen von Mimosa Senegal stammen. Geiger, um 1830, gibt bei A. nilotica an, daß sie besonders in früheren Zeiten arabisches Gummi lieferte. Neben anderen A.-Arten ist die wichtigste Stammpflanze dafür jedoch A. Senegal W. Man verwendet das Gummi häufig als Arzneimittel, in Wasser gelöst, zu Mixturen, Emulsionen usw.; kommt als Ingredienz zu den Pasten.

Während Ph. Preußen 1799 als Stammpflanze von Gummi Mimosae seu Gummi arabicum (Senegal-Gummi) Mimosa nilotica et M. Senegal angibt, schreibt das DAB 1, 1872: A. Nilotica Delile, A. Seyal Del., A. tortilis Hayne; DAB 6, 1926: „Das aus den Stämmen und Zweigen ausgeflossene, an der Luft erhärtete Gummi von Acacia senegal (Linné) Willdenow und einigen anderen afrikanischen Acacia-Arten"; DAB 7, 1968, nur noch von A. senegal (L.) Willd. Nach Hager, um 1930, dient Gummi arabicum als Bindemittel bei Emulsionen, Pillen, Pasten, Pastillen, innerlich als Mucilaginosum, gegen Diarrhöe, Husten, für Pasta gummosa, äußerlich zu Streupulvern, zum Stillen von Blutungen; technisch als Klebemittel, für Tinte usw.

Catechu, das schon eine altindische Droge ist - Extrakt aus dem Holz von A. catechu (L. f.) Willd., nach DAB 6, 1926, auch von A. suma Kurz - wurde im 17. Jh. in Deutschland apothekenüblich. In Ap. Braunschweig 1666 waren 5$^{1}/_{2}$ Lot Gummi Catechu indici vorhanden. In der Ph. Württemberg 1741 steht T e r r a   j a p o n i c a (Terra catechu, Japonische Erde; Adstringens, bei Durchfall und Blutfluß); man bereitet daraus Trochisci de Terra Catechu ad Sputum cruentum (mit Süßholzsaft und Species Diatragacanthae) und Trochisci Catechu sive Muscerdae (mit Zucker, Ambra, Moschus und Traganth; sie führen, nach Ernsting, den Namen C a s c h u).

Nach Meissner, um 1830, wurde Catechu vielfältig angewandt, besonders innerlich als Adstringens und Tonicum, äußerlich - in Form von Tinktur, Aufguß oder Pastillen - fürs Zahnfleisch und gegen üblen Mundgeruch. Tinctura Catechu ist in allen deutschen Pharmakopöen seit dem 19. Jh. verzeichnet. In der Homöopathie ist „Catechu" (Stammpflanze wie DAB 6; Extrakt zur Tinktur) ein weniger wichtiges Mittel.

Als weitere Drogen von A.-Arten beschreibt Hager, um 1930, Blüten von A. Farnesiana Willd. (C a s s i e s t r a u c h ; sie werden fälschlich als C a s s i a b l ü t e n bezeichnet; krampfstillende Teeaufgüsse, Insecticidum, Aphrodisiacum); Rinde von A. arabica Willd. und A. decurrens Willd., Cortex Acaciae. Flores Acaciae sind die Blüten von Prunus spinosa.


## Acalypha

Dragendorff-Heilpflanzen, um 1900 (S. 380 uf.; Fam. E u p h o r b i a c e a e ), nennt 7 A.-Arten, darunter **A. indica L.** (Brennkraut; Ostindien, Ceylon; Purgans, Anthelminticum, gegen Flechten und Ausschlag). Nach Hoppe-Drogenkunde, 1958, ist die Pflanze (Krautdroge) „Expectorans, Diureticum, Antiasthmaticum". In der Homöopathie ist „Acalypha indica - Brennkraut" (Essenz aus frischer Pflanze; Hale 1875) ein wichtiges Mittel.


## Acanthus

A c a n t h u s siehe Bd. II, Succedanea. / V, Blepharis; Cnicus; Urtica.
A k a n t h a siehe Bd. V, Cirsium; Cnicus.
B r a n c a u r s i n a siehe Bd. II, Emollientia. / V, Heracleum.
Dragendorff-Heilpflanzen, S. 616 (Fam. A c a n t h a c e a e ).

Nach Berendes-Dioskurides, Kap. A k a n t h a , gibt es - wie bei Plinius - 2 Arten: eine die in Anlagen wächst (Samen und Wurzel als Kataplasma auf Brandwunden und Verrenkungen; Trank treibt Harn, stellt Durchfall; gegen Schwindsucht, innere Rupturen und Krämpfe). Diese Art wird mit **A. mollis L.** identifiziert. Die andere, gleichartig wirkende, hat man für S i l y b u s syriacus Gärtn. oder C i r s i u m stellatum All. oder für **A. spinosus L.** gehalten. Sontheimer-Araber zitiert A. mollis, gleichfalls Fischer-Mittelalter (altital.: p e d e r o t a ). Bock, um 1550, bildet - nach Hoppe - im Kap. Von C a r d o B e n e d i c t (außer Cnicus benedictus L.): A. mollis L. ab (das frembd Acanthus, so etlich welsch B e r e n k l a w deuten); Indikationen entsprechend Dioskurides.
Die T. Worms 1582 führt: [unter Kräutern, neben Branca ursina] B r a n c a u r s i n a Italica (Acanthus, H e r p a c a n t h a , H e r b a t o p i a r i a , P a e - d e r o t e s , M e l a n p h y l l o n , Welschberenklaw); in T. Frankfurt/M. 1687 Herba Branca ursina Italica (Acanthus Italic. Welsch B ä r e n k l a u ). Die Ph. Württemberg 1741 beschreibt: Herba Brancae ursinae (Acanthi mollis, S p h o n - d y l i i , Bärenklauen, Bärentatzen; wächst auf feuchten Wiesen; kommt zu den herbis 5 emollientibus). Hierbei handelt es sich kaum noch um die echte Droge.

Nach Hagen, um 1780, wird nämlich anstelle des echten, in Italien und Sizilien wachsenden Bärenklaus der B a r t s c h ( H e r a c l e u m Sphondylium) zu Unrecht gesammelt. Auch Geiger, um 1830, erwähnt unter A. mollis (ächter, welscher Bärenklau): „Davon war ehedem die Wurzel und das Kraut (rad. et herba Acanthi, Brancae ursinae verae) offizinell ... wurden innerlich bei Durchfällen, gegen Blutspeien usw., äußerlich zu erweichenden Umschlägen gebraucht. - Anstatt von diesem wurden auch die Blätter von dem sehr ähnlichen Acanth. spinosus (dornigen Bärenklau), der in Italien vorkommt ... gesammelt. - In unserer Gegend wird meistens das Kraut von Heracleum sphondylium unter dem Namen Bärenklau in Apotheken gesammelt".

Hoppe-Drogenkunde, 1958, hat ein kurzes Kap. A. mollis; Verwendung als Mucilaginonum. In der Homöopathie ist „Acanthus mollis" (Essenz aus frischer, blühender Pflanze; Rosenberg 1838) ein wichtiges Mittel.

Z i t a t-Empfehlung: **Acanthus mollis (S.).**

## Acer

A c e r siehe Bd. V, Euonymus.
Zitat-Empfehlung: *Acer campestre (S.); Acer platanoides (S.); Acer pseudo-platanus (S.); Acer saccharinum (S.); Acer rubrum (S.); Acer negundo (S.).*
Dragendorff-Heilpflanzen, S. 405 (Fam. A c e r a c e a e ).

Nach Fischer kommen in mittelalterlichen Quellen vor: **A. campestre** L. (acer, t r a m a s c a , o r n o , m a s e r o , m a z o l d e r , h a n d a g e r ), **A. platanoides** L. und **A. pseudo-platanus** L. ( p l a t a n u s , platano aquatico, a h o r n , h a h o r n , l i m b o u m , l e i m b o u m ). Bock, um 1550, hat 2 Kapitel, in denen Hoppe identifiziert:
1. „Maßholder" (Ahorn, S c h r e i b e r h o l z ), A. campestre L. (Wurzeln in Breiumschlag gegen Leberschmerzen, mit Wein gegen Seitenschmerzen); 2. „Ahorne oder W a l d e s c h e r n und B u o c h e s c h e r n "; abgebildet ist A. pseudoplatanus L.; außerdem ist „das wild geschlecht, Leinbaum" beschrieben, das ist A. platanoides L. (Anwendung nach Plinius, z. T. auch bei Galen: Abkochung der Blätter in Wein gegen Schlangengift, der Rinde in Essig zum Spülen gegen Zahnschmerzen; Blätter in Wein auch gegen Augenleiden, Schwellungen, Geschwüre, Verbrennungen und Erfrierungen; in Essig gegen Erbrechen).
Geiger, um 1830, nennt 6 Arten: 1. A. campestre (Feld-Ahorn, Maßholder); 2. A. Pseudo-Platanus (falscher Platanen-Ahorn, weißer Ahorn); 3. A. platanoides (Platten-Ahorn); 4. **A. saccharinum** L. (Zucker-Ahorn); 5. **A. rubrum** L. (roter Ahorn); 6. A. dasycarpon [nach Zander-Pflanzennamen identisch mit (4)]; die Platanen werden auf gleiche Art benutzt; „offizinell ist: Von A. campestre die Rinde (cort. Aceris minoris). Sie schmeckt bitter und adstringierend ... Ferner der Saft

aus den genannten Ahornarten (succus Acris)" (man bohrt die Bäume im Winter an und sammelt den Saft in Flaschen); „die Rinde hat man, ähnlich der Ulmenrinde [→ U l m u s ] gebraucht. Der Saft wird als Frühlingskur getrunken und besonders in Nordamerika zu Zucker verwendet".

Genannt wird von Geiger auch A. Negundo. Diese Art [Schreibweise nach Zander: **A. negundo L.**] wird in Hager-Handbuch, Erg.-Bd. 1949, genannt, denn „Acer Negundo - Eschenblättriger Ahorn" (Essenz aus frischer Rinde) ist in der Homöopathie ein wichtiges Mittel.

## Achillea

Achillea siehe Bd. IV, E 52; G 1498. / V, Carum; Eupatorium; Gratiola; Santolina.
Achillaea ptarmica siehe Bd. II, Errhina.
Millefolium siehe Bd. II, Vulneraria. / IV, C 83; G 796. / V, Myriophyllum.
Schafgarbe siehe Bd. IV, C 52; E 14, 56, 71, 84, 235; G 273, 818, 957, 1545, 1749.

B e r e n d e s-Dioskurides: - Kap. Tausendblättriger S t r a t i o t e s , A. Millefolium L. - - Kap. N i e s g a r b e ( P t a r m i k a ), A. Ptarmica L. - - - Kap. A g e r a t o n , A. Ageratum L.? + + + Kap. G a r b e (Achilleios), A.-Arten (A. magna L., A. tanacetifolia All., A. tomentosa L.).

S o n t h e i m e r-Araber: - - A. Ptarmica - - - A. Ageratum.

F i s c h e r-Mittelalter: - A. millefolium L. ( m i l l e f o l i u m , achillea, b a l - l u s t i c u m , e r a c l i a , h e r b a s e r t a , s u p e r c i l i u m v e n e r i s , g a r w a , garbe, tusentbleter, gachheil, schafgarb; Diosk.: stratiotes miliophillus, supercilium terrae) - - A. ptarmica L. ( s t e r n u t a t o r i a ) + + + A. setacea W. K.; A. tanacetifolia All.

H o p p e-Bock: - **A. millefolium L.** (im Kap. Von Garb/Schaffryp oder G e r - w e l , das gemein Gerwelkraut, Jungfraw augbroen) - - **A. ptarmica L.** (im Kap. Von Reinfar (Weißer oder spitzer R e i n f a r n ) - - - **A. ageratum L.** (im Kap. Von O d e r m e n g ; E u p a t o r i u m Mesue) + + + **A. nobilis L.** (im Kap. Von Garb, S c h a f f r y p ; das recht und edelst Millefolium).

G e i g e r-Handbuch: - A. Millefolium (gemeine S c h a f g a r b e , G a r b e n - k r a u t , Feldgarbe, S c h a f r i p p e ) - - A. Ptarmica ( B e r t r a m - G a r b e , Wiesen-Bertram, Nießgarbe, weißer Rheinfarrn, wilder D r a g u n ) - - - A. Ageratum + + + A. nobilis; A. moschata; A. atrata; A. nana.

H a g e r-Handbuch: - A. millefolium L. - - A. ptarmica L. + + + A. nobilis L.; A. moschata Jacq., A. atrata L., A. nana L., A. herba rotae All.

Z i t a t-Empfehlung: **Achillea millefolium (S.); Achillea ptarmica (S.); Achillea nobilis (S.).**

Dragendorff-Heilpflanzen, S. 674 (Fam. C o m p o s i t a e ); Tschirch-Handbuch II, S. 994 (Millefolium).

( M i l l e f o l i u m )
Der Tausendblättrige Stratiotes des Dioskurides wird von Berendes (und Fischer)

als A. millefolium L. gedeutet (gegen Blutflüsse, Wunden und Fisteln). Kräuterbuchautoren des 16. Jh. übernehmen solches.

Die T. Worms 1582 führt: [unter Kräutern] Millefolium (Stratiotes, C h i l i o -
p h y l l o s , Supercilium Veneris, H e r b a   m i l i t a r i s , Garb, Gerbel, Garbenkraut, Schaffgarb, Schaffrip, S c h a b a b , K e l c k e n , T a u s e n t b l a t ) ;
die T. Frankfurt/M. 1687: Herba Millefolium (Millefolia, Stratiotes, Achillea,
Schafgarben, Tausendblatt, Garbenkraut), Aqua (dest.) Millefolii (Schaffgarbenwasser), Sirupus M. (Schaffgarben Syrup). In Ap. Braunschweig 1666 waren vorrätig: Herba millefolii (¹/₄ K.), Aqua m. (1¹/₂ St.), Oleum m. (1 Lot).

Nach Schröder, 1685, ist „Millefolium" unter den Wundmitteln eins der vornehmsten; „in Apotheken hat man die Blätter samt den Blumen. Es trocknet, adstringiert, mit einer gemäßigten Hitze und Bitterkeit, daher taugt es für die Wunden,
Geschwulste und Entzündungen. Innerlich gebraucht man es beim Bluten und allehand Flüssen der Nase, Mutter, des Bauches, Blutspeien, Erbrechen, bei Harnverhaltung, dem Stein, Blutharnen, Gonorrhöa, Hämorrhoiden, Mutterfluß, Wunden etc. Äußerlich dient es gegen Kopfschmerzen, Augenfeller, Nasenbluten, Wunden, Zahnweh (wenn mans kaut oder in Pflastern gebraucht), allzu starkem
Monatsfluß, weißem Mutterfluß, Bauchfluß, zur Heilung der Wunden, Geschwulst der Goldadern, den Bruch, für giftige Stiche, Kontrakturen und Geschwulst des männlichen Gliedes. Etliche gebrauchen das Kraut mit den Blumen
zur Heilung und Präservierung der Pest als ein großes Geheimnis".

Die Ph. Württemberg 1741 beschreibt: Herba Millefolii (Achilleae vulgaris, albi,
Garbenkraut, Schafgarben, Tausendblatt; bei Blutflüssen, Hämorrhoiden; Alexipharmacum, Vulnerarium, Lithontripticum); Aqua (dest.) Millefolii, Essentia M.,
Oleum (dest.) Millefolii. Die Stammpflanze heißt bei Hagen, um 1780: A. Millefolium (Schaafgarbe, Tausendblatt, Garbenkraut).

Millefolium-Drogen blieben im 19. Jh. pharmakopöe-üblich. In Ph. Preußen:
(1799) Herba Millefolii (Schafgarbe, A. Millefolium), Extractum M. (ex Herba
cum Floribus; die Blüten selbst ebenfalls aufgenommen: Flores Millefolii); (bis
1829) Herba und Flores M.; (1846) Flores M. und Folia M.; (1862) nur Folia M. In
DAB 1, 1872: Flores Millefolii (= Summitates M.), Herba M. (= Folia M.), aus
beiden gewonnen Extractum M. Alles drei dann in die Erg.-Bücher (in Erg.-B. 6,
1941, auch Extr. fluidum M.). In der Homöopathie ist „Millefolium - Schafgarbe"
(Essenz aus frischem, blühenden Kraut; Buchner 1840) ein wichtiges Mittel.

Über die Anwendung schrieb Geiger, um 1830: „Man gibt das Kraut und die
Blumen im Aufguß, auch den frisch ausgepreßten Saft gebraucht man als Frühlingskur usw. - Präparate hat man Wasser, Öl und Extrakt ... Ehedem hatte man
noch eine Tinktur und Sirup und nahm Kraut und Blumen zu mehreren Zusammensetzungen". Jourdan, zur gleichen Zeit, gibt über die Wirkungen an: „Reizend, tonisch, krampfstillend, Wundmittel; bei Hysterie, Blähungs- und Hämorrhoidalkolik angewendet".

Hager, 1874, schrieb zu Herba Millefolii des DAB 1: „Man hält den Aufguß für ein magen- und nervenstärkendes Mittel". In Hager-Handbuch, um 1930, steht: „Kraut und Blätter werden in der Volksmedizin bei Hämorrhoidalleiden, Blutungen, Störungen der Menstruation, Leberleiden usw. im Aufguß gebraucht, der Saft des frischen Krautes zu Frühlingskuren". Ähnliches in Hoppe-Drogenkunde, 1958.

(Ptarmica)
Von der Ptarmica des Dioskurides - nach Berendes A. Ptarmica L. - dienen Blätter mit Blüten zu Umschlägen bei Sugillationen unter den Augen, die Blüten bewirken heftiges Niesen. Bock bildet die Pflanze als eine Sorte „Reinfarn" ab; ist anzuwenden wie im Kap. Garb bzw. Gerwel beschrieben [siehe oben].
Die Ph. Württemberg 1741 führt: Herba Ptarmicae vulgaris (Pyrethri germanici, wilder Bertram, Beruffkraut, weißer spitziger Rheinfarn; Sternutatorium). Die Stammpflanze heißt bei Hagen, um 1780: A. Ptarmica (Wilder Bertram, Berufkraut); „die Blumen, das Kraut und Wurzeln (Flor. Hb. Rad. Ptarmicae) haben einen brennend scharfen Geschmack und starken Geruch, und, da die Wurzel in Absicht der Bestandteile der wahren Bertramwurzel sehr ähnlich ist, so wird sie oft statt derselben gesammelt".
Geiger, um 1830, bemerkt zu der Pflanze: „Anwendung wie die übrigen Bertramarten. Nach Linné soll sie gute Dienste gegen Epilepsie leisten". Weiter nach Jourdan, zur gleichen Zeit, wendet man Wurzel und Kraut an; „reizend, bei Zahnschmerz empfohlen. Die Russen wenden es gegen Blutharnen und Mutterblutfluß an. Blätter und Wurzel erregen Niesen".
Nach Hoppe-Drogenkunde, 1958, ist das Kraut (Herba Ptarmicae) „Tonicum, Adstringens".

(Ageratum)
Nach Berendes ist nicht sicher, ob das Ageraton des Dioskurides A. Ageratum L. gewesen ist, besonders ältere Botaniker haben dies angenommen (Abkochung hat brennend erwärmende Kraft; Kraut als Trank treibt Harn, wirkt bei Gebärmutterleiden erweichend).
Bock, um 1550, bildet - nach Hoppe - im Kap. Von Odermeng (nach Agrimonia eupatoria L.) als „Eupatorium Mesue" A. ageratum L. ab (unter Berufung auf Mesue: Wurmmittel). Andere Kommentatoren hatten → Gratiola für das Eupatorium Mesues gehalten. Die Deutung, die Bock gegeben hat, setzte sich jedoch durch:
Die T. Frankfurt/M. 1687 führt: Herba Eupatorium Mesues (Ageratum, Mentha corymbifera minor, Costa minor hortensis, Balsamita minor, frembd Leberkraut, Leberbalsam, kleiner Tostenbalsam), Flores Eupatorii Mesues (Agerati, Leberbalsamkrautblumen), Aqua (dest.) Agerati (Le-

berbalsamwasser), Cineres Eupatorii Mesues (fremd Leberkraut-Aschen), Extractum Eupatorii Mesuae (Agerati, Leberbalsamkraut-Extract), Pilulae de Eupatorio majores Mes. A. (Pillen von Leber-Balsam), Syrupus Eupatorii Mesues, A. (Leberbalsamkraut Syrup), Trochisci de Eupatorii Mesues, A. (Leberbalsam küchlein). In Ap. Braunschweig 1666 waren vorrätig: Herba eupator. Mesuae ($^1/_2$ K.), Conserva agerati (1 lb.).

Ernsting, um 1750, gibt zu Ageratum (= Eupatorium Mesues, c o s t u s hortensis minor, balsamina minor, H e r b a  J u l i a ) zahlreiche deutsche Bezeichnungen an (Leber-Balsam, M a l v a s i r - K r a u t ,  g e l b  K u n i g u n d e n k r a u t u. a.). Bei Geiger, um 1830, wird A. ageratum erwähnt; liefert Kraut mit den Blumen (summitates Agerati, Eupatorii Mesue). Jourdan, zur gleichen Zeit, faßt unter dem Namen  „ G e n i p i “  folgende (hauptsächlich in französischen Pharmakopöen vorkommende) Pflanzen, mit reizender Wirkung, zusammen:
1.) A. Ageratum L. (Leberbalsam, Balsamgarbe, Gartenbalsam); liefert Herba Agerati s. Eupatorii Mesues.

( V e r s c h i e d e n e )
Unter „Genipi" beschreibt Jourdan ferner:
2.) A. moschata L. (Bisamgarbe); liefert Herba Genipi veri.
Diese Art hat in Hoppe-Drogenkunde, 1958, ein Kap.; verwendet werden: 1. die Blüten („Aromaticum"); 2. das Kraut („Aromaticum, Amarum, zur Herstellung des I v a - L i k ö r s ") [aufgenommen in Erg.-Bd. 6, 1941: Herba Ivae moschatae, außer von dieser auch von anderen alpenländischen A.-Arten gesammelt]; 3. das äther. Öl („Zur Bereitung des Iva-Likörs").
3.) A. atrata L. (schwarze Schafgarbe) [beide sind nach Geiger Bestandteil des S c h w e i z e r t e e s ].
Hat bei Hoppe-Drogenkunde ein Kap. (Kraut zur Herstellung des Iva-Likörs).
4.) A. nana L. (falscher Genip); liefert Herba Genipi spurii. [Jourdan erläutert: „Alle drei genannten Arten werden oft eine für die andere genommen. Auch bedienen sich ihrer die Schweizer als Wundmittel"].
Unter den zahlreichen A.-Arten in Dragendorff-Heilpflanzen, um 1900, befindet sich auch A. filipendulina. In der Homöopathie ist „Achillea Eupatorium" (Essenz aus frischem, blühenden Kraut von **A. filipendulina Lam.**) ein weniger wichtiges Mittel.

## Achyranthes

Hessler-Susruta führt A. aspera und A. triandra auf.
Nach Dragendorff-Heilpflanzen, um 1900 (S. 200; Fam. A m a r a n t h a c e a e ), ist von **A. aspera L.** „Wurzel u. Kraut magenstärkend, verdauungsbefördernd,

diuretisch, das Kraut auch gegen Skorpionbiß empfohlen; Samen gegen Wasser-
scheu und Schlangenbiß; die kalireiche Asche gegen Krätze". Bei Hoppe-Drogenkunde, 1958, steht die Pflanze als Adstringens, Diureticum.

In Zander-Pflanzennamen sind, als frühere Bezeichnungen, 2 A.-Arten genannt,
die jetzt der Gattung I r e s i n e zugeordnet werden.

## Aconitum

A c o n i t u m  siehe Bd. II, Anodyna; Antiarthritica; Antirheumatica; Antiseptica; Febrifuga; Putrefacientia;
Sedativa. / III, Essentia Aconiti. / IV, E 26; G 52. / V, Actaea; Doronicum; Eranthis; Helleborus; Paris;
Schoenocaulon.
S t u r m h u t  siehe Bd. IV, E 118.
W o l f s w u r z ( e l )  siehe Bd. V, Actaea; Anthriscus; Helleborus; Ranunculus.

B e r e n d e s-Dioskurides: Kap. Anderes A k o n i t o n , A. Napellus L.
T s c h i r c h-Sontheimer-Araber: - - - A. Napellus + + + A. album; A. neomontanum; A. Pardalianches.
F i s c h e r-Mittelalter: - A. Anthora L. [Schreibweise nach Zander-Pflanzennamen: **A. anthora L.**] - - A. lycoctonum L. = **A. vulparia Rchb.** ( l u p i n u s ,
l u p a r i a ,  h e r b a  a l e x a n d r i n a ) - - - A. Napellus L. ( n a p e l l u s ,
h e r b a  v e n e n o s a ,  r i s i g a l l o ) + + + A. ferox Wallich.
G e i g e r-Handbuch: - A. Anthora - - A. Lycoctonum - - - A. Napellus L. ( E i -
s e n h u t ,  S t u r m h u t ) + + + A. neomontanum H., A. Cammarum Jacq.,
A. variegatum.
H a g e r-Handbuch: - - - **A. napellus L.** (= A. vulgare D. C., Blauer Eisenhut,
Helmkraut) + + + A. ferox Wall.; A. Fischeri Rchb.; A. heterophyllum Wall.
Z i t a t-Empfehlung: **Aconitum anthora (S.); Aconitum vulparia (S.); Aconitum
napellus (S.).**

Dragendorff-Heilpflanzen, S. 224—226 (Fam. R a n u n c u l a c e a e ); Tschirch-Handbuch III, S. 577 uf.;
Gilg-Schürhoff-Drogen: Kap. Der Eisenhut, S. 241—246.

( A n t h o r a )
In der T. Worms 1582 steht Radix A n t h o r a e ( A n t i t h o r a e ,  Z a d u -
r a e ,  Z a d u a r i a e ,  Z e d u r a e ,  Z e d u a r a e ,  Z e d o a r i a e ,  Napelli
Moysi; G i f t h e i l w u r z e l ). Sie steht auch später bis Anfang 19. Jh. (T. Württemberg 1822) in einigen Taxen. Die Ph. Württemberg 1741 führt Radix Anthorae
sive Antithorae florae luteo, Aconiti salutiferi, Giftheilwurzel, H e r t z w u r t -
z e l (Alexipharmacum, gegen Würmer, Kolikschmerzen). Geiger, um 1830, erwähnt die Droge noch als Wurmmittel und als Gegengift gegen die anderen Eisenhutarten. In der Homöopathie ist „Aconitum Anthora - gelber Sturmhut" (Essenz
aus frischer, blühender Pflanze; Reil u. Hoppe) ein wichtiges Mittel geworden.

(A c o n i t u m)
Eisenhutarten waren überall als Giftpflanzen bekannt, wurden aber zunächst
kaum medizinisch benutzt; nach Dioskurides tötet man Wölfe damit. Seit dem
ausgehenden 16. Jh. benutzte man vereinzelt (z. B. T. Worms 1582) Radix Aconiti.
Den Synonymen nach (Radix L y c o c t o n i , C y n o c t o n i , Aconiti lutei,
L u p a r i a e ; W o l f s w u r t z) war dies A. lycoctonum L. Dies ist auch die
Radix Aconiti (Lupariae) der T. Frankfurt/M. 1687. Geiger, um 1830, schreibt
über Radix et Herba Aconiti lutei, daß die alten Völker ihre Pfeile damit vergiftet
haben sollen. Die Drogen werden zum Vertreiben der Läuse beim Vieh, auch gegen
Wanzen und Fliegen angewendet. In der Homöopathie ist „Aconitum Lycocto-
num - Wolfs-Eisenhut" (Essenz aus frischem Kraut) ein wichtiges Mittel geworden.

Der blaue Eisenhut kam erst seit 1762 durch Störck in die Therapie (Herba
Aconiti). Geiger, um 1830, meint, daß Störck vor allem A. neomontanum Willd.
(= A. Cammarum L., A. Stoerkianum Rchb.) benutzt hat. Die Ph. Preußen 1799
leitet Herba Aconiti von A. Napellus et A. Cammarum ab. Nach Meissner, um
1830, hat Störck die Eigenschaft entdeckt, „die Hautperspiration zu vermehren.
Seit dieser Zeit ist nun der Eisenhut von den Ärzten abwechselnd verlassen und
wieder aufgenommen worden"; Verwendung gegen rheumatische und Gicht-
schmerzen, Neuralgien, gegen Epilepsie, Lähmungen, Asthma, Wassersucht; als
Extrakt und Tinktur.
Die Angaben über die Droge veränderten sich mit der Zeit. Herba Aconiti wurden
in Ph. Preußen 1813 abgeleitet von A. neomontanum Koelle; 1827: A. Neomontanum Willd. (= A. Stoerkianum Rchb.); 1846: außerdem bezeichnet als A. Cammarum Haynei. In Ph. Preußen 1862 sind Herba Aconiti ersetzt durch Tubera
Aconiti von A. Napellus L., aus dem Extrakt und Tinktur bereitet wird. So bleibt
es bis DAB 5, 1910. Dann kommt Tubera, Extractum und Tinctura Aconiti ins
Erg.-Buch. Nach Hager, um 1930, ist die Verwendung selten, äußerlich und innerlich bei Neuralgien, Muskelrheumatismus. Hoppe-Drogenkunde, 1958, schreibt
über Verwendung von A. Napellus: 1. die Knolle („A c o n i t i n wirkt innerlich und äußerlich bei Neuralgien und Migräne, bei fieberhaften Erkrankungen,
bei Muskel- und Gelenkrheumatismus, bei Gicht. - In der Homöopathie bei akuten
Entzündungen, Neuralgien, Neuritiden, bei Endokarditis nach Gelenkrheumatismus"); 2. das Kraut („Bei rheumatischen Beschwerden. - In der Homöopathie bei
Herzleiden, Neurasthenie, Fieber"). In der Homöopathie sind „Aconitum - Sturmhut, Eisenhut" (Essenz aus frischer Pflanze; Hahnemann 1811) und „Aconitum
Napellus e radice - Sturmhut, Eisenhut" (Essenz aus frischer Wurzelknolle) wichtige Mittel.

(V e r s c h i e d e n e)
In der Homöopathie sind - außer den bereits genannten - „Aconitum Cammarum
- Blauer Sturmhut" (A. Cammarum L., A. Stoerkianum Rchb.; Essenz aus fri-

schen Wurzelknollen) und „Aconitum ferox - Wilder Sturmhut" (A. ferox Wall.; Essenz aus frischem Wurzelstock) wichtige Mittel, „Aconitum japonicum" (A. japonicum Thumb.; Essenz aus frischem Wurzelstock) wird als weniger wichtiges Mittel geführt. Im Hager, um 1930, sind Tubera Aconiti japonici von A. Fischeri Rchb. abgeleitet.

## Acorus

A c o r u s  siehe Bd. II, Adstringentia; Diuretica; Lithontriptica; Succedanea. / V, Iris.
C a l m u s  siehe Bd. IV, G 1553.
K a l m u s  siehe Bd. IV, E 103, 229; G 957, 1496. / V, Cymbopogon.

H e s s l e r-Susruta: A. calamus.
D e i n e s-Ägypten: **A. calamus L.**
B e r e n d e s-Dioskurides: Kap. A k o r o n, A. Calamus L.; Kap. K a l m u s, Stammpflanze unsicher.
T s c h i r c h-Araber; Fischer-Mittelalter: A. calamus L. (calamus, c a n n a  p e r - s i d i s, c i p a r u s, kalmus; Diosk.: akoron).
G e i g e r-Handbuch: A. Calamus (Kalmus); A. asiaticus Herm.
H a g e r-Handbuch: Kap. Calamus, A. calamus L.
Z i t a t-Empfehlung: **Acorus calamus (S.).**

Dragendorff-Heilpflanzen, S. 102 (Fam. A r a c e a e); Tschirch-Handbuch II, S. 974—977; K. Rüegg, Beitrag zur Geschichte der offizinellen Drogen Crocus, Acorus Calamus und Colchicum (Dissertation), Basel 1936. Nach G. Eis, Was ist ein „Ackermann" [Med. Monatsschr. 9, 622—624 (1962)] sind hiermit auch Composita (Latwergen) gemeint, die man, auf der Basis von Acorus-Wurzeln, für verschiedene Krankheiten mit verschiedenen Zusätzen herstellte.

Nach Berendes wird das Akoron bei Dioskurides als A. calamus L. gedeutet (die Wurzel hat erwärmende Kraft; Abkochung treibt Harn; gegen Lungen-, Brust- und Leberleiden, Krämpfe; für Sitzbäder bei Frauenkrankheiten; Bestandteil von Gegengiften). Außerdem beschreibt Dioskurides einen gewürzhaften Kalmus. Bis ins 16. Jh. hinein herrscht Unklarheit über diese Sorten. Spätmittelalterliche Quellen (Gart) unterscheiden „Acorus" (Beßler, 1959, hält ihn für I r i s  pseud-acorus L.) und „ C a l a m u s  a r o m a t i c u s " (Beßler: „Die Deutung ist noch immer unsicher . . . es handelt sich auf weiten Strecken der Texttradition um eine ‚Literaturdroge' - in der Praxis des Mittelalters wurde wohl das Rhizom von Acorus calamus L. [auch Iris pseudacorus wird genannt] verwandt").
Bei dieser Erklärung ist anzunehmen, daß „Acorus" als Pflanze bekannt und daher auch als Droge eindeutig war (nämlich von Iris pseudacorus). Der nur als Droge eingeführte „Calamus aromaticus" konnte dagegen verschiedener Abstammung sein, dabei auch von der richtigen Kalmuspflanze (A. calamus L.). Diese wurde nach Tschirch-Handbuch als Pflanze erst im 16. Jh. in Deutschland bekannt und

hat sich dann sehr schnell verbreitet. Man kann also damit rechnen, daß neben den eingeführten Calamus aromaticus eine weitere Droge trat, nämlich die Wurzelstöcke der nunmehr einheimischen Kalmuspflanze. Sie wurden, wie die folgenden Quellen zeigen, als Acorus verus (schließlich synonym mit C. aromaticus) bezeichnet und von dem echten, „indischen" C. aromaticus unterschieden.

Nachweis verschiedener Kalmus-Sorten:

Ap. Lüneburg 1475: Außer Radix acori (1 lb.) [→ Iris] gibt es Calamus aromaticus (13 lb., 1 qr.) [daraus bereitet: Diacorum, wovon 1¹/₂ lb. vorrätig waren].

T. Worms 1582: Außer Radix Acori vulgaris [→ Iris] gab es Radix Acori veri (Calamus aromaticus Medicorum vulgo. Die rechte A c k e r w u r t z , fälschlich Kalmuß genannt).

Ap. Braunschweig 1666: Außer Radix acori sylvestris [→ Iris] gab es:

a) Radix acori veri (30 lb.), Pulvis a. (1 lb.), Diacori (11 lb.), Diacori Mesuae (2 lb.), Oxymelli ex a. (3 lb.);

b) Radix calam. aromat. (20 lb.), Pulvis c. aromat. (1¹/₂ lb.), Aqua c. (3¹/₂St.), Condita c. aromat. (50 lb.), Extractum c. (2 lb.), Oleum c. aromat. (10 Lot), Spiritus c. per se (2 lb.), Spir. c. aromat. cum spir. vini (12 St.), Syrup. c. aromat. (4¹/₂ lb.).

c) (unter Aromata:) Calami aromat. veri (2 Lot).

Schröder, 1685, schreibt über „Acorus verus oder Calamus arom. C. B. . . . wird insgeheim in Apotheken Calamus aromaticus genannt, obgleich Calamus arom. ein ganz anderes Kraut ist. Man pflanzt es in Gärten, es wächst auch gern an seichten Orten. In Apotheken hat man davon die Wurzel, gar selten die Blätter; die weiße, bittere, scharfe Wurzel ist die beste. Er stärkt den Magen . . . attenuiert, eröffnet, und gebraucht man ihn am meisten in Verstopfung des Monatsflusses, des Milzes und der Lebern, wie auch in den Grimmen.

Dessen bereitete Stück: 1. Das Wasser aus der mazerierten Wurzel. 2. Der Spiritus. 3. Der eingemachte gemeine Calmus. 4. conficirte Wurzel. 5. Das destillierte Öl, steigt mit dem Wasser herüber. 6. Electuarium Diacorum, Calmus-Latwerge. 7. Der Wurzelextrakt; koch selbe in Wein, drücks aus und inspissirs. Er vermag viel in Grimmen.

Nur dessen Wurzel wird, wie gemeldet, in der Arznei gebraucht. Sie stärkt den Magen und die Brust insonderheit, daher stammt auch des Mesuae Diacorum, welches ein vortreffliches magenstärkendes Mittel in der sauren Rohigkeit ist".

Über Calamus aromaticus Indus führt er aus: „Der wohlriechende Calmus ist ein indianisch Gewächs, von unserm weit unterschieden . . Etliche halten unseren Calamum für den wahren wohlriechenden Calmus. Allein steht derer Beweis auf gar schlechten Füßen. Denn 1. ist der eigentlich so genannte Calamus Dioscoridis ein Rohr und keine Wurzel, unserer aber eine Wurzel. Zum 2. ist der wohlriechende Calmus ein fremdes Gewächs, das in Arabien, Indien und Syrien hervorkommt; unserer aber nicht fremd, sondern einheimisch . . . Dieses Gewächs ist in unseren

Apotheken sehr rahr und nur den röhrichten Blättern nach bekannt, als gebrauchet man auch statt selben den gemeinen Calmus. Er wärmt und trocknet im 2. Grad, man gebraucht ihn meistens in Mutterbeschwerden und Schmerzen der Nerven". Im 18. Jh. ist die Droge vom einheimischen A. calamus L. die übliche Droge, die neben Radix Acori vulgaris [→ Iris] z. B. in Ph. Württemberg 1741 steht als Radix Acori veri (Rad. Calami aromatici Officinarum, Calmus, rechter A c k e r - m a n n; Alexipharmacum, Stomachicum, Carminativum, Balsamicum, Attenuans, Resolvens); Aqua (dest.) Calami aromatici, Conditum C. aromat., Electuarium Diacori, Extractum C. aromat., Oleum dest. C. aromat.

Während Spielmann, um 1780, noch unterscheidet zwischen: Calamus aromaticus (von Acorus Calamus L.) und Acorus Indicus vel Asiaticus (von Acorus Calmus verus L.), beschreibt Hagen, zur gleichen Zeit, nur noch: „Kalmus, Ackerwurzel (Acorus Calamus). Eine Beschreibung von dieser Pflanze würde überflüssig sein. Es werden die Wurzeln (Rad. Acori veri, Calami aromatici) . . . gebraucht". Die Droge blieb bis zum DAB 6, 1926, offizinell. Hager, um 1930, schreibt über die Verwendung: Innerlich als Amarum bei Dyspepsie, Flatulenz in Form von Pulver, Aufguß, Tinktur oder Extrakt; zu Mundwässern und Zahntinkturen; grob ge- schnitten zu Bädern bei Rachitis und Skrofulose.

In der Homöopathie ist „Calamus aromaticus - Kalmus" (Tinktur aus geschältem, getrockneten Wurzelstock) ein wichtiges Mittel.

Über die Stammpflanze der indischen Droge schreibt Geiger, um 1830: „Acorus Calamus ß., Acorus asiaticus Herm. (Sanlei-Kalmus). In Ostindien zu Hause. Eine dem gewöhnlichen Kalmus ganz ähnliche Pflanze, jedoch mit weit dünnerer Wur- zel. Ist wohl nur eine Varietät derselben? - Davon wurde ehedem die Wurzel unter dem Namen rad. S a n l e y seu Sanlay, Acori veri, asiatici durch den Handel zu uns gebracht. Sie ist dünner als der gewöhnliche Kalmus und wird in Scheiben geschnitten in bleiernen Büchsen versendet. Der Geruch ist stärker und lieblicher als von gemeinem Kalmus, ebenso der Geschmack. Ihr teurer Preis läßt sie auch neben dem Kalmus, wohl mit Recht, da sie schwerlich ihn an Kräften viel über- trifft, nicht mehr aufkommen. - Ob dieser oder der gemeine Kalmus der Calamus der Alten war, ist unentschieden, vielleicht wurden beide angewendet". Dragen- dorff-Heilpflanzen, um 1900, bezeichnet diese Pflanze als **A. gramineus Ait.** (= Acorus Calamus Lour., Acorus Calamus ß verus L., A. terrestris Spr.).


## Acrodiclidium

Dragendorff-Heilpflanzen, um 1900 (S. 238; Fam. L a u r a c e a e), nennt 2 brasi- lianische Arten:
1. A. Camara Schomb; Frucht ( C a m a r a n ) gegen Diarrhöe, Kolik, Fluor

albus, Dysenterie. Diese Art erwähnt Hoppe-Drogenkunde, 1958: liefert
G u y a n a - M u s k a t n ü s s e , Camara Nuts.
2. A. chrysophyllum Meissn.; Holz und Rinde als Aromaticum, Desinfiziens, Carminativum, Diureticum, Antirheumaticum.
Bei Hoppe-Drogenkunde ist auch A. Mahuba, von der das Fett der Samen ( M a -
h u b a f e t t ) verwendet wird, genannt; A. puchuri major liefert P i c h u r i m -
n ü s s e .

## Actaea

A c t a e a siehe Bd. V, Cimicifuga; Helleborus.
Dragendorff-Heilpflanzen, S. 223 (Fam. R a n u n c u l a c e a e ).

Fischer-Mittelalter verweist bei **A. spicata L.** auf O s m u n d a regalis ( p i r g i -
t i s , s a n t c h r i s t o f f e l s k r a u t ). Geiger, um 1830, schreibt über A. spicata (gemeines, ährentragendes Christophskraut, W o l f s w u r z e l , falsche
schwarze N i e s w u r z e l ): „Die Wurzel dieser Pflanze wird schon sehr lange
(fälschlich) unter dem Namen schwarze Nieswurzel als Arzneimittel angewendet“;
die Wurzel trägt die Bezeichnungen: Radix Christophorianae, A c o n i t i race-
mosi, H e l l e b o r i nigri falsi. Es ist möglich, daß in T. Frankfurt/M. 1687 unter
der Bezeichnung: Radix Hellebori vulgaris (adulterini P s e u d o h e l l e b o r i
nigri, Helleborastri, C h r i s t w u r t z ) diese Droge geführt wurde. Nach Jourdan, um 1830, wurde Radix Acteae spicatae „ehedem zur Zerteilung der Kröpfe
gebraucht“. In Hagers Handbuch, Erg.-Bd. 1949, ist A. spicata L. aufgenommen,
weil sie in der Homöopathie als „Actaea - Christophskraut“ (Essenz aus frischem
Wurzelstock nebst Wurzel) ein wichtiges Mittel ist. Nach Hoppe-Drogenkunde,
1958, wird von der Pflanze auch das Kraut verwendet.

## Adansonia

Geiger, um 1830, erwähnt **A. digitata L.** ( A f f e n b r o d b a u m , B a o b a b );
Mark der Früchte, mit Wasser, für Schwindsüchtige; Rinde der Früchte in Ägypten gegen Ruhr; die Blätter pulverisieren die Neger und mengen sie als Arznei
unter die Speisen. Nach Dragendorff-Heilpflanzen, um 1900 (S. 427; Fam. B o m -
b a c e a e ; nach Zander-Pflanzennamen: B o m b a c a c e a e ), dient die Frucht
als wichtiges Nahrungsmittel, aber auch zu kühlendem Getränk bei Fieber, bei
Hämoptöe, Ruhr; auch die Samen bei Ruhr, Blätter als Expectorans, Diaphoreticum. Nach Hoppe-Drogenkunde, 1958, wird das Fett der Samen als Speisefett
verwandt.

Ad

## Adenanthera

Nach Dragendorff-Heilpflanzen, um 1900 (S. 295; Fam. L e g u m i n o s a e ), sind von A. pavonina L. (K o r a l l e n b a u m ) „Wurzel emetisch, Blatt und Rinde gegen Rheuma, Verrenkungen, Schlangenbiß, empfohlen". Nach Hoppe-Drogenkunde, 1958, wird das Öl der Samen (Korallenbaumöl) verwendet; der Baum liefert das C o n d o r i h o l z .

## Adenostyles

S o n t h e i m e r-Araber: C a c a l i a alpina.
F i s c h e r-Mittelalter: A. albifrons L. ( f a r f a r a , f a r f a r e l l a , d a r d a n a , c a p s u l a c o r d i s , u n g u l a c a b a l l i n a , t u s s i l a g o , f a r f u g i u m ); A. alpina Kern. ( l u n a r i a ).
G e i g e r-Handbuch: Cacalia alpina ( P e s t w u r z e l ).
Z a n d e r-Pflanzennamen: A. alliariae (Gouan) Kern. (= A. albifrons [L. f.] Rchb.); A. glabra (Mill.) DC. (= A. alpina [L.] Bluff et Fingerh.).

Die in den Bergen wachsenden A.-Arten ( A l p e n d o s t ) hatten örtlich einige Bedeutung, indem sie wie Huflattich (→ Tussilago) benutzt wurden. Nach Dragendorff-Heilpflanzen, um 1900 (S. 659; Fam. C o m p o s i t a e ), wird von der mitteleuropäischen A. viridis Cass. (= A. glabra D. C., Cacalia alpina L.) „Blatt als Mucilaginosum und Expectorans benutzt"; er nennt ferner A. albida Cass. (= A. albifrons Reichb., Cacalia alba L.).
Z i t a t-Empfehlung: Adenostyles glabra (S.); Adenostyles alliariae (S.).

## Adhatoda

Geiger, um 1830, erwähnt 2 Justicia-Arten: 1. J. Adhatoda, von der die Blätter (folia A d h a t o d a e ) offizinell gewesen sein sollen; 2. J. pectoralis (wird als ein Brustmittel gebraucht, und machte einen Bestandteil des Syrop de Charpentier aus). Die erstere heißt bei Dragendorff-Heilpflanzen, um 1900 (S. 617; Fam. A c a n t h a c e a e ), Adhatoda Vasica Nees; „Blatt Antispasmodicum, Antisepticum, Antiasthmaticum, Expectorans, Insecticidum, Fischgift"; die andere Art heißt bei Dragendorff D i a n t h e r a pectoralis Gmel.; „Kraut gegen Brustleiden und als Wundmittel".
In Hoppe-Drogenkunde, 1958, ist nur aufgeführt: Adhatoda vasica (Blätter als Antispasmodicum, Expectorans). In der Homöopathie ist „Justicia Adhatoda" (Essenz aus frischen Blättern) ein weniger wichtiges Mittel. Schreibweise um 1970: A. vasica Nees.

# Adianthum

A d i a n t h u m  siehe Bd. II, Diuretica; Lithontriptica; Maturantia; Quinque Herbae capillares. / V, Asplenium; Athyrium; Currania; Polytrichum.

F r a u e n h a a r  siehe Bd. II, Aperientia. / IV, C 52. / V, Asplenium; Polytrichum.

C a p i l l u s  V e n e r i s  siehe Bd. IV, E 326.

G r o t-Hippokrates, B e r e n d e s-Dioskurides (Kap. F r a u e n h a a r ), S o n t - h e i m e r-Araber: [Schreibweise nach Zander-Pflanzennamen:] **A. capillus-veneris L.**

F i s c h e r-Mittelalter: A. capillus Veneris L. cf. P o l y t r i c h u m  ( c a p i l - l u s  v e n e r i s ,  a l g o n ,  a n g i l l u s ,  c e n t u m  m i l i a ,  c i r c i n a l i s , s t e i n f a r e n ,  j u n k f r a w e n h a r ;  Diosk.: adianton, polytrichon, t r i - c h o m a n e s ,  c i n c i n a l i s ,  t e r r a e  c a p i l l u s ,  s u p e r c i l i u m  t e r - r a e ).

H o p p e-Bock: Kap. F r a w e n h a a r , A. capillus veneris L.

G e i g e r-Handbuch: A. capillus ( K r u l f a r r e n ); **A. pedatum L.** (kanadisches Frauenhaar).

H a g e r-Handbuch: A. capillus Veneris L. ( V e n u s h a a r , Frauenhaar); A. peltatum L. (Krüllfarn; Herba Adianti canadensis) u. a. Spec.

Z i t a t-Empfehlung: **Adiantum capillus-veneris (S.); Adiantum pedatum (S.).**

Dragendorff-Heilpflanzen, S. 53 uf. (Fam. P o l y p o d i a c e a e ; nach Zander-Pflanzennamen: A d i a n - t a c e a e ).

Das Frauenhaar ist ein Farn - in Deutschland nicht heimisch -, dessen Kraut eine wichtige Droge war. Nach Dioskurides wird eine Abkochung genommen bei Asthma, Engbrüstigkeit, Gelbsucht, Milzkrankheit, Harnverhaltung, Steinleiden, Durchfall; gegen Biß giftiger Tiere; befördert Menstruation, hemmt Blutauswurf; äußerlich gegen Drüsenschwellung, Haarausfall usw.

In Ap. Lüneburg 1475 waren 5 lb. Capilli Veneris vorrätig. Die bis zum 18. Jh. üblichere Bezeichnung der Droge ist Herba Adianti nigri. Synonyme: (T. Worms 1582) Polytrichon, C a l l i t r i c h o n ,  E b e n o t r i c h o n , Circinnalis, Supercilium terrae, Capillus Veneris, Herba capillaris, Capillus terrae, Venushaar, Frauenhaar, Jungfrauenhaar; in Ph. Württemberg 1741 nur noch Herba Adianti nigri = Capilli Veneris (Incidans, Attenuans, Pulmoniacum, Diureticum; man bereitet daraus den berühmten Syrop capillaire); Syrupus Capillorum Veneris compositus. In Ap. Braunschweig 1666 waren vorrätig: Herba cap. ven. (1 K.), Aqua c.v. ($^1/_2$ St.), Pulvis c.v. ($1^1/_4$ lb.), Syrupus c.v. (12 lb.).

Anfang 19. Jh. weiß man über die Wirkungen der Droge nicht mehr viel zu berichten. Geiger schreibt darüber: „Man gibt das Kraut im Aufguß. Präparate hat man: den Syrup (Syrupus Capillorum veneris); ferner ist es Bestandteil des Augsburger Brusttees (Species pectorales Augustanorum)". Einige deutsche Pharmakopöen führen die Droge weiter; sie kommt nicht ins DAB, aber in die Erg.-

Bücher bis zur Gegenwart. Hager, um 1930, gibt als Anwendung an: Als reizmilderndes, die Absonderung der Schleimhäute beförderndes Mittel bei Erkrankungen der Luftröhren; in Brusttee. Hoppe-Drogenkunde, 1958, Kap. A. capill-
lus Veneris, schreibt über Verwendung der getrockneten Wurzel: „Expectorans.
Adstringens, bes. in der Volksheilkunde. - In der Homöopathie [dort ist „Adiantum capillus Veneris" (Essenz aus frischer Pflanze) ein weniger wichtiges Mittel]
bei Erkrankungen der Atmungsorgane".

Als eine zweite Adiantum-Art nennt Geiger, um 1830, A. pedatum. Schon Hagen,
um 1780, weist bei dem obigen Kraut daraufhin: „Statt dieses wird in einigen aus-
wärtigen Apotheken das Amerikanische Frauenhaar (Herba Adianthi, Adianthi
Americani seu Canadensis, Capilli veneris Canadensis), welches besser am Ge-
schmacke sein soll, gehalten. Es wird vom Adianthum pedatum, das in Kanada
und Virginien wächst, und wie ein Strauch aussieht, gesammelt". Auch im Hager,
um 1930, wird auf diese Droge und weitere Adiantum-Arten, die entsprechend
A. capillus veneris verwendet werden, hingewiesen.


# Adonis

A d o n i s  siehe Bd. II, Cordialia; Diuretica. / IV, Register; G 57. / V, Helleborus; Knowltonia; Papaver.

B e r e n d e s-Dioskurides: Kap. A r g e m o n e , A. autumnalis L.
F i s c h e r-Mittelalter: A. vernalis L. ( e l l e b o r u s  niger, m e l a m p o -
d i u m ).
H o p p e-Bock: Kap. F e l d r ö ß l i n , A. aestivalis L.; Kap. A n e m o n e -
r ö ß l i n , A. autumnalis L.; Kap. Schwartz N i e ß w u r t z , A. vernalis L.
G e i g e r-Handbuch: A. vernalis ( F r ü h l i n g s - A d o n i s , falsche böhmische
Nieß- oder C h r i s t w u r z e l ); A. autumnalis (Herbst-Adonis); A. aestivalis
(Sommer-Adonis).
H a g e r-Handbuch: Kap. Adonis, **A. vernalis L.** (= A. apennina Jacq.); **A. aesti-
valis L.** (= A. miniatus Jacq.); A. autumnalis L. [Schreibweise nach Zander-Pflan-
zennamen: **A. annua L. emend. Huds.**] und **A. flammea Jacq.**
Z i t a t-Empfehlung: **Adonis vernalis (S.); Adonis aestivalis (S.); Adonis annua
(S.); Adonis flammea (S.).**

Dragendorff-Heilpflanzen, S. 229 (Fam. R a n u n c u l a c e a e ).


Die Identifizierung der Argemone des Dioskurides als A. autumnalis ist nicht
sicher (Blätter als Umschlag gegen Entzündungen). Nach Geiger, um 1830, „waren
ehedem Blumen und Samen (flores et semen Adonidis) officinell"; gegen Steinbeschwerden. Nach Hager, um 1930, kamen Flores und Semina Adonidis seu
H e l l e b o r i Hippocratis von A. autumnalis L. u. A. flammea Jacq.

Eine wichtigere Art ist A. vernalis. Nach Hoppe deutet Bock diese Pflanze als Helleborus-Art und führt danach die Indikationen auf. Auch Geiger, um 1830, berichtet, daß die Pflanze mit schwarzer Nießwurzel verwechselt und ihre Wurzel (Radix Adonis, Radix Hellebori Hippocratis) als solche benutzt wurde; spezielle Wirkungen kennt er nicht. Um 1890 wurde die Herzgiftwirkung bekannt. Aufnahme von Herba Adonidis vernalis und Fluidextrakt daraus in Erg.-B. 3, 1906, später auch Tinctura Adonidis. In der Homöopathie ist „Adonis vernalis - T e u - f e l s a u g e " (Essenz aus frischer Pflanze) ein wichtiges Mittel.
Zu erwähnen ist noch A. aestivalis. Bock bildet sie als Feldanemone ab, ohne nähere Angaben. Geiger, um 1830, und Hager, um 1930, erwähnen Herba Adonidis aestivalis. Die Pflanze liefert in der Homöopathie (Essenz aus frischer, blühender Pflanze) ein weniger wichtiges Mittel.

## Adoxa

Bock, um 1550, beschreibt im Kap. H o l w u r z eine Wald R a u t t e n , die nach Hoppe als **A. moschatellina L.** zu deuten ist. Sie wird bei Geiger, um 1830, beschrieben; A. moschatellina ( B i s a m - K r a u t , Bisam-Hahnenfuß) „wurde früher als Arzneimittel gebraucht . . . Offizinell ist: Die Wurzel (rad. M o s c h a - t e l l i n a e ) . . . Man hat sie ehedem als ein auflösendes Mittel gebraucht". Nach Dragendorff-Heilpflanzen, um 1900 (S. 643; Fam. A d o x a c e a e ), wird die Wurzel als Resolvens benutzt.
Z i t a t-Empfehlung: **Adoxa moschatellina (S.).**

## Aegle

Nach Dragendorff-Heilpflanzen, um 1900 (S. 360; Fam. R u t a c e a e ), wurden von der ostindischen A. Marmelos Corr. Wurzel und Rinde gegen Verdauungsbeschwerden, Blatt und Blüte als Antispasmodicum, Fruchtfleisch als Tonicum gebraucht; liefert Gummi, soll das Bull des I. el Baithar sein. Die Pflanze hat ein Kapitel bei Hoppe-Drogenkunde, 1958: die Frucht (Fructus Belae indicae, B e l a - f r ü c h t e , I n d i s c h e Q u i t t e n ) wirkt als Adstringens; in Indien besonders Gebrauch gegen Diarrhöe und Dysenterie; frische Früchte wohlschmeckendes Obst. Schreibweise nach Zander-Pflanzennamen: **A. marmelos (L.) Correa.**
Z i t a t-Empfehlung: **Aegle marmelos (S.).**

## Aegopodium

Hoppe-Bock führt im Kap. M e i s t e r w u r t z als „das Wild Geschlecht" **A. podagraria L.**; noch einmal an anderer Stelle als „Wild Unkraut in den Gärten".

Ae

In Geiger-Handbuch, um 1830, wird S i s o n  podagraria Sper. (= A. podagraria L., Geisfuß, Giersch) erwähnt; einstiger Gebrauch der Herba P o d a g r a r i a e (gegen Podagra). Nach Dragendorff-Heilpflanzen, um 1900 (S. 488; Fam. U m - b e l l i f e r a e ), dient das Kraut als Wundmittel. In der Homöopathie ist „Aegopodium Podagraria" (Essenz aus frischer, blühender Pflanze) ein wichtiges Mittel.

Z i t a t-Empfehlung: **Aegopodium podagraria (S.).**

## Aesculus

A e s c u l u s  siehe Bd. II, Febrifuga; Succedanea.
H i p p o c a s t a n u m  siehe Bd. IV, G 624, 947.
Zitat-Empfehlung: *Aesculus hippocastanum (S.); Aesculus glabra (S.).*
Dragendorff-Heilpflanzen, S. 405 uf. (Fam. H i p p o c a s t a n a c e a e ).

**A. hippocastanum L.** (= H i p p o c a s t a n u m  vulgare Gärtn.), in Asien heimisch, war nach Geiger (1830) noch keine 300 Jahre in Europa bekannt; „die Rinde wurde 1733 zunächst von Zanichelli als ein Fiebermittel angepriesen und später hielt man sie für Surrogat der China, was jetzt nicht mehr der Fall ist". Die Ph. Württemberg 1741 führt unter Früchten: Hippocastanum vulgare ( C a s t a n e a equina; Errhinum, das Serum zur Nase herausführt, lindert Kopfschmerzen); außerdem Cortex Hipposcastani (anstelle von Chinarinde zu verwenden). In den preußischen Pharmakopöen ist die Rinde bis 1829 offizinell. Im Hager, um 1930, sind im Kap. Aesculus verzeichnet: Cortex Hippocastani und Semen Castaneae equinae (bei diesen erwähnt er, daß sie Schnupfpulvern zugesetzt werden). In der Homöopathie sind wichtige Mittel: „Aesculus - R o ß k a s t a n i e" (A. Hippocastanum L.; Essenz aus frischen, geschälten Samen); „Aesculus Hippocastanum e Floribus - Roßkastanie" (Essenz aus frischen Blüten); Aesculus glabra" (**A. glabra Willd.**; Essenz aus frischen, geschälten Samen; Douglas 1860).

## Aethusa

A e t h u s a  siehe Bd. V, Cicuta; Meum.

Nach Fischer kommt **A. cynapium L.** in mittelalterlichen Quellen vor ( a p o l - l o n o n i a , a p i u m  r u s t i c u m , a m a r u s c a , d a u c u s , s c h e r l i n g , g e i s s l i , h u n d e n d i l l e , h u d e s t i l ). Bock, um 1550, beschreibt - nach Hoppe - im Kap. Von P e t e r l i n , die Pflanze (Gleyß, ein vicium des Peterlins), ohne Deutung in antiker Literatur und Anwendungsangabe. Nach der Beschreibung Geigers, um 1830, ist von A. Cynapium ( G a r t e n g l e i s s e , H u n d s - p e t e r s i l i e , S c h i e r l i n g ) „eigentlich nichts" offizinell, „man benutzt je-

doch das Kraut zu beruhigenden Überschlägen. In Ungarn gebraucht man den ausgepreßten Saft als Diureticum beim Nierengries". Entsprechendes bei Dragendorff-
Heilpflanzen, um 1900 (S. 491; Fam. U m b e l l i f e r a e ). In der Homöopathie
ist „Aethusa" (Essenz aus frischer, blühender Pflanze; Hahnemann 1811) ein wichtiges Mittel.

Z i t a t-Empfehlung: **Aethusa cynapium (S.).**

## Aframomum

G r a n a  P a r a d i s i  siehe Bd. II, Aromatica.

T s c h i r c h-Sontheimer-Araber: A m o m u m  Granum Paradisi.
F i s c h e r-Mittelalter: Amomum granum paradisi (amomum, paum amcium).
G e i g e r-Handbuch: Amomum Granum Paradisi L.
H a g e r-Handbuch: Amomum melegueta Rosc. (= Amomum grana paradisi
Afzel).
Z a n d e r-Pflanzennamen: **A. melegueta (Rosc.) K. Schum.** ( P a r a d i e s k ö r -
n e r p f l a n z e ).
Z i t a t-Empfehlung: **Aframomum melegueta (S.).**

Dragendorff-Heilpflanzen, S. 144 uf. (unter Amomum; Fam. Z i n g i b e r a c e a e ).

Die Verwendung von Paradieskörnern ist in arab. und mittelalterl. Quellen belegt. In Ap. Lüneburg 1475 waren 3 lb. Granorum paradisi vorrätig. In T. Worms
1582 heißt die Droge C a r d a m o m u m  arabum maius ( M e n i g e t a , M a -
l a g r e t a , M e l l i g e t a , S a c o c o l l a , Granum paradisi officinarum, B a -
r i ß - oder P a r i ß k o r n ); so auch in T. Frankfurt/M. 1687. In Ap. Braunschweig 1666 waren vorrätig: Granor. paradisi (30 lb.), Pulvis granor. paradisi
(1 lb.).
Die Ph. Württemberg 1741 verzeichnet unter Aromata: G r a n a  P a r a d i s i
(Cardamomum Maximum, Malaguette, Paradißkörner; Calefaciens, Incidans). Die
Stammpflanze heißt bei Hagen, um 1780: Amomum Grana Paradisi; „da man
vorgibt, daß der Fruchtbalg, worin sie [die Samen] enthalten sind, die Größe eines
Taubeneies haben soll, so hat man ihnen auch den Namen Cardamomum maximum gegeben". Geiger, um 1830, meldet: „Gegenwärtig werden sie kaum mehr
als Arzneimittel gebraucht. Man bedient sich ihrer leider noch zur Verfälschung
des E s s i g s , um ihm einen scharfen Geschmack zu geben". Die Droge ist noch
in Hager-Handbuch, um 1930, beschrieben ( S e m e n  P a r a d i s i , P i p e r  melegueta, G u i n e a k ö r n e r ); „Anwendung. Selten, als Gewürz". Entsprechende Angaben macht Hoppe-Drogenkunde, 1958, im Kap. Aframomum Melegueta.

## Agave

Agave siehe Bd. IV, G 957.
Zitat-Empfehlung: *Agave americana (S.)*.

Nach Geiger, um 1830, sind in einigen Gegenden die Wurzelfasern ( M a g l e y -
w u r z e l n , Radix Agavis) von A. americana ( A l o e b a u m ) im Gebrauch;
Verwendung wie Sarsaparille. Nach Dragendorff-Heilpflanzen, um 1900 (S. 134;
Fam. A m a r y l l i d e a e ; nach Zander-Pflanzennamen: A g a v a c e a e ), der
16 A.-Arten aufführt, verwendet man von **A. americana L.** (= A. Millieri Hav.,
A. virginica Mill.) „Wurzel (Magney) gegen Syphilis, die Rindenschicht der Blätter etc. enthält hautrötende Substanz, die gegen Rheuma, auch als Insecticidum
etc. gebraucht wird, Blätter selbst diuretisch. Aus den Blattknospen etc. wird
Getränk - P u l q u e - und Branntwein bereitet". In der Homöopathie ist
„Agave americana - Hundertjährige Aloe" (Essenz aus frischen Blättern; Hale
1867) ein wichtiges Mittel.

## Agrimonia

Agrimonia siehe Bd. II, Antihysterica; Resolventia; Vulneraria. / IV, A 25; C 34. / V, Eupatorium;
Potentilla; Verbena.

B e r e n d e s-Dioskurides: Kap. O d e r m e n n i g (Eupatorion), A. Eupatoria L.
T s c h i r c h-Sontheimer-Araber: A. Eupatorium.
F i s c h e r-Mittelalter: A. Eupatoria L. (agrimonia, s a r c o c o l l a , c o n c o r -
d i a , a r m o r i c a , b i b e n a , p e r i s t e r o n , s a g i u m , m i l i t a r i s ,
a n t e r i o n , f e r r a r i a m i n o r , m a r m o r e l l a , v o l u c r u m m a -
j u s ).
H o p p e-Bock: Kap. Odermeng, **A. eupatoria L.**
G e i g e r-Handbuch: A. Eupatoria (Odermennig, A c k e r m e n n i g , S t e i n -
w u r z e l , H e i l a l l e r W e l t ).
H a g e r-Handbuch: A. Eupatoria L.; A. odorata Ait.
Z i t a t-Empfehlung: **Agrimonia eupatoria (S.).**

Dragendorff-Heilpflanzen, S. 280 (Fam. R o s a c e a e ).

Bock, um 1550, nennt - nach Hoppe - übereinstimmend mit Dioskurides die Indikationen: Dekokt des Krautes bei Leberleiden, Koliken; Blätter mit Schmalz auf
schlechtheilende Wunden und Narben; gebranntes Wasser gegen Husten, Gelbsucht,
Fieber u. a. Nach Dioskurides hilft die Pflanze auch gegen Schlangengift.
In Ap. Lüneburg 1475 waren zahlreiche Produkte mit der Bezeichnung E u p a -
t o r i u m vorrätig [→ Eupatorium], die zum Teil auch auf A. eupatoria L. bezogen werden müssen. In T. Worms 1582 stehen: [unter Kräutern] Eupatorium
Dioscoridis, mit dem Verweis auf Agrimonia ([dort steht:] Eupatorium Graeco-

rum, H e p a t o r i u m , H e p a t i t i s , Agrimonii, Odermennig, K ö n i g s - k r a u t , L e b e r k l e t t e n , B r u c h w u r t z ); Succus Agrimoniae (Eupatorij, Odermenigsafft), Aqua (dest.) A. (Eupatorii, Odermenigwasser).

In T. Mainz 1618 wird Agrimonia offic. (Odermennig) abweichend als „Eupatorium Mesues" bezeichnet (was nach der Wormser Taxe Gratiola ist).

In T. Frankfurt/M. 1687 stehen: Herba Agrimonia (Agrimonium, Eupatorium Graecorum. Odermennig, Agermennig, Bruchwurtz, Leberkletten); Aqua (dest.) A. (Odermennig wasser), Extractum A. (Odermennig-Extrakt). In Ap. Braunschweig 1666 waren vorrätig: Herba agrimoniae (2 K.), Aqua a. (1 St.), Conserva a. (2¹/₄ lb.), Essentia a. (13 Lot), Extractum a. (10 Lot), Syrupus a. (4 lb.).

Schröder, 1685, erklärt zu Agrimonia [das bei ihm auch als Eupatorium Graecorum oder veterum bezeichnet wird]: „In Apotheken hat man dessen Blätter und obere Spitzen. Es ist eine treffliche Leber-Arznei, taugt der Milz und den Wunden, wärmt und trocknet im 2. Grad, ist dünnen Wesens, eröffnet, detergiert, adstringiert in etwas, stärkt die Leber und verhütet deren Fluß, darum man es in Leberkrankheiten, z. B. der Wassersucht, Cachexie etc. zum öfteren gebraucht. Äußerlich dient es auch zu Bädern und Waschungen. Es ist ein sonderbares Magenmittel ... Die aus diesem Kraut bereiteten Wund-Tränke taugen bei der Franzosenkrankheit sehr wohl; die Bähungen des Krautes lindern gleichfalls die nächtlichen Schmerzen der Glieder. In Bädern und Waschungen taugt es zu verrenkten Gliedern"; bereitete Stücke sind: 1.) Das destillierte Wasser; 2.) Der Saft aus den Blättern und Blumen; 3.) Der Syrup aus dem Saft; 4.) Das Salz aus der Asche des ganzen Gewächses.

Die Ph. Württemberg 1741 führt Herba Agrimoniae ( L a p p u l a e hepaticae, Eupatorii veterum, Hepatorii, Odermennig, Leberkletten, Steinwurtz; Vulnerarium, bei Leber- und Milzleiden).

Nach Geiger, um 1830, wird die Pflanze nicht mehr gebraucht; „in Amerika gibt man aber noch die Wurzel als magenstärkendes Mittel, bei Fiebern usw.". Herba Agrimoniae stehen wieder im Erg.-B. 6, 1941. Nach Hager, um 1930, werden sie als Volksmittel bei Leber- und Magenleiden angewandt. Hoppe-Drogenkunde, 1958, schreibt über die Verwendung von A. eupatoria: „Adstringens. Bei Leber-, Magen- und Gallenleiden, bes. bei Gallen- und Nierensteinen, bei Verdauungsbeschwerden mit Durchfall. Gegen Bettnässen. - Gurgelmittel. - Zu Umschlägen bei Geschwüren. - In der Homöopathie. - In der Veterinärmedizin".

## Agropyron

G r a m e n siehe Bd. II, Aperientia; Lithontriptica. / V, Carex; Cynodon; Digitaria; Glyceria; Nardostachys; Phalaris; Polygonum.

Q u e c k e siehe Bd. II, Aperientia. / IV, E 26, 235; G 1545, 1789. / V, Avena; Calamagrostis; Carex; Lolium.

G r a s siehe Bd. V, Carex; Cynodon; Glyceria; Hordeum.

T s c h i r c h-Sontheimer-Araber: T r i t i c u m repens.

F i s c h e r-Mittelalter: Agropyrum repens P. B. ( i n t y b a , b l e t u s , b l e - c u s , g r a m e n d i u r e t i c u m , g e r m e n , n e r g u s , n e g e r , s t i e r , q u e c c a , q u e k e ).

H o p p e-Bock: Agropyrum repens Pal. ( Q u e c k e ).

G e i g e r-Handbuch: Triticum repens ( Q u e c k e n - W a i z e n , Queckengras, H u n d s g r a s ).

H a g e r-Handbuch: Agropyrum repens Beauvais ( = Triticum repens L.).

S c h m e i l-Flora: **A. repens (L.) P. B.**

Z i t a t-Empfehlung: **Agropyron repens (S.).**

Dragendorff-Heilpflanzen, S. 87 (Fam. G r a m i n e a e ); Tschirch-Handbuch II, S. 224.

Bock, um 1550, gibt als Indikationen für die Quecke an: Wurzel, in Wein gesotten, treibt Würmer, ist eine bewährte Kinderarznei; die Samen äußerlich bei Haut-erkrankungen, Geschwüren, Hüftweh. Fuchs, zur gleichen Zeit, bezieht sich beim „ G r a s " auf die Agrostis des Dioskurides ( → C y n o d o n ). Es ist aber - nach Tschirch - anzunehmen, daß „Gramen" in den Ländern nördlich der Alpen stets die Quecke war.

Die Ap. Lüneburg 1475 enthielt ¹/₂ lb. Radix Graminis. In T. Mainz 1618 sind ver-zeichnet: [unter Herbae] Gramen (Queckengrass), und Radix Graminis ( W u r m - g r a s s , Queckengrasswurzel). In Ap. Braunschweig 1666 waren vorhanden: Rad. graminis (6 lb.), Aqua g. (2 St.). Die Ph. Württemberg führt Radix Graminis (gra-minis arvensis, loliacii, radice repente, graminis canini, Graßwurtzel, Queckenwur-zel, Hundsgraß; Aperiens; Diureticum, Anthelminticum).

Hager, um 1780, nennt wie Geiger und spätere, als Stammpflanze Triticum re-pens. So Ph. Preußen 1799 bei Radix Graminis albi (Quecken, P ä d e n ; aufge-nommen ist noch Extractum Graminis liquidum = Mellago Graminis). In Ph. Preußen 1862 heißt die Droge: Rhizoma Graminis, von A. repens Beauvais. So auch DAB 1, 1872; im DAB 2 wieder Triticum repens; dann Erg.-Bücher (A. re-pens).

Über die Anwendung schreibt Geiger, um 1830, daß man die Abkochung als Ge-tränk gibt, als Präparat hat man das Extrakt. Auch Jourdan, zur gleichen Zeit, bemerkt nur: „Im Allgemeinen wirken die Queckentisanen nur durch das in ihnen enthaltene Wasser und in dieser Beziehung ist es gut, da es ein Volksmittel geworden ist". Hager, im Kommentar zum DAB 1 (1874): „Die Quecke ist gewiß an der Bestimmung, als Medikament gebraucht zu werden, höchst unschuldig". Hagers Handbuch, um 1930: „Anwendung. Als lösendes und blutreinigendes Mit-tel zu Teemischungen". Hoppe-Drogenkunde, 1958: „Diureticum, auch in der Homöopathie. Reizmilderndes Mittel bei Erkrankungen der Harnwege. Bei rheu-matischen Erkrankungen". In der Homöopathie ist „Triticum repens" (Essenz aus frischer Wurzel) ein weniger wichtiges Mittel.

# Agrostemma

Agrostemma siehe Bd. V, Lolium; Lychnis.

B e r e n d e s-Dioskurides: Kap. Wilde N e l k e , A. Githago L. (= G i t h a g o segetum Desf.).
F i s c h e r-Mittelalter: A. Githago L. ( g i t h , n i g e l l a , z y z a n i a , r a t e n , rote Kornpluomen; Diosk.: l y c h n i s agria, i n t y b u s agrestis).
H o p p e-Bock: **A. githago L.** (Groß R a d e n ).
G e i g e r-Handbuch: Lychnis Githago Scop. (= A. Githago L.; K o r n r a d e , K o r n n e l k e , schwarzer A c k e r k ü m m e l ).
Z i t a t-Empfehlung: **Agrostemma githago (S.).**

Dragendorff-Heilpflanzen, S. 207 (unter Lychnis; Fam. C a r y o p h y l l a c e a e ).

Nach Berendes wird die Wilde Lychnis des Dioskurides mit A. Githago L. identifiziert (Same führt Galle durch den Bauch ab; gegen Skorpionstiche). Bock, um 1550, bildet die Pflanze als eine der Raden ab; wie die anderen dient sie mit ihrem Samen der Wundarznei (zu Bähungen, die harte Glieder und Nerven erweichen). Bei Haller, um 1750, steht: „Agrostemma Linn., ist die Lychnis segetum major, die sog. Rade oder T r e s p e unter dem Korn". Geiger, um 1830, erklärt: „Offizinell ist: Die Wurzel, Kraut und Samen (radix, herba et semen Githaginis, Nigellastri seu Lolii officinarum) . . . Die Wurzel gab man sonst gegen Blutflüße und in vielen Krankheiten. Pauli und Sennert wollen Wunderkuren damit verrichtet haben. In ähnlichen Fällen, auch bei Hautausschlägen, Geschwüren usw. gebraucht man das Kraut; den Samen in der Gelbsucht, als harntreibendes Mittel, gegen Spulwürmer usw. Jetzt sind diese Teile absolet".
Die Samen von A.githago L. werden nach Hoppe-Drogenkunde, 1958, als Diureticum, in der Homöopathie bei Gastritis, Tenesmen und Lähmungen verwandt. Giftdroge!
In der Homöopathie ist „Agrostemma Githago" (Tinktur aus reifen Samen) ein weniger wichtiges Mittel.

# Ailanthus

Unter den 4 A.-Arten, die Dragendorff-Heilpflanzen, um 1900 (S. 365 uf.; Fam. S i m a r u b e a e ; nach Zander-Pflanzennamen: S i m a r o u b a c e a e ), aufführt, befindet sich A. glandulosa Desf.; Rinde und Blätter gegen Dysenterie, Bandwurm etc. Diese Art hat in Hoppe-Drogenkunde, 1958, ein Kapitel mit entsprechenden Angaben. Bezeichnung nach Zander: **A. altissima (Mill.) Swingle.** In der Homöopathie ist „Ailanthus glandulosa - G ö t t e r b a u m " (Essenz aus frischen Sprossen, Blüten, junger Rinde; Hale 1873) ein wichtiges Mittel.

## Ajuga

Chamaepitys siehe Bd. II, Abstergentia; Diuretica; Emmenagoga; Hepatica; Quatuor Aquae. / V, Teucrium.
Chamaepiteos siehe Bd. V, Solanum.
Chamaipitys siehe Bd. V, Ajuga; Thymelaea.

B e r e n d e s-Dioskurides: - Kap. Chamaipitys, A. Iva Schreb. (= T e u c r i u m Iva L.) (oder A. Chamaepytis?); Kap. Andere C h a m a i p i t i s , A. Iva Sibth.?, A. chia L.?

T s c h i r c h-Sontheimer-Araber: A. Chamaepitys.

F i s c h e r-Mittelalter: - A. chamaepitys Schreber ( c a m a e p i t e o s , q u e r - c u l a minor, e p i t h y m u m , d i c t a m n u s niger, romanella, clayn g a - m a n d e r , schwartz l i p w u r t z ); dazu A. Iva Schreb. (im Süden!) - - A. reptans L. cf. Brunella ( b u g u l a , c o n s o l i d a media, herba vulneratoris, h e r - b a L a u r e n t i i , l a u r e n t i a n a , humela, w u n t c r u t , guldingunsel).

B e ß l e r-Gart: - Kap. Camepitheos, **A. chamaepitys (L.) Schreb.**
( Y e l e n g e r y e l i e b e r , g u n d r a m ); im Süden auch *A. iva Schreb.*

H o p p e-Bock: - Kap. Von feld C y p r e s s e n , A. chamaepitys Schr. (Das drit chamepitys) - - Kap. Von B r a u n e l l e n , **A. reptans L.** (Gulden Gunsel, Die erst Braunell) + + + **A. genevensis L.**

G e i g e r-Handbuch: - A. Chamaepitys Schr. (= Teucrium Chamaepitys L.; S c h l a g k r a u t , Feldcypresse, Ackergünsel) -- A. reptans (kriechender G ü n - s e l , Wiesengünsel, Z a p f e n k r a u t ) - - - **A. pyramidalis L.** (gülden Günsel, Gukguks-Günsel, Berggünsel).

Z i t a t-Empfehlung: **Ajuga chamaepitys (S.); Ajuga reptans (S.); Ajuga genevensis (S.); Ajuga pyramidalis (S.).**

Dragendorff-Heilpflanzen, S. 570 (Fam. L a b i a t a e ).

Die eigentliche Chamaipitys des Dioskurides - er beschreibt noch eine andere - wird für eine A.-Art gehalten (Blätter gegen Gelbsucht, Ischias, Leber- und Milz-leiden, Harnverhaltung, Leibschneiden; Antidot, Purgans; zu Umschlägen bei Ver-härtungen der Brüste, als Vulnerarium).

Bock, um 1550, bildet mehrere A.-Arten in verschiedenen Kapiteln ab, seine Zu-ordnungen zu Dioskurides-Kapiteln sind unsicher (für A. chamaepitys gibt er keine speziellen Indikationen, für A. reptans mehrere innerliche und äußerliche Verwendungen des gebrannten Wassers, so bei Eingeweideleiden, entzündeten Wunden, Mundgeschwüren). Im offiziellen Gebrauch treten 2 Arten heraus: Chamaepithyos (d. i. A. chamaepitys (L.) Schreb.) und Consolida media (d. i. vor allem A. pyramidalis L., auch A. reptans L.).

( C h a m a e p i t h y o s )
Die T. Worms 1582 führt: [unter Kräutern] Chamaepitys (Aiuga, A b i g a , Iua, I u a A r t h r i t i c a , Iua Arthetica officinarum, T h u s t e r r a e Plinii,

Herba Apoplectica, Erdkyfer, Erdpin, Schlagkreutlen); Aqua (dest.) Chamaepithyos (Iuae arthriticae, Erdkifer oder Schlagkreutlenwasser); die T. Frankfurt/M. 1687 [unter köstlicheren Kräutern] Herba Chamaepithys (Ajuga, Abiga, Arthetica, Arthritica, Iva arthetica, Erdpin, Jelänger Jelieber, Schlagkraut), daraus dest. Wasser, Salz, Sirup und Extrakt. In Ap. Braunschweig 1666 waren vorrätig: Herba ivae arthetici (1 K.), Aqua chamaepith. (2 St.), Conserva c. (7 lb.), Essentia c. (16 Lot), Extractum c. (2 Lot), Pilulae chamaepyth. D. Kon. (1 lb., 8 Lot).

Schröder, 1685, schreibt zu Chamaepytis: „Aus dieses Krautes unterschiedenen Geschlechtern ist in Apotheken gebräuchlich vor anderen Chamaepytis lutea vulgaris C. B. ... In Apotheken hat man die Blätter samt den Blumen, oder auch das ganze Kraut. Es stärkt die Nerven, wärmt im 2. und trocknet im 3. Grad, eröffnet, treibt den Harn, taugt im Zipperlein. Wenn mans im Wein infundiert, so treibt es den Harn und Monatsfluß, taugt für die Gelbsucht und Hüftschmerzen, es heilt das Blutharnen und taugt für alle kalten Gehirn- und Nervenkrankheiten. Bereitete Stücke sind: 1. das Wasser aus dem ganzen Gewächs. 2. Die Pillen de iva arthetica. Die Practici gedenken auch des Salzes, Extracts, Conservs und Sirups."

In Ph. Württemberg 1741 sind aufgenommen: Herba Chamaepytyos (Luteae vulgaris, Ivae artheticae, Ajugae, Erdkieffer, Feld-Cypreß, Schlagkräutlein, je länger je lieber; Balsamicum, Nervinum, Anodynum, gegen Schlag und Epilepsie, Schwindel und Erschlaffung). Die Stammpflanze der Herba Chamaepithos s. Iuae arthriticae heißt bei Hagen, um 1780, Teucrium Chamaepithys (Schlagkräutchen, Feldzypresse), bei Geiger, um 1830, A. Chamaepitys Schreb,; „man gibt das Kraut in Substanz, in Pulverform und im Aufguß. - Präparate hatte man: das Extract. - Ehedem wurde diese Pflanze in gichtischen Affektionen, bei Schlagflüssen usw. sehr gelobt. Jetzt ist sie fast ganz obsolet."

## (Consolida media)

Schröder, 1685, nennt im Kap. Consolida 5 Arten, als 2. „Consolida media, von der wird allhier gehandelt ... In Apotheken hat man das Kraut. Es dient inner- und äußerlich zu den Wunden, taugt in der Gelbsucht, Verstopfung der Leber, des Harns und den Brüchen, und gleich wie sie der Gestalt nach mit der Prunellen übereinkommt, also sind auch die Kräfte einander gleich. Es taugt auch äußerlich zu den venerischen Geschwüren der Scham."

Aufgenommen in T. Frankfurt/M. 1687: Herba Consolida media (Bugula, gülden Günsel, gülden Wundkraut). In Ph. Württemberg 1741: Herba Consolidae mediae (Bugulae, gulden Günsel, gulden Wundkraut; Vulnerarium, Subadstringens, Refrigerans). Bei Hagen, um 1780, heißt die Stammpflanze A. pyramidalis; als Fußnote fügt er hinzu, daß dieses Kraut manchmal von dem kriechenden Günsel, A. reptans, gesammelt wird. Geiger, um 1830, schreibt über A. pyramidalis bzw. Herba Consolidae mediae majoris: „Ehedem wurde das Kraut in Lungen- und Leberkrankheiten, sowie als Wundmittel usw. sehr gelobt. Jetzt ist es fast ganz obsolet". Er bemerkt anschließend zu A. reptans: „Offizinell war ehedem: das Kraut (herba Consolidae mediae minoris, Bugulae, S y m p h i t i medii). Es hat ungefähr gleiche Eigenschaften wie das vorhergehende und wird häufig stattdessen genommen".

In Hoppe-Drogenkunde, 1958, ist A. reptans kurz behandelt: Herba Ajugae werden in der Homöopathie verwandt [dort ist „Ajuga reptans" (Essenz aus ganzer Pflanze) ein weniger wichtiges Mittel].


## Albizzia

Dragendorff-Heilpflanzen, um 1900 (S. 289 uf.; Fam. L e g u m i n o s a e ), führt 13 A.-Arten mit den verschiedensten einheimischen Verwendungszwecken in Indien, Afrika usw. In Hoppe-Drogenkunde, 1958, ist aufgenommen: A. anthelmintica, deren Rinde (Cortex M u s e n n a e ) als Vermifugum dient.


## Alcea

A l c e a  siehe Bd. V, Abelmoschus; Malva.
S t o c k r o s e  siehe Bd. IV, G 957.

D e i n e s-Ägypten: **A. ficifolia L.** [nach Zander-Pflanzennamen identisch mit Althaea ficifolia (L.) Cav.].
T s c h i r c h-Sontheimer-Araber: A l t h a e a  ficifolia.
F i s c h e r-Mittelalter: Althaea rosea Willd. cf. Malva u. Althaea officinalis L. ( a s i n i n a , arbor malvae, p a p e l e , r o m i s c h e  r o s e n ); Althaea ficifolia Cav. (bei Avicenna; m a l v o n e , r o s o n e ).
H o p p e-Bock: Kap. Von Herbst oder Ernrosen, Althaea rosea Cav. ( E r n - o d e r  H e r b s t-  o d e r  W i n t e r r o s e n , zam Malva, gärten P a p p e l ).
G e i g e r-Handbuch: Althaea rosea Cav. (= **A. rosea L.**; Stockrosen-Eibisch, Herbstrose, H a l s r o s e ).
H a g e r-Handbuch: Althaea rosea Cav.
Z i t a t-Empfehlung: **Alcea ficifolia (S.); Alcea rosea (S.).**

Dragendorff-Heilpflanzen, S. 422 (Fam. M a l v a c e a e ); Tschirch-Handbuch II, S. 354.

Nach Tschirch-Handbuch scheint die S t o c k r o s e , A. rosea L., im Altertum und - wenigstens im nördl. Europa - im Mittelalter nicht bekannt gewesen zu sein; es ist angenommen worden, daß sie durch die Türken nach Europa kam. Bock, um 1550, bildet sie ab, er kennt - nach Hoppe - Formen mit gefüllten und ungefüllten, mit weißen, rosa, rot oder dunkelrot gefärbten Blüten; er lehnt sich bezüglich der Indikationen an ein Dioskurides-Kap. an, in dem wahrscheinlich eine

Malve beschrieben ist (Kraut und Wurzeln fördern Milchbildung; gegen Leib- und Blasenschmerzen; Laxans. Samen-Abkochung oder Destillat gegen Dysenterie, Geschwüre der Gebärmutter, Nieren oder Blase. Blüten zu Mundmitteln, gegen Entzündungen und Schwellungen, gegen Insektenstiche. Kraut, Wurzel und Samen noch zu vielen anderen Zwecken innerlich und äußerlich, auch gegen Husten und Lungenleiden).

Ob die Flores malve der Inventur Lüneburg 1475 hierher gehören, ist nicht sicher, aber wahrscheinlich. In T. Worms 1582 stehen: Flores Maluae arboreae ( M a l o - c h e s , H a s t u l a e regiae, Rosae transmarinae seu hyemalis seu autumnalis, Winterrosen, Ehrnrosen, Herbstrosen, Halßrosen, B r e u n r o s e n ); [unter Kräutern] Malua crispa (Malua Romana, K r a u ß p a p p e l , R ö m i s c h p a p - p e l ). In T. Frankfurt/M. 1687: Flores Malvae arboreae (Roseae, Mund- oder M a u l - R o s e n ), Conserva Malvae arboreae (Maulrosen-Zucker). In Ap. Braun- schweig 1666 gab es: Flores malvae rubrae arboreae (1 K.), Flores m. alb. arb. (1 K.), Herba m. arbor. [wahrscheinlich rubr.] (1 K.), Herba m. alb. [wahrscheinlich arbor.] ($^1$/$_2$ K.), Conserva m. flores (1 lb.).

Schröder, 1685, schreibt über Malva arborea (= M. hortulana, M. major, M. Ro- mana): „In Apotheken hat man allein die Blumen. Sie wärmen und feuchten, doch etwas weniger als die gemeinen Pappeln, adstringieren etwas, werden ge- braucht in den Mandelkrankheiten, Mundfäulungen (in Gurgelwasser), im Monats- fluß (Rotlauf); in den anderen Kräften gleichen sie den gemeinen Pappeln. Mit diesen Blumen färbt man den Spiritus Vini".

Aufgenommen in Ph. Württemberg 1741: Flores Malvae arboreae (hortensis, hyemalis, große Pappeln, Herbst-Rosen, Winter-Rosen; Emolliens, Anodynum; zu Gurgelmitteln). Stammpflanze bei Hagen, um 1780: Alcea rosea; die Blüten der Stockrose, die zur Zierde in den Gärten steht, sind von verschiedenen Farben; man zieht zum arzneilichen Gebrauch die beinahe schwarzen den übrigen vor, weil sie zusammenziehender sind.

Die Blütendroge (Flores Malvae arboreae, von Althaea rosea Cavanilles) blieb offizinell bis DAB 1, 1872; dann Erg.-Bücher.

Anwendung nach Geiger, um 1830: „Man gibt die Blumen im Aufguß und Ab- kochung, besonders als Gurgelwasser. Sie werden anderen Kräutern als Species beigemengt". Hager-Handbuch, um 1930, schreibt: „Die Stockrosen werden we- gen ihres Gerbstoff- und Schleimgehaltes in Form des Aufgusses oder der Ab- kochung innerlich bei leichten Halsentzündungen als Gurgelwasser benutzt. Die farbstoffreichen Blumenblätter dienen in Weingegenden vielfach dazu, dem Rot- wein eine dunklere Farbe zu geben".

Nach Dragendorff, um 1900, findet die mittelasiatische A. ficifolia Cav. gleiche Verwendung wie Althaea officinalis. Nach Tschirch-Handbuch war die Pflanze, die noch heute Hauptschmuck arabischer Gärten ist, im alten Ägypten (1600 v. Chr.) eine der Blumen der Totenkränze.

## Alchemilla

Alchemilla siehe Bd. II, Defensiva; Vulneraria.
Zitat-Empfehlung: *Alchemilla vulgaris (S.); Alchemilla alpina (S.); Alchemilla arvensis (S.).*
Dragendorff-Heilpflanzen, S. 280 (Fam. R o s a c e a e ).

Nach Fischer kommt **A. vulgaris L.** in mittelalterlichen Quellen vor ( l e o n t o -
p o d i u m , alchemilla, s t e l l a r i a , arcintilla, p e s l e o n i s , planta
leonis, s y n a w , unser frouwen mantel, s i n a u ). Bock, um 1550, ist unsicher,
ob die Pflanze, die er abbildet, bei Dioskurides zu finden ist. Nach Hoppe entsprechen die Indikationen für Synaw ( O m k r a u t , unser Frawen mantel) den
Angaben bei Brunschwig (um 1500): Kraut und Wurzel als Vulnerarium; Abkochung oder Destillat der Blätter bei Eingeweidebrüchen, äußerlich bei Entzündungen, Schwellungen.
In T. Worms 1582 sind verzeichnet: [unter Kräutern] A l c h i m i l l a ( D r o -
s i u m c o r d i , D r o s e r a , P s i a d i u m , S a n i c u l a maior, Pes leonis,
Planta leonis, Stellaria, S i n n a w , großer S a n i c k e l , unser Frauwen Mantel,
gülden G e n s e r i c h , L ö w e n f u ß , O h m k r a u t ); in T. Frankfurt/M.
1687: Herba Alchymilla (Sanicula major, Pes Leonis, Leontopodium, B r a n c h a
Leonis, Stellaria, Sinau, unser Frauen Mantel, Löwenfuß, gülden Gänserich); Aqua
Alchymillae (Sinauwasser). In Ap. Braunschweig 1666 waren vorrätig: Herba
alchimillae (2 K.), Aqua a. (2 St.).
Die Ph. Württemberg 1741 verzeichnet: Herba Alchimillae majoris (Pedis Leonis,
Leontopodii, Sinnau, Löwenfuß, Frauenmantel, Großer Sanicul; Vulnerarium,
Adstringens).
Geiger, um 1830, schreibt über die Pflanze: „Kraut und Wurzel wurden sonst
häufig innerlich bei Durchfällen und äußerlich als Wundmittel gebraucht. Die
Wurzel ist kräftiger als das Kraut. Die Alten schrieben ihr wunderbare Kräfte zu.
Sie war bei den Alchemisten sehr berühmt, daher ihr Name".
Aufgenommen in Erg.-Buch 6, 1941: Herba Alchemillae (von A. vulgaris L.). An-
wendung nach Hager-Handbuch, Erg.-Bd. 1949: „Früher als Adstringens, Diureti-
cum und Wundmittel im Gebrauch, in der Volksmedizin noch hin und wieder
verlangt als Blutreinigungsmittel, gegen Unterleibskrämpfe, zu Bädern und Um-
schlägen bei Entzündungen, Geschwülsten, Eiterungen usw.".
Nach Hoppe-Drogenkunde, 1958, werden auch **A. alpina L.** und **A. arvensis (L.)
Scop.** - Kräuter als Diureticum - verwendet. Letztere Art hieß (nach Schmeil-
Flora) früher A p h a n e s arvensis L. Geiger nennt sie als A. Aphanes Leers
(Acker-Sinau); das Kraut war sonst unter dem Namen herba P e r c e p i e r offi-
zinell.

## Alchornia

Nach Geiger, um 1830, hat man die A l k o r n o q u e - R i n d e [→ B o w d i -
c h i a ] von A. latifolia Sw., einem auf Jamaica einheimischen Baum, abgeleitet.

Die Pflanze ist bei Dragendorff-Heilpflanzen, um 1900 (S. 380; Fam. E u p h o r - b i a c e a e ), aufgeführt: „Rinde brechenerregend (fälschlich Alcornoque genannt)". Nach Hoppe-Drogenkunde, 1958, wird die bitterstoffhaltige Rinde von A. latifolia verwandt.

## Aletris

H e s s l e r-Susruta: A. hyacinthoides.
G e i g e r-Handbuch: A. alba Mx. (= **A. farinosa L.**).

Nach Geiger, um 1830, wird die Wurzel der weißen Alethris in Amerika gegen Kolik gebraucht. Nach Dragendorff-Heilpflanzen, um 1900 (S. 130; Fam. L i l i a - c e a e ), dient das Rhizom der Pflanze als Tonicum, Stomachicum, bei Kolik, Rheuma, Hydrops und Uterusleiden. In der Homöopathie ist „Aletris farinosa - S t e r n w u r z e l , R u n z e l w u r z e l " (Essenz aus frischer Wurzelknolle; Hale 1867) ein wichtiges Mittel.

## Aleurites

In Dragendorff-Heilpflanzen, um 1900 (S. 381; Fam. E u p h o r b i a c e a e ), sind beschrieben:
A. triloba Forst. [Bez. nach Zander-Pflanzennamen: **A. moluccana (L.) Willd.**];
„Samen purgierend, nach dem Rösten berauschend und aphrodisisch wirkend". Ist in Hoppe-Drogenkunde, 1958, erwähnt (liefert K e m i r i n u ß f e t t und L i c h t n u ß ö l ).
A. cordata Steud. [nach Zander: **A. cordata (Thunb.) R. Br. ex Steud.**]; „in den Samen ein austrocknendes Öl". Liefert nach Hoppe-Drogenkunde „Japanisches H o l z ö l ".
A. laccifera Willd. Wird bereits bei Geiger, um 1830, als Sitz der Lackschildlaus genannt, mit dem Synonym C r o t o n lacciferum L. Nach Dragendorff wirkt „Blatt und Wurzel emetisch und purgierend, gegen Syphilis und Wassersucht, das Harz als Wundbalsam gebraucht. Nach Verletzung durch die Lackschildlaus entsteht das Gummi Laccae, welches durch Ausschmelzen S c h e l l a c k liefert". In Hoppe-Drogenkunde ist erwähnt, daß auf Croton lacciferus durch die Gummilackschildlaus Schellack erzeugt wird.
Bei Dragendorff gibt es keine A. Fordii, die in Hoppe-Drogenkunde die Überschrift des Kapitels Aleurites bildet (liefert Chinesisches Holzöl, T u n g ö l ; - ein fettes Öl für technische Zwecke) [Schreibweise nach Zander: **A. fordii Hemsl.**].

## Alhagi

A l h a g i  siehe Bd. V, Fraxinus.
Zitat-Empfehlung: *Alhagi maurorum (S.); Alhagi pseud-alhagi (S.).*

Nach Hessler kommt bei Susruta, nach Sontheimer bei I. el B. H e d y s a r u m
Alhagi vor, auch Fischer-Mittelalter zitiert so ( h e r b a  s t.  p a u l i,  h e r b a
a r t h e t i c a,  m e m b r a r i a,  s u l l a,  l e d e h e c h e; Arab. bei Avicenna).
Nach Geiger, um 1830, kommt von Hedisarum Alhagi ( M a n n a k l e e ) die
persische oder Alhagi-Manna ( M a n n a  Thereniabin); wirkt abführend, wird
im Orient häufig gebraucht; „es soll die Manna oder das Mane der Israeliten sein?";
auch die Blätter und Blumen dieser Pflanze werden zum Abführen gebraucht. Bei
Dragendorff-Heilpflanzen, um 1900 (S. 326; Fam. L e g u m i n o s a e ), heißt die
Pflanze A. Maurorum Tournef. (= A. mannifera Desf., Hedysarum Alhagi L.;
Schreibweise nach Zander-Pflanzennamen: **A. maurorum Medik.**); Blumen und
Blatt purgierend; liefert die Alhagi-Manna. Als weitere Stammpflanze dafür gibt
er an: A. Camelorum Fisch. Schreibweise nach Zander-Pflanzennamen: **A. pseud-
alhagi (M. B.) Desv.**

## Alisma

A l i s m a  siehe Bd. II, Abstergentia; Antidysenterica. / V, Chrysanthemum; Digitalis.

B e r e n d e s-Dioskurides     (Kap.    Froschlöffel);     S o n t h e i m e r-Araber;
F i s c h e r-Mittelalter, A. plantago L. ( b a r b a  s i l v a n a,  f i s t u l a  p a s t o-
r i s,  p l a n t a g o  a q u a t i c a,  c e n t u m  n e r v i a,  c o c l e a r i a,  w a s-
s e r w e g e r i c h,  f r ö s c h l ö f f e l; Diosk.: alisma).
H o p p e-Bock: A. plantago auct. (Wasser Wegerich, Fröschlöffelkraut).
G e i g e r-Handbuch: A. plantago.
S c h m e i l-Flora: **A. plantago-aquatica L.**
Z i t a t-Empfehlung: **Alisma plantago-aquatica (S.).**

Dragendorff-Heilpflanzen, S. 76 (Fam. A l i s m a c e a e; nach Schmeil-Flora: A l i s m a t a c e a e ).

Dioskurides verwendet vom Froschlöffel die Wurzel (mit Wein gegen Krötenbiß,
gegen die Wirkungen des Opiums, Leibschneiden, Dysenterie, Krämpfe, Gebärmutterleiden) und Kraut (stellt Durchfall, befördert Menstruation; als Kataplasma gegen Ödeme). Bock, um 1550, bildet die Pflanze ab, identifiziert sie aber
·· nach Hoppe - in älterer Literatur nicht; er nennt als Anwendung: Kraut äußerlich gegen Entzündungen und Schwellungen. Geiger, um 1830, berichtet: „Eine
schon von älteren Ärzten als Arzneimittel benutzte Pflanze, wurde im Jahr 1817
von russischen Ärzten als ein spezifisches Mittel gegen die Hundswut empfohlen ...
Man gibt die (vorsichtig und schnell getrocknete) Wurzel [Radix Plantaginis aqua-

ticae] in Pulverform ... Die Blätter wurden ehedem als ein äußerliches Mittel zum Zerteilen der Geschwülste usw. gebraucht. Sie sollen die Haut rot machen und selbst Blasen erregen". Nach Jourdan, zur gleichen Zeit, hat einst Haller trotzdem das Kraut, Herba Plantaginis aquaticae, gegen Hämorrhoiden empfohlen.

In der Homöopathie ist „Alisma Plantago - Froschlöffel" (Essenz aus frischer Wurzel) ein wichtiges Mittel.


## Alkanna

A l k a n n a siehe Bd. V, Lawsonia; Onosma.
A l c a n n a siehe Bd. IV, E 20, 114, 357. / V, Lawsonia.

D e i n e s-Ägypten: A. tinctoria.
G r o t-Hippokrates: A n c h u s a tinctoria.
B e r e n d e s-Dioskurides: Kap. O c h s e n z u n g e , Anchusa tinctoria L.
T s c h i r c h-Sontheimer-Araber: Anchusa tinctoria.
F i s c h e r-Mittelalter: Anchusa tinctoria L. ( a l t e r a n a , l a c t u c a asini).
G e i g e r-Handbuch: Anchusa tinctoria (färbende Ochsenzunge, falsche Alkanne).
H a g e r-Handbuch: A. tinctoria Tausch [Schreibweise nach Zander-Pflanzennamen: **A. tinctoria (L.) Tausch**].
Z i t a t-Empfehlung: **Alkanna tinctoria (S.).**

Dragendorff-Heilpflanzen, S. 562 (Fam. B o r r a g i n a c e a e ; Schreibweise nach Schmeil-Flora: B o r a - g i n a c e a e ); Tschirch-Handbuch III, S. 958.

Berendes deutet die Anchusa des Dioskurides als Färberochsenzunge (Wurzel adstringierend, mit Öl gekocht bei Brandwunden und Geschwüren; gegen roseartige Entzündungen, weiße Flecken und Aussatz; als Zäpfchen zum Herausziehen des Embryos; Abkochung bei Gelbsucht, Nierenleiden, Milzsucht; Blätter, mit Wein, stellen den Bauch).

In T. Worms 1582 ist aufgenommen: Radix Anchusae ( B u g l o s s a e r u b e a e , Alcannae materialistarum, Alkannenwurtz); dasselbe in T. Frankfurt/M. 1687. Wahrscheinlich die Radix anchusae (15 lb.) der Ap. Braunschweig 1666 [→ Anchusa]. Aufgeführt in Ph. Württemberg 1741: Radix Anchusae (Alkannae rubrae, Anchusae floribus puniceis, Buglossi arvensis annui, rothe Ochsenzungen-Wurzel; für Salben und andere Zubereitungen als rotes Färbemittel). Bei Hagen, um 1780, heißt die Stammpflanze der Wurzel Alkanne (rothe Zunge, O r k a n e t w u r z e l , Rad. Alkannae, Alcannae spuriae): Rothe Ochsenzunge, Anchusa tinctoria; „man bedient sich ihrer in Apotheken, um einigen ölichten Präparaten eine rote Farbe zu geben ... Diese Alkanne wird in unseren Apotheken nur allein gehalten" [nicht die echte Alkanne → L a w s o n i a ]. Auch nach Geiger, um 1830, dient die Wurzel von Anchusa tinctoria (rad. Alkanne, Alk. spuriae) „mehr zum Färben der Fette, denn als Arzneimittel"; rote Lippenpomade (unguent. ad Labia rubr.) und rote Butter (ungt. potabile rubr.) sind mit Alkanne gefärbt.

In preußischen Pharmakopöen war 1829—1846 aufgenommen: Radix Alcannae (1829, von Anchusa tinctoria L.; 1846, von Anchusa tinctoria Desfont. = B a - p h o r r h i z a tinctoria Link.). In DAB 1, 1872: Radix Alkannae (von A. tinctoria Tausch), Bestandteil des Ceratum Cetacei rubrum (Rote Lippenpomade, Ceratum labiale rubrum); dann Erg.-Bücher (noch Erg.-Buch 6, 1946: „Radix Alkannae. Die getrockneten Wurzelstöcke und Wurzeln von Alkanna tinctoria Tausch"; daraus Extractum Alkannae). Hager schreibt im Kommentar 1874: „Alkanna wird weniger in der Medizin als zur Färbung von Ölen, Salben und Ceraten gebraucht"; Hager, um 1930, gibt entsprechendes für die Wurzeldroge an. Hoppe-Drogenkunde, 1958, vermerkt außerdem: Verwendung als Adstringens.

## Alliaria

A l l i a r i a siehe Bd. V, Thlaspi.
Zitat-Empfehlung: *Alliaria officinalis (S.).*

Nach Fischer-Mittelalter ist **A. officinalis Andrz.** in altitalienischen Quellen belegt. Beßler-Gart deutet Kap. R a p i s t r u m ( h e d e r i c h ) hiermit. Bock, um 1550, bildet die Pflanze, nach Hoppe, im Kap. Von T h l a s p i u n d L e u c h e l ab, er identifiziert sie mit einer Thlaspi des Dioskurides.

Die Ph. Württemberg 1741 führt: Herba Alliariae ( A l l i a s t r i , K n o b - l a u c h k r a u t , L ä u c h e l k r a u t ; Tugenden wie Scordium). Stammpflanze nach Hagen, um 1780: E r y s i m u m Alliaria, so auch bei Spielmann, zur gleichen Zeit (Diureticum, Antiscorbuticum, Antisepticum). Geiger, um 1830, schreibt von Erysimum Alliaria L. (= Alliaria officinalis Andrz., Knoblauchkraut): „Man gebrauchte ehedem das Kraut wie Knoblauch und Lachenknoblauch, besonders auch äußerlich; das zerquetschte Kraut und den Saft gegen alte Geschwüre, Beinfraß usw. Der Same wurde als wurm- und harntreibendes Mittel gebraucht. In manchen Gegenden wird das Kraut verspeist und als Würze an Speisen wie Knoblauch benutzt". Bei Dragendorff-Heilpflanzen, um 1900 (S. 254; Fam. C r u c i - f e r a e ), heißt die Pflanze S i s y m b r i u m Alliaria Scop.; „enthält geringe Menge scharfer Substanz". Hoppe-Drogenkunde, um 1958, schreibt über Verwendung des Krautes von A. officinalis: „In frischem Zustande wie Cochlearia officinalis (vgl. dort) und innerlich ähnlich wie andere senfölenthaltende Pflanzen. - Äußerlich bei Wunden und Geschwüren. In der Volksheilkunde innerlich auch bei Erkältungskrankheiten".

## Allium

A l l i u m siehe Bd. I, Fel. / II, Anthelmintica; Antirheumatica; Antiscorbutica; Aperientia; Attrahentia; Diuretica; Hydropica; Rubefacientia. / IV, G 1616. / V, Colchicum; Gladiolus.
B o r r e e siehe Bd. II, Apodacrytica.

B u l b u s   s a t i v u s  siehe Bd. II, Abstergentia; Aphrodisiaca; Exsiccantia.
C e p a  siehe Bd. II, Aperientia; Rubefacientia. / V, Ornithogalum; Urginea.
K n o b l a u c h  siehe Bd. II, Anthelmintica; Apodacrytica. / V, Alliaria, Brassica; Muscari.
M o l y  siehe Bd. II, Digerentia; Diuretica; Exsiccantia. / V, Ruta.
Z w i e b e l  siehe Bd. II, Apodacrytica; Digerentia; Maturantia. / IV, C 34. / V, Muscari.

H e s s l e r-Susruta: - A. cepa - - A. sativum.

D e i n e s-Ägypten: - „Zwiebel" - - - „Porree".

G r o t-Hippokrates: - A. cepa - - A. sativum - - - A. Porrum.

B e r e n d e s-Dioskurides: - Kap. Z w i e b e l n , A. Cepa L. - - Kap. K n o b-
l a u c h , A. sativum L. - - - Kap. L a u c h , A. Porrum L. + + + Kap. S k o r o-
d o p r a s o n , A. descendens L.?; Kap. M o l y , A. magicum L.?; Kap. W e i n-
l a u c h , A. Ampeloprasum L.

S o n t h e i m e r-Araber: - A. Cepa - - A. sativum - - - A. Porrum + + + A. sylvestre.

F i s c h e r-Mittelalter: - **A. cepa L.** ( c e p e , b u l b u s  a g r o r u m , p f l a n-
z u n , z w i w e l l e , z w o b e l n ; Diosk.: k r o m m i o n , c e p a ) - - **A. sativum L.** (allium, s c o r d i u m , t i r y a c a  r u s t i c o r u m , c h l o b l u c h ,
knoblauch; Diosk.: s c o r o d o n , allium) - - - **A. porrum L.** ( p o r r u m ,
e x o p o r i u m , p r a s i u m , l a u c h , p h o r r e ; Diosk.: p r a s o n , porrum) -4- A. Victorialis L. ( h e r b a  v i c t o r i a l i s , s i g w u r t z , a l l e r-
m a n n h a r n i s c h ) + + + A. Ampeloprasum L.; A. ascalonicum (porrum casti,
a s t o l u m , a s t r o m u m , a s s e l o u c , a s t l o c , a s c h l o c h , p r y ß-
l a u c h ); A. fistulosum (porrum concavum, u n i o n e s , s u r i g o ); A. schoenoprasum L. ( p o r r o s e c t i l i s , cepe minor, b l i c u l u m , h e r b a  c i p-
p o l i n a , p r i s e l o c h , s u c t e l o c h , s n y t t e l a u c h ); A. Scordoprasum L. (scordeon); A. ursinum, A. vineale L. u. a. wilde Arten ( u l p i t u m ,
a l l e u m , allium agreste, c l i p e u s  solis, porrum silvestre, r a m s , ramese,
w i l d k n o b l a u c h , p e n n i g k r a u t ).

H o p p e-Bock: - A. cepa L. ( Z w y b e l ) - - A. sativum L. (Knoblauch) + + +
**A. fistulosum L.; A. ascalonicum L.** ( E s c h l e u c h e l ); **A. schoenoprasum L.**
( S c h n i d l a u c h , B r y ß l a u c h ); **A. ursinum L.** (Walt Knoblauch,
S c h l a n g e n k n o b l a u c h , R a m s e r a u ); A. oleraceum L. (Acker Knob-
lauch); A. scordoprasum L. (Aber Knoblauch, großer Lauch); A. vincale L. (Hunds-
knoblauch).

G e i g e r-Handbuch: - A. cepa (gemeine Zwiebel, Zwiebellauch) - - A. sativum
(Knoblauch) - - - A. Porrum (gemeiner Lauch, Winterlauch) -4- A. Victorialis
( S i e g w u r z e l-M ä n n l e i n , langer Allermannsharnisch, S c h l a n g e n-
k n o b l a u c h ) + + + A. Scorodoprasum ( R o c k e n b o l l e n , Schlangen-
lauch); A. ascalonicum (Eschlauch, S c h a l o t t e n ); A. sphaerocephalum (rund-
köpfiger Lauch); A. ursinum ( B ä r e n l a u c h ); A. Moly ( M o l y l a u c h );
A. magicum ( Z a u b e r l a u c h ); A. fistulosum ( R ö h r e n l a u c h , W i n-
t e r z w i e b e l , J a k o b s z w i e b e l ); A. schoenoprasum (Schnittlauch).

H a g e r-Handbuch: - A. cepa L. (Sommerzwiebel) - - A. sativum L. var. vulgare Doll (Knoblauch); A. sativum L. var. Ophioscordon Don. (Perlzwiebel, R o - c a m b o l e ) -4- **A. victorialis L.**

Z i t a t-Empfehlung: **Allium cepa (S.); Allium sativum (S.); Allium porrum (S.); Allium fistulosum (S.); Allium ascalonicum (S.); Allium schoenoprasum (S.); Allium ursinum (S.); Allium victorialis (S.).**

Dragendorff-Heilpflanzen, S. 119—121 (Fam. L i l i a c e a e ).

In der Antike (und bei den Arabern) haben vor allem 3 A.-Arten eine wichtige Rolle gespielt; die Wirkungen sind bei Dioskurides zusammengestellt.

1.) Z w i e b e l n (alle Sorten sind beißend und blähend, appetitanregend, dursterregend, reinigend, gegen Hämorrhoiden; als Umschlag mit Rosinen und Feigen werden Geschwüre gereift und geöffnet. Der Saft mit Honig bei Augenleiden, er befördert die Menstruation, reinigt den Kopf durch die Nase; in Umschlägen gegen Hundebiß; mit Hühnerfett gegen Bauchfluß, Ohrenleiden u.a.).

2.) K n o b l a u c h ; es gibt eine Gartenform und eine wilde, die Ophioskordon genannt wird und die Berendes mit A. Scorodoprasum L. identifiziert (Knoblauch hat scharfe, erweichende, beißende, windetreibende Kraft. Gegen Bandwurm, Bisse von Schlangen oder tollen Hunden; harntreibend, gegen Husten, Wassersucht, Ungeziefer. Äußerlich in verschiedenen Zubereitungen bei Augenleiden, Ausschlag, Aussatz, gegen Zahnschmerzen; als Räucherung zur Beförderung der Menstruation und Nachgeburt).

3.) P o r r e e (Uterinum; Saft stillt Blut, reizt zum Liebesgenuß; mit Honig bei Brustleiden und Schwindsucht, reinigt Luftröhre; gegen Biß giftiger Tiere, dies auch als Kataplasma; gegen Ohrenleiden und anderes).

4.) Außerdem kommen noch in weiteren Kapiteln Pflanzen vor, die als Alliumarten identifiziert werden. Das Skorodoprason soll wie Zwiebel und Porree verwandt werden, es wird wie Porree als Gemüse gekocht; Weinlauch hilft gegen Biß giftiger Tiere; Moly gegen Verengung der Gebärmutter.

In den Kräuterbüchern des 16. Jh. ist antike Tradition mit Volksheilkunde vermischt; auch andere A.-Arten werden erfaßt, z. B. bei Bock - nach Hoppe - außer I,1) Zwiebeln (Laxans, Diureticum; die Samen stärken die Zeugungsfähigkeit; Saft gegen Augen- und Ohrenleiden; als Pflaster gegen Hundebiß; mit Feigen als Kataplasma gegen Abzesse u. Geschwüre; Zäpfchen gegen Hämorrhoiden und Amenorrhöe. Rohe Zwiebeln mit Salz und Brot als „Bauern-Theriak" gegen Ansteckungen; Wurmmittel für Kinder; mit T h e r i a k gefüllte gebratene Zwiebel als Pflaster gegen Pest);

I,2) Knoblauch (gegen Gifte, Würmer, Tollwut, Schlangenbiß; Heiserkeit, Husten, Wassersucht; Diureticum, Laxans, gegen Leibschmerzen; Saft gegen Läuse, Hautleiden; als Räucherung Emmenagogum. Gewürz für Hammelbraten; gegen Tierkrankheiten).

II,1) A. ascalonicum (wird wie A.cepa verwandt);

II,2) Schnittlauch (Laxans, gegen Lungenleiden, fördert Zeugungsvermögen; äußerlich gegen Geschwüre u. Abzesse);

II,3) Bärenlauch (wie A.sativum);

II,4) A. scorodoprasum (wie Zwiebel u. Knoblauch);

II,5) A. vincale (wie Weinlauch des Dioskurides; Wurmmittel, gegen Gift; als Umschlag oder Bähung Emmenagogum).

Nach Fischer kommen in mittelalterlichen Quellen weitere Arten vor, so auch Porree, der vorwiegend Gemüsepflanze war, und A. victorialis bei Brunschwig, um 1500. Von allen diesen A.-Arten, die z. T. als Küchenpflanzen, z. T. als Volksheilmittel bis zur Gegenwart beliebt geblieben sind, wurde relativ weniges für einige Zeit apothekenüblich. Wie die Situation um 1830 und davor war, zeigt Geiger:

1.) A. cepa. „Eine seit den ältesten Zeiten wohlbekannte und hochgeschätzte Pflanze ... Offizinell ist: Die Zwiebel oder Bolle (rad. Cepae). Die Zwiebel wird wie die anderen Laucharten als antiscorbutisches, harntreibendes und wurmwidriges Mittel gebraucht; äußerlich auf die Haut gebracht, als rotmachendes Mittel, gebraten bei schmerzhaften Geschwülsten als Eiterung befördernd usw. - Übrigens wird sie häufig roh und auf mancherlei Weise zubereitet verspeist".

Auch die Schalotten werden häufig gebaut; „die Wurzel bzw. Zwiebel (rad. Cepae ascalonicae), welche an Geruch und Geschmack zwischen Knoblauch und Zwiebel steht, wurde sonst als Arzneimittel gebraucht. Sie wird so wie die Blätter häufig als Gemüse usw. angewendet".

Geiger nennt ferner Radix Allii sphaerocephali und Radix Cepae oblongae (von A. fistulosum); „Anwendung. Wie die gemeine Zwiebel, doch nicht so häufig; mehr die Blätter als Würze an Speisen usw.". Ganz vereinzelt sind Zwiebeln in Pharmakopöen aufgenommen (Ph. Preußen 1829). In Ap. Braunschweig 1666 waren 1 lb. Semen ceparum vorrätig.

2.) A. sativum. „Eine seit den ältesten Zeiten als Arzneimittel und vorzüglich als Gemüse häufig benutzte Pflanze ... Offizinell ist: Die Wurzel (vielmehr Zwiebel, rad. Allii) ... Man gibt den Knoblauch in Substanz, frisch (denn getrocknet ist er ohne Wirkung), ganz oder klein zerschnitten als Salat; ferner mit Fleischbrühe oder Milch gekocht (gegen Würmer); äußerlich legt man ihn als rotmachendes Mittel auf die Haut. - Der ausgepreßte Saft wird auch innerlich und äußerlich angewendet. Fernere Präparate hat man: den Syrup (syr. Allii); das ung. contra Vermes Ph. Württemb. und Acet. prophylacticum enthalten Knoblauch. - Sein häufiger Genuß als Gemüse und Würze an Speisen ist bekannt".

Geigers Angabe gemäß findet man in den Württemberger Pharmakopöen (z. B. 1741) auch Radix Allii sativi (vulgaris, Knoblauch; Alexipharmacum, Diureticum, Anthelminticum); ist in Arzneitaxen zu finden, z. B. T. Worms 1582, Rad. Allii seu Scorodi; T. Frankfurt/M. 1687. In Pharmakopöen der ersten Hälfte des 19. Jh. gelegentlich anzutreffen (Ph. Preußen 1829).

Nach Geiger wird auch A. scorodoprasum wie Knoblauch verwandt.

3.) A. porrum. „War ebenfalls den Alten wohlbekannt und wurde von ihnen als Arzneimittel und Gemüse benutzt ... Offizinell ist: Die Wurzel, Blätter und Samen (radix, herba et semen Porri, Porri capitati) ... Anwendung. Wie der Knoblauch; doch jetzo selten als Arzneimittel. - Als Gemüse dagegen und Würze zu Speisen sehr häufig". Gelegentlich findet man die Samen in Taxen, z. B. T. Worms 1582, Semen Porri (Porri capitati, Porri Aricini), T. Frankfurt/M. 1687.

4.) A. victorialis. „Eine schon in alten Zeiten als Hausmittel, vorzüglich gegen vermeintliche Zauberei usw. gebrauchte Pflanze ... Offizinell ist: Die Wurzel (rad. V i c t o r i a l i s longae) ... Die frische Wurzel wird von den alten Bewohnern gegen Würmer, Krämpfe usw. gebraucht. Die trockne wird noch (unnützerweise) in der Tierarzneikunde verschrieben. Gegen Zaubereien, Verwundung usw. wird sie als Amulett angehängt (daher ihr Name), auch das behexte Vieh damit beräuchert. Von den herumziehenden Tirolern wird sie auch unter dem Namen A l r a u n w u r z e l verkauft".

Diese Droge war bis Ende 18. Jh. apothekenüblich: In T. Worms 1582 steht: Radix Victorialis (Allii Alpini, Allii reticulati, Victorialis longae, Sigwurtz, N e u n - h ä m m e r l e n, S i e b e n h ä m m e r l e n); sie heißt in T. Frankfurt/M. 1687 außerdem Radix Allii latifolii s. maculati (A n g u i n i, Serpentini). In Ap. Braunschweig 1666 waren 4 lb. Rad. victorialis vorrätig. Aufgenommen in Ph. Württemberg 1741 Radix Victorialis longae (Victorialis maris, Allii Alpini, Allii montani latifolii maculati, lange Siegwurzel, Allermanns-Harnischwurzel, S c h l a n g e n w u r z e l, Knoblauchwurzel; selten in med. Gebrauch; Zaubermittel).

5.) A. ursinum. „Offizinell war sonst die Wurzel und das Kraut (rad. et herba Allii ursini) ... Sie wirkt ähnlich antiscorbutisch-diuretisch wie die übrigen Laucharten. Mehrere nördliche Völker verspeisen die Pflanze als Gemüse und Würze. - Die Leipziger Lerchen sollen ihren Geschmack dieser Pflanze verdanken".

Von A. Moly war die Wurzel (rad. Moly lutei) ehedem offizinell. „Sie hat einen starken knoblauchartigen Geruch und wurde wie Knoblauch angewendet".

Die Wurzel von A. magicum „(rad. Moly latifolii) riecht widerlich und wurde ehedem gegen Zaubereien usw. angewendet. Das Moly der Alten war wohl A. subhirsutum, welches in Italien, Griechenland und dem nördlichen Afrika wächst".

Der Schnittlauch, A. schoenoprasum, ist nach Geiger nicht offizinell; die Pflanze „wird häufig als Würze an Suppen, zu Salat usw. gebraucht; gehört unter die milden angenehmen Laucharten".

Das Kapitel Allium in Hagers Handbuch, um 1930, ist kurz. „Die Zwiebeln zahlreicher Arten der Gattung Allium dienen wegen ihres scharfen Geschmacks und Geruchs, die sie schwefelhaltigen Ölen verdanken, zu arzneilichen Zwecken, bei uns meist nur noch in der Volksmedizin". Es werden erwähnt:

1.) von A.cepa: Bulbus Cepae und Oleum Allii Cepae;

2.) von A. sativum: Bulbus Allii („Anwendung. Außer als Gewürz wird der Knoblauch in Abkochung mit Milch oder Wasser zum Klystier gegen Madenwürmer angewendet) u. Oleum Allii sativi. Bulbus, Sirupus und Tubera Allii sativi sind in Erg.-B. 6, 1941, verzeichnet. Wirkung nach Hoppe-Drogenkunde: „Gegen Arteriosklerose und essentielle Hypertonie. Blutdrucksenkendes Mittel. Bei Erkrankungen des Magen-Darm-Kanals ... Bei chronischer Dysenterie. - Bei Amöbenruhr. - Cholagogum. Bei klimakterischen Beschwerden. - Grippeprophylacticum. - Gegen Paradentose. - Anthelminticum, bes. bei Oxyuren. - Bei chronischen Nikotinvergiftungen. - Hautreizendes Mittel".

3.) von A. victorialis: Bulbus victorialis longus;

4.) von A. ursinum: Oleum Allii ursini.

In der Homöopathie sind „Cepa - Zwiebel" (Essenz aus frischen Zwiefeln; Hering 1856) und „Allium sativum - Knoblauch" (Essenz aus frischen Zwiebeln; Allen 1874) wichtige Mittel.


## Alnus

A l n u s siehe Bd. V, Rhamnus: Ulmus.

F i s c h e r-Mittelalter: A. glutinosa G. u. A. incana D. C. cf. U l m u s (alnus, e r l e, e l m e ).

H o p p e-Bock: A. glutinosa G. (Erlen- oder E l l e r n b a u m ).

G e i g e r-Handbuch: A. glutinosa W. (= B e t u l a Alnus L., klebrige Erle, E l s e , Eller).

S c h m e i l-Flora: **A. glutinosa (L.) Gaertn.**

Z i t a t-Empfehlung: **Alnus glutinosa (S.).**

Dragendorff-Heilpflanzen, S. 169 (Fam. B e t u l a c e a e ; nach Schmeil-Flora: Fam. C o r y l a c e a e ; nach Zander-Pflanzennamen: Betulaceae).

Nach Hoppe beschreibt Bock, um 1550, beim Erlenbaum die Anwendung der grünen Blätter als Breiumschlag gegen Schwellungen; Plinius hatte erwähnt, daß sie, in Schuhe eingelegt, gegen Ermüdung der Füße dienen. Nach Hagen, um 1780, werden die Blätter der Erle, Folia Alni (von Betula Alnus) „von den neueren Ärzten ganz frisch verordnet". Nach Spielmann, zur gleichen Zeit, zerteilen sie als Umschlag auf Brüste die Milch. Geiger, um 1830, schreibt über A. glutinosa: „Davon waren die Rinde und Blätter (cort. et fol. Alni) offizinell. Beide sind sehr adstringierend ... Man hat die Rinde gegen Wechselfieber wie C h i n a gebraucht ... ebenso die Blätter, welche auch äußerlich auf Wunden, Geschwüre usw. gelegt, gute Dienste leisten. Besonders sollen sie, grün auf die Brust gelegt, die Milch schnell vertreiben. Die Zapfen können anstatt Galläpfel zu Tinte gebraucht werden; ebenso Rinde und Blätter zum Gerben". In Hoppe-Drogenkunde,

1958, ist A. glutinosa aufgenommen. Verwendung der Rinde: „Als Dekokt zum Spülen und Gurgeln bei Angina u. Pharyngitis, als Klysma bei Darmblutungen. - Gerbmaterial".

In der Homöopathie liefert die nordamerikanische „Alnus serratula sive rubra - Glatte Erle" (A. serratula Willd.; Essenz aus frischer Rinde; Hale 1867) ein wichtiges Mittel.

# Aloe

A l o e  siehe Bd. I, Fel. / II, Adstringentia; Amara; Anthelmintica; Antiarthritica; Caustica; Cephalica; Cicatrisantia; Cholagoga; Emmenagoga; Exsiccantia; Mundificantia; Ophthalmica; Purgantia; Putrefacientia. / III, Aloe insuccata tartarisata; Elixir proprietatis Paracelsi. / IV, B 47; C 6, 34, 40, 82, 83; D 1, 2, 6; E 8, 10, 11, 42, 103, 104, 144, 183, 203, 204, 208, 244, 265, 278, 288, 298, 299, 301, 302, 365; G 241, 439, 646, 819, 952, 957, 1016, 1082, 1129, 1139, 1498, 1553, 1587, 1802, 1803, 1814, 1837. / V, Gentiana.

H e s s l e r-Susruta: A. perfoliata.

D e i n e s-Ägypten: Aloe (Lignum Aloes? → Aquilaria).

B e r e n d e s-Dioskurides: A. perfoliata seu vera L. (= A. vulgaris [arabica] Lam.).

S o n t h e i m e r-Araber: A. arabica, A. vulgaris, A. socotrina.

F i s c h e r-Mittelalter: Aloe spec.; A. perfoliata Thunb. bei Avicenna; A. socotrina L. (aloe epaticum, a. citrinum, a. caballinum; Diosk.: aloe).

B e ß l e r-Gart: A. spec., bes. A. ferox Mill. u. A. perryi Bak. (aloe, f a b e t, cantarearnar).

H o p p e-Bock: A.vera L.

G e i g e r-Handbuch: A. vulgaris Decand. (= A. perfoliata L.); A. socotrina; A. spicata; A. arborescens Dec.; A. Commelini W. (= A. mitraeformis Dec.).

H a g e r-Handbuch: Viele A.-Arten; für Kap-Aloe vorwiegend **A. ferox Mill.**, ferner A. plicatilis Mill. [Schreibweise nach Zander-Pflanzennamen: **A. plicatilis (L.) Mill.**], A. lingua Mill., A. africana L. [nach Zander: **A. africana Mill.**], A. vulgaris Lam. [nach Zander: **A. barbadensis Mill.** = A. vera (L.) Webb. et Berth. non Mill.], A. spicata Haw u. a.; für Natal-Aloe A. Barberae Dyer.; für Sokotra-Aloe A. Perryi Back. [nach Zander: **A. perryi Bak.**]; für Barbados-Aloe A. vulgaris Lam. var. barbadensis Mill. [nach Zander siehe oben: A. barbadensis Mill.]; für Curacao-Aloe A. chinensis Back.; für indische Aloe A. indica Royle, A. litoralis König [nach Zander: **A. littoralis Bak.**], A. striatula Kunth [nach Zander: **A. striatula Haw.**]; für Jafferabad-Aloe A. striatula Kth. [siehe vorige], **A. abyssinica Lam.**; für sizilianische Aloe A.vulgaris Lam. [siehe oben A. barbadensis Mill.].

Z i t a t-Empfehlung: **Aloe ferox (S.); Aloe plicatilis (S.); Aloe africana (S.); Aloe barbadensis (S.); Aloe perryi (S.); Aloe littoralis (S.); Aloe striatula (S.); Aloe abyssinica (S.).**

Dragendorff-Heilpflanzen, S. 117 uf. (Fam. L i l i a c e a e ); Tschirch-Handbuch II, S. 1440—1442.

Nach Berendes, auch Tschirch, ist die Aloe des Dioskurides A.vera L. [= A. barbadensis Mill.]. Diese Art ist nach Hoppe auch bei Bock, um 1550, abgebildet. Diosk. gibt viele Anwendungsmöglichkeiten für den [getrockneten] Saft an (Adstringens, Exsiccans, Purgans, Stomachicum; gegen Gelbsucht; verklebt Wunden; gegen Geschwüre, Hämorrhoiden; bei Augenleiden mit Essig- und Rosensalbe auf Stirn und Schläfen gestrichen gegen Kopfschmerzen; gegen Haarausfall, Mundkrankheiten u. a.). Die Indikationen in den Kräuterbüchern des 16. Jh. lehnen sich hieran an.

In Ap. Lüneburg 1475 waren vorrätig: Aloe Cicotri [= Succotrina] (2 lb.), A. epatica (4$^1/_2$ lb.), A. caballina (3$^1/_2$ lb.), A loti ($^1/_2$ lb.). Die T. Worms 1582 führt folgende Sorten: A. succotrina (A. hepatica optima, Der best A l o e p a t i c k auß der Insel Succotora), A. hepatica vulgaris (gemeiner Aloepatick), A. cabillina ( R o ß A l o e , der allerschlechts und gemeynst Aloepatick), A. lota (gewäschener Aloepatick), A. rosata ( R o s e n A l o e ), A. rosata cum Rhabarbaro D. Jacobi Theodori (Rosen Aloe mit Rhabarbara).

Aloe steht in allen Pharmakopöen seit dem 16. Jh. bis zur Gegenwart und ist Bestandteil vieler Composita. Wird allein Aloe verschrieben, so ist nach Ph. Augsburg 1640 A. Soccotrina zu nehmen. In Ap. Braunschweig 1666 gab es: A. epatici (26 lb.), A. Succotrini (23 lb.), Pulvis aloes (4$^1/_2$ lb.), A. insuccat. Luchten. (1$^1/_4$ lb.), A. rosati (1 lb.), A. violati (3 lb.), Extractum a. (2 Lot), Pill. a. lotae (8 Lot), Pill. aloephangin. (30 Lot), Pill. a. benedict. (1 lb.), Pill. a. Quercetani (1 lb.), Pill. de a. et Mastich. (12 Lot), Rotuli liberant. cum a. (8 Lot), Species liberant. cum a. (1 Lot).

In Ph. Württemberg 1741 sind die 3 Hauptsorten aufgenommen: A. Succotrina, A. Hepatica u. A. Caballina (die Kraft der Aloe ist: Purgans, Calefaciens, Blutund Menses-bewegend; bei Hämorrhoiden, tötet Würmer); beschrieben sind ferner: A. depurata sive lota, A. insucata, A. rosata et violata, Extractum Aloes gummosum, Pilulae Aloephanginae, Tinctura Aloes.

Über die verschiedenen Sorten schreibt Hagen, um 1780: „Aloe (Aloe perfoliata) wächst im mittägigen Teil von Europa, Asien und Afrika ... Der Saft, der in dem weichen und bitteren Marke der Blätter enthalten ist, gibt den Apotheken die Aloe (Gummi Aloes) ... Nach der Verschiedenheit der Aloespflanze und der verschiedenen Behandlungsart, durch die man den Aloesaft aus den Blättern erhält, und nachdem dieser Saft mehr oder weniger gereinigt worden, entstehen die verschiedenen Aloessorten, von denen die sokrotinische, leberartige und Roßaloe die bekanntesten sind. Die sokrotinische oder sukrotinische Aloe (Aloe succotrina) hat den Namen von der Insel Sukotra oder Sokotara in Arabien. Von den gebräuchlichsten Aloessorten ist sie die beste. Man bringt sie in Kürbisschalen aus Ostindien. Sie ist glänzend, leicht, mehr rot als braun, und löst sich in Weingeist fast ganz auf. Um sie zu erhalten, schneidet man die Blätter der Aloepflanze nahe am Stamm ab, und hängt sie mit Fäden so an, daß der Saft ohne alles Pressen von selbst ausfließt, der nachher durch Trocknen, welches an der Sonne geschieht, eine weit dunklere Farbe bekommt.

Die leberartige Aloe (Aloe hepatica) ist schlechter als die vorige, und hat eine braune leberartige Farbe. Sie ist unreiner, schwerer und ekeler als die vorige und enthält mehr gummichte als harzige Teile. Man bringt sie vornämlich aus Barbados, und ihre Bereitung geschieht, indem man die Blätter der Aloes klein schneidet, stößt und in einem Gefäß drei Wochen durch stehen läßt. Der sich binnen dieser Zeit erzeugte Schaum wird abgenommen, und der klare Saft von der unterliegenden Unreinigkeit abgegossen, und am Feuer bis zur gehörigen Härte abgeraucht.

Die Roßaloe (Aloe caballina) ist die schlechteste Sorte, und wird aus den mit Sand und Steinen vermischten Unreinigkeiten, die von der Bereitung der vorigen zurückgeblieben sind, verfertigt. Sie wird daher auch nur bloß zum Gebrauch für die Pferde aufbehalten". Eine Fußnote besagt: „Außer diesen findet man in Büchern auch der hellen oder durchsichtigen Aloe (Aloe lucida) gedacht, die aber ihrer Seltenheit wegen nicht gebräuchlich ist. Sie soll schön durchsichtig, gelb, und die reinste von allen übrigen Aloesorten sein. Wahrscheinlich wird diese von der in neueren Zeiten genauer bestimmten Aloegattung (Aloe spicata), welche die Blumen in Ähren trägt und auf dem Vorgebirge der guten Hoffnung wächst, erhalten". Über einige Zubereitungen der Aloe berichtet Hagen: „Man pflegte in vorigen Zeiten die Aloe auf verschiedene Arten zu reinigen. So erhielt man die gereinigte Aloe (Aloes depurata s. lota), wenn man sie in einem Gemenge von Wasser und Zitronensaft auflöste, die Auflösung einige Tage ruhig stehen ließ, dann das Klare abgoß, und bis zur Dicke eines Extrakts abrauchte. Geschah die Auflösung in einem Aufguß von Rosenblättern oder Veilchenblumen oder in dem ausgepreßten Safte von beiden zugleich, wozu auch noch die Säfte von anderen Kräutern kamen, so nannte man sie im ersten Fall Aloes rosata, im andern Aloes violata und im letzteren Aloes insuccata".

Die von Hagen in der Fußnote genannte Sorte wurde in Ph. Preußen 1799 offizinell: „Aloe lucida. Glänzende Aloe. Aloe spicata"; sie wird als eine Art Aloe Socotrina bezeichnet. Zubereitungen der Pharmakopöe sind: Extractum Aloes; (mit Aloe als Bestandteil) Tinctura Benzoes composita (= B a l s a m u m  C o m m e n d a t o r i s ), Unguentum Terebinthinae (= Ungt. digestivum).

Nach der Darstellung Geigers, um 1830, wird Aloe hauptsächlich von 5 Arten gewonnen: A. vulgaris - wächst in Griechenland, auf den Inseln der Ägäis, in Syrien und Westindien; A. socotrina - wächst auf Insel Socotra, in Arabien und auf dem Vorgebirge der guten Hoffnung; A. spicata, A. arborescens und A. Commelini - alle 3 vom Kap der guten Hoffnung. Die Handelssorten sind:

1.) Glänzende Aloe (Aloe lucida, A. Cabo); sie wird durch Eintauchen der zerschnittenen Blätter in kochendes Wasser und Verdampfen des Auszugs erhalten; ist dunkelbraun z. T. mit grünlich-gelbem Hauch, stark glänzend.

2.) Succotrinische oder socotrinische Aloe (Aloe succotrina seu socotrina); kommt aus Ostindien in Kürbisschalen zu uns; hat ganz die Beschaffenheit einer feinen Sorte Aloe lucida, welche auch häufig unter dem Namen Aloe succotr. im Handel vorkommt.

3.) Leberaloe (Aloe hepatica); sie wird durch gelindes Pressen der eingeschnittenen Blätter und freiwilliges Verdunsten des ausfließenden Saftes erhalten. Sie unterscheidet sich von der glänzenden Aloe durch ihre mehr lederbraune Farbe und geringeren Glanz.

4.) Roßaloe (Aloe caballina); sind schwarze, schwere, undurchsichtige, mit Sand und anderen Unreinigkeiten vermengte Stücke. Sie soll aus dem Bodensatz, der bei Bereitung der Aloe lucida sich ablagert, und nochmaliges Auskochen der Überbleibsel gewonnen werden. Kommt jetzt mit Recht kaum mehr vor.

In Ph. Preußen 1862 wird speziell Kap-Aloe verlangt (von verschiedenen Aloe-Arten). In DAB 1, 1872, steht: „Aloe. Aloe Capensis vel lucida. Aloe spicata Thunberg et aliae generis Aloes species". Im Kommentar (1874) zählt Hager 12 mögliche Arten auf: A. Socotrina Lamarck (von Insel Socotora und Ostküste Afrikas); A. vulgaris Lam. (Ostindien, Berberei; kultiviert in Westindien und Sizilien); 10 Arten vom Kap der guten Hoffnung (A. spicata Thun., A. purpurascens Haw., A. perfoliata Thun., A. mitraeformis Lam., A. arborescens Mill., A. ferox Lam., A. African Mill., A. plicatilis Mill., A. Lingua Mill., A. Indica Royl.). „Viele Aloe-Sorten des Handels mögen ihre Verschiedenheit mehr den Bereitungsarten als ihrer Abstammung verdanken. Man unterscheidet im Handel gewöhnlich 2 Hauptarten Aloe".

I. Durchsichtige Aloearten.

1.) Die Capaloe, glänzende Aloe, Aloe Capensis, A. lucida. Sie kommt vom Kap der guten Hoffnung. Die Mutterpflanzen sind A. spicata, A. arborescens, A. Lingua. Diese Aloe ist die gebräuchlichste und beste Handelsware in Europa und von unserer Pharmakopöe rezipiert.

2.) Sokotrinische Aloe, A. Socotorina oder Sucotrina. Diese kommt von der Insel Sokotora, von Zanzebar und Melinda. Sie kommt nur selten auf den europäischen Markt.

II. Undurchsichtige Aloearten.

1.) Leberaloe (Ostindische Aloe), Aloe hepatica, so benannt wegen ihrer Leberfarbe. Mutterpflanzen sind A. vulgaris, A. perfoliata. Sie kam früher aus Griechenland, jetzt wird sie aus Bombay und Arabien gebracht und meist in England verbraucht.

2.) Barbados-Aloe, A. Barbadensis, kommt von Barbados und Jamaika.

3.) Curacao-Aloe, A. Currassavica, kommt von der Insel Curacao.

4.) Aloe de Mecca und Aegyptiaca gehören zu der Leberaloeart.

III. Roßaloe, A. caballina, nennt man jede schmutzige unreine Aloe in schwärzlichen Massen. Viel dieser Sorte kommt von den südlichen Küsten Spaniens. Die

Roßaloe ist als schlechteste Sorte immer zu verwerfen. Sie wurde früher in der Veterinärpraxis gebraucht.

„Im Einkauf verdient stets die harte Kap-Aloe den Vorzug."

Zubereitungen im DAB 1 mit Aloe sind: Elixir Proprietatis Paracelsi (Saures Aloe-elixier), Extractum Aloes u. Extr. Aloes Acido sulfurico correctum, Extr. Rhei comp. u. Extr. Colocynthidis comp., Pilulae aloeticae ferratae (I t a l i e n i s c h e  P i l l e n , Pilulae Italicae nigrae), Tinctura Aloes u. Tct. Aloes comp., Unguen-tum Terebinthinae comp. (Unguentum digestivum).

In den folgenden DAB's blieben die Aussagen über Stammpflanzen unterschiedlich, obwohl es sich - bis 1926 - immer um Kap-Aloe handelt:

DAB 2, 1882: A. ferox, A. spicata, A. vulgaris, A. lingua.

DAB 3, 1890: A. ferox, A. africana.

DAB 4, 1900; DAB 5, 1910: afrikanische Arten der Gattung Aloe.

DAB 6, 1926: A. ferox Miller.

DAB 7, 1968: „Der zur Trockne eingedickte Saft der Blätter einiger Arten der Gat-tung Aloe mit der Handelsbezeichnung Kap-Aloe oder Curaçao-Aloe".

Offizinelle Zubereitungen sind (1926): Extr. Aloes, Tct. Aloes u. Tct. Aloes comp., Pil. aloeticae ferratae.

Im Hager, um 1930, werden als die gängigen Handelsformen genannt:

1.) Aloe lucida (Kap-Aloe der Pharmakopöe);

2.) vom Hepaticatypus: Barbados-Aloe, Curacao-Aloe u. Natal Aloe.

„Die übrigen Sorten spielen im europäischen Handel keine Rolle . . . Anwendung. Aloe gilt als appetitanregendes Bittermittel . . . Man gibt sie, stets in Pillenform, bei Hartleibigkeit, Stuhlverhaltung, Blutandrang nach Gehirn, Herz und Lunge . . . In Klistieren, Augenpulvern und -salben wird Aloe nur noch selten verord-net . . . In der Tierheilkunde ist die Aloe ein vielgebrauchtes Abführmittel, doch gibt man dem Extrakt häufig den Vorrang. Die Tinktur dient als Wundmittel, sie wirkt keratoplastisch". Aloe ist Bestandteil sehr vieler Spezialitäten.

In der Homöopathie ist die Tinktur aus „Aloe" (Qualität entsprechend DAB) ein wichtiges, „Aloe Sokotrina" (Aloe Perryi Baker; Tinktur aus eingetrocknetem Saft) ein weniger wichtiges Mittel.


## Alpinia

A l p i n a   siehe Bd. V, Elettaria; Zingiber.
G a l a n g a   siehe Bd. II, Analeptica; Antidinica; Aromatica; Carminativa; Cephalica; Peptica. / IV, C 34; E 258. / V, Cassia; Saussurea.
G a l g a n t   siehe Bd. IV, E 30, 137, 236, 244; G 1496, 1546.

H e s s l e r-Susruta: A. galanga.
S o n t h e i m e r-Araber: A. Galanga

F i s c h e r-Mittelalter: A. Galanga Sw. ( g a l a n g a , c i p e r u s  b a b i l o n i -
c u s , g a l e g a n , g a l i g a n t ).

B e ß l e r-Gart: A.-Arten, bes. A. officinarum Hance (galanga, g a l g e n ).

G e i g e r-Handbuch: A. Galanga Sw. (= M a r a n t a Galanga L.).

H a g e r-Handbuch: **A. officinarum Hance;** A. calcarata Roxb. [Schreibweise
nach Zander-Pflanzennamen: **A. calcarata Rosc.**]; A. zingiberina Hook.; A. galanga Willd. [nach Zander: **A. galanga (L.) Willd.** = Maranta galanga L.].

Z i t a t-Empfehlung: **Alpinia officinarum (S.); Alpinia calcarata (S.); Alpinia galanga (S.).**

Dragendorff-Heilpflanzen, S. 144 (Fam. Z i n g i b e r a c e a e ); Tschirch-Handbuch II, S. 1070 uf.

Nach Tschirch-Handbuch wurde Galgant ( C a l a n g a n i ) durch die Araber
nach dem Westen gebracht; die Droge spielte in der arabischen Medizin wie zuvor
schon in der chinesischen, indischen, persischen usw. eine wichtige Rolle, ist im
9. Jh. in Europa mit Sicherheit bekannt; als Gewürz hochgeschätzt.

In Ap. Lüneburg 1475 waren 1 lb., 1 qr. Galange vorrätig. Die T. Worms 1582 unterscheidet - wie z. B. auch Cordus - zwischen Galanga ( C y p e r u s Babylonius,
Galgan) und dem halb so teuren Galanga maior (Großer Galgan); es gibt ferner
eine Extractio Galangae (Extract von Galgan), Species Diagalangae, Tabulae confectionis Diagalangae (Galgant Küchlen oder Confect). In Ph. Nürnberg 1546 notiert Cordus zum Rezept des Aromaticum Charyophyllatum secundum descrip-
tionem Mesue, in dem Galanga vorkommt: Es ist Galanga minoris (= G. rufa)
gemeint; es kommt heutzutage auch noch eine neue Sorte, G. magna, vor, sie soll
aber in den Confectiones nicht verwandt werden.

In Ap. Braunschweig 1666 waren vorrätig: Galang. minor. (30 lb.), Galang. maior.
(2 lb.), Pulvis g. (1³/₄ lb.), Extractum g. (8 Lot), Rotuli diagalangi (3 Lot), Species
diagalangi (3 Lot). Die Ph. Württemberg 1741 führt ebenfalls beide Sorten [unter
Aromata]: Galanga Major und Galanga Minor (kleiner Galgant; er wird dem
großen vorgezogen; Stomachicum, gegen Schwindel; Emmenagogum; Incidans,
Roborans, Attenuans; gegen Bleichsucht, die von Menstruationsstörungen herrührt); ist Bestandteil vieler Composita. Über die Stammpflanze weiß man noch
nichts sicheres. Hagen, um 1780, nennt sie Maranta Galanga. „Wird in den Gärten
in Ostindien der Wurzel wegen gebaut. Von dieser sind zweierlei Sorten im Handel bekannt, nämlich der große und der kleine Galgand, und es ist noch nicht völlig
ausgemacht, ob der erstere von eben derselben Pflanze abstammt. Der große Galgand ist . . . in Geruch und Geschmack unangenehmer und unwirksamer als der
kleine, der in Apotheken allein gebräuchlich ist".

Die Ph. Preußen 1799 hat Radix Galangae (von Maranta Galanga seu Alpinia Galanga Swartzii; Bestandteil von Tinctura aromatica); Ausgabe 1813 nur noch die
zweite Bezeichnung; Ausgaben 1827 bis 1862 (dort „Rhizoma" G.) geben an: Unbekannte chinesische Pflanze; DAB 1, 1872: Alpinia officinarum Fletcher Hance.

Hager schreibt im Kommentar dazu: „Die Stammpflanze des Galgants, welcher aus China in den Handel gebracht wird, wurde auf Anregung Daniel Hanburys vor einigen Jahren von Dr. Henry Flechter Hance auf der chinesischen Insel Hainan aufgesucht, bestimmt und mit Alpinia officinarum bezeichnet . . . Das nicht offizinelle und kaum noch im europäischen Handel vorkommende Rhizoma Galangae majoris soll von Alpinia Galanga Swartz kommen . . . Galgant ist nur ein Aromaticum und besitzt keine speziellen Heiltugenden". Die Droge ist bis DAB 6, 1926, offizinell („Der zerschnittene, getrocknete Wurzelstock von Alpinia officinarum Hance"). Verwendung nach Hager, um 1930: „Als Gewürz, als magenstärkendes und die Eßlust anregendes aromatisches Mittel; als Kaumittel; vielfach auch in der Tierheilkunde".

In der Homöopathie ist „Galanga" (Tinktur aus getrocknetem Wurzelstock von A. off.) ein weniger wichtiges Mittel.

Jourdan, um 1830, nennt außer Galanga major und minor noch Galanga spuria, unechter Galgant: „Die Wurzel ist den beiden vorigen ähnlich, aber weißlich und riecht nach Ingwer. - Sie kommt von K a e m p f e r i a Galanga". Auch im Hager, um 1930, ist vermerkt: „Kaempferia Galanga L., Indien, liefert ein als Gewürz dienendes Rhizom, das früher dem offizinellen Galgant beigemischt gefunden sein soll".


## Alsidium

A l s i d i u m   siehe Bd. V, Corallina.
H e l m i n t h o c h o r t o n   siehe Bd. II, Anthelmintica.
Dragendorff-Heilpflanzen, S. 26 (Fam. R h o d o p h y c e a e).

Nach Wiggers, um 1850, ist A. Helmintochorton Kützing (= H e l m i n t o - c h o r t o s officinalis Link, S p h a e r o c o c c u s Helmintochortos Ach.) die hauptsächliche Stammpflanze des Corsikanischen W u r m m o o s e s, Helmintochortos seu M u s c u s   c o r s i c a n u s. Die käufliche Ware ist ein Gemisch mit vielen anderen Algenfamilien und Gattungen. Entsprechende Auskunft gibt Hager, um 1930, im Kap. Helminthochorton. Es kommen in der Droge außer **A. helminthochortos Ktzg.** vor: P o l y s i p h o n i a -, U l v a -, C e r a m i - u m -, C l a d o p h o r a -, G i g a r t i n a -, S p h a c e l a r i a -, C o r a l l i - n a -, P a d i n a-Arten. Das Mittel ist jetzt veraltet; Wurmmittel, gegen Scrophulose. Es war in der Zeit um 1800 offizinell: Ph. Preußen 1799 (Helmintochorton, Wurmmoos = Conserva Helmintochorton) bis Ph. Preußen 1829 (Helmintochortos, von Ceramium Agardh et Hutchin. und Sphaerococcus Helmintochortos Agardh).

In der Homöopathie ist „Helminthochortos" (A. Helminthochortos Ktz.; Tinktur aus getrockneter Alge) ein weniger wichtiges Mittel.

# Alstonia

Alstonia siehe Bd. IV, G 413, 522.
Zitat-Empfehlung: *Alstonia scholaris (S.); Alstonia constricta (S.).*

In Dragendorff-Heilpflanzen, um 1900 (S. 539; Fam. A p o c y n e a e ; Schreibweise nach Zander-Pflanzennamen: A p o c y n a c e a e ), sind 7 A.-Arten aufgeführt, darunter:
1.) A. scholaris R. Br. (= E c h i t e s malabarica Lam., Echites scholaris L.); „Rinde und Wurzel ( T a b a e r n a e m o n t a n a , D i t a ) als Amarum, Stomachicum, Fiebermittel, Blatt gegen Karbunkeln etc. benutzt".
Hager-Handbuch, um 1930, schreibt im Kap. Dita über **A. scholaris (L.) R. Br.**; liefert Cortex Dita; „Anwendung. Als Febrifugum und Tonicum, besonders bei chronischer Diarrhöe und Ruhr, wie Chinarinde, als Fluidextrakt und Tinktur". Nach Hoppe-Drogenkunde, 1958, ist die Rinde „Febrifugum, Tonicum, Laxans".
2.) **A. constricta F. v. Muell.**, wird ähnlich benutzt. Diese Art hat in Hoppe-Drogenkunde ein Kap.; die Wurzelrinde ( F i e b e r b a u m r i n d e , austral. B i t t e r r i n d e ) dient als Febrifugum, Stimulans; zur Darstellung des R e s e r - p i n s . In der Homöopathie ist „Alstonia constricta" (Tinktur aus getrockneter Rinde; Hale 1895) ein wichtiges Mittel.


# Althaea

Althaea siehe Bd. I, Gallus. / II, Abstergentia; Antiarthritica; Antidysenterica; Antinephritica; Demulcentia; Digerantia; Diuretica; Emollientia; Expectorantia; Lithontriptica; Sarcotica. / IV, E 3, 9, 221, 235, 292, 297, 315, 364; G 796, 957, 1398, 1620. / V, Alcea; Malva.
Eibisch siehe Bd. IV, C 71; E 14, 33, 226; G 215, 957, 1749.

B e r e n d e s-Dioskurides: Kap. E i b i s c h , **A. officinalis L.**; Kap. Wilder H a n f , **A. cannabina L.**
T s c h i r c h - Sontheimer-Araber: A. cannabina.
F i s c h e r-Mittelalter: A. officinalis L. cf. Malva ( i b i s c u m , althea, m a l v a asinia, b i s m a l v a , v i s c e r a , d y a d e m i a , a r a r i s a , dyalthea, aristaltea, e v i s c o , y b i s c h , e y b i s c h , wilde papelleis, u n g e r i s c h k r a u t , s t u t w u r z ; Diosk.: althaia, ibiscos); A. cannabina L. ( c a n d e l l a r i a ).
B e ß l e r-Gart: Kap. A l t e a , A. officinalis L. (malva agrestis seu viscus, eviscus).
H o p p e-Bock: Kap. Ybischwurtz, A. officinalis L. ( H e i l w u r t z , H i l f f - w u r t z ).
G e i g e r-Handbuch: A. officinalis ( E i b i s c h , Althäe).
H a g e r-Handbuch: A. officinalis L.
Z i t a t-Empfehlung: **Althaea officinalis (S.); Althaea cannabina (S.).**

Dragendorff-Heilpflanzen, S. 422 (Fam. M a l v a c e a e ); Tschirch-Handbuch II, S. 354.

Nach Dioskurides ist die Althaia eine Art wilder Malve (Wurzel verteilt und erweicht, eröffnet und vernarbt, daher gutes Wundmittel; gegen Drüsen, Abszesse, Entzündungen, auch der Gebärmutter, Uterinum; Abkochung mit Wein getrunken gegen Harnverhalten, Steinleiden, Dysenterie, Ischias, innere Rupturen; Mundspülwasser bei Zahnschmerzen. Frisch äußerlich gegen weiße Flecken von Sonnenbrand, gegen Biß giftiger Tiere; innerlich bei Dysenterie, Blutauswurf, Durchfall, Bienenstichen. Blätter mit Öl bei Verwundungen und Brandwunden). Kräuterbuchautoren des 16. Jh. übernehmen solche Indikationen. Zu dieser Zeit war die Pflanze zum Arzneigebrauch fest eingeführt, im Mittelalter, einschließlich bei den Arabern, ist die Identifizierung dagegen oft unsicher. Nach Vandewiele, „De Grabadin van Pseudo-Mesues (XIe—XIIe eeuw)" (1962) kommt in diesem Arzneibuch A. officinalis L. dreimal vor, davon zweimal die Wurzel.

In Ap. Lüneburg 1475 waren vorrätig: Radix altee (1 qr.) [das spätere Synonym Radix bismalvae (davon 1/2 lb. vorrätig) bezeichnet in dieser Quelle eine besondere Wurzel], Unguentum dialtee (8 lb.) [in Ph. Nürnberg 1546 stehen Vorschriften für Ungt. Dialthaeae simplex und compositum nach Nicolai]. Aufgenommen in T. Worms 1582: [unter Kräutern] Althaea (ebiscus, Ibiscus, H i b i s c u s , Maluauiscus, Bismalua, Eibisch, Ibisch, Wildpappel); Semen Altheae (Bismaluae, Eybischsamen), Radix Altheae (Maluauisci. Eybischwurtzeln), Unguentum D i a l t h e a e (Althe, D a y d e l d e y ), Ungt. Dialtheae comp. (Die Groß Althesalb). In T. Frankfurt/M. 1687 außer diesen allen Syrupus Althaeae Fernelii. In Ap. Braunschweig 1666 waren vorrätig: Herba bismalvi (4 K.), Radix altheae (20 lb.), Semen a. (1 lb.), Aqua a. (2½ St.), Aqua a. cum Vino (¼ St.), Lohoch de a. (5 lb.), Pulvis a. (2 lb.), Syrupus a. Fernelii (13 lb.), Unguentum a. (107 lb.). Nach Ph. Augsburg 1640 kann an Stelle von „Althaea": „Malva" genommen werden.

Die Ph. Württemberg 1741 führt: Radix Altheae (Bismalvae, Ibisci, Eibisch-Wurtzel, Althea-Wurtzel; wird innerlich und äußerlich angewandt; Anodynum, Emolliens; innerlich oft bei Brust- und Harnleiden; äußerlich in Kataplasmen als Emolliens und Maturans), Herba Altheae (Bismalvae, Ibisci, Eybischkraut, H e y l - k r a u t ; Emolliens), Semen Altheae (Ibisci, Eybischkraut-Saamen; Emolliens, Leniens, Nephriticum); Pasta Altheae, Syrupus de Altea Fernelii, Unguentum Altheae. Stammpflanze nach Hagen, um 1780: A. officinalis.

Bis DAB 6, 1926, bleiben Wurzel und Blattdroge offizinell (in Ph. Preußen 1799 dienen Herba Althaeae zur Herstellung der Species ad Enema und Species ad Gargarisma; Radix Althaeae für Pasta Althaeae, Species ad Cataplasma, Species ad Infusum pectorale, Syrupus Althaeae, Unguentum Althaeae). Seit 1846 heißen Herba Althaeae: Folia A. In DAB 1, 1872, werden zubereitet: (aus Folia) Species emollientes, (aus Radix) Syrupus Althaeae. In DAB 7, 1968, steht noch „Eibischwurzel" („die getrockneten, ungeschälten oder geschälten Wurzeln von Althaea officinalis Linné"). In der Homöopathie ist „Althaea" (Essenz aus frischer Wurzel) ein weniger wichtiges Mittel.

Anwendung nach Geiger, um 1830: „Man gibt die Wurzel in Substanz, in Pulverform selten; mehr als Zusatz zu Pillen, um ihnen Konsistenz und Zähigkeit zu geben; ferner im Aufguß oder in Abkochung, nicht selten anderen Wurzeln und Kräutern als Teespecies beigemengt; ebenso das Kraut und die Blumen; bei uns jedoch selten. Die Samen werden nicht mehr gebraucht".

Hager-Handbuch, um 1930, schreibt zu Radix Althaeae (Bismalvae, Hibisci, Heilwurzel, S c h l e i m t e e, w e i ß e S ü ß h o l z w u r z e l): „Der aus der Wurzel hergestellte Schleim dient als reizmilderndes Mittel, besonders in der Kinderpraxis. Das Pulver wird als Bindemittel für Pillen verwendet"; zu Folia Althaeae ( A t t i g k r a u t ) „als reizmildernder Tee". Außer Wurzel- und Blattdroge führt Hoppe-Drogenkunde, 1958, auch die Blüte auf („Mucilaginosum, bes. bei Katarrhen der Luftwege. Zu Gurgelwässern").

Im antiken und arabischen Kulturbereich spielte A. cannabina L. eine gewisse Rolle. Nach Berendes ist dies der wilde Hanf ( H y d r a s t i n a, T e r m i n a l i s ) des Dioskurides (gekochte Wurzel als Umschlag gegen Entzündungen, Ödeme, zum Erweichen verhärteter Knochengeschwülste; aus den Rindenfasern macht man Stricke).

## Alyxia

Geiger, um 1830, erwähnt A. aromatica Blume; „davon wird die Rinde (cort. Alyxiae aromaticae) von Dr. Blume als ein tonisches Mittel gegen Fieber usw. empfohlen". Dragendorff-Heilpflanzen, um 1900 (S. 540; Fam. A p o c y n e a e; nach Zander-Pflanzennamen: A p o c y n a c e a e ), nennt unter 4 A.-Arten A. stellata Röm. et Sch. (= G y n o p o g o n stellata Röm. et Sch., A. Reinwardtii Bl., A. aromatica Reinw., R e i n w a r d t i a officinalis); „Blüte gegen Fieber verwendet. Die Cumarin enthaltende Rinde als Aromaticum, Digestivum, Antifebrile, Refrigerans benutzt". Im Hager-Handbuch, Erg.-Bd. 1949, und Hoppe-Drogenkunde, 1958, wird Cortex Alyxiae (von *A. stellata Roem. et Schult.*) kurz beschrieben.

## Amanita

A m a n i t a  siehe Bd. II, Antihydrotica.

Fischer-Mittelalter zitiert A. muscaria L. ( e s u l a, f l i e g e n s w a m ). Nach Hoppe beschreibt Bock, um 1550, im Kap. S c h w e m m e, unter anderen A g a r i c u s muscarius L. ( M u c k e n s c h w e m m e, F l i e g e n s c h w e m m e ); wird, in Milch gekocht, zum Fliegentöten gebraucht. Geiger, um 1830, behandelt Agaricus muscarius L. (= A. muscaria Pers., F l i e g e n p i l z, roter Fliegen-

schwamm, Mückenschwamm); „ein früher schon zum Teil als Arzneimittel benutzter Pilz; wurde neuerlich von Meinhard wieder angepriesen ... Er ist unter
dem Namen F u n g u s muscarius offizinell. Man wählt nur den unteren Teil
des Strunks ... Man gibt den Fliegenschwamm in Pulverform, wozu er so schnell
als möglich, ohne ihn zu zerstören, getrocknet werden muß, innerlich (mit Vorsicht in kleinen Dosen, 10 bis 30 Gran) gegen Fallsucht usw. und äußerlich zum
Aufstreuen auf bösartige Geschwüre, Brand usw. Meinhard läßt die Tinktur gegen
Kopfgrind und andere hartnäckige Hautausschläge nehmen. Die Russen sollen
diesen Schwamm ohne Schaden speisen und die Kamtschadalen ein sehr berauschendes Getränk daraus verfertigen. - Man wendet ihn auch, mit Milch übergos-
sen, zum Töten der Fliegen an".
Nach Dragendorff-Heilpflanzen, um 1900 (S. 41; Fam. A g a r i c a e a e), wird
Agaricus muscarius Pers. „gegen Epilepsie, Fieber, äußerlich gegen Fistelgeschwüre
gebraucht". Schreibweise 1973: **A. muscaria (L. ex Fr.) Hooker,** Fam. A m a n i -
t a c e a e [Zitat-Empfehlung: **Amanita muscaria (S.)**].


## Amaracus

A m a r a c u s  siehe Bd. V, Dictamnus; Lavandula; Majorana.

B e r e n d e s-Dioskurides: Kap. D i p t a m , O r i g a n u m Dictamnus L.
T s c h i r c h-Sontheimer-Araber: Origanum Dictamnus.
F i s c h e r-Mittelalter: Origanum Dictamnus L. und D i c t a m n u s albus
[Synonyme siehe bei Dictamnus].
H o p p e-Bock: Kap. Von Dictam, A. dictamnus Benth. (der recht vnn Edel
Dictam).
G e i g e r-Handbuch: Origanum Dictamnus (cretischer Diptam, Diptam-Dosten).
Z a n d e r-Pflanzennamen: **A. dictamnus (L.) Benth.** (= Origanum dictamnus L.,
A. tomentosus Moench.).
Z i t a t-Empfehlung: **Amaracus dictamnus (S.).**


Nach Dioskurides hat der Diktamnos, den einige wilden P o l e i nennen, dieselben Wirkungen wie der gebaute Polei [→ M e n t h a ], nur viel kräftiger (nicht
nur getrunken, auch im Zäpfchen und in der Räucherung wirft er den toten Fötus
heraus; zu Umschlägen gegen Splitter; gegen Milzleiden. Auch die Wurzel be-
schleunigt die Geburt, ihr Saft gegen Biß giftiger Tiere; Vulnerarium). Kräuterbuchautoren des 16. Jh. übernehmen diese Indikationen.
Die Radix diptamni in Ap. Lüneburg 1475 war wahrscheinlich von Dictamnus
albus L. Die T. Worms 1582 führt: [unter Kräutern] Dictamnus creticus (Dictamnum, P u l e g i u m martis seu ceruinum, D o r c i s Aetii, Diptamnus creticus
officinarum. Cretischer Diptam); die T. Frankfurt/M. 1687: Herba Dictamnus

(Dictamnum Creticum, Cretischer Diptam). In Ap. Braunschweig 1666 waren
¹/₄ K. Herba dictam. Cretic. vorrätig. Nach Verordnung der Ph. Augsburg 1640
soll für „Dictamnus" immer „Cretensis" genommen werden.

Aufgenommen in Ph. Württemberg 1741: Herba Dictamni cretici veri (Origanum foliis tomentosis, spicis nutantibus Linn. Cretischer Diptam; Alexipharmacum, Uterinum; kommt zum Theriak und Diascordium). Die Stammpflanze heißt
bei Hagen, um 1780: Origanum Dictamnus; „das Kraut (Fol. Dictamni Cretici) ist
selten mehr im Gebrauch". Geiger, um 1830, erwähnt Origanum Dictamnus;
„davon waren die Blätter offizinell". Nach Dragendorff-Heilpflanzen, um 1900
(S. 581; Fam. L a b i a t a e ), ist A. Dictamnus Benth. „Emmenagogum und ge-
burtsbeförderndes Mittel".

## Amaranthus

A m a r a n t h u s  siehe Bd. V, Helichrysum.

H e s s l e r-Susruta: A. polygamus.
G r o t-Hippokrates: A. Blitum.
B e r e n d e s-Dioskurides: Kap. Gemüseamaranth, A m a r a n t h a Blitum L.
S o n t h e i m e r-Araber: A. Blitum; A. tricolor.
F i s c h e r-Mittelalter: A. Blitum L. ( b l i d a s ,  o l u s  jamenum).
B e ß l e r-Gart: A. - spec. ( F l o r a m o r ).
G e i g e r-Handbuch: A. Blitum; A. tricolor; A. campestris.

Dragendorff-Heilpflanzen, S. 199 uf. (Fam. A m a r a n t h a c e a e ).

Dioskurides erwähnt den Gemüseamaranth, den die Römer B l i t u m nennen
(ist gut für den Bauch, hat aber keine arzneiliche Kraft); nach Berendes handelt es
sich um A. blitum L. [nach Schmeil-Flora, 1965, ist der Name des grünen Fuchs-
schwanzes - früher A. blitum L. p. p. oder A. viridis L. p. p. - **A. lividus L.**]. Geiger, um 1830, schreibt über A. Blitum: „Das Kraut (herba Bliti) war offizinell. Es
kann als Gemüse genossen werden". Als weitere Arten führt Geiger:
A. campestris, „Wurzel in Ostindien als Diureticum";
A. tricolor, „offizinell, doch jetzt kaum gebräuchlich, ist: Das Kraut (herba Amaranthi tricoloris, G o m p h r e n a e symphoniae)".
In Hoppe-Drogenkunde, 1958, steht nur: A. spinosus (Ostpakistan; Wurzel als
Adstringens, Diureticum, gegen Ekzeme).
In Hager-Handbuch, um 1930, und Erg.-Bd., 1949, wird ein Azofarbstoff aufge-
führt, der „Amaranthum" heißt, seine wäßrige Lösung Liquor Amaranthi.

## Amaryllis

Geiger, um 1830, erwähnt 3 A.-Arten, nämlich
1.) A. Belladonna [Schreibweise nach Zander-Pflanzennamen: **A. belladonna L.**];

„in Westindien und auf dem Vorgebirge der guten Hoffnung zu Hause ... Davon sollen die sehr giftigen Wurzeln und Blumen als Arzneimittel gebraucht werden". Nach Dragendorff-Heilpflanzen sind sie emetisch und als Herzgift wirkend. Hoppe-Drogenkunde schreibt nur, daß die Knolle untersucht wurde.

2.) A. lutea L. (= S t e r n b e r g i a lutea Ker.); die Zwiebel (rad. L i l i o - N a r c i s s i) schmeckt bitter und soll erweichend wirken.

3.) A. disticha L. (= H a e m a n t h u s toxicarius Ait.); die Wurzel wird zum Vergiften der Pfeile angewendet.

Dragendorff-Heilpflanzen, S. 131 (Fam. A m a r y l l i d e a e ; Schmeil-Flora, Fam. A m a r y l l i - d a c e a e ).

## Ambrosia

A m b r o s i a siehe Bd. V, Coronopus; Herniaria; Salvia.
Zitat-Empfehlung: *Ambrosia maritima (S.); Ambrosia elatior (S.).*

Nach Berendes haben die älteren Botaniker die Ambrosia des Dioskurides (sie wirkt auf die Körpersäfte; zu adstringierenden Umschlägen) teils für eine mystische Pflanze, auf Ambrosia, die Götterspeise hinweisend, gehalten, teils unter die verschiedensten Namen, vorzugsweise A r t e m i s i a , registriert; Sprengel und Fraas halten sie für **A. maritima L.** Kommt nach Sontheimer bei I. el B. vor. Fischer verweist auf mittelalterliche Zitate für A. artemisifolia L. (ambrosia, ambrosiana, h i r t z w u r t z , l a n g g a r b e , w i l d s e l b e). Beßler hält die Deutung für das Kap. Ambrosia im Gart für unsicher (außer A. maritima L. kommt auch in Frage: B o t r i s artemisia L., S a l v i a pratensis L.).

Geiger, um 1830, erwähnt A. maritima; „davon war das wohlriechende und angenehm aromatisch bitterlich schmeckende Kraut (herba Ambrosiae) offizinell". Nach Dragendorff-Heilpflanzen, um 1900 (S. 669; Fam. C o m p o s i t a e ), wird das Kraut gegen Blutspeien, Nasenbluten, Blähungen, Phthisis, als Emolliens und Wundmittel gebraucht. Er schreibt, daß A. artemisifolia Bess., zu A. maritima gehörig, ähnlich wirkt. Außerdem nennt er A. artemisiaefolia L. (gegen Wechselfieber und Würmer). Bei Hoppe-Drogenkunde, 1958, ist ein Kap. A. artemisiaefolia, denn in der Homöopathie ist „Ambrosia artemisiaefolia" (A. art. Bess.; Essenz aus frischen Blütenköpfen und jungen Schößlingen) ein weniger wichtiges Mittel.

Nach Schmeil-Flora heißt A. artemisiaefolia Torr. et Gray, non L. heute: **A. elatior L.**

## Ammi

A m m i oder A m ( m ) e o s siehe Bd. II, Cephalica; Lithontriptica; Quatuor Semina. / V, Artemisia; Trachyspermum.
Zitat-Empfehlung: *Ammi visnaga (S.); Ammi majus (S.).*
Dragendorff-Heilpflanzen, S. 488 (Fam. U m b e l l i f e r a e).

Der Bezug des Kap. Ammi bei Dioskurides auf e i n e Pflanzenart ist nicht ganz sicher (der Same hat erwärmende, brennende, austrocknende Kraft; mit Wein gegen Leibschneiden, Harnverhaltung, Biß giftiger Tiere; befördert Menstruation; zu Augenkataplasmen; zu Räucherungen für Reinigung der Gebärmutter); Berendes nennt A. copticum (→ Carum) oder A. Visnaga Lam. [Schreibweise nach Zander-Pflanzennamen: **A. visnaga (L.) Lam.**]. Bock, um 1550, überträgt - nach Hoppe - die Indikationen dieses Diosk.-Kap. in seinem Kap. Von A m e o s auf **A. majus L.** An anderer Stelle bildet er A. visnaga Lam. ab (als Sesel bzw. Der Apotheker S e s e l i). Beßler bezieht das Gart-Kapitel Ameos auf A. majus L. und C a r u m copticum, auch Fischer-Mittelalter nennt beide Pflanzen (ameus, b e r o l a).

In Apothekenbeständen sind 2 Samen-Arten zu unterscheiden, über deren Stammpflanzen nicht immer Klarheit zu gewinnen ist. Zweifelhaft bleiben die Semen ameos (¹/₂ lb.) der Ap. Lüneburg 1475 (siehe oben Beßler bzw. Fischer), auch die Semen ammeos der Ap. Braunschweig 1666 (¹/₄ lb.) sind nicht näher bezeichnet.

In Taxen werden oft 2 Sorten unterschieden: [T. Worms 1582] Semen Ammios vulgaris (Gemeyner Ammeysamen) und Semen Ammios veri (Ammii, Cumini regii Hippocratis, C u m i n i Alexandrini seu Aethiopici, Ammii cretici, Cretischer Ammeysamen) [beide auch in T. Frankfurt/M. 1687]. Die Ph. Augsburg 1640 ordnet an, daß bei Verordnung von „Ammi" der illyrische oder ägyptische Samen zu nehmen ist, wenn nicht vorhanden, als Ersatz „Anisum".

( A m m e o s   v u l g a r i s )
Die Stammpflanze vom Großen oder Gemeinen Ammey heißt bei Hagen, um 1780: A. maius. So auch bei Geiger, um 1830: Der Samen von A. majus „(sem. Ammeos vulgaris, majoris) war sonst offizinell". Über die Anwendung von A. majus schreibt Dragendorff, um 1900: „Frucht gegen Unfruchtbarkeit, Blähungen und als Stomachicum benutzt", und Hoppe-Drogenkunde, 1958: „Bei Angina pectoris und Bronchialasthma".

( A m m e o s   v e r u m )
Die Ph. Württemberg 1741 hat aufgenommen: Semen Ameos (Ammi veri cretici, odore Origani, Cretischer Ammy-Saamen; Alexipharmacum, Diureticum, Carminativum; Bestandteil des Theriak und der 4 Sem. cal. min.). Bei Hagen, um 1780, heißt der Kretische oder kleine Ammey: S i s o n Ammi; der Same (Kretischer, Ägyptischer, Alexandrinischer Ammey, M o h r e n k ü m m e l, H e r r e n - k ü m m e l) heißt Sem. Ammios veri s. cretici. Auch bei Geiger, um 1830, heißt die Stammpflanze Sison Ammi; „er wird als magenstärkendes Mittel usw. gebraucht. Jetzt ist er bei uns fast außer Gebrauch". Bei Dragendorff-Heilpflanzen wird S. Ammi L. als ein Synonym für A p i u m Ammi Urban. angeführt.

(A m m i  v i s n a g a)
Geiger, um 1830, erwähnt A. Visnaga Lam. (= D a u c u s  visnaga, Zahnstocher-
Ammey) [der von einigen - siehe oben - für das Ammi des Dioskurides gehalten
wird]; „man gebraucht die Doldenstrahlen als Zahnstocher, die einen angenehmen
Geschmack haben und dem Mund einen angenehmen Geruch erteilen". Dragendorff, um 1900, gibt an: „Frucht und Saft der Blätter als Diureticum, Emmenagogum, bei Rheuma, Harngries etc. gebraucht". Nach Hoppe-Drogenkunde, 1958,
wird von A. visnaga benutzt: Die Frucht (Fructus Ammi visnagae, B i s c h o f s -
k r a u t f r ü c h t e ,  Z a h n s t o c h e r a m m e i f r ü c h t e) und das daraus
isolierte K h e l l i n ; „Antispasmodicum . . . gegen Blasen- und Nierensteine. Bei
Asthma bronchiale . . .".

## Amomum

A m o m u m  siehe Bd. II, Adstringentia; Cephalica; Quatuor Semina; Succedanea. / IV, E 365. / V,
Aframomum; Bryonia; Curcuma; Elettaria; Pimenta; Sison; Zingiber.

Nach Zander-Pflanzennamen liefert **A. kepulaga Spraguae et Burk.** (= A. cardamomum Roxb. non L. 1753) die Java-K a r d a m o m e n .

## Anabasis

Nach Geiger, um 1830, wird A. aphylla L. zur Bereitung der Soda gebraucht.
Dragendorff-Heilpflanzen, um 1900 (S. 198; Fam. C h e n o p o d i a c e a e ), gibt
außerdem an: „auch gegen Hautkrankheiten empfohlen". Nach Hoppe-Drogen-
kunde, 1958, ist diese giftige Pflanze ein Insektizid.
Von A. tamariscifolia L. (= S a l s o l a  tam. Cav., H a l o g e t o n  tam. C. A.
Mey) wird nach Dragendorff der Same in Spanien als Anthelminticum (Spanischer
W u r m s a m e , C h o n o n ) verwandt.

## Anacamptis

Nach Fischer kommt A. pyramidalis Rich. bei folgenden mittelalterlichen Bezeichnungen in Frage: s a t i r i o n , o r c h i s , c i n o s o r c h i s , a f r o d i s i a ,
p r i a p i s c u s , s e r a p i s , t e s t i c u l u s  canis s. leporis). In den Kräuterbüchern von Bock und Fuchs ist die H u n d s w u r z , **A. pyramidalis (L.) L. C.
Rich.**, nach den Abbildungen, nicht sicher zu identifizieren. Es ist aber anzunehmen, daß auch diese Pflanze bzw. ihre Knollen seit altersher wie → O r c h i s -
Arten gesammelt und benutzt wurden. Hager, um 1930, gibt die Pflanze als eine

der Stammpflanzen für (deutsche) Tubera S a l e p an; sie wurde u. a. im DAB 2, 1882, und DAB 3, 1890, ausdrücklich genannt.

Z i t a t-Empfehlung: **Anacamptis pyramidalis (S.).**

Dragendorff-Heilpflanzen, S. 149 (Fam. O r c h i d a c e a e ; die Pflanze heißt hier Orchis pyramidalis L.).

# Anacardium

A n a c a r d i u m  siehe Bd. II, Antirheumatica; Vesicantia. / IV, G. 450. / V, Semecarpus.

Zitat-Empfehlung: *Anacardium occidentale (S.).*

Dragendorff-Heilpflanzen, S. 394 (Fam. A n a c a r d i a c e a e ).

In T. Worms 1582 ist [unter Früchten] als eine 2. Sorte Anacardium aufgeführt: Anacardium Brasilianum ( C a i o u s . Ein ander art dieser Frucht, ist gestalt wie kleine Nieren). Es handelt sich hier, im Gegensatz zur Orientalischen Elefantenlaus, um die Occidentalische; beide wurden gleichartig angewendet (→ S e m e - c a r p u s ). Hagen, um 1780, schreibt über den „Westindischer Anakardienbaum (Anacardium occidentale), wächst in Ost- und Westindien, gehört aber eigentlich nur an letzterem Orte zu Hause. Er trägt fleischige Früchte, die mit einer Birne sehr übereinkommen, und wegen ihres sehr angenehmen weinichten Saftes von den Einwohnern gern genossen werden. Oben auf der Frucht sitzt eine Nuß, welche Elephantenlaus oder K a j o u (Anacardium occidentale) genannt wird. Sie unterscheidet sich von der Ostindischen E l e p h a n t e n l a u s blos durch die Gestalt, indem sie nierenförmig ist: übrigens gilt von ihr genau dasselbe".

Geiger, um 1830, gibt für A. occidentale an: Die Früchte kommen jetzt selten im Handel vor; „Anwendung. Wie die orientalischen. Die Nuß am Körper getragen, soll gegen chronische Augenentzündungen sehr nützlich sein. - Präparate hat man sonst ein Mel anacardinum ad confectionem Sapientum seu Salomonis. - In Amerika bedient man sich des scharfen Safts als Aetzmittel, zum Wegbeizen der Warzen, Hühneraugen, Sommersprossen usw. . . . Der fleischige Fruchtboden ist eßbar, schmeckt süßlich-sauer, weinartig, dient zu Limonade. Er soll von den Negern als ein Mittel gegen Magenbeschwerden gebraucht werden".

Im Kap. Anacardium beschreibt Hager-Handbuch, um 1930, sowohl Fructus Anacardii orientalis [→ Semecarpus] als auch Fructus Anacardii occidentalis (Westindische Elefantenläuse, Cashew Nuts, C a s s u v i u m , A k a j u n ü s s e , K a s c h u n ü s s e , T i n t e n n ü s s s e ; von **A. occidentale L.**). Nach Hoppe-Drogenkunde werden von dieser Pflanze verwendet: 1. die Frucht, aus der ein Extrakt ( C a r d o l u m vesicans) bereitet wird, eine scharf hautreizende Substanz, die zu Warzen- und Hühneraugenmitteln, zur Tintenherstellung dient. 2. das Öl der Schalen. 3. das fette Öl der Samen. Ferner wird angegeben, daß der Stamm Acajou-Gummi liefert (Klebemittel in der Buchbinderei); Cortex Anacardii occidentalis wird in Brasilien als Adstringens und Färbemittel verwendet.

An

In der Homöopathie ist „Anacardium occidentale - Kaschnuß, Westindische Elefantenlaus" (Tinktur aus reifen Früchten) ein wichtiges Mittel.

## Anacyclus

B e r t r a m   siehe Bd. IV, E 270, 338, 383, 384. / V, Achillea; Matricaria.
B e r t r a m w u r z   siehe Bd. V, Physalis.
D e n t a r i a   siehe Bd. V, Cardamine; Chrysanthemum; Hyoscyamus; Lathraea; Plumbago.
P y r e t h r u m   siehe Bd. II, Caustica; Masticatoria; Odontica; Sialagoga; Succedanea. / IV, E 287. / V,
Achillea; Chrysanthemum; Matricaria; Spilanthes.

B e r e n d e s-Dioskurides: - Kap. B e r t r a m w u r z,  A n t h e m i s  Pyrethrum L. (= A. Pyrethrum D. C.).
T s c h i r c h-Sontheimer-Araber: - Athemis Pyrethrum.
F i s c h e r-Mittelalter: - - A. officinarum Hayne ( p i r e t r u m ,  bertram, purpurfarben  c a m i l l e n ; Diosk.:  p y r e t h r o n ).
B e ß l e r-Gart: Kap. Piritrum, - A. pyrethrum DC. (= „Radix Pyrethri romani")
[Schreibweise nach Zander-Pflanzennamen: **A. pyrethrum (L.) Link**] - - **A. officinarum Hayne** (= „Radix Pyrethri germanici").
H o p p e-Bock: - Kap. von Bertram, A. pyrethrum DC.
G e i g e r-Handbuch: - Anthemis Pyrethrum L. (= A. Pyrethrum Link; Bertram-
K a m i l l e , officineller Bertram,  Z a h n w u r z e l ) - - Anthemis Pyrethrum
herbar. Willd. (= A.officinarum Hayne; deutscher [thüringischer] Bertram, officinelle  R i n g b l u m e ).
H a g e r-Handbuch: - A. pyrethrum D.C. - - A. officinarum Hayne.
Z i t a t-Empfehlung: **Anacyclus pyrethrum (S.); Anacyclus officinarum (S.).**

Dragendorff-Heilpflanzen, S. 673 uf. (Fam.  C o m p o s i t a e ).

Das Pyrethron des Dioskurides wird in der Regel auf A. pyrethrum (L.) Link bezogen (Wurzel bewirkt Schleimabsonderung; mit Essig zum Mundspülen bei Zahnschmerzen; Einreibung mit Öl zum Schweißtreiben; gegen Frostschauer, erkältete und erschlaffte Körperteile). Kräuterbuchautoren des 16. Jh. übernehmen diese Indikationen. Wenn in deutschen Quellen nur „Pyrethrum" verzeichnet ist, kann die Verwendung auch von A. officinarum Hayne nicht ausgeschlossen werden.
In Ap. Lüneburg 1475 waren vorrätig: Radix piretri ($^1/_2$ lb.). Die T. Worms 1582 führt: Radix Pyrethri ( P y r i t i s ,  P y r o t i ,  P e d i s  A l e x a n d r i n i .
Bertram,  S p e i c h e l w u r t z ,  G e y f f e r w u r t z , Zahnwurtz); die T. Frankfurt/M. 1687, als Simplicium: Radix Pyrethri (mit gleichen Synonymen).
In Ap. Braunschweig 1666 waren vorrätig: Radix pyrethri (4 lb.), Condita radic. p. (4 lb.), Pulvis p. ($^1/_4$ lb.).
Die Ph. Württemberg 1741 beschreibt: Radix Pyrethri officinalis ( S a l i v a l i s ,
D e n t a r i a e , Bertram, Zahnwurtz, Speichelwurtz, St. J o h a n n i s w u r t z ;

Incidans, Attenuans; selten innerlich benutzt; bei Zungenlähmung und bei Zahnschmerzen viel als Kaumittel benutzt). Die Stammpflanze heißt bei Hagen, um 1780: Anthemis Pyrethrum (Bertram); wächst in der Barbarei und in Thüringen und bei Magdeburg.

Die Wurzeldroge blieb im 19. Jh. pharmakopöe-üblich. Aufgenommen in preußische Pharmakopöen: (1799) Radix Pyrethri (Bertramwurzel, von Anthemis Pyrethrum; Bestandteil der Unguentum Roris marini comp.); in Ausgabe 1813 wird bei Radix P t a r m i c a e die Radix Anthemidis Pyrethri Linn. als häufige Substitution angegeben; Ausgabe 1827-1829 Pyrethrum, Radix (von Anthemis Pyrethrum Linn. = Anacyclus Pyrethrum Lk., und von A. officinarum Hayn.); Ausgabe 1846-1862 (nur von A. officinarum Hayn.). So auch in DAB 1, 1872 (Radix Pyrethri; Bestandteil der Pilulae odontalgicae, Tinctura Spilanthis comp.). Dann Erg.-Bücher (noch Erg.-B. 6, 1941: Radix Pyrethri, von A. pyrethrum DC.; Tinctura Pyrethri). In der Homöopathie ist „Pyrethrum - Deutsche Bertramwurzel" (A. officinarum Hayne; Tinktur aus getrockneter Wurzel; Allen 1878) ein wichtiges Mittel.

Geiger, um 1830, beschreibt 2 Bertramarten bzw. 2 Drogen: Offizinell ist von beiden Pflanzen [A. Pyrethrum Link und A. officinarum Hayne]: die Wurzel (radix Pyrethri); „man unterscheidet im Handel zweierlei, 1. römischen echten wahren Bertram (rad. Pyrethri romani, veri), soll von der erstgenannten Pflanze kommen, wiewohl Hayne es noch unbestimmt läßt, ob Linnés Pflanze mit der von Link einerlei sei? Man erhält sie aus der Barbarei über Italien und Frankreich. . . . 2. Gewöhnliche, deutsche Bertramwurzel (radix Pyrethri communis, germanici), kommt von der zuletzt beschriebenen Pflanze, die in Thüringen und bei Magdeburg zum pharmazeutischen Gebrauch gezogen wird . . . Man gibt die Wurzel in Substanz, in Pulverform oder im Aufguß (in kleinen Dosen). Auch wird sie gekaut, um Speichelfluß zu erregen, bei Lähmung der Zunge, bei Zahnweh in hohle Zähne gesteckt. - Präparate hat man Tinktur. - Sie wird jetzt selten mehr gebraucht. Ihre Anwendung, um dem Essig Schärfe zu geben, ist strafbar".

In Hager-Handbuch, um 1930, ist über die Anwendung von Radix Pyrethri germanici sowie romani angegeben: „Bei Zahnleiden, in Kaumitteln, Mund- und Gurgelwässern, auch in der Paratinktur. Innerlich ist sie vorsichtig zu verwenden, ebenso als Niespulver". In Hoppe-Drogenkunde, 1958, steht außerdem: Tonicum bei Verdauungsschwäche, in der Homöopathie bei Rheumatismus und Neuralgien, in der Likörindustrie zu Bitterschnäpsen.


## Anagallis

A n a g a l l i s   siehe Bd. V, Lysimachia; Veronica.
A n a g a l i c u m   siehe Bd. V, Symphytum.
A n a g a l l i c u m   siehe Bd. V, Veronica.

Anagallus siehe Bd. V, Hieracium.
Anagalus siehe Bd. V, Tussilago.
Wallwurz siehe Bd. IV, G 957. / V, Symphytum.

Grot-Hippokrates: Anagallis.

Berendes-Dioskurides: Kap. Gauchheil, A. arvensis L. und A. coerulea L., A. phoenicea Lam.

Sontheimer-Araber: A. arvensis und A. coerulea.

Fischer-Mittelalter: **A. arvensis L.** (im Mittelalter „männlich" genannt; anagallus, verbena, centrum galli, morsus gallina, ispia, rossehuf, hundsdarm, hünerdärm, wallwurz); A. coerulea Schreber [Schreibweise nach Schmeil-Flora: **A. coerulea Nathh.** = A. femina Mill.] („weiblich"; anagallus, auricula muris, mußore); Diosk.: anagallis.

Hoppe-Bock: Kap. Von Gauchheyl, A. arvensis L. subsp. caerulea Sch. et K. (eins mit schönen himmelbloen violen, Colmarkraut), A. arvensis L. subsp. phoenica Sch. et K. (das ander mit roten Zynober farben violen).

Geiger-Handbuch: A. phoenicea Lam. (= A. arvensis L., Acker-Gauchheil, roter Hühnerdarm, rote Miere), A. coerulea (blauer Ackergauchheil).

Zitat-Empfehlung: **Anagallis arvensis (S.); Anagallis coerulea (S.).**

Dragendorff-Heilpflanzen, S. 513 (Fam. Primulaceae).

Nach Dioskurides gibt es von der Anagallis 2 Arten, die sich durch die Blüte unterscheiden: die purpurblütige männliche und die blaue weibliche (beide wirken beruhigend, besänftigen Entzündungen, ziehen Splitter aus, halten fressende Geschwüre auf; Saft zum Gurgeln führt Schleim aus dem Kopf ab, gegen Zahnschmerzen, Stumpfsichtigkeit; mit Wein getrunken gegen Vipernbiß, Nieren- und Leberleiden). Kräuterbuchautoren des 16. Jh. übernehmen solche Indikationen (nach Bock, um 1550, auch zur Schwitzkur bei Pest, gegen Hundetollwut, Wassersucht).

Die T. Worms 1582 führt: [unter Kräutern] Anagallis (Corchorus Theophrasti, Sapana, Macia, Nycteritis, Zeliaurus, Gauchheyl, Gochheyl, Kolmarkraut); Succus Anagallidis (Gauchheylsafft), Aqua (dest.) A. (Gauchheylwasser); in T. Frankfurt/M. 1687 fehlt der Succus, dafür Extractum und Oleum Anagallidis. In Ap. Braunschweig 1666 waren vorrätig: Herba anagallidis rubr. ($^1$/$_4$ K.), Aqua a. (1$^1$/$_2$ St.), Essentia a. (17 Lot).

Die Ph. Württemberg 1741 beschreibt: Herba Anagallidis maris (Flore phoeniceo, Gauchheil, Collmarkraut, Vogelkraut, Hünerdarm; Antimelancholicum, Antepilepticum, Antimaniacum); Aqua (dest.) A., Oleum (coct.) Anagallidis. Die Stammpflanze der Krautdroge heißt bei Hagen, um 1780: A. aruensis (Rother Gauchheil, rother Hünerdarm, rother Mire), bei Geiger, um 1830: A. phoenicea Lam. Er schreibt: „Dieses bekannte, schon von den Alten sehr gerühmte Kraut, ist besonders seit 1747 wieder mehr als Arzneimittel in Aufnahme gekommen . . .

Man gibt das Kraut in Pulverform, im Aufguß, auch den ausgepreßten Saft. - Sonst hatte man mehrere Präparate davon: Extrakt, Sirup, Essenz, Wasser usw., die jetzt nicht mehr vorkommen". Von A. coerulea berichtet er, daß man sie früher als herba Anagallidis foeminae seu coeruleae unterschied.

Die Krautdroge war in einige Länder-Pharmakopöen zu Beginn des 19. Jh. aufgenommen, z. B. Ph. Preußen 1799: Herba Anagallidis (von A. arvensis var. flore phoeniceo seu A. phoenicea Hoffm.), Ph. Sachsen 1820.

Hoppe-Drogenkunde, 1958, nennt A. arvensis (Verwendung des Krautes: „Diureticum. - In der Homöopathie [wo „Anagallis arvensis - Gauchheil" (Essenz aus frischer, blühender Pflanze) ein wichtiges Mittel ist] gegen juckende Hautausschläge").

## Anagyris

Berendes-Dioskurides: Kap. S t i n k s t r a u c h ; Tschirch-Sontheimer-Araber; Geiger-Handbuch; Hager-Handbuch: **A. foetida L.**
Z i t a t-Empfehlung: **Anagyris foetida (S.).**

Dragendorff-Heilpflanzen, S. 310 (Fam. L e g u m i n o s a e ).

Nach Dioskurides wirkt ein Umschlag mit den Blättern des Stinkstrauchs gegen Ödeme; in Wein gegen Asthma, zum Austreiben der Nachgeburt und von Embryos, gegen Kopfschmerzen; die Frucht wirkt brechenerregend. Die den Arabern bekannte Droge erlangt im Mittelalter und bis zum 18. Jh. in Europa keine Bedeutung; Geiger, um 1830, kennt sie: „Die Blätter wirken purgierend und die Samen brechenerregend. Man gebrauchte sie ehedem auch äußerlich zu zerteilenden Umschlägen. Die Rinde wird von den Indianern als ein Hauptmittel gegen Skrofeln, gepulvert in Verbindung mit Rizinusöl, gebraucht." Hager, um 1930, erwähnt Semen Anagyris foetida, früher als Emeticum und Purgans angewandt. In der Homöopathie ist „Anagyris foetida - Stinkstrauch" (Essenz aus frischem blühenden Kraut) ein wichtiges Mittel.

## Anamirta

A n a m i r t a siehe Bd. IV, G 1331.
Zitat-Empfehlung: *Anamirta cocculus (S.).*
Dragendorff-Heilpflanzen, S. 235 (Fam. M e n i s p e r m a c e a e ); Tschirch-Handbuch III, S. 820.

Nach Tschirch-Handbuch darf als erwiesen angenommen werden, daß A. paniculata Colebrooke (= M e n i s p e r m u m Cocculus L.) „in ihrer indischen Heimat und wohl auch im malayischen Archipel seit alter Zeit arzneilich (bei Gicht, Hautkrankheiten und als Ungeziefermittel) und wohl auch als Fischgift benutzt wurde; von Indien gelangte sie nach Arabien und Persien, und Rhazes, Alhervi, Ibn Sina, Ibn Baithar . . . erwähnen sie; im 13. Jh. scheinen die Früchte in Europa aufgetaucht zu sein". Dementsprechend wird Menispermum Cocculus bei Tschirch-Sontheimer-Araber und in Fischer-Mittelalter zitiert.

In T. Worms 1582 stehen unter Früchten: C o c c i o r i e n t a l i s ( C o c c u l a e officinarum, K o c k e l k ö r n e r, F i s c h k ö r n e r ); in T. Frankfurt/M. 1687: Cocculi indi (Cocci seu b a c c a e o r i e n t a l i s, baccae piscatoriae, Fisch- oder D o l l k ö r n e r ). In Ap. Braunschweig 1666 waren 6 lb. Semen c o - c u l i de Levant. vorrätig. Aufgenommen in Ph. Württemberg 1741 (unter De fructibus): Cocculi Indi (Cocculae orientalis vel de Levante, Köckel-Körner, Fisch-Körner; sind gefährlich, werden in der Medizin nie innerlich verwandt; töten Läuse und werden zum Fischfang benutzt). Nach Hagen, um 1780, heißt der Fischkörnerbaum: Menispermum Cocculus. Geiger, um 1830, schreibt über Menispermum lacunosum Lam. (= Menispermum suberosum Wall., Menisp. Cocculus Gärtn.): „Als Arzneimittel werden die Kokkelskörner innerlich nicht gebraucht. Man streut das Pulver zum Töten des Ungeziefers auf den Kopf. Sie machen einen Bestandteil des Läusepulvers und Salbe (pulv. et ung. pediculorum) aus. Ferner hat man als Präparat in neueren Zeiten M e n i s p e r m i n oder P i c r o t o x i n, welches man anfängt, als Heilmittel zu gebrauchen. - Ins Wasser geworfen, be-täuben die Körner die Fische, daß sie auf die Oberfläche kommen und sich leicht fangen lassen; welches Verfahren aber sehr tadelnswert. Noch weit strafbarer ist ihre Anwendung zum B i e r (Porterbier), um dasselbe berauschender zu machen, welches besonders in England häufig geschehen soll! Die Indianer gebrauchen auch die Wurzel dieses Strauchs als Arzneimittel. Das Öl der Kerne benutzt man in Indien zu Kerzen".

In Hager-Handbuch, um 1930, steht über die Anwendung der Früchte von **A. coc-culus Wight et Arnott:** „In Pulverform gegen Krätze und zur Vertilgung der Läuse, nur mit Vorsicht zu gebrauchen, da bei wunder Haut Vergiftungen vor-kommen können. Die Kokkelskörner wirken als Fischgift . . . Verwendung zum Fischfang verboten". Hoppe-Drogenkunde, 1958, gibt über Verwendung der Frucht an: „Die Droge beeinflußt dieAtmung. Homöopathisch [hier ist „Cocculus - Kockelskörner" (Tinktur aus reifen, getrockneten Früchten; Hahnemann 1805) ein wichtiges Mittel] bei Herzkranken, bei Schwäche, Erschöpfungszuständen, Schwindelanfällen und Seekrankheit. - Zur Darstellung des sehr giftigen Picro-toxins (Krampfgift). - Analepticum bei Barbitursäurevergiftungen. - In der Vete-rinärmedizin. - Ungeziefermittel (Vorsicht), in Indien Fischgift (Verboten!)".

## Ananas

A n a n a s  siehe Bd. IV, E 20; G 293.
Zitat-Empfehlung: *Ananas comosus (S.).*
Dragendorff-Heilpflanzen, S. 108 (Fam. B r o m e l i a c e a e ).

Valentini berichtet im Museum Museorum (1714) „Von der Indianischen Frucht Ananas"; sie wird aus den amerikanischen Inseln gebracht, und ist davon eine im Universitätsgarten zu Leyden zu sehen. „Sie haben eine kühlende und stärkende Kraft und werden deswegen in den hitzigen Fiebern sowohl zu refraichieren als den Durst zu löschen von den Amerikanern gebraucht . . . Absonderlich aber soll diese Frucht den Stein gewaltig treiben, so gar, daß wann solcher zu groß und die Frucht ihre Wirkung tut, die Kranken ihres Lebens nicht sicher sind". Die Herstellung von Saft und Wein aus Ananas wird beschrieben, ferner das Einmachen der zerschnittenen Frucht in Zucker. Dies „soll ein sehr herrlich Essen sein: stärket den Magen, die Natur, und bringt Alten und betagten Personen die natürliche Wärme wieder".

Geiger, um 1830, schreibt über „ B r o m e l i a  Ananas - In Westindien zu Hause. Wird bei uns in Gewächshäusern gezogen . . . Die Früchte werden als diätetisches Mittel in hitzigen Krankheiten verordnet; sie sind eine beliebte Speise. Man bereitet in Amerika aus ihnen durch Gährung einen lieblichen Wein".

In Hagers Handbuch, um 1930, ist im Kap. Ananas (Ananas sativus Schult. = A n a n a s s a  sativa Lindl.) über die Anwendung angegeben: „Die Frucht der wilden Form wird verwendet als Diureticum und Anthelminticum. Der vergorene, weinartige Saft der Kulturformen wird gegen Magenkatarrh, katarrhalische Affektionen der Schleimhäute (mit Wasser als Spray bei Nasenkatarrh) verwendet". Schreibweise nach Zander-Pflanzennamen: **A. comosus (L.) Merr.** (= Bromelia ananas L. und B. comosa L., Ananassa sativa Lindl.).


## Anaphalis

Dragendorff-Heilpflanzen, um 1900 (S. 667; Fam. C o m p o s i t a e ), erwähnt A. neelgarriana D.C. - Indien -, auf Schnittwunden gebracht, und A. margaritana Benth. et Hook - Nordamerika. Die letztere heißt nach Zander-Pflanzennamen: **A. margaritacea (L.) C. B. Clarke** (= G n a p h a l i u m  margaritaceum L., A n t e n n a r i a  margaritacea (L.) R. Br. - Silberimmortelle). Nach Hoppe-Drogenkunde, 1958, ist das Kraut (Herba Anaphalidis) Expectorans, Adstringens. In der Homöopathie ist „Antennaria margaritacea" (Essenz aus frischer, blühender Pflanze) ein weniger wichtiges Mittel.


## Anastatica

Nach Sontheimer kommt A. Hierochuntica bei I. el B. vor, nach Fischer in einigen mittelalterlichen Quellen ( s a l i u n c a ,  r o s a  S t .  M a r i e ). Geiger, um 1830, erwähnt **A. hierochuntica L.** (Jerichorose; „die abgestorbene, trockene, aus bloßen, noch mit den Schötchen besetzten Stengeln, ohne Blätter, bestehende Pflanze wird

von den Naturalienhändlern unter dem Namen Rose von Jericho, M a r i e n -
r o s e , verkauft. Sie bildet einen . . . etwa faustgroßen Knäuel, der sich, in Wasser gelegt, ausbreitet, aber nach dem Trocknen wieder zusammenschrumpft und
seine vorige Gestalt annimmt. Man schrieb dieser Pflanze abergläubischerweise
allerlei Kräfte zu, schloß aus dem Ausbreiten derselben unter Wasser auf die
Zeit der Niederkunft usw.". Nach Dragendorff-Heilpflanzen, um 1900 (S. 260;
Fam. C r u c i f e r a e ), wird die Pflanze zu abergläubischen Kuren gebraucht.
Erwähnung bei Hoppe-Drogenkunde, 1958; als eine andere „Rose von Jericho"
wird dort außerdem die zu den Compositae gehörige O d o n t o s p e r m u m
pygmaeum (Schreibweise nach Zander-Pflanzennamen: **Asteriscus pygmaeus Coss.
et Kral.**) genannt.
Z i t a t-Empfehlung: **Anastatica hierochuntica (S.); Asteriscus pygmaeus (S.).**


## Anchietea

Nach Dragendorff-Heilpflanzen, um 1900 (S. 451; Fam. V i o l a c e a e ), wirkt
die Wurzel der brasilianischen *A. salutaris St. Hil.* (= N o i s e t t i a pirifolia
Mart.) emetisch und purgierend, sie wird gegen Hautkrankheiten und bei Wunden verwandt. Hoppe-Drogenkunde, 1958, hat für die Pflanze ein Kapitel; Verwendung der Wurzelrinde in Brasilien in Form galenischer Präparate als Purgans,
die Stengel als Depurativum.


## Anchusa

A n c h u s a siehe Bd. II, Sarcotica; Succedanea. / V, Alkanna; Borago; Echium; Lithospermum; Lycopsis;
Onosma.
B u g l o s s a siehe Bd. II, Cordialia; Splenetica. / V, Alkanna; Echium.
B u g l o s s u m siehe Bd. V, Borago; Lycopsis.
O c h s e n z u n g e siehe Bd. IV, E 330. / V, Alkanna; Echium; Lycopsis.

B e r e n d e s-Dioskurides: Kap. O c h s e n z u n g e n , A. italica Retz.; Kap.
O n o s m a , A. undulata?
S o n t h e i m e r-Araber: Buglossum.
F i s c h e r-Mittelalter: A. officinalis L. ( b u g l o s s a , bouilon, c o l o p e n -
d r a , a l a p a n d r a , l i n g u a b o v i s , b o r a g o rusticorum, ohsenzunge,
ochssenzunge, g e g e n s t o ß ); A. italica Retz. wie A. officinalis.
B e ß l e r-Gart: Kap. Buglossa, **A. officinalis L.,** im Süden auch **A. italica Retz.**
Ho p p e-Bock: Kap. Ochsenzung, 1.) die groß, A. officinalis L.; 2.) Welsch Ochsen-
zung (klein spitzig Buglossa), A. azurea Miller = A. italica R.
G e i g e r-Handbuch: A. officinalis (Ochsenzunge).
Z i t a t-Empfehlung: **Anchusa officinalis (S.); Anchusa italica (S.).**

Dragendorff-Heilpflanzen, S. 562 (Fam. B o r r a g i n a c e a e ; Schreibweise nach Schmeil-Flora: B o r a -
g i n a c e a e ).

Vom Buglosson berichtet Dioskurides, daß Blätter, in Wein gelegt, heitere Stimmung bewirken. Bock, um 1550, der A.-Arten mit E c h i u m bei Dioskurides identifiziert (→ Echium), übernimmt von dort zahlreiche Indikationen und fügt weitere, z. B. nach Brunschwig, hinzu (innerlich und äußerlich gegen Gicht und Pestilenz; Kraut als Kataplasma gegen Lendenschmerzen; Samen mit Wein für Milchbildung der Frauen; Destillat gegen Schwächezustände, bei Herzbeschwerden, Melancholie und Fieber, zur Blutreinigung; Umschlag gegen Augenentzündung).

In Ap. Lüneburg 1475 waren vorrätig: Flores buglossi (1 qr.), Radix b. (2 lb. 1 qr.), Aqua b. (4 St.). Die T. Worms 1582 führt: [unter Kräutern] Buglossum vulgare (Ochsenzung) und, doppelt so teuer, Buglossum Hispanicum (Borrago hyemalis, Spanisch Ochsenzung, Winterborreß); Flores Buglossae (Ochsenzungenblümlein), die teurer sind als Flores B. Siluestris (Echii, Alcibiaci, Alcibiadii, Doriae, Buglossi viperini, Wildochsenzungenblumen); Radix B. (Ochsenzungenwurtzel); Succus B. (Ochsenzungensafft), Aqua B. vulgaris (Ochsenzungenwasser), Conserva Florum B. (Ochsenzungenblumenzucker), Sirupus ex succo b. (Ochsenzungensyrup). Auch in T. Mainz 1618 gibt es die beiden, im Preis unterschiedlichen Krautdrogen (B. vulgare und B. peregrinum seu Hispanicum). Die teurere Droge war vielleicht von A. italica? In T. Frankfurt/M. 1687 stehen als Simpliciadrogen: Flores Buglossae (Ochsenzungen-Blumen), Herba Buglossum vulgare (Ochsenzung), Radix B. (Ochsenzungenwurtz). In Ap. Brauschweig 1666 waren vorrätig: Herba buglossae (1 K.), Flores b. (½ K), Radix b. (16 lb.), Aqua b. (5½ St.), Aqua ex succo b. (¾ St.), Condita rad. b. (4 lb.), Conserva b. flor. (19 lb.), Syrupus b. (9 lb.).

Nach Schröder, 1685, besitzt Buglossa, von der man in Apotheken Blumen, Wurzeln und Blätter, sowie den ausgepreßten Saft benutzt, gleiche Kräfte wie Borretsch [→ Borago]. Die Ph. Württemberg 1741 hat aufgenommen: Radix Buglossi (Linguae bovis, Buglossi angustifolii, Ochsenzungenwurtz; stimmt mit Rad. Borraginis überein und ist selten im Gebrauch), Herba Buglossae (Buglossi angustifolii, Linguae bovis, Ochsenzungen; als Cordialium und Antimelancholicum geschätzt, getrocknet selten im Gebrauch), Flores Buglossi angustifolii (Ochsenzungenblüthe; stimmt mit der von Borrago überein, wird zu den Flores quator cordiales genommen); Aqua (dest.) Buglossae, Aqua Cinnamomi buglossata, Syrupus Buglossi. Bei Hagen, um 1780, heißt die Stammpflanze A. officinalis, auch bei Geiger, um 1830 („sonst hat man den frischgepreßten Saft der Blätter und die Wurzel in Abkochung innerlich gebraucht; die Blumen gehören zu den floribus 4 cordialibus".)

In Hager-Handbuch (Erg.-Bd. 1949) ist A. officinalis L. als Stammpflanze von Herba Buglossi (Lingula bovis) genannt. Auch Hoppe-Drogenkunde, 1958, hat ein kurzes Kapitel; Verwendung von Herba Anchusae: „In der Volksheilkunde als Expectorans. - Blutreinigungsmittel und Antidiarrhoicum"; erwähnt werden auch Flores, Radix und Semen.

# Andira

A n d i r a   siehe Bd. V, Euchresta.
C h r y s a r o b i n ( u m )   siehe Bd. III (Register). / IV, G 603, 859, 1278, 1705.
G e o f f r e y e a   siehe Bd. II, Anthelmintica.
Zitat-Empfehlung: *Andira inermis (S.); Andira araroba (S.).*
Dragendorff-Heilpflanzen, S. 329 (Fam. L e g u m i n o s a e); Tschirch-Handbuch II, S. 1445; E. G. Wei-
rich u. P. J. Kettlewell, Die Einführung des Chrysarobins in Europa, Dermatologia (Basel) *144*, 1972,
S. 115-127.

Geiger, um 1830, unterscheidet 2 Arten des „W u r m r i n d e n b a u m e s“:
1.) G e o f f r a e a inermis Wright (= Geoffraea jamaicensis Murrh., G. racemosa Poir., A. racemosa Lam., V o u a c a p o u a americana Aubl.); „Von der Rinde
dieses Baumes gab zuerst Duguid 1755 Nachricht, aber Wright beschrieb sie erst
1777 nebst dem Baum, der sie liefert ... Offizinell ist: die Rinde (cort. Geoffraeae
jamaicensis)“. Die Droge wurde schon von Hagen, um 1780, in einer Fußnote erwähnt (sie ist noch nicht zum Gebrauche der Apotheken aus Amerika nach
Europa herübergebracht worden).
Bei Wiggers, um 1850, heißt die Stammpflanze: G e o f f r o y a jamaicensis Murray (= Geof. inermis Wright, A. inermis Kunth.). Dragendorff-Heilpflanzen, um
1900, erwähnt kurz A. inermis H. B K. Diese Stammpflanze ist auch in HAB, 1958,
angegeben, wo „Andira inermis“ (Tinktur aus getrockneter Rinde) unter den weniger wichtigen Mitteln zu finden ist. Nach Hoppe-Drogenkunde, 1958, wird die
Droge als Laxans und Vermifugum, besonders in der Homöopathie, angewandt.
Schreibweise nach Zander-Pflanzennamen: **A. inermis (W. Wright) H. B. K. ex DC.**
2.) Geoffraea surinamensis Bondt.; „die Rinde dieses Baumes wurde 1770 vorzüglich durch Macari als Arzneimittel angerühmt ... Offizinell ist: die Rinde (cort.
Geoffraeae seu G. surinamensis) ... Man gibt die Rinde [wie die vorige] in Substanz, in Pulverform, häufiger in Abkochung. - Präparate hat man: eine Tinktur
und das Extrakt“. Bei Wiggers, um 1850, heißt die Stammpflanze: Geoffroya
surinamensis Murray (= A. retusa Kunth., Geoffroya retusa Lam.). Dragendorff
beschreibt A. retusa H. B. K. (Rinde) als Anthelminticum.
Angaben der ersten preußischen Pharmakopöen: 1799—1813: Cortex Geoffreae
Surinamensis, von Geoffrea inermis Swartzii. 1827 und 1829 wird Geoffroea surinamensis (erst) Linn., (dann) Bondt. angegeben.

( A r a r o b a )
Nach Dragendorff-Heilpflanzen liefert A. Araroba Aquin - Brasilien - das G o a -
p u l v e r oder Araroba; gegen Hautkrankheiten; Fischgift. In Tschirch-Handbuch
ist erläutert: Der erste, der die Aufmerksamkeit auf das Goapulver (Geheimmittel
der einheimischen Christen in Goa, Portugiesisch-Indien, gegen Hautkrankheiten)
lenkte, war Kemp 1864; es war in Indien als Ringworm powder, Goa- oder Brazil
powder bekannt und wahrscheinlich schon im 18. Jh. durch die Jesuiten aus
Brasilien nach Indien gebracht worden; 1875 zeigte der brasilianische Arzt Da Silva

Lima, daß Goapulver identisch ist mit der Araroba oder A r a r i b a der Brasilianer (dort Mittel gegen Herpes, Chloasma und Intertrigo); 1879 beschrieb Aguiar die Pflanze als A. Araroba (nach Zander: **A. araroba Aguiar**).

Aufgenommen in DAB's: 1882—1900, „C h r y s a r o b i n", hergestellt aus A. Araroba; 1910—1926: „Die durch Umkristallisieren aus Benzol gereinigten Ausscheidungen aus Höhlungen der Stämme von Andira araroba Aguiar". Nach Hager-Handbuch, Erg.-Bd. 1949, wird die Stammpflanze in Amerika als Vouacapoua Araroba (Aguiar) Druce bezeichnet. Anwendung und Wirkung nach Hager-Handbuch, um 1930: „Chrysarobin erzeugt auf der Haut und besonders auf den Schleimhäuten Rötung, Schwellung und selbst Pusteln; es ist deshalb bei der Verarbeitung vorsichtig zu behandeln. Es wird von der Haut aus resorbiert. Bei Anwendung auf größeren Flächen kann Albuminurie eintreten. - Innerlich erzeugt es Erbrechen, Durchfall und Nierenentzündung. Äußerlich verwendet man es als Salbe, Collodium- oder Traumaticinlösung gegen Psoriasis, Herpes tonsurans, Ekzema marginatum, Pityriasis versicolor u. a. Hauterkrankungen."

In der Homöopathie ist „Araroba" (weingeistige Lösung von Chrysarobin) ein weniger wichtiges Mittel.

## Andrographis

Dragendorff-Heilpflanzen, um 1900 (S. 616; Fam. A c a n t h a c e a e), nennt 3 indische A.-Arten, darunter *A. paniculata Nees* (= J u s t i c i a paniculata Burm.); Stomachicum, gegen Cholera. Diese Art auch bei Hoppe-Drogenkunde, 1958: Herba Andrographidis als Stomachicum, Tonicum; Saft aus frischen Blättern gegen Diarrhöe bei Kindern.

## Andromeda

Geiger, um 1830, erwähnt **A. polifolia L.** (R o s m a r i n h e i d e); „offizinell ist nichts davon. Die Blätter werden zuweilen mit Porst verwechselt. Sie sollen, als Tee getrunken, gegen Rheumatismus dienlich sein. Man kann die Pflanze zum Gerben benutzen". Nach Dragendorff-Heilpflanzen, um 1900 (S. 508; Fam. E r i c a c e a e), wirkt von A. polifolia L. (wilder Rosmarin) das Blatt scharf narkotisch. Die Pflanze wird in Hoppe-Drogenkunde, 1958, Kap. Andromeda arborea [→ O x y d e n d r u m], nur erwähnt.

## Anemone

A n e m o n e siehe Bd. IV, G 120. / V, Coptis; Hepatica; Papaver; Pulsatilla; Ranunculus; Trifolium.

G r o t-Hippokrates: A. stellata (= A. hortensis L.).

B e r e n d e s-Dioskurides: Kap. Anemone, **A. coronaria L., A. apennina L.,** A. hortensis L.

An

S o n t h e i m e r-Araber; F i s c h e r-Mittelalter: A. coronaria L.
H o p p e-Bock: Kap. Kleiner Hanenfuoß, **A. nemorosa L.** (Weiß A p r i l l e n
b l u o m e n, weiß R a n u n c u l u s); **A. ranunculoides L.** ([wie zuvor] mit
gaelen bluomen).
G e i g e r-Handbuch: A. nemorosa (W a l d a n e m o n e, Weißer W a l d h a h -
n e n f u ß, Aprillenblume, W i n d r ö s c h e n, K u c k u c k s b l u m e);
A. ranunculoides (Gelbe Waldanemone).
Z i t a t-Empfehlung: **Anemone coronaria (S.); Anemone apennina (S.).**

Dragendorff-Heilpflanzen, S. 227 uf. (Fam. R a n u n c u l a c e a e).

Nach Berendes ist die Gebaute Anemone des Dioskurides A. coronaria L., die
Wilde A. hortensis L. und die dritte, mit den dunklen Blättern, A. apennina L.
(Saft der Wurzel, in die Nase gebracht, zum Reinigen des Kopfes; zu Umschlägen
bei Augenentzündungen, gegen Narben in den Augen und Stumpfsichtigkeit, zum
Reinigen von Geschwüren. Blätter und Stengel zum Trank zur Beförderung der
Milchbildung, als Zäpfchen zum Treiben der Menstruation, für Umschlag gegen
Aussatz).
Bock, um 1550, nennt — nach Hoppe — 2 A.-Arten als Kleine Hahnenfüße (Kräu-
ter als Breiumschlag bei Geschwüren, Saft gegen Warzen). Um 1830 schreibt Gei-
ger über Kraut und Blumen von A. nemorosa (herba et flores Ranunculi albi):
„Man hat das frische Kraut äußerlich als blasenziehendes Mittel gegen Rheumatis-
mus, Zahnschmerzen usw. gebraucht, auch gegen Wechselfieber. Jetzt wird es bei
uns nicht mehr angewendet, aber in Schweden wird die Pflanze noch als Arznei-
mittel gebraucht"; als Präparat nennt er Aqua Ranunculi albi.
In der Homöopathie ist „Anemone nemorosa - B u s c h - W i n d r ö s c h e n "
(Essenz aus frischer Pflanze) ein wichtiges Mittel. Die Krautdroge wird nach
Hoppe-Drogenkunde, 1958, verwendet: „Frisch als Hyperämicum und Vesicans.
Vorsicht! Bei Bronchitis der Kleinkinder, Arthritis und Pleuritis".


## Anethum

A n e t h u m  siehe Bd. V, Anthemis; Foeniculum; Meum; Pastinaca; Peucedanum.
A n e t u m  siehe Bd. I, Vipera. / II, Anodyna; Cephalica; Digerentia; Peptica. / IV, D 5; E 365. / V,
Raphanus.
D i l l  siehe Bd. I, Vulpes. / II, Diuretica. / V, Meum.
T i l l i  siehe Bd. V, Croton; Ricinus.
Zitat-Empfehlung: *Anethum graveolens (S.).*
Dragendorff-Heilpflanzen, S. 498 uf. (Fam. U m b e l l i f e r a e); Tschirch-Handbuch II, S. 1106 uf.

Der D i l l, **A. graveolens L.,** ist nach Tschirch-Handbuch „eine der ältesten
Arznei- und Küchenpflanzen". Wir finden sie dementsprechend angeführt in
Deines-Ägypten, Grot-Hippokrates, Berendes-Dioskurides (Kap. Dill, Speise-
anethon), Tschirch-Sontheimer-Araber, Fischer-Mittelalter (anetum, a b s i n -

t h i u m dulce, dill, t i l l i ; Diosk.: a n e t h o n , anethum), Hoppe-Bock (Kap.
Von Dyllkraut). Wird von Dioskurides vielfältig medizinisch empfohlen (Abkochung von Dolde und Frucht als Galactagogum, gegen Leibschneiden und Blähungen, zur Reinigung des Bauches, stillt Erbrechen, treibt Harn, gegen Schlucken;
kann die Zeugungskraft schwächen; zum Sitzbad für hysterische Frauen; getrockneter Same zum Umschlag gegen Geschwülste am After). Kräuterbuchautoren des
16. Jh. übernehmen diese Indikationen.
In Ap. Lüneburg 1475 waren vorrätig: Semen aneti (1¹/₂ lb.), Oleum a. (ohne
Mengenangabe). Die T. Worms 1582 führt: [unter Kräutern] Anethum (Dill,
H o c h k r a u t ); Flores Anethi (Dillblumen), Semen A. (Dillsamen); Aqua
(dest.) A. (Dillkrautwasser), Oleum (dest.) A. (Dillöle), [unter ausgepreßten oder
durch die Kunst bereiteten Ölen] Oleum A. (Dillenöle). Das gleiche in T. Frank-
furt/M. 1687. In Ap. Braunschweig 1666 waren vorrätig: Flores anethi (¹/₂ K.),
Herba a. (¹/₂ K.), Semen a. (¹/₂ lb.), Aqua a. (2 St.), Oleum (dest.) a. (4 Lot),
Oleum (coctum) a. (16 lb.), Sal a. (1 Lot).
Die Ph. Württemberg 1741 beschreibt: Herba Anethi hortensis (Dillkraut, Dill,
Garten-Dill; das trockene Kraut wird wenig gebraucht, gelegentlich für Klistiere
und Fußbäder), Flores Anethi hortensis (Dillenblumen, Dillenblüth; Anodynum,
Carminativum, in Klistieren), Semen Anethi hortensis (Dill-Saamen; Digerans,
Discutiens, Galactagogum, bringt Schlaf, treibt Blähungen und Urin); Oleum a.
(frische Kräuter mit Olivenöl ausgezogen), Oleum (dest.) Anethi. Stammpflanze
bei Hagen, um 1780: A. graveolens, bei Geiger, an erster Stelle, P a s t i n a c a
Anethum Spr. (der Same, selten das Kraut, wird in Pulverform und im Aufguß
gegeben). Dillsamen findet sich in mehreren Länderpharmakopöen des 19. Jh.
(z. B. Ph. Preußen 1827/29, Ph. Hannover 1862), in den Erg.-Büchern zum DAB
(in Erg.-B. 6, 1941: Fructus und Oleum Anethi).
Über die Anwendung von Dill (B e r g k ü m m e l , Hexen-, Teufels-Dillsamen)
schreibt Hager-Handbuch, um 1930: „Wie Fenchel als blähungtreibendes Mittel,
besonders in England". Hoppe-Drogenkunde, 1958, gibt an: „Stomachicum, Carminativum, Diureticum. - Milchsekretionsanregendes Mittel. - Gewürz. - Rohstoff für Gewürzextrakte . . . Der Saft frischer Pflanzen wird äußerlich bei Hämorrhoiden gebraucht".
In Hager-Handbuch wird noch eine A. sowa Roxb. erwähnt, „botanisch zu Anethum graveolens gestellt, dient gleichen Zwecken". Diese Art, sowie eine A. pam-
morium, wird in Hessler-Susruta mehrfach genannt.


## Angelica

A n g e l i c a siehe Bd. I, Vipera. / II, Alexipharmaca; Antiparalytica; Antirheumatica; Antispasmodica;
Carminativa; Cephalica; Emmenagoga; Masticatoria; Prophylactica. / III, Elixir pestilentiale (Crollii). / IV,
A 7; B 4; C 73; D 6; E 30, 102, 103, 229, 235, 339, 358; G 1062, 1206. / V, Citrus; Daphne; Levisticum; Meum.
E n g e l w u r z e l siehe Bd. IV, G 957. / V, Calendula.
E n g e l s w o r c siehe Bd. V, Polypodium.

B e r e n d e s-Dioskurides: Kap. Peloponesisches S e s e l i , A. silvestris L.?

F i s c h e r-Mittelalter: A. silvestris L. cf. A r c h a n g e l i c a (angelica, h e r b a s a n c t s p i r i t u s , d y a b o l i c a , a c t u e l l a , h e y l i g e n g e i s t w u r z , e n g e l w u r z , h a r t h e b e l , b r u s t w u r z ); Archangelica officinalis Hoffm. (angelica, h i r t e n p f i f f ).

H o p p e-Bock: A. archangelica L. (Angelica, Heiligengeistswurtzel, Brustwurtzel), A. silvestris L. (Wild Angelica, W u n d k r a u t ).

G e i g e r-Handbuch: A. Archangelica L. (= A. sativa Miller, A. officinalis Mönch., Archangelica officinalis Hoffm., E r z e n g e l w u r z ); A. sylvestris L. (wilde Engelwurz); A. atropurpurea; A. lucida.

H a g e r-Handbuch: Archangelica officinalis Hoffm. (= A. Archangelica L., A. officinalis Mönch., Angelika, Edle Engelwurz).

Z a n d e r-Pflanzennamen: **A. archangelica L.** (= Archangelica officinalis (Moench) Hoffm.) **var. archangelica; A. archangelica L. var. sativa (Mill.) Rikli** (= A. sativa Mill.).

Z i t a t-Empfehlung: **Angelica archangelica (S.).**

Dragendorff-Heilpflanzen, S. 494 (Fam. U m b e l l i f e r a e ); Tschirch-Handbuch II, S. 914 uf.

Nach Tschirch-Handbuch ist die Engelwurz eine nordische Droge (Skandinavien, Island); im 16. Jh. wurde die Pflanze in Deutschland auch außerhalb der Klostergärten und zwar schon in ziemlich großem Umfang angebaut, sie galt als Hauptmittel gegen die Pest. Bock, um 1550, bildet - nach Hoppe - die beiden Variationen (archangelica und sativa) ab, wobei er letztere nicht nach Dioskurides zu deuten versucht (Wurzel als Vulnerarium); die erstere, eigentliche Angelica bezieht er auf ein Diosk.-Kapitel, in dem eine nicht näher bestimmbare Umbellifere gemeint ist; Indikationen entnimmt er auch Brunschwigs Destillierbuch (Destillat oder Wurzelpulver bei Geschwüren, Eingeweidebrüchen, Lungenleiden, Leibschmerzen, Strangurie, als Emmenagogum, treibt den Fötus aus; gegen Ohren- und Augenleiden; für Pflaster gegen Hundebiß; Vulnerarium; gegen Hüftleiden und Podagra; die Wurzel führt Gifte aller Art aus, daher zur Schwitzkur gegen Pest, Fieber, Englischen Schweiß; mit Essig getränkte Wurzel als Riechmittel zur Pestprophylaxe).

In T. Worms 1582 sind aufgenommen: Radix Angelicae (Sancti Spiritus, Angelick, Brustwurtz, Heiligen Geistswurtz); Aqua (dest.) A. (Angelickwasser); in T. Frankfurt/M. 1687 außer Radix Angelicae (Angelickwurtzel, Heiligen Geistwurtz, Brustwurtz, Engelwurtz) die Semen A. (Angelicksaamen) und Oleum (dest.) A. (Angelicköhl). In Ap. Braunschweig 1666 waren vorrätig: Radix angelicae sylvestr. (1$^1$/$_2$ lb.), Radix a. verae (30 lb.), Semen a. (3 lb.), Aqua a. (2 St.), Essentia a. (1 lb.), Extractum a. (1 Lot), Oleum a. (16 Lot), Pulvis a. (2$^1$/$_2$ lb.), Sal a. (1 Lot), Spiritus a. (2$^3$/$_4$ lb.).

Die Ph. Württemberg 1741 führt: Radix Angelicae sativae (Angelick-Wurtzel, Heilig Geist-Wurtz, Engel-Wurtz, Brust-Wurtz; Alexipharmacum, Stomachicum,

Carminativum, Uterinum) und Radix Angelicae silvestris (wilde Angelick; Wirkungen wie die vorhergehende, aber schwächer), Semen Angelicae sativae (Angelick-Saamen; Carminativum, Diureticum, Alexipharmacum); Aqua (dest.) A. (aus Kraut) und Aqua (dest.) A. de Radice A., Essentia A., Extractum A., Oleum (dest.) A. (aus Samen), Pilulae A., Spiritus Angelicae. Bei Hagen, um 1780, heißt die Stammpflanze der Rad. Angelicae (Angelik, Engelwurzel, Brustwurzel, L u f t w u r z e l) A. satiua.

Die Wurzeldroge der Var. archangelica blieb offizinell bis zum 20. Jh. Aufgenommen in Ph. Preußen 1799: Radix Angelicae (von A. Archangelica); dient zur Herstellung von Electuarium T h e r i a c a, Extractum A., Spiritus A. comp. (dieser zur Mixtura pyro-tartarica). Die Stammpflanze wird seit Ausgabe 1862: Archangelica officinalis Hoffm. genannt, so auch im DAB 1, 1872 (dort Zubereitungen aus der Wurzel: Aqua foetida antihysterica, Elect. Theriaca, Spiritus A. comp.). Seit DAB 2, 1882, heißt die Stammpflanze wieder Archangelica officinalis (bis DAB 6, 1926). In der Homöopathie ist „Angelica Archangelica - Engelwurz" (Tinktur aus getrockneter Wurzel) ein wichtiges Mittel.

Über die Anwendung der offizinellen Engelwurzel (rad. Angelicae sativae) schrieb Geiger, um 1830: „Man gibt die Angelika in Pulverform, in Pillen und im Aufguß. - Präparate hat man das Extrakt, ferner eine Tinktur (tinct. Angelicae), Spiritus (spirit. Angelicae compositus seu theriacalis); macht ferner einen Bestandteil der tinct. Pimpinellae composita, - alexipharmaca Stahl. aus. Ehedem hatte man noch das Wasser, Öl, Konserve und Salz. Die Wurzel dient in nördlichen Ländern als Gewürz, wird ins Brot gebacken ... Kraut und Samen werden nicht mehr angewendet. Die frischen Stengel werden überzuckert (rami Angelicae conditi) und als magenstärkendes Mittel genossen. Die Lappländer essen sie roh und gekocht als Gemüse". Nach Geiger wird die wilde Engelwurzel (rad. Angelicae sylvestris) wie die vorhergehende angewendet, jedoch seltener; häufig in der Tierarzneikunde; „die aromatischen Samen werden auf den Kopf gestreut, um die Läuse zu vertreiben".

Nach Hager, 1874, ist die Angelikawurzel „eigentlich nur noch ein Gegenstand des Handverkaufs und gemeiniglich ein Bestandteil der Species, welche zur Darstellung von Magenelixieren und Likören verwendet werden. Sie ist ein belebendes, magenstärkendes und blähungtreibendes Arzneimittel". Im Hager, um 1930, ist über Anwendung zu lesen: „Als aromatisches Stomachicum, selten zu Latwergen, Bädern, Kräuterkuren, häufiger als magenstärkendes Hausmittel". Nach Hoppe-Drogenkunde, 1958, werden von A. officinalis verwendet: 1. die Wurzel („Aromaticum, Amarum, Diureticum, Diaphoreticum. - Magenmittel bei Koliken, Blähungen, Darmkatarrhen. Zur Behandlung von chronischen Magen-, Darm- und Gallenstörungen. Bei nervöser Schlaflosigkeit, allg. Nerven- und Körperschwäche. - In Form von Kräuterbädern und Einreibemitteln bei Neuralgien und rheumatischen Leiden. - In der Homöopathie vor allem als Tonicum. - Rohstoff für Gewürzextrakte [Maggi]. - In der Likörindustrie zu Kräuterlikören und

Bitterschnäpsen (Boonekamp, Benediktiner, Karthäuser etc.). - Bestandteil des
S c h n e e b e r g e r  S c h n u p f t a b a k s " ); 2. das äther. Öl der Wurzel
(„Aromaticum, Diureticum, Stimulans, Nervinum"); 3. die Frucht („Stomachi-
cum, Diureticum. Bei chronischen Magen-, Darm- und Gallenstörungen, neural-
gischen und rheumatischen Erkrankungen. - In der Likörindustrie, bes. bei der
Herstellung von Chartreuse, Benediktiner etc.").
Geiger, um 1830, erwähnt noch 2 nordamerikanische A.-Arten, A. lucida und
A. atropurpurea. Letztere ist in der Homöopathie (Tinktur aus getrockneter
Wurzel) ein weniger wichtiges Mittel.


## Angophora

Dragendorff-Heilpflanzen, um 1900 (S. 478; Fam. M y r t a c e a e ), nennt 3 A.-
Arten als Lieferanten von K i n o , darunter **A. intermedia DC.** Entsprechendes
in Hager-Handbuch, um 1930. Hoppe-Drogenkunde, 1958, Kap. A. intermedia,
gibt an, daß der Rindensaft (Succus Angophorae, „flüssiges Kino") in der Homöopathie und als Gerbematerial verwendet wird (außerdem erwähnt er 5 weitere
A.-Arten, die Kino von lokaler Bedeutung liefern). In der Homöopathie ist
„Angophora lanceolata" (A. lanceolata Cav.; Tinktur aus eingetrocknetem Saft)
ein weniger wichtiges Mittel.


## Angraecum

F a h a m k r a u t   siehe Bd. IV, G 1609.

Nach Dragendorff-Heilpflanzen, um 1900 (S. 153; Fam. O r c h i d a c e a e ), benutzt man - auf den Mascarenas - die Blätter von *A. fragrans Thouars*, Folia Faham,
bei Lungenleiden. Die Pflanze ist bei Hoppe-Drogenkunde, 1958, aufgeführt
( F a h a m t e e ,  B o u r b o n t e e ,  O r c h i d e e n t e e ; Verwendung als Tee-
getränk und in der Eingeborenenmedizin - Mauritius, Réunion). Auch Geiger, um
1830, erwähnt den „Tee von der Insel Bourbon, Faham"; die Stammpflanze wird
im Zusammenhang mit anderen Orchideen aufgeführt und heißt A ë r o b i o n
fragrans Spr. (= A. fragrans petit Thouar, wohlriechende L u f t b l u m e ).


## Annona

A n o n a   siehe Bd. V, Asimina; Cananga.
Zitat-Empfehlung: *Annona squamosa (S.); Annona muricata (S.).*
Dragendorff-Heilpflanzen, S. 215 uf. (Fam. A n o n a c e a e ;  nach Zander-Pflanzennamen: A n o n a -
c e a e ).

Nach Hessler kommt bei Susruta A. reticulata vor.

Geiger, um 1830, erwähnt kurz 3 andere Arten der F l a s c h e n b ä u m e :

1.) A n o n a muriatica.

Bei Dragendorff-Heilpflanzen, um 1900, ist über Anwendung angegeben: Rinde und unreife Frucht als Adstringens, bei Skorbut, Diarrhöe; Wurzel als Fischgift; Blätter als Anthelminticum und auf Abzessen; die reife Frucht - C h i r i m i - m o y a - als Obst; wächst in West- und Ostindien. Schreibweise nach Zander-Pflanzennamen: **A. muricata L.**

2.) Anona squamosa L. (Verwendung wie vorige).

Nach Hoppe-Drogenkunde, 1958, eignet sich das Öl - S i r i k a y a ö l - für die Herstellung von Seifen. Schreibweise nach Zander: **A. squamosa L.**

3.) Anona spinescens Mart. (Früchte mit Milch gekocht, auf Geschwüre; Samen gegen Ungeziefer in Haare gestreut).

Dragendorff nennt u. a. auch noch Anona Cherimolia Mill. (= Anona tripetala Ait.); Früchte als Obst (ebenfalls Chirimimoya genannt), geröstete Samen als Emetocatharticum. Diese Pflanze ist auch in Hoppe-Drogenkunde aufgenommen; verwendet wird das fette Öl der Samen; Einreibungsmittel.

## Antelaea

Nach Zander-Pflanzennamen heißt M e l i a azadirachta L. (= A z a d i r a c h t a indica A. Juss.) jetzt: **A. azadirachta (L.) Adelbert** ( N i m b a u m ). Geiger, um 1830, beschreibt Melia Azadirachta ( N e e m b a u m ); hiervon werden in Ostindien die Blätter äußerlich und innerlich bei Verwundungen, gegen Würmer, Hysterie, als magenstärkend usw. gebraucht; die Früchte werden auf Öl verarbeitet. Zahlreiche Indikationen gibt Dragendorff, um 1900 (S. 361; Fam. M e l i a - c e a e ), für Melia Azadirachta L. (= Melia indica Brand., Azadirachta indica Juss.) an; „die ganze Pflanze ist bitter und narkotisch, in kleinen Dosen aber als Purgans, Anthelminticum und Insecticidum brauchbar. Blatt und Blüte als Wundmittel, Antihystericum, Stomachicum, Rinde (Mangrove) als Tonicum, Emmenagogum und Chinasurrogat, Wurzelrinde ... auch bei Lepra und Skrofeln, als Brechmittel etc. gebraucht. Das nach Knoblauch riechende Öl der Samen (Margosa- oder Neemöl) als Antisepticum, gegen Sonnenstich empfohlen ... Ist von Einigen für die P e r s e a der Alten erklärt worden. Abu Mans. führt sie als Azâdracht auf".

Bei Hoppe-Drogenkunde, 1958, hat Azadirachta indica ein Kapitel; verwendet wird die Rinde (Indische F i e b e r r i n d e , Z e d r a c h r i n d e ; in der Homöopathie) und das fette Öl der Samen ( M a r g o s a ö l ; in Indien und China bei Rheuma, gegen Würmer). In der Homöopathie ist „Azadirachta indica" (Essenz aus frischer, innerer Rinde) ein weniger wichtiges Mittel.

Z i t a t-Empfehlung: **Antelaea azadirachta (S.).**

# Antennaria

Antennaria siehe Bd. V, Anaphalis.
Zitat-Empfehlung: *Antennaria dioica (S.).*
Dragendorff-Heilpflanzen, S. 667 (Fam. Compositae).

Bock, um 1550, bildet - nach Hoppe - **A. dioica (L.) Gaertn** (= Gnaphalium dioicum L.) ab (Hasenpfoetlin, Meussoerlin), ohne Anwendung zu nennen. In T. Frankfurt/M. 1687 stehen: Herba Hispidula (sive Pes Cati, Aeluropus Pilosella montana hispida, Katzenfußkraut). In Ph. Württemberg 1741 ist bei Herba Hispidulae verwiesen auf Herba Gnaphalii montani (Elichrysi montani, flore rotundiore Tournef., Hispidulae Rivini, Feldkatzen, Ruhrkraut, Haasenpfötlein; Vulnerarium, Subadstringens; in Dekokten und Gurgelmitteln). Nach Hagen, um 1780, sind die Flores Gnaphalii (Hispidulae, Pedis Cati, rote oder weiße Katzenpfötchen, rote Mausöhrchen, Engelblümchen: Gnaphalium dioicum) kaum mehr im Gebrauch. Geiger, um 1830, erwähnt sie unter Stammpflanze Gnaphalium dioecum. Jourdan, zur gleichen Zeit, nennt die Pflanze A. dioica Gärtn.; „man wendet das blühende Kraut an ... Man empfahl es bei Blutflüssen, Husten und Durchfall". In Hager-Handbuch, um 1930, sind erwähnt: Flores Gnaphalii, von A. dioeca Gärtn.; die männlichen Blüten sind weiß, die weiblichen rot (Flores Gnaphalii rubri); Anwendung zu Teemischungen.

# Anthemis

Anthemis siehe Bd. II, Digerentia; Rubefacientia; Stimulantia; Vesicantia. / IV, E 287; G 471. / V, Anacyclus; Matricaria.

Berendes-Dioskurides: Kap. Kamille, 2. Art: A. tinctoria L., 3. Art: A. rosea.
Fischer-Mittelalter: **A. cotula L.** (cotula fetida, oculus bovis, stinkend krottenblume, hundedistel, hundeblumen, hundestillen; Diosk.: anthemis); **A. tinctoria L.** (cotula, anthemis, butalmos); **A. nobilis L.** (antemis, camimola herba).
Beßler-Gart: Kap. Cotula, A.-spec., „hier wohl A. tinctoria L., sonst in der Tradition auch A. cotula L. und **A. arvensis L.**".
Hoppe-Bock: Kap. Von Streichbluomen, A. tinctoria L. (Steinblumen). Kap. Von Chamillen, A. nobilis L. (edel Chamill, Edel Parthenium); A. cotula L. (Die andere stinckende Chamill, krottendyll, hundsdyll).
Geiger-Handbuch: A. nobilis (edle oder römische Kamille, Romai). A. Co-

tula (Hunds-Kamille, stinkende Kamille). A. tinctoria (färbende Kamille, G i l b - b l u m e ). A. arvensis (Acker-Kamille, geruchlose falsche Kamille).
H a g e r-Handbuch: A. nobilis L.
Z i t a t-Empfehlung: **Anthemis cotula (S.)**; **Anthemis tinctoria (S.)**; **Anthemis nobilis (S.)**; **Anthemis arvensis (S.)**.

Dragendorff-Heilpflanzen, S. 675 (Fam. C o m p o s i t a e ).

Die Zuordnung des Dioskurides-Kapitels Anthemis [→ M a t r i c a r i a ], in dem 3 Arten beschrieben werden, von denen 2 als A.-Arten gedeutet werden (nach Berendes A. tinctoria L. und eine A. rosea), ist unsicher (Fischer gibt A. cotula L. an). Jedenfalls war A. nobilis L. - nach Tschirch-Handbuch - den Alten unbekannt (die Pflanze fehlt im Altertum in Italien, Griechenland und Kleinasien); sie ist auch im Mittelalter auf dem Kontinent nicht beachtet worden; man nimmt an, daß der Gebrauch und die Kultur zuerst in England im Mittelalter aufkam und sich von dort verbreitete. Bock, um 1550, bildet die Pflanze als Edle Kamille ab und läßt sie wie die Gemeine Kamille (→ Matricaria) verwenden.
Die T. Worms 1582 führt: [unter Kräutern] C h a m a e m e l u m  Romanum (Chamomilla Romana, Römisch Chamillen); Flores Chamaemeli Romani (Roemisch Chamillen) [beide Drogen sind doppelt so teuer wie gemeine Kamille]; Aqua (dest.) Chamaemeli Romani (Römisch Chamillenwasser), Oleum (coct.) Chamaemeli Romani (Römisch Chamillenöle). In T. Frankfurt/M. 1687, als Simplicia: Flores Chamomillae seu Chamaemeli Romani (Römisch Chamillen-Blumen), Herba Chamaemelum Romanum (Chamomilla Romana, Nobilis, L e u c a n - t h e m u m  seu Anthemis odorata, Römisch Chamillen). In Ap. Braunschweig 1666 waren vorrätig: Herba chamom. Roman. (1 K.), Flores c. Rom. (1 K.), Aqua c. Rom. (2¹/₂ St.), Essentia c. Rom. (19 Lot), Oleum (dest.) c. Rom. (2¹/₂ Lot), Sal c. Rom. (1 Lot), Syrupus c. Rom. (12 lb.).
Schröder, 1685, beschreibt die Römische Kamille gemeinsam mit der gewöhnlichen (→ Matricaria). Aufgenommen in Ph. Württemberg 1741: Flores Chamomillae Romanae (Chamaemeli Romani, Leucanthemi odorati, multiplice flore, Römische Chamillen, Edle Chamillen; Carminativum, Stomachicum, Anodynum, Diureticum). Die Stammpflanze heißt bei Hagen, um 1780: A. nobilis (Römischer Romey, Römische Kamille); die Blumen sind stark im Gebrauch und geben ungleich mehr ätherisches Öl als der gemeine Romey.
Die Blütendroge blieb im 19. Jh. noch längere Zeit pharmakopöe-üblich. In Ph. Preußen 1799: Flores Chamomillae Romanae (von A. nobilis). Noch DAB 1, 1872 (zur Herstellung des Aqua foetida antihysterica), dann Erg.-Bücher (noch Erg.-B. 6, 1941: Flores Chamomillae Romanae; „Die getrockneten Blütenköpfchen der angepflanzten, gefüllten Varietät von Anthemis nobilis Linné"). In der Homöopathie ist „Chamomilla romana - Römische Kamille" (Essenz aus frischer, blühender Pflanze; Allen) ein wichtiges Mittel.

Geiger, um 1830, schrieb über die Anwendung: „Wie die gemeinen Kamillen. Bei
uns gebraucht man sie selten, dagegen in manchen anderen Ländern, z. B. England,
die gemeinen Kamillen gar nicht oder selten angewendet werden. - Präparate hat
man: ätherisches Öl und Extrakt. Auch nimmt man die Blumen zu mehreren
Zusammensetzungen".

Nach Hager, 1874 (Kommentar zum DAB 1), ist die Römische Kamille fast nur
ein Objekt des Handverkaufs; entsprechendes in Hager-Handbuch, um 1930
(Wirkung wie die gewöhnliche Kamille). Nach Hoppe-Drogenkunde, 1958, werden von A. nobilis verwendet: 1. die Blüte („Diaphoreticum, Spasmolyticum. -
In der Homöopathie. - Zu Mund- und Wundspülungen. - In der Kosmetik, bes.
zu Haarpflegemitteln für blondes Haar"); 2. das äther. Öl der Blüte („Tonicum.
Bei Magenkrämpfen und Keuchhusten").

Als weitere A.-Arten erwähnt Hoppe-Drogenkunde: A. Cotula; „mitunter als
Insektenpulver benutzt"; A. arvensis („ohne arzneilichen Wert") und A. tinctoria. Diese Arten führte auch Geiger, um 1830, auf:

1.) A. cotula; „das Kraut und die Blumen (herba et flores Cotulae foetidae,
Chamomillae foetidae) waren ehedem offizinell ... Sie wurden wie die Kamillen
gebraucht".

2.) A. arvensis; „offizinell ist jetzt nichts davon (ehedem gebrauchte man das
Kraut - herba B u p h t h a l m i - als Wundkraut)".

3.) A. tinctoria; „davon war ehedem das Kraut und die Blumen (herba et flores
Buphthalmi vulgaris) offizinell ... Sie wurden als Wurmmittel, wundheilendes
Mittel usw. gebraucht. Die den Speichel stark gelbfärbenden Blumen auch in der
Färberei zum Gelbfärben".


(C o t u l a  f o e t i d a)

Nach Fischer ist A. cotula L. in mittelalterlichen Quellen nachzuweisen. Bock
beschreibt die Pflanze als eine Art von Chamillen; er identifiziert - nach Hoppe -
mit einem Diosk.-Kap., in dem eine andere Pflanze gemeint ist und gibt danach
Indikationen (Vulnerarium; Badezusatz oder Riechmittel gegen Gebärmutter-
beschwerden).

Die T. Worms 1582 führt: [unter Kräutern] Cotula foetida (Chamomilla foetida,
Chamomilla canina, H e r b a  v i r g i n e a, C y n a n t h e m i s, A n e t h u m
c a n i n u m, B u f o n a r i a, P a r t h e n i u m  verum, Hundsdyll, stinckend
Chamillen, Hunds Chamillen, M a g d b l u m e n, Krottendyl). In T. Frankfurt/
M. 1687: Herba Cotula foetida (Bufonaria, Chamomilla et Chamaemelum foeti-
dum, Anethum caninum, Krottendill, Hundsdill, stinckende Chamillen).

Bei Hagen, um 1780, heißt die Stammpflanze: A. Cotula (Hundsromey, Hunds-
kamille, Krötendill); „das Kraut nebst den Blumen (Hb. Flor. Cotulae foetidae)
war sonsten offizinell". Nach Jourdan, um 1830 [siehe auch oben Geiger, zur gleichen Zeit] wendet man von der Hundskamille (A. Cotula L.) Kraut und Blüten

(herba Chamomillae foetidae s. Cotulae s. Cotulae foetidae) an; krampfstillend, fieberwidrig, wurmtreibend.

(Buphthalmum)
Fischer bezieht das mittelalterliche butalmos auf A. tinctoria L. Bock, um 1550, widmet dieser Pflanze als „Streichbluome" ein Kapitel (gegen Gelbsucht; zu Salbe gegen Schwellungen).
Die T. Worms 1582 führt: [unter Kräutern] Buphthalmus (Oculus bouis, Streich-blumen). In T. Frankfurt/M. 1687: Flores Buphthalmi (Rindsaug-Blumen). Nach Jourdan, um 1830 [siehe auch oben Geiger, zur gleichen Zeit], Kap. Buphthalmum, wendet man von A. tinctoria L. Kraut und Blumen an (herba Buphthalmi); rei-zend, Wundmittel.

## Anthericum

Anthericum   siehe Bd. V, Narthecium; Scilla.
Zitat-Empfehlung: *Anthericum ramosum (S.); Anthericum liliago (S.).*
Dragendorff-Heilpflanzen, S. 116 (Fam. L i l i a c e a e ).

Das P h a l a n g i o n des Dioskurides wird - nach Berendes - mit A. ramosum L. oder A. graecum L. (= L l o y d i a graeca Salisb.) identifiziert (Blätter, Samen, Blüten, mit Wein getrunken, gegen Skorpion- und Spinnenstiche; beruhigt Leib-schneiden). Nach Sontheimer kommt A. ramosum bei I. el B. vor, nach Fischer auch in einigen mittelalterlichen Glossaren ( o c c a ,  z u n l i l i e ,  s a n k l i e ). Die G r a s l i l i e n lieferten keine Drogen für offiziellen Gebrauch. Geiger, um 1830, berichtet über **A. ramosum L.** (ästige Z a u n b l u m e ): „Offizinell ist das Kraut, die Blumen und Samen, ästiges E r d s p i n n e n k r a u t usw. (herb., flores et sem. P h a l a n g i i ramosi). Die Wurzel findet sich häufig in Apotheken unter dem Namen rad. B r u s c i , anstatt der Wurzel von R u s c u s aculeatus ... Ehedem wurde die Pflanze als ein vorzügliches Gegengift gegen den Biß giftiger Spinnen, Skorpionstich und viele andere Gifte gehalten. Jetzt ist sie obsolet".
Über **A. liliago L.** (Lilienzaunblume) schreibt er: „Davon war sonst auch das Kraut, Blumen und Samen (herba, flores et semina Phalangii non ramosi) offizinell, und wurden wie die vorhergehende Art angewendet".

## Anthocephalus

Nach Dragendorff-Heilpflanzen, um 1900 (S. 629 uf.; Fam. R u b i a c e a e ), ist von der indischen A. morindaefolius Korth. (= A. Cadamba Miq.) „Frucht küh-lend, blutreinigend, gegen Kolik; Rinde Tonicum und Febrifugum, auch bei Au-genentzündung. Blatt bei Drüsenanschwellung und zu Gurgelwasser". Nach

An

Hoppe-Drogenkunde, 1958, wird aus dem Kraut von Antocephalus Cadamba ätherisches Öl als Riechstoff für industrielle Zwecke gewonnen; Wurzel als Antisepticum. Schreibweise nach Zander-Pflanzennamen: **A. cadamba (Roxb.) Miq.**

## Anthoxanthum

Nach Geiger, um 1830, ist **A. odoratum L.** (gemeines R u c h g r a s ) nicht offizinell. Hoppe-Drogenkunde, 1958, schreibt von der Verwendung der Wurzel (Radix Anthoxanthi odorati; Volksheilkunde, für Schnupftabak) und des Krautes (Herba A. odorati; in Volksheilkunde zu Kräuterkissen - in der Homöopathie [wo Essenz aus frischer, blühender Pflanze ein weniger wichtiges Mittel ist] - geschätzter Bestandteil der Flores Gramineae).

Dragendorff-Heilpflanzen, S. 83 (Fam. G r a m i n e a e ).

## Anthriscus

C e r e f o l i u m   siehe Bd. IV, A 26. / V, Fumaria; Myrrhis.
C h a e r o p h y l l u m   siehe Bd. V, Conium; Myrrhis.
K ö r b e l   oder   K e r b e l ( k r a u t )   siehe Bd. II, Aperientia. / IV, C 52. / V, Chaerophyllum; Myrrhis.

F i s c h e r-Mittelalter: - A. cerefolium Hoffm. ( c e r e f o l i u m ,   m a c e d o -
n i a ,   apium cerfolium, kirbele,   k e r b e l n ) - - A. silvester L. und C h a e r o -
p h y l l u m   temulum ( s a r m i n i a ,   a p i u m   silvester, wildkernela, wilder
epeich,   w o l f s w u r z ,   k a e l b e r k e r n ).
B e ß l e r-Gart: - Kap. Cerifolium, A. cerefolium (L.) Hoffm.
H o p p e-Bock: Kap.   K o e r f f e l   -   C h a e r e f o l i u m   cerefolium Sch. et
Thell. (garten oder zam Koerffel) - - Chaerefolium silvestre Sch. et Thell. (wild
geschlecht vom Koerffel).
G e i g e r-Handbuch: - Chaerophyllum sativum Casp. Bauhin (=   S c a n d i x
Cerefolium L., A. Cerefolium Hoffm., Garten-K e r b e l   oder   K ö r b e l ) - -
Chaerophyllum sylvestre L. (= A. sylvestris Hoffm., wilder Kerbel oder   K ä l -
b e r k r o p f ).
H a g e r-Handbuch: - A. cerefolium Hoffm.
S c h m e i l-Flora: - **A. cerefolium (L.) Hoffm.** - - **A. silvestris (L.) Hoffm.**
Z i t a t-Empfehlung: **Anthriscus cerefolium (S.); Anthriscus silvestris (S.).**

Dragendorff-Heilpflanzen, S. 490 (Fam. U m b e l l i f e r a e ).

Bock, um 1550, bringt 2 A.-Arten: Den Gartenkörffel glaubt er - nach Hoppe - in einem Dioskurides-Kapitel erkennen zu können, in dem eine D a u c u s-Art beschrieben ist (Anwendung als Gemüse; medizinisch Saft oder Destillat bei Bluterguß, Seitenstechen, Nierensteinen, als Emmenagogum; Kraut als Kataplasma bei Bluterguß und Schwellungen), den „Wilden Körffel" (Wiesenkerbel) bezieht er auf das Diosk.-Kap., in dem M y r r h i s odorata gemeint ist (Abkochung in Wein als Emmenagogum, gegen Pest und Gifte).

In Ap. Lüneburg 1475 waren Semen cerifolii (1 lb.) vorrätig. Die T. Worms 1582 führt: [unter Kräutern] Cerefolium (Chaerephyllon, Chaerefolium, Koerbel, Koerbelkraut); Semen Cerefolii (Chaerefolii, Koerbelsamen), Aqua (dest.) C. (Chaerefolii, Koerbelwasser); auch in T. Frankfurt/M. 1687 befinden sich Kraut- und Samendroge. In Ap. Braunschweig 1666 waren vorrätig: Herba cerefolii (¹/₄ K.), Semen c. (¹/₄ lb.), Aqua c. (2¹/₂ St.), Oleum c. (1¹/₂ Lot), Sal chaerefol. (6 Lot).

Die Ph. Württemberg 1741 führt: Herba Cerefolii (Chaerefolii, Chaerophylli sativi, Koerffelkraut; Diureticum, Emmenagogum, Lithontripticum); mit den gleichen Tugenden: Semen Chaerefolii; aus dem Kraut werden bereitet: Aqua (dest.) und Oleum (dest.) Chaerefolii.

Bei Hagen, um 1780, heißt die Stammpflanze: Körbel, Scandix Cerefolium; offizinell sind Kraut und Samen (Hb. Sem. Cerefolii, Chaerefolii, Chaerophylli). Außerdem nennt er als Droge: Kälberkropf, Chaerophyllum syluestre; „vorzeiten war das Kraut (Hb. C i c u t a r i a e ) gebräuchlich". Beide Pflanzen beschreibt auch Geiger, um 1830:

1.) Der Gartenkerbel liefert Kraut und Samen (herba et semen Cerefolii); „das Kraut wird frisch gebraucht; der ausgepreßte Saft dient, mit anderen Kräutern, als Frühlingskur bei Brustbeschwerden usw.; äußerlich wird das Kraut aufgelegt zum Vertreiben der Milch, Zerteilen der Milchknoten usw. - Präparate hatte man sonst den Dicksaft (succ. Cerefolii inspissatus), auch das destillierte Öl und jetzt noch das Wasser (ol. et aqua Cerefolii). Das Kraut wird häufig als Würze zu den Speisen verwendet. Der Same wird kaum mehr gebraucht".

2.) Der Wilde Kerbel ist - nach Geiger - „eine schon in alten Zeiten als Arzneimittel gebrauchte Pflanze, wurde 1811 besonders durch Orbeck und Westring wieder in Aufnahme gebracht ... Man gibt das Kraut [herba Chaerophylli sylvestris, Cicutariae] in Substanz, in Pulverform, innerlich und äußerlich, im Aufguß. - Präparate hat man davon: Das Extract (extr. Cicutariae), aus dem Saft des frischen Krautes bereitet. - Die Wurzel wird in manchen Gegenden als Gemüse genossen".

In Hager-Handbuch, um 1930, ist unter „Cerefolium" A. cerefolium Hoffm. beschrieben, liefert Herba Cerefolii germanica; „das getrocknete Kraut findet nur selten Anwendung, das frische Kraut dient als Küchengewürz". Hoppe-Drogenkunde, 1958, gibt für A. Cerefolium an: Verwendung des Krautes (Herba Cerefolii) als „Diureticum. - In der Volksheilkunde als Blutreinigungsmittel. - Frisch als Küchengewürz. Zur Herstellung von Gewürzextrakten, Succus Cerefolii recens und Sirupus Cerefolii, zu Frühjahrskuren".

An

## Anthyllis

A n t h y l l i s   siehe Bd. IV, G 1620. / V, Cressa; Erinacea; Frankenia.
W u n d c h r a w t   siehe Bd. V, Chrysanthemum; Scrophularia; Senecio; Silene.
W u n d k r a u t   siehe Bd. V, Angelica; Bupleurum; Chenopodium; Inula; Nicotiana; Sideritis; Solidago;
Veronica.
W u n d k r u t   siehe Bd. V, Ajuga; Cyperus; Eupatorium; Sedum.
Zitat-Empfehlung: *Anthyllis vulneraria (S.).*
Dragendorff-Heilpflanzen, S. 316 uf. (Fam. L e g u m i n o s a e ; nach Schmeil-Flora: P a p i l i o n a c e a e ,
nach Zander-Pflanzennamen: Leguminosae).

In Sontheimer-Araber ist „Anthyllis" genannt. Nach Fischer-Mittelalter ist bei
V. Auslasser (um 1480) **A. vulneraria L.** zu erkennen (unser frawn schuechel,
t a u b e n c h r o p f e n ). Geiger, um 1830, erwähnt die Pflanze (gemeiner
W u n d k l e e ,  W u n d k r a u t ); „davon wurde das fade, krautartig schmek-
kende Kraut (herba Anthyllidis, V u l n e r a r i a e rusticae) offizinell. Es war als
wundheilendes Mittel sehr berühmt". Aufgeführt in Hager-Handbuch, Erg.-Bd.
1949, A. vulneraria L. als Lieferant von Flores Anthyllidis vulnerariae (Flores
Vulnerariae, Wundklee-Blüten); diese Droge auch in Hoppe-Drogenkunde, 1958
(„Wundheilmittel. In der Volksheilkunde als Blutreinigungsmittel"; die Pflanze
liefert wertvolles Futter).

## Antiaris

A n t i a r i s   siehe Bd. II, Vesicantia.
Zitat-Empfehlung: *Antiaris toxicaria (S.).*

Geiger, um 1830, berichtet, daß man von dem auf Java wachsenden Baum A. toxicaria ein berüchtigtes starkes Gift, U p a s  A n t i a r , gewinnt. Nach Dragendorff-Heilpflanzen, um 1900 (S. 176; Fam. M o r a c e a e ), dient der Milchsaft
als Pfeilgift, auch innerlich als Drasticum und Emeticum, äußerlich als Pflaster
gebraucht. Nach Hoppe-Drogenkunde, 1958, enthält der Upasbaumsaft herzwirksame Glykoside. Schreibweise nach Zander-Pflanzennamen: **A. toxicaria Lesch.**

## Antidesma

Geiger, um 1830, erwähnt eine A. alexiterium L. (glänzender Giftstiller); „ein in
Ostindien einheimischer Baum . . . Davon wird die Abkochung gegen das Schlangengift gebraucht". Gleiche Angabe bei Dragendorff-Heilpflanzen, um 1900
(S. 375; Fam. E u p h o r b i a c e a e ). Die dort auch genannte A. Bunius Spr.
(= S t i l a g o Bunius L.), deren Blatt in Ostindien gegen Syphilis angewandt
wird, ist bei Hoppe-Drogenkunde, 1958, aufgeführt: A. bunius, liefert Folia Anti-
desmae (Diaphoreticum).

## Antirrhinum

Antirrhinum siehe Bd. V, Asarina; Cymbalaria; Gentiana; Glechoma; Minaria.
Zitat-Empfehlung: *Antirrhinum orontium (S.); Antirrhinum majus (S.).*

Nach Berendes-Dioskurides wird das Kap. L ö w e n m a u l (Antirrhinon) auf
A. Orontium L. oder A. majus L. bezogen (Frucht als Amulett gegen Gifte; zu
Liebessalben). Sontheimer weist bei I. el B.: A. Orontium nach, Fischer in mittel-
alterlichen Quellen: A. Orontium L. ( o r a n t ) und A. majus L. ( a n t e r i n a ).
Im mittelalterlichen Gart ist, nach Beßler, im Kap. Orant (obwohl der Name -
mit Zusätzen - auch noch für andere Pflanzen gilt) **A. orontium L.**, auch **A. majus
L.** gemeint („das Kapitel - Autoren: Die Meister - besteht nur aus wenigen Sätzen
voll Magie - Tragzauber nach Kräuterweihe"). Ob der „Orant" bei Bock, um 1550,
A. orontium L. ist, wird von Hoppe mit Fragezeichen versehen.
In Ap. Braunschweig 1666 waren ¼ K. Herba anthirrini vorrätig. In T. Frank-
furt/M. 1687 sind verzeichnet: Herba Antirrhinum ( H u n d s k o p f, D o r a n t,
B r a c k e n h a u p t, K a l b s n a s e ). Die Ph. Württemberg 1741 führt: Herba
Antirrhini (majoris folio longiori, C. B. Löwenmaul, Sterckkraut, Dorant; Diure-
tium, Antimagicum). Bei Geiger, um 1830, heißt die Stammpflanze A. Orontium
(Orant-Löwenmaul, Hundskopf, T o d t e n k o p f); „offizinell war sonst: das
Kraut (herba Orontii, Antirrhini arvensis majoris) . . . wurde als harntreibendes
usw. Mittel gebraucht; auch äußerlich als schmerzstillend, bei Entzündungen usw.
aufgelegt. Mit der Pflanze wurden allerlei abergläubische Zeremonien gemacht.
Man hielt sie für ein vorzügliches Zauberkraut", ebenso wie A. majus; „davon
war ehedem das Kraut mit den Blumen (herba Antirrhini majoris) offizinell . . .
wurde als harntreibendes Mittel, gegen Staar usw. gebraucht".
Bei Dragendorff-Heilpflanzen, um 1900 (S. 602; Fam. S c r o p h u l a r i a c e a e),
sind genannt: A. majus L. (= O r o n t i u m majus Pers.) - Kraut auf Geschwüre,
Wunden etc. -, A. Orontium L. (= Orontium arvense Pers.) - ebenso gebraucht,
galt für giftig und war als Zaubermittel verwendet -; A. Asarina L. [→ Asarina].

## Apium

Apium siehe Bd. II, Aperientia; Attenuantia; Diuretica; Emmenagoga; Mundificantia; Quatuor Semina. / IV, C 81. / V, Aethusa; Ammi; Anthriscus; Athamanta; Chrysanthemum; Lamium; Nasturtium; Petroselinum; Peucedanum; Ranunculus; Sium; Smyrnium.
S e l l e r i e siehe Bd. II, Aperientia. / IV, C 34; G 130, 1546.
E p p i c h siehe Bd. V, Athamanta; Hedera; Petroselinum; Ranunculus; Smyrnium.

D e i n e s-Ägypten: A. graveolens L., A. dulce Mill.
G r o t-Hippokrates: A. graveolens.
B e r e n d e s-Dioskurides: Kap. S e l l e r i e [wilde, Wassersellerie] und Kap.

Gartensellerie, für beide **A. graveolens L.;** Kap. S i s o n , A. saxatile (?), A. nigrum (?).

T s c h i r c h-Sontheimer-Araber: A. graveolens.

F i s c h e r-Mittelalter: A. graveolens L. (apium, s y l e n o n , s c e l e r a t a , r o s t r i c u m , v i s u s , ephich, wein t r ö p f l i n g , winterepff; Diosk.: s e l i n o n , e l e i o s e l i n o n ).

H o p p e-Bock: Kap. E p f f , A. graveolens L. (Baur Epff, wasser Epff).

G e i g e r-Handbuch: A. graveolens (Sellerie, Wassereppig).

H a g e r-Handbuch, Erg.-Bd.: A. graveolens L. (= S i u m apium Rth.; E p p i c h , Sellerie).

Z i t a t-Empfehlung: **Apium graveolens (S.).**

Dragendorff-Heilpflanzen, S. 487 (Fam. U m b e l l i f e r a e ); Bertsch-Kulturpflanzen, S. 191 uf.

Nach Bertsch-Kulturpflanzen stammt die Gartensellerie von der Wild- oder Sumpfsellerie ab; als Kulturpflanze seit 3. Jh. v. Chr. bekannt; nach Mitteleuropa - wo die Wildform noch heimisch ist - kam die Kulturpflanze erst im frühen Mittelalter (aus Italien); im 14. Jh. kannte man schon 2 Sorten, sie waren aber nicht allgemein gebräuchlich; übliche Anpflanzung erst seit 18. Jh. Heute unterscheidet man von der Wildform [Schreibweise nach Zander-Pflanzennamen: **A. graveolens L var. graveolens**] die var. dulce (Mill.) Pers. - Bleichsellerie, Stielsellerie -, **var. rapaceum (Mill.) Gaud.** - Knollensellerie, Wurzelsellerie -, **var. secalinum Alef.** - Schnittsellerie.

Dioskurides unterscheidet die Feld- bzw. Wassersellerie von der [angebauten] Gartensellerie; beide haben gleiche Wirkungen (Kraut zu Umschlägen bei Augenentzündungen; Magenmittel, erweicht Verhärtungen an den Brüsten, treibt Urin; Kraut und Wurzel gegen tödliche Mittel, indem es Brechen erregt, hält Durchfall auf; Same ist stärker harntreibend, Zusatz zu schmerzstillenden Mitteln, zu Hustenmitteln, Antidoten bei Biß giftiger Tiere). Kräuterbuchautoren des 16. Jh. übernehmen solche Indikationen, die von Bock in gleicher Weise - nach Hoppe - auf → P e t r o s e l i n u m bezogen werden.

In Ap. Lüneburg 1475 waren vorrätig: Radix apii (2 lb.), Semen a. (2 lb.), Aqua a. (1 St.). Die T. Worms 1582 führt: [unter Kräutern] Apium palustre ( E l e o s e l i n u m , H y d r o s e l i n u m , P a l u d a p i u m , Epffich, Epf, M e r c k , Jungfrauwmerck); Radix Apii vulgaris (Paludapii, Eppichwurtzel); Succus A. palustris (Paludapii, Eppichsafft), Aqua (dest.) A. palustris (Paludapii, Eppichwasser); als Simplicia in T. Frankfurt/M. 1687: Herba Apium officinarum (Apium palustre, Eleoselinum, Paludapium, Wasser-Eppich, Braunes P e t e r l e i n , Wasser-Peterlein), Radix und Semen Apii. In Ap. Braunschweig 1666 waren vorrätig: Herba apii (1 K), Radix a. (10 lb.), Semen a. (5 lb.), Aqua a. (1/2 St.), Essentia a. (12 Lot). In Ph. Württemberg 1741 stehen: Radix Apii sativi (Garten-Eppich, S e l e r i ) und Rad. Apii palustris (Paludapii, Hydroselini, gemeiner Eppich, Wasser-Eppich; Aperiens), Semen Apii sativi (Garten-Eppich, Selery-Saamen; gegen Stein- und Uterusleiden, kommt zu den 4 Sem. calidis). Die Stammpflanze heißt bei Hagen, um 1780: A. graueolens (Eppich, Wassereppich, wilder Sellerie [in Fußnote:] „Der Sellerie, der in den Küchen gebraucht wird, ist nur eine Abart von diesem, und hat durch die Kultur einen angenehmen Geruch und süßen Geschmack erhalten". Geiger, um 1830 schreibt dazu: „die Wurzel der kultivierten Pflanze wird jetzt noch als diätetisches Mittel verordnet. Sonst wird sie, wie die Blätter, häufig als Gemüse, Salat usw. verspeist. Der Selleriesame wird jetzt kaum mehr gebraucht".

In der Homöopathie ist „Apium graveolens" (Tinktur aus reifen Samen) ein weniger wichtiges Mittel. Hoppe-Drogenkunde, 1958, beschreibt im Kap. Apium graveolens die Verwendung von 1. Wurzel (Diureticum - zu Gewürzextrakten); 2. Kraut (Diureticum; in Volksheilkunde bei Katarrhen); 3. Frucht (Diureticum; in Volksheilkunde bei Blasen- und Nierenleiden); 4. äther. Öl der Früchte (wie Frucht angewendet).


## Aplectrum

Nach Dragendorff-Heilpflanzen (S. 152; Fam. O r c h i d a c e a e ) ist die Knolle der nordamerikanischen A. hiemale Nutt. schleimreich. Nach Hoppe-Drogenkunde, 1958, wird die Wurzel, Radix Aplectri ( P u t t y  Root), in USA gehandelt.


## Apocynum

A p o c y n u m  siehe Bd. II, Digerentia. / V, Cephaelis; Gymnema; Hevea.
Zitat-Empfehlung: *Apocynum androsaemifolium (S.); Apocynum cannabinum (S.); Apocynum venetum (S.).*
Dragendorff-Heilpflanzen, S. 544 (Fam. A p o c y n e a e ; nach Zander-Pflanzennamen: A p o c y n a c e a e ).

Geiger, um 1830, nennt 3 Arten vom H u n d s k o h l :
1.) **A. androsaemifolium L;** „in Nordamerika gebraucht man die Rinde der Wurzel ähnlich der Ipecacuanha". In der Homöopathie ist „Apocynum androsaemifolium - F l i e g e n f ä n g e r " (Essenz aus frischem Wurzelstock; Hale 1867) ein wichtiges Mittel.
2.) **A. cannabinum L.;** soll ebenso wirken, jedoch schwächer und zugleich abführend. Hager, um 1930, führt im Kap. Apocynum vom A m e r i k a n i s c h e n H a n f die Wurzel, Radix Apocyni cannabini; Wirkung wie Digitalis. In der Homöopathie ist „Apocynum - Hanfartiger H u n d s w ü r g e r " (Essenz aus frischem Wurzelstock; Hale 1867) ein wichtiges Mittel.
3.) **A. venetum L.;** liefert Radix T i t y m a l i maritimi. Die Stammpflanze dieser unbedeutenden Droge wurde (nach Dragendorff) früher als S a l i x amplexicaulis B. et Chamb. angegeben.

## Apodanthera

In Dragendorff-Heilpflanzen, um 1900 (S. 647; Fam. C u c u r b i t a c e a e ), ist nur die peruanische A. pedisecta Arn. (= A n g u r i a ped. Nees et Mart., M o - m o r d i c a pedata L.) genannt (Kraut und Frucht eßbar).
In Hoppe-Drogenkunde, 1958, ist ein Kap. A. smilacifolia; Verwendung der Wurzel in Brasilien als Depurativum. In Hager-Handbuch, Erg.-Bd. 1949, sind für Radix Apodantherae (von **A. smilacifolia Cogniaux**) Vorschriften angegeben von Pulver und Fluidextrakt.


## Aquilaria

A s p a l a t ( h ) u s  siehe Bd. II, Adstringentia; Calefacientia; Exsiccantia; Refrigerantia. / V, Convolvulus; Genista.
R o s e n h o l ( t ) z  siehe Bd. V, Convolvulus; Genista.
Dragendorff-Heilpflanzen, S. 298 (Aloexylon; Fam. L e g u m i n o s a e ), S. 458 (Aquilaria; Fam. T h y - m e l a e a c e a e ); Tschirch-Handbuch II, S. 832 uf.

Nach Hoppe-Drogenkunde, 1958, liefert A. Agallocha ein Kernholz, das als Lignum Aloes wegen seines ätherischen Ölgehalts als Räuchermittel verwandt wird. Entsprechendes berichtete Dragendorff, um 1900. Er erfaßte A. Agallocha Roxb. (Indien, China. - Holz, als eines der Aloehölzer, als Aromaticum, die Wurzel als Stomachicum verwendet) und A. malaccensis Lam. (Indien, Malakka), für dessen Verwendung das gleiche gilt; als Bezeichnung für die 2. Art wird Aspalathum angegeben.
Aloeholz und Aspalathum sind Drogen, die einstmals Bedeutung hatten, heute in Europa jedoch kaum noch bekannt sind. Die Ansichten über diese und einige weitere, damit im Zusammenhang stehende Drogen und ihre Stammpflanzen haben sich mehrfach gewandelt.


(L i g n u m  A l o e s )
Deines-Ägypten: Aloe (evtl. Lignum Aloes).
Hessler-Susruta: A. agallochum; A. ovata.
Berendes-Dioskurides: Kap. A g a l l o c h u m , A. Agallocha Roxb. bzw. A l o e - x y l o n Agallochum (oder Gonostylus Miquelianus ?).
Tschirch-Sontheimer-Araber: Aloexylon Agallochum u. indicum.
Fischer-Mittelalter: Aloexylon agallochum Lour. (aloes lignum, p a r a d i s i l i g n u m , amare lignum, xilon aloes, a l o x i l o n ).
Beßler-Gart: A.-Arten, besonders **A. agallocha Roxb.** (= Aloexylon agallochus Lour.; x i l o a l o e s , a l o a , a g a l a y m , h o a d ).

Geiger-Handbuch: **A. malaccensis Lam.** (= A. ovata L., Ostindisches A d l e r -
h o l z ); C y n o m e t r a Agallocha Spr. (= Aloexylum Agallochum Lour.;
A l o e h o l z - Hundsruthe).
Nach Tschirch-Handbuch war im Altertum unter dem Namen Aloeholz ein aus
Indien stammendes Holz als wertvolles Räuchermittel in Anwendung (bei Indern,
Chinesen, Juden, Ägyptern u. a.); wurde auch zum Einbalsamieren gebraucht.
Dioskurides beschreibt im Kap. Agallochum die Wirkungen (Cosmeticum, Wohlgeruch des Mundes; zum Räuchern statt Weihrauch; die Wurzel als Stomachicum;
gegen Seiten- und Leberschmerzen, Dysenterie und Leibschneiden). Tschirch berichtet weiter, daß es Marco Polo als vornehmstes Parfüm in China antraf und
daß es im Mittelalter ein dankbarer Artikel des Levantehandels war.
In Ap. Lüneburg 1475 waren 1 lb. u. 1 qr. Ligni alois vorrätig. Die T. Worms
1582 führt: Lignum aloes (Agallochum, X y l a l o e , T a r u m Plinii, Xylum
aloes, C a l a m b u c u m , L i g n u m T a b r o b a n u m , Lignum Paradisi,
P a r a d e y ß h o l t z , A l o e s h o l t z ); Lignum aloes vulgare (gemein Para-
deyßholtz); [unter Tabulae confectionis] Diaxylaloes (Täfflein von Paradeißholtz
[Vorschrift nach Mesue in Ph. Nürnberg 1546]); [unter wohlriechenden Spece-
reyen] Species Diaxylaloes. In Ap. Braunschweig 1666 waren vorhanden: Lignum
Aloes commune (1¼ lb.), Lign. A. fini (2 lb.), Extr. lign. A. (8 Lot). In T. Frank-
furt/M. 1687 gibt es 3 Sorten: Lignum Aloes seu Agallochum mediocre, Paradiß-
oder Aloes-Holtz; dasselbe electum und finissimum. Die Droge steht auch in den
Württemberger Pharmakopöen des 18. Jh.: Lignum Aloes (Agallochum, Xy[l]-
oaloes, Paradieß-Holtz; Calefaciens, Confortativum, Cephalicum, Cordialum,
Uterinum; man bereitet daraus Essenz und Extrakt); im 19. Jh. nicht mehr pharmakopöe-üblich.


( A s p a l a t h u m )
Dioskurides beschreibt im Kap. Aspalathos einen holzigen Strauch mit vielen
Dornen (hat erwärmende und adstringierende Kraft; gegen Mundausschlag, Geschwüre; den Zäpfchen beigemischt, zieht er den Foetus heraus; gegen Durchfall,
Blutfluß, Harnverhaltung, Blähungen). Die Droge, die den Arabern bekannt war,
wurde später insofern wichtig, als sie Bestandteil der pharmakopöe-üblichen Trochisci Hedychroi Galeni war. Als Ersatzmöglichkeiten gibt Cordus (in Ph. Nürnberg 1546) nach Galens „Quid pro quo"-Empfehlungen an: Lignum Aloes, Sandalum citrinum oder Semen Agni casti. In T. Worm 1582 ist - ohne Preisangabe -
verzeichnet: Aspalathus ( E r y s i s c e p t r o n , R h o d i s e r Dorn ). Nach
Ph. Augsburg 1640 kann man, wenn Aspalathus verordnet ist, Lignum Aloes nehmen. In Ap. Braunschweig 1666 waren 4 lb. Lignum A s p h a l t u m vorrätig.
Die Ph. Württemberg 1741 beschreibt Aspalathum (Officinale Aspalathus C.B.,
Rhodiser Dorn; gleiche Tugenden wie Agallochum, nur schwächer wirkend). Lignum Aspalathi kommt ebenso wie das Aloeholz im 19. Jh. ganz außer Gebrauch.

(Über die Stammpflanzen)

Da Aloeholz und Rhodiser Dorn exotische Drogen waren, herrschte über ihre Stammpflanzen sehr lange völlige Unkenntnis. Erst mit den Fortschritten der Botanik im späten 18./19. Jh. trat eine gewisse Klärung ein, die sich jedoch nur auf die handelsüblichen Drogen dieser Zeit beschränken konnte. Ob die Produkte damals noch die gleichen waren, wie einige Jahrhunderte zuvor, ist unsicher. Als feststehend gilt, daß das Aspalathum der Antike nicht mit der später üblichen Ware identisch war (→ Genista). Drogenbeschreibungen des 18. Jh. spiegeln die Unklarheiten wider. So schreibt Valentini 1714:

„Von dem Paradiß- oder Aloes-Holtz. Das Paradieß-Holtz, Agallochum oder Lignum Aloes, besteht aus gewissen Holzspänen von einem sinesischen Baum oder von der Wurzel dieses Baums, so Calambac genannt wird . . . Ob aber solche Späne, welchen man in den Apotheken diesen Namen beilegt, das wahre und aufrichtige Paradiß-Holtz sind, und ob man dieses bei uns recht unverfälscht haben könne? Wollen einige sehr zweifeln . . . Allein es läßt sich diese Schwierigkeit gar wohl heben, nachdem man in Erfahrung gekommen, daß dieser Baum dreierlei Holz an seinem Stamm und Wurzel habe: Das erste, so gleich unter der Schale folgt, ist ganz schwarz, dicht und sehr schwer wie schwarz Ebenholz, weswegen es solcher Farbe wegen auch von den Portugiesen Pao d'Aquila oder das Adlerholz, genannt wird. Das zweite ist etwas leichter, voll Adern, von brauner Farb, welches sonst auch das Holz von Calambouc oder das rote Aloe-Holtz genannt wird. Das dritte ist der mittelste Kern oder das kostbare Holz von Tambac oder Calambac. Von diesen wird die erste Sorte zuweilen unter dem Namen des Asphalati gefunden. Die zweite ist unser Agallochum oder Xylaloes. Die dritte aber ist so rar, daß sie dem Gold gleichgeschätzt, auch nirgends, als bei hohen Standespersonen zu finden . . . Muß also dasjenige, so Calambouc heißt, oder das mittlere Paradiß-Holtz, zur Arznei gut genug sein . . . Nach Unterschied der Eigenschaften und nachdem das Paradiß-Holtz in großen Stücken oder nur in kleinen Fragmenten ist, haben die Materialisten verschiedene Sorten, nämlich das Feine, die Mittel-Sorte und Fragmenta . . . Was den Gebrauch und Nutzen dieses Holzes anlangt, so stärkt es mit seiner aromatischen Kraft die Lebensgeister, in Ohnmachten und anderen Schwachheiten. Es stärkt auch den Magen, absonderlich bei alten betagten Leuten, und bringt denselben das Gedächtnis wieder, weswegen dann auch die Species diaxylaloes in dergleichen Krankheiten gut tun".

„Von dem Asphalat- und Rosen-Holtz. Der Rhodiser Dorn oder Lignum Asphalati ist ein holziger und aus vielen Adern gleichsam gewundener Span von der inneren Wurzel . . . Der Baum dieses Gewächses ist noch viel unbekannter als des Agallochi, und wird deswegen öfters mit dem Ligno Rhodino oder Rosenholz, dem es fast gleich sieht, consundiret, zumal er auch in der Insel Rhodus wachsen soll . . . Zuweilen wird auch ein ganz schwarzes und sehr schweres Holz unter dem Namen Asphalati bei den Materialisten gefunden . . . Seine Kräfte kommen fast mit dem Agallocho überein, welches damit auch oft verfälscht wird, wiewohl es daran zu erkennen, daß Lignum Asphalati kein Harz in sich hat, wie das Lignum Aloes ... Mit diesem Gewächs vergleicht sich in vielem das sogenannte L i g n u m R h o d i n u m oder Rosen-Holtz, so vielmehr eine holzige Wurzel eines Baumes oder eines Strauches ist ... Von was für einem Gewächs dieses sogenannte Rosen-Holtz herkomme, ist ingleichen noch nicht gänzlich ausgemacht, indem auch die heutigen, sonst sehr erfahrenen Botanici darin noch nicht eines Sinnes sind. Man muß also die Gewißheit hierin noch von der Zeit erwarten" (→ C o n v o l v u l u s ).

Hagen, um 1780, weiß nicht mehr zu berichten, als daß das eigentliche Aloes- oder echte Paradisholz (Lignum Aloes seu Agallochi veri), welches auch K a l a m b a c genannt wird, aus lauter Harz zu bestehen scheint; es wird der Kostbarkeit wegen, da es gegen Gold gewogen wird, kaum aus Indien herausgelassen. Die leichten, weniger harzigen und heller gefärbten Stücke pflegt man A s p a l a t h o l z (Lignum Aspalathi) zu nennen.

Zur Zeit Geigers, um 1830, weiß man über mögliche Stammpflanzen schon etwas mehr. Die Hauptrolle spielt die Gattung Aquilaria. Es gibt 2 Sorten:

1.) Aloeholz (Adlerholz, Xyloaloe, Calambac), von A. malaccensis Lam. (= A. ovata L.); nach anderen Autoren von Cynometra Agallocha Spr. (= Aloexylum Agallochum Lour.) oder von C o r d i a sebestena.

2.) Aspalathholz, ebenfalls von A. malaccensis (es ist weniger harzreich); eine schlechtere Sorte soll von E x c o e c a r i a Agallocha kommen, außerdem soll es eine mexikanische Ware geben [→ B u r s e r a ]. Geiger erklärt, daß überhaupt wohlriechende harzige Hölzer von verschiedenen Bäumen unter dem Namen Aloeholz verkauft werden. „Jetzt wird es kaum mehr gebraucht. - Bei den Völkern des Orients steht aber das echte Aloeholz immer noch in sehr hohem Ansehen; es macht eines ihrer köstlichsten Rauchwerke aus".

Nach Jourdan, zur gleichen Zeit, wird Lignum Agallochum von Excoecaria Agallocha L., und Lignum Aquilae von Aquilaria ovata Car. abgeleitet.

Nach Wiggers, um 1850, ist die Stammpflanze von Lignum Aloes s. Agallochi veri: Aloexylon Agallochum Loureiro. „Das Kernholz kommt selten unter dem Namen Calambac vor, und steht höher im Wert als Gold ... Verwechslungen: Das Holz von Aquilaria malaccensis (Rhodiser Dornholz, Lignum Aspalathi) und von Excoecaria Agallocha (Adlerholz, Lignum Aquilariae). Die letztgenannte Stammpflanze kommt nach Tschirch-Handbuch nicht in Frage. Er meint, daß das echte Aloeholz, das selten nach Europa kam, von einer Aquilaria-Art stammt (genannt werden A. Àgallocha, A. malaccensis, auch A. chinensis). „Ein früher häufiger im Handel auftretendes, ob seiner Provenienz nicht sicher festzustellendes Aloeholz wurde von einer nicht näher bekannten Leguminose, die Loureiro Aloexylon Agallochum nannte, abgeleitet, stammt aber eher von der mit Aquilaria verwandten Thymelaeacee G o n o s t y l u s Miquelianus" [diese nicht in Dragendorff-Heilpflanzen und Hoppe-Drogenkunde].

## Aquilegia

Aquilegia siehe Bd. II, Antiscorbutica.

Fischer-Mittelalter: **A. vulgaris L.** (ancusa, egilops, calcatrippa, palmirus, trinitas una, viola agrestis, herba roberti, caput galli; rittersblumen); A. atropurpurea.
Hoppe-Bock: Kap. Agley, A. vulgaris L.
Geiger-Handbuch: A. vulgaris (Akeley, fälschlich Glockenblume).
Zitat-Empfehlung: **Aquilegia vulgaris (S.).**

Dragendorff-Heilpflanzen, S. 223 (Fam. Ranunculaceae); H. Krumbiegel, Die Akelei (Aquilegia),
Eine Studie aus der Geschichte der deutschen Pflanzen, Janus *36*, 71-92, 129-145 (1932).

In Ap. Lüneburg 1475 waren 2 lb. Semen aquileii vorrätig. Bock, um 1550, bildet
die Pflanze ab, die Indikationen gibt er - nach Hoppe - in Anlehnung an ein
Kapitel von Dioskurides, das aber Centaurea - Arten betrifft. Er schreibt:
„Das edel Gewächs Agley ist bei den Gelehrten nicht viel im Brauch, wiewohl es
in der Arznei in und außer dem Leib zu brauchen, viel herrlicher Tugend hat". 
Die T. Worms 1582 führt: Semen Aquilegiae (Aquilinae, Ackeley oder
Agleysamen); in T. Frankfurt/M. 1687 [als Simplicia] Herba Aquilegia (Ackeley),
Semen Aquilegiae (Aquilejae, Ageley saamen), Flores A. (Ackeleyblumen). In Ap.
Braunschweig 1666 waren vorhanden: Flores aquilegiae ($^1/_4$ K.), Herba a. ($^1/_4$ K.),
Semen a. ($4^3/_4$ lb.); Aqua a. (1 St.), Conserva a. ($1^1/_4$ lb.), Essentia a. (6 Lot), Mel a.
(6 lb.), Pulvis a. ($^1/_2$ lb.), Syrupus a. (2 lb.).
In Ph. Württemberg 1741 sind aufgenommen: Flores Aquilegiae (Ackeley, Glokkenblumen; Antiscorbuticum, monats- und urintreibend, Vulnerarium); Radix
A. (Diureticum, Alexipharmacum, Aperitivum); Semen A. (Alexipharmacum,
Antiscorbuticum); Tinctura Aquilegiae. Im 19. Jh. nicht mehr in offiziellem Gebrauch. Geiger erwähnt die Verwendung des Saftes oder Auszuges der blauen
Blumen als empfindliches Reagens auf Säuren und Alkalien.
Nach Hoppe-Drogenkunde, 1958, wird von A. vulgaris verwendet: 1. der Samen
(„In der Volksheilkunde gegen Gelbsucht"); 2. das Kraut („In der Homöopathie
[wo „Aquilegia" (Essenz aus frischer, blühender Pflanze) ein weniger wichtiges
Mittel ist] bei Clavus hystericus. - In der Volksheilkunde bei Leber- und Gallenleiden, bei chronischen Hauterkrankungen").


## Arachis

Erdnuß (auch Ertnuz, Ertnoz) siehe Bd. V, Aristolochia; Lathyrus; Ornithogalum; Tuber.
Zitat-Empfehlung: *Arachis hypogaea (S.).*
Dragendorff-Heilpflanzen, S. 326 (Fam. Leguminosae); Tschirch-Handbuch II, S. 592 uf.

Nach Tschirch-Handbuch dürfte die E r d n u ß amerikanischen Ursprungs sein, seit dem 16. Jh. wird von ihr im europäischen Schrifttum berichtet (aus Westindien, Brasilien); in der 2. Hälfte des 19. Jh. hat sie sich über die Erde ausgebreitet [in Hager-Handbuch, um 1930, ist als Heimat auch das tropische Afrika angegeben].

Geiger, um 1830, erwähnt **A. hypogaea L.** (unterirdische E r d e i c h e l); „davon werden die süßlich-öligen Samen als Speise genossen. Auch erhält man durch kaltes Auspressen ein angenehm mildes fettes Öl in beträchtlicher Menge". Marmé, 1886, beschreibt Semen Arachidis, Erdnußsamen; „Ob die Stammpflanze ursprünglich Afrika angehört, wo sie . . . sehr verbreitet wächst oder ob sie in Südamerika heimisch ist, wo sie wie auch auf westindischen Inseln schon im 16. Jh. als allgemein bekannt angetroffen wurde, ist bis zur Stunde streitig. Das alte Ägypten und das griechisch-römische Altertum haben sie jedenfalls nicht gekannt. Kultiviert wird sie jetzt hauptsächlich ihrer ölreichen Samen wegen in Ostindien, Afrika, Südamerika und auch in Südeuropa (Griechenland, Italien, Frankreich und Spanien). Das aus den Samen gepreßte Öl dient vielfach außer anderen Zwecken auch zum Verschnitt des O l i v e n ö l s . Die Samen kommen teils in den Fruchtschalen, teils ausgekernt auf den europäischen Markt . . . Die Einfuhr von Öl nach Deutschland ist nicht erheblich, indessen wird es in neuerer Zeit auch in Deutschland geschlagen. Erdnußölkuchen werden hauptsächlich aus Marseille bezogen. Verwendung: Das Erdnußöl 1. und 2. Pressung dient als Speiseöl und wird zum Verschnitt des Olivenöls mißbraucht. Die geringere Sorte der 3. Pressung ist in der Seifenfabrikation als Brenn- und Schmieröl gesucht. Im Inneren von Afrika wird die Erdnuß frisch und gekocht und geröstet täglich genossen und in Spanien sollen die gerösteten Preßkuchen mit Kakaosamen zu gewöhnlicher S c h o k o - l a d e verarbeitet werden".

Anwendung von Semen Arachidis ( P e a n u t ) nach Hager-Handbuch, um 1930: „Als Nahrungsmittel, zur Herstellung billiger Schokolade, geröstet als Kaffeesurrogat, als Ersatz für Mandeln, besonders aber zur Gewinnung des fetten Öles. Die Preßrückstände sind wegen des hohen Eiweißgehaltes und des zurückgebliebenen Öles ein wertvolles Viehfutter, sie werden auch mit Getreidemehl zusammen zu Brot verbacken. Auch zur Verfälschung von Kaffeepulver und Gewürzen werden sie verwendet".

Das Erdnußöl, Oleum Arachidis, wurde ins DAB 5, 1910, aufgenommen (geblieben bis DAB 7, 1968). Im Kommentar zum DAB 5, 1911, ist aufgeführt: „Das Erdnußöl verdient wegen seiner guten Eigenschaften wohl einen Platz in dem Arzneibuch. Es zeichnet sich nicht nur durch einen sehr milden Geruch und völlige Geruchlosigkeit, sondern auch durch seinen niedrigen Preis vorteilhaft vor dem Olivenöl aus. Seine Verwendbarkeit in der Apotheke ist daher auch vielseitig. Nur zu Seifenspiritus und zu Kampferöl ist es nicht zu gebrauchen, da diese Präparate bald vollkommen ausbleichen. Bei Präparaten, die auch innerlich gebraucht

werden, Kampferöl, starkes Kampferöl und medizinische Seife, hat das Arznei-
buch das Olivenöl beibehalten. Bei allen anderen Präparaten, mit Ausnahme des
Seifenspiritus, zu dessen Herstellung sich Erdnußöl auch wegen der Schwerlöslich-
keit des arachinsauren Kaliums nicht eignet, ist Olivenöl oder Baumöl durch Erd-
nußöl ersetzt worden".
Nach Hoppe-Drogenkunde, 1958, wird das gepreßte Öl als Speiseöl verwendet;
Extraktionsöle für Schmier- und Riegelseifen. Gehärtetes Erdnußöl findet große
Verwendung in der Lebensmittelindustrie; in Pharmazie und Kosmetik dient
Oleum Arachidis als Salbengrundlage.

## Aralia

A r a l i a siehe Bd. V, Panax; Sium.

Geiger, um 1830, erwähnt als amerikanische Drogen: Radix, cortex et baccae
Araliae spinosae (Wurzeln, Rinde und Beeren) von A. spinosa; radix Araliae
nudicaulis, Wurzeln von A. nudicaulis (graue S a r s a p a r i l l e ). Nach Dragendorff-Heilpflanzen, um 1900 (S. 502 uf.; Fam. A r a l i a c e a e ), dient von A.
spinosa L. die Rinde als Diaphoreticum, Wurzel als Emeticum, Purgans, gegen
Schlangenbiß, Beeren gegen Zahnschmerz, und von A. nudicaulis L. die Wurzel
als Ersatz der Sarsaparilla. Hoppe-Drogenkunde, 1958, beschreibt in Kapiteln
A.edulis [Schreibweise nach Zander-Pflanzennamen: **A. cordata Thunb.**] als Ersatz
für G i n s e n g , und A. racemosa, deren Wurzel als Expectorans, Diureticum,
bei Gicht und Rheuma verwendet wird.
In der Homöopathie ist „Aralia racemosa - Amerikanische N a r d e " (Essenz
aus frischem Wurzelstock; Hale 1867) ein wichtiges Mittel.

## Arariba

A r a r i b a siehe Bd. IV, Reg. / V, Andira; Sickingia.

In Dragendorff-Heilpflanzen, um 1900 (S. 620; Fam. R u b i a c e a e ), wird die
brasilianische A. rubra Mart. (= P i n k n e y a rubescens) erwähnt, deren Rinde
bei Intermittens gebraucht wird.

## Arbutus

A r b u t u s siehe Bd. V, Arctostaphylos.

In Berendes-Dioskurides wird im Kap. E r d b e e r b a u m [bezogen auf A.
**unedo L.**] nur angegeben, daß die Frucht dem Magen schädlich sei und Kopf-

schmerzen verursacht. Tschirch-Sontheimer erkennen die Pflanze in arabischen, Fischer in mittelalterlichen Quellen ( a l b a t r u m ). Geiger, um 1830, erwähnt A. Unedo (erdbeerartige S a n d b e e r e); „offizinell waren sonst die Rinde und Beeren (cortex et baccae Arbuti). Die Rinde ist adstringierend". Nach Dragendorff-Heilpflanzen, um 1900 (S. 509; Fam. E r i c a c e a e ), werden Rinde und Blätter gegen Durchfall benutzt, die Blume ist diaphoretisch, Frucht eßbar (soll Schwindel und Benommenheit veranlassen). Hoppe-Drogenkunde, 1958, vermerkt, daß Folia Arbuti als Ersatz für Folia Uvae ursi nicht geeignet sind.

## Arctium

A r c t i u m  siehe Bd. II, Abstergentia; Exsiccantia; Tonica.
B a r d a n a  oder  B a r d a n u s  siehe Bd. II, Antiarthritica; Antirheumatica; Antisyphilitica; Cicatrisantia; Digerentia; Febrifuga; Sarcotica; Vulneraria. / IV, G 1616, 1752. / V, Petasites; Populus; Tussilago.
K l e t t e  siehe Bd. II, Diaphoretica. / IV, E 169; G 957. / V, Galium; Xanthium.
L a p p a  siehe Bd. II, Digerentia. / V, Xanthium.
Zitat-Empfehlung: *Arctium lappa (S.); Arctium minus (S.)*.
Dragendorff-Heilpflanzen, S. 687 (Fam. C o m p o s i t a e ).

Nach Berendes-Dioskurides ist das A r k e i o n : A. Lappa L. (Wurzel bei Blutspeien und Lungengeschwüren; als Umschlag gegen Gliederschmerzen; Blätter auf alte Wunden). Fischer-Mittelalter zitiert für altital. Quellen: A. Lappa L. (arcturo, araico) und A. minus Schk. ( p u r p u r e a , b a r d a n a , l a p a g o maior, arction), für weitere Quellen unter anderer Gattungs-Bezeichnung: Lappa officinalis L. [ = A. lappa L.] ( p e r s o n a t i a , l a p p a maior, l a p a t i u m rotundum, b u g u l a caballina, cleddo, c l e t t a , große l e t i c h , große clett; Diosk.: arkeion, personacea, lappa) und Lappa minor [= A. minus (Hill.) Bernh.] (lappa minor, bardana minor, f e r r a r i a minor, clette, klein klett). Nach Beßler-Gart sind im Kap. L a p p a c i u m : R u m e x - und A.-Arten gemeint („Die Benennungen ‚lappa' - ‚lappacium' bzw. , L a t t i c h ' gelten für Pflanzen mit großen Blättern"); im Gart.-Kap. Lappa minor ist A. minus (Hill.) Bernh. gemeint. Bock, um 1550, bildet - nach Hoppe - im Kap. Von groß Kletten, A. lappa L. ab (groß L e t s c h e n ); er lehnt sich mit Indikationen an obiges Diosk.-Kap. an und fügt einiges in bezug auf ein weiteres Diosk.-Kap. hinzu (gepulverte Samen bei Steinbeschwerden; Samen auch zum Gelbfärben der Haare).
In Ap. Lüneburg 1475 waren Radix lappacii (2 oz.) vorrätig [evtl. von Rumex]. Die T. Worms 1582 führt: [unter Kräutern] Lappa maior (Bardana, P r o s o p i s , Prosopium, A r c t i o n , Personata, P e r s o n a t i a , groß D o c k e n - k r a u t , groß Klettenkraut); Semen Bardanae (Personatae, Großklettensamen). In T. Frankfurt/M. 1687 stehen Herba Lappa major (Bardana, Personata, groß Klettenwurzelkraut), Radix Bardanae bzw. Lappae majoris (groß Klettenwurtz), Semen B. (Lappae majoris, groß Kletten saamen). In Ap. Braunschweig 1666 waren vorrätig: Radix bardanae (10 lb.), Semen b. (¹/₄ lb.).

Die Ph. Württemberg 1741 beschreibt: Radix Bardanae (Lappae majoris, Personatae, grosse Klettenwurtzel, Buzen-Klettenwurtzel; Alexipharmacum, Sudoriferum,
bei serösen Affekten), Herba Lappae majoris (Bardanae, Personatae, große Klet-
tenblätter; selten in Gebrauch, äußerlich als Dekokt bei Hautleiden), Semen Bardanae (Lappae majoris, Kletten Saamen; Diaphoreticum, Diureticum; wird in
Substanz oder Emulsion gegeben). Die Stammpflanze heißt bei Hagen, um 1780:
A. Lappa (Klette).

Pharmakopöe-üblich blieb die Wurzeldroge. In Ph. Preußen 1799: Radix Bardanae (von A. Lappa), Bestandteil der Species ad Decoctum Lignorum. In DAB 1,
1872: Radix Bardanae (v. Lappa officinalis Allione u. a. Lappa-Arten), Bestandteil,
wie oben, vom Holztee. Dann Erg.-Bücher (noch Erg.-B. 6, 1941: Radix Bardanae,
von A. Lappa L., A. minus Bernh. und **A. tomentosum Mill.**). In der Homöopathie
ist „Arctium Lappa - Klette" (Essenz aus frischer Wurzel; Hale 1872) ein wichtiges Mittel.

Geiger, um 1830, schrieb über die gemeine Klette (A. Lappa): „Die Pflanze variiert
nach dem Standort sehr. Mehrere Formen werden als Arten unterschieden; dahin:
Arctium tomentosum Schk., A. Bardana W.; Arctium majus und A. minus ...
Offizinell ist: die Wurzel, ehedem auch das Kraut und der Same (radix herba et
semen Bardanae, Lappae majoris) ... Man gibt die Klettenwurzel selten in Substanz,
in Pulverform, am meisten im Aufguß oder Abkochung innerlich und äußerlich,
auch den ausgepreßten Saft. - Präparate hat man: das Extrakt ... ferner Salbe,
aus dem ausgepreßten Saft der Blätter mit Baumöl zu bereiten. Sonst werden die
Blätter und Samen nicht mehr gebraucht ... Die in Scheiben zerschnittenen Wurzeln werden, an Fäden gereiht, gegen Augenentzündungen um den Hals oder mit
Färbeginster gemengt in rauhen Säckchen auf den Nacken gehängt". Jourdan, zur
gleichen Zeit, gab über die Wirkung der Wurzel an: „Reizend, schweiß- und harntreibend und bei der Behandlung von Hautkrankheiten, Gicht, Rheumatismen
und syphilitischen Übeln angewendet. - Die Indianer in Oberkanada gebrauchen
ein Dekokt der Blätter bei Rheumatismus und die frischen Blätter bei Schwären
und Hautverletzungen ... Ein Breiumschlag von den gestoßenen Blättern soll bei
alten Geschwüren und Kopfgrind mit schleimiger Aussonderung von Nutzen sein".
Hager berichtet 1874 im Kommentar zum DAB 1: „Die Klettenwurzel wird wenig
von den Ärzten beachtet. In manchem sog. Blutreinigungstee ist sie aus Gewohnheit ein Bestandteil. Der Aufguß wird zuweilen zum Waschen der Kopfhaut gebraucht, um den Haarwuchs zu befördern". In Hager-Handbuch, um 1930, werden im Kap. Lappa als Stammpflanzen von Radix Bardanae aufgezählt: A. majus
Schrk. (= Lappa officinalis Allioni, A. Lappa L.), A. tomentosum Schrk. (= Lappa
tomentosa Lmk.), A. minus Schrk. (= Lappa minor D. C.), A. nemorosum Le-
jeune, A. puberis Bor. (zu A. minus); „Die Wurzel steht von altersher in dem
Rufe, den Haarwuchs zu befördern und wird daher äußerlich als Aufguß oder als
öliger Auszug zum Einreiben der Kopfhaut benutzt. Da sie aber wirkungslos ist,

gibt man als „Klettenwurzelöl" in der Regel ein mit ätherischen Ölen versetztes Olivenöl ab. - Innerlich (als Dekokt) dient die Wurzel als schweißtreibendes und ‚blutreinigendes' Mittel".

Hoppe-Drogenkunde, 1958, schreibt über die Verwendung der Wurzeldroge: „Diureticum, Diaphoreticum. Bei Gallen- und Steinleiden. Äußerlich bei Ekzemen und Flechten. - In der Homöopathie bei Hautleiden. - Vielbenutztes Volksheilmittel. - In der Veterinärmedizin bei Räude und Haarausfall".


## Arctostaphylos

Bärentraube  siehe Bd. II, Adstringentia. / IV, C 38; E 275; G 192, 957.
Uva Ursi  siehe Bd. II, Antiphthisica; Diuretica. / IV, G 1716. / V, Vaccinium.
Zitat-Empfehlung: *Arctostaphylos uva-ursi (S.).*
Dragendorff-Heilpflanzen, S. 509 (Fam. Ericaceae); Tschirch-Handbuch II, S. 1343 uf.

Nach Tschirch-Handbuch ist die Bärentraube eine nordische Arzneipflanze; erst im 18. Jh. fingen spanische (Quer 1763), italienische (Girardi 1764) und französische Ärzte an, sie zu benutzen; in Deutschland wurde sie besonders durch De Haen (Wien 1758) und Gerhard (Berlin 1763), sowie durch Murray (Göttingen 1764) bekannt.

Nach Hoppe hat Bock, um 1550, die Pflanze (außer → Buxus) im Kap. Buxbaum als „ein klein gewächs ... das gewinnt aller ding bletlin wie der gemein Buxbaum" beschrieben. Spielmann, 1783, nennt Uva Ursi (Steinbeere, Arbutus Uva Ursi L.; die Blätter werden als Pulver oder Dekokt als Nephriticum gegeben). Die Blattdroge ist pharmakopöe-üblich seit 19. Jh. In preußischen Pharmakopöen (1799—1862) Folia Uvae ursi (1799—1829) von Arbutus Uva Ursi L., (1846) wird außerdem die Bezeichnung Arbutus Uva Ursi Sprengel angegeben, (1862) nur die letztere. Dann von DAB 1, 1872, bis DAB 7, 1968 (hier als „Bärentraubenblätter" aufgenommen; „die getrockneten Laubblätter von **Arctostaphylos uva-ursi (Linné) Sprengel**").

Geiger, um 1830, bemerkt zu A. Uva ursi Spr. (= Arbutus Uva ursi L., gemeine Bärentraube, Bärenbeere, Steinbeere): „Ist schon zu Anfang des vorigen Jahrhunderts in Spanien und Italien als Arzneimittel gebraucht worden. Murray machte 1763 in Deutschland auf sie aufmerksam ... Man gibt die Bärentraubenblätter in Substanz, in Pulverform, häufiger im Aufguß oder Abkochung. - Die Pflanze wird zum Gerben, zur Bereitung des Corduans und zum Schwarzfärben benutzt. Werden die Blätter unter Rauchtabak gemengt, so sollen sie ihm einen angenehmen Geruch erteilen". Jourdan, zur gleichen Zeit, schreibt über die Verwendung der Blätter: „Ein reizendes und harntreibendes Mittel, dessen Arzneikräfte ganz besonders übertrieben worden sind". Anwendung nach Hager-Handbuch, um 1930: „Besonders bei Blasen- und Nierenleiden, Blasenkatarrh, Nephritis, Haematurie, Harnsteinen, Leukorrhöe, selten bei Diabetes und Phthisis als Dekokt".

In der Homöopathie ist „Uva ursi - Bärentraube" (Essenz aus frischen Blättern; Buchner 1840) ein wichtiges Mittel.

## Areca

A r e c a  siehe Bd. II, Anthelmintica. / IV, G 1606.
B e t e l ( b i s s e n )  siehe Bd. II, Masticatoria. / V, Piper; Uncaria.

H e s s l e r-Susruta: A. catechu; A. faufel.
T s c h i r c h-Sontheimer-Araber;  Fischer-Mittelalter  ( v o v e t );  G e i g e r-Handbuch; Hager-Handbuch, A. catechu L. ( B e t e l n u ß p a l m e ,  P i n a n g-p a l m e ).
Z a n d e r-Pflanzennamen: **A. catechu L.**
Z i t a t-Empfehlung: **Areca cathechu (S.).**

Dragendorff-Heilpflanzen, S. 96 uf. (Fam.  P r i n c i p e s - P a l m a e ;  nach Zander: Palmae); Tschirch-Handbuch III, S. 229 uf.; W. Krenger, Betel, Ciba-Zeitschr. Nr. 82, Bd. 7 (1957).

Bis weit ins 19. Jh. hinein hatte die Arecanuß für die europäische Medizin so gut wie keine Bedeutung, während sie besonders in Indien, aber auch in China seit alten Zeiten viel benutzt wurde; die Araber kannten die Droge (F a u f e l) sehr gut. Die Hauptbedeutung liegt beim Betelkauen. So schreibt Wiggers, um 1850, über A. Guvaca Nees. (= A. Catechu L., A. Betel Feé): „Die Samenkerne dieser Palme, die Nuces Arecae, sind für alle Gegenden von Ostindien und China, in welchen der Gebrauch des sog. Betels zur Gewohnheit geworden ist, höchst wichtig. Es wird nämlich ein Blatt von Piper Betle mit etwas gebranntem Kalk bestrichen, dann ein Stück von einer Arecanuß, Betelnuß genannt, in dasselbe eingewickelt und nun der Betelhappen, wie bei uns der Tabak, gekaut". Wiggers erwähnt ferner, daß nach einigen Autoren Catechu daraus gewonnen wird.

Nach Tschirch-Handbuch waren es englische Ärzte, die in den 60er und 70er Jahren des 19. Jh. darauf aufmerksam machten, daß Arecanuß ein vortrefflich wirkendes Anthelminticum (gegen Bandwurm und Askariden) ist. Seit DAB 3, 1890 (bis DAB 6, 1926), stehen in den deutschen Pharmakopöen Semen Arecae (von A. catechu L.). Über die Anwendung liest man im Kommentar zum DAB 3 (entsprechend noch im Hager, um 1930): „Bekannt und außerordentlich verbreitet ist in Indien die Verwendung der Arecanüsse zum Betelkauen ... Medizinisch wird die Nuß anscheinend mit gutem Erfolge gegen Diarrhöen und Dysenterie gebraucht, doch sollen junge, frische Nüsse stuhlöffnend wirken. Ferner finden die Nüsse Anwendung als Anthelminticum, und diese ist es wohl, die ihnen Aufnahme in das Arzneibuch verschafft hat. Sie sollen besonders bei Hunden wirksam sein".

Von den Arekaalkaloiden ist das wichtigste Arekolin, das als Hydrobromid verwandt wird (Bandwurmmittel; Myoticum). Entsprechende Angaben in Hoppe-Drogenkunde, 1958.

## Argania

Nach Dragendorff-Heilpflanzen, um 1900 (S. 519; Fam. S a p o t a c e a e ), liefert der Same der marokkanischen A. Sideroxylon Röm. et Sch. (= A. orientalis Virey, S i d e r o x y l o n spinosum L.), Fett; vielleicht Argân der arab.-pers. Autoren. Nach Hoppe-Drogenkunde, 1958, ist Oleum Arganiae ein Speiseöl; das Holz wird als „ E i s e n h o l z “ gehandelt.

## Argemone

A r g e m o n e  siehe Bd. V, Adonis; Caucalis; Potentilla.
Zitat-Empfehlung: *Argemone mexicana (S.).*

Geiger, um 1830, berichtet über A. mexicana: „Das Kraut, in Westindien unter dem Namen herba C a r d u i flavi bekannt, wird im Aufguß als schweißtreibend gegeben. Die Pflanze gibt beim Verwunden einen gelblichen Milchsaft, der gegen hartnäckige Hautkrankheiten gebraucht wird. An der Luft erhärtet derselbe zu einer dem Gummigutt ähnlichen Masse, die bei Wassersuchten usw. gebraucht wird. Den Samen benutzt man als Brech- und Purgiermittel". Dragendorff-Heilpflanzen, um 1900 (S. 249; Fam. P a p a v e r a c e a e ), gibt bei A. mexicana L. an: „ S t a c h e l m o h n , T e u f e l s f e i g e . . . Der gelbe Milchsaft als Narcoticum und Purgans, auch äußerlich bei Hautkrankheiten, Bubonen, Syphilis, Warzen, Geschwüren. Kraut und Blüte als Diaphoreticum, Expectorans, der Same gegen Ruhr und Diarrhöe, sein fettes Öl gegen Cholera, Kolik und als Purgans". Nach Hoppe-Drogenkunde, 1958, wird hauptsächlich das fette Öl der Samen (Oleum Argemonis) als Brenn- und Schmieröl, in Brasilien als Purgans, in Ostindien als Speiseöl verwandt; Blätter und Samen als Sedativum und Vomitivum (Cardo mariano oder Cardo santo).

## Arisaema

Nach Geiger, um 1830, werden in Amerika die Wurzeln von A r u m triphyllum und Arum Dracontium ( Z e h r w u r z e l ) gegen Brustkrankheiten, Rheumatismus usw. gebraucht. Dragendorff-Heilpflanzen, um 1900 (S. 107; Fam. A r a - c e a e ), nennt 5 A.-Arten, darunter 1. A. triphyllum Schott. (= Arum triphyllum L., Arum atrorubens Ait.); „Knolle gibt Amylon, ihr Saft wird bei Rheuma und Mundgeschwüren, Magenkatarrh, Bleichsucht etc. verwendet"; 2. A. Dracontium Schott (= Arum Drac. L.). Hoppe-Drogenkunde, 1958, beschreibt diese beiden, die in der Homöopathie wichtige Mittel bilden: „Arum triphyllum - Zehrwurzel" ([Schreibweise nach Zander-Pflanzennamen: **A. atrorubens (Ait.) Bl.**]; Essenz aus frischem Wurzelstock; Hale 1867) und „Arum Dracontium - Grüne D r a c h e n w u r z " ([nach Zander: **A. dracontium (L.) Schott.**]; Essenz aus frischem Wurzelstock; Hale 1897).

## Arisarum

Das Arisaron des Dioskurides wird nach Berendes als A. vulgare Kunth. identifiziert [Schreibweise nach Zander-Pflanzennamen: **A. vulgare O. Targ.-Tozz.**] (Wurzel als Umschlag gegen fressende Geschwüre; als Collyrium gegen Fisteln). Nach Sontheimer ist A r u m  Arisarum L. bei I. el B. verzeichnet, nach Fischer-Mittelalter als „ j a r u s " bei Platearius. Geiger, um 1830, erwähnt Radix Arisari (von A. vulgare Kunth = Arum Arisarum L.). Eine solche Droge ist in T. Mainz 1618 (auch T. Worms 1582) aufgenommen (Klein A r o n w u r t z ). Dragendorff-Heilpflanzen, um 1900 (S. 107; Fam. A r a c e a e ), führt A. vulgare Kth. (= Arum Arisarum L.); „Knolle wie Arum maculatum und besonders als Emeticum gebraucht. Arisaron Galens".
Z i t a t-Empfehlung: **Arisarum vulgare (S.).**

## Aristolochia

A r i s t o l o c h i a   siehe Bd. I, Scorpio. / II, Antiarthritica; Antiscorbutica; Cephalica; Cicatrisantia; Emmenagoga; Febrifuga; Succedanea; Vulneraria. / V, Asarum; Corydalis.
O s t e r l u z e i   siehe Bd. I, Vipera. / IV, C 31.
S e r p e n t a r i a   siehe Bd. V, Arum; Dracunculus; Scorzonera.

H e s s l e r-Susruta: A. indica.
G r o t-Hippokrates: Aristolochia.
B e r e n d e s-Dioskurides: Kap. O s t e r l u z e i - A. pallida Willd. - - A. parviflora Sibth. -3- A. baetica L. oder A. Clematitis?
S o n t h e i m e r-Araber: - A. rotunda - - A. longa.
F i s c h e r-Mittelalter: - *A. pallida Willd.* ( s t r o l o g i a ,  m a l u m  t e r r a e ,  c i c l a m i n a ,  a l c a n n a ,  a r i s t o l o g i a  rotunda,  t i m b r a ,  e r t a p e l ,  e r t n u z ,  holwurz; Diosk.: aristolochia) und A. rotunda L. cf. C o r y d a l i s und C y c l a m e n (malum terrae, ciclamina, alcanna, aristologia rotunda, timbra, o r b i c u l a r i s ,  a r i s t o n ,  f e t a l o g o s ,  terrae venum, erdaphel, holwurz, ertnuz) - - *A. parviflora Sibth.* und A. longa (aristologia longa,  a r a r i s a ,  g e r s ,  r i n g e l w u r z e ,  u n g e r i s c h  w u r z ,  s c h w a b e n e n  k r a u t ,  p e r -

p i s k r a u t , lange holwurz, osterluzye, b i b e r w u r t z , h i n i s c h k r u t )
-3- *A. baetica L.* und A. clematitis L. ( r u s t i c a , aristologia, c a s t o r e u m ,
b y b e r w u r t z , t r o s w u r z ).

H o p p e-Bock: - **A. rotunda L.** (rund Aristolochia, die recht Holwurz) -3- **A. clematitis L.** (lang Holwurz, Osterlucei, B i b e r w u r t z ).

G e i g e r-Handbuch: - A. rotunda L. u. A. pallida -3- A. Clematitis (lange Osterluzei, Waldreben-Osterluzei, H e i l b l a t t ) -4- A. Serpentaria (Schlangen-Oster-
luzei, virginianische S c h l a n g e n w u r z e l , virginischer B a l d r i a n ) +++
A. Maurorum; A. Pistolochiae; A. trilobata; A. grandiflora; A. ringens Sw. u.
A. macroura; A. Anguicida; A. Sipho.

H a g e r-Handbuch: -4- **A. serpentaria L. u. A. reticulata Nutt.**

Z i t a t-Empfehlung: **Aristolochia pallida (S.); Aristolochia parviflora (S.); Aristo-
lochia baetica (S.); Aristolochia rotunda (S.); Aristolochia clematitis (S.); Aristo-
lochia serpentaria (S.); Aristolochia reticulata (S.).**

Dragendorff-Heilpflanzen, S. 185-188 (Fam. A r i s t o l o c h i a c e a e ); Tschirch-Handbuch III, S. 776.

Dioskurides beschreibt 3 Arten der Osterluzei:

1.) eine weibliche mit runder Wurzel;

2.) die große männliche, mit langer Wurzel;

3.) eine andere große und langwurzelige, K l e m a t i t i s genannt (sie wirken -
etwas unterschiedlich, Klematitis am schwächsten - gegen alle Gifte, mit Wein getrunken oder als Umschlag; zur Reinigung nach der Geburt, bei der Menstruation,
treiben den Embryo aus; mit Wasser getrunken bei Asthma, Schlucken, Fieber-
frost, Milzleiden, inneren Rupturen, Krämpfen, Seitenschmerzen; als Kataplasma
gegen Splitter und Dornen; für Geschwüre, zur Zahnfleischbehandlung). Nach
Berendes sind die 1. Art als A. pallida, die 2. als A. parviflora und die 3. als
A. baetica anzusprechen (A. Clematitis kommt in Hellas nicht vor).

Im 16. Jh. wird - z. B. von Bock (nach Hoppe) - als runde Aristolochia oder rechte
Hohlwurz A. rotunda L. abgebildet, als lange Hohlwurz A. clematitis L. Die Indikation für beide ähneln sich untereinander und denen bei Dioskurides.

( A r i s t o l o c h i a r o t u n d a )

Unter dieser Bezeichnung können in frühen Quellen sowohl Aristolochiadrogen
als auch besonders Corydalisdrogen, evtl. auch von Cyclamen, gemeint sein. Wird
hinzugefügt „vera", so ist eine A. als Stammpflanze anzunehmen, und zwar
A. rotunda L. oder A. pallida Willd.

In Ap. Lüneburg 1475 gab es [wahrscheinlich eine A.-Droge] Radix aristolochiae
rotundae (24 lb.) und [wahrscheinlich eine Corydalis-Droge] Radix arist. rot. minoris (6 lb.). In T. Worms 1582 steht nur [unter Kräutern und unter Wurzeln]:
A. rotunda ( M e l o c a r p o n , Malum terrae, Rund Osterlucey), während
T. Frankfurt/M. 1687 wieder deutlich unterscheidet: Radix A. rotundae verae

(welsche runde Osterlucey) und Rad. A. fabaceae (runde kleine Osterlucey [also Corydalis]). In Ap. Braunschweig 1666 waren vorrätig: Radix aristolochiae rotund. ver. (21 lb.), Herba a. rotund. (¹/₂ K.), Aqua a. rotund. (2 St.), Pulvis a. rotund. (1¹/₂ lb.), Essentia a. rotund. (4 Lot). Es muß wieder offen bleiben, ob das Kraut und die Zubereitungen von der echten Droge oder von A. rotunda vulgaris (von der 12 lb. vorrätig waren) angefertigt wurden.

Sollte in Rezepten nur „Aristolochia" verordnet sein, so war, nach Ph. Augsburg 1640, „Rotunda" zu nehmen, war sie nicht vorrätig, so konnte sie durch „Longa" ersetzt werden.

In der Ph. Württemberg 1741 wird deutlicher unterschieden; als Sorten der runden Osterluzey gibt es:

1.) Radix Aristolochiae rotundae verae (Aristolochiae foeminae Lugd., rechte runde Osterluceywurtzel; kommt aus Frankreich und Spanien; die Tugenden von A. rotunda und A. longa entsprechen sich, als Alexipharmaca sind sie Bestandteile des Theriaks, außerdem Uterinum und Vulnerarium);

2.) Radix A. rot. vulgaris (F u m a r i a e bulbosae, radice cava maiore [→ Corydalis]);

3.) Rad. A. fabaceae (Fumariae radice bulbosa, rotunda, non cava C. B. [→ Corydalis]).

In preußische Pharmakopöen (Ausgaben 1799—1813) wird aufgenommen: Radix Aristolochiae rotundae (Runde Osterluceywurzel, von A. rotunda L.); noch in Ph. Hessen 1827. Nach Geiger ist die Verwendung wie bei der langen Osterluzei. Nach Wiggers, um 1850, liefert sowohl A. rotunda L. als auch A. pallida Waldst. et Kit. Radix A. rotundae; sie werden häufig mit der Wurzel von Corydalis bulbosa verwechselt.

Bei Hoppe-Drogenkunde, 1958, wird A. rotunda erwähnt; die Wurzel dient als Stimulans, bei Frauenleiden, als Wundheilmittel. In der Homöopathie ist „Aristolochia rotunda" (A. rotunda L.; Tinktur aus getrocknetem Wurzelstock) ein weniger wichtiges Mittel.

(A r i s t o l o c h i a  l o n g a)

Unter dieser Bezeichnung können wiederum mehrere Drogen verstanden werden, allerdings alles Aristolochia-Arten. Die Ap. Lüneburg 1475 enthielt 6¹/₂ lb. Radix aristolochiae longae [nicht eindeutig bestimmbar]. In T. Worms 1582 heißt es deutlicher: Radix A. longae (A. masculae, D a c t y l i t i s, Lang Welsch Osterlucey) und Rad. A. longae vulgaris (P i s t o l o c h i a e, Gemein Lang Osterlucey); von beiden sind auch die Kräuter aufgenommen. Beide Sorten bzw. Stammpflanzen gibt es weiter nebeneinander. In T. Frankfurt M. 1687 stehen Radix A. longae masculae und Rad. A. longae vulgaris, zu dieser letzteren gehörig auch die Krautdroge (Herba A. longae, nostra, mascula). In Ap. Braunschweig 1666 waren vorrätig: Radix aristolochiae long. ver. (3¹/₂ lb.), Herba a. long. (2 K.),

Pulvis a. long. (2 lb.), Aqua a. long. (5 St.); es muß wieder offenbleiben, ob die Präparate aus der ausländischen oder der einheimischen Droge bereitet worden waren.

In der Ph. Württemberg 1741 gibt es von der langen Wurzel nur Radix A. longae verae (C. B., lange Osterluceywurzel, lange H o h l w u r t z e l ; kommt aus Spanien; wirkt wie die anderen Aristolochiawurzeln). Die früher als Radix A. longae vulgaris bezeichnete heißt hier Rad. A. Clematidis rectae (C. B., Saracenicae, kleine Osterlucey Wurtzel; Antipodagricum). Bei den Kräutern ist ferner zu finden: Herba Aristolochiae (Pistolochiae dictae C. B. [also wohl A. longa vulgaris, d. h. von A. clematitis], Aristolochiae polyrhizos J. B., Osterluceykraut; Vulnerarium, besonders in Tierarznei gegen Geschwüre).

Hagen, um 1780, unterscheidet Lange Osterluzei (A. longa), liefert Rad. A. longae, und Dünne Osterluzei (A. Clematitis), liefert Rad. A. vulgaris seu Creticae seu tenuis, ebenso Geiger:

1.) radix A. longae verae von A. longa L.; „Man verwechsle sie nicht mit der gemeinen langen Osterluzei von Aristolochia Clematitis . . . Anwendung. Die lange Osterluzei gibt man in Pulverform, im wäßrigen und weinigten Aufguß. - Präparate hatte man ehedem Essenz und Extract (ess. et extr. Aristolochiae longae). - Nach Dierbach ist nicht diese, sondern A. sempervirens . . . die Aristolochia longa der Alten. In Ägypten gebraucht man sie gegen den Biß giftiger Schlangen".

2.) radix et herba A. longae vulgaris, tenuis, von A. Clematitis; „Anwendung wie die vorhergehenden Arten. - Präparate hatte man davon Extract, Wasser und Essenz (extr. aq. et essent. Aristolochiae vulgaris seu tenuis). - Jetzt werden die Osterluzeiarten kaum mehr bei Menschen, sondern nur bei Krankheiten der Tiere gebraucht . . . Die Blätter sind lange schon als vorzüglich zur Heilung der Geschwüre usw. bekannt".

Über die Wirkung der Aristolochia-Drogen schreibt Meissner, um 1830: sie waren „früher sehr gebräuchlich; man wendete sie besonders zur Erregung der Gebärmuttertätigkeit bei der chronischen Amenorrhöe an . . . Einige Ärzte haben sie auch in der Gicht empfohlen; jetzt aber braucht man sie selten; entweder weil sie an und für sich nicht sehr energisch ist, oder weil die, welche man anwendet, gewöhnlich einen Teil ihrer Kräfte verloren hat"; Aristolochia longa-Wurzeln „machen in den älteren Pharmakopöen einen Bestandteil vieler offizineller Präparate aus".

Hoppe-Drogenkunde beschreibt im Kap. A. Clematitis die Verwendung des Krautes („bei Frauenleiden, Störungen der Wechseljahre. Zur Behandlung von Wunden und Geschwüren. Zur Nachbehandlung von Radikaloperationen. - In der Hals-, Nasen- und Ohrenpraxis. - In der Veterinärmedizin bei hormonal bedingter Sterilität").

In der Homöopathie ist „Aristolochia Clematitis - Osterluzei" (A. Clematitis L.; Essenz aus frischem, blühenden Kraut) ein wichtiges Mittel.

(S e r p e n t a r i a  v i r g i n i a n a)
In Ph. Württemberg 1741 befindet sich Radix Serpentariae Virginianae ( V i p e -
r i n a e ,  C o l u b r i n a e ,  C o n t r a y e r v a e  Virginianae, Virginianische
Schlangenwurtzel; Alexipharmacum, Balsamicum, Carminativum, Diureticum),
daraus eine Essentia Serp. virginianae. Bei Hagen, um 1780, heißt die Stammpflanze A. Serpentaria, so auch in Ph. Preußen 1799 und allen folgenden Ausgaben
(Rad. Serp. Virginiae; ist Bestandteil des Theriaks); DAB 1, 1872, Radix Serpentariae (von A. Serpentaria L.); dann Erg.-Bücher (bis um 1920).
Geiger, um 1830, schreibt über die „Anwendung. Man gibt die virginische Schlangenwurzel in Substanz, in Pulverform und Latwergen, ferner am häufigsten im
Aufguß. - Präparate hat man Tinctur (tinct. Serpentariae virg.). In Amerika gebraucht man besonders das Kraut und den frisch ausgepreßten Saft äußerlich und
innerlich gegen den Biß giftiger Schlangen". Hager kommentiert 1874: „Die Wurzel wird meist im Aufguß als schweißtreibendes, fieberwidriges, antihysterisches
Mittel angewendet". Hager-Handbuch, um 1930: „Anwendung. Früher als stimulierendes Mittel bei Fieber und Typhus mehrmals täglich im Infusum".
Nach Hoppe-Drogenkunde (Kap. A. Serpentaria = A. officinalis) Verwendung
der Wurzel als „Diaphoreticum, Stimulans, Expectorans, Stomachicum. Innerlich
gegen Schlangenbiße".
In der Homöopathie ist „Serpentaria" (A. Serpentaria L.; Tinktur aus getrockneter Wurzel) ein weniger wichtiges Mittel.


(V e r s c h i e d e n e)
Geiger nennt als weitere Aristolochia-Arten:
1.) A. Maurorum L., aus Syrien, soll rad. A. maurorum geliefert haben. Bei Dragendorff-Heilpflanzen, um 1900, Wurzel als Diaphoreticum genannt. Nicht in
Hoppe-Drogenkunde, 1958.
2.) A. Pistolochia L., aus Südfrankreich, soll rad. Pistolochiae, rad. A. polyrrhizae,
geliefert haben. Bei Dragendorff Wurzel als Aromaticum und Antispasmodicum
genannt; „wird bei Plinius erwähnt als Aristolochia". Nicht in Hoppe-Drogenkunde.
3.) A. trilobata L., aus Westindien, soll stipites bzw. radix A. trilobae geliefert
haben. Nach Dragendorff Verwendung wie Rad. Serpentariae virg., auch gegen
Schlangenbiß. Nicht in Hoppe-Drogenkunde.
4.) A. grandiflora Sm., aus Jamaika; Blätter zu Bädern und Bähungen. Nach Dragendorff Blätter gegen Gicht, Wurzelstock gegen giftige Bisse. Ist in Hoppe-Drogenkunde erwähnt.
5.) A. ringens Sw., aus Brasilien; Blätter und Wurzeln wie Serpentaria gebraucht.
Die Pflanze heißt bei Dragendorff A. brasiliensis Mart . . . Diese in Hoppe-Drogenkunde (Spasmolyticum).

6.) A. Anguicida, aus Südamerika; gegen Biß giftiger Schlangen. Nach Dragendorff gegen Schlangenbiß und als Antispasmodicum. Nicht in Hoppe-Drogenkunde.

7.) A. Sipho, aus Nordamerika; Blätter bei Katarrhen und als schweißtreibendes Mittel; Zierpflanze. Bei Dragendorff entsprechendes, in Hoppe-Drogenkunde erwähnt.

In Dragendorff-Heilpflanzen wird ferner genannt: A. cymbifera Mart. (= A. grandiflora Gom.); Wurzelstock wie Serpentaria, aber auch gegen typhöse Fieber, als Antihystericum, auf Geschwüre usw. angewendet. In Hoppe-Drogenkunde aufgenommen.

In der Homöopathie ist „Aristolochia Milhomense radice" (A. cymbifera Mart. u. Benth; Essenz aus frischer Wurzel) ein weniger wichtiges Mittel.


## Armeria

Geiger, um 1830, erwähnt A. vulgaris Willd. (= S t a t i c e Armeria L.), von der das adstringierend wirkende Kraut (herba Statices) verwendet wurde. Nach Dragendorff-Heilpflanzen, um 1900 (S. 515; Fam. P l u m b a g i n a c e a e ), dienen A. elongata Hoffm. (= A. vulgaris W., Statice Arm. L.) und A. maritima W. „als Diureticum, gegen Durchfall und Blutfluß". Hoppe-Drogenkunde, 1958, beschreibt A. maritima; verwendet wird das Kraut (Herba Armeriae maritimae) gegen Fettsucht. Schreibweise nach Schmeil-Flora: **A. maritima (Mill.) Willd.** (= A. vulgaris Willd.); von dieser gibt es, nach Zander-Pflanzennamen, eine **ssp. elongata (Hoffm.) Soo.**


## Armoracia

R e t t i g  siehe Bd. II, Antiscorbutia. / IV, E 372.
R e t t i c h  siehe Bd. V, Raphanus.

F i s c h e r-Mittelalter: C o c h l e a r i a  armoracia L. ( r a p h a n u s  agrestis seu acer seu minor,  a r m o r a t i a ,  r a b i g u d i u m ,  m e r r i c h ,  c h r e n , m e n u a ,  m a n i v a ,  m e r e d i c h ,  m i r r a c h ).
B e ß l e r-Gart: A. rusticana G. M. Sch. (Kap. Raffanus sive  R a d i x ;  m e r - r e t i c h ,  s c a n d i x ).
H o p p e-Bock: A. lapathifolia Gilib. (Kap. Meerrhetich).
G e i g e r-Handbuch: Cochlearia Armoracia.
H a g e r-Handbuch: Cochlearia armoracia L.; im Erg.-Bd., 1949, =  N a s t u r - t i u m  armoracia (L.) F. Schultz.

Z a n d e r-Pflanzennamen: **A. rusticana Ph. Gaertn., B. Mey et Scherb.** (= A. lapathifolia Gilib., A. sativa Bernh., Cochlearia armoracia L., R a p h a n i s magna Moench).
Z i t a t-Empfehlung: **Armoracia rusticana (S.).**

Dragendorff-Heilpflanzen, S. 253 (unter Cochlearia; Fam. C r u c i f e r a e ).

Dioskurides beschreibt einen „Wilden Rettich", den die Römer A r m o r a c i a nennen; nach Berendes handelt es sich um eine Raphanus-Art (Blätter und Wurzel als Gemüse; erwärmend, harntreibend, hitzig). Bock, um 1550, bildet - nach Hoppe - den M e e r r e t t i c h richtig ab und identifiziert ihn mit der bei Plinius beschriebenen wildwachsenden „armoracia" (Emmenagogum, Diureticum, gegen Steinleiden; Wurzelsaft gegen Lungenleiden).
In T. Worms 1582 ist verzeichnet: Radix Raphani marini ( T h l a s p i o s crateriae, S i n a p i Persici, Raphani maioris seu obsoniorum seu condimentarii, Nasturtii albi Arabum, Meerättich, M i r r ä t t i c h, K r e e n w u r t z ), in T. Frankfurt/M. 1687: Radix Raphani Marini (seu Rusticani, Meer Rettich). In Ap. Braunschweig 1666 waren vorrätig: Radix raphani marini (2 lb.) und Aqua r.m. (¹/₂ St.).
Die Ph. Württemberg 1741 führt: Radix Raphani rusticani (Raphani marini seu rustici, Armoraciae, Cochleariae folio cubitali Tournefort. Meer-Rettich; Antiscorbuticum). Bei Hagen, um 1780, heißt die Stammpflanze des Meerrettich: Cochlearia Armoracia (bekanntes Küchengewächs). Steht auch in preußischen Pharmakopöen 1799-1829 („Radix Armoraciae"). Geiger, um 1830, schreibt über die Anwendung: „Man gibt die frische zerriebene Wurzel innerlich in Substanz, auch äußerlich als hautrötendes Mittel, mit und ohne Senf; ferner den ausgepreßten Saft innerlich und äußerlich, oder im kalten Aufguß mit Weinessig usw. - Präparate hatte man ehedem: Destilliertes Wasser, Syrup und Conserve (aqua syrupus et conserva Armoraciae). Seine häufige Anwendung als Würze zu Speisen, roh, mit Zucker und Essig oder gekocht usw. ist bekannt".
In Hager-Handbuch, um 1930, ist bei Radix Armoraciae angegeben: „Anwendung. Häufig als Küchengewürz, selten medizinisch, zerrieben in Wein oder Bier als Diureticum. Zur Herstellung einiger Zubereitungen". Nach Hoppe-Drogenkunde, 1958 (Kap. Cochlearia armoracia), wird die Wurzel verwendet als „stimulierende und hautreizende Droge. - Diureticum bei Hydrops, Gicht, Rheuma. Bei Verdauungsstörungen. - In der Homöopathie [wo „Armoracia - Meerrettich" (Essenz aus frischem Wurzelstock) ein wichtiges Mittel ist]. In der Kosmetik".


## Arnica

A r n i c a siehe Bd. II, Antapoplectica; Antiarthritica; Diuretica; Resolventia; Rubefacientia. / IV, E 52, 75, 78, 338; G 228, 287, 526, 809, 957, 1231. / V, Pulicaria.

Bergwohlverleih siehe Bd. IV, G 957.
Wohlverleih siehe Bd. IV, C 52; E 90, 164.
Zitat-Empfehlung: *Arnica montana (S.)*.
Dragendorff-Heilpflanzen, S. 683 (Fam. C o m p o s i t a e ); P. Duquenois, Une plante médicinale encore mystérieuse, l'Arnica montana L., Pharm. Weekbl. *106*, 1971, S. 190-197.

Fischer-Mittelalter gibt nur wenige Stellen an, die auf **A. montana L.** bezogen werden können ( a r t i n c a , w o l v e s d i s t e l e , w u l n e s , g e l e g e n a ). Nach Tschirch-Handbuch hat Hildegard v. Bingen (um 1150) die Pflanze als starkes Aphrodisiacum bezeichnet, sonst fand sie bis nach Mitte 16. Jh. kaum Beachtung; häufigere Benutzung erst seit 18. Jahrhundert.

In Ap. Lüneburg 1718 waren 2 Pfund Herba Arnicae (Wolfferley) vorrätig. Die Ph. Württemberg 1741 beschreibt: Radix Arnicae ( P t a r m i c a e montanae, C a l t h a e vel C a l e n d u l a e alpinae, N a r d i celticae alterius, D o r o - n i c i Plantaginis folio, Arnick, M u t t e r w u r t z , W o l v e r l e y , L u - c i a n s k r a u t , E n g e l s - T r a n c k - W u r t z e l , F a l l k r a u t - W u r t - z e l ; ausgezeichnetes Resolvens; nicht nur die Wurzel, sondern meist die ganze Pflanze wird, in Dekoktform, verwendet), Herba A. und Flores A. [von beiden wird auf die Wurzel verwiesen]. Die Stammpflanze heißt bei Hagen, um 1780: A. montana (Fallkraut, L u z i a n s k r a u t , W o h l v e r l e i h , Wolverley); „in Apotheken werden vornehmlich die vom Kelch befreiten Blumen und Blätter (Flor. Hb. Arnicae, Doronici germanici) gebraucht".

Arnica-Drogen und -Zubereitungen wurden pharmakopöe-üblich. In Ph. Preußen 1799: Flores Arnicae (Wohlverleihblumen, von A. montana), Herba A. (Wohlverleih, Fallkraut), Radix A.; Extractum A. (e toto); Ausgabe 1846 nur noch - als Simplicia - Flores und Radix A.; Tinctura A. (ex floribus). In DAB 1, 1872: Flores Arnicae, Radix A.; Tinctura A. (ex floribus). In DAB 7, 1968: Arnikablüten und Arnikatinktur. In Erg.-B. 6, 1941: Tinctura A. destillata. In der Homöopathie sind „Arnica - Bergwohlverleih, Wolferlei" (Tinktur aus Wurzelstock; Hahnemann 1811) und „Arnica ad usum externum" (Tinktur aus frischer, blühender Pflanze) wichtige Mittel.

Geiger, um 1830, schrieb über A. montana (Berg-Wolverley, Fallkraut, S t i c h - w u r z e l ): „Eine schon in früheren Zeiten als Arzneimittel benutzte Pflanze; wurde 1712 besonders durch Fehr mehr allgemein eingeführt; Hornschuh, Collin u. a. schrieben über ihre Wirkung ... Offizinell sind: die Wurzel, das Kraut und die Blumen (rad., herba et flores Arnica, Doronici germanici) ... Man gibt die Wurzel und Blumen (das Kraut wird - mit Unrecht, da es sehr kräftig ist - kaum mehr gebraucht) in Substanz, in Pulverform selten, häufiger im Aufguß (mit Vorsicht in kleinen Dosen). Präparate hat man davon: das Extrakt aus der Wurzel (extr. rad. Arnicae) ... Nach anderen Vorschriften soll die ganze Pflanze genommen werden. Auch das ätherische Öl (ol. Arnicae) wird in neueren Zeiten als Arzneimittel angewendet. Blumen (und Kraut) werden auch zu Teespecies (spec. pectoral. resolvent. usw.) genommen. In Schweden wird das Kraut als Niesmittel und

Rauchtabak benutzt". Jourdan, zur gleichen Zeit, schreibt über die Pflanze: „ . . . ist ein sehr kräftiges Reizmittel, dessen Wirkung auf den Magen fast stets die mit diesem durch Sympathie verbundenen Organe mit ins Spiel zieht. Man wendet sie bei chronischen Rheumatismen und Lähmungen an, und hat sie selbst als Fiebermittel betrachtet. Die Blüten sind auch ein heftiges Niesmittel".

Hager (1874) schreibt im Kommentar zum DAB 1 bei Radix A.: „wird von den Ärzten kaum noch beachtet. Sie besitzt die Kräfte der Arnikablüten in geringem Maße, ist aber gerbstoffreicher, daher gegen Durchfall empfohlen". Bei Flores A. führt er aus: „ . . . wirken auf das Nerven- und Gefäßsystem anregend, Respiration und Blutumlauf beschleunigend, Harn- und Schweißabsonderung befördernd. Man gibt sie im Aufguß bei Lähmungen infolge Hirn- und Rückenmarkkrankheiten, Gehirnerschütterungen durch Fall oder Stoß, atonischen Nerven- und Faulfiebern, Epilepsie etc. Äußerlich werden sie als zerteilendes Mittel gebraucht, besonders bei blauen Flecken infolge von Stoß, Fall (Sugillationen) und wäßrigen Geschwülsten der Haut. Im nördlichen Europa gebraucht man sie auch als Niesmittel und anstelle des Rauchtabaks . . . Ein vielgebrauchtes Volksheilmittel für alle äußeren und inneren Beschädigungen ist eine Tinktur aus der ganzen, frischen blühenden Arnicapflanze". Ähnliche, vielseitige Verwendungsmöglichkeiten sind in Hager-Handbuch, um 1930, und in Hoppe-Drogenkunde, 1958, angegeben.

## Artemisia

Artemisia siehe Bd. II, Antepileptica; Antihysterica; Calefacientia; Carminativa; Emmenagoga; Exsiccantia; Stimulantia; Vesicantia. / IV, E 23, 113; G 2, 207, 893. / V, Ambrosia; Cakile; Chrysanthemum; Polygonum.

Abrotanum siehe Bd. I, Fel. / II, Alexipharmaca; Sarcotica; Succedanea. / V, Santolina.

Absinthium siehe Bd. I, Fel. / II, Abstergentia; Adstringentia; Amara; Analeptica; Anthelmintica; Antiarthritica; Antiparalytica; Calefacientia; Diaphoretica; Exsiccantia; Febrifuga; Hepatica; Mundificantia; Rubefacientia; Succedanea; Stomachica; Vulneraria. / IV, A 4; B 11; C 62; E 70; G 803. / V, Anethum; Helichrysum; Santolina; Sisymbrium.

Absinth siehe Bd. III, Sal Absinthii; Extracta simplicia.

Beifuß siehe Bd. IV, E 111; G 1069.

Cina siehe Bd. II, Anthelmintica. / IV, G 646. / V, Smilax.

Semen Santonici siehe Bd. IV, C 11.

Wermut siehe Bd. II, Anthelmintica. / IV, C 3, 6, 12, 42, 50; E 90, 145, 229, 233, 265, 339, 382; G 3, 957, 1498.

Hessler-Susruta: - A. vulgaris.

Grot-Hippokrates: - - A. Abrotanum.

Berendes-Dioskurides: - Kap. Beifuß, A. arborescens L. u. A. campestris L.; A. spicata Jacq. - - Kap. Abrotonon, A. arborescens L. u. A. Abrotanum L. -3- Kap. Wermuth, A. Absinthium L. -4- Kap. Santoninbeifuß, A. judaica L. und Kap. Seebeifuß, A. maritima L.

Sontheimer-Araber: - A. arborescens, A. campestris - - A. Abrotanum -3- A. Absynthium -4- A. Judaica, A. maritima + + + A. Dracunculi; A. orientalis; A. spicata.

F i s c h e r-Mittelalter: - A. vulgaris L., A. arborescens L., A. campestris L., A. spicata Jacqu. (artemisia, m a t e r   h e r b a r u m, m a t r i c a r i a, a m a r a - c o s, v a l e n t i n a, a r i v o s a, a m p o l a t a, b r i t a n i a, c a m p a n a - r i a, t h a g e t e s, m o n o g l o s s a, t o x i t e s, a r t h e m i s, a m b r o s i a, m a t r o n a, b i f u r z, b u g g a, s c h o ß m a l t e n, p e y p a s, b u c k) - - A. abrotanum L. u. A. arborescens L. (abrontanum, d e n t r o l i b a n u m, c a m p h o r a t a, a m e o s, s t a g w u r t z, g a r t w u r z e, e b e r i c h e, s t a b w u r z, g e r t e l, e b e r e z z e, s c h o ß w u r t z; Diosk.: abrotanum). -3- A. absinthium L. u. A. pontica L. (absintium, h e r b a   f o r t i s, a g o n, c e n t o n i c a, w e r m u d a; Diosk.: absinthion) -4- A. Cina Berg. (s a n d o - n i c u m, centonica, c e n n a, w u r m s a a t) + + + A. camphorata Vill. (c a n f o r a t a); A. Dracunculus L. (d r a g a n t e a, t a r c h o n, dragant); A. iudaica; A. pontica L. (p o n t i c a).

H o p p e-Bock: - Kap. Beifuoss, A. vulgaris L. (Bucken, G u r t e l, S. J o h a n s - k r a u t, M e i d t k r a u t) - - Kap. Stabwurtz, A. pontica L. u. A. abrotanum L. u. A. campestris L. (Gertwurtz) -3- Kap. Weronmuot, A. absinthium L. (E l t z). G e i g e r-Handbuch: - A. vulgaris - - A. Abrotanum (Stabwurz, C i t r o n e n - k r a u t, E b e r r a u t e) -3- A. Absinthium -4- A. santonica + + + A. Dracun - culus (D r a g u n b e i f u ß, E s t r a g o n, K a i s e r s a l a t); A. glomerata Sieber.; A. Contra; A. coerulescens; A. judaica; A. camphorata Vill.; A. palma - ta; A. maritima; A. austriaca; A. odoratissima; A. campestris; A. rupestris ( G e - n i p k r a u t); A. pontica; A. arborea.

H a g e r-Handbuch: - **A. vulgaris L.** - - **A. abrotanum L.** -3- **A. absinthium L.** -4- A. cina Berg. [Schreibweise nach Zander-Pflanzennamen: **A. cina O. C. Berg et C. F. Schmidt**] + + + **A. dracunculus L.; A. frigida Willd.; A. campestris L.;** A. mutellina Vill. [nach Zander: **A. laxa (Lam.) Fritsch**]; A. glacialis L.; A. spicata Woulf.; **A. vallesiaca All.; A. pontica L.;** A. arborescens L. [In Schmeil-Flora gibt es eine A. genipi Web.].

Z i t a t-Empfehlung: **Artemisia vulgaris (S.); Artemisia abrotanum (S.); Artemisia absinthium (S.); Artemisia cina (S.); Artemisia dracunculus (S.); Artemisia frigida (S.); Artemisia campestris (S.); Artemisia laxa (S.); Artemisia vallesiaca (S.); Arte - misia pontica (S.).**

Dragendorff-Heilpflanzen, S. 677—680 (Fam. C o m p o s i t a e); Tschirch-Handbuch II, S. 1003 uf. (A. ab - sinthium); S. 1021—1023 (A. cina).

(A r t e m i s i a)

Von der Artemisia gibt es nach Dioskurides mehrere Arten, vielzweigige und ein - stenglige, solche mit breiteren oder kleineren Blättern, mit unterschiedlichen Blü - ten (Abkochung für Sitzbäder, um bei Frauen die Katamenien, Nachgeburt, den Embryo zu befördern, auch gegen Verschluß und Entzündung der Gebärmutter; zum Zertrümmern des Steins, gegen Harnverhaltung. Saft in Zäpfchen als Uteri -

num, auch der Blütenstand). Zur Deutung des Kapitels sind nach Berendes mehrere
A.-Arten herangezogen worden. Bock, um 1550, bildet - nach Hoppe - im Kap.
Beifuß: A. vulgaris L. ab; mit Indikationen lehnt er sich an obiges Diosk.-Kap. an
und fügt weitere hinzu (Kraut mit Honig gegen Husten, Lungenerkrankungen;
Gewürz; zu Einreibungen gegen Gliederschmerzen; Fußbäder bei Ermüdung der
Füße; viele abergläubische Anwendungen).

In Ap. Lüneburg 1475 waren 3 St. Aqua arthemasie vorrätig. Die T. Worms 1582
führt: [unter Kräutern] Artemisia ( B e y f u ß , Bucken, S o n n e n w e n d g ü r -
t e l , S. J o h a n n s g ü r t e l ); Succus A. (Beyfußsafft), Sirupus ex A. (Beyfuß
syrup); die T. Frankfurt/M. 1687 [als Simplicium] Herba Artemisia (Beyfuß,
S. Johanns Gürtel). In Ap. Braunschweig 1666 waren vorrätig: Herba artemisiae
(3 K.), Aqua a. (2¹/₂ St.), Aqua e succo a. (1¹/₄ St.), Syrupus a. (2 lb.), Extractum a.
(7 Lot), Essentia a. (5 Lot), Oleum (dest.) a. (2 Lot).

Die Ph. Württemberg 1741 beschreibt: Herba Artemisiae vulgaris (rother Beyfuß, rother Buck) und Herba Artemisiae albae vulgaris (weisser Beyfuß, weisser
Buck; beide stimmen in den Wirkungen überein; Vulnerarium, Uterinum), Radix
Artemisiae ( P a r t h e n i i , Beyfuß, St. Johannis-Guertel-Wurtz; selten in medi-
zinischem Gebrauch; die Asche wird für ein Antepilepticum gehalten); Oleum
(dest.) A., Syrupus de Artemisiae. Die Stammpflanze heißt bei Hagen, um 1780:
A. vulgaris (Beifuß, St. Johannisgürtel); „man hat von dieser Pflanze zwo Ab-
arten. Eine hat rötliche Stengel und Blumen und heißt roter Beifuß (A. rubra),
die andere hat weißgrünliche und wird weisser Beifuß (A. alba) genannt. Man
sammelt davon in Apotheken das Kraut und die oberen Spitzen (Hb. et Summit.
Artemisiae)".

Aufgenommen in preußische Pharmakopöen: (1827-1846) Radix Artemisiae (von
A. vulgaris L.). So auch DAB 1, 1872; dann Erg.-Bücher (in Erg.-B. 6, 1941, statt
Radix wieder Herba Artemisiae). In der Homöopathie ist „Artemisia vulgaris -
Beifuß" (Essenz aus frischem Wurzelstock; Trinks 1847) ein wichtiges Mittel.

Geiger, um 1830, schrieb über die Pflanze: „Eine schon in alten Zeiten als Arznei-
mittel gebrauchte Pflanze; wurde besonders seit 1824 (die Wurzel) wieder von
Dr. Burdach empfohlen . . . Offizinell ist: die Wurzel und das Kraut mit den
Blumen oder die Spitzen (radix, herba cum floribus seu summitates Artemisiae)
. . . Man gibt die Wurzel in Substanz, in Pulverform . . Das Kraut und Blumen gibt
man im Teeaufguß . . . Präparate hatte man ehedem: Wasser, destilliertes Öl,
Essenz, Extrakt, Sirup und Salz. Auch wird nach Thunberg aus den Blumen und
Blättern (nach anderen aus dem Filz derselben?) von den Chinesen und Japanesen
ihre M o x a verfertigt, indem sie trocken zerstoßen, gerieben, das Grobfaserige
und Pulvrige abgesondert, und das Wollige in kleine Zylinder gerollt wird. Diese
Moxa wird allda sehr häufig gegen Gicht, Podagra usw. gebraucht, indem die
Zylinder auf die Haut gestellt und angezündet werden. An der Wurzel findet man
schwarze kohlenartige Massen, B e i f u ß k o h l e , N a r r e n s t e i n e , wahr-

scheinlich abgestorbene, moderige Wurzelteile? die man früher schon gegen Epilepsie anwendete. Die Pflanze wird als Würze an Speisen gebraucht, man steckt die getrockneten Spitzen in Gänse beim Braten, ehedem hielt man sie für ein Mittel gegen Zauberei und glaubte, daß sie, an die Füße gelegt, das Ermüden verhindern. Daher ihr Name [Beifuß]".

Hager schrieb 1874 im Kommentar zum DAB 1: „Die Beifußwurzel wurde vor 40 Jahren von Burdach als Diaphoreticum und Antepilepticum empfohlen, ist aber längst schon und wohl mit Recht in Vergessenheit gekommen". In Hager-Handbuch, um 1930, werden Herba und Radix Artemisiae beschrieben, ohne Angabe von Verwendung. Hoppe-Drogenkunde, 1958, schreibt darüber: „Aromaticum, Amarum, Anthelminticum. - In der Volksheilkunde als Chobereticum und Spasmolyticum. - In der Veterinärmedizin. - Gewürz, für Krankenkost und bes. bei Gänsebraten"; dies gilt für die Krautdroge. Die Wurzel ist „Tonicum, Spasmolyticum und Emmenagogum"; in der Homöopathie bei Chorea minor, Epilepsie und Hysterie angewendet.


(A b r o t a n u m)
Vom Abrotonon gibt es nach Dioskurides eine weibliche und eine männliche Art (nach Berendes bzw. Fraas ist erstere A. arborescens L., letztere A. Abrotanum L.) (Same gegen Orthopnöe, innere Rupturen, Krämpfe, Ischias, Harnverhaltung, Zurückbleiben der Menstruation; mit Wein als Antidot; mit Öl zu Salbe bei Frostschauer; zu Räucherung gegen Schlangen; gegen Bisse und Stiche giftiger Tiere; zu Umschlägen bei Augenentzündung, zum Zerteilen von Geschwülsten). Bock, um 1550, bildet als Stabwurz A. abrotanum L. ab; außer dieser großen Stabwurz beschreibt er eine kleine und ein wildes Geschlecht (A. pontica L. u. A. campestris L.); Indikationen lehnt er an obiges Diosk.-Kap. an und fügt einige hinzu; er verwendet hauptsächlich das Kraut oder Destillat daraus (gegen Atem- und Herzbeschwerden, bei Lungenleiden, Husten, gegen Nieren-, Gebärmutter-, Blasenleiden, Strangurie; zum Räuchern gegen giftige Tiere; Destillat gegen Skorpion- und Spinnenstiche, bei Erkrankung der weiblichen Genitalien; Asche mit Honig als Haarwuchsmittel).

In Ap. Lüneburg 1475 waren 1 St. Aqua abrotani vorrätig. Die T. Worms 1582 führt: [unter Kräutern] Abrotanum (T h e l y p h t o r i u m , Abrotonum mas, Stabwurtz, Gertel, Gertwurtz, Auffrusch, G a r t h a g e n , Garthaw, Schoßwurtz) [Abrotonum foemina → S a n t o l i n a ]; Aqua (dest.) A. (Stabwurtzwasser). In T. Frankfurt/M. 1687 [als Simplicium, köstlichere Kräuter] Herba Abrotanum mas (Thelyphtorium, Stabwurtz, Gert- oder Schoßwurtz, C a m p f - f e r k r a u t ). In Ap. Braunschweig 1666 waren vorrätig: Herba abrotani (1 K.), Aqua a. (1 St.), Conserva a. (2 lb.).

Die Ph. Württemberg 1741 führt: Herba Abrotani (maris angustifolii, Stabwurtz, Gartheyl; Balsamicum, Uterinum, Anctericum, gegen Biß giftiger Tiere; sonst wie Absinthium ponticum [siehe unten]). Die Stammpflanze heißt bei Hagen, um 1780: A. Abrotanum (Garthagel, A b r a n d , Gartheil, Stabkraut, Eberraute). Aufgenommen in preußische Pharmakopöen: (1799-1829) Herba Abrotani; auch in anderen Länderpharmakopöen. Geiger, um 1830, schreibt über die Anwendung: „Man gibt das Kraut in Pulverform, besser im Aufguß. Äußerlich wird es mit anderen aromatischen Kräutern zu Umschlägen, Bähungen, Bädern usw. verwendet. - Präparate hatte man ehedem: destilliertes Wasser und Öl (aq. et ol. Abrotani). Man wendet das Kraut in einigen Gegenden als Würze an Speisen an. Es soll, in die Kleider gelegt, die Motten abhalten". In Hager-Handbuch, um 1930, sind Herba Abrotani erwähnt, ohne Angabe von Anwendung. Nach Hoppe-Drogenkunde, 1958, verwendet man Herba Abrotani als „Aromaticum, Stomachicum, Expectorans, Vermifugum. - In der Homöopathie [wo „Abrotanum - Eberraute" (Essenz aus frischen Blättern; Cushing 1866/70) ein wichtiges Mittel ist] bei Erfrierungen, Frostbeulen, Hämorrhoiden. Bei Appetitlosigkeit der Kinder. Bei Mesenterial- und Peritoneal-Tuberkulose, Pleuritis, Skrophulose. - In der Likörindustrie. - Gewürz".

( A b s i n t h i u m )

Nach Dioskurides wird das Absinthion sehr vielseitig verwendet (das Kraut erwärmt, adstringiert, befördert Verdauung, reinigt Magen und Bauch, treibt Harn; gegen Blähungen, Bauch- und Magenschmerzen, bei Appetitlosigkeit und Gelbsucht; in Zäpfchen zur Beförderung der Katamenien; gegen giftige Pflanzen (Pilze) und Tiere; zu Salben bei Schlundmuskelentzündung, Sugillationen unter den Augen, Stumpfsichtigkeit, eitrige Ohren; zu Bähungen bei Ohren- und Zahnschmerzen; für Umschläge bei Unterleibs-, Leber- und Magenschmerzen; für Wasser- und Milzsüchtige; zur Herstellung von Wermutwein, den man im Sommer vor der Mahlzeit trinkt; zum Schutz von Kleidern gegen Mottenfraß; mit Öl gegen Mükkenstiche). Kräuterbuchautoren des 16. Jh. übernehmen solche Indikationen.

In Ap. Lüneburg 1475 waren 9 St. Aqua absintii vorrätig. Die T. Worms 1582 führt: [unter Kräutern] Absinthium vulgare (Absinthium, B a t h y p i c r o n , Absinthium rusticum, A l o i n a , Wermut, Eltz); Succus A. (Wermutsafft), Aqua (dest.) A. (Wermutwasser), Absinthii succus inspissatus (Außgetruckneter Wermutsafft), Extractio A. (Extract von Wermut), Conserva A. (Wermutzucker), Sirupus de a. (Wermutsyrup), Oleum (coct.) A. Wermutöle); in T. Frankfurt/M. 1687 [als Simplicium] Herba Absynthium vulgare (gemeiner Wermuth, W i e g e n - k r a u t ). In Ap. Braunschweig 1666 waren vorrätig: Herba absinthii communis (4 K.), Aqua a. (2½ St.), Conserva a. nostr. (4 lb.), Essentia a. (16 Lot), Essentia a. cum Vino malv. (2 lb.), Essentia a. cum Sp. Vitr. (4 lb.), Extractum a. (2 Lot), Oleum (coct.) a. (20 lb.), Oleum (dest.) a. (21 Lot), Sal a. (24 Lot), Spiritus a. (½ lb.), Succus a. inspiss. (1¾ lb.), Syrupus de a. (6 lb.), Syr. de a. cum Rhab. (6 lb.), Trochisci de a. (6 Lot).

Die Ph. Württemberg 1741 beschreibt: Herba Absinthii vulgaris (gemeiner Wermuth; Tugenden wie Absinthium ponticum [siehe unten]; auch als Anodynum; äußerlich Saft oder Dekokt gegen alte Geschwüre, Fäulnis, Krätze; Otalgicum); Conserva A., Essentia A. simpl. u. comp., Extractum A., Oleum (dest.) u. (coct.) A., Sal A., Syrupus Absinthii. Die Stammpflanze heißt bei Hagen: A. Absinthium (gemeiner Wermuth).

Die Krautdroge blieb pharmakopöe-üblich bis zur Gegenwart (in DAB 7, 1968: „Wermutkraut / Herba Absinthii. Die getrockneten, zur Blütezeit gesammelten oberen Sproßteile und Laubblätter von Artemisia absinthium Linné"). Zubereitungen der Ph. Preußen 1799 waren: Extractum, Oleum aethereum, Oleum coctum, Tinctura Absinthii, Sal Absinthii citratum.

Geiger, um 1830, schrieb über die Anwendung: „Man gibt den Wermuth in Substanz, in Pulverform, ferner im Aufguß oder Abkochung; auch der frischgepreßte Saft wird zuweilen gebraucht. - Präparate hat man Extrakt, Wasser, ätherisches Öl . . . ferner gekochtes Öl, Tinktur, einfache und zusammengesetzte, und Conserve, ehedem auch Salz, ist unreines kohlensaures Kali, was mit Z i t r o n e n s a f t gesättigt, als sal Absinthii citratum aufbewahrt wurde. Auch kommt das Kraut und Extrakt zu mehreren älteren Zusammensetzungen, acet. aromaticum, elix. Aurant. comp. usw. - Man bereitet mit dem Kraut den Wermuthwein, indem Wermuth in ein Säckchen gebunden, in den Most gehängt wird, bis er Wermuthgeschmack angenommen hat. Er ist ferner Bestandteil des beliebten Wermuth-Likörs (extrait d'Absinthe)". Nach Hager, 1874, wird Wermut als bitteres Stomachicum geschätzt. In Hager-Handbuch, um 1930, ist über Anwendung angegeben: „In kleinen Mengen reizt das Kraut den Appetit an, in großen erzeugt es Kopfschmerz und Schwindel. Die Wirkung als Abortivum wird bestritten. Äußerlich zu Umschlägen bei Quetschungen, innerlich als Anthelminticum, bei Dyspepsie, bei Intermittens, bei Bleichsucht. Zu bitteren Likören. Genuß von Wermutlikören führt allmählich zu schweren Gesundheitsschädigungen, Epilepsie. Diese Wirkung soll dem in Wermutöl enthaltenen Thujon zukommen. Das ätherische Wermutöl wirkt narkotisch und erzeugt Krämpfe".

Nach Hoppe-Drogenkunde, 1958, werden verwendet: 1. das Kraut („Aromaticum amarum, Stomachicum, Digestivum bei Dyspepsie, Carminativum, Choereticum. - Hautreizmittel in Form von Salben. - In der Homöopathie [wo „Absinthium - Wermut" (Essenz aus frischen jungen Blättern und Blüten) ein wichtiges Mittel ist] als Stomachicum bei dyspeptischen Zuständen und gestörter Azidität. Bei Gallen- und Leberleiden. - Zu Mitteln gegen Schnupfen. In der Veterinärmedizin. Antiparasiticum, bes. gegen Milben. Die Herstellung von Absinthschnäpsen ist in fast allen Kulturstaaten verboten. Wermut und zahlreiche verwandte Arten werden aber bei der Bereitung von Wertmutweinen und Kräuterlikören verwendet"); 2. das äther. Öl des Krautes („Tonicum, Antispasmodicum, Vermifugum. - Äußerlich als schmerzstillendes Mittel bei Rheuma. - In der Gewürzindustrie").

(Absinthium ponticum)

In T. Worms 1582 gibt es [unter den Kräutern] außer dem gemeinen Absinthium noch 2 andere, teurere Arten: Absinthium ponticum Dioscoridis (Absinthium montanum, A. Romanum, Mesues, A. Italicum Plinii, Bergwermut) und Absinthium ponticum Galeni (Pontischer Wermut, Römischer Wermut, G r a b - k r a u t); daraus bereitet Conserva A. pontici Galeni (Römischs oder Pontischs Wermutzucker); in T. Frankfurt/M. 1687: [unter köstlicheren Kräutern] Herba Absinthium Ponticum (Romanum, montanum, nobile, incanum, tenuifolium, Pontischer, Welsch- oder Garten-Wermuth). In Ap. Braunschweig 1666 waren vorrätig: Herba absinthii roman. ($^1/_4$ K.), Conserva a. pontici (2 lb.).

Die Ph. Württemberg 1741 verzeichnet: Herba Absinthii Pontici (Romani, nobilis, tenuifolii, incani, hortensis, Welscher, Roemischer Wermuth; Stomachicum, Anticachecticum, Anthelminticum, vor allem Diureticum). Stammpflanze nach Hagen: A. Pontica (Römischer oder Wällscher Wermuth); „das Kraut nebst den Blumen (Hb. s. Summit. Absinthii Pontici) ist offizinell. Der Geschmack ist mehr gewürzhaft als bitter und der Geruch ist angenehmer, als der des gemeinen Wermuths". Nach Geiger, um 1830, gibt man den römischen Wermuth wie den gemeinen in Pulverform oder im Aufguß; „er wird bei uns selten gebraucht, obgleich er wegen seinem angenehmeren Geruch und Geschmack dem gemeinen zu vielen vorzuziehen sein möchte". Die Krautdroge wird in Hager-Handbuch, um 1930, erwähnt. Hoppe-Drogenkunde hat ein kurzes Kapitel; Verwendung des Krautes als Tonicum, Amarum; in der Likörindustrie.

(Cina)

In Berendes-Dioskurides gibt es ein Kap. Santoninbeifuß, in dem eine Art vom Absinthion beschrieben wird, „welche an den Alpen in Galatien wächst und in der Landessprache Santonion heißt ... Es gleicht dem Wermuth, ist aber nicht so samenreich, etwas bitter, hat aber dieselbe Wirkung wie das S e r i p h o n " ($\rightarrow$ A. maritima L.; Wurmmittel). Berendes deutet als eine A. judaica L. und fügt hinzu: „Daß die heutige Bezeichnung S a n t o n i n von der Pflanze des D. abgeleitet ist, bedarf wohl keines Beweises, ob aber Artemisia maritima und judaica des D. identisch sind mit der Stammpflanze unserer Flores Cinae, muß eine offene Frage bleiben".

In Ap. Lüneburg 1475 waren 1 lb. Semen lumbricorum vorrätig. Die T. Worms 1582 führt: Semen Z i n a e (B a r b o t i n a e, S e m e n l u m b r i c o r u m, W u r m s a m e n), Confectio Sementinae (seminis zinae, Wurmsamenzucker, uberzogener Wurmsamen); in T. Mainz 1618 Semen Cinae (S i n a e, s e m i n i s s a n c t i, Wurmsamen); in T. Frankfurt/M. 1687 Semen Cinae (Wurmsaamen), auch Confectio Cinae seminis. In Ap. Braunschweig 1666 waren vorrätig: Semen cynae (17 lb.), Confectio c. (8 lb.).

Die Ph. Württemberg 1741 beschreibt: Semen Cinae (Cynae, Zinae, Z e d o a - r i a e, S a n c t u m, S a n t o n i c u m, c o n t r a v e r m e s, Wurm-Saamen,

Z i t t w e r - S a a m e n ; Wurmmittel; Stomachicum, Emmenagogum); Confectio Semen Cynae; Bestandteil des Pulvis contra Vermes. Die Stammpflanze wurde in der Pharmakopöe als Absinthium Santonicum Alexandrinum C. B. genannt. Bei Hagen, um 1780, heißt das zuständige Kapitel: „Persischer Beifuß (Artemisia contra?), ist ein weißer filziger Strauch, der in Persien zu Hause ist [Fußnote dazu: „Vor kurzem hielt man den Jüdischen Beifuß (Artemisia Judaica), der im gelobten Lande, in Arabien und Numidien zu Hause ist, für den Strauch, welcher den Wurmsamen gäbe, jetzo aber scheint es wahrscheinlicher, daß er von der angezeigten Pflanze gesammelt werde. Vielleicht aber wird er auch wohl von beiden gewonnen. Nach einigen soll die Sammlung von der in Persien und der Tartarei wachsenden Artemisia Santonicum geschehen"]. Es soll davon der Samen herrühren, der Wurmsamen (Sem. Cinae, Zinae, Sinae, contra vermes, lumbricorum Santonici, sanctum, S e m e n c o n t r a , S e m e n t i n a ) oder auch, wiewohl uneigentlich, Zittwersamen (Sem. Zedoariae) genannt wird . . . Den Aleppischen Wurmsamen hält man für den besten; diesem folgt der Orientalische oder Indianische, der mit kleinen Blümchen vermischt ist, und der schlechteste ist der Barbarische oder Afrikanische, weil er die meisten Stengel und Stiele enthält".
Auch zur Zeit Geigers, um 1830, ist die Stammpflanzenfrage noch nicht geklärt. Er nennt:
1.) A. glomerata Sieber (barbarischer Wurmsame); „die Pflanze wurde 1822 zuerst von Sieber, der sie an Ort und Stelle sammelte, genau beschrieben. Sie liefert eine Art des schon in alten Zeiten bekannt gewesenen, besonders aber im 15. und 16. Jahrhundert durch die Kreuzzüge in Europa bekannt gewordenen Wurmsamen, nämlich den barbarischen. - Wächst in Palästina".
2.) A. Contra (levantischer Wurmsame?); „liefert nach den meisten Angaben auch Wurmsamen. - Wächst in Persien".
3.) A. santonica (echter levantischer Wurmsame); „von S. G. Gmelin genau untersucht; liefert nach dessen, Gahn's und anderer Angabe den levantischen Wurmsamen. - Wächst in der Tartarei und am Missuri".
4.) A. coerulescens; „diese Pflanze soll nach Batka's Meinung ebenfalls eine Art levantischen Wurmsamen liefern. - Wächst am Ufer des mittelländischen Meeres".
„Offizinell sind: die Blumen, unter dem Namen Wurmsamen, Zitwersamen (semen Cinae, Cynae, Sinae, Santonici, Contra, semen Sanctum, Semenzina). Man unterscheidet im Handel mehrere Sorten Wurmsamen, von denen jetzo aber nur 2 wesentlich verschieden sind:
1.) Levantinischer, auch alleppischer oder alexandrinischer Wurmsame (semen Cynae levanticum, haleppense, alexandrinum); wird, wie erwähnt, von A. santonica abgeleitet, weniger wahrscheinlich von A. Contra und nach Batka auch z. T. von A. coeruslescens. Man hält diese Sorte für die beste . . . Man macht einen Unterschied zwischen semen Cinae levant. naturell und electum. Letztere sind

durch Absieben von den Stengeln, Staub usw. befreiten (größeren) Blümchen . . .
2.) Barbarischer Wurmsamen (semen Cinae barbaricum). Er kommt von A. glomerata Sieber, vielleicht auch z. T. von A. Contra L.? Man hält ihn in der Regel weit geringer als den vorhergehenden . . .

Eine mehr grünlichgelb gefärbte Sorte, welche übrigens alle Charaktere des barbarischen Wurmsamens hat, geht unter dem Namen: ostindischer, indischer, z. T. auch levantinischer und amerikanischer Wurmsamen (semen Cinae ostindicum, levant. et americanum). In der Regel ist dieses nichts anderes als mit Curcuma, in neueren Zeiten aber mit Gelbholz, gefärbter barbarischer Wurmsamen . . .

Anwendung. Man gibt den Wurmsamen in Substanz, in Pulverform, am häufigsten und zweckmäßigsten als Latwerge, auch im Aufguß, minder gut in Abkochung. - Präparate hat man den überzuckerten Wurmsamen, auch eine Tinktur. Er macht ferner einen Bestandteil des Wurmpulvers, der Wurmlatwerge und der Wurmkügelchen aus.

Außer von den genannten Beifußarten leitet man den Wurmsamen auch noch von anderen ab". Dahin gehören zum Teil

a) A. judaica; „es kann diese Art in keinem Fall die Mutterpflanze des jetzt im Handel vorkommenden Wurmsamens sein, was bisher ziemlich allgemein angenommen wurde".

b) A. camphoratae Vill.; „Dierbach hält sie für das Absinthium Santonicum der Alten".

c) A. palmata.

d) A. maritima; „die Alten gebrauchten die Pflanze als Wurmmittel, und in England und Frankreich benutzt man sie z. T. noch wie Wermut".

e) A. austriaca; „einige leiten den levantinischen Wurmsamen von dieser Pflanze ab".

f) A. odoratissima.

In den preußischen Pharmakopöen ist angegeben: (1799) Semen Cinae (Santonici, Zitwersamen, Wurmsamen) von A. Santonica u. A. Judaica; (1813) nur A. Judaica; (1827, 1829) A. Contra L.?; (1846) A. contra Vahl. ; (1862; von jetzt an: Flores Cinae - Zittwerblüthen, Semen Cinae Halepense vel Levanticum) von A. species e sectione Seriphidii huc usque ignota. Entsprechende Angabe in DAB 1 (1872); (1882, 1890) A. maritima; (1900) A. Cina; (1910, 1926) A.cina Berg. Anwendung nach Hager-Handbuch, um 1930: „Gegen Spulwürmer, auf die in erster Linie das Santonin, aber auch das ätherische Öl giftig wirkt". Hoppe-Drogenkunde schreibt zu A. Cina: Verwendet werden 1. die geschlossenen Blütenknospen („Vermifugum, bes. gegen Askariden (Spulwürmer), ferner gegen Oxyuren (Madenwürmer) und den Peitschenwurm . . . In der Homöopathie [wo „Cina - Zitwerblüten" (Tinktur aus getrockneten, kurz vor dem Aufblühen gesammelten Blütenköpfen) ein wichtiges Mittel ist] in der Kindertherapie gegen Beschwerden, die von Würmern herrühren, wie unruhiger Schlaf, Launenhaftigkeit etc., ferner gegen Keuchhusten,

Krämpfe und bei Typhus. - In der Veterinärmedizin"); 2. das äther. Öl der Blütenknospen („Wurmmittel, bes. gegen Askariden").

(Verschiedene)
Geiger behandelt weiter folgende A.-Arten:
1.) A. Dracunculus; „offizinell ist: das Kraut mit den Blumen oder die Spitzen (herba seu summitates D r a c u n c u l i) ... man gibt das Kraut, wiewohl selten, im Aufguß, und hat als Präparat Wasser ... In Haushaltungen gebraucht man den Estragon häufig als Würze an Speisen. Berühmt ist auch der Estragon-Essig, welcher durch Mazerieren der Pflanze mit gutem Erfolg erhalten wird".
Die Pflanze ist bei Hagen, um 1780, beschrieben („das Kraut - Hb. Dracunculi esculenti - ... wird in Apotheken ganz frisch zur Destillation des Wassers verwandt"). Auch Hoppe-Drogenkunde, 1958, hat ein Kap. A. Dracunculus; es werden das Kraut und sein ätherisches Öl verwendet.
2.) A. campestris; „davon war ehedem der Samen (sem. Artemisiae campestris) offizinell. Das Kraut und die Blumen werden oft anstatt ... [A. vulgaris] ... gesammelt".
3.) A. rupestris; „davon wird das stark und angenehm aromatische Kraut (herba Genipi albi) als ein Mittel gegen Seitenstechen, Magenschwäche, Wechselfieber usw. sehr geschätzt. - Anstatt dieser werden auch A. glacialis (Eisbeifuß) und A. mutellina (kleiner Alpenbeifuß), beide ähnliche Alpengewächse, unter dem Namen der weißen Genipkräuter gebraucht. - Unter dem Namen der schwarzen Genipkräuter versteht man A. spicata und vallesiaca, beide auf höheren Gebirgen der Schweiz, Tirol, Italien usw. vorkommende Pflanzen".
Nach Hoppe-Drogenkunde werden Herba Genipi albi (Hb. Absinthii alpini) von A. mutellina gesammelt („Tonicum, Amarum. - In der Likörindustrie zu Kräuterlikören"); ferner werden verwendet: A. glacialis, A. spicata. Als „schwarzer Genip" wird das Kraut von A. vallesiaca All. gehandelt.


## Artocarpus

Hessler-Susruta nennt A. integrifolia und A. lacucha. Geiger, um 1830, erwähnt die B r o t f r u c h t b ä u m e A. integrifolius und A. incisus; beide enthalten Milchsaft, der von der ersten Art auch zu K a u t s c h u k benutzt wird; die Frucht der zweiten Art ist ein sehr wichtiges Nahrungsmittel der Indianer, aus dem Bast des Baumes verfertigen sie ihre Kleider. Dragendorff-Heilpflanzen, um 1900 (S. 177 uf.; Fam. M o r a c e a e), gibt medizinische Verwendungen von diesen Arten und von weiteren an: A. integrifolia L. fil. (A. heterophylla Lam., A. pubescens W., P o l y p h e m a Jaca Lour.) und A. incisa L. fil. (von beiden Wurzel u. Wurzelrinde gegen Diarrhöe und Ruhr, gegen Würmer; Fruchtfleisch

der zweiten gegen Husten, ihre Samen als Aphrodisiacum). Nach Hoppe-Drogen-kunde, 1958, wird von A. integrifolia die Stärke der Früchte und das Holz ver-wendet (Holz zum Gelbfärben alaungebeizter Seide, zur Gewinnung von M o -r i n ); „die A.-Arten sind wichtige Nährpflanzen der Tropen".
Zander-Pflanzennamen gibt als Schreibweisen an: **A. integra (Thunb.) Merr.** (= A. integrifolia L. f.); A. incisa = **A. altilis (Parkins.) Fosb.**
Z i t a t-Empfehlung: **Artocarpus integra (S.); Artocarpus altilis (S.).**

## Arum

A r u m  siehe Bd. II, Abstergentia; Antipsorica; Masticatoria; Rubefacientia. / IV, E 113. / V, Arisaema; Arisarum; Colocasia; Dieffenbachia; Dracunculus; Polygonum; Zantedeschia.

H e s s l e r-Susruta: A. campanulatum.
G r o t-Hippokrates: A. maculatum.
B e r e n d e s-Dioskurides: Kap. A r o n , **A. maculatum L.** oder A. orientale (?); Kap. Kleine D r a c h e n w u r z , A. italicum Lam.
S o n t h e i m e r-Araber: A. italicum (nach Zander: **A. italicum Mill.**).
F i s c h e r-Mittelalter: A. maculatum L. ( b a s i l i s c a , a a r o n , a r o n b a r -b a , a r a n e a , i a r u s , s e r p e n t a r i a m i n o r , g i g a r u s , p e s v i t u -l i , s u c h e , w i n t e r p l u m e n , w e l t n u z ; Diosk.: aron); A. italicum Lam. ( d r a c o n t e a minor, serpentaria minor, l u f a ; Diosk.: d r a k o n t i a megale).
H o p p e-Bock: A. maculatum L. (Aron, P f a f f e n p i n t ).
G e i g e r-Handbuch: A. maculatum L. (= A. vulgare Lam., Gemeiner Aron, deut-scher I n g w e r , E s e l s o h r e n ); A. italicum.
H a g e r-Handbuch: A. maculatum L.
Z i t a t-Empfehlung: **Arum maculatum (S.); Arum italicum (S.).**

Dragendorff-Heilpflanzen, S. 106 (Fam. A r a c e a e ).

Vom Aron berichtet Dioskurides, daß Wurzel und Blätter als Nahrungsmittel dienen und daß sie, nebst Samen, dieselben Kräfte haben wie Drakontion (zusätz-lich: Wurzel mit Rindermist als Umschlag gegen Podagra). Vom Drakontion han-deln zwei Kapitel, über das große (→ D r a c u n c u l u s ) und das kleine (das als A. italicum Lam. identifiziert wird); von dem letzteren wird die Wurzel (mit Honig als Expectorans; für Diätzwecke) und die Frucht (Saft mit Öl gegen Ohren-schmerzen; gegen Nasenpolypen, Krebsgeschwüre) verwandt.
Bock, um 1550, übernimmt für seine 3 Arten des Aron, die nach Hoppe lediglich 3 Formen von A. maculatum sind, die Indikationen von Dioskurides für Aron und Drakontion, vermehrt um Indikationen nach Brunschwig, um 1500: Wurzel oder Blattsaft mit Essig gegen Gift und Pest; Aronstabpulver mit Zucker gegen

Atembeschwerden, Husten, Lungen- und Magenleiden; Wurzel, Blattsaft oder gebranntes Wasser treibt die Nachgeburt aus; Blätter als Breiumschlag gegen Pestnarben und Geschwüre; Blättersaft oder Destillat als Vulnerarium; Blätter und Wurzel mit Wein und Öl gegen Hämorrhoiden.

In Deutschland wurde A. maculatum zu einem wichtigen Arzneimittel (bis zum 18. Jh.), während A. italicum kaum eine Rolle spielte. Geiger, um 1830, erwähnt von dieser Art lediglich, daß ihre Wurzel - in Deutschland selten vorkommend - wie vom gemeinen Aronstab eingesammelt wird und die gleichen Eigenschaften hat. In der Homöopathie wurde „Arum italicum - Italienischer Aronstab" (A. italicum Mill.; Essenz aus frischem Wurzelstock) ein wichtiges Mittel.

(A r u m  m a c u l a t u m)
In T. Worms 1582 ist verzeichnet: Radix Ari (Pedis vituli, S a c e r d o t i s virilis, Serpentaria minoris, Barbae Aronis officinarum, Aronwurtz, Pfaffenbind- u. K a l b s f u ß - W u r t z e l, Teutscher Ingwer). Die T. Frankfurt/M. 1687 hat außer der Wurzel noch Fecula Radicis Ari, bereitete Aron-Wurtzel [ein Satzmehl], aufgenommen. In Ap. Braunschweig 1666 waren vorrätig: R a d i x aronis (30 lb.), Pulvis a. (³/₄ lb.), Foecula rad. a. (6¹/₄ lb.). Die Ph. Württemberg 1741 enthält: R a d i x  A r i  (B a r b a e  A r o n i s, Serpentariae seu Dracontiae minoris, L a p h a e, Aronwurtzel, Pfaffenpint, Teutscher Ingwer, Z e h r w u r t z ; Aperiens, Incidans, Resolvens, Attenuans, Abstergens, Diureticum); Faecula Ari Radicum u. Radix Ari praeparatum (Bestandteil des Pulvis stomachicum Birckmanni).

Geiger berichtet über die Anwendung: „Man gibt den Aron [Radix Ari s. Aronis s. A l a m i] am zweckmäßigsten in Pulverform, seltener im Aufguß; die Abkochung ist zweckwidrig. Jetzt wird die Wurzel meistens nur noch von Tierärzten verordnet. - Präparate hatte man ehedem Essenz, Extrakt und Satzmehl".

Im Hager, um 1930, steht über die Verwendung von Rhizoma Ari (A. maculatum L.; Tuber Ari s. Aronis; F i e b e r w u r z, F r e ß w u r z, K u c h e n w u r z e l, Zehrwurz): „Früher als Bestandteil von Magenpulvern. Zur Gewinnung von Stärke (Portland-A r r o w r o o t)"; die Arumstärke wird auch von anderen Arumarten (A. italicum Mill., A. esculentum L.) gewonnen.

Nach Hoppe-Drogenkunde, 1958, wird von A. maculatum das Rhizom verwendet („bei Katarrhen der Luftwege und des Magens. - In der Homöopathie [wo „Arum maculatum - Gefleckter Aronstab" (Essenz aus frischem Wurzelstock; Trinks 1847) ein wichtiges Mittel ist] u. a. bei Affektionen des Nervensystems und der Schleimhäute".

## Aruncus

Nach Fischer kommt in einigen mittelalterl. Glossen S p i r a e a Aruncus L. vor (c i n u m, c i g e n b a r t). Es ist dies, nach Zander-Pflanzennamen: **A. dioicus (Walt.) Fern.** (= A. sylvester Kostel., A. vulgaris Raf., Spiraea aruncus L.). Diese

Pflanze ist nach Hoppe bei Bock, um 1550, als die eine der beiden „G e i s s -
b a r t "-Arten abgebildet; nach unsicherer Deutung bei Dioskurides gibt er Indikationen an (Wurzel als Laxans, gegen Dysenterie; Blätter als Kataplasma gegen
Drüsenschwellungen, Geschwüre, zum Entfernen von Fremdkörpern aus dem
Fleisch; ältere Blätter Hautreizmittel; junge Blätter als Gemüse).

Geiger, um 1830, beschreibt Spiraea Aruncus (W a l d b o c k s b a r t, Waldgeis-
bart); er meint, daß diese Pflanze „radix, herba et flores Barbae capri" liefert; als
Stammpflanze hierfür erwähnt er auch Spiraea Ulmaria [→ F i l i p e n d u l a ];
„die Bestandteile sind denen von Sp. Aruncus ähnlich, und man wendete die Teile
ehedem in ähnlichen Fällen wie jene an". In der nächsten Auflage des Handbuchs
(1840) steht richtiger als Stammpflanze der B a r b a   c a p r i n a-Drogen Spiraea
Ulmaria L., während Spiraea Aruncus L. nur erwähnt wird; die Drogen werden
jetzt als Radix, Herba et Flores Barbae Caprinae silvestris bezeichnet; „die Pflanze
wurde ehedem als ein stärkendes und diaphoretisches Mittel gebraucht". Nach
Dragendorff, um 1900, sind Wurzel, Blätter und Blüten Tonicum, Adstringens und
Febrifugum.

Dragendorff-Heilpflanzen, S. 271 (Fam. R o s a c e a e ).


# Arundo

A r u n d o   siehe Bd. II, Antigalactica. / V, Bambusa; Calamagrostis; Phragmites; Saccharum; Zingiber.

H e s s l e r-Susruta: A. karka; A. tibialis.
D e i n e s-Ägypten: A. Donax L.
B e r e n d e s-Dioskurides: Kap. R o h r , A. fistularis L., A. Donax L.
S o n t h e i m e r-Araber: A. epigejos (diese Pflanze heißt bei Dragendorff-Heil-
pflanzen: C a l a m a g r o s t i s  Epigeios Roth).
F i s c h e r-Mittelalter: A. Donax L. ( c a l a m u s  agrios s. agrestis, arundo
magna; Diosk.: arundo farcta).
G e i g e r-Handbuch: A. Donax L. (= D o n a x  arundinacea P. de B., S c o -
l o c h l o a  arundinacea M. u. K., Spanisches Rohr).
H a g e r-Handbuch (Erg.): A. Donax L.
Z a n d e r-Pflanzennamen: **A. donax L.**
Z i t a t-Empfehlung: **Arundo donax (S.).**

Dragendorff-Heilpflanzen, S. 85 uf. (Fam. G r a m i n e a e ).

Als eine Rohrart nennt Dioskurides „Donax", ohne dabei etwas medizinisches zu
bemerken. Geiger, um 1830, spricht von der diuretischen Wirkung der Wurzel,
Radix Arundinis Donacis; „die Halme geben die bekannten Spazierstöcke". Nach
Hoppe-Drogenkunde, 1958, wird Rhizoma Arundinis donacis als Diureticum ver-

wendet. In der Homöopathie ist „Arundo mauritanica - W a s s e r r o h r "
(A. Donax L.; Essenz aus frischen Wurzelstocksprossen; 1863) ein wichtiges Mittel.

## Asarina

Nach Berendes wird das C h a m a i k i s s o s des Dioskurides als A n t i r r h i -
n u m Asarina L. identifiziert (Blätter gegen Ischias, Gelbsucht). Diese Angabe
auch bei Dragendorff-Heilpflanzen, um 1900 (S. 602; Fam. S c r o p h u l a r i a -
c e a e ). Bezeichnung der Pflanze nach Zander-Pflanzennamen: **A. procumbens
Mill.** (= Antirrhinum asarina L.).
Z i t a t-Empfehlung: **Asarina procumbens (S.).**

## Asarum

A s a r u m siehe Bd. II, Errhina; Lithontriptica; Purgantia; Succedanea; Vomitoria. / IV, C 81; E 113.
H a s e l w u r z siehe Bd. IV, C 34; E 351; G 957.

B e r e n d e s-Dioskurides (Kap. H a s e l w u r z); T s c h i r c h-Sontheimer-
Araber; F i s c h e r-Mittelalter, **A. europaeum L.** ( u n g u l a  c a b a l i n a ,
w u l g a g o ,  a c e r e ,  h e r b a  t h u r i s ,  t h u r i l l a ,  g l i b a n a ,  s p i c a
agreste,  c e n t i n o d a ,  g a r i o p h i l u s  agrestis,  n a r d u s  rusticus oder
agrestis,  v u l g a g i n e , haselwurtz,  n a b e l w u r z ,  e r d ö p f f e l ,  w e y -
r a c h w u r z , wilde  n e g i l k e n ; Diosk.:  a s a r o n , nardus agrestis).
H o p p e-Bock: A. europaeum L. (Haselwurtz).
G e i g e r-Handbuch: A. europaeum (Haselwurzel, Haselkraut, wilder Nard);
A. canadense; A. virginicum.
H a g e r-Handbuch: A. europaeum L.; **A. canadense L.**; A. arifolium Mich.,
A. Sieboldi Miqu., A. Blumei Duch.
Z i t a t-Empfehlung: **Asarum europaeum (S.); Asarum canadense (S.).**

Dragendorff-Heilpflanzen, S. 185 (Fam. A r i s t o l o c h i a c e a e ); Tschirch-Handbuch III, S. 775; H. Mar-
zell, Die Haselwurz (Asarum europaeum L.) in der alten Medizin, Sudhoff Arch. 42, 319—325 (1958).

Von der Haselwurz wird nach Dioskurides die Wurzel gebraucht (harntreibend,
erwärmend, brechenerregend, gegen Wassersucht und Ischias; befördert monatliche
Reinigung; mit Met als Purgans; Zusatz zu wohlriechenden Salben). Kräuterbuchautoren des 16. Jh. übernehmen diese Indikationen; Bock fügt - nach Hoppe -
einige hinzu (z. B. Abkochung der Wurzel in Wein gegen Lungenleiden, Husten,
Atembeschwerden; gebranntes Wasser stärkt das Gehirn, Gedächtnis, ist Augen-
heilmittel).
In Ap. Lüneburg 1475 waren 3 qr. Radix a z a r i vorrätig. Wenn Azarum verordnet ist (z. B. in Diacostum Mesuae, Diarhodon Abbatis ex Nicolao, Dialacca

maior Mesuae), soll nach Ph. Nürnberg 1546 die Wurzel genommen werden. Die T. Worms 1582 verzeichnet: [unter Kräutern] Asarum (Nardus rustica, Vulgago, Asara baccara, Haselwurtz); Radix Asari. In Ap. Braunschweig 1666 gab es: Herba asari (2 K.), Radix a. (9³/₄ lb.), Pulvis a. (4 lb.), Electuarium diasari Fernelii (1 lb.). Die Ph. Württemberg 1741 gibt an: Radix Asari (Nardi rusticae s. silvestris, Vulgaginis, Haaselwurtz, wilder Nardus; Brechen erregend; für Melancholiker; befördert Monatsfluß, purgiert heftig, treibt Urin); Herba Asari (Nardi silvestris seu rusticae, Haselwurtzkraut; wirkt wie Wurzel, aber milder; zu Niesmitteln und Fußbädern); aufgenommen ist ferner ein Extractum Asari.

Im 19. Jh. bleibt die Wurzel in Pharmakopöen, in Preußen bis 1829 (Radix Asari, von A. europaeum L.), in DAB 1, 1872 (Radix Asari, auch Rhizoma Asari), dann Erg.-Bücher (Erg.-B. 6, 1941: Radix Asari, Haselwurzwurzel, „der getrocknete, im August gesammelte Wurzelstock mit den Wurzeln von Asarum europaeum Linné").

Über die Anwendung schreibt Geiger, um 1830: „Man gibt die Haselwurzel (ohne Blätter) in Substanz in Pulverform in geringen Dosen; ferner im Aufguß (sie wirkt der Ipecacuanha ähnlich und wird in neueren Zeiten mit Unrecht bei Menschen fast gar nicht mehr gebraucht). Mit den Blättern wird sie häufig von Tierärzten verschrieben. - Präparate hatte man ehedem: das Extract und Tinctur (extr. et tinctura rad. Asari). Sie macht ferner einen Bestandteil des S c h n e e b e r g e r S c h n u p f t a b a k s aus, und kam ehedem zu mehreren Zusammensetzungen". Hager, 1874, führt aus: „Der konzentrierte wäßrige Aufguß der Haselwurzel wirkt Brechen erregend, die Abkochung mehr purgierend. Trotzdem wird die Wurzel kaum noch von den Ärzten beachtet . . . Das Pulver ist zuweilen Bestandteil von Niesepulver. Man hat auch die Haselwurz in Form einer Tinktur dem Schnaps beigemischt, um den Säufern das Trinken zu verleiden, wohl aber ohne Erfolg". In Hager-Handbuch, um 1930, heißt es: „Erzeugt Erbrechen und Durchfall, soll, dem Branntwein zugesetzt, Trinkern dessen Genuß verleiden. Äußerlich wirkt es reizend, Niesen erregend". Bei Hoppe-Drogenkunde, 1958: Verwendung der Pflanze mit den Wurzeln; „früher Emeticum . . . Diureticum bei Wassersucht. - In der Homöopathie [wo „Asarum - Haselwurz" (Essenz aus frischem Wurzelstock; Hahnemann 1817) ein wichtiges Mittel ist] bei Rheuma, Gastroenteritis, Koliken. Bei Frosterscheinungen an Händen und Füßen. - In der Volksheilkunde als Niespulver. - Als Ratten- und Mäusegift".

(V e r s c h i e d e n e)
Als weitere Asarum-Arten erwähnt Geiger:
1.) A. virginicum, lediglich als Verfälschung der virginischen Schlangenwurzel (→ A r i s t o l o c h i a).
2.) A. canadense. „Diese Pflanze hat Dr. Firth in Abkochung mit Erfolg gegen Starrkrampf der Kinder gebraucht. Sie soll auch brechenerregend wirken". Die

Pflanze bzw. Rhizoma Asari canadensis ist in Hagers Handbuch, um 1930, aufgeführt. In der Homöopathie ist „Asarum canadense - Kanadische Haselwurz" (A.
canadense L.; Essenz aus frischem Wurzelstock; Hale 1867) ein wichtiges Mittel.
Aus verschiedenen Haselwurzarten werden ätherische Öle gewonnen: Oleum
Asari europaei, Ol. Asari canadensis, Ol. Asari arifolii.

## Asclepias

Asclepias siehe Bd. II, Attrahentia. / V, Calotropis; Cynanchum; Daemia; Exogonium; Gomphocarpus;
Gymnema; Hemidesmus; Sarcostemma.
Dragendorff-Heilpflanzen, S. 547 uf. (Fam. Asclepiadaceae).

Bei Hessler-Susruta werden genannt: A. acida; A. geminata; A. gigantea; A. pseu-
doarsa.
Berendes bezieht das Dioskurides-Kapitel Asklepias (S c h w a l b e n w u r z) auf
eine A. Dioscoridis (Wurzeln in Wein bei Leibschneiden und Biß giftiger Tiere.
Blätter zu Umschlag gegen Leiden der Brüste und Gebärmutter); „die älteren Botaniker hielten die Pflanze für Asclepias Vincetoxicum L.". Tschirch nennt für
arab. Quellen A. gigantea und A. procera L., Fischer für mittelalterl.-arabische
A. gigantea f. procera (s c h e r z e h r e). Geiger, um 1830, erwähnt A. curassavica, A. syriaca (S e i d e n p f l a n z e), A. asthmatica (= C y n a c h i u m Ipecacuanha W.), A. tuberosa L. (= A. decumbens W.).
In der Homöopathie wurden einige nordamerikanische Arten zu wichtigen Arzneimitteln: „Asclepias incarnata" (A. incarnata L.); „Asclepias syriaca" [Schreib-
weise nach Zander-Pflanzennamen: A. syriaca L. (= A. cornuti Decne.)]; „Asclepias tuberosa" (A. tuberosa L.); von allen diesen Essenzen aus den frischen Wurzel-
stöcken (Hale 1867). Weniger wichtig ist „Asclepias curassavica" (A. curassavica
L.; Essenz aus frischem, blühenden Kraut).

## Asimina

Nach Geiger, um 1830, werden von dem nordamerikanischen Baum A. triloba
Dun. (= A n o n a triloba L. [Schreibweise nach Zander-Pflanzennamen: A. triloba (L.) Dun.]) Rinde und Blätter in Amerika als Arzneimittel gebraucht; Früchte
als Obst. Dragendorff-Heilpflanzen, um 1900 (S. 218; Fam. A n o n a c e a e;
nach Zander: A n n o n a c e a e), gibt an: Blatt und Rinde auf Abzesse und als
Diureticum; Same emetisch. In der Homöopathie ist „Asimina triloba" (Tinktur
aus reifen Samen) ein weniger wichtiges Mittel.

## Asparagus

Asparagus siehe Bd. II, Abstergentia; Aperientia; Aphrodisiaca; Lithontriptica. / V, Crepis.
Spargel siehe Bd. II, Aperientia; Diuretica. / IV, Register; G 215, 216.

H e s s l e r-Susruta: A. racemosus Willd.

G r o t-Hippokrates: Spargel.

B e r e n d e s-Dioskurides: Kap. S p a r g e l , **A. acutifolius L. u. A. officinalis L.**

S o n t h e i m e r-Araber: A. officinalis.

F i s c h e r-Mittelalter: A. officinalis L. (asparago, s p a r a g a agrestis, r o t o -
n a b e l , o c h s i n n a b e , v a l k e n w u r z , s p a r g e n ; Diosk.: asparagos).

B e ß l e r-Gart: A. officinalis L. ( s p a r a g u s , n a l i o n , h a l i o n ).

H o p p e-Bock: A. officinalis L. (Spargen, T e u f f e l s d r a u b e n ).

G e i g e r-Handbuch: A. officinalis (gemeiner Spargel); A. acutifolius; A. sarmentosus.

H a g e r-Handbuch: A. officinalis L.; A. ascendens Roxb.; **A. lucidus Ldl.**

Z i t a t-Empfehlung: **Asparagus acutifolius (S.); Asparagus officinalis (S.); Asparagus lucidus (S.).**

Dragendorff-Heilpflanzen, S. 125 uf. (Fam. L i l i a c e a e ).

Die Indikationen für Spargel von Dioskurides, der 2 Arten der Pflanze unterscheidet, werden von den Kräuterbuchautoren des 16. Jh. übernommen, so z. B.
- nach Hoppe - von Bock, um 1550 (Sproßspitzen in Wein mit Butter als Laxans,
Diureticum; Abkochung der Wurzel oder des Krauts und der Samen bei Leber-,
Nieren-, Blasen-Leiden; gegen Gelbsucht, Ischias; Wurzeldekot gegen Dysenterie,
Strangurie; Wurzel als Umschlag bei Verrenkungen, Nierenschmerzen; Krautsaft
zum Spülen bei Zahnschmerzen).

Beide Drogen in den Arzneitaxen bis 18. Jh. (Bezeichnungen in T. Worms 1582:
Radix Asparagi, Aspharagi, Asparagi holeracei s. hortensis s. altilis s. regii, Sparagi
officinarum, Spargen, C o r a l l e n k r a u t ). In Ap. Braunschweig 1666 waren
vorrätig: Radix a. (13 lb.), Semen a. ($1^{1}/_{4}$ lb.), Aqua a. ($1^{1}/_{2}$ St.). Die Ph. Württemberg 1741 führt Radix Asparagi sativi s. hortensis (als Bestandteil der Quinque
Radices aperientes majores) und Semen A. (nur noch selten gebrauchtes Diureticum). Nach Geiger, um 1830, ist A. officinalis „eine den Alten wohlbekannte, als
Gemüse und Arzneimittel benutzte Pflanze ... Offizinell ist die Wurzel, ehedem
auch die Früchte und Samen (rad. baccae seu semina Asparagi) ... Die Wurzel wird
noch zuweilen als Trank in Abkochung verordnet ... Die Samen wurden ehedem
als harntreibendes Mittel verordnet. - Die Anwendung der jungen Sprossen (Spargeln) als beliebtes Gemüse ist bekannt. Sie werden auch als diätetisches Mittel verordnet; wirken harntreibend und erteilen dem Urin einen eigenen, widerlichen,
geraspeltem Horn ähnlichen Geruch".

Von A. acutifolius sollen - nach Geiger - Wurzel und Beeren unter der Bezeichnung rad. et semen C o r r u d a e verwandt worden sein. Von A. sarmentosus
nimmt man in Ceylon die Wurzel als Nahrungsmittel; auch als Getränke bei
Pockenkrankheiten verordnet.

Nach Hager, um 1930, macht man aus den frischen Sprößlingen von R. officinalis
L. Sirupus Asparagi. Die Wurzeln von A. ascendens Roxb. werden in Indien wie

Salep (→ Orchis), die von A. lucidus Ldl. auf Formosa als Diureticum verwendet. In der Homöopathie ist „Asparagus officinalis - Spargel" (Essenz aus frischen Sproßen; Buchner 1840) ein wichtiges Mittel.

## Asperugo

Nach Berendes ist die eine Sorte des M a u s e o h r s bei Dioskurides - einige nennen es M y o s o t i s - als **A. procumbens L.** gedeutet worden (Wurzel zu Umschlägen bei Aegilopie). Geiger, um 1830, erwähnt die Pflanze; „offizinell war sonst das Kraut (herba Asperuginis). Es kann als Salat und Gemüse genossen werden". Nach Dragendorff-Heilpflanzen, um 1900 (S. 561; Fam. B o r r a g i n a - c e a e ; nach Schmeil-Flora: B o r a g i n a c e a e ), wird die Pflanze, die die Myosotis Galen's ist, wie Borago gebraucht.
Z i t a t-Empfehlung: **Asperugo procumbens (S.).**

## Asperula

A s p e r u l a siehe Bd. V, Galium; Lonicera.
A l y s s o n siehe Bd. V, Stachys; Veronica.
W a l d m e i s t e r siehe Bd. IV, G 957, 1496.
Zitat-Empfehlung: *Asperula odorata (S.).*
Dragendorff-Heilpflanzen, S. 640 (Fam. R u b i a c e a e ).

Nach Berendes haben spätmittelalterliche Schriftsteller das A l y s s o n des Dioskurides unter anderem auf A. arvensis bezogen.
Fischer-Mittelalter nennt *A. odorata L.* [bei Zander-Pflanzennamen heißt die Pflanze: **Galium odoratum (L.) Scop.**, nicht jedoch bei Schmeil-Flora], er verweist zugleich auf L o n i c e r a caprifolium (m a t e r s i l v a r u m , e p a t i c a , l e b b e r k r a u t , w a l t m e i s t e r ).
Bei Bock, um 1550, ist - nach Hoppe - A. odorata L. im Kap. Von H e r t z - f r e i d t (Leberkraut, Waltmeister, M a t e r s y l u a ) abgebildet; er deutet sie als weiße A p a r i n e des Dioskurides [→ Galium] und verweist auf die Anwendungen, die in den Kapiteln Megerkraut und Klebkraut von ihm angegeben sind; dazu volkstümliche Verwendung des mit Wein extrahierten Krautes als Herz- und Lebermittel.
Die T. Worms 1582 führt: [unter Kräutern] H e p a t i c a stellata ( A s p e r - g u l a , Asperula, H e r b a c o r d i a l i s , S t e r n l e b e r k r a u t , Waldleberkraut, Hertzfrewd, Waldmeister); in T. Frankfurt/M. 1687: Herba Hepatica stellata (Asperula, Aspergula, Matrisylva, Stern-Leberkraut, Waldmeister), Aqua (dest.) Hepaticae stellatae (Sternleberkrautwasser). In Ap. Braunschweig 1666 waren vorrätig: Herba matri sylv. (1 K.), Aqua matrisylvae (2 St.).

Die Ph. Württemberg 1741 beschreibt: Herba Matrisilvae (Hepaticae stellatae, Waldmeister, Sternleberkraut, Hertzfreud; ist die Aparine latifolia humilior montana Tournefort; Vulnerarium, Hepaticum). Die Stammpflanze heißt bei Hagen, um 1780: A. odorata (Waldmeister, Sternleberkraut, M e s e r i c h ). Geiger, um 1830, schreibt über die Anwendung von A. odorata: „Man gibt das Kraut im Teeaufguß, auch mit Wein und Bier infundiert. Es erteilt beiden Getränken einen angenehmen Geschmack. Ehedem hatte man eine Tinktur (tinct. Matrisylvae) und Salbe (ung. sarcoticum). Der Waldmeister ist auch Bestandteil des in der oberen Markgrafschaft Baden beliebten Maiweins". Nach Jourdan, zur gleichen Zeit, ist das Kraut „reizend, gegen Hundswut empfohlen, aber, wie so viele andere dagegen gepriesene Mittel, die Probe nicht haltend".

Hager-Handbuch, um 1930, beschreibt Herba Asperulae odoratae, dabei die Waldmeisteressenz (Maitrankessenz). Über Verwendung der Krautdroge berichtet Hoppe-Drogenkunde, 1958: „Bei Leibschmerzen, Leberstauungen. Bei Schlaflosigkeit von Kindern und Greisen. - Aromaticum. - Äußerlich zu Umschlägen. - In der Homöopathie [wo „Asperula odorata - Waldmeister" (Essenz aus frischem, noch nicht blühendem Kraut) ein wichtiges Mittel ist] bei Metritis und Colpitis. - In der Volksheilkunde Antispasmodicum". Ins Erg.-B. 6, 1941, sind Herba Asperulae aufgenommen.

## Asphodelus

A s p h o d e l u s siehe Bd. II, Abstergentia; Aperientia; Attenuantia. / V, Lilium.

G r o t-Hippokrates; Tschirch-Sontheimer-Araber, A. ramosus L.

B e r e n d e s-Dioskurides: Kap. Asphodelos, *A. ramosus L.* u. A. albus Willd. (Schreibweise nach Zander-Pflanzennamen: **A. albus Mill.**).

F i s c h e r-Mittelalter: A. ramosus L. u. A. albus L. ( a f o d i l i ,  c e n t u m  c a p i t a ,  a l b u t i u m ; Diosk.: asphodelos); A. luteus L. cf. Lilium Martagon L. ( a f f o d i l u s ,  g o l d e ,  g o l d b l u m , wilder  l o u c h ).

G e i g e r-Handbuch: A. ramosus; A. luteus (nach Zander: **Asphodeline lutea (L.) Rchb.**).

H a g e r-Handbuch (Erg.): A. ramosus L.

Z i t a t-Empfehlung: **Asphodelus ramosus (S.); Asphodelus albus (S.).**

Dragendorff-Heilpflanzen, S. 115 uf. (Fam. L i l i a c e a e ).

Dioskurides gibt für den Asphodelos viele Indikationen an (Wurzel treibt Urin, befördert Menstruation, heilt Seitenschmerzen, Husten, Krämpfe, innere Rupturen; erleichtert Erbrechen; gegen Schlangenbiß, Geschwüre, Entzündungen; Saft der Wurzel bei Augen-, Ohren-, Zahnleiden; Frucht und Blüte gegen Skolopender- und Skorpionbisse). Kräuterbuchautoren des 16. Jh. übernehmen die Vielfalt der innerlichen und äußerlichen Anwendungsmöglichkeiten. Fuchs unterscheidet 2 Geschlechter: Das männliche - Heydnischblum, H e y d n i s c h e  G i l g [d. h. den echten Asphodelus] -, das er noch nicht zu sehen bekommen hat, und das weibliche - Goldwurtz [d. h. Türkenbundlilie → Lilium].

In T. Worms 1582 steht unter Radices: Asphodeli (H a s t u l a e  r e g i a e, A l b u c i, Affodillwurtz). In Ap. Braunschweig 1666 waren 2½ lb. davon vorrätig. Die Ph. Württemberg 1741 verzeichnet: Radix Asphodeli (Hastulae regis, Goldwurtzel, Affodillwurtz; treibt Harn u. Menstruation; äußerlich als Emolliens u. Maturans; es wird vermerkt, daß in den Apotheken meist nicht die echten Asphodeluswurzeln anzutreffen sind, sondern die Wurzeln von L i l i u m  Martagon). Nach Hagen, um 1780, wird die Droge nur noch wenig gebraucht. Auch Geiger, um 1830, schreibt über A. ramosus bzw. die Wurzel (Weiß-Affodill, Goldwurzel, rad. Asphodeli ramosi): „Ehedem gebrauchte man die Wurzel innerlich und äußerlich gegen allerlei Übel. Jetzt ist sie ziemlich außer Gebrauch. - Gebraten, gebacken und gekocht kann sie als Nahrungsmittel dienen. Die Alten bepflanzten die Grabhügel mit der Pflanze". Auch A. luteus (rad. Asphodeli lutei) wurde, wie die vorige, medizinisch benutzt; Kindern umgehängt als Amulett.

Nach Hoppe-Drogenkunde, 1958, ist die Wurzel von A. ramosus (Bulbus Asphodeli) ein Diureticum.


## Aspidosperma

A s p i d o s p e r m a  siehe Bd. V, Schinopsis.
Q u e b r a c h o  siehe Bd. II, Expectorantia. / V, Schinopsis.
Zitat-Empfehlung: *Aspidosperma quebracho-blanco (S.).*

Nach Dragendorff-Heilpflanzen, um 1900 (S. 538; Fam. A p o c y n e a e ; nach Zander-Pflanzennamen: A p o c y n a c e a e ), wird die Rinde der argentinischen A. Quebracho blanco Schlecht. als Antifebrile, Antiasthmaticum gebraucht. Aufgenommen in die Erg.-Bücher zu den DAB's; in Ausgabe 1941 außer Rinde die Tinktur. In der Homöopathie ist „ Q u e b r a c h o " (Tinktur aus getrockneter Rinde des Stammes und der Zweige; Clarke 1902) ein wichtiges Mittel.

Anwendung von Cortex Quebracho (von **A. quebracho-blanco Schlechtend.**) nach Hager-Handbuch, um 1930: „Zuerst (1880) als Fiebermittel; als solches hat die Rinde sich aber nicht bewährt. Jetzt wird sie bei asthmatischen Beschwerden, besonders den durch Herzleiden hervorgerufenen, angewandt, meist als Dekokt, Fluidextrakt oder Tinktur".

Nach Hoppe-Drogenkunde, 1958: „Febrifugum, gegen Asthma, Atemstörungen, Bronchitis. - Wirksames Linderungsmittel bei Dyspnoe und Bronchialasthma".


## Asplenium

A s p l e n i u m  siehe Bd. II, Quinque Herbae capillares. / V, Athyrium; Ceterach; Phyllitis.
A s p l e n i o n  siehe Bd. V, Ceterach; Phyllitis.

B e r e n d e s-Dioskurides: - - Kap. S t r e i f e n f a r n , A. Trichomanes L.

S o n t h e i m e r-Araber: - A. Ruta muraria - - A. Trichomanes.

F i s c h e r-Mittelalter: - A. Ruta muraria L. cf. Adiantum Capillus Veneris ( c a - p i l l u s   v e n e r i s ,   c o r i a n d r u m   putei, capillus porcinus, a d i a t o n , m u r r u t e n ,   s t e i n p r e c h ,   s t e i n r u t e n ) - - A. Adiantum trichomanes L. u. nigrum L. ( t r i c o m a n e s ,   s a x i f r a g a ,   saxifraga minor, s t e i n - f a r n ,   s t e i n b r e c h ,   g r u e n k r u t ; Diosk.: t r i c h o m a n e s ,   c a p i l - l a r i s ,   f i l i c u l a ).

H o p p e-Bock: - Kap. M a u e r r a u t e , **A. ruta-muraria L.** - - Kap. R o t e r S t e i n b r e c h   ( A b t h o n ), **A. trichomanes L.** + + + Kap. S t e i n f a r n , A. septentrionale Hoffm. (Schreibweise nach Zander: **A. septentrionale (L.) Hoffm.**).

G e i g e r-Handbuch: - A. Ruta muraria (Mauerraute) - - A. Trichomanes (roter W i d e r t h o n , Abthon, H a a r k r a u t , fälschlich Frauenhaar) + + + A. Adianthum nigrum (schwarzes Frauenhaar); nach Zander: **A. adianthum-nigrum L.**

Z i t a t-Empfehlung: **Asplenium ruta-muraria (S.); Asplenium trichomanes (S.); Asplenium septentrionale (S.); Asplenium adianthum-nigrum (S.).**

Dragendorff-Heilpflanzen, S. 56 (Fam. P o l y p o d i a c e a e ; nach Zander: A s p l e n i a c e a e ).

## (A d i a n t h u m   a l b u m )

Fuchs, um 1540, schreibt im Kap. Von Mauerraut: „Die Apotheker brauchens für das Capillum veneris, tun aber daran unrecht" (gegen Harn- u. Steinleiden, menstruationsbefördernd). Bock, um 1550, übernimmt die Indikationen, die Dioskurides für → A d i a n t u m capillus-veneris angegeben hatte.

In T. Worms 1582 ist unter Kräutern aufgeführt: Adianthum album (S a l v i a vitae, F i l i c u l a asellorum minor, O n o p t e r i u m minus, Ruta muraria, Mauerraut, Steinraut, klein E s e l s f ä r n l e i n ); T. Frankfurt/M. 1687: Herba R u t a   m u r a r i a (Adianthum candidum seu album). In Ap. Braunschweig 1666 waren 1/4 K. Herba rutae mur., in Ap. Lüneburg 1718 4 oz. Herba Adianthi albi seu Rutae murariae vorrätig. Über die Wirkung der Herba Adianti (P a r o n - c h i a e ) schreibt Ph. Württemberg 1741: Diureticum, Antirachiticum. Geiger berichtet nichts näheres mehr; nach Jourdan, um 1830, ist die Pflanze schwach adstringierend; Brustmittel und bei katarrhalischem Husten angewendet. Seit 19. Jh. nur noch Volksmittel (nach Hoppe-Drogenkunde, 1958, Expectorans).

## (T r i c h o m a n e s )

Vom Streifenfarn (der als A. trichomanes identifiziert wird) schreibt Dioskurides, daß er die gleiche Kraft zu haben scheint wie das Frauenhaar (Adiantum capillus veneris); Bock, um 1550, übernimmt danach die Indikationen. In T. Worms 1582 heißt die Krautdroge: Trichomanes (C a l l i t r i c h o n , C a l l i p h y l l o n

Hippocratis, T r i c o p h y e s Apuleii, S e l i n o p h y l l o n, A m i a n t u m et Adiantum Apuleii, Herba capillaris, B a r b a H e r c u l i s, H e r b a c r i n i t a Apuleii, Widertodt, Widerthun, Abthum, S t e i n f e d e r). Die T. Frankfurt/M. 1687 nennt Herba Trichomanes noch Polytrichum officinarum, Adianthum rubrum, Filicula capillaris, Wiederthon. Wahrscheinlich sind die Herba Polytrichi vulgaris der Ap. Braunschweig 1666 (1 K.) diese Droge.

Verwirrenderweise verweist Ph. Württemberg 1741 von Herba Trichomanes auf Herba Adianti aurei (= Herba Polytrichi aurei, die in der Regel als Polytrichum-Art zu deuten sind). Bei Hagen, um 1780, ist dagegen ganz klar, daß Herba Trichomanes, die er auch Herba Adianthi rubri nennt, von Asplenium Trichomanes (Haarkraut, Abthon) geliefert werden. So auch bei Geiger. Dieser schreibt dabei: „Man hat es in Brust- und Harnkrankheiten gebraucht; auch gehört es unter die berüchtigsten Hexenkräuter (man verwechsle diese Pflanze nicht mit Frauenhaar)", d. h. mit Adiantum Capillus Veneris. Die Droge verschwindet seit dem 19. Jh. aus dem Arzneischatz.

( W e i t e r e A r t e n )
Bock bildet als Steinfarn A. septentrionale Hoffm. ab und empfiehlt die Pflanze als Ersatz für Capillus veneris; spielt sonst keine Rolle.

Geiger, um 1830, nennt noch A. Adianthum nigrum; es soll oft mit dem echten Frauenhaar verwechselt werden; wie dieses führt es die Bezeichnung Herba Adianthi nigri (→ Adiantum).

## Aster

Aster siehe Bd. II, Antidysenterica; Digerentia; Refrigerantia. / V, Erigeron; Pulicaria.
Zitat-Empfehlung: *Aster linosyris (S.), Aster amellus (S.).*

Nach Berendes ist die Attische Aster des Dioskurides A. Amellus L. (gegen Angina, Epilepsie; zu Kataplasmen; feuchter Umschlag gegen Schamdrüsenentzündung). Sontheimer-Araber nennt die gleiche Art (außerdem C h r y s o c o m a linosyris), auch Fischer-Mittelalter gibt an: **A. amellus L.** cf. V i o l a tricolor ( i n - g u i n a l i s, s t e l l a r i a, asterion, d e n t e l a r i a, s t e r n k r u t, k r o t - t e n k r u t; Diosk.: inguinalis, aster atticos). Beßler-Gart bezieht das Kap. ynguirialis auf A. amellus L.

Bock, um 1550, bildet - nach Hoppe - im Kap. Von L y n k r a u t usw. als das dritt Lynkraut (Groß Rheinbluomen) A. linosyris Bernh. [Schreibweise nach Zander-Pflanzennamen: **A. linosyris (L.) Bernh.**] ab und gibt zahlreiche Indikationen nach einem Diosk.-Kap. an, das eine unbestimmte Pflanze betrifft.

Geiger, um 1830, erwähnt A. Amellus; „davon war ehedem die Wurzel und das Kraut (rad. et herb. Asteris attici) gebräuchlich". Dragendorff-Heilpflanzen, um 1900 (S. 662; Fam. C o m p o s i t a e), schreibt über:

1.) A. Amellus L. (und A. Tripolium L.); „Wurzel und Kraut (Radix et Herba Asteris attici seu Bubonii) bei Mastdarmvorfall, Bräune, Augenentzündungen, innerlich bei Magensäure gebraucht. Erstere soll dem Aster attikos Galens und I. el B. und dem B u b o n i u m , das Vergil als Arznei für Bienen bezeichnet, entsprechen".

2.) A. Linosyris Bernh. (= L i n o s y r i s vulgaris Cass., C h r y s o c o m a Linosyris L.); „ist die Chrysokoma und C h r y s i t e s Galens". Geiger hat diese A.-Art unter dem Namen: Chrysocoma Linosyris erwähnt; „davon war das Kraut und die Blumen (herba et flores H e l i o c h r y s i Tragi) offizinell".

## Astragalus

A s t r a g a l u s siehe Bd. II, Adstringentia; Antisyphilitica; Cicatrisantia; Exsiccantia. / IV, G 1215. / V, Fraxinus; Penaea.
A s t r a g a l o s siehe Bd. V, Lathyrus.
T r a g a c a n t h a siehe Bd. II, Anonimi; Sarcotica. / V, Sterculia.
T r a g a n t siehe Bd. II, Demulcentia. / IV, E 290; G 716, 891, 1499, 1501, 1812.
Zitat-Empfehlung: *Astragalus gummifer (S.); Astragalus microcephalus (S.); Astragalus exscapus (S.); Astragalus glycyphyllos (S.); Astragalus monspessulanus (S.); Astragalus boeticus (S.).*
Dragendorff-Heilpflanzen, S. 322—324 (Fam. L e g u m i n o s a e ; nach Schmeil-Flora: P a p i l i o n a c e a e ; nach Zander: Leguminosae); Tschirch-Handbuch II, S. 404 uf.; Fischer-Mittelalter nennt mehrere A.-Arten.

Nach Geiger, um 1830, ist die Gattung A. „eine der zahlreichsten; sie zählt jetzo gegen 228 Arten". In Dragendorff-Heilpflanzen, um 1900, sind 44 Arten aufgeführt. Die wichtigste Droge, nicht einer einzelnen Art zuschreibbar, ist T r a g a n t , ein an der Luft erhärteter Schleim.

( T r a g a c a n t h a )
Dioskurides beschreibt im Kap. T r a g a k a n t h a eine Pflanze, aus deren Wurzel beim Anscheiden ein Gummi austritt (dieses dient zu Augenmitteln, mit Honig gegen Husten, rauhen Hals, Heiserkeit, Nasenbluten; in Wein - mit gebranntem Hirschhorn oder Spaltalaun - gegen Nierenschmerz, bei Verletzungen der Blase). Blieb zu allen Zeiten im Gebrauch. Im mittelalterlichen Gart steht, nach Beßler, eine kurze Glosse „ D r a g a n t u m " ( D r a g a g a n t u m ); in einigen Fällen wird darin Vitriol behandelt (Beßler vermerkt: „evtl. wegen des Gleichklanges mit der für die Vitriole geltenden Glosse ‚Calcantum'?"). Im Hortus sanitatis (1485) ist Dragantum ein Gummi (Indikationen an Dioskurides angelehnt).
In Ap. Lüneburg 1475 waren vorrätig: Gummi draganti (2½ lb.); daraus bereitetes Dyadragantum frigidum (1 lb.) [in Ph. Nürnberg 1546 befindet sich hierfür eine Vorschrift nach Nicolai; dort gibt es daneben noch ein Dyatragacanthum calidum Nicolai]. Die T. Worms 1582 führt: Species Diatragacanthae frigidae et Sp. D. calidae, ferner Diatragacanthae frigidae (Kühlende Traganthküchlein) und D. calidae (Wermende Traganthküchlein); in T. Frankfurt/M. 1687: Gummi Tra-

gacantha (Tragacanthum album, weiß Tragant) und G. T. commune (schwartz Tragant), Species Diatragacanthi calidi Nicolai und frigidi, Tabulae Diatragacanthi calidi und frigidi (Tragenttäflein). In Ap. Braunschweig 1666 waren vorrätig: Tragacanthi communi (16 lb.), T. albi selecti (1 lb.), Pulvis t. (3 Lot), Rotuli diatrag. frigid. (1 lb., 16 Lot).

Die Ph. Württemberg 1741 verzeichnet: Tragacantha (Traganth; Humectans, Incrassantium, lindert Schärfen); Species Diatragacanthae frigidae (eine Mischung aus T., Gummi Arabicum, Glycyrrhiza). Tragant allgemein in den Pharmakopöen bis DAB 7, 1968.

Nach Schröder, 1685, bei dem die Indikationen noch wie bei Dioskurides sind, stammt Tragant von einer Staude, genannt: S p i n a  h i r c i , C h i t i n a , B o c k s d o r n ; wächst in Asien, Kreta. Stammpflanze nach Hagen, um 1780: A. Tragacantha; Provence, Italien, Sizilien, vor allem Syrien; man bekommt ihn aus der Türkei, denn die europäischen Sträucher geben wenig oder gar kein Gummi.

Geiger, um 1830, führt 3 Stammpflanzen auf: A. verus Oliv. (Peru, Kleinasien); A. gummifer Labil. (Libanon, Syrien; liefert schlechtere Sorten); A. creticus Lam. (Kreta). A. Tragacantha liefert kein Tragant. Als Sorten hat man: 1. Weißen Tragant (Tragacantha electa); 2. Gemeinen T. (T. communis), ist braun; 3. Mittelsorte (T. in sortis); besteht aus weißen, gelben und braunen Stücken. „Man gibt den Tragant in Substanz, in Pulverform oder gelöst als Schleim (mucilago Tragacanthae). Er dient als Constituens zu Pillenmasse und zu mehreren anderen steifen Massen. Dahin gehören die Ipecacuanha-Täfelchen, die gelben und weißen Süßholztäfelchen und Stöckchen, Räucherkerzchen. - Außerdem hat man noch als Präparat: Syrup, aus dicklichem Tragantschleim mit Zucker zu bereiten; das zusammengesetzte Tragantpulver (spec. Diatragacanthae seu pulv. gummosus). In Kattundruckereien usw. dient er, um den Zeugen Glanz und Steifigkeit zu geben". Stammpflanzen nach preußischen Pharmakopöen und DAB's: 1799 (Gummi Tragacanthae, von A. creticus Lam.); 1827 (von unbestimmten, kleinasiatischen A.-Arten); 1846 (Tragacantha, von A. creticus Lam. - griechische Sorte - und A.verus Oliv. - orientalische Sorte). 1862 gestrichen. DAB 1, 1872: Tragacantha (von A. Creticus Lamarck. u. a. A.-Arten); 1882, 1890 (von A.-Arten, wie A. ascendens, A. leioclados, A. brachycalyx, A. gummifer, A. microcephalus, A. pycnoclados, A. verus); 1900 (zahlreiche A.-Arten); 1910, 1926 (kleinasiatische A.-Arten); 1968 („Der aus Stämmen und Zweigen von Astragalus-Arten, besonders **Astragalus gummifer Labillardiere, Astragalus microcephalus Willdenow** ausgetretene und an der Luft erhärtete Schleim").

Verwendung nach Hager-Handbuch, um 1930: „Als Arzneimittel wird Traganth nur selten, z. B. als einhüllendes Mittel in Form des Klistiers gebraucht. Gaben von 1 Teelöffel des Pulvers wirken stuhlbefördernd. Er findet hauptsächlich Verwendung als Bindemittel für Pillenmassen, für Stäbchen und Pastillen, in Emulsionen als Ersatz des arabischen Gummis . . . Technisch wird Traganth zur Appretur von Leinen und Baumwolle und in Zuckerbäckereien gebraucht". Kommentar (1969) zum DAB 7: „Als Expectorans kaum mehr verwendet. Gelegentlich als reizmilderndes Mucilaginosum bei Klysmen, die schleimhautreizende Stoffe enthalten. In der pharmazeutischen Technologie als Stabilisator von Emulsionen, analytisch bei Alkaloidbestimmungen zur Erleichterung der Trennung von organischer und wäßriger Phase".

( V e r s c h i e d e n e )
Geiger, um 1830, führt weitere Arten auf.
1.) Ausführlich beschrieben wird **A. exscapus L.**; „die Wurzel dieser Pflanze wurde 1786 besonders durch Quarin als Arzneimittel empfohlen, Winterl, Wegerich u. a. wendeten sie mit Erfolg an . . . Offizinell ist: die Wurzel (rad. Astragali exscapi) . . . In Abkochung innerlich und äußerlich gegen Syphilis; in neueren Zeiten wird sie kaum mehr gebraucht". Wiggers, um 1850, gibt diese Art als einen der Tragant-Lieferanten an. Nach Dragendorff, um 1900, dient „Wurzel als Diureticum und Diaphoreticum, gegen Rheuma, Gicht, Syphilis, Hautausschlag etc.".
2.) Erwähnt wird A. Glyciphillos (wildes S ü ß h o l z ) [Schreibweise nach Zander-Pflanzennamen: **A. glycyphyllos L.**]; „davon war ehedem das Kraut und die Wurzel (herba et radix G l y z i r r h i z a e sylvestris) offizinell". Diese Pflanze ist nach Hoppe bei Bock, um 1550, abgebildet; er nennt sie Wild F o e n u m G r e c u m (wird wie andere „Klee"-Arten gegen Schmerzen und Schwellungen empfohlen). Dragendorff gibt an: „Blatt und Same als Diureticum bei Harn- und Steinbeschwerden, auch als Purgans gebraucht". Nach Hoppe-Drogenkunde, 1958: „Diureticum und Diaphoreticum. Volksheilmittel bei Rheuma und Hautleiden".
3.) **A. monspessulanus L.**; davon war die Wurzel (rad. Astragali monspessulani) offizinell. Nach Dragendorff ähnlich wie A. exscapus L. verwandt.
4.) A. baeticus ( K a f f e e w i c k e ) [Schreibweise nach Zander: **A. boeticus L.**]: Samen werden als vorzügliches Kaffeesurrogat gerühmt.
Nach Tschirch-Handbuch III, S. 780 uf., wurde A. Sarcocolla als Stammpflanze von S a r c o c o l l a [→ Penaea] diskutiert. Orientalische A.-Arten werden u. a. als Stammpflanzen von M a n n a ( → F r a x i n u s ) genannt.

## Astrantia

A s t r a n t i a siehe Bd. V, Helleborus; Peucedanum.
Zitat-Empfehlung: *Astrantia major (S.).*

Nach Fischer ist **A. major L.** in mittelalterlichen Quellen nachzuweisen, wobei auch an I m p e r a t o r i a Ostruthium gedacht werden soll ( a s t r i c u m , astritia, d y a p e n s i a , groß s a n i c k e l ). Nach Hoppe bildet Bock, um 1550, im Kap. M e i s t e r w u r t z neben anderen diese Pflanze ab, ohne etwas über Verwendung anzugeben. Hagen, um 1780, erwähnt bei der Schwarzen N i e s w u r z ( H e l l e b o r u s ), daß an ihrer Stelle - mit schwächerer Wirkung - auch die Wurzel von A. maior gesammelt wird. Geiger, um 1830, erwähnt ebenfalls die Wurzeldroge (rad. Astrantiae); „gebraucht wird die Wurzel noch in der Tierarzneikunde anstatt der schwarzen Nieswurzel, mit welcher sie auch verwechselt wird." Nach Dragendorff-Heilpflanzen, um 1900 (S. 485; Fam. U m b e l l i f e - r a e ), ist von A. major L. (Meisterwurz, K a i s e r w u r z ) „Wurzel scharf und purgierend".

## Athamanta

A t h a m a t a   siehe Bd. V, Daucus; Meum; Peucedanum; Seseli.
Zitat-Empfehlung: *Athamanta cretensis (S.); Athamanta macedonica (S.)*
Dragendorff-Heilpflanzen, S. 493 (Fam. U m b e l l i f e r a e ).

Nach Grot kommt bei Hippokrates A. cretensis (als Laxans und Diätmittel) vor. Bei Berendes-Dioskurides gibt es 2 Kapitel:
1.) Kap. P e t r o s e l i n o n , A. macedonia? (Samen befördert Harn und Menstruation; gegen Aufblähung des Magens, Leibschneiden, Seiten-, Nieren- und Blasenschmerzen).
2.) Kap. D a u c o s , wobei eine Art für **A. cretensis L.** angesprochen wird (Same befördert Menstruation, treibt Embryo aus und den Harn; gegen Leibschmerzen, Husten; mit Wein getrunken (auch die Wurzel) gegen Spinnenstiche und andere giftige Tiere; als Kataplasma gegen Ödeme).
Sontheimer bezieht arab. Quellen auf A. cretensis und auf B u b o n Macedonicum, Fischer mittelalterliche auf A. macedonica Spr. und Bubon macedonicum ( m a c e d o n i a , p e t r o s e l i n u m macedonicum s. maius s. agreste, a p i u m montanum, makedonie, grose petersilaye). Beßler deutet das Kap. Macedonia im Gart als **A. macedonica (L.) Spreng.**
1.) In Ap. Lüneburg 1475 waren 3 qr. Semen petroselini Macedonici vorrätig. Die T. Worms 1582 führt: Semen Petroselini Macedonici (Macedonischer peterlen), auch T. Frankfurt/M. 1687 hat die Semen Petroselini Macedonici (Macedonischer P e t e r s i l i e n s a a m e n ). In Ap. Braunschweig 1666 waren vorrätig: Semen petroselini Macedoni (2 lb.), Oleum p. Mac. (1 Lot). Die Ph. Augsburg 1640 verordnet, daß bei Verschreibung von „Petroselinum" (ohne Zusatz) „Macedonicum" zu nehmen ist.
Die Ph. Württemberg 1741 beschreibt: Semen Petroselini Macedonici (Apii saxatilis, petraei, S t e i n - E p p i c h , S t e i n - P e t e r l e i n , Macedonisch Petersil; Alexipharmacum, Diureticum, Carminativum; kommt in den Theriak). Die Stammpflanze heißt bei Hagen, um 1780: Bubon Macedonicum, bei Geiger, um 1830: A. macedonica Spr. (= Bubon macedonicum L., mac. A u g e n w u r z e l oder Petersilie); die Samen werden „bei uns nicht mehr angewendet. Sie waren

sonst Ingredienz des Theriaks und Mithridats. - In Frankreich und Italien wird die Wurzel als Salat gegessen. In China wirft man die Samen des Geruchs wegen in die Kleiderschränke".

2.) Die T. Worms 1582 führt Semen Dauci cretici (Cretischer V o g e l n e s t -s a m e n ), ebenso die T. Frankfurt/M. 1687. In Ap. Braunschweig 1666 waren 1 lb. Semen dauci Cretici vorrätig. Nach Ph. Augsburg 1640 sind bei Verschreibung von „ D a u c u s " die „Semen Dauci Cretici" zu nehmen.

In Ph. Württemberg 1741 ist aufgenommen: Semen Dauci Cretici ( C a n d i a n i , M y r r h i d i s annuae, M o h r e n - K ü m m e l , Cretischer Vogelnest-Saamen; kommt in Theriak und Mithridat). Die Stammpflanze heißt bei Hagen, um 1780: Kretische M ö h r e , A. Cretensis, der Samen wird Mohrenkümmel (Sem. Dauci cretici) genannt. Geiger, um 1830, beschreibt die Pflanze (A. cretensis, kretische A u g e n w u r z e l , Mohrenkümmel); „jetzo macht man wenig Gebrauch mehr von diesem Samen als Arzneimittel . . . Ehedem setzte man ihn zu vielen Zusammensetzungen, elect. Philonii romani usw.". Dragendorff, um 1900, erwähnt noch, daß die Frucht von A. cretensis L (= L i b a n o t i s cretica Scop., A. annua Sibth.) einer der Quatuor semina calida minora war.

## Atherosperma

Nach Dragendorff-Heilpflanzen, um 1900 (S. 246; Fam. M o n i m i a c e a e ), wird die Rinde von A. moschatum R. Br. „ähnlich S a s s a f r a s , namentlich gegen Asthma, Bronchitis, Rheuma, Syphilis, als Diureticum und Diaphoreticum gebraucht". Aufgenommen in Hoppe-Drogenkunde, 1958: Australische Sassafrasrinde, verwendet als Aromaticum.

## Athyrium

Fischer-Mittelalter: Athyrium spec. (→ D r y o p t e r i s ).
Geiger-Handbuch: A s p l e n i u m Filix foemina Bernh. (= P o l y p o d i u m Filix foemina L., A s p i d i u m Filix foemina Sw., A. Filix foemina Roth, weibl. S t r i c h f a r r e n , W e i b l e i n - W u r m t ü p f e l f a r r e n ).
Z i t a t-Empfehlung: **Athyrium filix-femina (S.).**

Dragendorff-Heilpflanzen, S. 56 (Fam. P o l y p o d i a c e a e ; nach Zander-Pflanzennamen: A t h y r i a - c e a e ).

**Die Art A. filix-femina (L.) Roth** (Wald F r a u e n f a r n ) wurde von Linné, um 1740, als Polypodium Filix foemina von Polypodium Filix mas (dem W a l d - w u r m f a r n , Dryopteris filix-mas (L.) Schott) unterschieden. Beide ähneln ein-

ander und wurden im 16./17. Jh. zusammen als Männlicher Waldfarn (→ Dryopteris) angesprochen. Im 19. Jh. schreibt Geiger: „Offizinell ist nichts davon. Die
Wurzel wird aber leicht mit der vom echten, männlichen Wurmfarn verwechselt".
Auch Hager, um 1930, führt diesen Farn unter Verwechslungen und Verfälschungen von Rhizoma Filicis an.

Geiger erwähnt auch noch einen Farn Aspidium rhaeticum Sw. (= Polypodium
rhaeticum L., Schweizer Schild- oder Tüpfelfarren, G o l d h a a r ); „davon war
das Laub (Herba A d i a n t h i aurei Filicis folio) offizinell". Diese Droge und
dieser Farn sind in der Literatur kaum aufzufinden. Es soll sich um eine Variation
von A. filix-femina handeln.


## Atriplex

A t r i p l e x siehe Bd. II, Abstergentia; Digerentia; Emollientia. / V, Chenopodium; Spinacia.

B e r e n d e s-Dioskurides: Kap. M e l d e , A. Halimus L.; Kap. Gartenmelde,
A. hortensis L.

T s c h i r c h-Sontheimer-Araber: A. Halimus; A. hortensis; A. odorata; A. maritima.

F i s c h e r-Mittelalter: A. Halimus L. (Diosk.: a t r o p h a x i s , atriplex,
c h r y s o l a c h a n o n ; bei Avicenna); A. hortense L. ( h o r t u l a n a , h e -
x a t e , c r i s o l a n c i a , c a s p e x , c a n d a r i s u m , m e l t e , m o l t ,
b u r c k h a r t ); A. nitens Rebent. ( s a n g u i n a r i a , b l u t k r u t ); A. pa-
tula L. (atriplex, s c h a s m o l t e n ).

H o p p e-Bock: A. hortense L. ( M i l t e n ).

G e i g e r-Handbuch: A. Halimus; A. hortense; A. patulum, A. angustifolium
Spr.

Z i t a t-Empfehlung: **Atriplex halimus (S.); Atriplex hortensis (S.).**

Dragendorff-Heilpflanzen, S. 196 uf. (Fam. C h e n o p o d i a c e a e ).

Nach Berendes beschreibt Dioskurides 2 A.-Arten:

1.) **A. Halimus L.** (Wurzel, mit Honigwasser getrunken, lindert Krämpfe, innere
Zerreißungen, Leibschneiden, befördert Milchabsonderung). Geiger, um 1830,
erwähnt diese Art („Davon waren die weißlichen säuerlich schmeckenden Blätter
(fol. H a l i m i ) als äußerliches Mittel offizinell. - Sie werden so wie die jungen
Sprossen als Gemüse genossen"). Dragendorff, um 1900, gibt noch an, daß aus der
Pflanze (die auch C h e n o p o d i u m Halimus Thbg. heißt) bzw. aus ihrer Asche
S o d a gewonnen wird.

2.) **A. hortensis L.** (sie erweicht den Bauch; roh und gekocht, als Umschlag, verteilt sie Drüsenverhärtungen; Same, mit Milch getrunken, heilt Gelbsucht). Entsprechende Indikationen in Kräuterbüchern des 16. Jh.

In Ap. Lüneburg 1475 waren ½ lb. Semen atriplicis vorrätig. In T. Worms 1582 sind aufgenommen: [unter Kräutern] Atriplex (Atriplexum, Chrysolachanum, O l u s aureus, Milten, M a l t e n, Molten) und Semen Atriplicis (Chrysolachani). Die Ap. Braunschweig 1666 enthielt Herba a. (¼ K.), Semen a. (¼ lb.). In der Quidproquo-Liste der Ph. Augsburg 1640 wird Atriplex für B l i t u s genommen. In Ph. Württemberg 1741 steht: Semen Atriplicis hortensis (albae fativae, Melten-Saamen; Emeticum, Purgans; gegen Gelbsucht). Geiger, um 1830, erwähnt die Pflanze; die Blätter sind gelblichgrün, Blüten weißgelb; „variiert sehr durch Kultur. Dahin die rote Melde, welche ganz blutrot gefärbt ist, die bunte Melde mit grünen Blättern und roter Einfassung usw. - Davon waren ehedem das Kraut und die Samen (Früchte) offizinell (herba et semen Atriplicis albae et rubrae). Das Kraut ist geruchlos und schmeckt krautartig salzig. Die Samen haben frisch einen eigenen Geruch und schmecken gleichsam brenzlich. Man hat sie in der Gelbsucht usw. gebraucht. - Die Pflanze wird häufig als Gemüse benutzt". Verwendung nach Hoppe-Drogenkunde, 1958: „Bei Erkrankungen der Atmungs- und Verdauungsorgane. - Zeitweise als Gemüsepflanze verwendet. Der Genuß führt jedoch zu toxischen Erscheinungen, vor allem Hautschäden, ähnlich der sog. chin. Bettlerkrankheit ( A t r i p l i z i s m u s )".


## Atropa

A t r o p a  siehe Bd. V, Datura; Mandragora; Nicandra; Strychnos.
B e l l a d o nna  siehe Bd. II, Anodyna; Antihydrotica; Mydriatica; Narcotica; Sedativa. / III, Extractum Belladonnae. / IV, E 35; G 201, 220, 241, 817, 1335, 1800. / V, Cucubalus.
T o l l k i r s c h e n e x t r a k t  siehe Bd. III, Reg.
D o l l k r a u t  siehe Bd. V, Conium; Hyoscyamus.
Zitat-Empfehlung: *Atropa bella-donna (S.).*
Dragendorff-Heilpflanzen, S. 589 (Fam.  S o l a n a c e a e ); Tschirch-Handbuch III, S. 282.

Nach Beßler-Gart hat die  T o l l k i r s c h e ,  **A. bella-donna L.,** in der drogenkundlichen Tradition des Mittelalters, wie auch im Altertum, im Gegensatz zu ihrer mißbräuchlichen Verwendung im Volkstum, keinen sicheren Platz. So läßt sich auch das Dioskurides-Kapitel vom  S t r y c h n o s  manikos nicht eindeutig identifizieren, sicher handelt es sich hier um eine Atropin-haltige Pflanze, wobei man außer an die Tollkirsche auch an den  S t e c h a p f e l  ( → D a t u r a ) denkt (die Wurzel, in Wein getrunken, schafft unangenehme Phantasiegebilde, nach kleinen Dosen halten diese einige Tage an, nach größeren ist die Wirkung tödlich). In mittelalterlichen Quellen kommt die Pflanze nach Fischer vor ( s t r i g n u s , u v a  l u p i n a ,  u v a  v e r s a ,  s o l a t r u m  m o r t a l e ,  d o l o ,  d o l - w u r t z ). Bock, um 1550, bildet - nach Hoppe - A. belladonna L. als eine der Nachtschatten ab; mit ausführlichen Indikationen lehnt er sich an das Diosk.-Kap. an, in dem → S o l a n u m  nigrum L. gemeint ist. Allgemeinere medizinische Anwendung setzte aber erst im 18. Jh. ein.

Hagen, um 1780, schreibt über das D o l l k r a u t , A. Belladonna: Die Beere war vor Zeiten unter dem Namen T e u f e l s b e e r e n oder W o l f s k i r - s c h e n (Baccae Belladonnae) gebräuchlich . . . sind dem Menschen höchst gefährlich . . . Zum arzneiischen Gebrauch bedient man sich in neueren Zeiten nur der Blätter (Folia Belladonnae, Solani furiosi) und der Wurzel, die neuerlichst wider den tollen Hundsbiß empfohlen worden ist.

Aufgenommen in Ph. Württemberg 1785: Herba Belladonnae (Solani lethalis Dod. Atropae, Linn. B e l l a d o n n e , Belledame, Tollbeeren, Wald-Nacht-Schatten; frische Blätter werden äußerlich angewandt und ihr Infus innerlich gegen Geschwüre).

Seit 19. Jh. ist Belladonna pharmakopöe-üblich. So in preußischen Pharmakopöen: (1799-1829) Herba Belladonnae und Radix B. (von Atropa Belladonna), Extractum Herbae B.; (1846-1862) Folia B., Radix B., Extractum B. In DAB 1, 1872: Folia B. (daraus zu bereiten Emplastrum Belladonnae), Radix B. (daraus zu bereiten: Pilulae odontalgicae), Extractum und Tinctura B. (aus frischer Droge), Unguentum B. (aus Extractum B.). Ab DAB 2, 1882, als Simplicium nur noch die Blattdroge. In Erg.-B. 6, 1941, stehen Radix B., Tinctura und Unguentum B., Extractum B. spissum. In DAB 7, 1968: Belladonnablätter und Belladonnaextrakt.

In der Homöopathie ist „Belladonna - Tollkirsche" (Essenz aus frischer Pflanze; Hahnemann 1822) ein wichtiges Mittel, während als weniger wichtige Mittel geführt werden: „Belladonna e radice" (Essenz aus frischer Wurzel), „Belladonna e seminibus" (Tinktur aus getrockneten Samen), „Belladonna e fructibus immaturis" (Essenz aus unreifen Beeren) und „Belladonna e fructibus maturis" (Essenz aus reifen Beeren).

Geiger, um 1830, schreibt über die Anwendung: „Man gibt die Wurzel und das Kraut in sehr kleinen Dosen (granweise und noch weniger) innerlich in Pulverform, auch äußerlich bei Geschwüren usw. werden sie gebraucht. - Präparate hat man davon: Das Extrakt; gewöhnlich wird es aus dem Saft des frischen Krauts bereitet . . . Außerdem hat man noch eine Tinktur, Sauerhonig und Pflaster, die jedoch weniger gebräuchlich sind". Jourdan, zur gleichen Zeit, gibt an: Man wendet von A. Belladonna die Wurzel und die Blätter an; „ein reizendes, narkotisches, giftig wirkendes Mittel, welches man bei Gelbsucht, Wassersucht, Keuchhusten, convulsivischen Husten und anderen Nervenkrankheiten gerühmt hat"; soll gegen Scharlach schützen; „sie hat eine ganz eigentümliche Wirkung auf die Regenbogenhaut, wodurch eine Erweiterung der Pupille hervorgebracht wird".

Hager, 1874, berichtet über Folia Belladonnae: „äußerlich und innerlich, besonders bei Nervenkrankheiten, wie Keuchhusten, Epilepsie, krampfhaften Leiden der Schlund- und Speiseröhre, der Harnorgane, verschiedenen Neurosen, ferner beim Unvermögen, den Harn zu halten, Nierenkoliken, verschiedenen Hautkrankheiten, aber auch bei Entzündungen der Augen und in allen Fällen, wo eine Erweiterung der Pupille erforderlich ist, angewendet"; die Wurzeldroge wirkt wie die Blätter.

In Hager-Handbuch, um 1930, heißt es zu Folia B.: „Anwendung. Zu schmerzstillenden Breiumschlägen, als Rauchmittel, auch mit Opiumtinktur getränkt, in
Zigarettenform, zu Räucherungen, selten innerlich bei Keuchhusten, Asthma". In
Hoppe-Drogenkunde, 1958, ist zu Atropa Belladonna ausgeführt: Verwendet
werden: 1. die Wurzel („Narcoticum und Nervinum, Antispasmodicum vor allem bei Asthma. Bei Vagotonie, Angina pectoris, Brachycardie. Sekretionsbeschrän-
kendes Mittel. - In der Augenheilkunde. - Gegengift zu zahlreichen Vergiftungen"); 2. das Blatt („Narcoticum und Nervinum. Antispasmodicum vor allem
bei Asthma, Angina, Neuralgie, Leber- und Magenleiden, Herzbeschwerden, Hautleiden, Blasenleiden, Bronchitis und Keuchhusten. – Wichtigste antispasmodische
Droge. - In der Augenheilkunde (Atropin). - Zu schmerzlindernden Umschlägen. -
Der Anwendungsbereich der Droge in der Homöopathie ist sehr groß, bes. bei
Schweißfiebern und entzündlichen Erkrankungen angewandt").

## Auricularia

Auricularia siehe Bd. V, Hedyotis.
Zitat-Empfehlung: *Auricularia auricula (S.).*
Dragendorff-Heilpflanzen, S. 34 (Fam. Aurlculariaceae, unter A. sambucina Mart.).

Fischer-Mittelalter zitiert A. Auricula Judae. Aufgenommen in T. Worms 1582:
[unter Kräutern] Fungi sambuci (Holunderschwämm), in T. Frankfurt/M. 1687
Fungus Sambuci (Spongia Sambuci, Auricula Judae, Hol-
derschwamm). In Ap. Braunschweig 1666 waren 6 lb. Fructus fungori sambuci vorrätig.
Die Ph. Württemberg 1741 führt: Fungus Sambuci (Membranaceus, Auriculum
referens, Auriculae Judae. Hollunder-Schwamm, Judas-Ohr; Refrigerans bei
Augenentzündungen, mit Rosenwasser mazeriert; zu Gurgelmitteln, bei Schlund-
entzündungen). Die Stammpflanze heißt bei Hagen, um 1780: Holunder-
schwamm (Peziza Auricula), „hat, wenn er frisch ist, das Ansehen eines
Menschenohrs. Er bekommt daher auch den Namen Judasohr (Auricula Iudae,
Fungus Sambuci) ... An Holunder und Hagedorn wird er vornehmlich gefunden". Über die Anwendung schreibt Geiger, um 1830: „Man hat den Pilz
innerlich gegen Wassersucht, bei Halsentzündungen, als Gurgelwasser usw. gebraucht. Jetzt wird er nur noch vom Landvolk, gewöhnlich in Rosenwasser eingeweicht, gegen Augenentzündungen aufgelegt, wo er nicht selten auffallend gute
Dienste leistet". Bei Geiger heißt der Pilz: Tremella Auricula Pers. (= Peziza
Auricula L., Exidia Auriculae Judae Fries).
Nach Hoppe-Drogenkunde, 1958, Kap. A. auricula Judae, wurde der Schwamm
„in frischem Zustand früher bei entzündeten Augen verwendet". Schreibweise nach
Michael-Pilzfreude, 1960: **A. auricula (L. ex Fr.) Schroet.** (= Hirneola auri-
cula (L. ex Hook) Underw., Tremella auricula-judae L., Exidia auricula-judae
Fries).

# Avena

A v e n a siehe Bd. V, Rhinanthus.
B r o m u s siehe Bd. II, Digerentia; Exsiccantia.
H a f e r siehe Bd. IV, G 184, 229, 957, 1232. / V, Rıcinus.

B e r e n d e s-Dioskurides: Kap. H a f e r , **A. sativa L.**; Kap. B r o m o s , **A. fatua L.**

S o n t h e i m e r-Araber: Avena.

F i s c h e r-Mittelalter: A. sativa L. (avena, b r o m u s , e g i l o p s , h a b e r o ; Diosk.: bromos).

H o p p e-Bock: A. sativa L. (zamer Habern, welsch S p i t z l i n g ); A. fatua L. (wilder Habern; Q u e c k e ).

G e i g e r-Handbuch: A. sativa ( R i s p e n h a f e r ); A. orientalis, A. nuda, A. strigosa, A. brevis, A. fatua.

H a g e r-Handbuch: A. sativa L., A. orientalis Schreb. u. var.

Z i t a t-Empfehlung: **Avena sativa (S.)**; **Avena fatua (S.)**; **Avena byzantina (S.)**; **Avena sterilis (S.)**; **Avena nuda (S.)**.

Dragendorff-Heilpflanzen, S. 84 (Fam. G r a m i n e a e ); Bertsch-Kulturpflanzen, S. 78—83.

Nach Bertsch ist der gebräuchliche S a a t h a f e r , A. sativa, aus dem F l u g - h a f e r , A. fatua, der als Unkraut schon aus der Bronzezeit Europas bekannt ist, hervorgegangen. Die Germanen besaßen den Saathafer, als die Römer mit ihnen bekannt wurden. Griechische und römische Angaben über Hafer beziehen sich auf den Mittelmeerhafer, **A. byzantina K. Koch,** der aus dem Taubhafer, **A. sterilis L.,** hervorgegangen sein soll. Eine 2. deutsche Hafersorte ist der Rauhhafer, A. stri- gosa [Schreibweise nach Zander-Pflanzennamen: **A. nuda L. ssp. strigosa (Schreb.) Mansf.**], der vom Barthafer, A. barbata, abstammen soll; dieser wurde schon in der Bronzezeit in Kultur genommen.

Der Hafersame wird nach Dioskurides zu Kataplasmen gebraucht; als Brei gegen Durchfall; Schleim gegen Husten. Der Bromos (von Berendes als A. fatua identi- fiziert), mit Wurzel gekocht und mit Honig verarbeitet, wirkt gegen Nasenge- schwüre und Mundgeruch. Bock, um 1550, bildet - nach Hoppe - A. fatua zweimal ab, als wilden Hafer und an anderer Stelle als eine Queckenart. Bei der letzteren überträgt er u. a. Indikationen aus einem Kapitel von Dioskurides, das sich ur- sprünglich auf Lolium perenne beziehen soll (Abkochung der Pflanze gegen Me- norrhöe, Dysenterie, Leukorrhöe; Diureticum; Wurmmittel für Kinder). An- wendung des Saathafers: Haferbrei gegen Diarrhöe; gebranntes Hafermehl mit Honigwasser gegen Husten.

Haferprodukte waren in deutschen Pharmakopöen spärlich vertreten. Die Ph. Württemberg 1741 verzeichnet Species pro Decocto Avenae sive Bromio (ge- waschener und getrockneter Hafer mit Lignum Sandalum rubrum u. Rad. Cichorii sylvestris); Ph. Preußen 1827 hat „Avena. Semen excorticatum. Hafergrütze. Avena sativa Linn."; Ph. Hamburg 1852 das gleiche (von A. sativa L. et orientalis Schreb.).

Geiger, um 1830, schreibt über die Anwendung: „Der Hafer wird roh und geschält in Abkochung gegeben. — Er ist, wie die übrigen Getreidearten, nährend. Die Hafergrütz- und Hafermehl-Suppen sind beliebt und werden als leicht verdauliche Speisen verordnet. - Das Hafermehl (farina Avenae) dient zu Umschlägen. - Den Hafer nimmt man übrigens ebenfalls zu Brot, dieses ist aber ziemlich schwarz, doch sehr nährend. - Er dient als beliebtes Futter für Pferde". Nach Jourdan, zur gleichen Zeit, wird Hafer (von Avena sativa L.) „in der Heilkunde nur, von der Schale befreit und grob gemahlen, als Hafergrütze (Avena excorticata, G r u t e l l u m ,  G r u t u m ) angewendet. Das Mehl äußerlich auf erysipelatöse Entzündungen zu Pudern; mit gleichen Teilen Leinmehl und mit Essig als Kataplasma gegen Quetschungen, Verrenkungen und Skrofelgeschwülste, mit Hefe gegen Brand".

Hager, um 1930, gibt bei Fructus Avenae excorticatus an: „Anwendung. Als Nahrungsmittel, gequetscht als Haferflocken, als reizmilderndes Mittel". In der Homöopathie ist „Avena sativa - Hafer" (Essenz aus frischer, blühender Pflanze) ein wichtiges Mittel.


## Azorella

Nach Geiger, um 1830, schwitzt B o l a x gummifer ein dem Opoponax ähnliches Gummiharz aus. Nach Dragendorff-Heilpflanzen, um 1900 (S. 484; Fam.  U m - b e l l i f e r a e ), soll A. madreporica Clos. das gegen Gonorrhöe gebrauchte „Goma de la Llareta" liefern; A. Gilliesii Hook. et Arn. (= Bolax Gill. Hook.), A. caespitosa Vahl. (= Bolax glebaria Commers, B. gummifer Spr.) und der zu dieser gehörige Bolax complicatus Spr. liefern ein Harz (Bolax), das als Expectorans, gegen Migräne und äußerlich bei Drüsenverhärtungen gebraucht wird. Bei Hoppe-Drogenkunde, 1958, ist ein kurzes Kap. A. Gilliesii; verwendet wird das Harz (Bolaxharz).


## Baccharis

B a c c h a r i s siehe Bd. IV, Reg. / V, Pluchea.

Geiger, um 1830, erwähnt 3 B.-Arten: 1. B. ivaefolia (Blätter sind magenstärkend), 2. B. genistelloides und 3. B. venosa (von beiden die Blätter und Blüten gegen Wechselfieber). Dragendorff-Heilpflanzen, um 1900 (S. 664; Fam.  C o m p o s i - t a e ), nennt 18 B.-Arten, darunter **B. genistelloides Pers.** (=  M o l i n a trimera Less., B. trimera,  C a c a l i a decurrens Arrab.) (gegen Intermittens), die bei Hop-

pe-Drogenkunde, 1958, ein Kapitel hat; verwendet wird die blühende Pflanze („in Brasilien Febrifugum, bei Dyspepsie, Diarrhöe und Leberleiden"). Hager-Handbuch, Erg.-Bd. 1949, gibt Vorschriften für Fluidextrakt und Tinktur.
Z i t a t-Empfehlung: **Baccharis genistelloides (S.).**

## Balanites

Nach Deines kommt in ägyptischen, nach Fischer in einer mittelalterlichen Quelle (Albertus Magnus) B. aegyptiaca D.C. ( b e l e n u m ) vor. Geiger, um 1830, erwähnt B. aegyptiaca Delille (= X i m e n i a aegyptiaca L., Z a c h u n b a u m ); das Öl der Samen „Zachunöl, wird innerlich gegen Brustkrankheiten und äußerlich gegen Geschwülste usw. gebraucht". Die Pflanze hat in Hoppe-Drogenkunde, 1958, ein Kap.; das fette Zachunöl ( Z a h n b a u m s a m e n ö l ) ist Einreibemittel und Speiseöl.

Dragendorff-Heilpflanzen, S. 345 (Fam. Z y g o p h y l l a c e a e ).

## Ballota

B a l l o t a siehe Bd. V, Leonurus.

H e s s l e r-Susruta: B. disticha.
B e r e n d e s-Dioskurides (Kap. Ballote); S o n t h e i m e r-Araber; F i s c h e r-Mittelalter: **B. nigra L.** ( b a l o t a , m a r r u b i u m nigrum s. silvestre, a n -d o r n , anderbrume, g o t t v e r g e s s e ); letzterer nennt auch B. pseudodictamnus Benth. ( d i c t a m n u s , l e p o r i s a u r i c u l a s. b e n e d i g a ; Diosk.: ballote) [Schreibweise nach Zander-Pflanzennamen: **B. pseudodictamnus (L.) Benth.**].
H o p p e-Bock; Geiger-Handbuch: B. nigra L.
Z i t a t-Empfehlung: **Ballota nigra (S.); Ballota pseudodictamnus (S.).**

Nach Berendes-Dioskurides wird die Ballote schwarzer oder großer Andorn genannt (Blätter mit Salz zu Umschlag bei Hundebiß; getrocknet gegen Geschwülste und Geschwüre). Bock, um 1550, bildet - nach Hoppe - die Pflanze im Kap. Von Andorn als „Groß und Schwartz Andorn, Der gröst Andorn" ab (Verwendung wie der Weiß Andorn → Marrubium).
Geiger, um 1830, erwähnt B. nigra L. (= B. foetida Lam.), von der ehedem das Kraut (herba Ballotae, Marrubii nigri) gebraucht wurde. Nach Dragendorff-Heilpflanzen, um 1900 (S. 574; Fam. L a b i a t a e ), Verwendung „gegen Hysterie, Hypochondrie und äußerlich gegen Gicht"; genannt wird auch B. pseudodictam-

nus Benth. (= Marrubium pseud. L.), „gegen Dyspepsie. Soll Pseudodiktamnos des Diosc. und Gal. sein". Hoppe-Drogenkunde, 1958, hat ein kurzes Kap. B. nigra; das Kraut wird als Sedativum verwendet.

## Balsamocarpum

Nach Dragendorff-Heilpflanzen, um 1900 (S. 306; Fam. L e g u m i n o s a e ), liefert B. brevifolium Phil. die sog. A l g a r o b i l l i . Nach Hoppe-Drogenkunde, 1958, wird von B. brevifolium der Gerbstoff der Schoten (Algarobillagerbstoff) verwendet.

## Bambusa

H e s s l e r-Susruta; S o n t h e i m e r-Araber: B. arundinacea.
F i s c h e r-Mittelalter: B. arundinacea Willd. ( c a n n a in India).
G e i g e r-Handbuch: B. arundinacea W. (= A r u n d o Bambus L.).
Z a n d e r-Pflanzennamen: **B. arundinacea (Retz.) Willd.**
Z i t a t-Empfehlung: **Bambusa arundinacea (S.).**

Dragendorff-Heilpflanzen, S. 89 (Fam. G r a m i n e a e ); Tschirch-Handbuch II, S. 132 uf.

Geiger, um 1830, berichtet über Bambus: „Aus den jungen Stämmen quillt an den Knoten ein süßer Saft hervor, der erhärtet als Bambuszucker (T a b a s k i r ) gesammelt wird. Er ist von sehr hohem Wert und wird dem Golde gleich geschätzt. Die Wurzelsprossen werden eingemacht und als kostbares Konfekt (A c h i a r ) zur Magenstärkung genossen".
Nach Tschirch-Handbuch gibt es 2 Sorten von Tabaschir. Die eine findet sich an der Oberfläche der Halme von Bambusarten, bes. B. stricta Roxb. (= D e n d r o - c a l a m u s strictus Nees [nach Zander: **Dendrocalamus strictus (Roxb.) Nees**]), die andere im Inneren der Halme. Die erste Sorte besteht hauptsächlich aus R o h r z u c k e r , die zweite aus K i e s e l s ä u r e . Mit der ersten Sorte wird der „ H o n i g d e s Z u c k e r r o h r s " des Dioskurides identifiziert; die Araber kannten sie; noch heute ein - seltener - Bestandteil der orientalischen Medizin. Auch die zweite Sorte wird benutzt (nach Dragendorff-Heilpflanzen bei Phthisis, Asthma, Husten, Gallenkrankheiten).

## Banisteria

Nach Dragendorff-Heilpflanzen, um 1900 (S. 345; Fam. M a l p i g h i a c e a e ), ist die Wurzel von B. Pragua Vell. brechenerregend, nach Hoppe-Drogenkunde,

1958, liefert sie eine falsche I p e c a c u a n h a . Hoppe beschreibt hauptsächlich B. caapi, liefert Lignum Banisteriae (alkaloidhaltig); aus der Pflanze wird im tropischen Amerika von den Eingeborenen der Y a g é - T r a n k bereitet. In Hessler-Susruta wird B. bengalensis genannt.

## Baphia

Nach Dragendorff-Heilpflanzen, um 1900 (S. 309; Fam. L e g u m i n o s a e ), wird von B. nitida Lodd. das Holz ( C a m b a l ) wie Sandel gebraucht. Nach Hoppe-Drogenkunde, 1958, wird dieses C a m h o l z ( G a b a n h o l z ) wie Rotholz in der Färberei benutzt.

## Baptisia

B a p t i s i a siehe Bd. IV, G 236, 606, 1034.
Zitat-Empfehlung: *Baptisia tinctoria (S.)*.

Nach Dragendorff-Heilpflanzen, um 1900 (S. 310; Fam. L e g u m i n o s a e ), soll die nordamerikanische B. tinctoria R. Br. (= P o d a l y r i a tinct. Willd., S o p h o r a tinct. L.) als Antisepticum, bei Typhus, Scharlach usw. wirken; die Blätter liefern I n d i g o . In Hager-Handbuch, um 1930, steht **B. tinctoria (L.) R. Br.**, Wilder Indigo; verwendet wird Radix Baptisiae tinctoriae, Baptisiawurzel, „in Nordamerika als Adstringens und gegen Fieber"; die frische Pflanze dient zum Blaufärben, die jungen Sprosse werden als Gemüse wie Spargel gegessen. Verwendet wird auch die Rinde von B. alba R. Br.
In der Homöopathie ist „Baptisia - Wilder Indigo" (Essenz aus frischer Wurzel mit Rinde; Hale 1867) ein wichtiges Mittel.

## Barbarea

Berendes schreibt zum Kap. P s e u d o b u n i o n des Dioskurides: „Die älteren Botaniker hatten sich durch Plinius verleiten lassen, diese Pflanze für eine Crucifere, Barbarea vulgaris R. Br. zu halten". Nach Fischer-Mittelalter kommt **B. vulgaris R. Br.** in einigen altital. Quellen vor ( a l b e r t i n a , r o b e r t i n a ). Das Kap. E r i s m o n im Gart behandelt nach Beßler wahrscheinlich diese Pflanze. Sie ist bei Bock, um 1550, abgebildet (als S e n f f k r a u t mit gaelen bluomen, B a r b e l k r a u t , Wasser Senff; die Samen sollen als kräftiges Diureticum wirken). Geiger, um 1830, beschreibt B. vulgaris (= E r y s i m u m Barbarea L., B a r b e n k r a u t , B a r b a r e n k r a u t , W i n t e r k r e s s e , G a r t e n -

B r u n n e n k r e s s e ); „offizinell ist: das Kraut (herba Barbareae) . . . Das frische Kraut kann wie Brunnenkresse, Löffelkraut usw. benutzt werden". Nach Jourdan, zur gleichen Zeit, wirkt das Kraut „reizend, antiscorbutisch".
Z i t a t-Empfehlung: **Barbarea vulgaris (S.).**

Dragendorff-Heilpflanzen, S. 257 (Fam. C r u c i f e r a e ).


## Barosma

B u c c o  siehe Bd. II, Antirheumatica. / IV, G 527. / V, Empleurum.
Zitat-Empfehlung: *Barosma betulina (S.); Barosma crenulata (S.); Barosma serratifolia (S.); Barosma foetidissima (S.).*
Dragendorff-Heilpflanzen, S. 352 (Fam. R u t a c e a e ); Tschirch-Handbuch II, S. 1173 uf.

Die Buccoblätter, Folia B u c c o , im Kapland von den Eingeborenen benutzt, wurden um 1820 von englischen Ärzten in Europa eingeführt. Geiger, um 1830, nennt die Stammpflanze D i o s m a  crenata L., auch Diosma serratifolia Vent. Aufnahme um 1900 in die Erg.-Bücher (Erg.-B. 6, 1941, auch Fluidextrakt). Hager-Handbuch, um 1930, unterscheidet Folia Bucco rotunda (von B. crenulatum Hooker, B. crenatum Kunze, B. betulinum Bartling) und Folia Bucco longa (von B. serratifolium Willd.); Anwendung bei Blasenleiden. In der Homöopathie ist „Bucco - Buccoblätter" (B. betulinum Bartl. u. Wendl.; Tinktur aus getrockneten Blättern; Hale 1875) ein wichtiges Mittel.
Schreibweise nach Zander-Pflanzennamen: **B. betulina (Thunb.) Bartl. et H. L. Wendl.; B. crenulata (L.) Hook.; B. serratifolia (Curt.) Willd.**
Eine weitere B.-Art spielt in der Homöopathie eine (weniger wichtige) Rolle: **B. foetidissima Bartl. et H. L. Wendl.**; das Mittel heißt dort „Diosma foetida" (Essenz aus frischen Blättern).
Alle die genannten Arten sind in Hoppe-Drogenkunde, 1958, Kap. B. betulina und Kap. Diosma foetidissima erwähnt, ohne Angaben über med. Verwendung.


## Barringtonia

Dragendorff-Heilpflanzen, um 1900 (S. 464; Fam. L e c y t h i d a c e a e ), führt 12 B.-Arten, darunter 1. B. racemosa Roxb. (Blatt gegen Hautkrankheiten, Same bei Augenkrankheiten, Wurzel und Rinde gegen Fieber und Unterleibsleiden), die bei Hoppe-Drogenkunde, 1958, ein Kapitel hat (das Samenöl wird als Brennöl benutzt). Hoppe erwähnt außerdem 2. B. speciosa (Samen für Brennöl; die Pflanze gilt als herzwirksam); Dragendorff schreibt zu B. speciosa Forst.: Frucht zum Betäuben von Fischen, Saft gegen Hautausschläge, Same zur Ölbereitung und als

Mittel gegen Diarrhöe, Katarrh, Kolik. 3. B. excelsa (ohne Angabe von Verwendung); Dragendorff gibt nur an: Blatt eßbar.

## Baticurea

Dragendorff-Heilpflanzen, um 1900 (S. 245) schreibt bei der C o t o r i n d e (→ N e c t a n d r a ): „Bald nach ihrer Einführung wurde sie mit der sog. P a r a c o t o verfälscht". Entsprechend berichtet Hager, um 1930: „Sehr bald nach dem Bekanntwerden der Cotorinde erschien 1878 gleichfalls aus Bolivien eine zweite Cotorinde im Handel ... Diese Paracotorinde soll von *B. densiflora Mart.,* R u b i a c e a e , abstammen; nach anderen Angaben von einer C i n c h o n e e oder einer P i p e r a c e e ". Hoppe-Drogenkunde, 1958, hat ein Kapitel: B. densiflora, die davon abstammende Paracotorinde wird als Antidiarrhoicum, besonders in der Homöopathie, verwandt; die Abstammung gilt als unsicher.

## Bauhinia

Dragendorff-Heilpflanzen, um 1900 (S. 299 uf.; Fam. L e g u m i n o s a e ), führt 21 B.-Arten mit den verschiedensten einheimischen Verwendungszwecken in Indien, Afrika, Amerika usw. In Hoppe-Drogenkunde, 1958, werden 6 Arten genannt, darunter einige brasilianische, die Drogen liefern; die Kap. Überschrift lautet: B. malabarica (Verwendung der Rinde als Gerbmaterial). Bei Hessler-Susruta wird B. variegata L. genannt (liefert nach Hoppe Gummi).

## Bellis

B e l l i s siehe Bd. II, Antiscorbutica; Vulneraria. / V, Chrysanthemum.
G ä n s e b l ü m c h e n siehe Bd. IV, G 957. / V, Chrysanthemum.
Zitat-Empfehlung: *Bellis perennis (S.).*
Dragendorff-Heilpflanzen, S. 662 (Fam. C o m p o s i t a e ).

Fischer zitiert einige mittelalterliche Quellen, in denen **B. perennis L.** zu erkennen ist ( p r i m u l a veris [im Gart, so auch Beßler], c o n s o l i d a minor, maßlieben, z y t l o s e n ). Bock, um 1550, bildet - nach Hoppe - im Kap. Von Maßlieben oder Z e i t l o s e n , die Pflanze ab und gibt Indikationen hauptsächlich nach Brunschwig, um 1500 (gebranntes Wasser gegen Leberleiden, Cholera, Mundgeschwüre; Kraut als Laxans, zu Kataplasmen als Vulnerarium, gegen entzündete Genitalien; zu Bädern bei Gliederlähmung; gegen Arthritis). Nach Schröder, 1685, werden im Kap. Bellis die wilden (sylvestris) und die zahmen (hortensis) angeführt; in den Apotheken zieht man die wilden und kleinen vor; man verwendet das

Kraut mit den Blumen, „aber doch gar selten"; die Indikationen ähneln denen bei Bock.

In Ap. Braunschweig 1666 waren vorrätig: Herba bellidis minor. (1 K.), Aqua b. minor. (2¹/₂ St.). Die T. Frankfurt/M. 1687 führt: Herba Bellis pratensis minor (Gänßblumenkraut), Flores Bellidis hortensis (Maßlieben) und Flores B. pratensis minoris (Gänßblümlein), Aqua (dest.) B. (Gänßblümleinwasser).

Die Ph. Württemberg 1741 beschreibt: Herba Bellidis minoris (pratensis, Maß-liebenkraut, M a r g a r e t h e n k r a u t, Gänßblumenkraut; Vulnerarium, Pec-toralium, Refrigerans, Abstergens, Roborans), Flores Bellidis minoris (silvestris, Gänseblumen, A u g e n b l u m e n; wie das Kraut; Refrigerans, Pectoralium, gut für Leber und Nieren), Aqua (dest.) B., Conserva (ex floribus) B., Syrupus B. e succo, Tinctura B. Florum. Bei Hagen, um 1780, heißt die Stammpflanze B. per-ennis (Tausendschön, Maaslieben); die wildwachsenden - weiß und rot, in der Mitte gelb gefärbt - liefern Flor. Bellidis minoris, die in Gärten gezogenen - bei-nahe ganz gefüllten - Flor. B. hortensis; in Apotheken wählt man die ganz roten aus.

Geiger, um 1830, schreibt über B. perennis (M a s l i e b e n, G ä n s e b l ü m -c h e n, T a u s e n d s c h ö n): „Offizinell sind: die Blumen, ehedem auch das Kraut (flor. et herba Bellidis minoris, S y m p h i t i minimi) ... Man gab ehedem besonders den ausgepreßten Saft der Blätter oder die frisch gequetschten mit Fleischbrühe gekocht, in Brustkrankheiten usw. innerlich; gebrauchte sie auch äußerlich als Wundmittel. Jetzt werden die Blumen noch Teespecies, mehr um ihnen ein zierliches Ansehen zu geben, beigemengt. - Präparate hatte man ehedem: Wasser, Tinktur, Sirup, Conserve".

In Hoppe-Drogenkunde, 1958, ist ein Kap. B. perennis; Verwendung der Blüten: „In der Volksheilkunde als Expectorans und bei Hautleiden. - In der Homöo-pathie". Dort ist „Bellis perennis - Gänseblümchen" (Essenz aus frischer, blühender Pflanze; Hale 1873) ein wichtiges Mittel.

# Berberis

B e r b e r i s siehe Bd. III, Berberitzensaft. / IV, G 255, 853. / V, Mahonia; Rhamnus.
B e r b e r i t z e siehe Bd. I, Corallium. / IV, E 291.
B e r b e r i t z e n s a f t siehe Bd. III, Reg.
O x y a c a n t h a oder O x y a k a n t h a siehe Bd. V, Crataegus; Rhamnus; Rosa.
Zitat-Empfehlung: *Berberis vulgaris (S.)*.
Dragendorff-Heilpflanzen, S. 231 uf. (Fam. B e r b e r i d e a e; nach Zander-Pflanzennamen: B e r b e r i -d a c e a e).

Nach Sontheimer kommt **B. vulgaris L.** bei I. el B. vor, nach Fischer in mittelalter-lichen Quellen (berberis, r a r a c h, oxycanthum, u v a  s p i n a, u v a c r e s p i n a, u v a  m a r i n a, w e i n f l a s s e, e r b s i c h, v e r s i t z, s u -r o u c h). Bock, um 1550, bildet - nach Hoppe - die Pflanze ab (S a w e r a c h,

Erbsal, Versing) und identifiziert sie mit Oxyacantha des Dioskurides (→ Crataegus), woher er Indikationen übernimmt, ergänzt durch weitere z. B. aus Braunschwig's Destillierbüchern (Früchte, mit Wein ausgezogen, gegen Diarrhöe und Dysenterie, gut für Magen und Leber; Destillat stillt Durst, Menses, Erbrechen; Wurzel entfernt als Breiumschlag Fremdkörper aus Verletzungen, gegen Geschwüre).

In Ap. Lüneburg 1475 waren 1/2 lb. Berberis vorrätig. Die T. Worms 1582 führt Berberi fructus (Baccae oxyachantae, Baccae crespini, Saurach, Sauwerdorn, Erbsichdornbeeren, Sawrach, Erbselen, Berbes), Rob berberorum, Trochisci B. (Pastilli de oxyacantha, Saurach oder Erbselenkügelein), Succus B. (Vinum berberorum). In T. Frankfurt/M. 1687: Baccae Berberorum (Saurachbeern) und Semen B. (Ferres - oder Saurachsaamen), in Ap. Braunschweig 1666: Semen b. (10 lb.), Condita b. sine acinis (10 lb.), Syrupus b. (20 lb.), Rotuli e succ. b. (2 lb., 30 Lot), Roob b. (6 lb.), Trochisci b. (4 Lot).

In Ph. Württemberg 1741 finden sich: Semen Berberum (acini fructus Berberum, Erbselen-Saamen, Saurachbeer-Saamen; Adstringens, aber selten gebraucht); [unter de Fructibus] Berberes exsiccatae (oxyacanthae fructus, gedörrte Saurach-Beerlein, Erbselen, Weinnägelein; Refrigerans, hemmt Galle und mäßigt die Hitze des Blutes; in Dekokten); Condita Fructus B., Roob B., Rotulae B., Succus B., Syrupus Berberum. Bei Hagen, um 1780, heißt der Berberstrauch (auch Sauerdorn, Saurach): B. vulgaris; die Beeren wurden Berberbeeren oder fälschlich Rhabarberbeeren genannt „und es wird daraus entweder der Saft ausgepreßt oder sie werden, nachdem der Samen herausgenommen, mit Zucker eingemacht. Die Wurzel ... ist nicht mehr im Gebrauche". Beeren und Saft bzw. Syrup sind Anfang des 19. Jh. noch in Länderpharmakopöen aufgenommen, so in Preußen, Ausgaben 1799—1829.

Geiger, um 1830, schreibt über B. vulgaris (Sauerdorn, Sauerach, Berberitze): „Offizinell sind die Beeren, ehedem auch die Samen, Wurzel und Rinde ... Die frischen Beeren werden zur Bereitung des Safts (succ. Berberum) und dieser zu Syrup und Mus (syrupus et roob Berberum) verwendet; ferner zur Bereitung der roten Zeltchen, Kraftkügelchen (rotulae Berberum). Der angenehme, saure Saft kann den Apfelsaft ersetzen. - Man benutzt die Beeren auch in Haushaltungen zur Bereitung einer angenehmen Gallerte (Gelé) mit Zucker gekocht, und den Saft anstatt Zitronensaft zu einer Art Limonade, zu Punsch. Durch Gärung erhält man daraus Branntwein und Essig. - Die Wurzel und Rinde hat man ehedem äußerlich und innerlich zur Befestigung des Zahnfleisches, gegen Mundschwämmchen, beim Skorbut, Gelbsucht usw. gebraucht ... Man benutzt sie in der Färberei zum Gelbfärben". Hager, um 1930, erwähnt im Kap. Berberis bei B. vulgaris L. „Cortex Berberidis radicis", bei B. aquifolia Pursh. (= Mahonia aquifolium Nutt.) „Cortex radicis Berberidis aquifoliae", bei **B. aristata D. C.** die englische Droge „Berberis" (getrocknete Zweige). Im Erg.-B. 6, 1941, wurden wieder Fructus

Be

Berberidis aufgenommen. In der Homöopathie ist „Berberis - Sauerdorn, Berberitze" (B. vulgaris L.; Tinktur aus getrockneter Wurzelrinde; Millspaugh 1887) ein wichtiges Mittel.

(Lycium indicum)
Im Kap. Lykion (→ Rhamnus) beschreibt Dioskurides auch eine indische Sorte (Kraut in Essig gegen Milzentzündung, Gelbsucht, zur Reinigung der Frauen; Samen treibt Wäßriges aus und hilft gegen tödliche Gifte). Nach den Angaben bei Berendes stammte diese Droge wahrscheinlich von B.-Arten ab (**B. lycium Royle,** B aristata D. C., B. asiatica Boxbgh.). Auch Tschirch-Handbuch (Band III, S. 650) schreibt: „Lycium wird jetzt gewöhnlich als der Extrakt des Krautes indischer Berberisarten betrachtet. Lycium ist ein altes chinesisches Heilmittel. In China wurde Lycium (mit Aloeholz, Moschus, Kampfer, Arecanuß und Kalk) auch zum Einbalsamieren benutzt". Berendes berichtet auch, daß das Präparat in den indischen Bazars unter dem Namen Rusot oder Rasot verkauft wird. Die indische Droge hat in deutschen Apotheken kaum eine Rolle gespielt. Eine zeitlang herrschte die Ansicht (Ernsting, um 1750), daß Lycium indicum mit Catechu identisch sei.

## Bertholletia

Nach Dragendorff-Heilpflanzen, um 1900 (S. 464; Fam. Lecythidaceae), werden von **B. excelsa Humb. et Bonpl.** die Samen (Paranuß) auch in Europa genossen, die Rinde als Adstringens gebraucht. Auch nach Hoppe-Drogenkunde, 1958, dienen diese Nüsse als Genußmittel, das fette Öl daraus ist Speiseöl, zur Seifenfabrikation. Als Paranüsse (Paradiesnüsse) werden auch die Samen von B. nobilis und von Lecythis arten gehandelt.

## Beta

Beta siehe Bd. II, Antidysenterica; Digerentia.
Mangold oder Mangolt siehe Bd. V, Menyanthes; Pyrola; Rumex.

Grot-Hippokrates: B. vulgaris, Mangold.
Berendes-Dioskurides: Kap. Bete, B. vulgaris L. (Rote Bete) und B. Sicla L. (Weißer Mangold); Kap. Limoneion, B. vulgaris L. (wilder Mangold)?
Sontheimer-Araber: B. vulgaris.
Fischer-Mittelalter: B. vulgaris L. und B. Cicla L. (beta, blitus, bleta, siellon, sicla, manikold, manegolt, stur, beiskol, mangelkraut, rotrueben, romisch kol, bießen; Diosk.: teutlon, beta silvatica).

172

H o p p e-Bock: B. vulgaris L. var. cicla L. (Mangolt, R u n g e l s e n, Roemische Koel); B. vulgaris L. var. rapa Dum. f. rubra DC. (eine Sorte roht Ruoben).

G e i g e r-Handbuch: B. vulgaris et Cicla L. (gemeiner [rother und weißer] Mangold, Runkelrübe, Dickrüben, Burgunder-Rüben).

Z a n d e r-Pflanzennamen: **B. vulgaris L. ssp. vulgaris** mit **var. alba DC.** (Runkelrübe, Futterrübe), **var. conditiva Alef.** (Rote R ü b e, Rote Bete, S a l a t r ü b e), **var. altissima Döll** (Z u c k e r r ü b e), **var. flavescens DC.** (Stielmangold, Römischer Kohl), **var. vulgaris** (= var. cicla L.; Mangold, Schnittmangold, Beißkohl), **var. lutea DC.** (Gelbe Rübe); **B. vulgaris L. ssp. maritima (L.) Arcang.** (= B. maritima L.; Wildbete).

Z i t a t-Empfehlung: **Beta vulgaris (S.).**

Dragendorff-Heilpflanzen, S. 196 (Fam. C h e n o p o d i a c e a e); Bertsch-Kulturpflanzen, S. 220—229; E. O. v. Lippmann, Geschichte des Zuckers (Berlin 1929), S. 699 uf.; Tschirch-Handbuch II, S. 126.

Nach Bertsch ist die Urform der Mangoldrübe (B. vulgaris) die Meerstrandrübe (B. maritima); aus der Wildrübe wurde eine Gartenpflanze „und das ist sie durch das ganze Altertum und das ganze Mittelalter hindurch bis ins 17. Jahrhundert herein geblieben ... Diese Kulturrübe zerfällt jetzt in 4 Hauptsorten: die Mangoldrübe (B. vulgaris cicla), die Salatrübe (B. vulgaris esculenta), die Zuckerrübe (B. vulgaris altissima) und die Runkelrübe (B. vulgaris crassa). Die ersten zwei sind Gartenpflanzen von hohem Alter, die letzten zwei sind junge Züchtungen, die jetzt das freie Ackerfeld erobert haben und für unsere Landwirtschaft und Industrie von größter Bedeutung geworden sind. Vorgeschichtliche Funde sind bis jetzt noch nicht bekannt. Darum sind wir auf die Deutung der Literatur angewiesen, die Lippmann zusammengefaßt hat. Sowohl die weiße als auch die rote Rübe ist schon vor dem Jahr 1000 v. Chr. in Sizilien bekannt. Von den Phönikern wurde sie nach dem Orient gebracht ... Die weißwurzelige [sizilische] Rübe brachten die Römer nach Germanien. Die heilige Hildegard spricht von der „ c i c u l a", und auch Albertus Magnus war sie unter ihren spanisch-arabischen Namen bekannt ... Sie ist auch zur Grundlage unserer heutigen Zucker- und Runkelrübe geworden". Im Laufe der Zeit haben sich viele verschiedene Formen von B. vulgaris entwickelt, mit verschiedenfarbigen Rüben. Dioskurides beschreibt eine schwarze und eine weiße Art (der Saft reinigt den Kopf, auch gegen Ohrenschmerzen; Abkochung der Wurzeln und Blätter vertreibt Schorf und Nisse, als Bähung gegen Frostbeulen; rohe Blätter, mit Natron, äußerlich gegen fressende Geschwüre; gekocht gegen Hautausschlag, Brandwunden, roseartige Entzündungen). Kräuterbuchautoren des 16. Jh. übernehmen solche Indikationen.

In Ap. Lüneburg 1475 waren 1 qr. Semen blete vorrätig. Die T. Worms 1582 führt: [unter Kräutern] Beta (Sicla, C i c l a, Teutlon, Teutlis, S e u t l o n, Mangold, Rungoltz, P i s s e n, Bissen, R u m o l t z, Beißköl, R ö m i s c h g r a ß, R o n g r a ß); Radix Betae (Mangoldwurzel, Rungeltzenwurtz); Succus Betae seu Bletae (Mangoldsafft). In Ap. Braunschweig 1666 waren vorrätig: Herba betae albi (¹/₂ K.), Herba b. rubri (¹/₂ K.). In die Ph. Württemberg 1741 sind aufgenommen: Radix Betae rubrae (R a p i rubri, rothe Rüben; wachsen im Garten, sind getrocknet selten im Gebrauch; Saft als Errhinum; Wurzel als Zäpfchen ist ein Bauchstimulans) und Herba Betae albae (Betae communis viridis, Mangold; Emolliens).

Hagen, um 1780, führt aus: „Mangold, Bete (Beta vulgaris) wird in den Geköchgärten gezogen und ist bekannt genug. Man hat davon zwei Arten, nämlich den roten und weißen Mangold. Der rote Mangold oder die rote Rübe hat breitere Blätter mit rot durchgezogenen Adern und Stielen, und die Wurzel ist karmoisinrot gefärbt. Von dieser sammelte man vor Zeiten das Kraut und die Wurzel (Hb. Rad. Betae rubrae). Der weiße Mangold (Beta Cicla) hat schmälere Blätter, die lichtgrün sind, und eine weiße Wurzel. Die Blätter (Hb. Betae albae) wurden sonsten besonders aufbewahrt. Die Wurzeln haben sowohl frisch als getrocknet einen süßen Geschmack und geben nach Marggrafs Versuchen eine beträchtliche Menge Zucker".

In Geigers Handbuch (Auflage 1839) ist folgende Systematik angegeben:

1.) Beta Cicla L. (weißer Mangold), hat 2 Hauptformen:

a) Silvestris, die wilde oder verwilderte, wohin Beta maritima Linn. et M. v. Bieberstein gehören dürften;

b) Sativa, die zahme oder kultivierte mit zahlreichen Spielarten, wie sie in Gärten und auf Äckern vorkommen und in den Lehrbüchern der ökonomischen Botanik näher zu erörtern sind. Es gehört unter andern dahin Beta crispa Trattinnik ... in Wien und anderwärts unter dem Namen Rippenkohl oder krausblättriger Mangold bekannt.

Offizinell, doch wenig von den Ärzten benutzt, sind die frischen Wurzeln und Blätter, Radix et Folia Betae candidae seu Ciclae.

2.) Beta vulgaris L. (gemeiner Mangold), hat 2 Hauptformen:

a) Silvestris. Die wilde oder verwilderte; dahin dürfte Beta maritima Smith gehören, die an Englands Küsten wächst.

b) Sativa, wohin die zahlreichen auf Äckern und in Gärten gezogenen Mangoldarten mit dicker fleischiger Wurzel gehören, die zum Teil als eigene Arten beschrieben wurden. Dahin gehören Beta altissima Rössig, Beta saccharina und B. purpurea Reum.

α) italica, die gemeine rote Rübe.

β) burgundica, die Dickrübe, deren es der Farbe nach mancherlei Abänderungen gibt.

γ) silesiaca, die wahre Runkelrübe, Zuckerrübe.

Offizinell sind Wurzeln und Blätter, Radix et Folia Betae rubrae. „Anwendung. Die Blätter der Mangold-Arten werden frisch als diätetisches Mittel verordnet. Man legt sie äußerlich als kühlendes Mittel auf die Haut, auf die von Canthariden wund gezogenen Stellen; bei Entzündungen, Kopfschmerzen usw. Der ausgepreßte

Saft wurde sonst als eröffnendes Mittel innerlich gegeben, auch als Niesemittel geschnupft. Die Wurzel, besonders die weiße oder blaßgrünliche, blaßgelbliche, dicke, wird auf Zucker benutzt (Runkelrübenzucker). Sonst dienen die Blätter und Wurzeln als Nahrungsmittel, Gemüse usw., sowie als Viehfutter. Geröstet wird die Wurzel als K a f f e e s u r r o g a t gebraucht".

In Hoppe-Drogenkunde, 1958, ist ein kurzes Kap. B. vulgaris, ohne Angabe pharmazeutischer Verwendung.

## Betula

B e t u l a siehe Bd. II, Antiscorbutica. / III, Pix betulina. / IV, Reg. / V, Alnus.
B i r k e siehe Bd. III, Reg. (Birkenteer). / IV, Reg. (Birkenbalsam); E 106, 387; G 520.

H e s s l e r-Susruta: B. alba.

F i s c h e r-Mittelalter: B. alba L., B. pubescens Ehrh. ( v i b e x , c a r p e n t u m , b i r c h a , p i r c h e ).

H o p p e-Bock: B. pendula Roth (Birckenbaum).

G e i g e r-Handbuch: B. alba (weiße B i r k e , M a i b a u m ).

H a g e r-Handbuch: B. verrucosa Ehrh. u. B. pubescens Ehrh.; **B. lenta L.** ( Z u k - k e r b i r k e ).

Z a n d e r-Pflanzennamen: **B. pendula Roth** (= B. alba L. sensu Coste, B. verrucosa Ehrh.; Weißbirke, Sandbirke); **B. pubescens Ehrh.** (= B. alba L. sensu Roth; M o o r b i r k e ).

Z i t a t-Empfehlung: **Betula lenta (S.); Betula pendula (S.); Betula pubescens (S.).**

Dragendorff-Heilpflanzen, S. 168 uf. (Fam. B e t u l a c e a e ; nach Schmeil-Flora: Fam. C o r y l a c e a e ; nach Zander: Betulaceae); Tschirch-Handbuch III, S. 848.

Plinius (1. Jh. n. Chr.) erwähnt einen gallischen Baum, der als Birke gedeutet wird. Bock, um 1550, bezieht nach Hoppe die Indikationen, die Dioskurides für → Cyperus papyrus gegeben hat, auf die Birke; angelehnt an Brunschwig gibt er ferner an: Destillat des Baumsaftes gegen Exantheme, auch gegen Geschwüre im Mund, wogegen ferner Destillat grüner Blätter oder Lauge aus Rindenasche dient.

In T. Worms 1582 ist verzeichnet: Succus Betulae arboris lacryma (Birckensafft); in T. Frankfurt/Main 1687: Cortices Betulae (Birckenrinden); in Ap. Braunschweig 1666 waren vorrätig: Aqua betul. (3 St.) u. Aqua b. ex succo (4 St.). Nach Hagen, um 1780, findet die „Birke (Betula alba) ... außer dem vielfältigen Nutzen in der Ökonomie auch ihren Gebrauch in der Arzneikunde. Außer dem Birkensafte (Succus Betulae), der im Frühjahr, ehe die Blätter noch ausschlagen, nach dem Einbohren in den Stamm oder Äste in Menge ausfließt, einen angenehmen süßen und etwas säuerlichen Geschmack hat und in Apotheken eben nicht aufbehalten wird; sammelt man auch das Holz, die Blätter und vornehmlich die Rinde ...

in Polen und Rußland verfertigt man daraus ein helles, rötliches und brenzliches Öl, das man D a g g e t ( O l e u m  R u s c i ,  B e t u l i n u m ,  M o s c o v i t i - c u m ) nennt [schon in Inventur Lüneburg 1475 sind ¹/₂ lb. D e g e d verzeichnet]. Man verklebt nämlich zwei Töpfe an den Mündungen, zwischen denen ein durchlöchertes Blech gelegt ist, zusammen. Den einen hat man vorher schon mit Birkenrinde gefüllt: der andere ist leer. Dieser leere wird in die Erde gegraben, so daß jener außerhalb der Erde über ihn zu stehen kommt. Um den oberen macht man alsdann Feuer, worauf das empyreumatische Öl durch das Blech in den unteren tröpfelt". Fußnote Hagens zu Birkenblättern: „Das sog. S c h ü t t g e l b ( L u - t e u m  f a c t i t i u m ) erhält man aus den Blättern, indem sie mit Alaun und Wasser gekocht werden, und in das durchgeseihte Dekokt nachher Kreide geschüttet wird". Nach Spielmann, 1783, dient Birkensaft zur Blutreinigung und gegen Würmer. Geiger, um 1830, schreibt über Anwendung der Birke: „Die Rinde hat man in Abkochung gegen Wechselfieber usw. gegeben; neuerlich wurde sie wieder gegen Fußschweiße (die innere Seite auf die Fußsohle gelegt) empfohlen. - Die Blätter gibt man im Aufguß oder Abkochung gegen Gicht, Rotlauf usw.; auch bedeckt man oder wickelt den Körper ganz in frische Blätter bei Gicht, Rheumatismus, und selbst Wassersucht, um Schweiß zu erregen, welches Mittel neuerlich wieder im letzteren Fall mit Erfolg gebraucht wurde. - Präparate hat man: das brenzlich-ätherische Öl der Rinde, Dagget, schwarzer D e g e n ; eingetrocknet, Birkenteer ( O l . betulinum, rusci, russicum, moscoviticum, b a l s a m u m , l i t h a u i n i c u m ), welches jetzo selten mehr als Arzneimittel gebraucht wird, aber vorzüglich zur Bereitung des Juchtenleders dient. Der Saft, welcher durch Anbohren aus dem Stamm fließt, wird als Frühlingskur gebraucht. Es läßt sich daraus ... Birkenzucker, und durch Gärung Birkenwein, und (mit Hopfen) Birkenbier, Branntwein und Essig bereiten ... Aus der Abkochung der Blätter wird Extrakt (extr. Betulae) bereitet".

Ins DAB 6, 1926, wurde aufgenommen: „ P i x  betulina - Birkenteer. Oleum Rusci. Der durch trockene Destillation der Rinde und der Zweige von Betula verrucosa Ehrhart und Betula pubescens Ehrhart gewonnene Teer", ins Erg.-Buch 6, 1941, Folia Betulae (als Compositum Tinctura Rusci „Hebrae", mit Birkenteer). Hager, um 1930, schreibt über Anwendung von Folia B.: Als Diureticum im Aufguß; von Oleum betulinum: äußerlich bei Hautkrankheiten, in der Volksmedizin als Wurmmittel und gegen Kolik der Haustiere, zu Rumessenz, für Juchtenleder. Von B. lenta L. wird ein Oleum Betulae lentae (Birkenrindenöl) durch Wasserdampfdestillation gewonnen; Riechstoff. Kann nach Erg.-B. 6 als Oleum Gaultheriae (→ G a u l t h e r i a ) verwendet werden.

Hoppe-Drogenkunde, 1958, hat ein Kap. B. verrucosa; es wird bezogen auf B. pendula und B. pubescens; verwendet werden: 1. die Rinde (Febrifugum); 2. die Knospen (Aromaticum, Diureticum, Cholereticum); 3. das Blatt („Diureticum. Bei Rheuma und Gicht und Wassersucht. ‚Blutreinigungsmittel'. Bei Haarausfall,

Hautausschlag"); 4. der Teer („Äußerlich gegen Hautleiden, bei Tieren . . .") ; eine ganze Reihe weiterer B.-Arten werden erwähnt.

In der Homöopathie ist „Betula alba - Birke" (B. verrucosa Ehrh.; Essenz aus Saft; Deventer 1878) ein wichtiges Mittel.

## Bidens

Bidens siehe Bd. V, Spilanthes.
Verbesina siehe Bd. V, Guizotia; Spilanthes.
Zitat-Empfehlung: *Bidens tripartitus (S.); Bidens cernuus (S.).*

Fischer findet beim spätmittelalterlichen Vitus Auslasser (15. Jh.) B. tripartitus L. (ryed akcher, hullg chraut). Bock, um 1550, beschreibt - nach Hoppe - diese Pflanze im Kap. Von Verbena / Ysenkraut (Hanenkamp, Fotzmygel); er bezieht sie unzutreffend auf ein Dioskurides-Kapitel, in dem eine Verbena-Art gemeint ist (Kraut zum Vertreiben von Schlangen und Würmern, gegen Geschwüre).

Geiger, um 1830, beschreibt 2 B.-Arten:

1.) B. cernua [Schreibweise nach Schmeil-Flora: **B. cernuus L.**] (nickender Zweizahn, kleiner gelber Wasserdost, deutsche Akmelle); „eine schon in älteren Zeiten als Arzneimittel benutzte Pflanze, wurde 1739 besonders von Nebel anstatt der echten Akmelle zu gebrauchen vorgeschlagen".

2.) B. tripartita (dreiteiliger Zweizahn, Wasserstern-Zweizahn, gelber Wasserhanf, Wasserdürrwurz); wird wie die vorhergehende gebraucht. „Offizinell ist von beiden: das Kraut und die Blumen (herba et flores Bidentis, Verbesinae, Cannabinae aquaticae) . . . Man hat beide Pflanzen wie die Akmelle [→ Spilanthes] gebraucht und zählte sie zu den Wundkräutern. - Sie dienen auch zum Gelbfärben".

Nach Dragendorff-Heilpflanzen, um 1900 (S. 672; Fam. Compositae), wird B. cernua L. (Verbesina, Acmella palatina) bei Skorbut, Zahnschmerz etc., als Mundwasser gebraucht, B. tripartita L. (= B. cannabina Lam.) in ähnlicher Weise, auch als Diureticum, Diaphoreticum, Emmenagogum, Wurzel bei Skorpionenbiß. Hoppe-Drogenkunde, 1958, hat ein kurzes Kap.: B. tripartita; verwendet wird das Kraut als Diureticum, gegen Nieren- und Gallensteine.

## Bignonia

Bignonia siehe Bd. V, Catalpa; Gelsemium; Jacaranda; Paulownia.

Geiger, um 1830, erwähnt 4 B.-Arten:

1.) B. leucoxylon; „der Saft der Rinde sowie die Blätter dieses Baumes, wenn man sie kaut, sollen das beste Gegengift gegen die giftigen Wirkungen des Manchinellen-

Baums sein". Diese Angabe macht auch Dragendorff-Heilpflanzen, um 1900 (S. 609; Fam. B i g n o n i a c e a e ); außerdem Fischgift.

2.) B. Chica Humb.; „davon wird in Südamerika aus den Blättern, durch Aus-kochen, eine satzmehlartige, zinnoberrote Farbe erhalten, C h i c a genannt, welche größtenteils harziger Natur und dem Orlean analog ist. Sie dient zum Färben der Zeuge, und die Indianer färben damit ihre Haut rot". Nach Dragen-dorff wird von B. Chica Humb. (= B. triphylla W.) Blatt als Diureticum und bei Erysipel gebraucht; enthält roten Farbstoff (Chica, V e r m i l l o n  a m e r i c a -n u m ). Bei Hoppe-Drogenkunde, 1958, gibt es ein Kap. B. chica; verwendet wird das Chikarot (zum Zeugfärben; von den Indianern, die sich „wahrscheinlich zum Schutz gegen Insektenstiche" damit bemalen).

3.) B. ophthalmica Chisholm; gegen Augenentzündungen. Dasselbe bei Dragen-dorff.

4.) B. antisyphilitica; zur äußerlichen Anwendung bei syphilitischen Geschwüren. Die Pflanze heißt bei Dragendorff: C y b i s t a x  antisyphilitica Mart. (= B. ant. Mart.); Blatt Diureticum, Antisyphiliticum, bei Leber- und Milzleiden.

## Bixa

Nach Tschirch-Handbuch ist die Orleanpflanze, **B. orellana L.,** in Amerika seit langer Zeit in Benutzung und Kultur; als die Portugiesen Brasilien betraten, fan-den sie bei den Indianern u r u c u in Gebrauch (zur Bemalung des Körpers; Samen zum Färben der Speisen); caraibische Indianer nannten die Pflanze Bixa; sie kam auch frühzeitig nach Südasien; seit Mitte 17. Jh. in deutschen Arzneitaxen. Valentini, 1714, berichtet: „Endlich rechnen die Färber auch den so bekannten O r l e a n unter die Erdfarben, welcher doch nichts anderes ist, als eine Faecula oder häfichter Satz einer Tinctur, so von einem fremden Samen gemacht wird: hat eine dunkel und rötlich-gelbe Farbe, Violen-Geruch und etwas anhaltenden Geschmack, kommt aus West-Indien teils in viereckigen Kuchen, teils in runden Klumpen. Ermeldter Same rührt von einem kleinen Baum her, welchen die Wilden A c h i o t l, auch Urucu, die Holländer aber O r e l l a n a nennen ... Sonsten findet man zweierlei Orlean bei den Materialisten und Apothekern, nämlich die weiche oder Orleanam humidam, und die trockene oder Orleanam siccam. Der erste ist wie ein dicker Teig, von Orangien-Farb und ist viel wohlfeiler als der trockene, dessen man wieder verschiedene Sorten bringt, indem ohne die gemeine, so in großen viereckigen Broten, wie Seifen, oder in runden Klumpen kommt, auch kleine Küchlein, wie ein französischer Taler, davon kommen, welche gar fein sind und deswegen auch in der Arznei innerlich gebraucht werden können ... Seine Kräfte und Tugenden betreffend, so ist der Orlean kühl und etwas anhal-tend, wird von den Amerikanern in der Arznei gegen die Hitze, von Fiebern herrührend, und gegen die rote Ruhr innerlich, gegen die Geschwulst aber äußerlich gebraucht; weswegen sie nicht allein kühlende Julep, sondern auch dergleichen Umschläge davon machen. So stärkt er auch den Magen und vermehrt die Milch, absonderlich wenn er mit Cacao genommen oder im C h o c o l a t (wozu er auch kommt) genossen wird. Sonsten aber braucht man ihn meistens zur Pomeranzen-Farb, indem nicht allein die Mexikaner die Grenzen der Landschaften auf ihren geographischen Mappen damit bezeichnen und unterscheiden . . ., sondern es wird auch jährlich eine große Quantität davon in Deutschland von den Färbern, Wolle, Strümpfe und Leinenzeug damit orangiengelb zu färben, konsumiert".

Die Ph. Württemberg 1741 führt: Orleana (Orlean; Refrigerans, Adstringens, selten in med. Gebrauch, häufig zum Färben benutzt). Bei Hagen, um 1780, heißt der „Orleanbaum (B. Orellana); wächst in Brasilien, Mexiko, Domingo. Die Samenkapseln dieses Baums enthalten eine Menge kleiner rötlicher Samen, die mit einem schönen, roten, starkriechenden Teige überzogen sind. Hieraus bereitet man in Amerika die angenehme rotgelbe Farbe, die unter dem Namen Orlean oder R o u k o u (Orleana, Orellana) bekannt ist. Sie hat einen Veilchengeruch, anziehenden Geschmack und wird in runden oder viereckigen Stücken gebracht. Es ist eigentlich ein Setzmehl, dessen Bereitung folgende ist. Man gießt nämlich auf die Körner samt dem Teige warmes Wasser und läßt sie darinnen so lange weichen, bis alle Farbe von den Körnern abgesondert ist, welches man noch durch das Reiben mit den Händen oder Rühren mit einem Spatel zu erleichtern sucht. Das gefärbte Wasser wird in ein besonderes Gefäß abgegossen und so lange in Ruhe stehen gelassen, bis alles Farbwesen niedergesunken ist. Jenes gießt man dann rein ab: dieses aber wird aufs vorsichtigste getrocknet".

Nach Geiger, um 1830, wird vom Orleanbaum (Rukubaum, A r n o t t a , B i - s c h o f s m ü t z e ) das Mark der Früchte (Orleana, t e r r a O r l e a n a , Roucu, A s c h i o t e ) benutzt; „man gab ehedem den Orlean in Substanz, in Pulverform innerlich; er soll abführend wirken. In Amerika wird er noch als Arzneimittel (als herzstärkend, bei hartnäckigen Ruhren), auch anstatt Safran gebraucht. Bei uns dient er zum Färben von Pflaster (wo er auch den Safran ersetzen muß), als: empl. diachylon comp., oxycroceum usw. - Er wird übrigens zum Orangegelbfärben der Wolle und Seide benutzt. Die Amerikaner bemalen sich mit (mit Öl gemischtem) Orlean den Körper. Das Holz dieses Baumes entzündet sich leicht beim raschen Reiben, und die Amerikaner bedienen sich desselben zum Feuermachen".

Dragendorff, um 1900, gibt an: Das Fruchtfleisch dient oft zum Färben und enthält B i x i n ; dasselbe nützt auch gegen Durchfall, Lithiasis, Blutungen als Medikament, der Same und die Wurzel als Cordiale und Stomachicum. Nach Hager-Handbuch, um 1930, dient ein durch Erhitzen mit fettem Öl gewonnener Orleanauszug zum Gelbfärben von Ölen, Butter und Käse, auch Extrakte werden hierzu verwendet.

Hoppe-Drogenkunde, 1958, bemerkt: „Während Orlean früher aus dem ver-
gorenen, breiartigen Fruchtfleisch gewonnen wurde, wird der Farbstoff B i x i n
heute aus den Samenschalen dargestellt"; Verwendung in Nahrungsmittelindustrie, zum Färben von Baumwolle und Seide.
Z i t a t-Empfehlung: **Bixa orellana (S.).**

Dragendorff-Heilpflanzen, S. 448 (Fam. B i x a c e a e ); Tschirch-Handbuch III, S. 892.


## Blackstonia

Geiger, um 1830, erwähnt C h l o r a perfoliata L. (gelber W i e s e n e n z i a n );
„das Kraut (herba C e n t a u r i i lutei) war sonst offizinell. Es ist bitter und hat
ähnliche Eigenschaften wie Erythraea Centaureum". Dragendorff-Heilpflanzen,
um 1900 (S. 529; Fam. G e n t i a n a c e a e ), nennt 6 Chlora-Arten, die alle wie
Erythraea cent. zu gebrauchen sind. Bezeichnung der Gattung und Art nach
Schmeil-Flora: **B. perfoliata (L.) Huds.**
Z i t a t-Empfehlung: **Blackstonia perfoliata (S.).**


## Blechnum

B l e c h n u m siehe Bd. V, Ceterach.
Zitat-Empfehlung: *Blechnum spicant (S.)*

Bock, um 1550, bildet im Kap. Von H i r t z z u n g - nach Hoppe - als eine 2.
Sorte, das Walt A s p l e n o n , B. spicant Roth. (Schreibweise nach Zander-Pflanzennamen: **B. spicant (L.) Roth**) ab; er vergleicht mit Dioskurides ( C e t e r a c h
officinarum) und nennt danach und nach Brunschwig viele Indikationen, innerliche
und äußerliche. Geiger, um 1830, erwähnt L o m a r i a Spicant Desv. (= O s -
m u n d a Spicant L., T r a u b e n f a r r e n ); das Laub, herba L o n c h i t i s
minoris, war gebräuchlich. Nach Dragendorff-Heilpflanzen, um 1900 (S. 56 uf.;
Fam. P o l y p o d i a c e a e ; nach Zander: B l e c h n a c e a e ), dient von B. Spicanth Roth (= B. boreale Sw., Lomaria Spicanth Desv.) „Wedel als Wundmittel
und gegen Milzanschwellungen".


## Blepharis

Nach Dragendorff-Heilpflanzen, um 1900 (S. 616; Fam. A c a n t h a c e a e ), ist
von der indischen B. edulis Pers. (= A c a n t h u s edule Forsk., Acanthus spicatum Del.) Same Mucilaginosum, Diureticum, Aphrodisiacum; Blatt als Gemüse.

Hoppe-Drogenkunde, 1958, erwähnt B. capensis; die südafrikanischen Eingeborenen benutzen das Kraut bei Schlangenbissen.

## Blumea

Dragendorff-Heilpflanzen, um 1900 (S. 664 uf.; Fam. C o m p o s i t a e ), nennt 4 B.-Arten, darunter B. balsamifera D. C. (= P l u c h e a  bals. Less., C o n y z a bals. L.); „Kraut als Expectorans, Diaphoreticum, Anticatarrhale, bei Blennorhöe etc. verwendet. Liefert den Ngai-Camphor der Chinesen". In Hager-Handbuch, um 1930, ist im Kap. C a m p h o r a  vermerkt: „Ngai-Campher, Blumea-Campher. Stammt von einer in Indien, Java, Amboina und Cochinchina heimischen Komposite, B. balsamifera DC. Er besteht aus Links-Borneol, kommt aber nicht in den Handel. L a i f a n  ist roher Ngai-Campher oder auch Borneocampher". In Hager Erg.-Bd. 1949 ist B. balsamifera als Lieferant der Folia Blumeae genannt; „Anwendung. In der Heimat als Expectorans und Diaphoreticum; Ngaikampfer als Riechstoff und zur Herstellung von Ruß für Tusche". Schreibweise nach Zander-Pflanzennamen: **B. balsamifera (L.) DC.** In Hoppe-Drogenkunde, 1958, ist im Kap. B. balsamifera noch erwähnt: B. lacera und B. Malcolmii.

## Bocconia

Nach Geiger, um 1830, ist B. frutescens „ein unter die Familie der Mohnarten gehörender, in Peru, Mexiko, Cuba, wachsender Strauch . . . Von dem sehr scharfen Kraut brauchen die Eingeborenen den Saft zum Wegätzen der Warzen und Felle auf den Augen". Dragendorff-Heilpflanzen, um 1900 (S. 248; Fam. P a p a v e r a - c e a e ), erwähnt **B. fructescens L.,** auch Hoppe-Drogenkunde, 1958; hier nur die Angabe: „Untersucht wurden: Holz, Rinde und Früchte".

## Boehmeria

Nach Geiger, um 1830, ist B. caudata ein in Jamaica einheimischer Strauch, dessen Blätter in Brasilien zu Bädern gegen Hämorrhoiden gebraucht werden. Das gleiche berichtet Dragendorff-Heilpflanzen, um 1900 (S. 180; Fam. U r t i c a c e a e ). Dort ist ferner B. nivea Gaud. (= U r t i c a  nivea L.) aufgeführt (die Wurzel in China als Demulcans, Expectorans, Diureticum, das Blatt adstringierend). Diese Pflanze wird in Hagers Handbuch, um 1930, als Lieferant von R a m i é  oder C h i n a g r a s  genannt. Schreibweise nach Zander-Pflanzennamen: **B. nivea (L.) Gaudich.**

## Boerhavia

Geiger, um 1830, erwähnt Boerhaavia hirsuta („davon wird der ausgepreßte Saft der Blätter in Südamerika gegen Leberkrankheiten gebraucht; die Wurzel ist brechenerregend") und B. erecta (Wurzel ebenfalls emetisch, verwendet wie Ipecacuanha). Bei Dragendorff-Heilpflanzen, um 1900, (S. 203 uf.; Fam. N y c t a - g i n e a e ), sind 10 Arten genannt. Hoppe-Drogenkunde, 1958, berichtet von der Verwendung der Wurzel von B. hirsuta u. B. paniculata (Fam. M y c t a g i n a - c e a e ) in Brasilien als Diureticum in Form galenischer Präparate. Nach Hager-Handbuch, Erg.-Bd. 1949, heißt die Familie, zu der Boerhaavia hirsuta Willd. gehört, Uyctaginaceae; man bereitet aus der Wurzel Extractum Boerhaaviae fluidum (Brasil.: Extracto fluido de Herba tostao). Schreibweise der Familie nach Zander-Pflanzennamen: N y c t a g i n a c e a e .

## Boletus

B o l e t u s siehe Bd. IV, G 73. / V, Elaphomyces; Fomes; Polyporus; Trametes.

Dragendorff-Heilpflanzen, um 1900 (S. 38 uf.; Fam. P o l y p o r a c e a e ), nennt B. Satanas Lenz als stark giftig. In der Homöopathie ist „Boletus satanas" (**B. satanas Lenz;** Essenz aus frischem Pilz) ein weniger wichtiges Mittel. Z i t a t-Empfehlung: **Boletus satanas (S.).**

## Bongardia

Das C h r y s o g o n o n des Dioskurides (Wurzel mit Essig gegen Biß der Spitzmaus) ist nach Berendes L e o n t i c e Chrysogonum L., Fiederartiges L ö w e n - b l a t t . Die Pflanze heißt bei Dragendorff-Heilpflanzen, um 1900 (S. 233; Fam. B e r b e r i d e a e ; jetzt B e r b e r i d a c e a e ), B. Rauwolfi C. A. M.; Wurzelknolle gegen Biß schädlicher Tiere; kommt bei Dioskurides und I. el B. vor. Bezeichnung nach Zander-Pflanzennamen: **B. chrysogonum (L.) Griseb.** (= Leontice chrysogonum L.). Z i t a t-Empfehlung: **Bongardia chrysogonum (S.)**

## Borago

B o r a g o siehe Bd. II, Antiphlogistica; Cordialia; Hepatica; Splenetica. / V, Anchusa; Portulaca. B o r e t s c h siehe Bd. II, Diaphoretica.

T s c h i r c h-Sontheimer-Araber: B. officinalis. F i s c h e r-Mittelalter: **B. officinalis L.** seu A n c h u s a (b o r a t s c h e , p o r -

r a y e , w u r m k r a u t t , s c h a r l a c h p l u e m , s c h a r l e y , B o r r i c h ).
B e ß l e r-Gart (Kap. Borrago), Hoppe-Bock (Kap. B u r r e s ), B. officinalis L.
G e i g e r-Handbuch: B o r r a g o officinalis ( B o r e t s c h , Borasch).
Z i t a t-Empfehlung: **Borago officinalis (S.).**

Dragendorff-Heilpflanzen, S. 561 (Fam. B o r r a g i n a c e a e ; Schreibweise nach Schmeil-Flora: B o r a - g i n a c e a e ).

Nach Hoppe bezieht Bock, um 1550, den Burres auf ein Dioskurides-Kapitel, in dem eine Anchusa (oder Carduus) gemeint ist (Kraut gegen Melancholie; Abkochung oder Destillat gegen Fieber; Krautasche mit Honigwasser zum Spülen gegen Mund- und Rachenentzündungen).
In Ap. Lüneburg 1475 waren vorrätig: Flores boraginis (1 qr.), Semen b. (1 qr.); Aqua b. (4 St.), Conserva b. (7¹/₂ lb.), Sirupus b. (3 lb.). Die T. Worms 1582 führt: [unter Kräutern] Borrago ( B u g l o s s u m verum, E u p h r o s i n u m , N e - p e n t h e s , L i n g u a b o v i s , Lingua bubula, C o r a g o , Borragen, Borres, Borretsch), Flores Borraginis (Borragenblumen), Radix B. (Borragen- oder Borreswurtzel); Succus B., Aqua (dest. simpl.) B., Conserva Florum B. (Borragenblumenzucker), Sirupus ex succo borraginis. In der T. Frankfurt/M. 1687 als Simplicia: Flores, Herba, Radix Borraginis. In Ap. Braunschweig 1666 gab es: Flores borraginis (¹/₂ K.), Herba b. (1 K.), Radix b. (1³/₄ lb.); Aqua b. (2¹/₂ St.), Aqua ex succo b. (1¹/₂ St.), Aqua b. cum vino (¹/₂ St.), Conserva b. flor. (7 lb.), Essentia b. flor. (1 lb.), Syrupus b. ex succo (10 lb.), Syrupus b. laxat. (6 lb.).
Die Ph. Augsburg 1640 verordnet, daß bei Verschreibung von Borago (ebenso von Buglossum) zu nehmen sind: Blüten oder Blätter oder beide gleichzeitig. Schröder, 1685, meint: „Die Alten haben dieses Kraut buglossam genannt, doch ist dies der Unterschied unter diesen: der Borretsch ist feuchterer und saftigerer Natur, dahingegen die Ochsenzunge etwas trockner ist. Die Borretschblumen gehören auch unter die 4 Herzblumen und mäßigen die irdische verbrannte Feuchtigkeit des Gebluts sehr wohl .. Die Wurzel stärkt das Herz, wärmt und feuchtet im 1. Grad, verbessert die schwarze verbrannte Galle und verunreinigte Spiritus, daher man sie in allen Krankheiten, die von berührter Galle herkommen, gebraucht. Sie taugt auch in Verstopfung des Mutterflusses etc. Wenn man die Blumen in Wein wirft, so sollen sie das Gemüt erfreuen. Das destillierte Wasser daraus taugt dem Herzen, der Conserv und Sirup in Herzaffekten, Herzklopfen, der Melancholie".
In Ph. Württemberg 1741 stehen: Radix Borraginis (Buglossi latifolii, Buglossi veri seu urbani, Borragen, Borretschwurtzel; selten gebrauchtes Antimelancholicum), Herba Borraginis (Borragenkraut, Borretsch; Antimelancholicum, Cordialium, Alexipharmacum; das getrocknete Kraut ist selten im Gebrauch), Flores Borraginis (Buglossi veri latifolii, Boragenblumen; Cordialium, Antimelancholicum); Aqua B., Conserva ex Floribus B., Syrupus Borraginis. Die Stammpflanze heißt bei Hagen, um 1780: B. officinalis (Borag, Boretsch, W o h l g e m u t h ).

Über die Anwendung schreibt Geiger, um 1830: „Bei uns wird sie selten als Arznei-mittel gebraucht. In Frankreich gibt man noch Kraut und Blumen in Teeaufguß, auch hat man davon ein Extrakt (extractum Borraginis) . . . Die Blumen gehörten ehedem zu den florib. 4 cordialibus. - Sonst benutzt man die frischen Blätter als Salat".

In der Homöopathie ist „Borrago officinalis - Borretsch" (Essenz aus frischen Blättern; Aegidi 1860) ein wichtiges Mittel. Hoppe-Drogenkunde, 1958, beschreibt: 1. Blüte (Flores Borraginis): „Emolliens, Mucilaginosum. - Gewürz, früher zum Färben von Essig". 2. Kraut (Herba Borraginis, G u r k e n k r a u t ): „Emoliens, Mucilaginosum, besonders bei Husten und Halserkrankungen. Adstringens. Ent-zündungswidriges Mittel bei Nieren- und Blasenleiden. - In der Homöopathie. - Küchengewürz und zu Gewürzextrakten."

## Borreria

Dragendorff-Heilpflanzen, um 1900 (S. 637 uf.; Fam. R u b i a c e a e ), nennt - ohne weitere Angaben - die brasilianische B. emetica Mart., sowie 4 S p e r - m a c o c e-Arten, die - den Synonymen nach - auch als B.-Arten aufgefaßt wurden (sie dienen u. a. gegen Gonorrhöe). In Hoppe-Drogenkunde, 1958, ist ein Kap. B. centranthoides; die ganze Pflanze wird in Brasilien arzneilich in Form galenischer Präparate verwandt. Hager-Handbuch, Erg.-Bd. 1949, gibt eine Vorschrift für Fluidextrakt (von *B. centranthoides Cham. et Schlechtd.*) an.

## Boswellia

B o s w e l l i a  siehe Bd. V, Picea; Protium.
E l e m i  siehe Bd. V, Canarium; Gardenia; Protium.
G u m m i  E l e m i  siehe Bd. II, Vulneraria.
O l i b a n u m  siehe Bd. I, Formica. / II, Antirheumatica. / IV, G 140, 957. / V, Picea.
T h u s  siehe Bd. II, Digerentia; Sarcotica. / V, Ajuga; Asarum; Liquidambar; Picea.
W e i h r a u c h  siehe Bd. I, Gallus. / IV, B 4; C 34; E 160. / V, Canarium; Liquidambar; Picea.

H e s s l e r-Susruta: B. glabra, B. thurifera.
D e i n e s-Ägypten; Grot-Hippokrates: (Weihrauch).
B e r e n d e s-Dioskurides: Kap. Weihrauch [arabischer], B. sacra Flückiger oder B. Carterii; [indischer] B. thurifera Colebr. oder B. serrata Stakh.
T s c h i r c h-Sontheimer-Araber: B. thurifera.
F i s c h e r-Mittelalter: B. spec. B. thurifera Rosch. ( t h u s , olibanum, , w e i ß - w u r z , w e y r a u c h ; Arab.: alloban).
B e ß l e r-Gart: Kap. Olibanum, B.-Arten, bes. B. carterii Birdw.
G e i g e r-Handbuch: B. thurifera Colebr.

H a g e r-Handbuch: B. Carteri Birdw. und B. Bhau-Dajiana Birdw. Außer Oliba-
num wird auch ein Elemi von einer B. (B. Frereana Birdw.) abgeleitet.
Z a n d e r-Pflanzennamen: **B. sacra Flückiger** (= B. carteri Birdw.).
Z i t a t-Empfehlung: **Boswellia sacra (S.).**

Dragendorff-Heilpflanzen, S. 366 uf. (Fam. B u r s e r a c e a e); Peters-Pflanzenwelt: Kap. Der Weihrauch-
baum, S. 113—118.

( O l i b a n u m )
Nach Berendes ist Weihrauch eine der ältesten und kostbarsten Spezereien. Dioskurides nennt eine ganze Reihe von Handelssorten (wirkt erwärmend, adstringierend, vertreibt Verdunklungen auf den Pupillen; zur Wundbehandlung, gegen
Geschwüre, Warzen und Flechten, Frostschäden, Ohrenleiden, Brustentzündun-
gen, Blutflüsse, Blutspeien); das Brennen des Weihrauchs wird eingehend beschrieben. Weitere Kapitel beschäftigen sich mit Weihrauchrinde [→ L i q u i -
d a m b a r ], M a n n a des Weihrauchs (nach Berendes das beim Rollen des Weihrauchs - zur Erzeugung von Körnern - abfallende Pulver oder die kleinen Splitter), Weihrauchruß (gegen Augenentzündungen, Flüße, Krebsgeschwüre, zur
Wundreinigung).
In Ap. Lüneburg 1475 waren 1¹/₂ lb. Olibanum vorrätig. In T. Worms 1582 befinden sich folgende Sorten:
1.) Thus (L i b a n u s sive Libanum, O p o l i b a n u m, I n c e n s u m, Olibanum, Inceß, Weyrauch); Schröder, 1685, beschreibt diese Sorte als das weibliche
Geschlecht des Weirauchs (ist harzig und weich, gelb).
2.) Thus masculum (S t r a g o n i a s, Thus oder Olibanum testiculatum, Weisser
Weyrauch); Schröder schreibt dazu: Das männliche ist das beste, es ist weißgelblich,
rund wie Tropfen, inwendig weiß und fett.
3.) Thus corticosum (Olibanum corticosum, Rindenweyrauch [→ Liquidambar].
4.) Thus adulterinum (P s e u d o o l i b a n u m, Bastartweyrauch, Harzwey-
rauch) [→ P i c e a ].
5.) Thuris manna (Manna libani, Mica thuris, Thus seu olibanum granulosum.
Die Bröcklein von Weyrauch, gebrökelter Weyrauch).
In T. Frankfurt/M. 1687 gibt es nur Olibanum (Thus, Weyrauch) und die doppelt
so teure Sorte Olibanum electum (außerlesen Weyrauch). Man unterschied jedoch
damals auch verschiedene Handelsformen. Schröder, 1685, gibt außer der Unter-
scheidung von männlichem und weiblichem Weihrauch folgende nach Farbe und
Größe der Körner an:
„Das 1. Geschlecht ist Indicum, welches aus den größten und ungleichen Stücken
besteht, ist bleich und schwarzlich, mit weißlichen und gelben Flecken. Das 2. Mammosum von länglichen Stücken, wie die Brüste gestaltet. Das 3. ist Masculum, besteht aus kleinen runden, weißlichen oder gelben Kernlein usw. . . . Das 4. ist Orobaeum, von sehr kleinen Kernchen, wie Erbsen, und gleich schier dem Masculo. Das

5. ist Manna Thuris, die nichts anders dann das Mehl des Weihrauchs ist, das durch öfteres hin und wieder schütteln in den Säcken sich abstößt." Als Präparate nennt er einen Liquor und Electuarium diaolibanum (in Ph. Nürnberg 1546 [unter Confectiones opiatae]: Diaolibanum Nicolai).

Ähnliche Sorten gibt Haller, um 1750, an: 1. Olibanum masculum; 2. O. mammosum; 3. O. orobaeum; 4. Manna thuris; 5. O. Indicum, „welchen die Franzosen entweder in kleinen Körnern [O. in sortis] oder in großen weichen Klumpen ... unter dem Namen Olibanum de Mecca haben ... das meiste kommt darauf an, daß er schöne, große, weiße, reine und durchsichtige Körner habe, der heißt alsdann feiner Weyhrauch, O. electum album, er erwärmt, trocknet, stärkt und hält an; man braucht ihn äußerlich und innerlich, wir haben ihn zum Räuchern wider starke Flüsse, Zahnweh udgl. in dem pulv. fumal. odorat. und Haug., er soll auch zu Heilung der Wunden dienen, daher man ihn oft als ein Pulver aufstreut und in etlichen Pflastern hat, wie in dem empl. de bacc. laur., de beton. capucin., diabotan. Blondell., divin, gris., pro hernios., nervin. Hoffm., opodeldoch., oxycroc., de ran c. und sine mercur., reg. Burh., sandal. oder incognitum., saturnin. Myns., er ist auch in der sperniol. Croll. und in dem spirit. matrical. Innerlich wird er zwar nicht viel verordnet, doch raten ihn einige abgekocht mit Wasser und in Pulvern wider Durchfälle, Magenweh, Haupt- und Brustschwachheiten. Das damit abgekochte Wasser bekommt einen anhaltig harzigen Geschmack und treibt auf den Harn; es wollen es einige als zuverlässiges Mittel wider die Wassersucht antreiben, wenn man daneben alle Tage etwas zerstossenen Weihrauch einnimmt, das Wasser muß aber stark gemacht werden".

In Ap. Braunschweig 1666 waren vorrätig: Oliban. (10 lb.), Pulvis o. (3 lb.), Manna o. (10 lb.), Oleum o. (2 Lot), Sief albi de thure (2 Lot). Die Ph. Württemberg 1741 hat aufgenommen: Olibanum (Thus, Weyrauch; Calefaciens, Siccans, Roborans, Adstringens; innerlich und äußerlich anzuwenden, meistens als Räucherwerk; die Stammpflanze ist noch nicht genügend beschrieben, man denkt an P y r u s , L e n t i s c u s , L a u r u s , P i n u s , S a l i x ; sicher ist, daß es aus Arabien, aus der Provinz Saba kommt). Hagen, um 1780, schreibt: „Lyzischer Wacholder ( J u n i p e r u s Lycca?), wächst in beiden Arabien. Es ist noch zweifelhaft, ob das gummichte Harz, das Weirauch (Olibanum, Thus) genannt wird, von diesem Baume kommt ... Es wird in beiden Arabien gesammelt, nach Mecka gebracht, von hier nach Kairo geschickt, und von da wird dann der größte Teil nach Marseille verkauft".

Angaben der preußischen Pharmakopöen: Ausgabe 1799 „Olibanum" von Juniperus Lycca? und Juniperus thurifera? (Bestandteil von Emplastrum aromaticum, Empl. opiatum, Species ad suffiendum, Spiritus mastiches compositus); 1813 Boswallia serrata (Baum aus den indischen Bergen); 1827-1846 Boswellia serrata Colebrook; 1862 „Gummi-resina Olibanum" von B. serrata Colebrooke et papyrifera Hochstetter. Angabe DAB 1, 1872: „Olibanum" von B. papyrifera Hochstetter

(Bestandteil des Empl. aromaticum und opiatum). Dann Erg.-Bücher, z. B. Ausgabe 1897: B. Carteri; 1916, 1941: B.-Arten, besonders B. Carteri Birdwood und B. Bhau-Dajiana Birdwood (Somaliland und Südarabien).

Um 1830 schrieb Geiger die Droge der Weihrauch-Boswellie (B. thurifera Colebr.) zu: „Wächst im östlichen Arabien, Persien und Ostindien ... Man gab ehedem den Weihrauch innerlich in Mixturen als Emulsion, mit Eigelb oder Zucker abgerieben, oder in Pillen. - Jetzt wird er mehr äußerlich gebraucht, zum Räuchern, zu Pflaster und Salben. - Er ist Bestandteil der pilul. de Cynoglosse, des spirit. Mastiches compos. seu matricalis, empl. aromatici seu stomachici, opiati, oxycrocei und vieler älteren Compositionen zu Pflaster und Salben; ferner des Räucherpulvers, der Räucherkerzchen und Ofenlacks u. a. Zusammensetzungen. - Dient auch vorzüglich zum Räuchern in Kirchen. Daher sein Name.

Außer diesem indischen Weihrauch kennt man mehrere wohlriechende Harze, die Weihrauch genannt und zum Räuchern in Kirchen usw. angewendet werden. Dahin der arabische Weihrauch, der länger als der obige bekannt ist, jetzt aber nicht mehr nach Europa kommt; soll von einer A m y r i s a r t kommen; ferner der amerikanische Weihrauch, ist das erwähnte C o u m i e r h a r z , von Amyris ambrosiaca kommend. Auch das gemeine Fichtenharz heißt Weihrauch (Thus commune) und wird als solcher häufig benutzt".

Hager, 1874, nimmt der Pharmakopöe entsprechend, B. papyrifera Hochst. (= B. floribunda Royle) als Stammpflanze an. „Der Weihrauch des Handels wird aus den nordöstlichen und östlichen Ländern Afrikas, meist über Ostindien, nach Europa gebracht. Er ist ein Gummiharz und der eingetrocknete Milchsaft der Boswellia papyrifera, welcher aus künstlichen Einschnitten in den Stamm dieses Baumes ausfließt ... Ein Weihrauch, welcher auch von der Ostküste Afrikas in den Handel, seltener aber nach Europa kommt, bildet kleinere gelbe Tränen ... Früher glaubte man, daß der Weihrauch von Boswellia serrata Colebrooke, einem Baume Ostindiens, gewonnen werde. Dieser Baum liefert zwar auch ein wohlriechendes Harz, welches zu Räucherzwecken verwendet wird, aber nicht Weihrauch ist ... Der Weihrauch bildet als Pulver einen Bestandteil einiger Pflaster und verschiedener Räucherspecies für rheumatische Leiden. Das Pulver soll ein Gegengift auf den Stich solcher Insekten sein, welche von Milzbrandgift infiziert sind".

In Hager-Handbuch, um 1930, ist erklärt: „Die beste Handelsorte stammt von B. Carteri, eine geringere Sorte von B. Bhau-Dajiana. Bis vor nicht langer Zeit unterschied man zwei verschiedene Sorten von Weihrauch, den ostindischen und den arabischen bzw. afrikanischen und sah als die Stammpflanze des ersteren B. thurifera Coleb. (= B. serrata Roxb.) an; heute ist mit ziemlicher Sicherheit anzunehmen, daß der Weihrauch nur aus dem nordöstlichen Afrika, insbesondere von der Somaliküste kommt. B. thurifera liefert zwar auch ein in Indien gleichen Zwecken dienendes aromatisches Gummiharz, das aber niemals in größeren Mengen nach Europa eingeführt wird. Vielleicht wird als Olibanum auch das Harz von

B. Frereana Birdw. benutzt. Die Harze anderer Boswellia-Arten sind dem Weihrauch ähnlich, doch nicht im europäischen Handel ... Anwendung. Als Bestandteil von Pflastern, Salben, Räucherpulvern. Die größten Mengen Weihrauch werden zum Räuchern bei kirchlichen Handlungen verwendet."

(Elemi verum)

Tschirch-Handbuch (III, S. 1137) zitiert mehrere Quellen des 15. Jh., in denen Elemi vorkommt. In Ap. Lüneburg 1475 waren 3 qr. Gummi elempni vorrätig, in Ap. Braunschweig 1666 von Gummi elemi 54 lb. [es kann sich hierbei auch um orientalisches Elemi (→ Canarium) gehandelt haben]. In T. Worms 1582 heißt die Droge: Gummi elami sive elemi (Lachryma oleae Aethiopicae seu Silvestris. Gummi von wilden oder Aethiopischen ölbäumen); gleiche Bezeichnung in T. Frankfurt/M. 1687. Auch Schröder schreibt 1685 vom Elemi: „Man bringts aus Aethiopien, allwo es aus einem Baum fließt, den etliche einen Ölbaum (welches aber Matthiolus leugnet), etliche eine Zeder nennen ... Nach Dioskurides Meinung ist er gelb und dem Scammonio sehr gleich, beißend [Schröder bezieht sich hier auf das Kap. Thräne des äthiopischen Ölbaumes bei Dioskurides; nach Berendes nimmt Sprengel als Stammpflanze Elaeagnus spinosa L. an]; unsriges aber ist anders, darum auch gezweifelt wird, ob wir den rechten haben ... Er wärmt mäßig, erweicht, digeriert, resolviert, zeitigt, stillt die Schmerzen, taugt zu Nervenaffekten und Wunden der Hirnschale insonderheit, dient für die Zerstoßung der Gelenke und treibt den Monatsfluß und Harn".

Valentini (1714), Ernsting (1741), Woyt (1746) nennen als Stammpflanze Canna indica aus Aethiopien. Andere gleichzeitige und spätere Quellen geben für Elemi andere Herkunftsorte und Stammpflanzen an (→ Canarium, → Protium). Geiger, um 1830, schreibt: „Das ursprünglich von den Alten gebrauchte wahre, echte oder afrikanische Elemi (Elemi aethiopicum, verum) kommt jetzt nicht mehr im Handel vor. Es soll aus kleinen Körnern bestehen und scharf wie Scammonium sein". Wiggers, um 1850, beurteilt das Elemi africanum seu verum: „Soll von Elaeagnus hortensis M. B. erhalten werden, welcher Baum in Ägypten zuhause ist, daher man es auch Elemi aethiopicum nennt. Bildet kleine, dem Weihrauch und Mastix ähnliche, scharf schmeckende und storaxähnlich riechende Körner, die wie Jalappe und Scammonium drastisch wirken sollen. Kommt bei uns nicht mehr vor, aber fortwährend auf den Bazars von Constantinopel und Smyrna, und Landerer nennt es Elemi syriacum seu aegyptiacum". Marmé gibt in seinem Lehrbuch der Pharmakognosie, 1886, an: „Möglicherweise ist das zuerst bekannt gewordene sog. äthiopische Elemi der in Afrika, im Nordosten der Somaliküste von Boswellia Frereana Birdwood gesammelte Harzsaft". Die gleiche Stammpflanze ist in Tschirch-Handbuch für Ostafrikanisches Elemi angegeben, es kommen aber auch Canarium-Arten infrage.

## Botrychium

Botrychium siehe Bd. V, Epimedium.

F i s c h e r-Mittelalter: B. lunaria Sw. ( l u n a r i a , m a n c r a u t ).
H o p p e-Bock: Kap. M o n R a u t e , B. lunaria Sw.
G e i g e r-Handbuch: B. Lunaria Sw. (= O s m u n d a Lunaria L., Mondraute, gemeiner T r a u b e n f a r r e n ).
Z i t a t-Empfehlung: **Botrychium lunaria (S.).**

Dragendorff-Heilpflanzen, S. 60 (Fam. O p h i o g l o s s e a e ; nach Schmeil-Flora Fam. O p h i o g l o s - s a c e a e ).

Das E p i m e d i o n des Dioskurides ist nach Berendes unter anderem mit B. Lunaria erklärt worden, doch hat sich mehr die Überzeugung durchgesetzt, daß es sich dabei um eine → E p i m e d i u m gehandelt hat.
Der Farn ( M o n d r a u t e , **B. lunaria (L.) Sw.**) wird bei Bock, um 1550, abgebildet (Verwendung gegen Dysenterie; Zaubermittel). Im 17./18. Jh. in Apotheken als Herba Lunariae; so in T. Frankfurt/M. 1687. In Ap. Braunschweig 1666 waren 1/4 K. davon vorhanden. Die Ph. Württemberg 1741 bezeichnet Herba Lunariae racemosae minoris (Herba R u t a e lunariae, Mondraute, Mondskraut; Adstringens, Refrigerans, Siccans, Vulnerarium) als Osmunda-Art. Wiggers, um 1850, erwähnt noch seine Verwendung als Bestandteil des Pulvis ad Scirrhos.

## Bowdichia

Nach Geiger, um 1830, kommt neuen Nachrichten zufolge von B. virgilioides Kunth. „die im Jahr 1804 von Joch. Jove nach Spanien gebrachte und seit 1813 besonders durch Albers bekannt gewordene Alkornoquerinde. - Wächst in Südamerika . . . Offizinell ist: Die Rinde, A l k o r n o q u e - oder C h a b a r r o - Rinde (cort. Alcornoque vel Chabarro), welche man früher von [→] A l c h o r - n i a latifolia Sw. ableitete. Nach Virey sollte es sogar die jüngere Rinde der Korkeiche ( Q u e r c u s suber) sein . . . Anwendung. Man gibt die Rinde in Substanz, in Pulverform, ferner in Aufguß und Abkochung. - Präparate hat man davon das Extrakt (extr. cort. Alcornoque). Diese Rinde wurde für ein vorzügliches Mittel gegen Lungenschwindsucht angerühmt, ist jedoch wieder ziemlich außer Gebrauch". Nach Hager-Handbuch, um 1930, liefert B. virgilioides H. B. K. Cortex A l c o r n o c o ( C h a p a r r a r i n d e ); „die Rinde wirkt betäubend und pupillenerweiternd, gilt als Antisyphiliticum". In Brasilien sind Tinktur und Fluidextrakt gebräuchlich. Anwendung nach Hoppe-Drogenkunde, 1958: „in der Lungentherapie . . . Cortex Alcornocco hispanicus ist die Rinde von Quercus suber"·

Dragendorff-Heilpflanzen, S. 309 (Fam. L e g u m i n o s a e ).

## Brassica

B r a s s i c a siehe Bd. II, Adstringentia; Calefacientia; Digerentia; Exsiccantia; Purgantia. / IV, G 146. / V, Conringia; Convolvulus; Eruca; Sinapis.
B u n i u m siehe Bd. II, Calefacientia; Diuretica; Emmenagoga.
O l u s siehe Bd. V, Amaranthus; Atriplex.
R a p s siehe Bd. IV, G 1347.
R ü b e siehe Bd. V, Beta; Bryonia; Bunias.
S e n e f siehe Bd. V, Eruca.
S e n f siehe Bd. I, Columba. / II, Acria; Antiarthritica; Antirheumatica; Antiscorbutica; Apodacrytica; Diuretica; Emmenagoga; Sialagoga; Vesicantia; Vomitoria. / IV, E 146, 316, 363; G 957, 1752. / V, Raphanus; Sinapis.
S e n f m o l k e n siehe Bd. I, Reg.
S e n f ö l siehe Bd. IV, E 7, 320; G 288.
S e n f s p i r i t u s siehe Bd. IV, G 1430, 1625.


G r o t-Hippokrates: B. oleracea.
B e r e n d e s-Dioskurides [- Kap. Senf] - - Kap. Weiße R ü b e , B. Rapa L. -3- Kap. K o h l , B. oleracea -4- Kap. F e l d k o h l , B. campestris L. var. Napobrassica.
T s c h i r c h-Sontheimer-Araber: - S i n a p i s nigra - - B. Rapa -3- B. oleracea.
F i s c h e r-Mittelalter: - B. nigra Koch; Sinapis nigra L. cf. E r u c a (sinapis, m u s t a r t u s , s e n e f , senf; Diosk.: s i n e p i , n a p i , sinape) - - B. rapa u. B. napus L. (napus, r a p a , c o n g e l i d a , r a b a , r u b e , g e e l r u e b , s t e c k r u e b , n o p e n ; Diosk.: g o n g y l e , rapa) -3- B. oleracea L. (rubeae caules = R o t k o h l , brassica blandona (?), r a b a c a u l i s , c o l l i c u l u s , p u p e r i a l i s , o l u s , c a p u t i u m , k ö l k r a u t , h a i d n i s c h k ö l , s t i n g l , k a b i s k ö p f , c a p u z ; Diosk.: k r a m b e , brassica), B. oleracea capitata alba L. ( g a b u s i u s , c a p u c i u s ) -4- B. napus L. [→ B. rapa].
B e ß l e r-Gart: - B. nigra (L.) Koch (Kap. Sinapis) - - B. rapa L. em. Metzger (Kap. Rapa; r u b e , e g e l y d , b e n g i l i d a , d e l i o n , n e y d a ) -3- B. oleracea L.
H o p p e-Bock: - B. nigra Koch - - B. rapa L. var. rapa Thell. subvar. communis Sch. et Mart. f. oblonga Sch. et Mart.; B. rapa L. var. Thell. subvar. communis Sch. et Mart. f. depressa Sch. et Mart. -3- B. oleracea L. var. acephala DC. subvar. plana Peterm. f. viridis Thell.; B. oleracea L. var. acephala DC. subvar. laciniata L. f. sabellica L.; B. oleracea L. var. capitata L. f. alba DC. -4- B. napus L. var. napobrassica Peterm.; B. napus L. var. arvensis Thell .
G e i g e r-Handbuch: - Sinapis nigra - - B. Rapa (Rübenkohl, gemeine weiße Rübe) mit Var. oblonga und depressa -3- B. oleracea (Gemüse-Kohl), dabei
1.) Grüner Kohl (B. ol. viridis; B l a t t k r a u t );
2.) B r a u n k o h l (B. ol. sabellica; B l a u k o h l );
3.) W i r s i n g (B. ol. crispa);
4.) K o p f k o h l (B. ol. capitata; W e i ß - u n d R o t k r a u t , Kappes);
5.) K o h l r a b i (B. ol. Caulorapum, congylodes; Kohlraben über der Erde);

6.) B l u m e n k o h l (B. ol. cauliflora seu botrytis; T r a u b e n k o h l);

7.) Ö l k o h l (B. ol. oleifera) [-4-];

8.) R e p s (B. Napus L.; Winter- und Sommerreps; B. campestris, Napo-Brassica; E r d k o h l r a b i , Kohlraben unter der Erde).

H a g e r-Handbuch: - B. nigra (L.) Koch - - B. rapa L. und Var. ( R ü b s e n ; die 3 Hauptvarietäten sind: B. rapa oleifera DC., B. campestris Koch (= B. campestris L.) und B. rapa rapifera Metzg., Koch) -4- B. napus L. (R a p s , K o h l - r ü b e ).

Z a n d e r-Pflanzennamen:

- B. nigra (L.) W. D. J. Koch (schwarzer, roter, brauner Senf) - - B. rapa L. emend. Metzger 1.) var. rapa (Weiße Rübe W a s s e r r ü b e , T u r n i p , Saat- oder H e r b s t r ü b e ) oder 2.) var. silvestris (Lam.) Briggs (Rübsen, Rüben-reps). -3- B. oleracea L., davon

1.) var. viridis L. ( S t a u d e n k o h l , B l a t t k o h l , F u t t e r k o h l );

2.) var. sabellica L. ( G r ü n - o d e r B r a u n k o h l , K r a u s k o h l , F e - d e r k o h l );

3.) var. sabauda L. (Wirsing, W e l s c h k o h l );

4.) convar. capitata (L.) Alef. var. capitata (Kopfkohl, Kraut, W e i ß k o h l , Weißkraut, R o t k o h l , Rotkraut);

5.) convar. acephala (DC.) Alef. var. gongylodes L. (Kohlrabi, Oberkohlrabi);

6.) convar. botrytis (L.) Alef. var. botrytis (Blumenkohl, K a r f i o l , K ä s e - k o h l , Italienischer Kohl).

-4- B. napus L. emend. Metzger 1.) var. napobrassica (L.) Rchb. (Kohlrübe, W r u - k e , Steckrübe, Unterkohlrabi), 2.) var. napus (Raps, Ölraps, Olreps, L e w a t , K o h l s a a t , K o h l s a m e n ).

Z i t a t-Empfehlung: **Brassica nigra (S.); Brassica rapa (S.); Brassica oleracea (S.); Brassica napus (S.).**

Dragendorff-Heilpflanzen, S. 254—256 (Fam. C r u c i f e r a e ); Tschirch-Handbuch II, S. 1492 uf.; Bertsch-Kulturpflanzen, S. 174—179.

( S i n a p i s )

In Quellen des Altertums und Mittelalters vorkommender Sinapis kann ebensogut schwarzer wie weißer Senf gewesen sein. Das Kapitel Senf bei Dioskurides bezieht Berendes auf → Sinapis alba L., Tschirch dagegen auf B. nigra (Senf erwärmt, verdünnt, reizt, führt Schleim ab. Saft zum Gurgeln bei Angina und Rauheit der Luftröhre; feingepulvert erregt er Niesen; hilft bei Epilepsie, Mutterkrämpfen; als Umschlag gegen Schlafsucht; Umschläge, mit Feigen gemischt, bei Ischias- und Milzschmerzen; reinigt das Gesicht, mit Essig gegen Aussatz und wilde Flechten; trocken wird er gegen periodische Fieber genommen; zu Krätzsalben; bei Ohrenleiden). Solche Indikationen gelangen in die Kräuterbücher des 16. Jh.

Die pharmazeutischen Quellen seit Ausgang des Mittelalters unterscheiden mit einiger Deutlichkeit zwischen weißem und schwarzem Senf, wobei der schwarze in der Regel als Sinapis schlechthin bezeichnet wird.

In Ap. Lüneburg 1475 waren 2 lb. Semen sinapis vorrätig. Die T. Worms verzeichnet: Semen Sinapis (Napis. Senff oder M o s t a r d s a m e n ), T. Frankfurt/M. 1687 Semen Sinapios (Senffsaamen). In Ap. Braunschweig gab es: Semen sinapi (5 lb.), Oleum (expressum) synapi (1¹/₂ lb.). Die Ph. Württemberg 1741 führt: Semen Sinapi (Rapi folio, semine rufo, rother Senff-Saamen; Incidans, Attenuans, Diureticum; äußerlich als Sinapismen; häufiger Gebrauch zur Bereitung von „ m u s t a r d a " [ M o s t r i c h ]); Confectio (sicca) Sinapis.

Bei Hagen, um 1780, heißt die Stammpflanze Sinapis nigra; die Samen (Semen Sinapis) haben die gleiche Beschaffenheit wie der weiße Senf; man gewinnt aus ihnen durch Pressen ein Öl, auch durch Wasserdampfdestillation ein ätherisches Öl, das im Geruch und Geschmack die ganze Schärfe des Senfs zeigt.

Aufgenommen sind in preußische Pharmakopöen: Ausgabe 1799-1846, Semen Sinapeos, von Sinapis nigra (seit 1827-1846 ein Kataplasma „ S i n a p i s m u s ", seit 1846 das ätherische Oleum Sinapis). Stammpflanze der Semen Sinapis seit Ausgabe 1862: Brassica nigra Koch. In DAB 1, 1872, stehen Semen Sinapis (von B. nigra Koch), Sinapismus ( S e n f t e i g ), Oleum Sinapis (Aetherisches Senföl), daraus bereitet Spiritus Sinapis. Die Samen bleiben offizinell bis DAB 6, 1926 („Die reifen Samen von Brassica nigra (Linné) Koch"), das (seit DAB 5, 1910, synthetische) Öl steht in DAB 7, 1968, als „ A l l y l s e n f ö l ".

Geiger, um 1830, schreibt über Semen Sinapis nigrae seu viridis: „Man gibt den Senf in Substanz, in Pulverform, ferner im Aufguß innerlich. Äußerlich wird das Pulver mit kochendem Wasser oder Essig zu Teig angerührt, zum Röten der Haut aufgelegt (wo noch öfter S a u e r t e i g , M e e r r e t t i g , P f e f f e r , K n o b - l a u c h , zuweilen auch C a n t h a r i d e n , K o c h s a l z usw. zugesetzt werden), oder zu Bädern. - Als Präparate hat man: Senfwein, Senfmolken, Senfsalbe (vinum, serum lactis et unguent. sinapinum). - Häufig wird der Senf in Haushaltungen, auf mancherlei Weise zubereitet, als Würze zu Speisen gebraucht. - Auch auf fettes Öl läßt er sich benutzen".

Hager, 1874, führt zu Semen Sinapis aus: „Der Holländische schwarze Senf ist bei uns hauptsächlich im Handel, und obgleich unansehnlich, eine vorzügliche Ware. Das Russische Senfmehl oder Sarepta-Senfmehl ist das (schöngelbe) Pulver der vom fetten Öl befreiten und entschälten Samen von Sinapis juncea May [Bezeichnung nach Zander-Pflanzennamen: **B. juncea (L.) Czern. et Coss. ssp. juncea**]. Es kann in Stelle des schwarzen Senfmehls verwendet werden, ist jedoch nicht officinell. Das Englische Senfmehl ist selten ein reines Senfpulver . . . Der schwarze Senf wird fast nur als grobes Pulver, Senfmehl, gebraucht . . . Der schwarze Senf enthält fettes, als Speiseöl verwendbares Öl. Das flüchtige, reizende, schwefelhaltige Senföl bildet sich erst unter Einwirkung von Wasser aus Bestandteilen des Senfes." (Das

Senföl kommt unverdünnt in Substanz höchst selten, gewöhnlich nur bei Wiederbelebungsversuchen, in Anwendung. Auf die Haut gebracht, bewirkt es schmerzhaftes Brennen, Entzündung und Blasenbildung. Im Handverkauf darf es nicht abgegeben werden. Was das Publikum an manchen Orten unter dem Namen Senföl versteht, ist Senfspiritus. In Mischungen mit Salmiakgeist verliert es seine Wirkung vollständig).

Anwendung nach Hager-Handbuch, um 1930: „Innerlich wird Senf bisweilen im Notfalle als Brechmittel bei Vergiftungen verordnet. Verbreitet ist der Gebrauch als Reiz- und Genußmittel, als Zusatz zur Fleischkost (Mostrich). Äußerlich als schnell wirkendes Hautreizmittel bei Ohnmachten, Erstickungsgefahr usw., ferner bei Zahnweh, Rheuma, in der Form des Senfteigs, Senfpapiers oder Senfspiritus. Zu Senffußbädern nimmt man 50-100 g Senfmehl, zu Vollbädern (bei Cholera gebräuchlich) 100-250 g oder eine entsprechende Menge Spiritus Sinapis".

In der Homöopathie sind „Sinapis nigra" (Tinktur aus reifen Samen) und „Oleum Sinapis nigrae" (alkoholische Lösung des natürlichen ätherischen Öls) weniger wichtige Mittel.

(Rapa und Napus)
Nach Berendes wird von Dioskurides in getrennten Kapiteln beschrieben:
1.) B. rapa (die kultivierte weiße Rübe; gekochte Wurzel ist nahrhaft, erzeugt Blähungen, bildet schwammiges Fleisch, reizt zum Liebesgenuß; mit Salz eingeweicht zur Appetitanregung; Abkochung als Bähung bei Podagra, Frostbeulen; die Sprossen wirken harntreibend; Samen als Zusatz zu Gegengiften und zu schmerzlindernden Mitteln; auch sie reizen zum Liebesgenuß).
2.) B. campestris var. Napobrassica [heute als Var. von B. napus L. aufgefaßt] (der Feldkohl und seine Wurzeln erregen Blähungen; Same gegen tödliche Gifte, Zusatz zu Gegengiften; auch diese Wurzel wird mit Salz eingeweicht).
Sichere Zuordnung von Stammpflanzen ist in Quellen des Altertums und Mittelalters kaum möglich. In Bertsch-Kulturpflanzen ist folgendes ausgeführt:
„Die Rüben sind bis in die neuere Zeit nicht voneinander unterschieden worden. Nicht einmal Linné hat die Kohlrübe (B. napus) von der W a s s e r r ü b e (B. rapa) zu trennen versucht. Erst im Jahr 1833 wurden diese Pflanzen scharf und richtig umgrenzt . . . Nicht besser steht es um die Ölpflanzen. Die alten Germanen hatten noch keine Pflanzenöle. Für ihre Lampen benutzten sie T i e r f e t t. Als dann das Christentum nach Norden vordrang, mußte man das Öl für das „ewige" Licht in den Kirchen aus dem Süden beziehen. Es war O l i v e n ö l, das im Haushalt lange Zeit ein teurer Luxusartikel war. Im Heliand (9. Jh.) ist deshalb das biblische Gleichnis von den klugen und törichten Jungfrauen nicht enthalten, da das Volk die Verwendung des Öles in den Lampen nicht verstand. Bald suchte man nach Ersatz. Zunächst fand man ihn im N u ß ö l, das für das Kirchenlicht verwendet wurde. Darum hat damals der Nußbaum eine viel bedeutendere Stellung eingenommen als heutzutage. An die Stelle des Nußöls trat dann das Rapsöl. Es

wurde zum Hauptbrennstoff der mittelalterlichen, breitdochtigen Hängelampen. Zunächst waren die wilden und verwilderten Kohlpflanzen zur Ölgewinnung verwendet worden. Zur Zeit des Capitulare und der heiligen Hildegard konnte man Raps und Rübsen in wildem oder verwildertem Zustand noch nicht voneinander unterscheiden. Man kann deshalb für jene Zeit nicht von Raps oder Rübsen sprechen, sondern muß sich auf den Gattungsnamen Kohl (Brassica) beschränken...

Der feldmäßige Anbau dieser Ölpflanzen ist verhältnismäßig jungen Datums. Erstmals spricht Hieronymus Bock in seinem Kräuterbuch vom Jahr 1551 von Ruoben, die der Samen halber zur Ölgewinnung angebaut wurden. Um das Jahr 1696 kannte Zwinger Reps und Rübsen als Ölfrucht nur von Holland, wo sie zur Gewinnung von Brennöl und zur S e i f e n b e r e i t u n g angebaut wurden. Von hier drang der Ölbau zuerst nach Norddeutschland, und später kam er, zur Zeit des Herzogs Alba, durch holländische Emigranten auch nach Süddeutschland. In Sachsen wurde er erst im Jahre 1781 eingeführt. Nach H. Christ war der Anbau von Reps und Rübsen zur Ölgewinnung in der Schweiz noch im 19. Jh. ziemlich neu.

In den milderen Gegenden baut man den Raps (B. napus) und in den kälteren und rauheren Lagen den Rübsen (B. rapa). Die Wildpflanze, von der letztere abstammt, ist der Feldkohl (B. campestris). Vom Raps kennen wir keine Wildpflanze".

Nach der Identifizierung und Darstellung Hoppe's hat Bock als „R u o b e n " abgebildet: 1. als ziemlich lang, männlich; von B. rapa L. die Unterform oblonga; 2. als rund, weiblichen Geschlechts: von B. rapa L. die Unterform depressa.

Bock beschreibt Formen mit verschiedenen Farben der Knollenoberhaut, ungefähr den Unterformen albida, punica, viridis entsprechend. Die Indikationen sind angelehnt an das Diosk.-Kap. Weiße Rübe. Als Steckrübe oder „anderes Geschlecht der zahmen Rübe" bildet Bock von B. napus L. die var. napobrassica ab, identifiziert mit dem Diosk.-Kap. Feldkohl und nennt die übereinstimmenden Anwendungen zusammen mit denen der obengenannten Rüben. Als „dritt gewaechs der Ruoben, wild Ruoben, feldruoben" bildet Bock von B. napus L. die var. arvensis [den Ölraps] ab; Anwendung der Samen zur Ölgewinnung; junges Kraut als Gemüse.

In Ap. Lüneburg 1475 waren vorrätig: Semen raparum (3 schepel), Oleum raparum (6 lb.). Die T. Worms 1582 verzeichnet: Semen Raporum (Raparum, Gongylis, G u l s o n i i , Rübsamen), Semen Buniadis (Napi, Steckrüben- oder B o r d - f e l d i s c h r ü b e n s a m e n , Napen-, B a u m h o l d e r - oder S t i c k e l - r ü b e n s a m e n , Nopensamen); die T. Frankfurt/M. 1687: Semen Raparum (Rübsaamen), Semen Buniadis (seu Napi, Steckrübsaamen), Oleum Raparum seminis (Rüböhl). In Ap. Braunschweig 1666 waren vorrätig: Semen raparum (6 lb.), Semen napi (5³/₄ lb.). Die Ph. Württemberg 1741 hat: Semen Raparum sativarum (Rübensaamen, weißer Rübensaamen; Wirkung wie die folgenden; als Emulsion bei Pocken und Masern); Semen Napi sativi ( B u n i a d i s , Steckrüben-Saamen; Alexipharmacum, Abstergens, Attenuans, in Emulsionen). Nach Hagen, um 1780, wurden verwendet:

1.) B. Rapa (runde oder große Rübe); „Der Samen (Sem. Rapae, Rapi) wird wenig mehr gebraucht. In neueren Zeiten wird aus der Wurzel ein Zuckersaft (Syrupus Rapae) bereitet, indem dieselbe auf einem Reibeisen zerrieben, der Saft ausgepreßt und mit Honig zur gehörigen Dicke gekocht, oder welches noch besser ist, damit kalt vermischt wird".

2.) B. Napus (Rübe, Steckrübe, Rübs, Sommerrübs); „wächst zwar wild bei uns, durch die Kultur aber wird die Wurzel stärker und eßbar . . . Der Samen (Rübsamen, Rübesaat, Oelsamen: Semen Napi, Buniadis) ist rund, braun, und gibt den dritten Teil seines Gewichtes an ausgepreßtem Öl (Oleum Raparum). Dieserhalb vorzüglich, weil das Öl häufig zum Brennen angewandt wird, wird diese Pflanze an vielen Orten gebaut".

Jourdan, um 1830, unterscheidet ebenfalls:

1.) B. rapa sativa L. „Die Wurzel ist dick und fleischig . . . Mehr in der Küche gebraucht [in Ph. Preußen 1827: Radix von B. Rapa (B. Rapa sativa L.)]. Eine Varietät, B. Rapa oleifera wird in der Dauphinée als Ölpflanze gebaut . . . [liefert] das allgemein bekannte raffinierte R ü b ö l". - Geiger, zur gleichen Zeit, schreibt über B. Rapa: „Officinell ist: die Wurzel, ehedem auch der Same (radix et semen Rapae sativae) . . . Man gebraucht die frische Rübe in Abkochung innerlich und als Gurgelwasser, ebenso den Saft; ferner zerrieben als kühlendes Mittel auf Brandschäden wiederholt aufgelegt. - Präparate hatte man: Syrup (syrupus Rapae), aus dem Saft mit Zucker zu erhalten, und das gefrorne Rübenpflaster. - Die Rüben werden ferner teils roh und auf mancherlei Weise zubereitet, wie die übrigen Kohlarten häufig genossen".

2.) B. Napus L. „Man wendet die Wurzel und die Samen an . . . Die Wurzel hat eine schwach reizende Wirkung und gilt für ein Brustmittel, doch wird sie häufiger in der Küche als in Krankheiten benutzt. Der Same liefert ein sehr gutes, genießbares Öl, welches man, ausgepreßt, als harntreibend ansieht". - Geiger rechnet B. Napus L. zu B. oleracea, aus dem Samen wird Repsöl (ol. Napi) gewonnen. In Ph. Sachsen 1820 sind Semen Napi (von B. napi L.) aufgenommen.

Pharmazeutisches Interesse behielt nur noch das fette Öl. Aufgenommen in DAB 2, 1882: Oleum Rapae (Syn. Oleum Napi), von angebauten B.-Arten. Marmé schreibt in seinem Kommentar, 1886, dazu: „Das officinelle Rüböl wird in der Veterinärmedizin oft statt des Ol. Olivarum gebraucht, dient in manchen Gegenden als Brennöl, wird technisch zur Bereitung von Schmierseife, zum Einfetten von Leder u. a. Gegenständen verwertet und wird pharmazeutisch zur Herstellung des officinellen Oleum cantharidatum benutzt". Noch im DAB 6, 1926: Oleum Rapae - Rüböl; „Das aus den Samen von angebauten Brassica-Arten ohne Anwendung von Wärme gepreßte Öl". Als Stammpflanzen werden im Hager, um

1930, angegeben: B. rapa L. und Varietäten, sowie B. napus L. „Anwendung. Als Schmieröl und Brennöl, zu Einreibungen, auch als Speiseöl". Erwähnt werden hier Flores Napi (Rapsblüten); nach Hoppe-Drogenkunde, 1958, dienen sie als Teeverschönerungsmittel.

(Kohl)

Nach Bertsch-Kulturpflanzen ist die wichtigste Pflanze [nicht pharmazeutisch!] der Gattung B. der Gemüsekohl (B. oleracea). „Man nimmt heute an, daß der Gemüsekohl aus einer oder mehreren der an den Felsenküsten des Mittelmeers wachsenden Kleinarten durch Kultur entstanden ist. Von dort hat er sich schon in früher Zeit durch den Völkerverkehr nach West- und Mitteleuropa verbreitet. Der Gemüsekohl hatte schon ein Jahrtausend vor den Römern das schwäbische Alpenvorland erreicht . . . Das Capitulare um das Jahr 800 unterscheidet zwei Kohlarten, den einen unter dem Namen c a u l o s (Kohl) und den anderen als R a v a c a u l o s (Kohlrabi). Bei der heiligen Hildegard (12. Jh.) treffen wir den Kopfkohl (Kappus) und den Rotkohl (Rubeae caules) und bei Albertus Magnus den Kopfkohl (c a p u t i u m)...

Der Blumenkohl ist erst seit dem 16. Jh. bekannt. Er soll aus dem Orient stammen und in Italien hochgezüchtet worden sein. Bereits im Jahr 1557 gibt Dodonaeus von ihm eine gute Abbildung. Matthiolus nennt ihn in seinem Kräuterbuch Brassica Cypria und behauptet, daß der beste aus Genua komme...

Im 16. Jh. erscheint auch der Wirsing, der in alter Zeit den Namen S a v o y e r - k o h l führte, der ihm auch in der wissenschaftlichen Bezeichnung geblieben ist (B. oleracea sabauda), und der auf sein Entstehungsland hinweist. Schon im Jahr 1557 nennt ihn Dodonaeus: Chou de Savoye oder Savoykohl, ebenso Lobel im Jahr 1576.

Die jüngste Sorte ist der Rosenkohl (B. oleracea gemifera), der erstmalig von de Candolle im Jahr 1821 beschrieben worden ist. Sowohl im Deutschen, als auch im Französischen und Englischen heißt er auch Brüsseler Kohl. Danach dürfte sein Ursprungsland in Belgien zu suchen sein".

Den angebauten Kohl kann man nach Dioskurides vielfach medizinisch verwenden (stark gekocht stellt er den Durchfall; gegessen gegen Stumpfsichtigkeit und Zittern, beseitigt die unangenehmen Folgen des Rausches; Saft erweicht den Bauch; mit Wein gegen Vipernbiß; gegen Podagra, Gicht, alte Wunden; reinigt den Kopf; Zusatz zu Menstruationsmitteln; Blätter zu Umschlägen bei Entzündungen, Ödemen, Rose, Aussatz, Karbunkel; gegen Haarausfall, Milzleiden; die Abkochung als Trank treibt den Bauch und die Menstruation; die Blüte, eingelegt, verhindert Empfängnis; der Same treibt Würmer aus, gegen Biße giftiger Tiere, reinigt das Gesicht, entfernt Leberflecken; grüne Stengel mit den Wurzeln gekocht, mit Zusatz von Schweinefett, gegen Seitenschmerzen).

Bock, um 1550, bildet mehrere Kohlarten ab und lehnt sich mit Indikationen an

Dioskurides an. Ohne in der offiziellen Therapie größere Bedeutung erlangt zu haben, waren doch einige Drogen bis Anfang 19. Jh. apothekenüblich.

In T. Worms 1582 ist aufgenommen: [unter Kräutern] Braßica (caulis, Crambe, Köl, Kölkraut); in T. Mainz 1618 [unter Kräutern] Brassica (Köhl); Semen Brassicae (Köhlsamen); in T. Frankfurt/M. 1687 das Kraut. In Ap. Braunschweig 1666 waren 1 lb. Semen caulium vorrätig. Die Ph. Württemberg 1741 führt: Semen Brassicae rubrae (rother Köhl-Saamen; gegen Gonorrhöe, Kolik, Würmer).

Nach Geiger, um 1830, sind Kraut und Same offizinell; „die frischen Kohlblätter legt man äußerlich auf Geschwüre, wunde Stellen von Blasenpflastern usw. - Das S a u e r k r a u t , d. i. das zerschnittene und mit wenig Salz eingemachte Weinkraut, welches in kurzer Zeit in eine eigene saure Gärung übergeht, wird als ein vorzügliches, antiscorbutisches Mittel verordnet". Jourdan, zur gleichen Zeit, berichtet über B. oleracea L.: „Man wendet die Blätter und die Samen an. Die Blätter (folia Brassicae capitatae albae et rubrae) sind eirund, blaugrün oder rot. Der Same (semen Brassicae rubrae) ist rund . . . Der Kohl ist ein leichtes Reizmittel. Man hat ihn, und besonders die rote Spielart desselben, als Brustmittel bei Brustkrankheiten empfohlen"; zur Bereitung des L o o c h  G o r d o n i (aus Saft), Syrupus Brassicae rubrae, Gelatina Brassicae rubrae (aus Blättern). In der Homöopathie ist „Brassica oleracea" (Essenz aus frischer, blühender Pflanze) ein weniger wichtiges Mittel.

## Brucea

B r u c e a  siehe Bd. IV, G 545. / V, Galipea.

Nach Geiger, um 1830, leitet man von B. feruginea l'Herit. (= B. antidysenterica Mill.) die falsche Angusturarinde (cortex A n g u s t u r a e  spuriae, Ostindische Angustura) her; „als Arzneimittel wird diese Rinde nicht angewendet, dient aber zur Darstellung des B r u c i n s ". Nach Dragendorff-Heilpflanzen, um 1900 (S. 365; Fam. S i m a r u b e a e ; nach Zander-Pflanzennamen: S i m a r o u b a c e a e ), wird die Rinde von B. antidysenterica Lam. (= B. ferruginea l'Hérit) gegen Würmer, Fieber und Dysenterie verwandt. Desgleichen B. sumatrana Roxb. (= G o n u s  amarissimus Lour.); Same auch zur Ölbereitung. In Hoppe-Drogenkunde, 1958, gibt es ein Kap. B. amarissima (= B. sumatrana); verwendet werden die Frucht (M a c a s s a r k e r n e , Asiatische R u h r s a m e n ) als Antidysentericum, und das Öl der Samen ( K o - S a m - Ö l ); ferner verwendet man: B. javanica (liefert fettes Ö) und B. antidysenterica (Früchte und Rinden als Magenmittel, gegen Ruhr, Fieber, Würmer).

## Brunfelsia

Nach Dragendorff-Heilpflanzen, um 1900 (S. 600; Fam. S o l a n a c e a e ), wird von der brasilianischen B. Hopeana Benth. (= F r a n c i s c e a  uniflora Pohl, B.

Br

uniflora Don.) „Wurzel (Manaca) als Purgans, Emeticum, Abortivum, gegen Skrofeln, Syphilis, Rheuma verordnet (M e r c u r i o  v e g e t a l .)". Nach Hager-Handbuch, um 1930, ist Radix  M a n a c a  (von B. Hopeana Benth.) ein Antisyphiliticum, Antiarthriticum, Diureticum; als Fluidextrakt mit Natriumsalicylat genommen. In der Homöopathie ist „Franciscea uniflora" (Essenz aus frischer Wurzel; 1862) ein wichtiges Mittel. Bezeichnung nach Zander-Pflanzennamen: **B. hopeana (Pohl) Benth.** (= Franciscea hopeana Pohl).

## Bryonia

B r y o n i a  siehe Bd. I, Fel. / II, Acria; Antipsorica; Diuretica; Emollientia; Lithontriptica; Purgantia. / IV, G 314, 1747. / V, Exogonium; Jateorhiza; Saussurea; Tamus.
Z a u n r ü b e  siehe Bd. V, Exogonium.

H e s s l e r-Susruta: B. grandis.
D e i n e s-Ägypten: B. dioica.
G r o t-Hippokrates: B. cretica.
B e r e n d e s-Dioskurides: Kap. Schwarze  R e b e , B. alba L.; Kap.  A m o m u m, B. dioica?
T s c h i r c h-Sontheimer-Araber: B. alba, B. dioica.
F i s c h e r-Mittelalter: B. alba L. und B. dioeca Jacq. (brionia,  a m p e l l u s, v i t i c e l l a ,  c u c u r b i t a  agreste,  c l e m a t i s ,  s t i c h w u r t z , stickwurz, z i t w u r z ,  r a s e l w u r z ,  wilder  z i t v a n ,  schieswurtz, romischrueben; Diosk.:  a m p e l o s  leuke, bryonia).
H o p p e-Bock: Kap. Von Hundskürbs / Bryonia, B. dioica Jacq. (Wildruoben, Wildenkürbis, Teüffelskirsen).
G e i g e r-Handbuch: B. alba (weiße  Z a u n r ü b e  oder  G i c h t r ü b e , Stickrübe,  H u n d s r ü b e ,  wilde oder römische  R ü b e ); B. dioeca (rothbeerige Zaunrübe).
H a g e r-Handbuch: **B. alba L.** und B. dioica Jacq. [Schreibweise nach  Z a n d e r - Pflanzennamen: **B. cretica L. ssp. dioica (Jacq.) Tutin**].
Z i t a t-Empfehlung: **Bryonia alba (S.); Bryonia dioica (S.).**

Dragendorff-Heilpflanzen, S. 650 (Fam.  C u c u r b i t a c e a e ).

Der schwarze Ampelos (schwarze Bryonia) des Dioskurides war - nach Berendes - B. alba L. (Stengel oder Wurzel treiben Harn, befördern Menstruation, erweichen Milz; gegen Epilepsie, Schwindel, Paralyse; Blätter mit Wein zu Kataplasmen). Kräuterbuchautoren des 16. Jh. übernehmen solche Indikationen und fügen weitere hinzu, so Bock, um 1550, der als Bryonia - nach Hoppe - B. dioica Jacq. meint, da er von roten Früchten schreibt, während B. alba L. schwarze Früchte hat (Laxans und Diureticum; gegen Epilepsie, Schwindel, Pest, Kopfschmerzen, Schlangengift; Wurzel zu Latwerge bei Atembeschwerden und Husten, inneren Ver-

198

letzungen; zu Pflaster gegen Geschwüre, Umschlägen bei Abzessen, Panaritium, zum Ausziehen von Knochensplittern; führt Totgeburt und Secundina aus; zu Salbe bei lahmen Gliedern; wird durch Landstreicher als A l r a u n e , als Purgans, verkauft). In Apotheken wurde zwischen Wurzeln von B. alba oder B. dioica kein Unterschied gemacht.

In Ap. Lüneburg 1475 waren vorrätig: Radix brionie (1 lb.). Die T. Worms 1582 führt: Radix Bryoniae (Zaunrübenwurtz, Stickwurtz), die T. Frankfurt/M. 1687: Radix Bryoniae ( V i t i s albae, Stickwurtz, Zaunrüben, S c h m e e r w u r t z , S a u w u r t z , S c h e i ß w u r t z ); Herba Bryonia (Vitis alba, T e u f f e l s - k i r s c h e n , Zaunrüben, Stickwurtz, Sauwurtz), Extractum B. (Stickwurtz- oder Zaunrüben-Extract). In Ap. Braunschweig 1666 waren vorrätig: Radix bryoniae (4 lb.), Foecula b. (3 lb.), Pulvis b. ($^1$/$_4$ lb.).

Die Ph. Württemberg 1741 beschreibt: Radix Bryoniae (Vitis albae, Vitis silvestris, U v a e a n g i n a e , Zaunrüben, Zaunrebenwurtzel, Stickwurtz, Hundskürbsenwurtzel, von einigen auch weißer E n z i a n genannt; Purgans, Anthelminticum, Emmenagogum, meist als Infus; äußerlich Discutans und Resolvens); Extractum B., Syrupus Bryoniae. Die Stammpflanze heißt nach Hagen, um 1780: B. alba (Zaunrübe, Gichtrübe).

Die Wurzeldroge ist noch in mehreren Länderpharmakopöen des 19. Jh. aufgenommen, z. B. Preußen 1799-1829 (Radix Bryoniae, von B. alba L. und B. dioica Jacq.), Ph. Hannover 1861. In der Homöopathie ist „Bryonia - Zaunrübe" (Essenz aus frischer Wurzel von B. alba u. dioica; Hahnemann 1816) ein wichtiges Mittel. Geiger, um 1830, schreibt zu den beiden B.-Arten: „Offizinell ist: die Wurzel (rad. Bryoniae). Ehedem auch die Beeren und Samen (baccae et semen Bryoniae). Die Wurzel wird von beiden Pflanzen gesammelt . . . Man gibt die Wurzel in Substanz, in Pulverform oder im Aufguß oder Abkochung; auch der ausgepreßte Saft der frischen Wurzel wird mit Zucker versetzt verordnet. (Als sehr drastisch wirkende Substanz muß sie mit großer Behutsamkeit in kleinen Dosen gereicht werden.) Äußerlich wird sie auf Geschwülste, Quetschungen usw., teils frisch, teils die Abkochung, aufgelegt. - Präparate hatte man ehedem: Extrakt und Satzmehl (extr. fácula Bryoniae). Die sog. Alraun ist öfter nichts als Zaunrübe, in deren Kopf man einen leicht keimenden Samen einer Grasart gelegt, und nachdem er ausgeschlagen, sie zu einem Männlein geschnitzt, gedörrt hat, wo die Grasfasern die Haare vorstellen".

Anwendung der Zaunrübe nach Hager-Handbuch, um 1930: „Selten als Hautreizmittel und drastisches Abführmittel. Der ausgepreßte Saft der frischen Wurzel war früher ein Bestandteil der Frühlingskuren. In der Homöopathie bei Rheuma, Lungen- und Brustfellentzündung."

In Hoppe-Drogenkunde, 1958, heißt es über die Verwendung der Radix Bryoniae: „Wegen unangenehmer Nebenwirkungen kaum mehr als Abführmittel benutzt. - Bei Polyarthritis rheumatica. - In der Volksmedizin. - In der Homöopathie bei

Bu

katarrhalischen und rheumatischen Erkankungen. Zur Beseitigung von Schmerz-
empfindungen".

## Buddleja

In Dragendorff-Heilpflanzen, um 1900 (S. 536; Fam. L o g a n i a c e a e ; nach
Zander-Pflanzennamen: B u d d l e j a c e a e ), sind 8 B.-Arten angegeben
( S c h m e t t e r l i n g s s t r ä u c h e r ), darunter B u d l e j a brasiliensis Jacq. fil.
(Fischgift, gegen Oxyurus) und B. officinalis Maxim. Diese beiden in Hoppe-Dro-
genkunde, 1958: B u d d l e i a brasiliensis (Blatt - S a l v i a mexicana - als Ex-
pectorans in Form galenischer Präparate; in der Tiermedizin) und B. officinalis
(Blüten in Augenheilkunde). Nach Hager-Handbuch, Erg.-Bd. 1949, ist aber
Salvia mexicana: Zweige und Blütenstände von B. perfoliata H. B. K.

## Bulnesia

Nach Hager-Handbuch, um 1930, wird Oleum Ligni G u a j a c i (Guajakholzöl)
aus dem Holz der argentinischen Z y g o p h y l l a c e e B. Sarmienti Lor. gewonnen. Dieses Holz, das dem eigentlichen Guajakholz (→ G u a i a c u m ) sehr ähnlich ist, kommt seit 1892 als P a l o b a l s a m o in den Handel. Das Öl dient in
der Parfümerie zur Erzeugung des Teerosengeruchs. Entsprechende Angaben in
Hoppe-Drogenkunde, 1958, Kap. B. sarmienti.

## Bunchosia

Nach Dragendorff-Heilpflanzen, um 1900 (S. 346; Fam. M a l p i g h i a c e a e ),
und nach Hoppe-Drogenkunde, 1958, liefert B. glandulifera H. B. K. C i r u e l a -
g u m m i .

## Bunias

B u n i a s siehe Bd. V, Brassica; Cakile.
Zitat-Empfehlung: *Bunias erucago (S.); Bunias orientalis (S.)*.

In Berendes-Dioskurides ist das Kap. Wilde weiße R ü b e auf B. Erucago L. bezogen (Samen als Zusatz zu Pomaden). Geiger, um 1830, erwähnt von dieser
Pflanze: „Davon war ehedem das Kraut und der Samen (herba et semen E r u c a -
g i n i s ) offizinell". Bei Dragendorff-Heilpflanzen, um 1900 (S. 260; Fam. C r u -

c i f e r a e ), sind genannt: B. Erucago L. (= B. vulgaris Andercz., M y a g r u m orientale Sieb. [Schreibweise nach Schmeil-Flora: **B. erucago L.**]) - Frucht und Kraut gegen Wassersucht, der Saft als Blutreinigungsmittel - und **B. orientalis L.** (= B. perennis Mönch.), als Gemüse gebraucht.

Es folgt bei Dragendorff E r u c a r i a aleppica D. C. (= B. myagroides L., Z i l l a myagr. Forsk., Myagrum spinosum Lam., B. spinosa L.); man vermutet von ihr, daß sie dem K a r d a m o m Galen's entspreche.

## Bunium

B u n i u m siehe Bd. V, Brassica; Trachyspermum.
B u n i o n siehe Bd. V, Verbena

Nach Berendes ist B. pumilum Sm. zur Erklärung des Dioskurides-Kapitels B u n i o n herangezogen worden. Bei Dragendorff-Heilpflanzen (S. 490; Fam. U m b e l l i f e r a e ) heißt B. pumilum Sibth. um 1900: B i a s o l e t t i a pumila Nyl.

Geiger, um 1830, erwähnt S i u m Bulbocastanum Spr. (= B. Bulbocastanum L., C a r u m Bulbocastanum Koch, E r d k a s t a n i e ); „offizinell waren sonst die Wurzeln (radices B u l b o c a s t a n i ). Sie sind süßlich herb und wurden gegen Blutspeien usw. gegeben". Dragendorff-Heilpflanzen (S. 488; Fam. Umbelliferae) führt die Pflanze unter Carum Bulbocastanum Koch. Schreibweise nach Zander-Pflanzennamen: **B. bulbocastanum L.**

## Bupleurum

P e r f o l i a t a siehe Bd. IV, A 33.

G r o t-Hippokrates: B. fruticosum?

B e r e n d e s-Dioskurides: Kap. Aethiopisches Seseli, B. fruticosum L.

F i s c h e r-Mittelalter: B.-spec., B. rotundifolium L. (herba perfoliata, p e r f o l i a t a , d u r c h w a c h s ).

H o p p e-Bock: Kap. Durchwachs, **B. rotundifolium L.** ( S t o p s l o c h , L ö f f e l k r a u t , N a b e l k r a u t ); Kap. W u n d k r a u t , **B. falcatum L.**

G e i g e r-Handbuch: B. rotundifolium (rundblättriger Durchwachs, H a s e n o h r ); B. falcatum.

Z i t a t-Empfehlung: **Bupleurum rotundifolium (S.); Bupleurum falcatum (S.).**

Dragendorff-Heilpflanzen, S. 486 (Fam. U m b e l l i f e r a e ).

Nach Dioskurides hat das Aethiopische Seseli, das nach Berendes als B. fruticosum L. identifiziert wird, dieselben Wirkungen wie das Massiliensische → S e s e l i .

Bock, um 1550, bezieht sich - nach Hoppe - bezüglich der Indikationen für das abgebildete B. rotundifolium L. auf das Dioskurides-Kapitel vom Nabelblatt (→ Umbilicus) (Kraut als Pflaster gegen Schwellung, Kropfbildung, Hautentzündung, Magenschmerzen, als Aphrodisiacum; außerdem Früchte gegen Eingeweidebrüche). Sein Wundkraut, das Hoppe als B. falcatum L. identifiziert hat, bezieht Bock auf ein Diosk.-Kap. mit unbestimmter Pflanze (gegen Gifte, zur Wundheilung). Bei Geiger, um 1830, wird auch B. falcatum noch erwähnt („offizinell war sonst das Kraut und die Wurzel, herba et radix Bupleuri, Costae Bovis, Auriculae Leporis), genauer beschreibt er jedoch B. rotundifolium, das wichtige Drogen lieferte:

In T. Worms 1582 sind aufgenommen: [unter Kräutern] Perfoliata (Durchwachs, Brustwurtz); Semen Perfoliatae (Durchwachssamen); beide auch in T. Frankfurt/M. 1687. In Ap. Braunschweig 1666 waren vorrätig: Herba perfoliatae ($^1$/$_4$ K.), Semen p. (3$^3$/$_4$ lb.). Die Ph. Württemberg 1741 beschreibt: Herba Perfoliatae (vulgaris, annuae arvensis, Durchwachs; Adstringens, Roborans, zu Wunddekokten, gegen Brüche), Semen Perfoliatae (Durchwachs-Saamen; Adstringens, innerlich und äußerlich bei Brüchen). Die Stammpflanze heißt bei Hagen, um 1780: B. rotundifolium; „Kraut und Samen waren vor Zeiten mehr im Gebrauche". Geiger, um 1830, gibt an: Der Same - vielmehr die Frucht -, welcher sich noch in Apotheken findet, wurde sonst bei Wunden, Brüchen, Kröpfen usw. gebraucht. Nach Hoppe-Drogenkunde, 1958, diente das Kraut von B. rotundifolium (Herba Perfoliatae, rundblättriges Hasenohr) früher zur Wundbehandlung.

## Bursera

Bursera siehe Bd. V, Aquilaria; Calophyllum; Simaruba; Tetragastris.
Dragendorff-Heilpflanzen; S. 370 uf. (Fam. Burseraceae); Tschirch-Handbuch II, S. 833.

1.) Im 17. bis zum 19. Jh. wurde ein Harzprodukt benutzt, das wahrscheinlich von Burseraceen stammte. Die T. Mainz 1618 führt Gummi carannae; auch in späteren Taxen (z. B. Frankfurt/M. 1687). In Ap. Braunschweig 1666 waren davon 13$^1$/$_4$ lb. vorrätig. Schröder, 1685, schreibt im Kap. Caranna: „ist eine harte, nicht besonders klebrige Resina, gleicht schier dem Tacamahac, nur daß er wohlriechender, schöner, fließender und dichter ist. Man bringt ihn von Carthago, einer Provinz in Neu Hispanien, allwo selbe Resina aus einem verwundeten Baum fließt, und alldorten auch in breite, nervige Blätter eingeschlossen wird und allso zu uns kommt ... Er wärmt und trocknet im 3. Grad und ist den Kräften nach dem Tacamahac gleich, nur daß er geschwinder und kräftiger wirkt, besonders in Geschwülsten, allehand Schmerzen, vornehmlich der Gelenke, er dissolviert die alten Geschwülste, stillt die kalten oder vermischten Flüsse, lindert die Schmerzen der Nerven und des Gehirns, heilt die frischen Wunden der Nerven und Gelenke allein, hintertreibt die Flüsse, die auf die Augen und andere Teile fallen, wenn mans bei den Ohren oder den Schläfen überlegt".

Die Ph. Württemberg 1741 führt Caranna (Calefaciens, Resolvens; äußerlich in Pflastern). Geiger, um 1830, gibt als Stammpflanze B. gummifera an; „von dem Baum leitet man das ehedem gebräuchliche K a r a n n e (Gummi Carannae) ab. Es kommt in Stücken, mit Rohrblättern umwickelt, vor . . . Hierher gehört wohl auch das K i k e k u n e m a l o (Gummi Kikekunemalo), welches Virey von dem-selben Baum ableitet . . . Beide Harze wurden ehedem zum Räuchern bei gichtigen Beschwerden usw. gebraucht. Auch destillierte man davon die ätherischen Öle (ol. Carannae et Kikekunemalo) . . . und gab sie innerlich gegen Krämpfe usw." Jourdan, zur gleichen Zeit, schreibt bei Caranna, daß man die Stammpflanze nicht kennt und daß es nicht mehr in Gebrauch ist; bei Kikekunemalo, daß es nach Gui-bourt eine Art A n i m e sei, nach Virey von B. gummifera; „man gebraucht es jetzt nicht mehr". Wiggers, um 1850, beschreibt es noch: Nach Lindley wird Ca-ranna von der westindischen B. acuminata Willd. (= B. gummifera Jacq.) geliefert; Martius beschreibt 3, wahrscheinlich von verschiedenen Bäumen herstammende Sorten. Nach Dragendorff-Heilpflanzen, um 1900, liefert B. gummifera L.: Bal-sam resp. Harz (gegen Ruhr, Nieren- und Lungenleiden, Gicht, auch zu Pflastern und Salben benutzt), „die mitunter auch als Anime, vielleicht auch als Kikekune-malo verkauft sind"; die Blätter dienen als Wundmittel, die Rinde gegen Gonor-rhöe und Würmer, die Wurzel gegen Diarrhöe.

2.) Von B. Aloexylon Engler (= E l a p h r i u m Aloexylon Schiede, A m y r i s Linaloe La Llave) und von B. Delpechiana Poiss. wird nach Tschirch-Handbuch mexikanisches L i n a l o e ö l gewonnen. Dieses ätherische Öl bildet seit Mitte 19. Jh. (über Frankreich) einen nicht unwichtigen Handelsartikel. Das Holz ist eins der A l o e h ö l z e r (→ Aquilaria). Als Stammpflanze des Mexikanischen L i -n a l o e ö l s gibt Hoppe-Drogenkunde, 1958, besonders B. Delpechiana an; außer B. aloexylon auch noch B. glabrifolia u. B. fagaroides var. ventricosa.

3.) B. tomentosa liefert Westindisches T a c a m a h a k (→ Calophyllum). Nach Hager-Handbuch stammt diese Harzdroge von B. tomentosa (Jacq.) Engl. und von B. excelsa (H. B. K.) Engler.

In Zander-Pflanzennamen sind aufgeführt: [zu 1.)] **B. simaruba (L.) Sarg.** (= B. gummifera Jacq. ex L.); [zu 2.)] **B. penicillata (Sessé et Moç. ex DC.) Engl.** (= B. delpechiana Poiss. ex Engl.).

Z i t a t-Empfehlung: **Bursera simaruba (S.); Bursera penicillata (S.).**


# Butea

Nach Geiger, um 1830, liefert B. frondosa und **B. superba Roxb.** ostindisches K i n o (→ P t e r o c a r p u s) und G u m m i L a c c a e . In Hagers Handbuch,

Bu

um 1930, werden als Lieferanten von bengalischem oder Balasa-Kino angegeben: B. monosperma (Lam.) Taub., B. frondosa Roxb., B. superba Roxb. u. B parviflora Roxb.

Dragendorff-Heilpflanzen, S. 334 (Fam. L e g u m i n o s a e ).


## Butomus

Nach Geiger, um 1830, werden von **B. umbellatus L.** ( B l u m e n b i n s e , W a s s e r v i o l e ) Wurzel und Samen, rad. et sem. J u n c i floridi, verwandt. „Beide sind zusammenziehend, die Wurzel auch bitter. Sie wurde gegen den Schlangenbiß angewendet. Die Russen essen die Wurzel". Das S p a r g a n i o n des Dioskurides wird von einigen Autoren mit dieser Pflanze identifiziert (Berendes-Dioskurides), bei Bock, um 1550, ist sie als eine Art von R i e d t g r a ß abgebildet, ohne med. Verwendungszweck.
Z i t a t-Empfehlung: **Butomus umbellatus (S.).**

Dragendorff-Heilpflanzen, S. 76 (Fam. B u t o m e a e ; nach Schmeil-Flora Fam. B u t o m a c e a e ).


## Buxus

B u x b a u m siehe Bd. V, Arctostaphylos.
Zitat-Empfehlung: *Buxus sempervirens (S.).*
Dragendorff-Heilpflanzen, S. 392 (Fam. Buxaceae).

Nach Sontheimer-Araber ist bei I. el B. Buxus dioica und B. sempervirens nachzuweisen. Fischer gibt einige wenige Nachweise in mittelalterlichen Quellen für **B. sempervirens L.** an (buxus, p u c h s b o m , b u s c h b o m ). Bock, um 1550, bildet - nach Hoppe - die Pflanze als „ B u x b a u m " ab und nennt volkstümliche Anwendungen (für Kräuterbüschel gegen Dämonen; Abkochung der Blätter und Zweige in Lauge zum Röten der Haare).
In T. Worms 1582 ist aufgenommen: [unter Hölzern] Buxi lignum (Buchsbaumenholtz); auch in T. Frankfurt/M. 1687. In Ap. Braunschweig 1666 waren vorrätig: Herba buxi ($^1/_2$ K.), Liquor ligni buxi (1 Lot.). Schröder, 1685, berichtet vom Buxbaum: „In der Arznei gebraucht man ihn selten, doch destillieren etliche ein narkotisches Öl aus dem Holz" (gegen schwere Not, Zahnweh, Würmer); Extrakt des Holzes ist schweißtreibend; Buxbaumsaft gegen Seitenstechen.
Die Ph. Württemberg 1741 führt: Lignum Buxi Arborescentis (Buxbaum-Holtz; ähnliche Tugenden wie Guajakholz; Antimagicum); Oleum (empyreumat.) Buxi. Bei Hagen, um 1780, heißt die Stammpflanze vom „Buxbaum (Buxus semperuirens) ... Hiervon wurde sonst in Apotheken das Holz (Lignum Buxi), welches im Wasser zu Boden sinkt, und das daraus destillierte empireumatische Öl geführt.

Beides ist außer Gebrauch gekommen". Nach Geiger, um 1830, waren von B. sempervirens das Holz und die Blätter offizinell; „man hat sie gegen Fallsucht, Wechselfieber usw. gebraucht, sie scheinen narkotische Eigenschaft zu besitzen". Jourdan, zur gleichen Zeit, gibt an, daß das Holz „früher zu den gegen Syphilis üblichen Tisanen gesetzt" wurde; die Blätter hat man entsprechend eingesetzt; sie wirken reizend, schweißtreibend.

In der Homöopathie ist „Buxus sempervirens - Buxbaum" (Essenz aus frischen, jungen Sprossen mit den Blättern) ein wichtiges Mittel. Wird in Hoppe-Drogenkunde, 1958, genannt.

## Caesalpinia

Nach Tschirch und Sontheimer ist **C. sappan L.** in arabischen Quellen zu identifizieren; nach Fischer bei Albertus Magnus (13. Jh.) als b r i s i l i u m . B r e s i l - o d e r B r a s i l h o l z war - nach Tschirch-Handbuch - im Mittelalter ein wichtiges Handelsobjekt. Es kam - nach Roosen-Runge „Farbgebung und Technik frühmittelalterlicher Buchmalerei", 1967 - aus Ceylon über Alexandria und wurde u. a. als Grundierung für Gold gebraucht (Lignum b r a x i l l i i , B r e x i l i u m , V e r z i n i u m ). Inwieweit Lignum Brasiliani in frühneuzeitlichen Quellen von dieser Stammpflanze herrührt, ist unsicher (siehe unten). S c h a p p a n oder S a p a n - H o l t z wird von Valentini, 1714, lediglich als rotes Farbholz erwähnt, von Geiger, um 1830, C. Sappan (Sappan-Cäsalpinie) als eine der Stammpflanzen vom roten Brasilienholz. Nach Hager-Handbuch, um 1930, liefert C. sappan L. Ostindisches R o t h o l z ; es wird nach Hoppe-Drogenkunde, 1958, auch „unechtes, rotes S a n d e l h o l z " genannt; Färbemittel, in der chinesischen Medizin als Adstringens.

Seit der Entdeckung Amerikas, um 1500, wurde von dorther Brasilholz nach Europa ausgeführt. Das zunächst „Terra de Santa Cruz" genannte Land erhielt deshalb den Namen „Brasilien". Die Droge stammte jedoch von anderen C.-Arten als das vorderindische Holz.

In T. Worms 1582 ist aufgenommen: [unter Hölzern] Brasilium (Bresilium, Lignum Brasilianum, Bresilgenholtz). In Ap. Braunschweig 1666 waren vorrätig: Lignum Braesilianum (20 lb.), Lignum B. rubrum (13 lb.), Lignum f i r n e b u c u m (8$^{1}/_{2}$ lb.). Valentini, 1714, beschreibt das Brasilien-Holtz; man bekommt davon viele Sorten, je nachdem wo der Baum wächst; beste und teuerste Sorte ist das F e r n a m b u c , nach der Brasilienstadt Fernambuco genannt; „was den Gebrauch der Brasilienhölzer anlangt, so werden sie in der Arznei langsam oder gar nicht gebraucht, ob sie schon an den Kräften dem roten Sandel wenig werden nachgeben und ingleichen zu den hitzigen Fiebern und anderen hitzigen Krankheiten gelobt werden. Am meisten werden sie zum Färben gebraucht, indem diese, am besten aber das Fernambuc, schön rot färben".

Hagen, um 1780, nennt als Stammpflanze vom Brasilienbaum „Caesalpinia vesicaria? Man hat von diesem Baum noch keine hinlängliche Nachricht"; man hat verschiedene Sorten vom Roten Brasilienholz (Bresilge, B r a u n s i l g e n h o l z , B r a u n h o l z , Lignum Brasilianum rubrum); das schönste und teuerste Brasilholz ist das sog. Fernambukholz oder F e r n e b o k ; kommt von einem anderen aber unbekannten Baum; in Apotheken macht man daraus rote T i n t e (A t r a m e n t u m rubrum).

Geiger, um 1830, beschreibt C. brasiliensis Sw. als Stammpflanze des roten Brasilienholzes = Fernambuck; man leitet beide Hölzer aber auch von verschiedenen Bäumen ab, und zwar Fernambuckholz von **C. echinata Lam.** (= G u i l a n d i n a echinata Spr.) und das gewöhnliche Brasilienholz von C. Sappan, C. Christa oder C. bijuga Sw.; „ehedem wurde das Fernambuckholz in Abkochung in Wechselfiebern gegeben. - Jetzt wird es noch in Apotheken zum Färben, besonders zur Bereitung roter Tinte gehalten ... Dient ferner als Reagens auf Alkalien. Es ist ein wichtiges Farbholz"; mit Alaun und Zinnsolution gibt die Abkochung einen Lack, der mit L y c o p o d i u m oder T r a g a n t h s c h l e i m oder mit Kreide zerrieben und in Kugeln geformt den K u g e l l a c k (l a c c a i n G l o b u l i s) bildet; ähnlich ist der W i e n e r l a c k (l a c c a v i e n e n s i s).

Hager-Handbuch, um 1930, nennt C. echinata Lam. als Stammpflanze von Lignum Fernambuci (Echtes Brasilholz, Brasilianisches Rotholz, J a p a n h o l z); „Anwendung. Das früher als zusammenziehendes Mittel gebräuchliche Holz wird in der Färberei gebraucht, auch zur Bereitung roter Tinte"; geringere Sorten Brasilholz (westindisches Rotholz) liefern C. brasiliensis Sw., C. crista L., C. bijuga Sw., C. tinctoria Benth., C. bicolor Wr. usw.

Neben anderen Arten erwähnt Geiger noch:

1.) C. Coriaria W. (= P o i n c i a n a Coriaria Jacq.); „davon war sonst die Frucht, L i b i b i d i-Bohne oder Schote (faba seu siliqua Libibidi) im Gebrauch ... Sie schmeckt herb adstringierend". Erwähnt in Hager-Handbuch, um 1930: C. coriaria Willd. [Schreibweise nach Zander-Pflanzennamen: **C. coriaria (Jacq.) Willd.**], Hülsen als D i v i d i v i, Libidibi, S a m a k im Handel. Anwendung: Selten medizinisch, technisch in großen Mengen zum Gerben und in der Färberei, in Amerika auch zur Herstellung von Tinte. Entsprechendes bei Hoppe-Drogenkunde, 1958.

2.) C. pulcherrima Sw. (= Poinciana pulcherima L. [Schreibweise nach Zander: **C. pulcherrima (L.) Sw.**]); „davon wird das Kraut und die Samen in Indien als heftiges Purgiermittel und Emmenagogum gebraucht. Die Blumen werden als Tee in chronischen Krankheiten getrunken".

Von den zahlreichen, in Dragendorff-Heilpflanzen, um 1900, genannten C.-Arten werden in Hager-Handbuch und in Hoppe-Drogenkunde noch genannt:

3.) C. brevifolia Baill.; Früchte liefern Gerbmaterial, im Handel als A l g a r o b i l l i (A l g a r o b a).

4.) C. bonducella Flemming (= Guilandina bonducella L.); liefert ebenso wie C. bonduc Roxb. Semen B o n d u c e l l a e ; Anwendung nach Dragendorff: „gegen Fieber, Hydrocele, Wassersucht, als Anthelminticum und Emmenagogum; Samenöl als Antirheumaticum". Nach Hager-Handbuch: „Gegen Wechselfieber, Wassersucht, auch als Tonicum".

Z i t a t-Empfehlung: **Caesalpinia sappan (S.)**; **Caesalpinia echinata (S.)**; **Caesalpinia coriaria (S.)**; **Caesalpinia pulcherrima (S.)**.

Dragendorff-Heilpflanzen, S. 305—307 (Fam. L e g u m i n o s a e ); Tschirch-Handbuch III, S. 923 uf.


## Cakile

Nach Tschirch und nach Fischer kommt Bunias kakile L. (= C. Bunias L.) in arabischen Quellen vor; Fischer nennt außerdem **C. maritima Scop.** in mittelalterlichen (altital.) Quellen ( n a s t u r z i o marino, r a f a n o marino, a r t e m i s i a marina). Geiger, um 1830, erwähnt C. maritima Scop. (= B u n i a s Cakile L., M e e r s e n f ); „davon war das Kraut (herba Cakiles, E r u c a e maritimae, R a p h a n i marini) offizinell. Es schmeckt scharf und salzig. - Man bereitete daraus ein destilliertes Wasser (aq. Cakiles)". Über die Verwendung schreibt Dragendorff-Heilpflanzen, um 1900 (S. 254; Fam. C r u c i f e r a e ): „Kraut Diureticum, Antiscorbuticum, Purgans, Ersatz des Lebertrans"; die zugehörige Cacile americana Nutt. (= Bunias edentula Big.) wird ebenso und auch bei Wassersucht benutzt. - C. marit. soll von I. el B. als K a k u l i aufgeführt sein.

Z i t a t-Empfehlung: **Cakile maritima (S.)**.


## Calamagrostis

Dioskurides hat ein Kap. K a l a m a g r o s t i s , in dem er lediglich vermerkt, daß die Pflanze dem Vieh tödlich ist; man hat mit C. epigeios Roth. [Schreibweise nach Zander-Pflanzennamen: **C. epigejos (L.) Roth**] identifiziert. Diese wird auch von Bock, um 1550, beschrieben (nach Hoppe), als eins der Q u e c k e n g e s c h l e c h t e r , zu verwenden als Viehfutter und Spreu.

Geiger, um 1830, erwähnt C. lanceolata Roth (= A r u n d o Calamagrostis L.; W i e s e n r o h r ); „wurde vor kurzem als Arzneimittel gegen Wassersucht empfohlen". Als Wurzeldroge, Radix Calamagrostis (Diureticum) bei Hoppe-Drogenkunde, 1958, aufgeführt. Nach Schmeil-Flora heißt die Pflanze jetzt **C. canescens (Web.) Roth**.

Z i t a t-Empfehlung: **Calamagrostis epigejos (S.)**; **Calamagrostis canescens (S.)**.

Dragendorff-Heilpflanzen, S. 84 (Fam. G r a m i n e a e ).

# Calamintha

Calamintha siehe Bd. II, Antiparalytica; Cicatrisantia; Emmenagoga; Succedanea. / IV, G 471. / V, Eupatorium; Glechoma; Mentha; Satureja.
Calamentum siehe Bd. V, Satureja; Mentha; Nepeta.

G r o t-Hippokrates: T h y m u s  Calamintha.
B e r e n d e s-Dioskurides: Kap. K a l a m i n t h a ,  die 3. Art, Thymus Calamintha L.
T s c h i r c h-Sontheimer-Araber: M e l i s s a  Calamintha.
F i s c h e r-Mittelalter: C. officinalis Moench cf. M e n t h a  silvestris (m e n - t a s t r u m , alba mentha, c a l a m e n t u m , h e r b a  v i r g i n i s , p u l e - g i u m  domesticum seu montanum, r o s s e m i n z e , f i c m i n z e , l a n g e - w u r z ) + + + C. parviflora Link (m e n t o l i n a , n e p i t a , n e p i t e l l a ).
B e ß l e r-Gart: Kap. Calamintum, S a t u r e j a  calamintha (L.) Scheele.
G e i g e r-Handbuch: Thymus Calamintha (= Melissa Calamintha L., Berg-Cala- minthe, Berg-Melisse) + + + Thymus Nepeta Scop. (= Melissa Nepeta L.).
H a g e r-Handbuch: Satureja calamintha (L.) Scheele (= Melissa calamintha L., **C. officinalis Moench**).
Z i t a t-Empfehlung: **C. officinalis (S.).**

Dragendorff-Heilpflanzen, S. 578 uf. (Fam. L a b i a t a e ).

Im Kap. von der Kalamintha beschreibt Dioskurides 3 Pflanzen, die nach Berendes als Mentha tomentella Link, Mentha gentilis L. und Thymus Calamintha L. ge- deutet werden (Blätter innerlich und äußerlich bei Schlangenbissen; Abkochung treibt den Harn; gegen innere Rupturen, Krämpfe, Leibschneiden, Cholera, Frost- schauer, Gelbsucht, Elephantiasis; prophylaktisch gegen tödliche Gifte; tötet Wür- mer; als Zäpfchen zum Töten des Embryos und zur Beförderung der Menstrua- tion; verscheucht Schlangen; zu Umschlägen bei Ischias; Saft gegen Ohrenwürmer). Nach Dragendorff heißt die 3. Kalamintha des Diosk.: Calamintha Nepeta Roi (= Melissa Nepeta L.).
Thymus Calamintha L. heißt nach Zander-Pflanzennamen: C. officinalis Moench (= Satureja calamintha (L.) Scheele). Die andere Stammpflanze (bei Dragendorff C. Nepeta Roi) bleibt aus mehreren Gründen unklar: In Schmeil-Flora 1934 steht eine C. nepeta Clairville (Katzenkraut-Quendel); diese nicht mehr in Schmeil- Flora 1965 und nicht bei Zander.
Auf die erste, sichere C.-Art ist die alte „Calamintha montana" zu beziehen, auf die zweite Pflanze wird „Calamintha communis" (auch C. campestris, agrestis, arvensis usw. genannt) bezogen, bei ihr kann es sich aber auch um eine Art einer anderen Gattung (Mentha? Satureja?) gehandelt haben.
Composita der arabischen Ära sind: Diacalaminthon Mesuae, Sirupus de Cala- mintha Mesuae. In Ap. Lüneburg 1475 waren vorrätig: Pulvis dyacalamente (3 oz.),

Siropus de calomenta (2 lb.). Nach Ph. Nürnberg 1546 sind für beide Präparate sowohl Calamintha domestica (auch campestris genannt) als auch Calamintha syluestris (auch montana genannt) zu verarbeiten; zu C. domestica ist kommentiert, daß diese gemeinhin als K o r n m i n t z e bekannt ist, während C. syluestris bzw. montana aus den Bergen kommt.

(C a l a m i n t h a   v u l g a r i s)
Die T. Worms 1582 führt: [unter Kräutern] Calamintha agrestis (Calamintha aruensis, Pulegium agreste, Ackermüntz, Feldmüntz, Kornmüntz, Wilderpoley); Aqua (dest.) Calamenti aruensis (Ackermüntzwasser), Species Diacalamynthae, Confectio Diacalaminthae (Ackermüntz oder Bergmüntzküchlein). In T. Frankfurt/M. 1687: Herba Calamintha agrestis (Pulegium agreste, Ackermüntz, Feldmüntz, wilder P o l e y , Calament), Aqua C. (Feldmüntzwasser), Species Diacalaminthes Mesues. In Ap. Braunschweig 1666 waren vorrätig: Herba calamenth. comm. (1 K.), Aqua c. (1¹/₂ St.), Conserva c. (1¹/₂ lb.), Oleum c. (1¹/₂ Lot), Species diacalaminth. (14 Lot).
Schröder, 1685, zählt im Kap. Calamintha mehrere Arten auf, darunter, als weniger gebräuchlich, C. pulegii odore oder N e p e t a , Katzenmüntz. Die Ph. Württemberg 1741 beschreibt: Herba Calaminthae vulgaris (Calaminthae agrestis, Calaminthae Pulegii odore seu Nepetae, Kornmüntz, Feldmüntz, wilder Poley; Diureticum, Uterinum). Hagen, um 1780, kommentiert zu Herba Calaminthae [siehe folgender Abschnitt]: „An einigen Orten sammelt man dieses Kraut von dem wilden Poley oder Kornmünze (Melissa Nepeta)".
Bei Geiger, um 1830, ist Thymus Nepeta Scop. (= Melissa Nepeta L.) erwähnt; „davon war das Kraut (herba Melissae Nepetae, Calaminthae Pulegii odore, Calaminthae officinalis anglorum) offizinell. Es wurde wie das vorhergehende [Berg-Calaminthe, siehe unten] gebraucht".

(C a l a m i n t h a   m o n t a n a)
Die echte B e r g m i n z e , die jetzt (um 1970) C. officinalis (S.) heißt, kommt nach Tschirch-Sontheimer und Fischer in mittelalterlichen Quellen vor (der Nachweis bei Dioskurides ist nicht sicher [siehe oben]).
Die T. Worms 1582 hat aufgenommen: [unter Kräutern] Calamintha montana (Calamintha Italica, Bergmüntz, Wildmutterkraut); Sirupus de calamintha (Bergmüntzsyrup). In T. Frankfurt/M. 1687: Herba Calamintha montana Italica (Welsch Bergmüntz, wild M u t t e r k r a u t ), Syrupus Calaminthae Mesues (Bergmüntz Syrup). In Ap. Braunschweig 1666 waren vorrätig: Herba calamenth. montan. (1 K.), Syrup. c. m. (9 lb.).
Die Ph. Augsburg 1640 hat verordnet, wenn nur „Calamintha" aufgeschrieben ist, soll „Montana" genommen werden. Schröder, 1685, schreibt über Verwendung von Calamintha, deren gebräuchlichste Art C. montana (er nennt sie auch C. vul-

garis) ist: „In Apotheken hat man die Blätter. Sie . . . dienen dem Magen und der Mutter, wie ingleichen der Brust und Leber, treiben den Monatsfluß, die Frucht und den Harn, taugen für den Husten, eröffnen die Leber. Bereitete Stücke sind: 1.) das Wasser aus dem ganzen Gewächs; 2.) das Salz aus der Asche; 3.) der zusammengesetzte Müntz-Syrup; 4.) Species diacalaminthae".

Aufgenommen in Ph. Württemberg 1741: Herba Calaminthae montanae (flore magno C. B., wohlriechende Bergmüntz; Alexetericum, Nervinum, Uterinum, Diureticum; kommt zum Theriak). Bei Hagen, um 1780, heißt die Stammpflanze: Melissa Calamintha (Bergmüntze). Geiger, um 1830, erwähnt Thymus Calamintha Scop. (= Melissa Calamintha L.); „offizinell war ehedem: das Kraut (herba Calaminthae, Calam. montanae). Es ist aromatisch, riecht der Melisse ähnlich. Die Pflanze kann wie Melisse und Quendel gebraucht werden. Man benutzt sie auch als Würze an Speisen". In Hager-Handbuch, um 1930, sind Herba Calaminthae (montanae) erwähnt; „Anwendung. Als Gewürz und hier und da als Magenmittel". Nach Hoppe-Drogenkunde, 1958, als „Diureticum, Stomachicum. - Gewürz".

## Calamus

Calamus siehe Bd. II, Antirheumatica; Aromatica; Carminativa; Cephalica; Diuretica; Emmenagoga; Odontica; Peptica. / IV, G 1058, 1062, 1501. / V, Acorus; Arundo; Cymbopogon; Daemonorops; Dracaena; Pimenta.
Drachenblut siehe Bd. III, Reg. / V, Daemonorops; Dracaena; Pterocarpus.
Resina Draconis siehe Bd. II, Analeptica. / V, Daemonorops.
Sanguis Draconis siehe Bd. II, Adstringentia; Defensiva.
Dragendorff-Heilpflanzen, S. 95 (Fam. Principes; nach Zander-Pflanzennamen: Palmae); Tschirch-Handbuch III, S. 1066 uf.

Mit Drachenblut werden verschiedene rote Harze bezeichnet. Handelswaren der Antike und des Mittelalters, vor allem als roter Farbstoff benutzt, stammten wahrscheinlich meist von → Dracaena draco.
In Ap. Lüneburg 1475 waren 3 qr. Sanguinis draconis vorrätig. Die T. Worms 1582 führt: Sanguis draconis (Lacryma draconis, Cinnabaris indica. Drachenblut), Sanguis draconis vulgaris (Gemeyn Drachenblut); in T. Frankfurt/M. 1687: Sanguis Draconis optimus (das best Drachenblut) und communis (gemein Drachenblut). In Ap. Braunschweig 1666 waren vorrätig: Sanguini draconi (2¹/₂ lb.), Pulvis s. dr. (¹/₂ lb.).
Die Ph. Württemberg 1741 führt: [unter Gummi et Resinis] Sanguis Draconis (Drachenblut; Adstringens, Siccans; kommt zu Zahnpulvern und zum Pulvis ad Casum, befestigt die Zähne und heilt skorbutische Zahnfleischerkrankungen). Die Stammpflanze heißt bei Hagen, um 1780: „Rotang (Calamus Rotang) ist ein Strauchgewächs, das in Ostindien zu Hause ist . . . Wenn die Früchte dieses Gewächses gehörig reif sind, so sind sie mit einem roten Harz wie mit einer Rinde

überzogen, welches aus dem in der Frucht enthaltenen Kern durchgeschwitzt ist. Nachdem man eine Menge dieser Früchte zusammengebracht hat, werden sie in einer Reismühle gelinde gestampft, damit das Harz abspringe, welches bei der Wärme nachher zu Kugeln formiert wird. Dieses ist das sog. Drachenblut (Sanguis Draconis) und zwar die beste Sorte; eine schlechtere erhält man durch das Auskochen der Früchte. [Fußnote: „Das in Apotheken gebräuchliche Drachenblut stammt allein von dem genannten Rotang ab. Außerdem aber erhält man ein ähnliches Harz aus dem Drachenbaum (Dracaena Draco), und dem Flügelfruchtbaum (Pterocarpus Draco) durchs Einritzen der Rinde dieser Bäume, welches aber höchst selten zu uns kommt"] . . .

Man hat vornehmlich drei Sorten. Das beste ist, welches von der Größe der Walnüsse (Sang. drac. in placentis) zu uns gebracht wird, und sich durch blendende Röte zu erkennen gibt. Diesem folgen die sog. Drachenblutstropfen (Sang. drac. in granis), die die Größe der Moschatennüsse haben, und gliederweise in Stroh geflochten sind. Das schlechteste ist das in Tafeln (Sang. drac. in tabulis), welches platte Stücke von ein bis zwei Unzen sind. Dieses ist offenbar eine Zusammensetzung von Gummen, denen man mit dem echten Drachenblut oder dem roten Brasilienholze die Farbe gegeben hat."

Angaben der preußischen Pharmakopöen zu Sanguis Draconis: (1799) C. Rotang und Pterocarpus Draco? (1813) C. Draco Willd., P t e r o c a r p u s Santalinus u. Dracaena Draco; (1827, 1829) C. Draco Willd. Während in den preußischen Pharmakopöen die R o t a n g p a l m e schon 1813 als Stammpflanze nicht mehr angeführt wurde, beziehen sich spätere andere Länderpharmakopöen noch auf sie (z. B. Ph. Sachsen 1837). Dann wird es üblich, als Stammpflanze des ostindischen, offizinellen Drachenblutes C. Draco Willd. anzugeben. Diese Pflanze wird umbenannt in Daemonorops Draco Blume; so in DAB 1, 1872. Die Droge kommt dann in die Erg.-Bücher, wo die Pflanze zunächst noch mit C. Draco (1897), später allgemeiner mit „Daemonorops-Arten" angegeben wird (noch Erg.-B. 6, 1941).

Geiger, um 1830, beschrieb 4 C.-Arten:

1.) C. petraeus Lour. (= C. Rotang W.); „das von diesem Baum kommende Drachenblut ist schon in alten Zeiten als Arzneimittel gebraucht worden. Er wächst in Ostindien, auf den Molukkischen Inseln, Cochinchina";

2.) C. verus Lour.;

3.) C. rudentum Lour.;

4.) C. Draco Willd.

Alle liefern ostindisches Drachenblut; „doch liefern auch andere Pflanzen, als: Dracaena Draco, Pterocarpus Draco rotes Farbharz, das unter dem Namen Drachenblut in Apotheken vorkommt". Über die Verwendung schreibt Geiger: Zu Zahnpulver usw.; dient in der Färberei und Malerei, zu Firnissen etc.; ehedem kam es noch zu mehreren Zusammensetzungen als: pulvis stipticus, balsamum Locatelli, empl. stipticum, empl. roborans, empl. p. Herniosis; die Stengel der

Rotangarten werden zu Spazierstöcken, Stäben in Regenschirme (S p a n i s c h R o h r ), Geflechten an Stühlen, zu Matten usw. benutzt.

Hager beschreibt 1874 im Kommentar zum DAB 1 als Handelsformen des Drachenblutes (ohne Rotangware):

1.) Ostindisches Drachenblut, das in Körnern (in Granis), in Kuchen (in Placentis), in Stangen (in Baculis) und in Massen (in Massis) geliefert wird; offizinell ist das in Stangen oder Kuchen; stammt von Daemonorops Draco Blume, Drachen-Rotang;

2.) Westindisches oder Amerikanisches von Pterocarpus Draco L.;

3.) Kanarisches von Dracaena Draco L.

Drachenblut wird nach Hager von Ärzten kaum noch gebraucht; früher galt es äußerlich als Stypticum, Exsiccans, innerlich gegen Speichelfluß, Lungenauswurf, Durchfall; es ist Bestandteil des Pulvis arsenicalis Cosmi.

Hoppe-Drogenkunde, 1958, hat ein kurzes Kap. C. scipionum; das zwischen den Früchten befindliche Harz wird als Drachenblut verwendet, ebenso das Harz von **C. rotang L.**

Ein etwas längeres Kap. gilt bei Hoppe: Daemonorops draco; das Farbharz der Frucht wird verwendet: „Zu Reagentien. - In der Kosmetik zum Färben von Zahnpulvern etc. - Zur Herstellung roter Beizen und Lacke, besonders Geigenlacke, Firnisse, Möbelpolituren".


## Calendula

C a l e n d u l a siehe Bd. II, Anticancrosa; Cephalica; Emmenagoga; Prophylactica; Splenetica. / IV, G 796, 957, 1620, 1783. / V, Arnica; Cichorium; Crepis; Taraxacum.
R i n g e l b l u m e n siehe Bd. IV, E 235, 255; G 273, 818, 957.

B e r e n d e s-Dioskurides: Kap. K l y m e n o n , **C. arvensis L.**
T s c h i r c h-Sontheimer-Araber: C. officinalis.
F i s c h e r-Mittelalter: **C. officinalis L.** (calendula, e l i o t r o p i u m , s o r o-l u g i u m , s o l s e q u i u m , a n c u s a , a u r e o l a , a n g l i c a , c a p u t m o n a c h i , c a p p a r i u s , sponsa solis, verrucaria, sunnen-w e r v e l , ringula, ringelo, engelwurze, ringelblumen, w e i n p l u e m e n , g o l t b l u m e ).
B e ß l e r-Gart: Kap. C a p u t  m o n a c h i (capparus); „die Glosse ‚ryngelblomen' gilt hauptsächlich für C. officinalis L.; abgehandelt wird in Wirklichkeit C a p p a r i s  s p i n o s a L.".
H o p p e-Bock: Kap. Von Ringelbluomen, C. officinalis L. (Calendula, Caput Monachi).
G e i g e r-Handbuch: C. officinalis (Ringelblume, Goldblume, T o d t e n-b l u m e , W a r z e n k r a u t ); C. arvensis.

H a g e r-Handbuch: C. officinalis L.

Z i t a t-Empfehlung: **Calendula arvensis (S.); Calendula officinalis (S.).**

Dragendorff-Heilpflanzen, S. 683 (Fam. C o m p o s i t a e).

Nach Berendes-Dioskurides waren sich die alten Botaniker „über das Klymenon sehr uneinig und bezogen es auf die verschiedensten Pflanzen"; genannt wird C. arvensis L. [es kommt aber auch C. officinalis L. infrage] (Saft der ganzen Pflanze gegen Blutauswurf, Magenleiden, roten Fluß; stillt Nasenbluten; Blätter zu Umschlägen auf Wunden).

Bock, um 1550, bildet - nach Hoppe - C. officinalis L. ab; er deutet die Pflanze unrichtig bei Dioskurides (= H y p o c e u m-Art), weil sie wie die hier behandelte als Aphrodisiacum verwendet wird (ferner: gebranntes Wasser gegen Augenentzündungen; Blütenpulver gegen Zahnschmerzen; Räucherung führt Secundina aus).

In Ap. Lüneburg 1475 waren vorrätig: Aqua solsequii (1 St.) [kann auch von → C i c h o r i u m gewesen sein]. Die T. Worms 1582 führt: [unter Kräutern] Calendula ( C a l t h a Virgilii et Columellae, Solsequum aureum, Verrucaria, Ringelblumen oder Goldblumenkraut); Flores Calendulae (Calthae, Ringelblumen), Aqua (dest.) C. (Ringelblumenkrautwasser); die T. Frankfurt/M. 1687, als Simplicia, Flores Calendulae (Ringel-Blumen), Herba C. (Solsequium aureum, Verrucaria, Caltha sativa, Ringelblumen, Goldblumen). In Ap. Braunschweig 1666 waren vorrätig: Flores calendulae (1 K.), Herba c. (¹/₂ K.), Acetum c. (¹/₄ St.), Aqua c. (2 St.), Conserva c. (1 lb.), Sal c. (1 lb.).

Schröder, 1685, schreibt im Kap. Caltha (Calendula, C h r y s a n t h e m o n, Ringel-Blum), daß es 2 Sorten gibt: 1. Caltha vulgaris; „diese hat man in Apotheken". 2. Caltha palustris; „von der weiß man in Apotheken nichts". Anwendung der Blumen von Caltha vulgaris: „Sie stärken das Herz und die Leber, wärmen und trocknen (bes. wenn sie dürre sind), eröffnen, zerteilen, treiben den Monatsfluß und die Geburt (wenn man den Rauch davon in die gebärenden Frauen gehen läßt), treiben den Schweiß, sollen wider Gift dienen und die Gelbsucht heilen. Sie widerstehen wegen ihrer sonderbaren Kraft der Pest. Man kann bei bösen Fiebern den Ringelblumenessig auf die Pulse, Fußsohlen, Schläfen usw. schlagen und vor die Nase halten ... Wenn man mit besagten Blumen die Warzen reibt, bis sie nässen, hernach mit Pferdehaaren abwäscht, von sich selbst trocknen läßt und dieses 3 oder 4 Mal wiederholt, so vertreiben sie die Warzen ... Den Samen gibt man im 4tägigen Fieber".

Aufgenommen in Ph. Württemberg 1741: Flores Calendulae (Calthae sativae, Verrucariae, Ringelblumen, Goldblumen; Cardiacum, Uterinum, Alexipharmacum; zu Räucherungen, um die Geburt zu befördern); Aqua (dest.) Calendulae, Unguentum Calendulae Florum. Die Stammpflanze heißt bei Hagen, um 1780: C. officinalis ( G i l k e, Ringelblume); Kraut, Blumen und Samen sind offizinell.

Einige C.-Drogen und Zubereitungen blieben zunächst im 19. Jh. noch in einigen Pharmakopöen (z. B. Ph. Sachsen 1820: Flores und Herba C. officinalis, Extractum C.; Ph. Hessen 1827: Flores und Extractum C.; Ph. Baden 1841: Flores und Extractum C.). Wieder in Erg.-B. 6, 1941: Flores Calendulae sine Calycibus (von C. officinalis L.). In der Homöopathie ist „Calendula - Ringelblume" (Essenz aus blühendem Kraut) ein wichtiges Mittel.

Geiger, um 1830, schrieb über C. officinalis: „Eine schon von den Alten als Arzneimittel gebrauchte Pflanze (ist das Chrysanthemon des Dioskurides [Berendes deutet dieses abweichend als → C h r y s a n t h e m u m coronarium L.]); wurde 1817 besonders von Westring wieder angerühmt ... Offizinell ist: das Kraut und die Blumen (herba et flores Calendulae) ... Man gibt die Ringelblumen (in der Regel Kraut mit Blumen) selten in Substanz, am zweckmäßigsten in Abkochung, oder als wäßrig-weiniger Auszug, auch den ausgepreßten Saft. - Präparate hat man Extrakt ... Ehedem hatte man noch Wasser, Sirup, Conserve, und aus den Blumen bereitet man mit Fett eine Salbe (ungt. Calendulae). Die Strahlenblümchen werden auch mehreren Species, Räucherpulver usw. zugesetzt, um ihnen ein schönes Ansehen zu geben"; von Calend. arvensis waren das Kraut und die Blumen (herba et flores Calendulae sylvestris) offizinell, sie riechen und schmecken den vorhergehenden ähnlich.

Jourdan, zur gleichen Zeit, bezeichnet die Pflanze (bes. C. officinalis L.) als harntreibend, besonders gegen krebshafte Krankheiten empfohlen. Nach Hager-Handbuch, um 1930, wurden Flores Calendulae früher gegen Skrofeln, Gelbsucht, Krebs angewandt, jetzt nur noch zu Räucherspecies und in der Färberei, auch zur Verfälschung der Arnikablüten. Die Blumen von C. arvensis L. sind Färbemittel für Speisen, wie Butter, Käse. Hoppe-Drogenkunde, 1958, gibt im Kap. C. officinalis an: Verwendet wird 1. die Blüte („innerlich bei entzündlichen Vorgängen, ähnlich Arnica. - In Form von Salben zur Behandlung von Wunden und schlechtheilenden Geschwüren. - In der Zahnheilkunde. - In der Homöopathie, äußerlich bes. bei Wunden und schlechtheilenden Geschwüren. - Räuchermittel"); 2. das Kraut („Cholereticum. - Äußerlich bei entzündeten Wunden, bei Flechten. - Zu Gurgelwässern"). Die Kleine Ringelblume, C. arvensis, liefert Flores Calendulae silvestris („Färbemittel für Speisen, wie Butter und Käse. - Als auflösendes und schweißtreibendes Mittel verwendet").

## Calla

Calla  siehe Bd. V, Dracunculus; Zantedeschia.

Geiger, um 1830, erwähnt C. palustris (Sumpfcalle oder D r a c h e n w u r z e l); „davon war die Wurzel (rad. D r a c u n c u l i aquatici) offizinell". Nach Dragendorff-Heilpflanzen, um 1900 (S. 103; Fam. A r a c e a e), wird der Wurzelstock

von **C. palustris L.** getrocknet als Nahrungsmittel, frisch gegen Schlangenbiß angewandt. Die Pflanze hat ein kurzes Kap. in Hoppe-Drogenkunde, 1958.
Z i t a t-Empfehlung: **Calla palustris (S.).**

## Calliandra

Dragendorff-Heilpflanzen, um 1900 (S. 290; Fam. L e g u m i n o s a e ), führt 2 mexikanische C.-Arten, darunter C. Houstoni Benth.; „Rinde gegen Sumpffieber". Diese Art nennt auch Hoppe-Drogenkunde, 1958; die Rinde (Cortex Caliandrae, Cortex Pambotani) dient als Febrifugum. In der Homöopathie ist „ P a m b o t a n o " (C. Houstoni Benth., Tinktur aus getrockneter Rinde) ein weniger wichtiges Mittel. Zander-Pflanzennamen gibt an: **C. inermis (L.) Druce** (= C. houstonii (L' Hérit.) Benth.).

## Callicarpa

Geiger, um 1830, erwähnt **C. americana L.;** „davon werden die Blätter (folia Callicarpae americanae) gegen Wassersucht gerühmt". Entsprechende Angabe bei Dragendorff-Heilpflanzen, um 1900 (S. 566; Fam. V e r b e n a c e a e ), wo weitere 4 C.-Arten genannt werden.

## Calluna

F i s c h e r-Mittelalter: C. vulgaris L. ( m i r i c a , g e n e s t a , h e i d e , h a y - d a c h ).
B e ß l e r-Gart.: Kap. Mirica, **C. vulgaris (L.) Hull.**
H o p p e-Bock: Kap. Heiden, C. vulgaris Hull.
G e i g e r-Handbuch: E r i c a vulgaris L. (= C. vulgaris Salisb.).
Z i t a t-Empfehlung: **Calluna vulgaris (S.).**

Nach Hoppe identifiziert Bock, um 1550, das einheimische Heidekraut mit Erica bei Dioskurides (junge Blütenzweige als Breiumschlag bei Schlangenbissen); außerdem gibt er (wie Brunschwig) an: Destillat aus Blüten gegen Augenentzündung; Destillat gegen Darmgrimmen; frische Blüten zu Bädern bei Podagra.
In Ap. Braunschweig 1666 waren $^1/_2$ K. Herba ericae rubrae vorrätig. Die Ph. Württemberg 1741 führt: Herba Ericae (Ericae vulgaris humilis J. B., Heyde, Heydekraut; Specificum bei Nierenentzündung und Blasenstein, als Infus oder Dekokt; destilliertes Wasser als Augenmittel; Dekokt gegen Arthritis und Para-

lysis als Bäder). Nach Geiger, um 1830, war das Kraut (herba Ericae), das mit den Blumen eingesammelt werden muß, „sonst offizinell. Es hat einen bitterlich herben Geschmack. Man soll es anstatt Hopfen an das B i e r gebrauchen können".

Nach Dragendorff-Heilpflanzen, um 1900 (S. 511; Fam. E r i c a c e a e), wird „Kraut gegen Lithiasis, Blüte gegen Leibschneiden, Saft bei Augenschwäche gebraucht". Aufgenommen in Erg.-B. 6, 1941: Herba Callunae. In der Homöopathie ist „Erica" (C. vulgaris Salisb.; Essenz aus frischen, blühenden Zweigen) ein weniger wichtiges Mittel. Anwendungen nach Hoppe-Drogenkunde, 1958: 1. Blüten als Sedativum, Adstringens, Diureticum; in der Homöopathie bei Rheumatismus und Blasenleiden; Heidekrauttee in der Volksheilkunde als harn- und schweißtreibendes Mittel bei Nieren- und Blasenleiden, Gicht und Rheumatismus. 2. Kraut als Adstringens und Diureticum; Bestandteil von „Blutreinigungs- und Gesundheitstees".

## Calophyllum

C a l o p h y l l u m siehe Bd. V, Populus.
T a c a m a h a c a siehe Bd. V, Bursera; Populus; Protium.
Zitat-Empfehlung: *Calophyllum inophyllum (S.); Calophyllum tacamahaca (S.).*
Dragendorff-Heilpflanzen, S. 439 uf. (Fam. G u t t i f e r a e).

In Arzneitaxen und Pharmakopöen des 16.—19. Jh. ist T a c a m a h a c a zu finden (T. Worms 1582: Tacamahaca, ein frembd Hartz also genannt). In Ap. Braunschweig 1666 waren 38 lb. davon vorrätig. Nach Ph. Württemberg 1741 gibt es 2 Sorten: die eine tritt freiwillig aus den Bäumen aus und wird in Kürbissen aufgefangen (kommt selten zu uns), die andere in Tränen und Klümpchen (Roborans, Resolvens, Maturans, Emolliens; vertreibt Schmerz und Blähungen; seltener innerlich genommen, äußerlich in Pflastern als Odontalgicum und Stomachicum); offizinell ist Emplastrum stomachicum de Tacamahaca und (destilliertes) Oleum Tacamahacae.

Nach Hagen, um 1780, liefert den selteneren „wahren Takamahak oder der in Schalen (T. sublimis seu in testa)" der Schwammholzbaum, F a g a r a octandra, und den „gemeinen Takamahak" die Balsamespe P o p u l u s balsamifera.

In Ph. Preußen 1799 ist Tacamahaca vera (von Fagara octandra) aufgenommen; Ausgabe 1813 schreibt C. Tacamahaca; 1827: unbekannter amerikanischer Baum. Nach Geiger, um 1830, gibt es

1.) Amerikanischer oder westindischer T a k a m a h a k (Gummi seu Resina Tacamahacae) von A m y r i s tomentosa Spr. (= Fagara octandra L., E l a p h r e u m tomentosum Jacq.), in Stücken oder Körnern. „Das seit dem 16. Jh. als Arzneimittel bekannte Takamahak erhält man von diesem Baum. Doch ist es möglich, daß anfangs unter dem Namen T. ein anderes als das jetzt in Apotheken vorhandene verstanden wurde".

2.) Ostindischer Takamahak (Tacamahaca orientale, in testis), in Kürbisschalen, von C. Tacamahaca W. oder C. inophyllum L. „Anwendung. Das Takamahak wird zum Räuchern angewendet und unter Pflaster und Salben."
Nach Hager, um 1930, unterscheidet man mit einiger Sicherheit:
1.) Ostindisches Tacamahak von **C. inophyllum L.;**
2.) Afrikanisches Tacamahak von **C. tacamahaca Willd.;**
3.) Amerikanische Sorten, die die wichtigsten sind :
a) columbisches von P r o t i u m heptaphyllum (Aubl.) L. March.;
b) westindisches von B u r s e r a tomentosa (Jacq.) Engl. und von Bursera excelsa (H. B. K.) Engl.;
„den meisten Sorten gemeinsam ist die Bezeichnung B a l s a m u m   M a r i a e , unter der sie wohl noch in der Volksmedizin vorkommen".
Hoppe-Drogenkunde, 1958, hat ein Kap. C. Inophyllum; liefert ostindisches Tacamahac („Räuchermittel, arzneilich zu Pflastern"); erwähnt wird hier C. Tacamahaca als Stammpflanze des Afrikanischen oder Bourbonischen Tacamahak. Wegen weiterer Tacamahak-Arten wird auf Protium und Bursera verwiesen.

## Calotropis

Genannt werden in Hessler-Susruta: C. gigantea; in Deines-Ägypten: C. procera; in Fischer-Mittelalter (bei Albertus Magnus: a l e t a f u r ): C. procera R. Br.
Nach Geiger, um 1830, ist von der ostindischen C. gigantea R. Br. (= A s c l e p i a s gigantea Ait.) seit einiger Zeit die Wurzel „unter dem Namen M u d a r besonders von Playfair gegen verschiedene Krankheiten, Syphilis, hartnäckige Hautausschläge, Bandwurm, Wassersucht, Fieber usw. sehr angerühmt worden. Bis jetzt macht man in Deutschland keinen Gebrauch von derselben". In der Homöopathie ist „ M a d a r " (C. gigantea R. Br.; Tinktur aus getrockneter Wurzelrinde; Allen 1879) ein wichtiges Mittel.
Nach Dragendorff-Heilpflanzen (S. 547; Fam. A s c l e p i a d a c e a e ), dient von C. gigantea R. Br. (= Asclepias gigantea L.) die Wurzel „als Purgans, Brechmittel, Diureticum, Diaphoreticum, bei Epilepsie, Hysterie, Krämpfen, Syphilis, Würmern, Fieber, Gicht, Elephantiasis, Schlangenbiß. Der Milchsaft bei Augenentzündung, Aphthen, zur Bereitung von Kautschuk, Blätter und Blüten gegen Asthma und als Digestivum"; soll bei I. el B. genannt sein. C. procera R. Br. wird ähnlich benutzt und benannt; Früchte vielleicht = Apfel des roten Meeres (nach Hoppe-Drogenkunde, 1958, sind sie die S o d o m s ä p f e l der Bibel).
Bezeichnungen nach Zander-Pflanzennamen: **C. gigantea (L.) R. Br.** und **C. procera (Ait.) R. Br.**
Z i t a t-Empfehlung: **Calotropis gigantea (S.); Calotropis procera (S.).**

217

Ca

## Caltha

Caltha siehe Bd. V, Arnica; Calendula; Capparis; Trifolium.
Zitat-Empfehlung: *Caltha palustris (S.).*
Dragendorff-Heilpflanzen, S. 223 (Fam. Ranunculaceae).

Die Sumpfdotterblume, **C. palustris L.,** kommt nach Fischer in einigen
mittelalterlichen Quellen vor (farfugium, dutterblume, gel may-
blumen, moßblumen). Bock, um 1550, bildet - nach Hoppe - die Pflanze
im Kap. Von dotterbluomen und Goltwisenbluomen ab (Moßbluomen, gael
Wißbluomen, Mattenbluomen); keine med. Verwendung. Geiger,
um 1830, erwähnt die Pflanze (große Butter- oder Schmalzblume,
Kuhblume); Kraut und Blumen wurden früher gebraucht (herba et flores
Calthae palustris, herba populaginis); „die unaufgeschlossenen Blumen
werden mit Essig usw. auf ähnliche Art wie die Kappern eingemacht und
ebenso benutzt". Über die Verwendung des Krautes schreibt Hoppe-Drogenkunde,
1958: „In der Homöopathie [dort ist „Caltha palustris - Sumpf-Dotterblume"
(Essenz aus frischer, blühender Pflanze; Millspaugh 1887) ein wichtiges Mittel] ...
gegen Bläschenflechte. Gegen Pertussis, Bronchialkatarrh, Dysmenorrhoe"; Hin-
weis auf die Verwendung wie Kapern.


## Calvatia

Lycoperdon siehe Bd. V, Elaphomyces; Tuber.
Zitat-Empfehlung: *Calvatia utriformis (S.).*
Dragendorff-Heilpflanzen, S. 44 (Fam. Lycoperdaceae).

Fischer-Mittelalter zitiert Lycoperdon bovista (poantum, daucus,
vesica lupi, boimvist, vochenvist). Ob der von Bock, um 1550,
im Kap. Schwemme, beschriebene Buobenfist Lycoperdon bovista L.
ist, erscheint Hoppe fraglich (Sporenstaub als Wundpulver). Man kann annehmen,
daß früher auch andere Boviste so wie Lycoperdon bovista, das ist die alte
Bezeichnung - nach Michael-Pilzfreunde, 1960 - für **C. utriformis (Bull. ex Pers.)
Jaap,** benutzt wurden.
Die T. Frankfurt/M. 1687 führt: Fungus Chirurgorum (Fungus ovatus seu
Orbicularis seu crepitus lupi, Bofist, Wolffsfist). Die
Droge heißt in Ph. Württemberg 1741: Bovista Chirurgorum (Fungus rotundus,
Orbicularis, Pulverulentus, Crepitus Lupi, Bofist; Adstringens, Siccans, zum Blut-
stillen). Stammpflanze nach Hagen, um 1780: Bovist (Lycoperdon Bouista). Ist
nach Geiger, um 1830, „ein längst als Heilmittel benutzter Pilz ... Offizinell ist:
der trockne geplatzte Pilz, unter dem Namen Bovist (Bovista, Fungus Chirurgorum, Crepitus Lupi) ... wird äußerlich als blutstillendes Mittel auf Wunden gelegt. Tierärzte gebrauchen ihn auch innerlich bei Durchfällen".

Hoppe-Drogenkunde, 1958, Kap. Lycoperdon Bovista, schreibt über Verwendung: „In der Homöopathie [dort ist „Bovista - Bovist" (Tinktur aus den Sporen des reifen Pilzes; Hartlaub und Trinks 1831) ein wichtiges Mittel], bes. bei Anaemie, Hautleiden und chronischen Katarrhen. Stypticum. Bei Menorrhagien. - In der Volksheilkunde als blutstillendes Mittel".

## Calycanthus

Geiger, um 1830, erwähnt C. floridus (Carolinische K e l c h b l u m e, Gewürzstrauch); „offizinell ist nichts davon ... C. C. Gmelin schlägt sie vor (1809), anstatt Kampfer und China zu gebrauchen". Nach Dragendorff-Heilpflanzen, um 1900 (S. 237; Fam. C a l y c a n t h a c e a e ), werden von **C. floridus L.** Wurzel und Rinde als Tonicum und Stimulans gebraucht. Die Pflanze kommt bei Hoppe-Drogenkunde, 1958, vor; es heißt lediglich: „Verwendung in der Medizin".

## Calystegia

C a l y s t e g i a  siehe Bd. V, Convolvulus.
Zitat-Empfehlung: *Calystegia sepium (S.).*

Nach Zander-Pflanzennamen hieß **C. sepium (L.) R. Br.** früher C o n v o l v u l u s sepium L. Unter dieser älteren Bezeichnung kommt sie vor bei:
1.) Berendes-Dioskurides, Kap. Glatter S m i l a x (Frucht soll viele und schwere Träume verursachen).
2.) Fischer-Mittelalter ( l i l i u m , l i g u s t r u m , f u m u s  a r b o r , b o u m - s e i l ; Diosk.: smilax leia); ferner mit Convolvulus arvensis gemeinsam (→ Convolvulus).
3.) Hoppe-Bock, Kap. Von weiß W i n d  G l o c k e n , als die größte weiße Windeglocke; wird als ein wild Geschlecht S c a m m o n i a e Diosc. bezeichnet, ohne daß dem entsprechenden Diosk.-Kap. Indikationen entnommen werden.
4.) Geiger-Handbuch, Convolvulus sepium L. (= Calystegia Sepium R. Brown, Z a u n w i n d e ); „offizinell war sonst ebenfalls [wie von Convolvulus arvensis] das Kraut und die Wurzel (herba et radix Convolvuli majoris) ... Anwendung wie die vorhergehende Art" [als Abführmittel].
Dragendorff-Heilpflanzen, um 1900 (S. 557; Fam. C o n v o l v u l a c e a e ), führt die Pflanze unter C. sepium R. Br. (= Convolvulus sepium L.); „Europa. - Wurzel purgierend"; in China als Diureticum und Demulcans benutzt.

## Camelina

Nach Berendes wird der M y a g r o s des Dioskurides von einigen als C. sativa Crtz. gedeutet; genannt bei Sontheimer-Araber. Bock, um 1550, bildet - nach

Hoppe - im Kap. F l a c h s d o t t e r C. sativa Cr. subsp. alyssum Thell. ab; er nennt Indikationen nach dem Kap. S e s a m bei Diosk. (Samen bei Leibschmerzen, als Laxans, gegen Schwellungen; gegen Ohrenschmerzen, Entzündungen; Kraut zu Augenumschlägen).

Geiger, um 1830, beschreibt C. sativa Krantz. (= M y a g r u m sativum L., M ö n c h i a sativa Roth, A l y s s u m sat. Scopol., L e i m d o t t e r, D o t - t e r k r a u t ); „offizinell sind: die Samen, ehedem auch das Kraut (semen et herba Camelinae, Myagri) . . . Man gebrauchte den Samen innerlich im Absud und äußerlich in Umschlägen, als erweichendes linderndes Mittel; das Kraut gegen Augenentzündungen. - Präparate hat man: das ausgepreßte Öl (ol. expressum S e s a m i vulgaris) . . ., welches mit Vorteil ähnlich dem Mohnöl usw. zu Speisen, Salat usw., sowie als Brennöl benutzt werden kann. Der Same wurde von den Griechen wegen seines angenehmen Geschmacks unter Brot gebacken".

In Hoppe-Drogenkunde, 1958, steht C.sativa [Schreibweise nach Zander-Pflanzennamen: **C. sativa (L.) Crantz**]; das fette Öl der Samen (Oleum Camelinae, Leindotteröl, Deutsches Sesamöl, Dotteröl) wird technisch verwandt, in geringem Maße auch als Speiseöl, Brennöl und zur Schmierseifenherstellung.

Z i t a t-Empfehlung: **Camelina sativa (S.).**

Dragendorff-Heilpflanzen, S. 259 (Fam. C r u c i f e r a e ).

## Camellia

T e e siehe Bd. II, Diaphoretica; Diluentia; Stimulantia.
T h e a siehe Bd. II, Anticancrosa; Diuretica. / IV, G 220.
Z i t a t-Empfehlung: **Camellia sinensis (S.); Camellia sasanqua (S.); Camellia japonica (S.).**

Nach Tschirch-Handbuch kam der Tee in China zum allgemeineren Gebrauch erst im 6. oder 7. Jh. n. Chr.; nach dem Westen brachten die Araber im 9. Jh. die ersten Nachrichten vom Tee [Fischer-Mittelalter zitiert Thea chinensis Sims.], als Ware wurde er seit dem 17. Jh. näher bekannt, in großem Maßstabe wurde er von der Ostindischen Compagnie seit 1660 in Europa eingeführt; Ende des 17. Jh. war das Teetrinken in England schon allgemein; als Droge (u. a. Herba S c h a k , Folia T h e a e , Herba C h a ) ist er in deutschen Arzneitaxen seit Mitte des 17. Jh. zu finden (T. Nordhausen 1657).

In T. Frankfurt/Main 1687 ist aufgenommen: Herba Theé ( T ' c h i a ); in Ap. Lüneburg 1718 waren 8$^1$/$_2$ oz. Thee (Theekraut) vorrätig. Valentini, 1714, berichtet: „Die Thee Blätter sind heut zu Tage so bekannt, daß es fast unnötig scheint, solche weitläufig zu beschreiben". Die Ph. Württemberg 1741 führt: Herba Theae (The Sinensium, Tsiae Japonensium, Thee Indocum, Thee; Adstringens; Infus ist ein Polychrestum).

Bei Hagen, um 1780, heißt die Stammpflanze: „Theebaum (Thea Bohea), ist ein Baum oder vielmehr Strauch von Menschenhöhe, welcher von unten bis oben ästig ist und bloß in China und Japan wild wächst, wo man auch häufig Plantagen davon anlegt. Die Blätter . . . geben den bekannten Thee, der seit 1666 in Europa gebräuchlich ist. Da die frischen Blätter etwas betäubendes haben und Schwindel und Zittern der Glieder erregen, so werden sie denselben Tag, da sie sind ge-sammelt worden, über einem eisernen Blech gelinde gedörrt, und unter dem Dörren, damit sie ein krauses Ansehen bekommen, zwischen den Händen gerollt. Man läßt sie dann in wohlvermachten Gefäßen ein Jahr lang, ehe man sie ge-braucht, stehen. Die verschiedenen Sorten des Thees hängen teils von der Ver-schiedenheit der Kultur und dem Boden, teils von der verschiedenen Zeit der Sammlung und der daher rührenden Größe der Blätter ab. Je größer diese ge-worden sind, um desto schlechter ist der Thee . . . Man stellt in Japan des Jahres drei Sammlungen der Theeblätter an. Bei der ersten werden die kleinsten, zartesten und noch nicht ausgefalteten Blätter abgepflückt, und dieses ist der feinste oder sogenannte K a i s e r t h e e oder die Theeblüte (Thea caesarea, Flos theae). Bei der zweiten werden die ganz ausgebreiteten Blätter samt den halb ausgefalteten, und bei der dritten Sammlung, welches die schlechteste ist, die starken und voll-kommenen Blätter gelesen. In China werden gemeiniglich alte und junge Blätter mit einander gesammelt, hernach aber ausgelesen und in vielerlei Sorten unter-schieden. Bei uns sind zwei vorzüglich gebräuchlich, nämlich der Theebou (Thea Bohea), der schwärzlich ist, einen zusammenziehenden Geschmack, rosenartigen Geruch hat, und der grüne Tee (Thea viridis), dessen Blätter krauser und grün sind, nach Veilchen riechen und dem Wasser eine grünliche Farbe geben. Man glaubte, daß dieser Thee seinen Ursprung von einem anderen Gewächse ziehe".

Geiger, um 1830, gibt als Stammpflanze an: Thea chinensis Sims. (= Thea viridis et Bohea L.); „Eine schon längst bekannte Pflanze. Nach den fabelhaften An-gaben der Japanesen wäre der Teestrauch ums Jahr 510 n. Chr. Geb. aus den Augenlidern eines frommen Prinzen, Kosjuswo, entstanden, der, um sich zu kasteien, weil ihn nach Jahren der Schlaf überwältigte, sich dieselben ausschnitt und auf den Boden warf, worauf er den anderen Tag an derselben Stelle den Teestrauch entstanden sah. Seit 1600 ist der Tee durch die Holländer in Europa bekannt. - Wächst in China und Japan . . .
Man kennt mehrere Varietäten, die zum Teil als Arten unterschieden werden, nämlich: 1.) Thea viridis (grüner Theestrauch), mit mehr schmalen, lanzettförmi-gen großen Blättern und 9blättriger Blumenkrone. 2.) Thea Bohea (brauner Thee-strauch), ist sehr ästig und treibt viele Wurzelsprossen; die Blätter sind etwas klei-ner, mehr eliptisch-stumpf, die Blumenkrone 6blättrig . . . Offizinell sind: die Blätter, der bekannte chinesische und japanische Thee (folia Theae) . . . Von den vielen Teesorten des Handels unterscheidet man 2 Hauptarten: grünen Thee

(Thea viridis) und schwarzen Thee (Thea nigra). Der erstere zeichnet sich durch eine dunkelgrüne, zum Teil mehr oder weniger ins Bläuliche oder Braune gehende Farbe aus. Dahin gehören: der Kaiserthee, Blumenthee, oder Theeblüte, die feinste Sorte; Perlenthee; Tchythee und Aljofurthee; Haysanthee; Soulon oder Shulang Thee; Tonckaythee. - Schwarzer Thee, zeichnet sich durch seine dunkelbraune Farbe aus. Dahin gehören: der Bou-Thee; Pecco-Thee; Congo-Thee; Campoe-Thee; Camphor-Thee; Caravanen-Thee (kommt über Rußland, russischer Thee, so wird auch überhaupt der schwarze Thee genannt). - Außerdem hat man noch den Schießpulverthee, aus ganz feinen Körnchen bestehend; den Tiothee, aus erbsengroßen Kugeln, und die Theekuchen, zusammengeballte Massen von Theeblättern ... Den Tee verordnete man früher zum Teil in Substanz, als Pulver, in der Regel im Aufguß, jetzt mehr als diätetisches Mittel, denn als Arzneimittel. Sein häufiger Gebrauch als Getränk in Haushaltungen ist bekannt".

Jourdan, zur gleichen Zeit, hebt Thea viridis L. hervor; im Handel kommen viele Sorten Tee vor, von denen die vorzüglichsten den Namen Haysan-, Schulang-, Perltee, poudre à canon, saot-chaon oder Bouy- und Pekaotee führen; die beiden letzteren sind weniger geschätzt und kommen von Thea Bohea L., welche man als eine bloße Varietät von Th. viridis betrachtet. - Reizend, Ausdünstung befördernd ... Ein Extractum Theae kommt aus China; Injectio Theae ist ein gutes Linderungsmittel im ersten Stadium der Gonorrhöe.

Marmé, 1886, schreibt über Folia Theae: „Die Stammpflanze C. Thea Link, Familie der Ternströmiaceae, wächst wild in Bengalen (Assam) und ist vielleicht nach China eingeführt, wo sie jetzt in größter Ausdehnung, außerdem auch in Japan, englisch Ostindien, auf Java, Australien, auf Reunion, in Afrika (Capland) und selbst in Südamerika (Brasilien) und den Vereinigten Staaten (Carolina, Mississippi, Californien) kultiviert wird ...

Dem kolossalen Teeverbrauch dienen sehr zahlreiche Sorten, welche vor allem in China und anderwärts nach chinesischem Muster präpariert werden, sich aber auf 3 Hauptsorten: den schwarzen, den grünen und den Ziegel-Tee zurückführen lassen. Der letztere kommt nicht nach Europa. Der schwarze Tee wird nur aus Blättern durch eigentümliche Behandlung vor, während und nach dem Trocknen hergestellt. Er besitzt außer seiner dunklen Farbe ein eigentümliches Aroma und wird besonders in den Provinzen Nganhwuy, Hupe, Honan, Kuangton, Yünan, Kuangsi und Fukian produziert. Von den sehr zahlreichen Sorten des schwarzen Tees sind die wertvollsten: a) Pecco, von schwärzlich brauner Farbe, aus jungen Blättern und Blattknospen hergestellt; b) Souchong, schwarzbraun, auch aus jüngeren Blättern bereitet und wie der vorhergehende oft parfümiert; c) Congu, von gleicher Farbe, aber meist aus großen Blättern bestehend. Der grüne Tee wird durch eine etwas abweichende Behandlung vor und während des Trocknens, das in eisernen Pfannen über freiem Feuer geschieht und bisweilen auch durch nachträgliches Färben mittels Berliner Blau oder Indigo und Gips dargestellt. Ihn liefern hauptsächlich die Provinzen Nganhwuy, Tschekiang und Kiangsi. Wichtige Handelssorten sind: a) der bläulich-grüne Haysan und b) der Young Haysan, welche aus Frühlingsblättern gewonnen werden; c) der Imperial- oder Perl-Tee - Gun powder, Schießpulver der Engländer - von gleicher Farbe und aus Blättern fabriziert, welche zu rundlichen Körnern zusammengerollt sind. Haysan skin ist eine geringe Sorte. Schlechte Sorten sowohl des schwarzen wie des grünen Tees werden Thee Bou genannt. Japanischer Tee ist dem Haysan am ähnlichsten. Java liefert guten schwarzen und grünen. In Indien erzielen die Engländer nur schwarzen Tee. Reunion-Tee gleicht dem Congu, und der brasilianische Tee ist dem japanischen sehr ähnlich ... Therapeutisch wird der Tee als Excitans gebraucht. Seine Hauptverwertung findet er aber, wie bekannt, als Nahrungs- und Genußmittel".

Dragendorff-Heilpflanzen, um 1900 (S. 436; Fam. T h e a c e a e ), nennt die Stammpflanze: C. Thea Link (= Thea chinensis Sims) und ihre Varietät viridis L. Nach Hoppe-Drogenkunde, 1958, wird von C. sinensis verwendet:

1.) das Blatt (Anregungsmittel, Diureticum. - Zur Coffeingewinnung, besonders aus Teestaub); Handelssorten:

a) Schwarzer Tee. Die Aufbereitung des Tees ist in den einzelnen Produktionsgebieten verschieden. Meist werden die frischen Teeblätter gewelkt, maschinell 2 bis 6 mal gerollt, nach jedem Vorgang aufgelockert, fermentiert, getrocknet, teilweise parfümeriert und durch Sieben sortiert.

b) Grüner Tee. Die Blätter werden gewelkt, gerollt und ohne Fermentation getrocknet.

c) Ziegeltee wird in China aus geringwertigen Sorten und Teeabfällen hergestellt. China liefert Schwarzen Tee, Grünen Tee und Ulongs. Japanische Teesorten sind meist unvergoren, stellen eine Zwischenstufe zwischen Grünen und Schwarzen Tees dar. Formosa-Tees sind halbvergoren und meist parfümeriert. Indien produziert folgende Qualtiäten: Kongo und Bohi (ältere, grobe Blätter), Souchong (große, weiche Blätter), Pekoe Souchong (große 6. bis 3. Blätter), Orange Pekoe (zarte 2. und 1. Blätter), Flowery Orange Pekoe (Spitzenblätter), Broken Pekoe (grober Bruchtee), Broken Orange Pekoe (feiner Bruchtee), Dunst und Fammings (Grus- oder Staubtee). Wichtigste Sorten Indiens: Darjeeling Gardens, North Indian Gardens, South Gardens, Travancore Gardens.

2.) Das fette Öl der Samen (gutes Schmieröl, zur Seifenfabrikation geeignet, nach Raffination auch als Speiseöl verwendbar).

In der Homöopathie ist „Thea chinensis - Schwarzer Tee" (Tinktur aus getrockneten Zweigspitzen mit den jüngsten Blättern und Blüten; Buchner 1840) ein wichtiges Mittel.

Bezeichnung nach Zander-Pflanzennamen: C. sinensis (L.) O. Kuntze (früher: Thea sinensis L., T. viridis L., T. bohea L., C. thea Link., C. theifera Griff.).

(V e r s c h i e d e n e)

1.) **C. sasanqua Thunb.** Geiger erwähnt eine C. Sasanqua; die wohlriechenden Blätter werden unter den chinesischen Tee gemengt, um ihm Wohlgeruch zu geben. Nach Dragendorff dient von C. Sasangua Thunb. (= C. oleifera Abel., Thea oleosa Lour.) die Blüte zum Aromatisieren des Tees, der Same zur Bereitung fetten Öls. Diese Art ist bei Hoppe als ostasiatischer Zierstrauch und Ölpflanze erwähnt.

2.) **C. japonica L.,** K a m e l i e . Bei Dragendorff nur erwähnt. Nach Hoppe ein Zierstrauch, dessen Blätter herzwirksame Droge bilden; die Blüten werden in China und Japan als Volksheilmittel bei Magen-, Darm- und Nasenblutungen gebraucht.


## Campanula

Unter den Pflanzen, die - nach Berendes - zur Deutung des Dioskurides-Kapitels: M e d i o n , herangezogen worden sind, befindet sich C. laciniata L., zum Kap. E r i n o s , C. Rapunculus, C. Erinus und C. ramosissima Sibth.

Sontheimer nennt nach arabischen Quellen: C. laciniata, C. persicifolia und C. Erinus, Fischer nach mittelalterlichen, altital. Quellen: C. persicifolia L. (belvedere) und C. Rapunculus L. (pes locuste, r a p u n c u l u s ).

Bock, um 1550, bildet - nach Hoppe - im Kap. Vom H a l ß k r a u t , **C. trachelium L.** ab und beschreibt **C. glomerata L.** (beide als Abkochung zum Gurgeln bei Halsschmerzen). Im Kap. Von R a p u n t z e l bildet er **C. rapunculus L.** ab; in Anlehnung an ein Diosk.-Kap. mit unbestimmter Pflanze nennt er Indikationen (zur Appetitanregung, zum Harntreiben); als Walt Rapuntzel bildet Bock im gleichen Kap. P h y t e u m a nigrum F. W. Schmidt ab.

Geiger, um 1830, erwähnt 5 C.-Arten.

1.) C. Rapunculus; „Offizinell war sonst die süße nahrhafte Wurzel (rad. Rapunculi esculenti). Damit sie größer wird, kultiviert man sie in Gärten. Sie wird wie die vorhergehende [Phyteuma spicatum L. und Phyteuma orbiculare L.] gebraucht. Auch den ausgepreßten Saft hat man gegen Wassersucht, in Engbrüstigkeit usw. angewendet".

2.) C. Trachelium; „Offizinell war sonst das Kraut und die Wurzel (herba et radix T r a c h e l i i , C e r v i c a r i a e majoris). Das Kraut wurde gegen Halsgeschwüre und Entzündungen angewendet; die Wurzel wird wie die Rapunzel als Salat gegessen".

3.) C. glomerata; „das Kraut (herba Cervicariae minoris) war sonst offizinell".

4.) **C. medium L.;** „Davon war sonst die süße eßbare Wurzel (rad. M e d i i , V i o l a e marianae) gebräuchlich. Sie wird wie die Rapunzel verwendet".

5.) C. graminifolia [Schreibweise nach Zander-Pflanzennamen: E d r a i a n t h u s graminifolius (L.) A. DC.]; hiervon „wurden vor einigen Jahren die Blätter und Blumen gegen Epilepsie empfohlen".

Z i t a t-Empfehlung: **Campanula trachelium (S.)**; **Campanula glomerata (S.)**; **Campanula rapunculus (S.)**; **Campanula medium (S.)**.

Dragendorff-Heilpflanzen, S. 655 (Fam. C a m p a n u l a c e a e ).


## Camphorosma

Nach Geiger, um 1830, ist C. monspeliaca L. (rauhes K a m p f e r k r a u t ) zu Anfang des 18. Jh. vorzüglich von Burlet als Arzneimittel empfohlen worden; „Offizinell: Das Kraut oder vielmehr die Blumen tragenden Spitzen (herba s. sumitates C a m p h o r a t a e ) . . . Darf nicht mit C. monspeliaca Polich ver- wechselt werden. Ein jähriges, der Gattung Salsola oder Chenopodium ähnliches, zartes, geruchloses Pflänzchen . . . ist W i l l e m e t a arenaria Gmelin, S a l s o l a arenaria Märcklini, K o c h i a arenaria Roth. Anwendung [des richtigen Kampfer- krautes]: Im Teeaufguß. Wird jetzt selten mehr gebraucht. Sonst war noch das Kraut von C. acutum L. ( P o l y c n e m u m erinaceum Pall.), einer in Italien und der Tartarei wachsenden Pflanze, unter dem Namen herba Camphoratae congeneris gebräuchlich".

Auch Jourdan, zur gleichen Zeit, führt die Krautdroge von C. Monspeliacum L. (herba Camphorosmae, Camphoratae; reizend, nervenstärkend) auf.

Bei Dragendorff-Heilpflanzen (S. 197; Fam. C h e n o p o d i a c e a e ), sind ge- nannt: C. monspeliacum L. (C. perenne Pall.) und C. glabrum L. (C. ovatum Biasol.): „Mittelmeerländer. - Kraut als Excitans, Diureticum, Diaphoreticum, ge- gen Asthma, Rheuma, Hydrops verwendet . . . Ersteres hält man für das Rihân elkâfur des Ibn al Baithar".


## Cananga

Geiger, um 1830, erwähnt den Baum Unona odorata; Früchte und Samen werden als Obst benutzt; gegen Wechselfieber. Nach Hager-Handbuch, um 1930, liefert der südostasiatische, in den Tropen vielfach angebaute Baum C. odorata Hook. f. et Thomson (= U n o n a oder A n o n a odorata Lam. [Schreibweise nach Zander-Pflanzennamen: **C. odorata (Lam.) Hook. f. et Thoms**] ein ätherisches Öl der Blüten. Das erste Destillat ist das Y l a n g - Y l a n g - Ö l, das spätere (oder Gesamtdestillat) heißt Canangaöl; für Parfümeriezwecke, evtl. gegen Malaria. Bei Hoppe-Drogenkunde, 1958, werden im Kap. C. odorata das äther. Öl der Blüte (Ylang-Ylang-Öl, I l a n g - I l a n g - Ö l, O r c h i d e e n ö l) und das äther. Öl der ganzen Pflanze (Canangöl, C h e r i b o n ö l ) als Parfümierungsmittel beschrieben.

Dragendorff-Heilpflanzen, S. 216 (unter A r t a b o t r y s odoratissima R. Br.; Fam. A n o n a c e a e ; nach Zander: A n n o n a c e a e ).

## Canarium

Geiger, um 1830, beschreibt außer dem amerikanischen Elemi [→ P r o t i u m ] und dem echten, afrikanischen [→ B o s w e l l i a ] „das jetzt selten vorkommende ostindische Elemi ( E l e m i orientale); es wird von A m y r i s zeilanica abgeleitet."
Tschirch-Handbuch nimmt an, daß diese Sorte schon seit dem 15. Jh. im Handel war („weicher W e i h r a u c h " ); sicher erwähnt wird sie 1701 von Camellus; die Droge wird dann von der nordamerikanischen verdrängt.
Unter den preußischen Pharmakopöen gibt nur Ausgabe 1813 einmal bevorzugt die orientalische Ware (von Amyris Zeilanica) an. Erg.-B. 2, 1897, beschreibt Elemi als „Harzsaft unbekannter Burseraceen von den Philippinen". Später (1916, 1941) wird als Stammpflanze C. luzonicum A. Gray genannt, auch in Hager-Handbuch, um 1930: „Diese Pflanze ist nahe verwandt der früher als Stammpflanze angesehenen **C. commune L.,** aber nicht mit dieser identisch". In Hoppe-Drogenkunde, 1958, steht Manila-Elemi unter C. commune beschrieben („Verwendung: Pflastergrundlage. - Fixateur in der Parfümerieindustrie. - In der Lackindustrie . . . Zusatz zu lithographischen Farben und Aquarellfarben, Appreturmittel"; man verwendet auch das ätherische Öl des Harzes: Elemiöl, M a n i l a - ö l ), und das fette Öl der Samen.

Dragendorff-Heilpflanzen, S. 371 (Fam. B u r s e r a c e a e ) ; Tschirch-Handbuch III, S. 1137. Fischer-Mittelalter gibt an: C. commune L. bei Avic.

## Canavalia

Dragendorff-Heilpflanzen, um 1900 (S. 333; Fam. L e g u m i n o s a e ), führt 3 C.-Arten, darunter C. ensiformis D. C. (Hülsen und Samen als Gemüse, letztere auch bei Frauenkrankheiten und zur A m y l o n darstellung, das Blatt als Antarthriticum gebraucht), die bei Hoppe-Drogenkunde, 1958, ein Kapitel hat (verwendet wird das Bohnenmehl - E s e l s b o h n e n m e h l ). Schreibweise nach Zander-Pflanzennamen: **C. ensiformis (L.) DC.**

## Canella

C a n e l l a siehe Bd. V, Cinnamodendron; Cinnamomum; Costus; Dicypellium; Drimys.

G e i g e r -Handbuch: C. alba Murr. (= W i n t e r i a n a Canella L., weißer Canellbaum, weißer Z i m m t ).

H a g e r-Handbuch: W i n t e r a n a canella L. (= C. alba Murray).
Z a n d e r-Pflanzennamen: **C. winterana (L.) Gaertn.** (= C. alba Murr.).
Z i t a t-Empfehlung: **Canella winterana (S.).**

Dragendorff-Heilpflanzen, S. 449 (Fam. C a n e l l a c e a e bzw. W i n t e r a n a c e a e).

Valentini, 1714, faßt in einem Kapitel Cortex Winteranus (→ D r i m y s) und
weissen Zimmet zusammen. „Viele stehen in der Meinung, es wäre der Cortex
Winteranus nichts anderes als der weiße Zimmet, welcher sonsten auch C o s t u s
Ventricosus genannt wird . . . allein dieses findet sich ganz falsch, indem diese
zwei Cortices ganz von einander unterschieden sind, von zwei unterschiedenen
Bäumen herrühren, auch sich dem Ansehen nach ganz nicht gleich kommen, ob sie
schon den Kräften nach einige Verwandtschaft haben". Für den weißen Zimmt,
Canella alba, bringt er auch den Namen Cortex Winteranus spurium. Diese Droge
ist schärfer als der echte Zimmt (→ C i n n a m o m u m); kommt in antiscorbuti-
sche Arzneien; stärkt - wie alle Gewürze - Magen, Haupt und Nerven; gut bei
Schlagflüssen, Koliken, Mutterschmerzen; „einige Medici käuen ihn zum praeser-
vativ, wenn sie die Kranken bei ansteckenden Seuchen besuchen".
Im Kapitel von der Arabischen Costus-Wurzel (→ Costus) bemerkt Valentini:
„Heut zu Tag haben sich einige unterstanden, canellam albam oder den weißen
Zimmet für den rechten Costum Arabicum zu halten, welchen sie Costum corticosum oder ventricosum nennen. Allein daß dies keine Art vom Costo sei, sondern ex ignorantia von den Hamburger und Leipziger Materialisten so genannt
werden", hat Paul Hermann gezeigt.
Der weiße Zimt wurde im 18. Jh. pharmakopöe-üblich. Die Ph. Württemberg 1741
führt unter De Aromatibus: Costus Corticosus (Canella alba, weißer Zimmet;
aus Jamaica u. a. amerikanischen Regionen; Calefaciens, Siccans, Incidans, Antiscorbuticum, gegen Erbrechen, Roborans für den Magen). Als Stammpflanze von
Canella alba, dem weißen Kanell oder weißen Zimet, der Rinde des K a n e l l -
b a u m e s, gibt Hagen, um 1780, Winterania Canella an. Im Kapitel von der
Kostuspflanze (→ Costus) vermerkt er, daß deren Wurzelrinde fälschlicherweise
ebenfalls Canella alba genannt werde.
Verwechselungen waren an der Tagesordnung. So schreibt Geiger, um 1830, von
der weißen Zimmtrinde: „Verwechselt wird sie mit der Winter'schen Rinde [Dri-
mys] . . . Häufig wird sie mit Costus verwechselt und der weiße Canell ist es vorzüglich, der unter dem Namen Costus dulcis und corticosus im Handel
vorkommt; den Namen Canella alba findet man dagegen in vielen Preislisten der
Drogisten nicht". Auch die Ausführungen Meissners, zu gleicher Zeit, belegen die
unklaren Verhältnisse: „Canellae albae cortex . . . ist die Rinde von Winterana
Canella L. oder Canella alba Murray . . . Viele Schriftsteller, selbst unter den
Neuern, verwechseln diesen Baum mit der Wintera aromatica Murray oder Dry-
mis Winteri Forster, von welchem die Wintersrinde kommt. Der weiße Zimmt . . .

wird oft mit der Wintersrinde vermengt und ihr selbst substituiert; doch geht dadurch wegen der sehr großen Analogie, welche zwischen diesen Substanzen stattfindet, kein Nachteil hervor. Der weiße Zimmt besitzt ganz die Eigenschaften wie der gewöhnliche, nur in einem schwächeren Grade. In vielen Ländern benutzt man ihn als Arom, indem man ihn mit den Nahrungsmitteln vermengt. In der Medizin wird er wenig gebraucht".

In den preußischen Pharmakopöen steht er bis 1829 (1799: von Winterania Canella; danach Canella alba Murray). Nach Hoppe-Drogenkunde, 1958, Kap. C. alba, wird der weiße Zimt als Tonicum, Gewürz, zu Tabakaromen benutzt. In der Homöopathie ist „Costus dulcis - Weiße Zimtrinde" (C. alba Murr.; Tinktur aus getrockneter Rinde) ein wichtiges Mittel.

## Canna

Canna siehe Bd. V, Bambusa; Boswellia; Lawsonia; Maranta; Phragmites.
Arrowroot siehe Bd. V, Arum; Manihot.
Zitat-Empfehlung: *Canna indica (S.); Canna glauca (S.); Canna edulis (S.).*

Von den zahlreichen Arten, die Dragendorff-Heilpflanzen (S. 146 uf.; Fam. C a n n a c e a e ), aufführt, erwähnt Geiger, um 1830, lediglich **C. indica L.** (Indianisches B l u m e n r o h r ) aus Ost- und Westindien; soll Radix Cannae indicae geliefert haben; Geiger ist selbst unsicher, er hält eine Verwechslung mit der Wurzel von M a r a n t a arundinacea L. für möglich. Nach Dragendorff soll der Wurzelstock diuretisch und schweißtreibend, der Samen magenstärkend sein.

In der Homöopathie ist „Canna glauca" (**C. glauca L.;** Essenz aus frischer, blühender Pflanze) ein weniger wichtiges Mittel.

Von C. edulis [Schreibweise nach Zander-Pflanzennamen: **C. edulis Ker-Gawl.**] gibt Hoppe-Drogenkunde, 1958, an, daß die Stärke der Rhizome (Amylum Cannae, eine Art A r r o w r o o t ) verwendet wird: „Zu Streupulvern, Pudern, in der Pillen- und Tablettenfabrikation, zu Nährpräparaten. - Zur Herstellung von Stärkezucker, Kunsthonig, S a g o " u. a.

## Cannabis

Cannabis siehe Bd. II, Antiarthritica; Antirheumatica; Aphrodisiaca; Hypnotica; Refrigerantia. / IV, Reg.; G 204, 294, 342. / V, Galeopsis.
Hanf siehe Bd. V, Althaea; Apocynum; Datisca; Galeopsis.

D e i n e s-Ägypten; H e s s l e r-Susruta; B e r e n d e s-Dioskurides (Kap. Gebauter Hanf); T s c h i r c h-Sontheimer-Araber: C. sativa.
F i s c h e r-Mittelalter: C. indica; C. sativa L. ( c a n a b u s , a g r a , h a n f , h a n i f ; Diosk.: k a n n a b i s ).

228

B e ß l e r-Gart (c a n a p u s); Hoppe-Bock: C. sativa L. (zamer Hanff, F e - m e l).

G e i g e r-Handbuch: C. sativa (gemeiner Hanf).

H a g e r-Handbuch: C. sativa L.; Varietät C. indica Lamarck.

Z a n d e r-Pflanzennamen: **C. sativa L.; C. indica Lam.**

Z i t a t-Empfehlung: **Cannabis sativa (S.); Cannabis indica (S.).**

Dragendorff-Heilpflanzen, S. 178 (Fam. C a n n a b a c e a e ; nach Schmeil-Flora: M o r a c e a e ); Tschirch-Handbuch I, S. 1042 ff. (Haschisch), II, S. 561—563; Bertsch-Kulturpflanzen, S. 210—213; W. Reininger, Haschisch, Ciba-Ztschr. Nr. 71, Bd. 6 (1955); Gilg-Schürhoff-Drogen: Kap. Indischer Hanf, S. 189—198.

Nach Tschirch-Handbuch ist die Heimat der Hanfkultur wahrscheinlich im nord-westlichen oder zentralen Asien zu suchen; es wird angenommen, daß Skyten den Hanf um 1500 v. Chr. nach dem Westen brachten. Das Rauchen von indischem Hanfkraut hat sich ebenso wie das O p i u m r a u c h e n zunächst bei den An-hängern Mohammeds entwickelt [also seit 7. Jh.]; zuvor kannte Galen schon die betäubende Kraft des Hanfes; Haschischrauchen und -essen hat in der Geschichte der Assasinen eine große, kriminelle Rolle gespielt (8.-13. Jh.). Gegenüber der gro-ßen kulturgeschichtlichen Bedeutung des indischen Hanfes als Rauschmittel ist die medizinische Bedeutung der C.-Arten bescheiden, wenn auch nicht minimal ge-wesen.

Dioskurides berichtet vom angebauten Hanf, daß er viel zum Flechten von Stricken verwandt wird; der Saft der Frucht, ins Ohr geträufelt, ist gut gegen Ohrenleiden; genießt man die Frucht reichlich, so wird die Zeugungskraft vernichtet. Nach Hoppe führt Bock, um 1550, diese Tatsache an; er fügt hinzu: Samen mit Milch gegen Husten; grünes Kraut oder Destillat davon (nach Brunschwig) bei Hitze-empfindung, gegen Podagra.

In Ap. Lüneburg 1475 waren 1/2 qr. Semen canabis vorrätig, sie sind in der Regel auch in den späteren Arzneitaxen zu finden (T. Worms 1582 Semen Canabis seu Cannabis, Hanffsamen; in T. Frankfurt/Main 1687 außerdem Oleum Cannabis express., Hanffsaamenöhl). In Ap. Braunschweig 1666 waren vorrätig: Semen can-nabis (3 lb.), Oleum c. (5 lb.). Die Ph. Württemberg 1741 führt: Semen Cannabis sativae (Hanff-Saamen; gegen Husten, äußerlich bei Kopfschmerzen). Die Samen bleiben im 19. Jh. offizinell. In Ph. Preußen 1799: Semen C. (von C. sativa L.); seit Ausgabe 1862 Fructus C.; in DAB 1, 1872, außerdem Herba Cannabis Indicae (von C. sativa L.), daraus bereitet Extractum C. Indicae und daraus Tinctura C. Indicae. Die Früchte sind in Ausgabe 1882 bereits entfallen, Kraut, Extrakt und Tinktur in Ausgabe 1890; alle 4 in die Erg.-Bücher (Erg.-B. 6, 1941: Fructus Can-nabis „Die Nüßchen von Cannabis sativa Linné", Herba Cannabis indicae „Die getrockneten, blühenden oder mit jungen Früchten versehenen Zweigspitzen der weiblichen Pflanze von Cannabis sativa L. var. indica Lamarck"; daraus Extrakt und Tinktur.

Geiger, um 1830, schreibt vom Hanf: „Offizinell sind: die Samen (Frucht) (semen Cannabis). Neuerlich ist auch das Kraut als Arzneimittel vorgeschlagen worden ... Das Kraut hat narkotische Eigenschaften. Anwendung: Man gibt den Hanfsamen als Emulsion oder im Aufguß und Abkochung. Das Kraut wird zu Umschlägen usw. angewendet. - Präparate hatte man aus dem Samen fettes Öl (Ol. Cannabis), welches aber kaum als Arzneimittel benutzt wird; aus dem Kraut Extrakt (extr. Cannabis), welches dem Opium ähnlich wirken soll. Im Orient, Persien, bereitet man aus dem Hanf ein berauschendes Getränk, B a n g u e , H a s c h i s c h , M o s l a k ; oder man nimmt ihn in Pillenform, als Pulver, Conserve usw. mit anderen Ingredienzien, O p i u m , B i s a m usw. vermengt, um sich zu berauschen. Auch rauchen ihn diese Völker zu gleichem Zweck mit oder ohne T a - b a k . Der Hanfsamen wird von nördlichen Völkern häufig genossen, bei uns als Vogelfutter usw. benutzt. Das Öl dient zum Brennen, gibt mit Kali gekocht S c h m i e r s e i f e . Den größten Nutzen der Pflanze gewährt der zähe Bast der Stengel, der unter dem Namen Hanf bekannt, zu dauerhafter Leinwand, Bindfaden, Stricken usw. verarbeitet wird".

Hager, 1874, kommentiert bei Fructus Cannabis: „Diese wahrscheinlich aus Ostindien stammende Urticee wird seit undenklichen Zeiten durch ganz Europa ihres ökonomischen Nutzens halber kultiviert. Sie besitzt narkotische Eigenschaften, wenn auch im geringeren Maße wie die ihr im ganzen ähnliche Cannabis Indica Lamarck, aus welchem die Asiaten und Afrikaner den Haschisch brauen ... Der Hanfsamen wird am besten in hölzernen Gefäßen an einem trockenen Orte aufbewahrt und jährlich erneuert. Er wird häufig zu reizmildernden Emulsionen bei einigen Leiden der Urogenitalwerkzeuge gebraucht". Zu Herba Cannabis Indicae schreibt er: „Die in Indien, ihrem eigentlichen Vaterlande, wachsende Hanfpflanze variiert einigermaßen von der bei uns kultivierten ... Diese Unterschiede sind im ganzen zu unwesentlich, als daß diese Hanfpflanze eine eigene Art repräsentieren könnte. In chemischer Beziehung und in betreff der physiologischen Wirkung der Bestandteile waltet jedoch eine große Verschiedenheit ob ... Der Indische Hanf kommt in zwei Sorten in den europäischen Handel.

1.) B a n g oder G u a z a ist die am meisten vorkommende Handelssorte;
2.) G u n j a h , obgleich die bessere und von unserer Pharmakopöe rezipierte Ware, wurde bisher seltener im deutschen Handel angetroffen. Dieser Hanf kommt aus Kalkutta.

Die wirksamen Bestandteile des indischen Hanfes sollen in dem Harze und in einem ätherischen Öle zu suchen sein. Der Indische Hanf wird nicht direkt als Medikament benutzt, sondern daraus ein weingeistiges Extrakt gemacht und aus dem Extrakt eine Tinktur".

In Hager-Handbuch, um 1930, wird im einzelnen angegeben:
Herba Cannabis indicae (Summitates Cannabis, Haschisch). „Wirkt zuerst anregend und verursacht Halluzinationen meist angenehmer Art, oft auch Tobsucht,

später tiefen Schlaf. Wegen der unangenehmen Nebenwirkungen: Erbrechen, Kopfschmerz, Aufregung, ist es kein brauchbares Hypnoticum. Auch als Sedativum, als Antispasmodicum bei Tetanus, Veitstanz wurde es empfohlen. Ferner bei Gicht, Rheuma, Intermittens, Neuralgien, als Antidot bei Strychninvergiftung; in Pulver, in Pillen oder mit Zucker und Traganth zu Kuchen geformt; meist in Form des Extraktes oder der Tinktur. Bekannt ist die außerordentlich ausgedehnte Verwendung der Hanfpräparate als narkotische Genußmittel bei allen muhamedanischen Völkern von China bis Marokko und südlich bis zum Kap der guten Hoffnung. Man faßt die verschiedenen Präparate gewöhnlich unter dem Namen Haschisch zusammen. Verwendung finden auch hier nur die Spitzen der weiblichen Pflanzen. Namen der verschiedenen Präparate: C h u r u s , C h a r a s , C h u r , Ganjah, Gunjah, B h e n g , S i d d h i , M a j u n u. a. Indischer Hanf unterliegt dem Betäubungsmittelgesetz".

Fructus Cannabis. „Zur Gewinnung des Öles, als Vogelfutter, selten medizinisch in Emulsion und Teemischungen".

Oleum Cannabis. „Zur Herstellung von S e i f e . Zu Einreibungen als die Milchsekretion hemmendes Mittel (?)".

„Haschisch ist eine pastenartige Zubereitung aus den getrockneten Zweigspitzen des Indischen Hanfs mit indifferenten Zusätzen, aber auch mit Tabak und Opium versetzt. Anwendung. Bei den Orientalen als Rauch- und Berauschungsmittel".

In Hoppe-Drogenkunde, 1958, gibt es 2 Kapitel:

I. C. sativa; verwendet werden 1. die Frucht („reizmilderndes Mittel bei Blasenleiden in Form von Emulsionen. - Cholagogum. - Zur Gewinnung des fetten Öls. - Vogelfutter"); 2. das fette Öl der Früchte („Für Speisezwecke, bes. in Rußland. - Zur Herstellung grüner Schmierseifen. - In der Farben- und Lackindustrie"); Hoppe bemerkt noch zu C. sativa, daß diese die Hanffaser und im allgemeinen keinen Haschisch liefert.

In der Homöopathie ist „Cannabis - Hanf" (Essenz aus frischen Stengelspitzen mit den Blüten und Blättern, sowohl von den männlichen als auch von den weiblichen Pflanzen; Hahnemann 1811) ein wichtiges Mittel.

II. C. sativa var. indica (= C. indica); verwendet werden die getrockneten Blütenstände weiblicher Pflanzen („medizinisch zur Herabsetzung der Schmerzempfindung, z. B. bei Neuralgien, Migräne und Cardialgie, Sedativum. - Zu Hühneraugenmitteln. - In der Homöopathie [wo „Cannabis indica - Indischer Hanf" (Tinktur aus getrockneten Krautspitzen; 1841) ein wichtiges Mittel ist] bei Cystitis, Pyelitis, Nephritis, asthmatischen Beschwerden").

## Capparis

C a p p a r i s siehe Bd. I, Scorpio. / II, Antispasmodica; Aperientia; Digerentia; Emmenagoga; Lithontriptica. / V, Calendula.

H e s s l e r-Susruta: C. spinosa; C. aphylla, C. trifoliata.

G r o t-Hippokrates; Berendes-Dioskurides (Kap. K a p p e r ); Tschirch-S o n t -
h e i m e r-Araber; Fischer-Mittelalter, **C. spinosa L.** ( c a p p e r n ).
G e i g e r-Handbuch: C. spinosa.
H a g e r-Handbuch: C. spinosa L.; die Formen C. rupestris Siebth. und C. aegyp-
tica Lam. werden in gleicher Weise benutzt.
Z i t a t-Empfehlung: **Capparis spinosa (S.).**

Dragendorff-Heilpflanzen, S. 260 uf. (Fam. C a p p a r i d a c e a e ; nach Zander-Pflanzennamen: C a p -
p a r a c e a e ); hier sind 22 C.-Arten bzw. Varietäten genannt.

Dioskurides nennt mehrere Arten von Kappern nach Herkunftsorten (z. B. liby-
sche, apulische, vom Roten Meer); Stengel und Frucht werden zur Speise eingemacht; vielseitige medizinische Verwendung (1. Frucht: erweicht Milz, treibt Harn;
gegen Ischias und Paralyse, innere Rupturen und Krämpfe; befördert Katamenien,
führt Schleim ab; gegen Zahnschmerzen als Mundwasser. 2. Trockene Wurzelrinde. Anwendung wie die Frucht; reinigt alte Geschwüre; zu Umschlägen bei
Milzsucht. 3. Saft, gegen Würmer in den Ohren).
In Ap. Lüneburg 1475 waren vorrätig: Capperis (1 lb.), Cortex capparis (1 lb.),
Pulvis dyacapparum (3 oz.). Die T. Worms 1582 führt: [unter Früchten] Cappares
maiores (Groß Cappern), halb so teuer wie Cappares minores (Klein Cappern),
Cappares minores quae in aceto condita asseruantur (Klein Cappern in Essig
eingemacht); Radix C. (Cappernwurzel), Cortex C. (Cappernwurzelrinden). In
T. Frankfurt/M. 1687 stehen: Cortex Capparum radicum (Cappernwurzel Rinden) und Cortex Capparum excorticat. (Cappernwurtz). In Ap. Braunschweig
1666 waren vorrätig: Capparum in aceto (176 lb.), Cortex c. (9 lb.), Oleum c.
(8 lb.), Trochisci de c. (11 Lot). Die Ph. Augsburg 1640 ordnet an, daß für „Capparis" die „Cortex radicis" zu nehmen ist.
Die Ph. Württemberg 1741 führt: Radix Capparis (vel Capparidis spinosae fructu
rotundo minori, Cappernwurzel; aus Apulien; Aperiens, Spleneticum, Hypo-
chondriacum, Arthriticum; in Infusen); Oleum Capparum (gekochtes Öl, mit
Olivenöl u. a. Zusätzen). Geiger, um 1830, beschreibt C. spinosa. „Offizinell war
ehedem: die Rinde der Wurzel (cort. rad. Capparidis) . . . Die Blumenknospen
kommen im Handel, mit Essig und Salz eingemacht, unter dem Namen Kappern
(Gemmae conditae Capparides) vor, die jetzt selten in Apotheken geführt werden . . . Die Wurzelrinde wurde ehedem bei Schwäche und Verstopfung der Ein-
geweide, gegen Kröpfe, zum Reinigen der Geschwüre usw. gebraucht; jetzt ist sie
obsolet. - Die Kappern werden als diätetisches Mittel verordnet. Sie sind eine beliebte Würze an Speisen".
In Hager-Handbuch, um 1930, sind die Flores Capparidis (Kappern) beschrieben;
junge Blütenknospen; die besten sind die französischen, es folgen die von Algerien,
Mallorca und die spanischen und italienischen. Deutsche Kappern, in gleicher Weise
verarbeitet und verwendet, kommen von S a r o t h a m n u s scoparius Wimmer,

232

Tropaeolum majus L. und von Caltha palustris L. Nach Hoppe-Drogen-kunde, 1958, dienen die Kapern als Gewürz; die Pflanze wird auf Rutin ausgewertet. Es werden außer C. spinosa genannt: C. rupestris, C. aphylla, C. aegyptica. Die südamerikanische C. coryacea liefert liefert Fructus Simulo (ein Nervinum).

## Capsella

Capsella siehe Bd. V, Raphanus; Thlaspi.
Hirtentäschel siehe Bd. IV, G 957. / V, Thlaspi.
Bursa pastoris siehe Bd. II, Adstringentia; Antidysenterica.

Berendes-Dioskurides: Kap. Hirtentäschlein (Thlaspi), C. bursa pastoris Mönch.
Sontheimer-Araber: Thlaspi bursa pastoris.
Fischer-Mittelalter: C. bursa pastoris L., oft verwechselt mit Polygonum aviculare (sanguinaria, pera pastoris, centumnodia, lin-gua passerina, crispell, gensekresse, blutwurze, de-schenkraut, wagentaschen, hirtenseckel; Diosk.: thlaspi, capsella, pes gallinaceus).
Beßler-Gart: C. bursa-pastoris (L.) Medik., in den Kapiteln „Bursa pasto-ris" (u.a. peligonia) und „Crispula".
Hoppe-Bock: C. bursa pastoris Med. (größt und gemeinst Teschelkraut, Seckelkraut).
Geiger-Handbuch: Thlaspi Bursa pastoris L. (= C. Bursa past. Mönch.; Hirten-tasche, Gänsekresse).
Hager-Handbuch: C. bursa pastoris (L.) Mönch.
Zitat-Empfehlung: Capsella bursa-pastoris (S.).

Dragendorff-Heilpflanzen, S. 259 (Fam. Cruciferae); Gilg-Schürhoff-Drogen: Kap. Das Hirten-täschel, S. 227—233.

Das Hirtentäschelkraut ist von Dioskurides im Kap. Thlaspi beschrieben (der Same erwärmt, führt die Galle nach oben und unten ab, auch Blut, öffnet innerliche Abzesse, befördert die Katamenien und tötet die Leibesfrucht; im Klistier bei Ischiasschmerzen). Bock, um 1550, bezieht - nach Hoppe - das Teschelkraut auf ein anderes Dioskurides-Kap., in dem Verbena officinalis gemeint sein dürfte, er legt sich aber nicht fest; Indikationen gibt er nach Brunschwig: Abkochung des Krauts oder Destillat gegen Ruhr, blutigen Harn und Auswurf, stillt Menses; gegen Nasenbluten; Vulnerarium.

In T. Worms 1582 ist verzeichnet: [unter Kräutern] Bursa pastoria (Deschelkraut, Seckelkraut), in T. Frankfurt/M. 1687: Herba Bursa pastoris (Pera Pastoris, Sanguinaria, Teschelkraut, Seckelkraut, B l u t k r a u t, Hirtenseckel). In Ap. Braunschweig 1666 waren vorrätig: Herba bursae pastoris (¼ K.), Aqua b. p. (2 St.). Nach Schröder, 1685, liefern verschiedene Pflanzen die Droge, solche mit ganzen und mit buchtigen (sinuatus) Blättern, außerdem unterschieden als große, mittlere, kleine; „aus diesen ist das größte am gebräuchlichsten ... In Apotheken hat man die Blätter. Das Kraut kühlt und trocknet, adstringiert, daher taugt es im Nasenbluten, Blutausspeien, der Diarrhöe, roten Ruhr, Blutharnen (Gonorrhoea), in dem allzustarken Weiberfluß. Äußerlich legts der gemeine Mann auf die Wunden, und zwar nicht sonder Nutzen, wie auch solches im Bluten der Nasen hilft, wenn mans auf die Fußsohlen, unter die Arme etc. legt. Ja man schlägts jezuweilen in Fiebern über den Puls, sonsten gebraucht mans auch in den Geschwulsten der Scham".

[Nach Dragendorff-Heilpflanzen stammten die Herbae Bursae Pastoris minimae von E r o p h i l a vulgaris D. C. (= D r a b a verna L.), der H u n g e r b l u m e, über die es sonst nichts zu berichten gibt; sie ist bei Bock als eins der Seckelkräuter abgebildet.]

Die Ph. Württemberg 1741 führt: Herba Bursae pastoris (H e r b a c a n c r i, Sanguinaria, Bursae pastoris majoris, folio sinuato, Täschelkraut, Hirtentäschlein, Seckelkraut; Refrigerans, Adstringens, Specificum bei Blutflüssen; wird innerlich und äußerlich angewendet); Aqua dest. Burs. past. Die Stammpflanze heißt bei Hagen, um 1780, und bei Geiger, um 1830: Thlaspi Bursa pastoris. Anwendung (nach Geiger): „Man gibt das frische Kraut in Substanz wie Kresse (gegen Blutflüsse usw.). Auch äußerlich wird es aufgelegt; ferner trocken in Pulverform ... und im Aufguß (gegen Wechselfieber)"; Jourdan, zur gleichen Zeit, schreibt: „schwach adstringierendes Mittel, welches nur wenig in Gebrauch ist". Wurde aufgenommen in die Erg.-Bücher, so 1897; 1941 sind dort geführt: Herba Bursae pastoris, Extractum B. p. fluidum, Tinctura B. p. „Rademacher".

Hager, um 1930, schreibt über Anwendung von Herba Bursae pastoris: „Von Rademacher wurde das Kraut in Form der Tinktur und einer Salbe gegen Blutungen und Blasenleiden angewandt. Es geriet dann in Vergessenheit, wird jetzt aber wieder als Ersatz für Rhizoma H y d r a s t i s und S e c a l e c o r n u t u m, besonders in Form des Fluidextraktes, bei Blutungen angewandt".

Nach Hoppe-Drogenkunde, 1958, wird das Kraut von C. bursa pastoris verwendet: „Bei Uterusblutungen. Bei Blutungen der Harnwege. - Äußerlich in Form von Umschlägen bei blutenden Verletzungen. - In der Homöopathie [wo „Thlaspi Bursa pastoris - Hirtentäschelkraut" (C. bursa past. Much.; Essenz aus frischer, blühender Pflanze; Hale 1875) ein wichtiges Mittel ist] bei Blutungen aller Art und bei Nierenerkrankungen".

# Capsicum

C a p s i c u m  siehe Bd. II, Antirheumatica; Rubefacientia. / IV, G 344, 345, 1340. / V, Piper; Pimenta.
S p a n i s c h e r  P f e f f e r  siehe Bd. II, Antiarthritica.

B e r e n d e s-Dioskurides: Kap. K i r k a i a , C. annuum L. [?].
H o p p e-Bock: C. annuum L. (Teutscher P f e f f e r , Indianisch Pfeffer).
G e i g e r-Handbuch: C. annuum (B e i ß b e e r e , spanischer Pfeffer); C. frutescens (= C. baccatum L.).
H a g e r-Handbuch: C. annuum L. u. C. longum D. C. (beide werden auch als eine Art **C. annuum L.** aufgefaßt); **C. fastigiatum Blume** (= C. minimum Roxb.), **C. frutescens L., C. baccatum L.**
Z i t a t-Empfehlung: **Capsicum annuum (S.); Capsicum fastigiatum (S.); Capsicum frutescens (S.); Capsicum baccatum (S.).**

Dragendorff-Heilpflanzen, S. 595 uf. (Fam. S o l a n a c e a e ); Tschirch-Handbuch III, S. 877 uf.

Nach Tschirch-Handbuch kam C. vom tropischen Amerika aus schon bald im 16. Jh. nach Europa, Afrika und Asien und wurde kultiviert. In T. Worms 1582 verzeichnet als Semen S i l i q u a s t r i (Semen Piperis indici, Capsici, Piperis presiliani, Indianischer Pfeffer, P r e s i l g e n p f e f f e r ). In Ap. Braunschweig 1666 waren vorrätig: Piper Braesiliani (6 lb.), Condita piperis Indici (1$^{1}$/4 lb.). In T. Frankfurt/M. 1687 heißt die Droge P i p e r Hispanicum (Spanischer Pfeffer), in Ph. Württemberg 1741 ebenso (Incidans, Attenuans; Gewürz).
Valentini, 1714, schreibt über die Kräfte von Capsicum (Spanischer Pfeffer, Siliquastrum, C h i l l i ): Sie kommen denen des rechten Pfeffers „sehr nahe, und stärket den Magen ... Man condirt ihn auch entweder mit Zucker oder mit Essig und Fenchel und gebraucht ihn bei den Braten anstatt der Sauce. Die Indianer nehmen ihn auch zum C h o c o l a t , ihre Geilheit zu stärken. Ettmüller rühmt ihn gegen das Fieber ... und macht eine Essenz für den Magen daraus. Sonsten aber wird er am meisten von den Essigmachern vertan, und wissen auch die B r a n n t - w e i n brenner den schlechten Fruchtbranntwein damit zu stärken". Nach Hagen, um 1780, heißt die Stammpflanze C. annuum; man verwendet die Frucht, die auch T a s c h e n p f e f f e r (Piper indicum, hispanicum, turcicum seu Fructus Capsici) genannt wird.
Aufgenommen in viele Pharmakopöen des 19. Jh., in alle DAB's (nach Ausgabe 1872: von C. annuum et longum Fingerhut; 1926: von C. annuum L.; 1968: „Paprika" (= Fructus Capsici), „Die getrockneten, reifen Früchte von Capsicum annuum Linné var. longum (DeCandolle) Sendtner"); man bereitet daraus Tinctura Capsici. Erg.-B. 6, 1941, enthält ein Linimentum Capsici.
Nach Geiger, um 1830, wird der spanische Pfeffer nicht häufig als Arzneimittel verordnet. „Man gibt ihn in Pulverform äußerlich und innerlich (mit Vorsicht). - Präparate hat man davon die Tinktur (tinct. Capsici annui) und das geistige Ex-

trakt (extr. Capsici spirituosum). - Als scharfes Gewürz wird er in Indien häufig genossen. Der cajenn'sche Pfeffer (Piper cajense) ist der zerstoßene Samen desselben. Äußerst tadelnswert und strafwürdig ist seine Anwendung zum Schärfen des E s s i g s und Branntweins. - Die Blätter, Zweige und grünen Beeren können zum Gelbfärben benutzt werden".

Anwendung nach Hager, um 1930: „Innerlich, selten, bei Verdauungsschwäche, Flatulenz; in der Volksmedizin gegen Wechselfieber. Im Aufguß zu Gurgelwässern bei Angina. Äußerlich sehr häufig als Bestandteil hautreizender Mittel. Zur Herstellung von Capsicum-Präparaten (Salbe, Pflaster, Gichtwatte) wird auch ein mit Weingeist durch Perkolation hergestellter Auszug verwendet. Im Haushalt als Gewürz. Mißbrauch als verschärfender Zusatz zu Essig und Branntwein". Entsprechendes in Hoppe-Drogenkunde, 1958.

Der Cayennepfeffer (Piper Cayennense, Guinea P e p p e r , African Pepper) wird aus den Früchten anderer C.-Arten gewonnen (s. o. Hager-Handbuch). P a p r i - k a ist das aus Spanischem Pfeffer oder aus Cayennepfeffer hergestellte Pulver. Es wird besonders in Ungarn aus dort angebautem Span. Pfeffer hergestellt. Nach Tschirch-Handbuch ist die Pflanze erst Mitte 18. Jh. in Ungarn heimisch geworden (um 1748 Südungarn, dann Siebenbürgen, wo er 1778 schon überall kultiviert wurde, dann - um 1831 - auch im Norden).

In der Homöopathie ist „Capiscum - S p a n i s c h e r P f e f f e r " (C. annuum L.; Tinktur aus reifen, getrockneten Früchten; Hahnemann 1821) ein wichtiges Mittel.

## Caragana

Dragendorff-Heilpflanzen, um 1900 (S. 321; Fam. L e g u m i n o s a e ), führt 5 C.-Arten, darunter **C. arborescens Lam.** (= R o b i n i a Caragana L.; Wurzel und Rinde bei Katarrhen als Expectorans), die auch in Hoppe-Drogenkunde, 1958, erwähnt wird.

## Caraipa

Nach Dragendorff-Heilpflanzen, um 1900 (S. 437; Fam. G u t t i f e r a e ), ist von der brasilianischen C. grandifolia Mart. „Rinde Adstringens [so auch bei Hoppe-Drogenkunde, 1958] und Wundmittel, Milchsaft zu Wundbalsam, gegen Rheuma". Nach Hoppe kommt der Caraipabalsam (zu Hautleiden) von C. psidifolia.

## Carapa

Geiger, um 1830, erwähnt X y l o c a r p u s Carapa Spr. (= C. Guianensis Aublet, P e r s o o n i a Guareoides W.; Westindische H o l z f r u c h t ); die Caraparinde ist nach Mille „ein vorzügliches Mittel gegen Wechselfieber, welches fast alle andere übertrifft? - Die Fruchtkerne dieses Baumes liefern ein sehr bitteres, fettes Öl, womit die Eingeborenen ihre Körper und Gerätschaften einschmieren, um sich vor dem Stich der Insekten, die dieses Öl meiden, zu schützen". Bei Dragendorff-Heilpflanzen, um 1900 (S. 361; Fam. M e l i a c e a e ), sind genannt: C. procera D. C. (= C. Guineensis Sweet); Same als Anthelminticum, Expectorans, Frucht und Rinde gegen Intermittens. Ferner C. guyanensis Oliv., C. moluccensis Lam. (= Xylocarpus Granatum Kön.) und C. obovata Bl. (= Xylocarpus obov. Juss.); Rinde und Fruchtschale gegen Ruhr und Diarrhöe, im Samen Öl gegen Kolikschmerzen. Bei Hoppe-Drogenkunde, 1958, gibt es ein Kap. C. guinensis; verwendet wird das Fett der Samenkerne, in Brasilien bei Geschwüren und rheumatischen Erkrankungen; Brennöl, zur Seifenfabrikation (Carapafett, T u l u c u n a f e t t , A n d i r o b a ö l ); die Rinde dient als Febrifugum und Anthelminticum, frische Blätter wirken blasenziehend. Erwähnt wird noch C. procera, C. grandiflora, C. microcarpa.

Schreibweise nach Zander-Pflanzennamen: **C. guianensis Aubl.; C. procera DC.**

Z i t a t-Empfehlung: **Carapa guianensis (S.); Carapa procera (S.).**

## Cardamine

C a r d a m i n e  siehe Bd. V, Nasturtium; Tropaeolum.
Z a h n w u r z e l  siehe Bd. V, Anacyclus; Lathraea; Plumbago.
Zitat-Empfehlung: *Cardamine pratensis (S.); Cardamine amara (S.); Cardamine bulbifera (S.); Cardamine pentaphyllos (S.).*

1.) Nach Sontheimer kommt bei I. el B. **C. pratensis L.** vor. Bock, um 1550, bildet die Pflanze als eine Art K r e s s e ab (dritt wisen Creß, G a u c h b l u o m ). Nach Hagen, um 1780, sind von der Wiesenkresse, C. pratensis, die Blumen (Flor. Cardamines, N a s t u r t i i pratensis) „vor kurzem als heilsam empfohlen worden". Geiger, um 1830, schreibt über C. pratensis ( W i e s e n - S c h a u m k r a u t , W i e s e n k r e s s e , G u c k u c k s b l u m e ): „Diese Pflanze wurde im letzten Drittel des vorigen Jahrhunderts besonders durch Dale, Baker u. a. als Arzneimittel angerühmt"; man verwendet Kraut und Blumen (herba et flores Cardaminis, Nasturtii pratensis, C u c u l i ); „die Wiesenkresse wird ähnlich wie die Brunnenkresse gebraucht; auch das Pulver, besonders der Blumen, wurde gegen Convulsionen, Fallsucht usw. angewendet. Bei uns wird die Pflanze kaum angewendet, dagegen die Blumen jetzt noch in England offizinell sind. In Schweden wird das Kraut in Haushaltungen anstatt Brunnenkresse ebenso wie jene benutzt". Nach Hoppe-Drogenkunde, 1958, werden Herba C.pratensis in der Homöopathie und in der Volksheilkunde (Blutreinigungsmittel) verwendet.

2.) Hoppe erwähnt ferner **C. amara L.;** „die Droge war früher als Herba Nasturtii majoris offizinell. Stomachicum". Steht auch bei Geiger, um 1830: „Das Kraut (herba Cardamines amarae, Nasturtii majoris amarae) wird häufig anstatt Brunnenkresse gesammelt . . . Es wird auf gleiche Weise gebraucht; an manchen Orten häufig auf die Märkte gebracht und als Salat usw. wie jene verspeist". Nach Hoppe-Bock ist die Pflanze im 16. Jh. als eins der S e n f f k r ä u t e r bekannt.

3.) Bei Dragendorff-Heilpflanzen (S. 258; Fam. C r u c i f e r a e ), kommt ferner C. bulbifera R. Br. [nach Zander-Pflanzennamen: **C. bulbifera (L.) Crantz** = D e n t a r i a bulbifera L.] vor; „scharfe Wurzelknolle (Radix Dentariae antidysentericae) gegen Kolik etc. verordnet". Nach Geiger, 1830, war von Dentaria bulbifera „die Wurzel (rad. Dentariae minoris, Antidysentericae) offizinell . . . wurde gegen Bauchgrimmen der Kinder und Ruhr verordnet. - Anstatt von dieser nahm man die Wurzel auch von Dentaria pentaphylla" [nach Zander: **C. pentaphyllos (L.) Crantz emend. R. Br.** = Dentaria pentaphyllos L., Dentaria digitata (Lam.) O. E. Schulz]. In Ph. Württemberg 1741 war aufgenommen: Radix Dentariae minoris (Dentariae pentaphillae, V i o l a e dentariae, S a n i c u l a e albae, S y m p h y t i dentarii, Z a h n w u r t z e l , weiße S t e i n b r e c h wurtzel; kommt aus der Schweiz; Adstringens, Siccans, bei Bruchschäden; Vulnerarium). In Ap. Braunschweig 1666 waren ½ St. Aqua dentariae vorrätig (kann auch von → Plumbago stammen).

## Carex

C a r e x siehe Bd. II, Antiarthritica; Antisyphilitica. / IV, G 1752. / V, Equisetum; Sparganium.
R i e d t g r a ß siehe Bd. V, Butomus; Cyperus; Sparganium.

F i s c h e r-Mittelalter: Carex spec. (carix, a l g a , s a l i u n c a , s a h a r , r e i n g r a s , r i t h , c a r e c t u m ); **C. arenaria** L. cf. E q u i s e t u m ( a s p a r i l l a , a p a r i l l a , s a f t e n h o w e , s c h a f t e n ); C. glauca Scop. ( e r b a l u c i a ). H o p p e-Bock: C. species (eine Art R i e d t g r a ß ). G e i g e r-Handbuch: C. arenaria ( S a n d s e g g e , S a n d r i e d g r a s , d e u t s c h e S a r s a p a r i l l e ); C. intermedia; C. hirta. H a g e r-Handbuch: C. arenaria L. Z i t a t-Empfehlung: **Carex arenaria (S.).**

Dragendorff-Heilpflanzen, S. 92 (Fam. C y p e r a c e a e ).

Nach Geiger, um 1830, ist die Sandsegge „eine in der Mitte des vorigen Jahrhunderts durch Gletisch u. a. als Arzneimittel eingeführte Pflanze . . . Man gibt die Wurzel in Abkochung als Trank, in ähnlichen Fällen wie Sarsaparille. Als Präparat hat man an einigen Orten Extrakt (extr. s. mellago Caricis arenariae). In neuesten Zeiten ist sie fast außer Gebrauch".
Die Ph. Preußen 1799 führt: Radix Caricis arenariae s. G r a m i n i s rubri, Große Graswurzel; 1846 nicht mehr aufgenommen, aber wieder in DAB 1, 1872: Rhizo-

ma Caricis, Rothe Q u e c k e (C. arenaria L.); dann Erg.-Bücher (noch 1941). Im Kommentar zum DAB 1 schreibt Hager: „Die rote Quecke soll in ihrer Wirkung mit der Sarsaparille rivalisieren, jedenfalls ist sie ein äußerst unschuldiges Medikament". Im Hager, um 1930, steht über Anwendung: „Als Diureticum und Diaphoreticum anstelle der Sarsaparilla bei Syphilis, chronischem Rheumatismus, Gicht in der Form des Dekokts. Nur in der Volksmedizin". Entsprechendes in Hoppe-Drogenkunde, 1958, im Kap. C. arenaria; ein weiteres Kap. betrifft C. hirta (Rhizom als Diureticum). Diese Art wurde von Geiger lediglich als Verwechslungsmöglichkeit mit der Sandsegge erwähnt.

## Carica

C a r i c a  siehe Bd. IV, G 1271. / V, Ficus.
Zitat-Empfehlung: *Carica papaya (S.).*

Geiger, um 1830, erwähnt C. Papaya; der Milchsaft der unreifen Früchte gegen Bandwurm u. a. Eingeweidewürmer; reife Früchte werden gegessen. Zur gleichen Zeit schreibt Meissner-Enzyklopädie: „Der im Stengel enthaltene Milchsaft steht auf Isle de France, wo er angebaut wird, in sehr großem Rufe als wurmtreibendes Mittel, was sogar den Bandwurm töten soll. Allein Prof. Corvisart, welcher mit vieler Sorgfalt mehrere Flaschen mit diesem Safte kommen ließ, wendete ihn in vielen Fällen ohne Erfolg an. Seit dieser Zeit ist kein neuer Versuch wieder damit gemacht worden".
Nach Dragendorff-Heilpflanzen, um 1900 (S. 454; Fam. C a r i c a c e a ), wird C. Papaya L. (= P a p a y a  vulgaris D. C.; Bezeichnung nach Zander-Pflanzennamen: **C. papaya L.**) bei Darmentzündung, gegen Würmer, neuerdings auch bei D i p h t e r i t i s  etc. benutzt. Hager-Handbuch, um 1930, beschreibt, daß der Milchsaft der Pflanze als Anthelminticum dient; er enthält Enzyme: „Die Eigenschaft der frischen Pflanze, Fleisch, mit dem sie zusammen gekocht wird, rasch mürbe zu machen, ist lange bekannt gewesen. Seit 1879 hat man aus dem Milchsaft Präparate hergestellt, die die eiweißlösende Wirkung in erhöhtem Maße zeigen, und hat diese Präparate unter den Bezeichnungen P a p a y o t i n  und P a p a i n  medizinisch verwendet . . . Als Papain wird im allgemeinen der einfach eingetrocknete Milchsaft bezeichnet, Succus Caricae Papayae siccatus pulvis; als Papayotin die durch Fällung mit Alkohol und weiterer Reinigung gewonnenen Präparate". Papayotin wird innerlich in Pulver, Pillen oder weiniger Lösung angewendet, äußerlich zur Lösung diphteritischer Beläge auf den Mandeln in wäßriger Lösung. Verwendung (Ferment aus dem Milchsaft unreifer Früchte) nach Hoppe-Drogenkunde, 1958: Anthelminticum besonders gegen Bandwurm; in USA zum Erweichen von zähem Fleisch; kommt in Kaugummi.

In der Homöopathie ist „Carica Papaya - Melonenbaum" (Essenz aus frischen Blättern) ein wichtiges Mittel.

Bei Dragendorff sind noch 10 weitere C.-Arten bekannt, bei Hoppe drei.

## Carissa

Nach Dragendorff-Heilpflanzen, um 1900 (S. 537; Fam. A p o c y n e a e ; nach Zander-Pflanzennamen: A p o c y n a c e a e ), werden die Früchte von A c o - k a n t h e r a venenata G. Don. zum Vergiften von Pfeilen und gegen Schlangenbiß gebraucht. Nach Hoppe-Drogenkunde, 1958, enthält die Pflanze herzwirksame Glykoside. Bezeichnung nach Zander-Pflanzennamen: **C. acokanthera Pichon.**

## Carlina

C a r l i n a siehe Bd. V, Onopordum.
C a r d o p a t h i a siehe Bd. II, Antihysterica. / V, Carthamus.
E b e r w u r z ( e l ) siehe Bd. IV, G 957. / V, Cirsium.
Zitat-Empfehlung: *Carlina gummifera (S.); Carlina vulgaris (S.); Carlina acanthifolia (S.); Carlina acaulis (S.).*
Dragendorff-Heilpflanzen, S. 685 (Fam. C o m p o s i t a e ); Peters-Pflanzenwelt: Kap. Die Eberwurz, S. 96—99.

Nach Berendes (auch Fischer-Mittelalter) ist das Weiße C h a m a i l l o n des Dioskurides: A t r a c t y l i s gummifera L. (= C. gummifera [Schreibweise nach Beßler-Gart: *C. gummifera (L.) Less.*]) (Wurzel gegen Bandwurm, Wassersucht, Harnverhaltung, Biß giftiger Tiere). Sontheimer findet diese Pflanze bei I. el B., Fischer in einigen mittelalterlichen Quellen ( c a m e l e o n t a alba, c h a m a e - l e o n , v i s c a r a g o ).

Geiger, um 1830, erwähnt A c a r n a gummifera W. (= Atractylis gummifera L., gummitragendes S p i n d e l k r a u t ); „die Pflanze schwitzt aus der Wurzel und den Blättern eine Menge Milchsaft aus, welcher zu einem wachsartigen, dem M a s t i x ähnlichen Gummiharz, von stark aromatischem Geruch und süßlichem Geschmack erhärtet. Dieses wird als wundheilendes Mittel und wie Mastix benutzt. Die Alten gebrauchten auch die Wurzel als Arzneimittel".

Nach Dragendorff-Heilpflanzen, um 1900, wird Atractylis gummifera L. (= C. gummifera Less., C a r t h a m u s gum. Lam.) „gegen Hydrops, Harnbeschwerden, Schlangenbiß, Hautkrankheiten, das am Wurzelkopf austretende Harz - A k a n t h o m a s t i x - wie Mastix gebraucht". Hoppe-Drogenkunde, 1958, erwähnt Atractylis gummifera bzw. ihre Wurzel in einem kurzen Kapitel.

In Hager-Handbuch, um 1930, war bei Succus Liquiritiae geschrieben, daß dieser mit M a s t i c o g n a , einem Extrakt aus Atractylis gummifera, in Sizilien verfälscht wird.

Ob im Diosk.-Kap. Atraktylis, **C. vulgaris L.** gemeint war, ist unsicher. Diese Pflanze erkennt Fischer bei Hildegard von Bingen, um 1150 ( c a r d u s  niger); er nennt ferner: **C. acanthifolia All.** (carlina bianca) und **C. acaulis L.** (carduus silvaticus, c a r d o p a c i a, cameleonta, e b e r w u r z, distele). Beßler-Gart setzt zum Kap. Cameleonta auseinander: Die „weiße" Art ist C. acaulis L., die „schwarze" C.vulgaris L. (ursprünglich bei Diosk.: C. gummifera (L.) Less.).
Bock, um 1550, bildet - nach Hoppe - 2 C.-Arten ab:
1.) Kap. Von Eberwurtz (das erst vnnd best), C. acaulis L.; er lehnt sich an ein Diosk.-Kap. an - ebenso bei der folgenden Art -, in dem eine Carthamus-Art gemeint ist (Wurzel für Waschungen gegen Hautausschläge und Zahnschmerzen); außerdem gibt er diverse volksmedizinische und abergläubische Verwendungen an, darunter gegen Pest).
2.) Kap. Von D r e i d i s t e l ( F r a w e n d i s t e l ), C. vulgaris L. (Samen gegen Skorpionstiche).
In T. Worms 1582 ist aufgenommen: Radix C a r d o p a t i i (Chamaeleontis nigri, Carlinae nigrae, Eberwurtz); auch in T. Mainz 1618 ist Radix Cardopatii (Eberwurz) als Carlina nigra bezeichnet. Dagegen ist nach T. Frankfurt/M. 1687: Radix Cardopatii (Radix Apri, Cardui panis, Carlinae s. C a r o l i n a e ) die weiß Eberwurtz. In Ap. Braunschweig 1666 waren vorrätig: Radix cardopat. (13 lb.), Oleum c. (6 Lot), Pulvis c. (1/2 lb.).
Schröder, 1685, überschreibt ein Kap. Carlina und gibt u. a. als Synonyme an: Apri radix, Carduus panis, Chamaeleon albus, Cardopatium, weiß Eberswurtz; „derer Unterschied wird entweder genommen von der Größe und der Blumen Farbe, die bei etlichen weiß, bei etlichen purpurfarben ist, und von dem Stengel, weil die einen solchen haben andere aber nicht. Die mit Stengel ist bei uns Deutschen gemeiner. Eine andere ist wiederum zahm und eine andere wild ... In Apotheken hat man die Wurzel, die im Frühling gesammelt worden. In Apulien sammeln die Hirten einen Gummi von dieser Wurzel, den sie Cera di cardo nennen. Sie wärmt und trocknet, dient gegen Gift, treibt den Schweiß und Harn, tötet die Würmer. [Die Wurzel der Carlina] taugt zu den bösen, vergifteten Krankheiten, der Pest, treibt den Monatsfluß, eröffnet die Verstopfungen der Leber und der Milz, man gibt sie denen, die von der Höhe gefallen; in der Wassersucht, der grassierenden roten Ruhr und beim Bauchgrimmen gebraucht man ihr Dekokt. Sie tötet die Mäuse, wenn man sie mit Mehl vermischt".
Die Ph. Württemberg 1741 beschreibt: Radix Cardopatii (Cardopatiae, Carlinae humilis, Chamaeleonis albi, K a r l i n a e, Eberwurtz; Alexipharmacum, Carminativum, Stomachicum). Die Stammpflanze heißt bei Hagen, um 1780: C. acaulis (Eberwurzel); die Wurzel (Rad. Carlinae, Cardopatiae, Chamaeleontis albi) ist offizinell.
Diese Wurzeldroge blieb längere Zeit im 19. Jh. pharmakopöe-üblich. In Ph. Preußen 1799: Radix Carlinae s. Cardopatiae (Eberwurz, v. C. acaulis); DAB 1, 1872:

Radix Carlinae (von C. acaulis L.). Dann in den Erg.-Büchern zu den DAB's (noch 1941).

Geiger, um 1830, schrieb über C. acaulis: „Man gibt die Wurzel im weinigten Aufguß. Sie war ehedem hochberühmt und selbst gegen die Pest gebraucht worden. Karl der Große soll damit die Pest von seiner Armee vertrieben haben, daher ihr Name; wird jetzt selten mehr bei Menschen angewendet, dagegen häufig in Substanz in Pulver- und Latwergen-Form gegen Krankheiten der Tiere verordnet. - Ehedem hatte man als Präparat Extrakt (extr. Carlinae) und nahm die Wurzel noch zu vielen Zusammensetzungen. Sie macht einen Hauptbestandteil des Pferdepulvers aus. Mit Unrecht ist diese gewiß kräftige Wurzel bei Menschen außer Gebrauch. Man hat ihr ehedem magische Kräfte zugeschrieben, andern Menschen und Tieren die Kräfte zu entziehen. Auch soll sie Hunden, Schweinen und Mäusen schädlich sein". Geiger erwähnt ferner C. vulgaris: „Davon war ehedem das Kraut und die Wurzel (herba et rad. Carlinae sylvestris, H e r a c a n t h a e ) offizinell. Man hielt die Pflanze (einen Stengel mit 3 Blumen), als Amulet bei sich getragen, für ein Mittel gegen das Sodbrennen?"

In Hager-Handbuch, um 1930, ist im Kap. Carlina hauptsächlich C. acaulis L. bzw. Radix Carlinae besprochen; „Anwendung. Früher als Diureticum, Febrifugum, Stomachicum, Emmenagogum; in großen Gaben als Purgans und Emeticum". Erwähnt ist ferner C. acanthifolia All., „liefert die entsprechende Wurzel der französischen Apotheken". Entsprechende Angaben in Hoppe-Drogenkunde, 1958.


## Carpinus

C a r p i n u s siehe Bd. V, Ostrya.

F i s c h e r-Mittelalter: **C. betulus L.** ( c a r p e n t u s , o r n u s , h a g i n , h a g e n b o u m ).
H o p p e-Bock: C. betulus L. ( H a n b u o c h e n ).
G e i g e r-Handbuch: C. Betulus ( H a i n b u c h e , W e i ß b u c h e ).
Z i t a t-Empfehlung: **Carpinus betulus (S.).**

Dragendorff-Heilpflanzen, S. 168 (Fam. B e t u l a c e a e ; nach Schmeil-Flora: Fam. C o r y l a c e a e ; nach Zander-Pflanzennamen: Betulaceae).

Nach Hoppe verzeichnet Bock, um 1550, Indikationen der Hainbuche nach Serapion: „Fruchtbecher arznelich verwendet als Diureticum, in Speisen eingenommen Zeugungsfähigkeit fördernd". Fand keinen Eingang in die offizielle Therapie. Geiger, um 1830, vermerkt lediglich, daß die innere Rinde zum Gelbfärben der Wolle benutzt werden kann; das Holz ist eins der dauerhaftesten, es eignet sich vorzüglich zu Apothekerbüchsen.

# Carpotroche

Nach Dragendorff-Heilpflanzen, um 1900 (S. 448; Fam. F l a c o u r t i a c e a e ), wird von C. brasiliensis Endl. der Same und andere Teile der Pflanze nach Peckolt (1866) medizinisch angewendet. Hoppe-Drogenkunde, 1958, beschreibt das Fett der Samen; bei Hautleiden; in Brasilien Ersatz für Chaulmoograöl.

# Carthamus

C a r t h a m u s  siehe Bd. II, Antiarthritica; Diuretica; Emmenagoga; Phlegmagoga. / V, Carlina; Centaurea; Cnicus.
S a f l o r  siehe Bd. IV, C 8. / V, Centaurea.

H e s s l e r-Susruta; Deines-Ägypten: C. tinctorius.
G r o t-Hippokrates: - C. tinctorius - - C. corymbosus.
B e r e n d e s-Dioskurides: - Kap. S a f l o r , C. tinctorius L. - - Kap. S c h w a r -
z e s  C h a m a i l e o n , C. corymbosus + + + Kap. A t r a k t y l i s , C. lanatus L. (?).
S o n t h e i m e r-Araber: - C. tinctorius - - C. corymbosus + + + C. sylvestris.
F i s c h e r-Mittelalter: - **C. tinctorius L.** ( c a r t a m u s ,  g i n c u s ,  c r o c u s  o r t u l a n u s ,  wilder  s a f f r a n ,  g r o ß k a r t t e n ; Diosk.: k n i c o s ) - -
C. corymbosus ( c a m e l e o n t a  nigra; Diosk.: c h a m a e l e o n t a  melaina).
H o p p e-Bock: C. tinctorius L., Wilder Saffran.
G e i g e r-Handbuch: - C. tinctorius ( F ä r b e r - S a f l o r , falscher Safran) - -
O n o b r o m a  corymbosum Spr. (= C. corymbosus L., C o r d o p a t h u m  corymbosum Jus.).
D r a g e n d o r f f-Heilpflanzen: - C. tinctorius L. - - C a r d o p a t h i u m  co-
rymbosum Pers. (= C. corymbosus L., B r o t e r a  corymb. Willd.).
H a g e r-Handbuch: C. tinctorius L.
Z i t a t-Empfehlung: **Carthamus tinctorius (S.); Carthamus corymbosus (S.).**

Dragendorff-Heilpflanzen, S. 687 uf. (Fam. C o m p o s i t a e ); Tschirch-Handbuch III, S. 916.

( C a r t h a m u s  t i n c t o r i u s )
Nach Tschirch wurde Saflor als Farbstoffpflanze schon von den alten Ägyptern kultiviert; in der Antike und bei den Arabern wurden medizinisch nur die Samen verwandt. So schreibt Dioskurides über die Samen der Knikos, daß sie den Bauch reinigen und erweichen. Dem entsprechend Bock, um 1550 (Laxans; Blüten zum Gelbfärben von Speisen und Wäsche). In Ap. Lüneburg 1475 waren 6 oz. Semen cartami vorrätig. Die T. Worms 1582 führt: Semen Carthami ( C n i c i , Wilden-
saffran - oder Saflorsamen), Semen C. excorticati (Außgescheelte Saflorsamen), Flores Carthami (Cnici, Croci hortulani, Cneci, Crocus Saracenicus, Crocus sil-

vestris, Crocus fatuus, Wilder Saffran, Saflor, F l o r , Gartensaffran). In Ap. Braunschweig waren vorrätig: Semen c. (5 lb.), Flores c. (3 lb.), Diacarthami (4 lb.), Species diacarthami (34 Lot).

Die Ph. Württemberg 1741 hat: Semen Carthami (flore croceo, Cnici, wilder Saffransamen; Hydragogum, Catharticum, gegen Husten, Wassersucht, 4tägiges Fieber; in Emulsionen), Flores Carthami (Cnici sativi, Safflohr; erweicht den Bauch, gegen Gelbsucht; häufigster Gebrauch zum Färben); Extractum Diacarthami sive Cnico-Pharmacum (Compositum aus Semen C. excorticati, Rhabarber, Zingiber, Fol. Sennae, Agaricus, Scammonium, Manna u. a.).

Die Stammpflanze heißt bei Hagen, um 1780: „Saflor, wilder Safran, Gartensafran (Carthamus tinctorius), wächst in Ägypten wild ... und auch in Deutschland, vornehmlich in Thüringen und Elsaß wird er auf Äckern gebaut. Bei uns zieht man ihn zur Zierde in den Gärten ... Die Blumen und Samen (Flor. Sem. Carthami) sind in Apotheken eingeführt. Erstere werden mehr von Färbern als Ärzten gebraucht, und man zieht die Blumen aus Ostindien den in Deutschland gebauten vor".

Die Drogen verschwinden im 19. Jh. aus den Pharmakopöen. Geiger, um 1830, schreibt: „Der Saflor, mehr noch die Samen, sollen heftig purgieren, und wurden ehedem als Arzneimittel gebraucht. Jetzt beschränkt sich die Anwendung des Saflors auf das Färben der Seide, welche damit sehr schön rosenrot gefärbt wird ... Die spanische Damenschminke, s p a n i s c h e s  R o t ist Carthamin ... Aus den Samen läßt sich fettes Öl pressen".

Hager, um 1930, erwähnt bei Flores Carthami nur noch: „Anwendung. In der Färberei, in der Küche und Feinbäckerei als Safranersatz. Zum Verfälschen von Safran". Nach Hoppe-Drogenkunde wird auch das fette Öl der Samen, Oleum Carthami (Safloröl, K a r d y ö l ; Speiseöl und für technische Zwecke) gehandelt.

( C a r t h a m u s  c o r y m b o s u s )
Von dieser Pflanze, die in der neuen pharmazeutischen Literatur nicht mehr auftaucht, schreibt Geiger, um 1830: „Die braune Wurzel (rad. Chamaeleontis nigri) ist das Chamaileos melanos der Alten. Sie ist äußerst scharf und giftig und wurde als äußerliches Mittel angewendet". Dies bezieht sich auf die antike und arabische Medizin. Nach Dioskurides wird das Wurzelpulver bei Krätze und Flechten angewendet; Abkochungen als Mundspülwasser bei Zahnschmerzen; gegen Hautflecken, Geschwüre.

## Carum

Carum siehe Bd. II, Calefacientia; Cephalica; Diuretica; Emmenagoga; Ophthalmica; Otica; Quatuor Semina. / IV, A 49; D 5; G 1016, 1748. / V, Ammi; Bunium; Cuminum; Trachyspermum.
Kümmel siehe Bd. II, Carminativa. / IV, E 57; G 422, 673, 957, 1412. / V, Cuminum; Laserpitium; Nigella; Seseli; Thymus.

Kümmelöl siehe Bd. III, Reg.
Zitat-Empfehlung: *Carum carvi (S.).*
Dragendorff-Heilpflanzen, S. 488 uf. (Fam. U m b e l l i f e r a e ); Tschirch-Handbuch II, S. 1098 uf.

Über den K ü m m e l der ältesten Zeit → C u m i n u m . Das Dioskurides-Kapitel K a r o s wird bereits auf **C. carvi L.** bezogen (der Same ist harntreibend, erwärmend, gut für den Magen, verdauungsbefördernd; Zusatz zu Gegengiften; er steht dem Anis gleich, die gekochte Wurzel wird gegessen). Nach Tschirch-Handbuch ist auch bei den Arabern (ibn-Baithar) die Kenntnis dieser Kümmelpflanze wahrscheinlich; „die Übertragung des Namens des ein wichtiges Gewürz des Altertums bildenden Römischen, Mutter- oder Kreuzkümmels (Cuminum, Cyminum) auf unseren Kümmel vollzog sich im Mittelalter". Fischer deutet mehrere mittelalterliche Quellen mit C. carvi L. ( c a r v i , c a r e o , a c h i l l e a , carui agrestis, c i m i n u m romanum, c y m i n e l l a , veltchümel, wisenkümel; Diosk.: karos). Bock, um 1550, bildet - nach Hoppe - im Kap. Von Wißkymmel, C. carvi L. ab (Indikationen an obiges Diosk.-Kap. angelehnt).
In Ap. Lüneburg 1475 waren vorrätig: Semen carvi non praeparatum (4 lb.), Semen c. praep. (2 lb.), Confectio c. (18 lb.). Die T. Worms 1582 führt: Semen Cari (Carei, Carii, C a r n a b a d i i Simeonis sethi, Carui, Careosemen, Kümmel, Mattkümmel, F i s c h k ü m m e l , W e g k ü m m e l , W i e s e n k ü m m e l ), Confectio Seminis cari (Kümmelzucker), Confectio Cari solutiua seu cathartica (Purgirend Kümmelconfect), Oleum (dest.) Carei (Carui, Kümmelöle); in T. Frankfurt/M. 1687 Semen Carvi (Cumini pratensis, Wiesenkümmel), Oleum Carui dest. (Wiesenkümmelöl) usw. In Ap. Braunschweig 1666 waren vorrätig: Semen carvi (180 lb.), Aqua c. (¹/₂ St.), Confectio c. (14 lb.), Elaeosaccharum c. (10 Lot), Oleum c. (2¹/₂ lb.), Pulvis c. (3 lb.), Sal c. (7 Lot), Spiritus c. (4 St.).
Die Ph. Württemberg 1741 beschreibt: Semen Carvi (Cari, Cumini pratensis, Kümmich, Wiesen-Kümmel; Carminativum, Stomachicum, Diureticum); Aqua (dest.) de Sem. C., Oleum (dest.) Carvi. Die Stammpflanze heißt bei Hagen, um 1780: C. Carui (Mattenkümmel, gemeiner Kümmel, Wiesenkümmel); Semen C. werden Schwarzer Kümmel genannt. Die Droge, seit 2. Hälfte 19. Jh. Fructus Carvi genannt, blieb pharmakopöe-üblich.
In Ph. Preußen 1799: Semen Carvi (Kümmelsamen, von C. Carvi) und Oleum Seminis Carvi. In DAB 1, 1872: Fructus und Oleum Carvi; in DAB 7, 1968: Kümmel und Kümmelöl.
Über die Anwendung schrieb Geiger, um 1830: „Man gibt den Kümmel in Substanz und im Aufguß. - Präparate hat man davon das Kümmelöl ... das Wasser und den Geist (spiritus Carvi). Mit Zucker und anderem Gewürz wird davon der bekannte Likör, Kümmelbranntwein, bereitet. Ehedem hatte man noch ein Pflaster (empl. Carvi) ... Ferner dient der Kümmel als bekanntes Gewürz an Speisen, Brot usw.". Hager-Handbuch, um 1930, vermerkt: „Anwendung. Als Stomachicum und Carminativum bei Blähungen und Kolik mehrmals täglich als Pulver oder Infusum. Beliebtes Küchengewürz. Zur Gewinnung des ätherischen Öles, zur Her-

stellung von Kümmelbranntwein und Likör". Nach Hoppe-Drogenkunde, 1958, dient die Frucht u. a. als „Spasmolyticum, Carminativum, Stomachicum, Galaktogogum. Zu hautreizenden Bädern".

## Carya

Carya siehe Bd. V, Cocos.

Unter den Carya-Arten, die Dragendorff-Heilpflanzen, um 1900 (S. 161; Fam. J u g l a n d a c e a e ), aufführt, ist die nordamerikanische C. alba Nutt. (= J u g l a n s alba Michx.) die wichtigste. Nach Hoppe-Drogenkunde, 1958, wird das Öl der Nußkerne (Oleum Caryae) als Speise- und Brennöl benutzt. In der Homöopathie ist „Carya alba" (Tinktur aus reifen Samen; Allen 1876) ein wichtiges Mittel. Schreibweise nach Zander-Pflanzennamen: **C. ovata (Mill.) K. Koch** (= C. alba (L.) Nutt. ex Elliott).

## Caryocar

Dragendorff-Heilpflanzen, um 1900 (S. 434 uf.; Fam. C a r y o c a r a c e a e ), nennt 6 C.-Arten, darunter **C. nuciferum L.**, die bei Hoppe-Drogenkunde, 1958, ein Kapitel hat (Samen liefern Fett - P e k e a n u ß f e t t -, Rinde als Febrifugum und Diureticum); außerdem werden 4 weitere Arten erwähnt.

## Cascarilla

Cascarilla siehe Bd. V, Cinchona; Croton.

Wiggers, um 1850, nennt unter den „Neuen oder falschen C h i n a rinden" 21 C.-Arten, bei Dragendorff-Heilpflanzen, um 1900 (S. 627 uf.; Fam. R u b i a c e a e ), sind 20 Arten genannt, die von anderen Autoren auch z. T. als C i n c h o n a -Arten oder andere Rubiaceen eingeordnet waren; sie gelten hier ebenfalls als falsche Chinarinden bzw. China-Surrogate [nicht zu verwechseln mit Cortex Cascarillae!].

## Cassia

Cassia siehe Bd. II, Cholagoga; Purgantia; Succedanea. / IV, E 57, 113; G 1062, 1620. / V, Cinnamomum; Dicypellium; Lavandula.
Senna siehe Bd. II, Adjuvantia; Antisyphilitica; Diuretica; Emetocathartica; Lenitiva; Melanagoga; Panchymagoga; Purgantia. / III (Pulvis Sennae compositus). / IV, Reg.; E 365; G 20, 711, 796, 1007, 1139, 1545, 1749, 1789, 1802, 1803, 1805, 1829. / V, Colutea.
Sennesblätter siehe Bd. IV, C 34, 69, 75; E 14, 57, 147, 185, 232, 233, 235, 255, 360.

H e s s l e r-Susruta: - C. fistula + + + C. tora, C. asculenta, C. alata, C. fetula. D e i n e s-Ägypten: - - (Senna).

S o n t h e i m e r-Araber: - C. Fistula - - C. Senna + + + C. Tora.

F i s c h e r-Mittelalter: - C. Fistula L. ( f i s t u l a  p a s t o r i s ,  a r n o g l o s s a
maior,  a l m e a ,  h i r t e n p f i f f ,  cassienfistel) - - C. lenitiva Bischoff. ( s e -
n e t ).

B e ß l e r-Gart: - C. fistula L. - - Kap. Sene, C.-Arten, besonders C. acutifolia Del.
[nach Zander-Pflanzennamen = **C. senna L.**].

G e i g e r-Handbuch: - C. Fistula L. (= B a c t y r i l o b i u m  Fistula W., C a -
t h a r t o c a r p u s  Fistula Pers., Röhren-Cassie) - - C. lanceolata Forsk. (= C.
Senna α L., C. acutifolia Delill.), C. obovata Collad. (= C. Senna β L.), C. elongata
Lem. u. a. Arten.

H a g e r-Handbuch: - **C. fistula L.** - - **C. angustifolia Vahl.** var. β-Royleana Bischoff, C. acutifolia Delile u. a. Arten + + + diverse andere Arten.

Z i t a t -Empfehlung: **Cassia fistula (S.); Cassia senna (S.); Cassia angustifolia (S.).**

Dragendorff-Heilpflanzen, S. 301—304 (Fam. L e g u m i n o s a e ); Tschirch-Handbuch II, S. 1419—1421;
O. Zekert, Zur Kenntnis der Geschichte des Folium Sennae, Scientia Pharm., Sept.—Okt. 1936, S. 1—38.

( C a s s i a  f i s t u l a )
Über die K a s s i a  ( C a s i a ) der Antike → Cinnamomum. Seit dem hohen
Mittelalter kann eine so bezeichnete Droge aber auch von C. fistula L. abgeleitet
werden (nach Berendes verstand Actuarius im 13. Jh. unter Casia ausdrücklich die
Röhrenhülse davon). In spätmittelalterlichen Quellen gibt es nebeneinander Cassia
lignea (→ Cinnamomum) und Cassia fistula (z. B. im Gart). In Ap. Lüneburg 1475
waren vorrätig: Cassia fistula in cannis (8$^{1}/_{2}$ lb.) und Cassia fistula mundata (1 qr.).
Ebenso hat T. Worms 1582 [unter Früchten:] Caßia sive Casia fistula ( S i l i q u a
A e g y p t i c a ,  Caßia cathartica. Casiafistel, Cassia in Röhren) und [3 mal so
teuer] Casia pulpa (Casia extracta, Caßiae atramentum, Caßia cribrata, Caßiae
medulla, Flores caßiae. Cassien Fistel marck, außgezogen Cassia). In T. Frank-
furt/M. 1687 entsprechend: Cassia fistula (Cassia nigra, solutiva, Cassia purgatrix
Arab., Alexandrina, Caßia in den Röhren), Cassia flores (seu extracta, außgezogen
Caßienmarck), außerdem Cassia extracta pro clysteribus (Caßienmarck zu den
Clistieren) [ein Compositum]. In Ap. Braunschweig 1666 waren vorrätig: Cassiae
in cannis (15 lb.), C. extract. (2$^{1}/_{2}$ lb.), C. pro clysteribus (6 lb.), C. cum foliis
senae (1$^{1}/_{4}$ lb.).

Cassia fistula bzw. Pulpa Cassiae war Bestandteil mehrerer Composita (in Ph.
Nürnberg 1546 z. B. in Tryphera persica Mesuae, Theriaca Andromachi, Diacassia
cum Manna, Cassia extracta, Cassia extracta pro Clysteribus, Electuarium lenitivum de Manna Nicolai, Diacatholicon Nicolai, Confectio Hamech maior Mesuae).
Schröder, 1685, beschreibt die Kräfte des Marks: „Es laxiert und führt die feces
sonder Grimmen aus . . . ist im Seitenstechen sehr gut. Bei den Malayis gebraucht
man derer Pulpam sehr oft in Nieren- und Blasenbeschwerden, der Gonorrhöe . . .
Äußerlich tut man die Pulpam auch unter lindernde und resolvierende Cataplas-
mata, wenn einen die Zipperleins Schmerzen plagen".

In Ph. Württemberg 1741 ist aufgenommen: Cassia fistula ( S i l i q u a   p u r g a -
t r i x ; die beste kommt aus Alexandrien oder dem Orient, wird auch aus Amerika
gebracht; Tugenden wie Pulpa Cassiae [dort steht:] führt Galle und Schleim aus,
bei Steinleiden). Nach Hagen, um 1780, ist die Rohrkassie (C. fistula)" ein Baum
von ansehnlicher Größe, dessen Früchte unter dem Namen Röhrleinkassie oder
Purgierkassie (Cassia fistula seu fistularis) in Apotheken aufgenommen sind. Es
sind schwarze, runde, harte Hülsen ... inwendig sind sie durch querlaufende
Scheidewände in viele Fächer abgeteilt, in deren jeglichem ein dunkelgelber mit
einem schwarzen, süßen und weichen Mark (Pulpa Cassiae) umgebener Samen
liegt ... Man unterscheidet die orientalische und okzidentalische Kassie. Von
jener wird die so genannte Levantische Kassie, die aus Kambaja, Kananor und anderen Orten Indiens kommt, für die beste gehalten, und besteht aus größeren
und dickeren Hülsen. Die Alexandrinische oder Aegyptische, die aus Aegypten
über Alexandrien kommt und unreif gesammelt wird, ist dünner und wird jener
nachgesetzt. Die Okzidentalische wird überhaupt für schlechter als die Orientalische
gehalten, und von dieser ist die aus den Antillischen Inseln noch die beste, die auch
meistenteils im Handel ist. Von der Brasilischen, die sehr groß und stark ist, sagt
man, daß sie nicht purgierend sein soll".
In Ph. Preußen 1799 ist noch aufgenommen: „Cassia Fistula", von C. Fistula aus
Arabien und beiden Indien, sowie „Pulpa Cassiae". Nach Geiger, um 1830, gebraucht man nur das Mark, das Bestandteil des Electuarium Diacassiae, Lenitivum
nach älteren Vorschriften ist. - In Indien werden die jungen unreifen Hülsen mit
Zucker eingemacht und als Abführmittel gebraucht. - Die Rinde des Baumes ist
sehr adstringierend. Sie liefert C a t e c h u und wird zum Gerben benutzt. In
Hager-Handbuch, um 1930, steht unter Anwendung von Fructus Cassiae Fistulae:
„Das in den Früchten enthaltene Mus wird in gereinigtem Zustand ähnlich wie
Tamarindenmus als Abführmittel angewandt".


( S e n n a )
Nach Tschirch-Handbuch waren die Sennessträucher in der Antike unbekannt;
erst seit dem 9. Jh. bei arabischen Autoren erwähnt; zunächst Verwendung der
Früchte, dann bei Mesue auch Blätter; arabische Senna von C. angustifolia war
wohl zuerst im Gebrauch, dann auch die nubisch-äthiopische von C. obovata; im
13./14. Jh. wurden bereits vorwiegend die Blätter benutzt; C. acutifolia heißt im
16. Jh. S. alexandrina oder orientalis, C. obovata („die sena par excellence des
XVI. Jahrh.") heißt S. italica („da sie schon im XV. Jahrh. nach Italien eingeführt
und im XVI. Jahrh. z. B. bei Florenz kultiviert wurde") oder S. florentina.
In Ap. Lüneburg 1475 waren 5 lb. Sene vorrätig. Die T. Worms 1582 führt: Sena
orientalis (Sena Alexandrina seu Syriaca seu Aegyptica seu minor. Alexandrinisch
Senetbletter), Sena orientalis a stipitibus et lapillis purgatae (Alexandrinisch Senet
von stilen und steinlein gereynigt), Sena italica (Sena provincialis, Sena floren-

tina. groß Senetbletter), Sena Italica a stipitibus et lapillis mundata, Senae folliculae (Senetbelglen). Senna war Bestandteil mehrerer Composita (in Ph. Nürnberg 1546 z. B. in Cassia extracta cum foliis Senae, Electuarium lenitivum, Diasena Nicolai, Pulvis Sene praeparata Montagnanae, Pilulae lucis maiores Mesuae, Pilulae sine quibus esse nolo Nicolai). In Ap. Braunschweig 1666 waren vorrätig: Senae foliorum (30 lb.), Species diasenae (2 Lot), Electuarium diasenae (¹/₄ lb.), Extractum senae foliorum (9 Lot).

Nach Schröder, 1685, gibt es [1.] „Senna Alexandrina oder foliis acutis. Diese ist die beste. [2.] Senna Italica oder foliis obtusis. Diese wird statt der ersten gebraucht ... In Apotheken hat man die Blätter wie auch die Hülsenbälglein, wiewohl diese gar selten. Die Blätter werden meistens s. st., das ist sine stipitibus, vorgeschrieben und müssen selbe davon geschieden werden. Die Senna ist unter den Purgantien am gebräuchlichsten ... Doch erwecket sie unterweilen Grimmen ... Man kann sie bei jedem Alter, auch den Schwangeren selbst geben ... Man gebraucht sie auch äußerlich in der Haupt-Melancholie und wäscht das Haupt damit".

Die Ph. Württemberg 1741 führt: Herba Sennae (folia Sennae Alexandrinae, Sennetblätter; eins der nützlichsten Purgantia, wirkt blähend, deshalb korrigiert man mit I n g w e r , G a l a n g a und C i n n a m o m u m ); Folliculi Sennae (Sennetbälglein; weniger blähend wie die Blätter); Extractum Foliorum Sennae. Bei Hagen, um 1780, heißt die Stammpflanze C. Senna.

Die Sennesfrüchte verschwinden bald aus dem offiziellen Gebrauch; aufgenommen in die Erg.-Bücher. Hager-Handbuch, um 1930, gibt noch an, daß sie milder wirken sollen als die Blätter. Diese selbst blieben durchgehend pharmakopöe-üblich.

Angaben der preußischen Pharmakopöen: Ausgabe 1799, „Folia Sennae" von C. Senna (südl. Europa und Orient; zur Herstellung von Electuarium e Senna, Infusum Sennae comp.; Bestandteil von Pulvis Liquiritiae comp., Syrupus Mannae); 1813 wie 1799, aber aus Oberägypten, Nubien, Tripolis; 1827—1829, von C. lanceolata Forsk. et Nectoux. (Nubien) und C. obtusata Hayn. (= C. Senna Jacq.) (Oberägypten); 1846, von C. lanceolata Forsk. et Nectoux. und C. acutifolia Delile; 1862, C. lenitiva Bischoff, Alexandriner oder Tripolitaner Sennesblätter.

In den DAB's: Ausgabe 1872, von C. lenitiva Bischoff (= Senna acutifolia Batka; zur Herstellung von Electuarium e Senna, Folia Sennae Spiritu extracta, Infusum Sennae comp., Syrupus Sennae cum Manna; Bestandteil von Decoctum Sarsaparillae comp. fortius, Pulvis Liquiritiae comp., Species laxantes St. Germain); 1882—1890, von C. angustifolia (Senna Indica de Tinnevelly) und C. acutifolia (Senna Alexandrina); 1900—1910, von C. angustifolia Vahl.; 1926, von C. angustifolia Vahl. und C. acutifolia Delile; 1968, von C. angustifolia Vahl., C. senna Linné (= C. acutifolia Delile).

Um 1830 schrieb Geiger über die Anwendung: „Man gibt die Sennesblätter in Substanz, in Pulverform, in Latwergen, häufiger im Aufguß. - Sie machen einen

Bestandteil mehrerer Compositionen aus, als des W i e n e r T r ä n k c h e n s (aq. laxativa viennensis seu infus. Sennae composit.), der Senneslatwerge (electuar. lenitivum seu e Senna), des B r u s t p u l v e r s (pulv. pectoralis seu Liquiritiae compositus), Mannasyrup (syrupus Mannae cum Senna). Ehedem hatte man noch eine Tinctur und Extract und nahm sie noch zu mehreren anderen Zusammensetzungen".

Als ägyptische Arten nennt Geiger C. lanceolata Forsk. und C. obovata Collad., als westafrikanische C. elongata Lem. („soll die seit einigen Jahren im Handel vorkommenden indischen Sennesblätter liefern"). Die 4 wichtigsten Handelssorten sind: 1. Alexandrinische, 2. Tripolitanische (sind den ersten sehr ähnlich), 3. Italienische (von C. obovata), 4. Indische.

Um 1870 (Hager 1874) sind die Handelssorten:

1.) Alexandrinische oder Paltsenna, aus Nubien über Alexandrien und Triest kommend, von C. lenitiva Bischoff. (= Senna acutifolia Batka); „der Name Palt bedeutet Pacht ... und verdankt dem Umstande, daß der Handel dieser Senna Monopol der ägyptischen Regierung war, seinen Ursprung".

2.) Tripolitanische oder Sudan-Senna, kommt aus Fezzan über Tripolis und Livorno in den Handel; von C. lenitiva Bischoff nebst C. obovata Colladon (= Senna obovata Batka) oder C. obtusa Hayne.

3.) Indische Senna

a) Mecca-Senna, kommt aus Yemen in Arabien über Mecca und syrische Häfen in den Handel, von C. angustifolia Vahl.

b) Tinnevelly-Senna, wird bei Calcutta kultiviert, von C. angustifolia $\gamma$ Royleana (= C. medicinalis Bisch., C. acutifolia Delile).

c) Indische Senna, aus Ostindien und Arabien über England, von Varietäten der C. angustifolia Vahl.

4.) Alleppische oder Syrische Senna, kommt über Smyrna und Beirut nach Triest; von Varietäten der C. obovata Collad. und C. obtusata Hayn.

5.) Italienische Senna, wird in Süditalien nur noch selten kultiviert, von C. obovata.

6.) Amerikanische Senna, von C. Marylandica Nectoux.

7.) Kleine Senna, sehr schlechter Bruch verschiedener Sorten. Es „dürfen nur die Alexandrinische und die Tripolitanische Sorte, gereinigt von Stielen, Hülsen, schwarzen Blättern, medizinische Anwendung finden ... Die Sennesblätter gehören zu den milderen drastischen Abführmitteln, welche bei vielen Personen aber Leibschneiden und Ekel erzeugen ... Man gibt sie meist im Aufguß. Geschmackskorrigenzien sind I n g w e r , A n i s , Z i t r o n e n s ä u r e ".

In Hager-Handbuch, um 1930, sind nur Folia Sennae (Senna Indica, Tinnevelly) von C. angustifolia Vahl. var. $\beta$-Royleana Bischoff eingehender beschrieben. „Heimisch auf beiden Seiten des Roten Meeres, seit Anfang des 19. Jh. kultiviert in Tinnevelly, unweit der Südspitze Ostindiens. Nur die dort gesammelten Blätter gelangen in den Handel ... Die früher auch neben den Blättchen von C. angustifolia gebräuchlichen, von mancher Seite als besser wirkend angesehenen ägyptischen, alexandrinischen oder Palt-Sennesblätter, Senna Alexandrina, stammen von C. acutifolia Delile ... Sennesblätter sind eines der gebräuchlichsten Abführmittel; sie wirken zu 1-2 g ohne Beschwerden; in Gaben von 2-5-10 g erzeugen sie leicht Leibschneiden, selbst Erbrechen. Sie werden innerlich im Aufguß oder Pulver mit geschmacksverbessernden Zusätzen, wie Zitronensäure, Anis, Ingwer, Elaeosacchar. Citri, Kaffee, ferner in Tabletten, Latwergen oder der beliebten Form des Kurellaschen Pulvers gegeben. Bisweilen auch als Klistier".

In der Homöopathie ist „Senna - Sennesblätter" (C. angustifolia Vahl. u. C. acutifolia Delile; Tinktur aus getrockneten Blättern; Buchner 1840) ein wichtiges Mittel.


(Verschiedene)

Außer den angeführten erwähnt Geiger noch eine Reihe weiterer C.-Arten:

1.) C. marilandica; „von dieser Pflanze werden die Blätter (folia Sennae americanae) in Amerika wie bei uns die übrigen Sennesblätter angewendet". Diese Sorte wurde bereits oben (Hager, 1874) genannt. Dragendorff-Heilpflanzen nennt ebenfalls: C. marylandica L. Schreibweise nach Zander-Pflanzennamen: **C. marilandica L.**

2.) C. auriculata; „aus der Rinde wird eine Art Catechu erhalten; auch wird die Rinde zum Gerben benutzt". Nach Dragendorff wird von C. auriculata L. - Ostindien, China - die Rinde bei Augenleiden und Rheuma benutzt, die Samen bei Augenleiden, Gonorrhöe, Diabetes, Gicht. Erwähnt in Hoppe-Drogenkunde als Lieferant der Palthé-Senna.

3.) C. alata; „davon hat man ehedem die widerlich riechenden und bitter schmekkenden Blätter (folia herpetica) gegen Krätze und flechtenartige Ausschläge gebraucht". Nach Dragendorff werden von C. alata L. „Blatt und Blüte gegen Hautkrankheiten, Ringwurm, Herpes tonsurans, auch als Sennasurrogat verwendet, der Saft mit Zitronensäure gegen Spulwürmer, Holz und Rinde in Ceylon als Alternativum empfohlen". Bei Hoppe erwähnt (gegen Hautleiden).

4.) C. Absus L.; davon soll der „Samen, Chichm- oder Tschichs-Samen (semen Cismae) ein vorzügliches Mittel gegen die ägyptische Augenkrankheit sein, auch sich bei anderen Augenübeln wirksam zeigen". Bei Dragendorff genannt.

5.) C. occidentalis; „davon leitet St. Hilaire die Fedegosorinde ab ... in Brasilien als Fiebermittel gebraucht, wo die Pflanze außerdem als Diureticum, in Wassersuchten, bei Magenschwäche usw. angerühmt wird". Nach Dragendorff werden von **C. occidentalis L.** „Wurzel gegen Wassersucht und als Antidot, Blatt als Purgans, bei Hysterie, äußerlich zu Kataplasmen, bei Flechten etc. empfohlen. Die Samen, die auch gegen Schlangen- und Insekteninsulte gebraucht werden und emetisch wirken, werden als Kaffeesurrogat benutzt (Mogdad-Kaffee)". Hoppe schreibt dazu: „Die Blätter werden bei Erysipel gebraucht, die Samen als

Tonicum. In Brasilien finden die Drogen unter dem Namen ‚Fedegoso‘ Verwendung".

6.) C. cathartica Mart.; „davon werden in Brasilien die Blätter unter dem Namen Senna do Campo gebraucht". Bei Dragendorff erwähnt.

## Castanea

C a s t a n e a siehe Bd. IV, G 1642. / V, Aesculus; Strychnos; Trapa.

G r o t-Hippokrates: Echte K a s t a n i e .
B e r e n d e s-Dioskurides: Kap. Kastanie (Kastanon), C. vesca Gärtn.
T s c h i r c h-Araber: C. vulgaris Lam.
S o n t h e i m e r-Araber: C. vesca.
F i s c h e r-Mittelalter: C. vesca L. (castanea, kasten- oder c h e s t e n b o m ).
B e ß l e r-Gart.: **C. sativa Mill.**
H o p p e-Bock: Kap. Castaniennuß, C. sativa Mill.
G e i g e r-Handbuch: C. vesca Gärtn. (= F a g u s Castanea L.).
H a g e r-Handbuch: Kap. Castanea, C. vulgaris Lam. (= C. sativa Mill., C. vesca Gärtn.).
Z i t a t-Empfehlung: **Castanea sativa (S.).**

Dragendorff-Heilpflanzen, S. 165 (Fam. F a g a c e a e ).

Dioskurides beschreibt nur adstringierende Wirkung, besonders der zwischen Fleisch und Rinde der Kastanien befindlichen Schalen, und die Wirkung des Fleisches der Samen als Antidot für Colchicum-Vergiftung. Bock, um 1550, übernimmt dies. In T. Worms 1582 sind verzeichnet: [unter Cortices] Castanearum exteriores (Die eusserste Castanien schelen oder rinden), Castanearum interiores (Die innerste Castanien schelen); [in anderen Abschnitten] Nuces castaniae ( G l a n d e s s a r - d i n i a e , Castaneae, L e u c a e n a e Galeni, K e s t e n , Castanien); Farina Castanearum (Kesten- oder Kastanienmehl); in T. Frankfurt/M. 1687 Cortices Castanearum fructum (Castanien Schalen). Geiger, um 1830, schreibt, daß Fructus Castaneae (die großen italienischen werden M a r o n e n genannt) gegen Diarrhöen verordnet worden sind; Nahrungsmittel, Kaffeesurrogat; zur Schweinemast.

Kastanienblätter wurden seit dem 19. Jh. in geringem Ausmaß verwendet. In der Homöopathie ist „Castanea vesca - Kastanie" (Essenz aus frischen Blättern; Hale 1875) ein wichtiges Mittel. Folia Castanei stehen in den Erg.-Büchern des 20. Jh. und auch Extractum Castaneae fluidum; Verwendung gegen Keuchhusten.

## Castela

Nach Dragendorff-Heilpflanzen, um 1900 (S. 364; Fam. S i m a r u b e a e ; nach Zander-Pflanzennamen: S i m a r o u b a c e a e ), wird die Rinde und Wurzel von C. Nicholsonii Hook. bei Dysenterie und Diarrhöe verwendet. Nach Hoppe-Drogenkunde, 1958, wurde C. erecta (= C. nicholsoni) untersucht; C. texana ist Mittel gegen Amöben.

## Casuarina

Nach Dragendorff-Heilpflanzen, um 1900 (S. 160; Fam. C a s u a r i n a c e a e ), werden mehrere Arten dieser Bäume zur Gewinnung gerbstoffhaltiger Drogen benutzt. In Hoppe-Drogenkunde, 1958, ist C. equisetifolia L. aufgenommen (Gerbmaterial). Schreibweise nach Zander-Pflanzennamen: **C. equisetifolia J. R. et G. Forst.**

## Catalpa

Geiger, um 1830, erwähnt C. syringifolia Sims. (= B i g n o n i a Catalpa L.); die Wurzel „soll giftig sein, und die Sklaven in Amerika sollen ihre Herren damit vergiften. Vorläufig angestellte Versuche haben diese giftige Eigenschaft nicht bestätigt". Bei Dragendorff-Heilpflanzen, um 1900 (S. 609; Fam. B i g n o n i a - c e a e ), heißt die Pflanze **C. bignonioides Walt.** (= C. syringaefolia Siems., C. cordifolia Duham., Bignonia Catalpa L.); Frucht bei Lungenleiden, Asthma, Wurzel und Blatt bei skrofulöser Augenentzündung.

Dragendorff nennt ferner C. longissima Siems. (= Bignonia Quercus Lam.), gegen Indigestionen und Wechselfieber, sowie C. Bungei C. A. Mey. [Schreibweise nach Zander-Pflanzennamen: **C. bungei C. A. Mey.**], Blatt und Rinde Stomachicum, Anthelminticum, äußerlich auf Wunden, Krebs, Fisteln etc. gebraucht. Genannt in Tschirch-Araber.

Hoppe-Drogenkunde, 1958, hat ein Kap. C. bignonioides, weil in der Homöopathie „Bignonia catalpa" (C. bignonioides Walt.; Essenz aus frischer Wurzel) ein (weniger wichtiges) Mittel ist. Hoppe erwähnt noch C. ovata, die im Fernen Osten bei Nierenleiden empfohlen wird [Schreibweise nach Zander: **C. ovata G. Don** (= C. kaempferi (DC.) Sieb. et Zucc., C. henryi Dode)].

Z i t a t-Empfehlung: **Catalpa ovata (S.); Catalpa bignonioides (S.); Catalpa bungei (S.).**

## Catesbaea

Geiger, um 1830, erwähnt als eine der falschen China-Arten die Dornige China (China spinosa) von C. spinosa (Cinchona spinosa). Bei Dragendorff-Heilpflanzen, um 1900 (S. 633; Fam. Rubiaceae), sind genannt: C. spinosa L. (= C. longiflora Sw.), Rinde Tonicum, Antifebrile, Frucht zu säuerlichem Getränk, und C. Vavassoria Spr. (= Cinchona spinosa Vavass., Exostemma Vavass.), Rinde Tonicum und Antifebrile.

## Catha

Nach Dragendorff-Heilpflanzen, um 1900 (S. 401; Fam. Celastraceae), wird von C. edulis Forsk. (= Celastrus edulis Vahl) das Blatt (Kat, Khat) in Arabien gekaut und als Teesurrogat verwendet, auch als Schutz gegen Pest. Nach Hoppe-Drogenkunde, 1958, wird in Ostafrika und benachbarten Teilen Asiens Khat- oder Kat-Tee als Heil- und Räuchermittel gebraucht; Wirkung entspricht einer Kombination von Coffein und Morphin. Schreibweise nach Zander-Pflanzennamen: **C. edulis (Vahl) Forsk. ex Endl.**

## Caucalis

Caucalis siehe Bd. II, Diuretica. / V, Commiphora.
Zitat-Empfehlung: *Caucalis lappula (S.); Caucalis latifolia (S.).*

Grot-Hippokrates führt C. daucoides (Diätmittel, Laxans) auf. In Berendes-Dioskurides wird zum Kap. Argemone als Möglichkeit angegeben, es könne sich bei der einen Art davon um C. grandiflora L. handeln. Sontheimer-Araber nennt C. maritima. In Geiger-Handbuch, um 1830, sind erwähnt: C. grandiflora L. und C. leptophylla; „von beiden Arten und wohl auch von den nahe verwandten C. daucoides und latifolia . . . wurde sonst das Kraut (herba Caucalis) gesammelt". Dragendorff-Heilpflanzen, um 1900 (S. 500; Fam. Umbelliferae), nennt C. daucoides L. (= C. leptophylla Pollich, D. platycarpus Scop.) [Schreibweise nach Schmeil-Flora: **C. lappula (Web.) Grande**] und **C. latifolia L.** Die Pflanze C. grandiflora L. steht bei ihm unter Daucus grandiflorus Desf. und die Pflanze C. maritima bei Daucus pumilus Ball. (dienen als Aromaticum und Diureticum).

## Caulophyllum

Nach Dragendorff-Heilpflanzen, um 1900 (S. 233; Fam. Berberideae; jetzt Berberidaceae), wird von C. thalictroides Michx. (= Leontice thalictroides L.) „Wurzel als Demulcans, Antispasmodicum, Emmenagogum, gegen Hydrops, Rheuma etc. verwendet". Heutige Bezeichnung nach Zander-Pflanzennamen: **C. thalictroides (L.) Michx.** In der Homöopathie ist „Caulophyllum thalictroides" (Essenz aus frischem Wurzelstock nebst Wurzeln; Hale 1875) ein wichtiges Mittel, nach Hoppe-Drogenkunde, 1958, uteruswirksam, Antispasmodicum.

## Cayaponia

Dragendorff-Heilpflanzen, um 1900 (S. 653 uf.; Fam. C u c u r b i t a c e a e), nennt 8 C.-Arten, darunter die brasilianische C. Cabocla Manso (gegen Wassersucht, Schlangenbisse), die bei Hoppe-Drogenkunde, 1958, ein Kapitel hat (Öl der Früchte ist Purgans). Erwähnt werden darin auch C. Taynuya (Wurzel in Brasilien in Form galenischer Präparate gebraucht) und C. Espelina. Beide in Hager-Handbuch, Erg.-Bd. 1949, besonders Radix T a y u y a (von C. Tayuya (Mart.) Logniaux); man macht aus beiden Fluidextrakt.

## Ceanothus

Geiger, um 1830, erwähnt **C. americanus L.** (amerikanische S e c k e l b l u m e); „offizinell waren sonst die mit einer roten Rinde bekleideten Stengel und die dicke, außen rote Wurzel (stipites et radix Ceanothi). Beide schmecken scharf zusammenziehend, wirken purgierend. - Die Blätter werden in Nordamerika als Tee getrunken". Diese Pflanze hat ein Kap. in Hoppe-Drogenkunde, 1958; verwendet wird das Blatt „in der Homöopathie [dort ist „Ceanothus americanus" (Tinktur aus getrockneten Blättern; Hale 1873) ein wichtiges Mittel]. Adstringens. - Ersatz für chinesischen Tee".

Dragendorff-Heilpflanzen, S. 414 (Fam. R h a m n a c e a e).

## Cecropia

C e c r o p i a siehe Bd. V, Hevea.

Nach Geiger, um 1830, wird der in Westindien, Südamerika, heimische Baum **C. peltata L.** ( T r o m p e t e n b a u m ) zur Gewinnung von K a u t s c h u k benutzt; „der Saft der Blätter und Knospen wird nach Martius als kühlendes Mittel gebraucht. Die Blätter dienen als Kataplasma bei Geschwüren und Wunden, und die Rinde soll selbst gegen den Biß giftiger Schlangen wirksam sein; auch benutzt man sie zum Gerben". Dragendorff-Heilpflanzen, um 1900 (S. 176; Fam. M o r a -

c e a e ), berichtet, daß der Milchsaft wie Digitalis verwendet wird, auch bei Gonorrhöe, Blutungen usw. Die Rinde adstringierend, Blatt Resolvens u. Antiasthmaticum.

Eine der anderen Arten ist bei Dragendorff C. hololeuca Miq. (Saft der Blattknospen bei Krebsgeschwüren und innerlich bei Blutspeien; Wurzelrinde bei Lungenphthisis, Stammrinde als Adstringens und Tonicum). Diese Art führt auch Hoppe-Drogenkunde, 1958. „Verwendung in Brasilien in Form galenischer Präparate als Antidiarrhoicum und Diureticum". In Hager-Handbuch (Erg.; 1949) stehen brasilianische Vorschriften für Extractum Cecropiae fluidum und Sirupus Cecropiae.

## Cedrus

C e d r u s  siehe Bd. II, Digerentia. / IV, G 346, 1020. / V, Juniperus.
C e d e r  siehe Bd. IV, E 91. / V, Juniperus; Thuja; Usnea.
Zitat-Empfehlung: *Cedrus atlantica (S.); Cedrus libani (S.).*
Dragendorff-Heilpflanzen, S. 68 (Fam. C o n i f e r a e ; nach Zander: P i n a c e a e ).

Sontheimer weist in arabischen Quellen „Cedrus" und P i n u s Cedrus nach, Fischer in mittelalterlichen Pinus Cedrus L. (bei Albertus Magnus: cedrus libanotica) und bei I. el B. eine C. devadara. Geiger, um 1830, erwähnt Pinus Cedrus L. (= L a r i x Cedrus Mill., C e d e r - F i c h t e , C e d e r  v o n  L i b a n o n ); „davon war ehedem das wohlriechende Holz Cedernholz (lign. Cedri) offizinell; auch das aus dem Stamm ausfließende, wohlriechende, dem Mastix ähnliche Harz (resina, gummi Cedri); ferner die angenehm harzig riechenden und süßlichschmeckenden Samen (sem. Cedri) waren gebräuchlich. - Aus den Blättern schwitzt eine Art Manna, Cedern-Manna ( M a n n a  Cedrina), die schon in ältesten Zeiten als Arzneimittel gebraucht wurde. - Das Holz ist eins der dauerhaftesten, von feinem Gewebe, und wurde, wie die Bibel lehrt, zum Bau des Tempels Salamons verwendet".

Nach Hoppe-Drogenkunde, 1958, Kap. C. libanitica [Schreibweise nach Zander-Pflanzennamen: **C. libani A. Rich.**] wird das äther. Öl des Holzes als Aromaticum verwendet. Er nennt auch C. atlantica [Schreibweise nach Zander: **C. atlantica (Endl.) Manetti ex Carr** (= C. libani ssp. atlantica (Endl.) Franco)]. Diese in Hager-Handbuch, um 1930; das ätherische Oleum Cedri atlanticae, Atlas-Cedernöl, wird bei Bronchitis, Tuberkulose, Hautkrankheiten verwendet.

## Ceiba

Nach Hoppe-Drogenkunde, 1958, werden mehrere C.-Arten verwendet; sie liefern u. a. eine weißliche Wolle aus den Samenkapseln ( K a p o k : Polstermaterial usw.).

1.) C. pentandra (= B o m b a x pentandrum, E r i o d e n d r o n anfractuosum [Schreibweise nach Zander-Pflanzennamen: **C. pentandra (L.) Gaertn.**]); wird
in den Tropen angebaut zur Gewinnung des fetten Öls der Samenkerne (Kapoksamenöl); Brennöl der Eingeborenen. Speiseöl, zur Seifenfabrikation. Bei Dragendorff-Heilpflanzen, um 1900 (S. 428; Fam. B o m b a c e a e ; nach Zander:
B o m b a c a c e a e ), werden unterschieden:
a) Eriodendron anfractuosum et indicum D. C. (= Eriodendron orientale Steud.,
Bombax pentandrum L., Bombax orientale Spr.); Wurzelrinde wirkt emetisch und
antispasmodisch; Blüte und Frucht als Mucilaginosum und Emolliens; aus Einschnitten liefert der Baum Gummi.
b) Eriodendron anfractuosum *β* caribaeum D. C. (= Eriodendron caribaeum
Hook., Bombax pentandrum Jacq., Bombax occidentale Spr.); Anwendung wie
vorige, doch soll die Wurzelrinde auch purgierend und diuretisch sein. Stammrinde
bei Ausschlägen; Same zur Herstellung von Kapoköl, dieses zu Emulsionen.
2.) C. malabaricum (= Bombax malabaricum); Samen liefern Indisches Kapoköl
und ein kinoartiges Sekret, das als Adstringens gebraucht wird. Bei Dragendorff
heißt die Pflanze: Bombax malabaricum D. C. (= S a l m a l i a mal. Schott et
Endl.); vielfältige medizinische Anwendung von Wurzel, Stammrinde, Blatt, Blü-
tenhonig, Gummi.
Geiger, um 1830, erwähnte Bombax orientale Spr. (= Bombax pentandrum L.),
Bombax occidentale Spr. (= Bombax pentandrum Jacq.) [siehe beide oben unter
1], Bombax Ceiba [Schreibweise nach Zander: **Bombax ceiba L.**] und Bombax Sep-
tenatum Jacq.; „davon und von den übrigen Arten dieser Gattung wird die Samen-
wolle zum Polstern benutzt, auch mit Zusatz von Baumwolle zu Zeugen verarbeitet".
Ein besonderes Kapitel hat bei Hoppe (1958) Bombax aquaticum; verwendet wird
das fette Öl der Samenkerne ( M a m u r a n a f e t t ); auf die Gewinnung von
Kapok und Kapoksamenöl aus zahlreichen weiteren Bombax-Arten wird hingewiesen.

## Celastrus

C e l a s t r u s siehe Bd. V, Catha.

Dragendorff-Heilpflanzen, um 1900 (S. 401 uf.; Fam. C e l a s t r a c e a e ), nennt
9 C.-Arten, darunter
1.) **C. scandens L.;** Rinde der Wurzel und des Stammes schwach adstringierend,
narkotisch, brechenerregend, diuretisch und zerteilend. Geiger, um 1830, erwähnt
diese nordamerikanische Pflanze; die Rinde ist brechenerregend und wird von den
Eingeborenen angewandt. Nach Hoppe-Drogenkunde, 1958, herzwirksame Droge.
2.) C. paniculatus Willd. (= C. nutans Roxb.); Samen als Stimulans und Aphro-

disiacum, Samenöl gegen Beri-Beri, das empyreumatische Öl als Stimulans. Hoppe, 1958, gibt im Kap. C. panniculata dazu an: das fette Öl der Samen ( D u d u k ö l ) wird als Brennöl, besonders bei kultischen Handlungen, und als Nervinum benutzt.

## Celosia

Von den 7 Celosia-Arten, die Dragendorff-Heilpflanzen, um 1900 (S. 201; Fam. A m a r a n t h a c e a e ), aufführt, erwähnt Hoppe-Drogenkunde, 1958, C. crista-ta L., deren fettes Öl der Samen in China arzneilich gebraucht wird.
Hessler-Susruta nennt C. cristata, Tschirch-Araber C. argentea. Schreibweise nach Zander-Pflanzennamen: **C. argentea L. var. cristata (L.) O. Kuntze** (= C. cristata L.).

## Celtis

H e s s l e r-Susruta: C. orientalis.
G r o t-Hippokrates; B e r e n d e s-Dioskurides (Kap. L o t o s); S o n t h e i- m e r-Araber; F i s c h e r-Mittelalter; G e i g e r-Handbuch: **C. australis L.**
Z i t a t-Empfehlung: **Celtis australis (S.).**

Dragendorff-Heilpflanzen, S. 170 uf. (Fam. U l m a c e a e ).

Vom Lotosbaum, der als C. australis L. identifiziert wird, schreibt Dioskurides, daß die Frucht dem Magen bekömmlich ist und Durchfall stellt. Abkochung des Holzes als Trank oder Klistier gegen Dysenterie oder Fluß der Frauen; hemmt Haarausfall. Die Drogen haben, über die Antike und Araber hinaus, keine Bedeu-tung erlangt. Geiger, um 1830, erwähnt lediglich: „Ehedem wurden mehrere Teile dieses Baumes, das Holz, die Zweige, Rinde und Blumen, besonders äußerlich als Arzneimittel angewendet". Hoppe-Drogenkunde (1958) gibt an, daß von C. reti-culosa das Holz verwendet wird [nicht wie] und daß C. australis u. C. occidentalis vorzügliches Weichholz liefern.

## Centaurea

C e n t a u r e a siehe Bd. II, Anthelmintica; Antiarthritica; Emmenagoga; Exsiccantia; Febrifuga; Hepatica; Splenetica; Stomachica; Tonica; Vulneraria. / IV, G 1061. / V, Aquilegia; Centaurium; Cnicus; Knautia; Limonium; Saponaria; Secale; Silene.
K o r n b l u m e n siehe Bd. IV, E 255.

G r o t-Hippokrates: - C. Centaureum.
B e r e n d e s-Dioskurides: - Kap. Großes K e n t a u r i o n, C. Centaurium L.

+ + + Kap. L e u k a k a n t h a , C. dalmatica L. (?); Kap. A t r a k t y l i s , C. benedicta L. (?).

T s c h i r c h-Sontheimer-Araber: - C e n t a u r i u m majus -3- Cyanus -4- C. Behen.

F i s c h e r-Mittelalter: - C. Centaurium L. (centaurea major) -3- C. cyanus L. ( f l o r e s f r u m e n t o r u m , g r e g o l a , k o r e n b l u m e n ) -4- C. Behen (bei Avicenna; Serap.) + + + C. Jacea u. Verwandte ( s c a b i o s a , g a l l i - n e l l a , h e r b a v e n t i major, h e r b a c l a u e l l a t a , j a c e a nigra, m a t e r n i g r a , k n o p w u r z ); C. nigrescens Willd. (ital.); C. Calcitrapa cf. Dipsacus ( c a l c a t r e p a ).

H o p p e-Bock: - - R h a p o n t i c u m scariosum Lam. ( R a p o n t i c w u r - z e l ) [Schreibweise nach Zander-Pflanzennamen: **C. rhaponticum L.**] -3- **C. cya- nus L.** ( K o r n b l u o m e n ) + + + **C. jacea L.**; *C. calcitrapa L.* ( R a d e n - d i s t e l ); **C. montana L.** ( W a l t k o r n b l u o m e n ); **C. scabiosa L.** ( G r i n d - k r a u t ).

G e i g e r-Handbuch: - C. Centaurium ( T a u s e n d g u l d e n f l o c k e n - b l u m e ) -3- C. Cyanus (blaue F l o c k e n b l u m e oder K o r n b l u m e ) -4- S e r r a t u l a Behen DC. (= C. Behen L.) + + + C. Jacea (schwarze Flok- kenblume, w i l d e r S a f l o r ); C. calcitrapa; C. montana; C. scabiosa; C. sol- stitialis.

H a g e r-Handbuch: - *C. centaurium L.* (Herba Centaurii majoris) -3- C. cyanus L. (Kornblume) -4- *C. behen L.* ( B e h e n w u r z e l ) + + + C. jacea L. (Flores, Herba u. Radix J a c e a e nigrae oder C a r t h a m i silvestris); C. calcitrapa L. (Herba, Radix u. Fructus C a l c i t r a p a e oder Cardui stellatae); C. montana L. (Flores C y a n i majoris); C. solstitialis L. (Radix S p i n a e solstitialis).

Z i t a t-Empfehlung: **Centaurea centaurium (S.); Centaurea rhaponticum (S.); Centaurea jacea (S.); Centaurea calcitrapa (S.); Centaurea scabiosa (S.); Centaurea cyanus (S.); Centaurea montana (S.); Centaurea behen (S.).**

Dragendorff--Heilpflanzen, S. 685 uf. (Fam. C o m p o s i t a e ).

( C e n t a u r i u m m a j u s , r h a p o n t i c u m )
Dioskurides unterscheidet ein kleines Kentaurion (→ Centaurium) von einem gro- ßen, das nach Berendes C. Centaurium L. war (die Wurzel, auch als Panacee ge- rühmt, hilft bei inneren Rupturen, Krämpfen, Seitenstechen, Atemnot, Husten, Blutauswurf; gegen Leibschneiden und Gebärmutterschmerzen, befördert Men- struation, treibt die Frucht aus; äußerlich als Vulnerarium). Ein so vielseitiges Mittel war natürlich auch den Arabern bekannt. Schwierig war es jedoch im Abendland, zu den überlieferten Beschreibungen eine passende Pflanze zu finden. Nach Berendes haben die frühen Botaniker besonders an Scabiosa alpina maxima, I n u l a Helenium und Centaurea Rhaponticum [= C. rhaponticum L.] gedacht, von der letzteren wurden mehrere Varietäten beschrieben.

Nach Hager-Handbuch, 1930, liefert C. centaurium L. Herba Centaurii majoris. Diese Droge hat kaum Bedeutung gehabt. Wichtiger war die Wurzel, die mit der Wurzel von C. rhaponticum L. sowohl in Beschreibungen, als auch in den Apotheken durcheinander geworfen wurde: Als Raponticwurzel ist nach Hoppe bei Bock, um 1550, Rhaponticum scariosum Lam., d. i. C. rhapontica L., abgebildet; die Indikationen entsprechen der Wurzel des großen Kentaurion bei Dioskurides. Das entsprechende Kap. bei Lonicerus (nach Ausgabe 1679) ist überschrieben: „Groß Tausendgülden, Centaurium majus, Der Apotheker Rhapontic"; hierzu wird vermerkt: „welcher Name ihr aus Unverstand zugeschrieben worden". Man kannte im 16. Jh. schon die echte Rhapontikwurzel (→ R h e u m ) und unterschied z. B. in T. Worms 1582 zwischen Rhaponticum verum und Rhaponticum vulgare (hier mit dem Verweis auf Centaureum magnum). In Ap. Braunschweig 1666 waren 8 lb. Radix Rhapont. vulgar. vorhanden, ferner ¹/₄ K. Herba centauri maior. Die Ph. Württemberg 1741 schreibt bei der wahren Rhapontikwurzel, daß man an ihrer Stelle in den Apotheken meist Radicis Centaurii majoris führt, die auch R h a c a p i t a t u m oder Rhaponticum Helenii folio genannt wird. Ende des 18. Jh. hat die Droge keine Bedeutung mehr, sie wird aber von den Schriftstellern noch erwähnt, die sich nun jedoch nicht auf C. rhapontica L., sondern auf C. centaurium L. beziehen. So schreibt Hahnemann in seinem Kommentar zum Edinburger Dispensatorium (1800): „Centaurium majus, Wurzel. Centaurea Centaurium L., Tausendgülden-Flockenblume. Dies ist eine große, in Gärten gebaute Pflanze ... Die gegenwärtige Praxis achtet sie wenig in jeder Rücksicht".

Meissner, um 1830, schreibt im Abschnitt von den Centaurea-Arten: „Das Centaurium majus vel magnum, Linnés Centaurea Centaurium, große Flockenblume ... Man hat früher ihre bittere Wurzel benutzt; ihr Dekokt galt für tonisch und schweißtreibend; sie ist aber jetzt mit Recht in Vergessenheit geraten". Eine C. rhapontica kommt bei ihm nicht vor, ebensowenig bei Geiger, zur gleichen Zeit. Dieser schreibt von Centaurea Centaurium: „Davon war die Wurzel (rad. centaurii majoris, uneigentlich rhapontici vulgaris) offizinell. Diese Pflanze soll das Kentaurion der Alten sein.

Dragendorff, um 1900, nennt wieder nebeneinander: C. Centaurium L. (Wurzel ist Stomachicum, Diureticum, Expectorans, Antiasthmaticum etc.; Kentaurion des Hipp ... Quanthûrîûn des Ibn-Baithar) und Rhaponticum scariosum Lam. (= Centaurea Rhap. L., Serratula Rhap. D. C.; Wurzel als Stomachicum benutzt).

( C e n t a u r e a c y a n u s )
Nach Hoppe überträgt Bock auf die Kornblume die Eigenschaften von C i c h o - r i u m-Arten, die bei Dioskurides geschildert sind (gegen tierische Gifte, Galle austreibend); das Destillat soll nach Brunschwig, um 1500, im Umschlag gegen Augenerkrankungen und Entzündungen benutzt werden. Als Blütendroge offiziell benutzt bis Anfang 19. Jh.: In T. Worms 1582 stehen Flores Cyani (Flores

frumentorum, Blaukornblumen); T. Frankfurt/M. 1687: Flores Cyani Segetum. In Ap. Braunschweig 1666 waren 2 St. Aqua cyani flores, in Ap. Lüneburg 1718 davon 6 qr. und von den Blüten 8 oz. Die Ph. Württemberg 1741 führt Flores Cyani coerulei (B a p t i s e c u l a e, blaue Kornblumen; Diureticum; äußerlich das destillierte Wasser und die Blüten als Säckchen bei Augenleiden). Geiger schreibt über die Anwendung: „Die Blumen werden im Aufguß gegeben, sie sollen harntreibend sein; auch benutzte man sie als Augenmittel, besonders das daraus destillierte (unkräftige) Wasser (aq. Cyani). Man mengt sie jetzt anderen Species, Räucherpulver usw. bei, um ihnen ein schönes Ansehen zu geben". Nach Meissner, um 1830, hat man die Kornblumen auch als fiebervertreibendes Mittel gerühmt. Hager, um 1930, schreibt: „Anwendung. Kaum medizinisch, zur Verschönerung von Räucherpulver".

(C e n t a u r e a  b e h e n)
Drogen der arabischen Medizin waren die rote (→ L i m o n i u m) und die weiße Behenwurzel. Von der letzteren, Ben album, waren in Ap. Lüneburg 1475 2 oz. vorhanden. Bock hatte noch keine Vorstellungen von der Pflanze; er schreibt bei den M ä r g e n r ö ß l e i n: „Etliche wollten mich bereden, die zwo wilden Blumen sollten Behen sein, davon Avicenna und Serapion schreibt". Lonicerus (nach Ausgabe 1679) bemerkt über die Wirkung der beiden Behenwurzeln: „wurden sonderlich zur Herzstärkung von den Arabibus gebraucht. Sie mehren den menschlichen Samen. Werden auch von den Wundärzten zu den Schmerzen und Gebrechen der Sennadern gebraucht".
In T. Worms 1582 sind verzeichnet: Radix B e h e n album (H e r m o d a c t y - l u s albus Actuarii et Nicolai Myrepsi, weiß Behenwurzel); in T. Frankfurt/M. 1687 Radix Been albi. In Ap. Braunschweig 1666 waren 16 lb. davon vorhanden. Die Ph. Württemberg 1741 führt Radix Been albi (sive Behen, weißer Behen, W i e d e r s t o ß, G l i e d w e i c h w u r z e l; Cordialium, Alexipharmacum). Hagen, um 1780, gibt als Stammpflanze des Wiederstoß C. Behen an. „Es wurde die Wurzel davon vor Zeiten vom Berge Libanon und aus Kleinasien unter dem Namen weißer Behen gebracht". Bei Geiger heißt die Pflanze Serratula Behen Dec.; die Wurzel soll nervenstärkend sein. Die Droge steht noch in T. Württemberg 1822, verschwindet aber bald vollständig.

(V e r s c h i e d e n e)
Geiger erwähnt als weitere C.-Arten:
1.) C. montana; „davon waren ehedem die Blumen und das Kraut (flores et herba Cyani majoris) offizinell". Die Pflanze ist als „Waltkornblume" bei Bock abgebildet.

Ce

2.) C. Scabiosa; „davon wird das Kraut zuweilen anstatt Scabiosa arvensis eingesammelt". Die Pflanze ist - nach Hoppe - bei Bock im Kap. „Von P e s t e m e n -
k r a u t " als das 2. Geschlecht (Grindkraut) beschrieben.

3.) C. Jacea; „offizinell war ehedem das Kraut, die Blumen und Wurzel (herba,
flores et rad. Jaceae nigrae seu vulgaris, Carthami sylvestris). Die Pflanze ist bei
Bock im gleichen Kap. wie die vorige beschrieben (zerstoßene Wurzel als Pflaster
gegen Krampfadern).

4.) C. Calcitrapa; „eine seit den ältesten Zeiten bekannte Pflanze. Soll bei den
alten Juden als Würze bei Bereitung des Osterlamms gedient haben; wird längst
als Arzneimittel gebraucht; besonders stellte 1785 Plouet viele Versuche mit dieser
Pflanze gegen intermittierende Fieber an, welche ihre große Wirksamkeit bewie-
sen ... Offizinell ist: das Kraut (mit den Blumen), die Wurzel und der Same
(herba, rad. et sem. Calcitrapae, Cardui stellati) ... Man gibt das Kraut mit den
Blumen in Substanz, in Pulverform und im Aufguß, ferner den ausgepreßten Saft,
gegen Wechselfieber usw., auch äußerlich gegen Flecken der Hornhaut. Als Präparate hatte man Extrakt (extr. Calcitrapae). Wurzel und Samen wurden als harntreibend verschrieben, jetzt sind sie außer Gebrauch". Meissner, zur gleichen Zeit,
meint, man könnte die Pflanze als Surrogat der Chinarinde benutzen. Bei Jourdan
heißt die Stammpflanze Calcitrapa stellata Lamk., S t e r n d i s t e l.

Diese Pflanze ist auch bei Bock, als Radendistel, ohne Angabe von Verwendung,
beschrieben.

5.) C. solstitialis; „davon war ehedem die Wurzel (rad. Spinae solstitialis) offizinell".

## Centaurium

C e n t a u r i u m siehe Bd. IV, A 23; E 10, 70. / V, Blackstonia; Centaurea; Gratiola; Rheum.
E r y t h r a e a siehe Bd. II, Tonica.
T a u s e n d g ü l d e n k r a u t siehe Bd. II, Febrifuga. / IV, C 28, 31; E 84, 235, 330, 375; G 773, 789, 957.
/ V, Silene.

B e r e n d e s-Dioskurides: Kap. Kleines K e n t a u r i o n , E r y t h r a e a Centaurium L.

T s c h i r c h-Araber: C. minus. - Sontheimer-Araber: Centaurea Centaureum,
auch Chironia Centaureum.

F i s c h e r-Mittelalter: Erythraea centaurium L. cf. Centaurea Centaurium L.
( c e n t a u r e a , f e l t e r r a e , centaurea minor, m a t r i c a r i a minor, e l e -
b o n i a , f e b r i f u g a , e l e b o r i c a , a u r i n e , c e n t e r i o n , m u l t i -
r a d i x , h e l l e b o r i t e s , c h i r o n i a , g a r t h y d e , t u s e n t g u l d e n ,
f i b e r k r a w t ; Diosk.: Kentaurion mikron, febrifugia).

H o p p e-Bock: C. umbellatum Gil. (D a u s e n t g u l d e n , E r d g a l l e n ).

G e i g e r-Handbuch: Erythraea Centaurium Pers. (= G e n t i a n a Centaurium L.); C h i r o n i a chilensis W. (= Erythraea Cachen-Laguen).

H a g e r-Handbuch: Erythraea centaurium (L.) Persoon.

S c h m e i l-Flora: C. umbellatum Gil. (= Erythraea centaurium Pers.), Echtes T a u s e n d g ü l d e n k r a u t [nach Zander-Pflanzennamen: **C. minus Moench**].

Z i t a t-Empfehlung: **Centaurium minus (S.).**

Dragendorff-Heilpflanzen, S. 528 (E r y t h r a e a; Fam. G e n t i a n a c e a e); Tschirch-Handbuch II, S. 1605.

Nach Dioskurides wird das Kleine Kentaurion innerlich (als Purgans, Nervinum) und äußerlich (das Kraut als Vulnerarium, Klistier bei Ischias; Saft zu Augenmitteln; als Zäpfchen menstruationsbefördernd, den Embryo austreibend) verwandt. Die Kräuterbücher des 16. Jh. übernehmen diese Indikationen. In T. Worms 1582 sind unter Kräutern verzeichnet: Centaureum minus (Fel terrae, Febrifuga, L y m n e s i u m, L y m n a e u m, L i b a d i u m, Centaur, B i b e r k r a u t, Tausentgülden, F i e b e r k r a u t, Erdgall); in T. Frankfurt/M. 1687 auch S t e c h k r a u t genannt. In Ap. Braunschweig 1666 waren vorrätig: Herba centaur. minor. (5 K.), Aqua cent. min. (5 St.), Conserva cent. min. (9 lb.), Extractum cent. min. (12 Lot), Sal cent. min. (8 Lot). Die Ph. Augsburg 1640 gibt an, daß bei Verwendung von „Centaurium" die Art „minus" zu nehmen ist. Die Ph. Württemberg 1741 führt Herba Centaurii minoris (Febrifugae, Fellis terrae, klein Tausend Guldenkraut, Fieberkraut, Erdgallen; gegen Krankheiten, die ihren Ursprung von der Galle haben); Aqua cent. min., Essentia c. m., Extractum c. m., Syrupus c. m. (aus frischen Blüten).

Bei Hagen, um 1780, heißt die Stammpflanze Gentiana Centaurium. Die Krautdroge bleibt in Pharmakopöen bis zum DAB 7, 1968. Die Stammpflanze heißt in Ph. Preußen 1799: Gentiana Centaurium seu Chironia Centaurium Curtis; danach Erythraea Centaurium (DAB 6, 1926: Herba Centaurii, von Erythraea centaurium (L.) Pers.); DAB 7, 1968: Tausendgüldenkraut, von C. minus Moench.

Über die Wirkung schreibt Hager, 1874: Bitteres, magenstärkendes Arzneimittel; 1930: „als magenstärkendes Mittel im Aufguß, als Pulver, in Teemischungen oder Tinkturen, früher als Fiebermittel". Nach Hoppe-Drogenkunde, 1958, Kap. Erythraea Centaurium, wird das Kraut verwendet: „Amarum, bes. bei Dyspepsie und Magenschwäche mit Leber- und Gallenstörungen. - In der Homöopathie bei Magen-, Leber- und Gallenleiden. - In der Likörindustrie zu Bitterschnäpsen".

In der Homöopathie ist „ C a n c h a l a g u a " (Erythraea chilensis Pers.; Tinktur aus getrocknetem Kraut; Hirschel 1856) ein wichtiges Mittel. Bei Geiger, um 1830, heißt die Pflanze Chironia chilensis W. (= Erythraea Cachen-Laguen); „wird unter dem Namen C a n c h u - L a g u a oder C a c h e n - L a g u e n in Südamerika als Magen- und Fiebermittel gebraucht". Im Hager (Erg.), 1949, steht bei Erythraea chilensis Pers. (= E. Canchalaguan R. et S., Chironia chilensis Willd.;

Ce

Gentiana peruviana Lam.): „Anwendung. In gleicher Weise wie Erythraea centaurium als Anthelminticum, Tonicum, Stomachicum, Febrifugum, Emmenagogum. Die Eingeborenen in Chile und Peru schreiben dem Kraut die Eigenschaft zu, Schlangenbisse unwirksam zu machen". Die Stammpflanze heißt jetzt *C. chilense Druce*. Nach Hoppe-Drogenkunde, 1958, wird das Kraut verwendet als „Anthelminticum, Tonicum, Stomachicum".

## Cephaelis

Cephaelis siehe Bd. V, Ionidium; Manettia.
Ipecacuanha siehe Bd. II, Antiarthritica; Antidysenterica; Antihydrotica; Diaphoretica; Febrifuga; Emetocathartica; Errhina; Expectorantia; Vomitoria. / IV, C 33; G 547, 1352, 1411. / V, Banisteria; Ionidium; Manettia; Naregamia; Palicourea; Phytolacca; Psychotria; Richardsonia; Triosteum; Viola.
Zitat-Empfehlung: *Cephaelis acuminata (S.); Cephaelis ipecacuanha (S.).*
Dragendorff-Heilpflanzen, S. 635 (unter Psychotria) und S. 636 (Fam. R u b i a c e a e); Tschirch-Handbuch III, S. 698—700; S. Engelen, Die Einführung der Radix Ipecacuanha in Europa (Dissertation), Düsseldorf 1967/68 (Med. Fakultät).

Nach Tschirch-Handbuch scheint ein portugiesischer Jesuit bei einem Aufenthalt in Brasilien (1570—1600) der erste Europäer gewesen zu sein, der eine I p e c a - c u a n h a zu Gesicht bekam; in der 2. Hälfte 17. Jh. spielte die Wurzeldroge in Paris als Geheimmittel des Arztes Helvetius (gegen Dysenterie) eine Rolle, 1690 erhielt er einen hohen Geldbetrag für Bekanntgabe des Rezeptes; seit Anfang 18. Jh. wurde die Wurzeldroge allgemein bekannt und gebraucht.
In Ap. Lüneburg 1718 waren 10 oz. Radix Ipecacuanha (Brasilische R u h r - w u r t z e l) vorrätig. Nach Valentini, 1714, gibt es verschiedene Arten dieser Wurzel, die schwarzbraune („ist die gemeinste, so zu uns gebracht wird") und die weiße („von den Portugiesen Ipecacuanha Blanca genannt, ist viel rarer und in Europa nicht im Gebrauch" [→ Ionidium]); es soll auch noch eine ganz rare, gelbe geben.
Aufgenommen in Ph. Württemberg 1741: Radix H y p e c a c u a n h a e (Ipecacuanhae, H y p o c a n n a e, dysentericae radices, Indianische Ruhr, S p e y - W u r t z; üblich ist die schwarze Art, die weiße ist seltener, die gelbe ganz selten; Linné nennt die Pflanze O u r a g o g a, Pluckenetius nennt sie P e r i c l i m e - n u m parvum brasilianum; mildes und sicheres Emeticum, wird auch als Alexipharmacum und Antidysentericum gerühmt). Bei Hagen, um 1780, heißt die Mexikanische B r e c h p f l a n z e: P s y c h o t r i a emetica; „es soll davon nach dem Zeugnis des berühmten Mutis die gewöhnliche oder graue Brechwurzel oder Ruhrwurzel (Rad. Ipecacoahnae, Hypecacuahnae vulgaris seu grysea seu cinerea) herkommen". [Hagen erwähnt eine falsche Brechwurzel, die von einer Art A p o c y n u m gesammelt wird].
Angaben der preußischen Pharmakopöen: Ausgabe 1799, Radix Ipecacuanhae von Psychotria emetica [Bestandteil des Pulvis Ipecacuanhae compositus (= Pul-

vis Doweri), eine Mischung aus der Wurzel, Opium und Kaliumsulfat, bekannt seit Mitte 18. Jh., offizinell bis DAB 6, 1926 ( P u l v i s  D o v e r i ); seit DAB 2, 1882, ist Kaliumsulfat durch Milchzucker ersetzt]; 1813, von Cephaelis Ipecacuanha; 1827-1829 von C. Ipecacuanha Willd.; 1846 von C. Ipecacuanha Rich.; 1862 von C. Ipecacuanha Willdenow. So DAB 1, 1872 (zur Herstellung von Pulvis I. opiatus, Syrupus I., Tinctura I., Trochisci I., Vinum I.); 1882-1890 von Psychotria Ipecacuanha (= C. Ipecac.); 1900 von  U r a g o g a  Ipecacuanha; 1910-1926 von Uragoga ipecacuanha (Willdenow) Baillon; 1968 Ipecacuanhawurzel: „Die getrockneten unterirdischen Organe von **Cephaelis acuminata Karsten** (syn. Uragoga granatensis Baillon), **Cephaelis ipecacuanha (Brotero) A. Richard**"; zur Herstellung von Tinctura I. (in Erg.-B. 6, 1941, Pastilli und Extractum fluidum I.). In der Homöopathie ist „Ipecacuanha - Brechwurzel" (Tinktur aus DAB-Ware; Hahnemann 1805) ein wichtiges Mittel.

Geiger, um 1830, beschrieb C. Ipecacuanha Willd. (= C a l l i c o c c a  Ipecacuanha Brot., Brechwurzel-Kopfblume); „Diese Pflanze wurde schon in der Mitte des 17. Jahrhunderts von Piso als die Mutterpflanze der damals aufgekommenen Ipecacuanha beschrieben. Brotero zeigte aber erst zu Anfang des gegenwärtigen genau, daß sie die wahre Mutterpflanze der braunen Ipecacuanha sei. - Sie wächst in Brasilien und Neugranada . . . Offizinell ist: Die Wurzel, braune Ipecacuanha, braune (auch graue) oder geringelte Brechwurzel (rad. Ipecacuanhae seu Hypecacuanhae fuscae [gryseae] seu annulatae) . . .

Außer dieser am meisten gebräuchlichen und wohl auch kräftigsten Ipecacuanha kommen im Handel noch andere Wurzeln unter diesem Namen vor, von denen die bekanntesten hier beschrieben werden.

1.) Weiße, mehlige, wellenförmige Ipecacuanha (rad. Ipecacuanhae albae, farinosae, undulatae; kommt von Richardia scabra [→ R i c h a r d s o n i a ] . . .

2.) Schwarze oder gestreifte Ipecacuanha (rad. Ipecacuanhae nigrae seu striatae; von Psychotria emetica) [→ Psychotria] . . .

3.) Weiße (holzige) Ipecacuanha (rad. Ipecacuanhae albae, lignosae; von  S o l e a ( V i o l a ) Ipecacuanha) [→ Ionidium] . . .

Es soll nur die Wurzel von Cephaelis Ipecacuanha genommen werden, weil diese die meisten wirksamen Teile enthält . . . Man gibt die Ipecacuanha am besten in Pulverform . . . Ferner gibt man sie im Aufguß. - Präparate hat man davon: Syrup, Wein und Täfelchen. Sie macht ferner einen Hauptbestandteil des Dover'schen Pulvers (pulvis Doveri, pulv. Ipecac. composit.) aus; auch wird das Emetin als Brechmittel verschrieben".

In Hager-Handbuch, um 1930, wird Radix Ipecacuanhae (Rio-Ipecacuanhawurzel) von Uragoga Ipecacuanha Baill. (= C. Ipecacuanha Willd., Psychotria Ipecacuanha Müll. Arg.) abgeleitet; in Amerika ist daneben die Carthagena-Ipecacuanha von C. acuminata Karsten zugelassen; „Anwendung. Ipecacuanha wirkt in kleinen Gaben expectorierend und vermehrt die Speichel- und Schweißsekretion, größere Gaben erregen Übelkeit und Erbrechen . . . als Brechmittel ist die Carthagena-Wurzel wirksamer als die Rio-Wurzel, als Expectorans ist die Rio-Wurzel vorzuziehen. Man gibt sie innerlich als schweißtreibendes Mittel, Hustenmittel und gegen Durchfall in Pulver, Pillen, Tabletten oder als Aufguß . . . Gegen Ruhr wendet man, falls die Brechwirkung vermieden werden soll, die emetinfreie Wurzel an oder man gibt einen Aufguß als Klistier, oft mit Opium zusammen. Äußerlich nur selten in Salben zur Erzeugung von Pusteln oder Geschwüren. - Die Homöopathen geben Ipecacuanha nach dem Grundsatze „Similia similibus" auch bei heftigem Erbrechen.

Es gibt Personen, die eine eigentümliche Empfindlichkeit gegen Ipecacuanha besitzen, so daß sie diese nicht einnehmen können, da schon ein Stäubchen oder der Geruch, selbst aus einiger Entfernung, Unwohlsein oder Atemnot verursacht. Durch Perkolation mit Äther soll die gepulverte Brechwurzel diese unliebsame Eigenschaft einbüßen (Pulv. Ipecacuanhae desodoratus)". [Über Verwechslungen und Verfälschungen siehe Ionidium, Psychotria, Richardsonia].

Im Kommentar zum DAB 7, 1968, wird erklärt, daß die Rio-Ware (von C. ipecacuanha) im deutschen Drogenhandel kaum noch erhältlich ist, da das Gros der Importe anscheinend in die Alkaloidfabriken geht; deshalb wird diese Art, die an sich wertvoller ist als C. acuminata (Cartagena-Ware), an zweiter Stelle genannt.


## Cephalanthera

Cephalanthera siehe Bd. V, Orchis.
Zitat-Empfehlung: *Cephalanthera rubra (S.)*; *Cephalanthera longifolia (S.)*.

Nach Hoppe ist es fraglich, ob bei Bock, um 1550, **C. rubra (L.) L. C. Rich.**, das rote W a l d v ö g e l e i n , vorkommt. Als Heilpflanze nennt Dragendorff, um 1900 (S. 151; Fam. O r c h i d a c e a e ), nur die Art C. ensifolia Rich. (= E p i p a c t i s grandiflora All.; nach Zander-Pflanzennamen: **C. longifolia (L.) Fritsch**, früher C. ensifolia (Sw.) L. C. Rich.); diese Pflanze soll nach Fraas die Afibakthis des I. el B. gewesen sein, die als Antidot und bei Leberleiden schon von Dioskurides verordnet wurde.


## Cephalanthus

Nach Dragendorff-Heilpflanzen, um 1900 (S. 629; Fam. R u b i a c e a e ), wird die Rinde der nordamerikanischen **C. occidentalis L.** gegen Husten, Fieber etc. empfohlen. Nach Hoppe-Drogenkunde, 1958, ist diese Rinde untersucht worden.

## Cerastium

Die Blüten des Acker-Hornkrautes, **C. arvense L.**, sollen nach Geiger, um 1830, als flores A u r i c u l a e muris pulchro flore albo seu H o l o s t e i caryophyllei gebraucht worden sein. In Dragendorff-Heilpflanzen, um 1900 (S. 208; Fam. C a r y o p h y l l a c e a e ), wird die Droge bezeichnet als: Flores Auriculae muris albae seu Holostei umbellati.

## Ceratonia

S i l i q u a siehe Bd. V, Mucuna; Tamarindus.

D e i n e s-Ägypten; **C. siliqua L.**
B e r e n d e s-Dioskurides (Kap. J o h a n n i s b r o t frucht); T s c h i r c h-Sontheimer-Araber; Fischer-Mittelalter: C. Siliqua L. ( s i l i q u a , v a g i n e l l a , c u r u m b a , c a m b i a , c o r n a l i a marina).
G e i g e r-Handbuch: C. Siliqua.
H a g e r-Handbuch: C. siliqua L.
Z i t a t-Empfehlung: **Ceratonia siliqua (S.).**

Dragendorff-Heilpflanzen, S. 301 (Fam. L e g u m i n o s a e ); Tschirch-Handbuch II, S. 146; H. Schadewaldt, Das Johannisbrot, Annales Nestlé, Nr. 2, 1953.

Nach Tschirch-Handbuch dienten die Johannisbrotfrüchte bei den alten Juden, in Syrien usw. als Viehfutter; im alten Griechenland hießen sie „ägyptische F e i g e n ", die Verwendung in Ägypten und die Herkunft von dort soll jedoch fraglich sein [nicht nach Deines-Ägypten]. Dioskurides macht nur wenige Angaben über medizinische Verwendung (im frischen Zustand bekommen sie dem Magen schlecht, öffnen den Leib; getrocknet hemmen sie den Stuhlgang, sind dem Magen zuträglicher; urintreibend).
Die T. Worms 1582 führt: [unter Früchten] Siliqua ( X y l o c e r a t a , X y l o c a r a c t a officinarum, C a r r u b i a , P a n i s d i v i J o h a n n i s ); T. Frankfurt/M. 1687: Siliqua (Siliqua dulcis, C e r a t i a , Ceratonia, Xylocerata, Johannsbrodt). In Ap. Braunschweig 1666 waren 16 lb. Siliquarum vorrätig.
Schröder, 1685, schreibt über Siliqua: „Es wächst im Neapolitanischen Reich, Kreta und Syrien . . . In Apotheken hat man die Frucht (nämlich die Siliquas), dessen honigsüßer Saft allein gebraucht wird. Dieses Brot trocknet und adstringiert, wird gebraucht im Sood, Husten, sonsten läßt es sich übel verdauen.
Das noch frische Johannsbrot hat einen unangenehmen Geschmack, allein es wird mit der Zeit, wenn es liegt und trocknet, süß und angenehm. Man zieht daraus einen honigsüßen Saft, womit die Araber statt des Zuckers die Myrobalanen, Tamarinden und den Ingwer einmachen. Die bereiteten Stück: Der Syrup von Johannsbrot, sonst D i a c o d i u m genannt".

Die Ph. Württemberg 1741 hat [unter Früchten] Siliqua dulcis (Ceratia, Xylo-caracta, Johannis-Sood-Brot, B o c k s h ö r n l e i n ; Demulcans, Mitigans, Pec-torans). Bei Hagen, um 1780, heißt die Stammpflanze C. Siliqua. Aufgenommen in preußische Pharmakopöen (1799-1829: Siliqua dulcis, von C. Siliqua Linné). Anwendung nach Geiger, um 1830: „Man gibt das Johannesbrot in Abkochung unter Species. Es macht einen Bestandteil des Augsburger Brusttees aus. Auch ißt man die Frucht gegen Sodbrennen usw. In südlichen Ländern wird sie teils von Menschen genossen, teils zum Füttern des Viehs verwendet; häufig genossen soll sie Durchfall erregen. - Den Saft der frischen Früchte benutzt man zum Ein-machen, auch liefert er durch Gärung eine Art Wein".

Aufgenommen in DAB 1, 1872: Fructus Ceratoniae; Bestandteil von Species pec-torales cum Fructibus und von Syrupus Papaveris (= Syr. Diacodii); dann Erg.-Bücher (Erg.-B. 6, 1941: Fructus Ceratoniae, „Die reifen Hülsen von C. siliqua L."). Anwendung nach Hager, 1874: „Es dient bei uns den Kindern, meist als Naschwerk, und ist nur selten in Speciesform ein Bestandteil von Teemischungen gegen katarrhalische Leiden"; nach Hager-Handbuch, um 1930: „Die Hülsen fin-den im Süden ausgedehnte Verwendung als Viehfutter und als Nahrung der ärme-ren Klassen. In Portugal, auf den Azoren und in Triest wird Alkohol daraus ge-wonnen, hier und da auch Sirup. Ferner dienen sie bei der Bereitung von Tabaks-saucen und geröstet als Kaffeesurrogat. Arzneilich verwendet man sie hier und da in Teegemischen".

Nach Hoppe-Drogenkunde, 1958, Kap. C. Siliqua, werden verwendet:

1. die Frucht („In Teegemischen als Hustenmittel. - Zur Herstellung von Tabak-soßen, Essenzen und als Kaffee-Ersatzmittel. - Genußmittel. - Zu Futterzwecken. Ausgangsmaterial zur Gewinnung von Alkohol");

2. der Same („Zu Diätmitteln bei der Behandlung akuter Ernährungsstörungen. Gegen Erbrechen bei Säuglingen"); aus dem Holz von C. siliqua wird A l g a r - r o b i n , ein Farbstoff, gewonnen.

## Ceratopetalum

Nach Dragendorff-Heilpflanzen, um 1900 (S. 269; Fam C u n o n i a c e a e ), lie-fern C. gummiferum Sm. und C. apetalum Don. „kinoartiges Gummi". Auch nach Hoppe-Drogenkunde, 1958, liefern australische C.-Arten K i n o .

## Cerbera

C e r b e r a siehe Bd. V, Thevetia.

Geiger, um 1830, erwähnt C. Mangas (= C. Odollam Hamilt.); „dieser Baum ist sehr giftig, er enthält einen scharfen Milchsaft, schon die Ausdünstung ist schädlich. Die Kerne geben durch Auspressen ein wohlriechendes fettes Öl, das zum Brennen benutzt wird". In Dragendorff-Heilpflanzen, um 1900 (S. 541 uf.; Fam. A p o c y n e a e ; nach Zander-Pflanzennamen: A p o c y n a c e a e ), sind 4 C.-Arten aufgeführt, darunter C. Odallam Gärtn. (= C. Manghas Ait.; T a n - g h i n i a Od.); Blatt und Rinde purgierend; Frucht zu Cataplasmen. Same ölreich, aber giftig (Herzgift). Nach Hoppe-Drogenkunde, 1958, wird der Same von C. odollam (= C. manghas) benutzt: Herzwirksame Droge; das „ O d o l l a m - f e t t " wird als Brennöl und mediz. als Wurmmittel verwendet. Erwähnt wird von Hoppe auch C. Tanghinia (Samen haben viel fettes Öl, sind aber sehr giftig). Über diese Art schreibt Dragendorff: C. Tanghinia Hook. (= Tanghinia mada-gascariensis Pet. Th., Tanghinia venenifera Poir.) ist sehr giftig (Herzgift), Same zu Gottesurteilen verwendet. Nach Sontheimer kommt C. Manghas bei I. el B. vor.

## Cercis

Nach Fischer kommt in mittelalterlichen, altitalienischen Quellen C. siliquastrum L. vor ( f a n f a l u g o ). Soll nach Dragendorff-Heilpflanzen, um 1900 (S. 299; Fam. L e g u m i n o s a e ), bei I. el B. genannt werden. Diesen J u d a s b a u m , dessen Blatt und Frucht nach Dragendorff als Adstringens gebraucht wird, er-wähnt auch Geiger, um 1830: „wird bei uns in Gärten gezogen . . . Blumen mit Essig angemacht als Salat . . . oder wie Kapern benutzt. Die Hülsen werden als adstringierendes Mittel gebraucht. Das schön schwarz- und grüngeaderte Holz dient zu Tischlerarbeiten".
Z i t a t-Empfehlung: Cercis siliquastrum (S.).

## Cereus

Zur Zeit Geigers, um 1830, war die botanische Kenntnis von den K a k t e e n noch beschränkt. Er beschreibt nur eine Gattung C a c t u s ( F a c k e l d i s t e l ), von der nicht viel von pharmazeutischem Interesse zu berichten ist. Die wichtig-sten drei, von ihm erwähnten Arten werden jetzt unter → O p u n t i a abgehan-delt. Geiger fährt fort:
4.) Cactus Melocactus (Melonen-Fackeldistel); die fleischige, säuerliche Frucht wird gegessen.
Die Pflanze heißt bei Dragendorff, um 1900: M a m i l l a r i a communis Lk. et O.; Frucht eßbar, als Expectorans gebraucht, Blüte als Antisyphiliticum, Stengel als Cataplasma auf Geschwüre etc. Schreibweise nach Zander-Pflanzennamen: Melocactus communis Link et Otto.

5.) Cactus grandiflorus (großblumige Fackeldistel); Wurmmittel. Heißt bei Dragendorff: C. grandiflorus Mill.; Saft gegen Blasenentzündung, Wechselfieber, Atemnot, Hydrops, als Wurmmittel und Herztonicum, äußerlich als Hautreiz bewirkendes Mittel, bei Rheuma etc. Schreibweise nach Zander: **Selenicereus grandiflorus (L.) Britt. et Rose** (= C. grandiflorus (L.) Mill.).

In Hager-Handbuch, um 1930, sind beschrieben: Herba Cacti grandiflori; Extrakt oder Tinktur davon als Herzmittel, bei fieberhaften Krankheiten; „kaum mehr in Gebrauch". Nach Hoppe-Drogenkunde, 1958, Kap. C. grandiflorus, verwendet man vor allem die Blüten; zur Behandlung nervöser Herzstörungen, bei Angina pectoris, Stenocardie, bei klimakterisch bedingten Kreislaufstörungen. In der Homöopathie. Dort ist „Cactus - K ö n i g i n  d e r  N a c h t " (Essenz aus frischen Stengeln und Blüten; Rubini 1864) ein wichtiges Mittel.

6.) Cactus flagelliformis (peitschenförmige Fackeldistel); in Westindien als Arzneimittel gebraucht.

Heißt bei Dragendorff: C. flagelliformis Mill.; Wurmmittel. Schreibweise nach Zander: **Aporocactus flagelliformis (L.) Lem.** (= C. flagelliformis (L.) Mill.).

7.) Cactus Phyllanthus (= Cactus elegans Link). Wahrscheinlich eine Euphorbiacee ( P h y l l a n t h u s - Art).

In der Homöopathie sind als weniger wichtige Mittel noch gebräuchlich: „Cereus Bonplandi" (C. bonplandii Parm.; Essenz aus frischen Stengeln und Blüten) und „Cereus serpentinus" (Essenz aus frischen Stengeln); Schreibweise nach Zander: **Nyctocereus serpentinus (Lag. et Rodr.) Britt. et Rose** (= C. serpentinus (Lag. et. Rodr.) DC.).

Dragendorff-Heilpflanzen, S. 456 uf. (Fam. C a c t e a e ; nach Zander: C a c t a c e a e ).


## Cerinthe

Nach Berendes-Dioskurides (Kap. W a c h s b l u m e ) ist das T e l e p h i o n : C. aspera L. (Blätter als Umschlag gegen weiße Flecken auf den Nägeln und der Haut). Nach Sontheimer kommt bei I. el B.: C. minor vor, nach Fischer in mittelalterlichen (altital.) Quellen ( c o l o m b i n a ,  t o r t o r e l l a ). Geiger, um 1830, erwähnt C. major; „das Kraut (herba Cerinthes) war sonst offizinell". Dragendorff-Heilpflanzen, um 1900 (S. 563; Fam. B o r r a g i n a c e a e ; nach Schmeil-Flora: B o r a g i n a c e a e ), berichtet von **C. major L.** (= C. glauca Mönch.) und **C. minor L.** (= C. acuta Mönch.), daß sie bei Augenleiden verwendet werden.

Z i t a t-Empfehlung: **Cerinthe minor (S.); Cerinthe major (S.); Cerinthe aspera (S.).**

## Ceriops

Dragendorff-Heilpflanzen, um 1900 (S. 468; Fam. R h i z o p h o r a c e a e ), gibt
C. candolleana Arn. als Adstringens an. Nach Hoppe-Drogenkunde, 1958, wird
der Gerbstoff der Rinde verwendet.

## Cestrum

Geiger, um 1830, erwähnt 3 C.-Arten: 1. C. diurnum; „davon werden die Blätter
in Peru gegen Fieber gebraucht, auch äußerlich bei ödematösen Füßen aufgelegt".
2. C. venenatum; „die Buschmänner vergiften mit den Beeren ihre Pfeile und
Lockspeisen, um das Wild zu erlegen". 3. C. laurifolium; „hat mit der vorhergehenden in Gestalt und Eigenschaften sehr viele Ähnlichkeit".
Bei Dragendorff-Heilpflanzen, um 1900 (S. 598 uf.; Fam. S o l a n a c e a e ), sind
12 C.-Arten genannt, darunter **C. diurnum L.** (Kataplasma für geschwollene Füße)
und C. laurifolium L'Hérit. (ebenso, auch gegen Hämorrhoiden verwandt).
Bei Hoppe-Drogenkunde, 1958, gibt es ein Kap. C. laevigatum; „in Brasilien in
Form galenischer Präparate gebraucht. Antisepticum, Sedativum, Emolliens, Le-
berstimulans". Hager-Handbuch, Erg.-Bd. 1949, gibt im Kap. Cestrum (C. laevigatum Schlechtd.) Vorschrift für Fluidextrakt und Tinktur.

## Ceterach

C e t e r a c h siehe Bd. II, Diuretica; Quinque Herbae capillares; Splenetica. / V, Blechnum; Phyllitis.

G r o t-Hippokrates: A s p l e n i u m Ceterach.
B e r e n d e s-Dioskurides: Kap. M i l z f a r n , C. officinalis Willd.
T s c h i r c h-Sontheimer-Araber: Asplenium Ceterach.
F i s c h e r-Mittelalter: C. officinarum Willd. cf. Scolopendrium u. Blechnum
spicant L. (s c o l o p e n d r i u m , a s p l e n i o n , c e t e r a t , h y r z e z u n g ,
m i l t z c h r a u t , s t a i n r a u t ; Diosk.: asplenon, s k o l o p e n d r i o n ,
s p l e n i o n ).
H o p p e-Bock: Kap. Recht Scolopendrion, C. officinarum Lam. et DC.
G e i g e r-Handbuch: G y m n o g r a m m e Ceterach Spr. (= Asplenium Ce-
terach L., C. officinarum W., Milzkraut, S t e i n f a r n ).
Z a n d e r-Pflanzennamen: **C. officinarum DC.**
Z i t a t-Empfehlung: **Ceterach officinarum (S.).**

Dragendorff-Heilpflanzen, S. 57 (Fam. P o l y p o d i a c e a e ; nach Zander: A s p l e n i a c e a e ).

Vom Milzfarn berichtet Dioskurides, daß er gegen Milzerkrankungen hilft, bei
Harnzwang, Schlucken, Gelbsucht, Steinleiden. Mit etwa den gleichen Indikationen

behandelt Bock, um 1550 (nach Hoppe), als 3 Pflanzenarten: 1. Hirschzunge [→ P h y l l i t i s ]; 2. Walt Asplenon [→ B l e c h n u m ]; 3. Das recht Scolopendrion (das dritt und allerkleinst Geschlecht, das recht Miltzkraut, Steinfar) [= C. officinarum DC.].

In T. Worms 1582 stehen Herba Ceterach (Caeterachum, Scolopendrium, Asplenum, H e m i o n i u m , C a l c i f r a g a Scribonii, Scolopendria vera seu minor, S p l e n i u m , N ö s s e l f a r n , klein Miltzkraut); in Auswahl ebenso in Frankfurt/M. 1687. In Ap. Braunschweig 1666 waren vorrätig: Herba Ceterach (¼ K.) u. Extractum C. (3 Lot). Die Ph. Württemberg 1741 führt neben Herba Scolopendri vulgaris (→ Phyllitis) Herba Scolopendri veri und verweist auf Herba Ceterach (dort noch als Bezeichnung: Herba Asplenii, Milzkraut, Milzfarn; gegen Milz-, Steinleiden und Gelbsucht). Die Stammpflanze heißt bei Hagen, um 1780: Asplenium Ceterach (Milzkraut, kleine H i r s c h z u n g e n ). Die Droge wird bei Geiger, um 1830, noch erwähnt.

## Cetraria

C e t r a r i a  siehe Bd. V, Peltigera.
I s l ä n d i s c h  M o o s  siehe Bd. IV, E 33, 84, 330; G 371. / V, Chondrus; Lobaria.
L i c h e n  i s l a n d i c u s  siehe Bd. II, Antiphthisica; Tonica.
L i c h e n  siehe Bd. V, Cladonia; Evernia; Lobaria; Marchantia; Peltigera; Roccella; Usnea.
P a r m e l i a  siehe Bd. V, Crozophora; Evernia; Roccella; Usnea.
Zitat-Empfehlung: *Cetraria islandica (S.).*
Dragendorff-Heilpflanzen, S. 46 uf. (Fam. P a r m e l i a c e a e ); Tschirch-Handbuch II, S. 271 uf.

Nach Tschirch-Handbuch war den Alten das i s l ä n d i s c h e  M o o s  unbekannt; die medizinischen Eigenschaften waren zuerst den Isländern aufgefallen; wurde im ausgehenden 17. Jh. als Catharticum und gegen Lungenleiden empfohlen, um 1750 war die Droge allgemein eingeführt.

Hagen, um 1780, nennt „Isländisches Moos ( L i c h e n Islandicus) . . . Man nennt diese Flechte auch sonst H e i d e g r a s  oder  P u r g i e r m o o s  ( M u s c u s islandicus)". Spielmann, 1783, nennt die Pflanze Lichen Islandicus L.

Aufgenommen in preußische Pharmakopöen: (1813) Lichen Islandicus, von Cetraria Islandica; (1827-1862) von C. Islandica Acharius. Ebenso in DAB 1, 1872; dort ist auch aufgenommen: Lichen Islandicus ab amaritie liberatus (Entbittertes Isländisches Moos) [letzeres kam in die Erg.-Bücher, noch 1916]. Die Stammpflanzenbezeichnung lautet im DAB 5, 1910, und 6, 1926: *C. islandica (Linné) Acharius.*

Geiger, um 1830, schrieb über P a r m e l i a  islandica Spr. (= Lichen islandicus L., Cetraria islandica Ach., S c h l ü s s e l f l e c h t e , isländisches Moos): „Diese Flechte ist bei den nordischen Völkern sehr lange schon als wichtiges Nahrungsmittel und Heilmittel bekannt; Borrigius und 1683 Hiaerne machten zuerst auf sie aufmerksam; in der Mitte des vorigen Jahrhunderts wurde sie vorzüglich von

Linné, später von Scopoli angerühmt . . . Man gibt die isländische Flechte in Substanz, in Pulverform, höchst selten; in der Regel in Abkochung, zuweilen läßt man die Flechte mit kaltem Wasser mazerieren, welcher Auszug weggeschüttet wird, um es von einem Teil seiner Bitterkeit zu befreien (Lichen islandic. ablutus). - Wird die Abkochung stark verdunstet, bis sie beim Erkalten gallertartig erstarrt, und mit Zucker versetzt, so erhält man das Isländisch-Moos-Gelé. Die Isländisch-Moos-Pasta (Pasta Lichenis islandici) bereitet man, indem eine Abkochung von gleichen Teilen isländischem Moos, das durch wiederholtes Ausziehen völlig erschöpft ist, mit ebensoviel Zucker und Gummi verdampft, in Täfelchen ausgegossen und völlig ausgetrocknet wird . . . Die Moos-Chocolade erhält man auf ähnliche Weise, durch Vermischen des Extrakts (nicht so zweckmäßig des Pulvers) mit Cacao und Zucker; der Gallerte und C h o c o l a d e setzt man auch wohl Salep zu. - In nördlichen Ländern macht die isländische Flechte ein wichtiges Nahrungsmittel für Menschen und Tiere aus. Sie wird als Gemüse genossen, zu Mehl gemahlen und wie Weizenmehl benutzt, zu Brot verbacken usw. Der bittere Geschmack macht sie aber unangenehm. Man befreit sie leicht von demselben, wenn die gereinigte Flechte mit verdünnter wäßriger Kalilösung (Aschenlauge) kalt mazeriert und dann wohl gewaschen wird".

Nach Hager, 1784, ist Lichen Islandicus ein Tonicum, besonders für schwache Brustorgane. Hager-Handbuch, um 1930, gibt an: Bittermittel; Tonicum für Schwindsüchtige und Schwächlinge, gegen Durchfall. In Hoppe-Drogenkunde, 1958, sind zahlreiche weitere Verwendungszwecke angegeben, darunter: Mucilaginosum bei Katarrhen der Luftwege, bei Gastroenteritis; in der Volksheilkunde bei Bronchitis, Keuchhusten etc.; äußerlich bei schlecht heilenden Wunden; in der Homöopathie bei Lungentuberkulose, Keuchhusten, chron. Bronchialkatarrh, Verschleimung, bei Ernährungsstörungen [„Cetraria islandica - Isländisch Moos" - Tinktur aus getrockneter Flechte - ist ein wichtiges Mittel].


## Chaerophyllum

C h a e r o p h y l l u m siehe Bd. V, Anthriscus.
Zitat-Empfehlung: *Chaerophyllum bulbosum (S.); Chaerophyllum temulum (S.); Chaerophyllum aureum (S.); Chaerophyllum hirsutum (S.).*
Dragendorff-Heilpflanzen, S. 490 uf. (Fam. U m b e l l i f e r a e ).

Geiger, um 1830, beschreibt:
1.) M y r r h i s bulbosa Spr. (= **C. bulbosum L.**, knolliger K ä l b e r k r o p f, R ü b e n k e r b e l , P i m p e r l i m p p i m p ); „offizinell ist eigentlich nichts, sie wurde wegen ihrer Verwechslung mit S c h i e r l i n g beschrieben".
2.) Myrrhis temula Gärtn. (= **C. temulum L.**, berauschender Kälberkropf); „offizinell ist nichts von der Pflanze". Ist aufgeführt in Hoppe-Drogenkunde, 1958:

Verwendung in der Homöopathie, wo „Chaerophyllum" (Essenz aus frischer, blühender Pflanze) ein weniger wichtiges Mittel ist.

3.) Myrrhis aurea Spr. (= **C. aureum L.**, goldgelbsamiger Kälberkropf).

4.) Myrrhis hirsuta Spr. (= **C. hirsutum L.**, rauhhaariger Kälberkropf).

## Chamaelirium

Nach Dragendorff-Heilpflanzen, um 1900 (S. 115; Fam. L i l i a c e a e ), ist von C. carolinianum Willd. (= C. luteum As. Gr., V e r a t r u m luteum L., H e l o - n i a s dioica Pursh.) „Wurzelstock Anthelminticum, Tonicum der Gebär-mutter, gegen Fluor albus, Amenorrhöe, Dysmenorrhöe, ferner Diureticum, Fe-brifugum, Antihydropicum". Hoppe-Drogenkunde, 1958, schreibt über Verwen-dung des Rhizoms von Helonias dioica: „Emmenagogum. - In der Homöopathie". Dort ist „Helonias dioica" (Essenz aus frischem Wurzelstock; Hale 1867) ein wichtiges Mittel. Die Stammpflanze heißt nach Zander-Pflanzennamen: **C. luteum (L.) Willd.**

## Cheiranthus

C h e i r a n t h u s siehe Bd. V, Erysimum; Matthiola.
C h e i r u s siehe Bd. II, Anticancrosa; Emollientia.
L u t e o l a siehe Bd. V, Euphorbia; Reseda.
Zitat-Empfehlung: *Cheiranthus cheiri (S.)*.

Das L e u k o i o n des Dioskurides wird mit verschiedenfarbigen Blüten gefun-den; nach Berendes ist die gelbe Art der G o l d l a c k : C. Cheiri L. [über die anderen → Matthiola]; nur die gelbe wird medizinisch gebraucht (Blüten zum Sitzbad bei Gebärmutterentzündung und zur Beförderung der Menstruation; in Salbe gegen Afterrisse; Frucht, mit Wein getrunken oder als Zäpfchen, befördert Katamenien, treibt Nachgeburt und Embryo aus; Wurzel zu Umschlägen bei Milz-leiden, gegen Podagra). Die Pflanze kommt nach Tschirch-Sontheimer in arabi-schen, nach Fischer in mittelalterlichen Quellen vor ( l u t e o l a , v i o l a crocea, gel n e g e l b l ü m l i n , g e l f i o l e n ). Bock, um 1550, erweitert - nach Hoppe - die Indikationen des Dioskurides nach Brunschwig (Kraut bei Leber- und Nieren-schmerzen, als Aphrodisiacum; Destillat zur Kräftigung innerer Organe, schmerz-stillend, Beruhigungsmittel; Saft gegen Sehstörungen).
In T. Worms 1582 sind aufgenommen: Flores C h e y r i ( L e u c o i i lutei, K e y r i , Violae luteae seu saxatilis, geel Violen, S t e i n v e i e l n ); in T. Frank-furt/M. 1687: Flores Cheiri (Leucoji lutei, gelbe oder N ä g l e i n - B l u m e n ). In Ap. Braunschweig 1666 waren vorrätig: Flores cheiri ($^1/_2$ K.), Semen c. ($^3/_4$ lb.), Aqua c. (1 St.), Conserva c. ($1^1/_2$ lb.), Oleum cheirin. (17 lb.).

Die Ph. Württemberg 1741 führt: Flores Cheiri (Keyri, Levcoii lutei, Cheiranthos Linn., gelbe Violen; Uterinum, gegen Gelbsucht); Oleum Cheiri (mit Olivenöl gekocht), Aqua (dest.) Flores Keiri. Die Stammpflanze der Flores Cheiri (gelbe Violen) heißt bei Hagen, um 1780: C. Cheiri. Geiger, um 1830, schreibt dazu: Offizinell sind: die Blumen, ehedem auch das Kraut und die Samen (flores, herba et semen Cheiri) . . . Man gibt die Blumen in Substanz in Pulverform oder im Aufguß. - Präparate hatte man: dest. Wasser, Spiritus, Syrup und gekochtes Öl . . . Die Blätter und Samen werden nicht mehr gebraucht.
Dragendorff-Heilpflanzen, um 1900 (S. 259; Fam. C r u c i f e r a e ), gibt über Anwendung an: „Blüten, Kraut und Same als Resolvens, Purgans, Emmenagogum, die Blüte auch mit Öl gekocht als Enema angewandt". Hoppe-Drogenkunde, 1958, unterscheidet bei der Anwendung von C. Cheiri: 1. Blüte; „in der Volksheilkunde Abführmittel, bei Leberleiden; der Farbstoff wurde früher, bes. in Schottland, zum Färben benutzt". 2. die Pflanze; herzwirksame Droge, in der Homöopathie. 3. Same; herzwirksam, früher nur in der Volksheilkunde.
In der Homöopathie ist „Cheiranthus Cheiri" (Essenz aus frischer, vor der Blüte gesammelter Pflanze) ein weniger wichtiges Mittel. Schreibweise nach Zander-Pflanzennamen: **C. cheiri L.** (= E r y s i m u m cheiri (L.) Crantz).


## Chelidonium

C h e l i d o n i u m  siehe Bd. II, Antiscorbutica; Ophthalmica; Vesicantia. / IV, Reg. / V, Curcuma; Glaucium; Ranunculus.
G i l b k r a u t  siehe Bd. V, Genista; Serratula.
S c h ö l l k r a u t  siehe Bd. II, Aperientia. / V, Glaucium.

B e r e n d e s-Dioskurides: Kap. Großes Chelidonion, **C. majus L.**
T s c h i r c h-Sontheimer-Araber: C. majus.
F i s c h e r-Mittelalter: C. maius L. (chelidonium, c e l i d o n i a , e r u n d i n a , h i r u n d i n a , g l a u c i u m  agreste, m e m i t a , v e n a c i t r i n a , i r u n d i n a r i a , g r i n t w u r t z , s c h e l l w u r t z , s c h e l c h r a w t , s c h w a l b e n w u r t z , g i l b k r a u t ; Diosk.: chelidonion megale, g l a u k i o s , f a b i u m ).
H o p p e-Bock: C. maius L. (groß S c h o e l w u r t z , G o l t w u r t z ).
G e i g e r-Handbuch: C. majus (Schwalbenkraut).
H a g e r-Handbuch: C. majus L.
Z i t a t-Empfehlung: **Chelidonium majus (S.).**

Dragendorff-Heilpflanzen, S. 248 (Fam. P a p a v e r a c e a e ); Tschirch-Handbuch III, S. 653; H. Schwarz: Pharmaziegeschichtliche Pflanzenstudien (Mittenwald 1931), S. 12—47.

Vom großen Chelidonion verwendet man nach Dioskurides die Wurzel (mit A n i s  und  W a l n ü s s e n  gegen Gelbsucht; als Umschlag mit Wein gegen

Bläschenausschlag) und den aus Wurzel und ganzer Pflanze gewonnenen Saft (er wird getrocknet und in Pastillen geformt, dient zur Schärfe des Gesichts); es wird berichtet, daß Schwalben ihre Jungen, wenn diese zu erblinden drohen, mit dem Kraut behandeln. Die Indikationen bei Bock, um 1550, sind - nach Hoppe - reichhaltiger (Kraut, mit Anis und Weißwein gekocht, gegen Gelbsucht, eröffnet die Leber; zerstoßen, auf den Nabel gelegt, gegen Leibschmerzen; gepulvert als Wundheilmittel; Saft gegen Hauterkrankungen, zum Spülwasser bei Zahnschmerzen; gebranntes Wasser gegen Gelbsucht, Augenleiden, Hautflecken, Narben, mit Theriak gegen Pest).

In Ap. Lüneburg 1475 waren vorrätig: Radix celidonie (¹/₂ qr.), Aqua celidonie (3 St.). Die T. Worms 1582 führt: [unter Kräutern] Chelidonium maius (Celidonia, C r a t a e a , P h i l o m e d i u m , O t h o n i u m , Radix P a n d i o n i a e , C a e l i d o n i u m , A u b i u m , Fabium, S c h e l k r a u t , Schelwurtz, Goltwurtz, Schwalbenkraut). Radix Chelidonii maioris (Synonyme wie eben, außerdem: C u r c u m a serapionis, Herbae hirundinariae maioris); Succus C. m. (Schellkrautsafft), Aqua (dest.) C. m. (Schellkrautwasser). In Ap. Braunschweig 1666 gab es: Herba chelidon. maior. (¹/₄ K.), Radix c. m. (2 lb.), Aqua (dest.) c. m. (¹/₂ St.), Aqua (e succo) c. m. (¹/₂ St.).

Produkte der Ph. Württemberg 1741 sind: Radix Chelidonii vulgaris majoris (Chelidoniae majoris, groß Schellkraut-Wurtzel; gegen Gelbsucht und Wassersucht); Herba Chelidonii majoris (Chelidonii vulgaris, groß Schöllkraut, Schwalbenkraut; gegen Gelbsucht und Leberleiden; äußerlich als Vulnerarium, gegen Geschwüre); Aqua (dest.) c. m.

Geiger, um 1830, berichtet über das Schöllkraut: „Wurde 1803 in Deutschland von Wand angerühmt und vor einigen Jahren in Frankreich wieder von mehreren Ärzten häufig angewendet . . . Offizinell ist die Wurzel und das Kraut . . . Man gibt die Wurzel und das Kraut selten in Substanz, in Pulverform, mehr im Aufguß; oder den frischen Saft des Krauts in Verbindung mit anderen Kräutersäften als Frühlingskur. Auch wird derselbe äußerlich als Ätzmittel zum Wegbeizen der Warzen, alter Geschwüre, Flecken der Hornhaut usw. gebraucht. - Präparate hat man: das Extract, aus dem frischen Kraut durch Auspressen und Eindicken zu bereiten. Ehedem auch das sehr scharfe destillierte Wasser, aus dem frischen Kraut zu bereiten. Es machte einen Bestandteil der aq. ophthalmica St. yves aus".

Aufgenommen in preußische Pharmakopöen: Ausgabe 1813-1862, Herba Chelidonii. In DAB 1, 1872: Herba Chelidonii, Extractum C., dann Erg.-Bücher (in Erg.-B. 6, 1941: Herba C. recens, Radix C., Extractum C., Tinctura C. „Rademacher"). Hager, um 1930, schreibt über Anwendung von Herba Chelidonii majoris: „Zur Gewinnung des Extraktes und der Tinktur. Der frisch aus dem Kraut austretende Milchsaft wird zur Beseitigung von Warzen benutzt. Innerlich wirkt das Kraut giftig, abführend und diuretisch". Die R a d e m a c h e r s c h e T i n k t u r gegen Leberleiden.

Nach Hoppe-Drogenkunde, 1958, Kap. C. majus, werden verwendet:
1. die Wurzel („Bei Gallen- und Leberleiden . . . Zur Darstellung des Chelidonins, gegen Spasmen. - In der Homöopathie [wo „Chelidonium - Schellkraut" (Essenz aus frischer Wurzel; Hahnemann 1818) ein wichtiges Mittel ist] bei Leber- und Gallenschmerzen. Bei Gastroenteritis, Pneumonie, Pleuritis, Rheuma, Gicht etc. - Frischer Schöllkrautsaft dient zum Entfernen von Warzen"); 2. das frische oder getrocknete Kraut („Spasmolyticum. Bei Angina pectoris, Analgeticum. - Volks-heilmittel bei Warzen").

## Chelone

Nach Dragendorff-Heilpflanzen, um 1900 (S. 604; Fam. S c r o p h u l a r i a-c e a e ), ist von den nordamerikanischen **C. glabra L., C. obliqua L.** und C. Lyoni Pursh. (Schreibweise nach Zander-Pflanzennamen: **C. lyonii Pursh.**) Blatt Toni-cum, Catharticum und Lebermittel. Nach Hoppe-Drogenkunde, 1958, wird das Kraut von C. glabra als Tonicum bei Leberleiden, Laxans, bei Hautleiden verwen-det. In der Homöopathie ist „Chelone glabra" (Essenz aus frischer Pflanze; Hale 1867) ein wichtiges Mittel.

## Chenopodium

C h e n o p o d i u m siehe Bd. II, Anthelmintica; Carminativa. / IV, G 1206. / V, Atriplex; Salsola.

H e s s l e r-Susruta: C. album.
B e r e n d e s-Dioskurides: Kap. T r a u b e n k r a u t, C. Botrys L.; Kap. G a r-t e n m e l d e , C. album oder rubrum?
S o n t h e i m e r-Araber: C. Botrys.
F i s c h e r-Mittelalter: C. album L. (altital.); C. bonus Henricus L. (herba m e r-c u r i a l i s , h a i n r e i c h ); C. murale; C. rubrum L. (s o l d a n e l l a, b l u t k r u t ); C. virgatum L. [= **C. foliosum Aschers.**].
Hoppe-Bock: **C. album L.** (klein s c h e i ß Milten, A c k e r m i l t e n ); **C. bonus-henricus L.** (S c h m e r b e l, g u o t Heinrich, gemein W u n d-k r a u t , N a t e r w u r t z ); Kap. B o t r i s, **C. botrys L.** ( D r a u b e n k r a u t, M o t t e n s a m e n ); Kap. N a c h t s c h a d t, unter anderem **C. hybridum L.** ( G e n s f u e s s e l , S c h w e i n s d o t , S e w k r a u t , S e w p l a g ).
G e i g e r-Handbuch: C. Bonus Henricus (gemeiner G ä n s e f u ß, H u n d s-m e l d e , S c h m e r g e l, wilder S p i n a t ); C. Botrys (Traubenkraut); C. am-brosioides ( J e s u i t e r t e e ); C. anthelminticum; C. hybridum; C. rubrum; C.album seu viride; C. olidum seu Vulvaria L.; C. fruticosum Schrad. (= S a l-s o l a frutiosa L.); C. maritimum.

H a g e r-Handbuch: **C. ambrosioides L.;** C. anthelminticum L.; **C. vulvaria L.;** C. mexicanum Moq.; C. quinoa L.; C. hircinum Schrad.; C. botrys L.

Z i t a t-Empfehlung: **Chenopodium album (S.); Chenopodium bonus-henricus (S.); Chenopodium botrys (S.); Chenopodium hybridum (S.); Chenopodium foliosum (S.); Chenopodium ambrosioides (S.); Chenopodium vulvaria (S.).**

Dragendorff-Heilpflanzen, S. 194 uf. (Fam. C h e n o p o d i a c e a e ).

(B o t r y s)
Nach Berendes ist bei Dioskurides das Traubenkraut, Botrys, als C. Botrys L. zu identifizieren (mit Wein gegen Orthopnöe). Bei Bock, um 1550, ist nach Hoppe das „Kraut Botris" richtig abgebildet (Indikation wie bei Dioskurides). Die T. Mainz 1618 führt: Herba Botris (Traubenkraut). In Ap. Braunschweig 1666 waren vorrätig: Herba botryos (1 K), Aqua b. (1 St.), Aqua (e succo) b. ($^1/_2$ St.), Conserva b. flor. ($2^1/_4$ lb.), Essentia b. (9 Lot), Extractum b. (8 Lot). Geiger, um 1830, schreibt über Anwendung von herba Botryos vulgaris: „Das Kraut wird, wiewohl jetzt selten, im Teeaufguß gegeben. Der Same soll wurmwidrig wirken. - Zwischen die Kleider gelegt, soll das trockene Kraut die Motten vertreiben". Nach Hager-Handbuch, um 1930, wirkt C. botrys L. anthelmintisch. In der Homöopathie ist „Chenopodium Botrys" (Essenz aus frischem Kraut) ein weniger wichtiges Mittel.

(B o n u s  H e n r i c u s)
C. bonus-henricus L. ist bei Bock, um 1550, abgebildet. In T. Worms 1582 steht [unter Kräutern] Bonus Henricus (Gut henrich). In Ap. Braunschweig 1666 waren $^1/_4$ K. Herba boni Henrici vorrätig. Die Ph. Württemberg 1741 führt Herba Boni Henrici ( L a p a t h i, unctuosi, T o t a - b o n a e , Chenopodii folio triangulari Tournefort, guter Heinrich, stoltzer Heinrich, Schmerbel, Smerbel; Vulnerarium; gegen Geschwüre, Hämorrhoidalschmerzen). Geiger, um 1830, schreibt über die Anwendung von Kraut und Wurzel (herba et radix Boni Henrici, Lapathi unctuosi): „Man benutzt die frischen Blätter seit alten Zeiten als Reinigungsmittel alter Wunden und Geschwüre, gegen Kopfgrind usw. Innerlich in Abkochung soll das Kraut eröffnend wirken. Die Wurzel gibt man den Schafen gegen Lungensucht. - Das junge Kraut kann als Gemüse wie Spinat und die jungen Sprossen wie Spargeln genossen werden."

(B o t r y s  m e x i c a n a)
In Ph. Württemberg 1741 ist aufgenommen: Herba Botryos (Botryos mexicanae, A m b r o s i o d i s , Chenopodii, Ambrosiodis mexicanae Tournefort, Traubenkraut, M o t t e n k r a u t, L u n g e n k r a u t; Brust- und Hustenmittel, als Infus oder Dekokt. - Die Pflanze ist vor wenigen Jahren unter dem Namen T h e a r o m a n o  s i v e  s i l e s i a c a berühmt geworden). Geiger, um 1830, schreibt

über C. ambrosioides: „Diese Pflanze ist seit ein paar Jahrhunderten, vorzüglich durch die Jesuiten, in Europa als Arzneimittel verbreitet worden ... Offizinell ist: Das Kraut mit den Blüten (herba Chenopodii ambrosioides, Botryos mexicanae). Das Kraut muß während der Blütezeit mit den Blütenähren gesammelt werden ... Man gibt das Kraut in Pulverform, mehr im Aufguß. - Präparate hat man davon: Eine Tinktur ... Man hat den Aufguß des Krauts an manchen Orten anstatt des chinesischen Tees getrunken". Aufgenommen in preußische Pharmakopöen (Ausgabe 1799-1846: Herba Chenopodii ambrosiaci - oder ambrosioides - seu Botryos Mexicanae) und andere Länderpharmakopöen. In DAB 1, 1872, dann in den Erg.-Büchern (Ausgabe 1941: Herba Chenopodii ambrosioides). Über die Anwendung schreibt Hager, 1874: „Das Mexikanische Traubenkraut wird von den Ärzten kaum noch beachtet. Man gebraucht es im Aufguß als ein belebendes, magenstärkendes Mittel. Die Jesuiten sollen es im Anfange des 17. Jh. nach Europa gebracht und arzneilich angewendet haben, daher der Name Jesuitentee" [auch K a r t h ä u s e r  T e e ]. In Hager-Handbuch, um 1930, heißt es: „Das Kraut wurde früher als Stomachicum und Nervinum, bei Veitstanz, gegeben. Man verwendet es hier und da in der Volksmedizin bei Krämpfen, Hysterie und Menstruationsbeschwerden, ferner als Wurmmittel, in Amerika wie den chinesischen Tee". In Hoppe-Drogenkunde, 1958: „In der Volksheilkunde als Anthelminticum sowie als Tonicum und Stomachicum, bes. in Südamerika". In der Homöopathie ist „Chenopodium ambrosioides - Wohlriechender Gänsefuß" (Essenz aus frischem, blühenden Kraut) ein wichtiges Mittel.

( V e r s c h i e d e n e )
Geiger, um 1830, erwähnt noch die Anwendung von:
1.) C. anthelminticum; „offizinell ist davon der Samen (semen Chenopodii anthelmintici), der einen widrigen Geruch hat und ein treffliches Mittel gegen die Spulwürmer sein soll. Bei uns wird er nicht verschrieben, aber häufig in Amerika gebraucht". Bei Hager (um 1930) heißt C. anthelminticum L. auch: **C. ambrosioides L. var. anthelminticum (L.) A. Gray.**, Amerikanisches Wurmkraut, Gänsefuß. Durch Wasserdampfdestillation erhält man aus der Pflanze Oleum Chenopodii anthelmintici (Wurmsamenöl, aufgenommen in DAB 6, 1926). In der Homöopathie ist „Chenopodium anthelminticum" (Essenz aus frischem, blühenden Kraut; Clarke 1900) ein wichtiges Mittel.
2.) C. olidum (= C. Vulvaria L.; stinkende Melde); „offizinell ist das Kraut (herba V u l v a r i a e , A t r i p l i c i s  o l i d a e ) ... In England wird die Pflanze als Arzneimittel angewendet ... Die Tierärzte wenden sie an, um die in den Geschwüren befindlichen Insekten zu vertilgen". Nach Hager, um 1930, verwendet man von C. vulvaria L. Blätter und Kraut gegen Hysterie und Rheuma. In der Homöopathie ist „Chenopodium olidum - Stinkender Gänsefuß" (Essenz aus frischer, blühender Pflanze; 1838, Allen 1876) ein wichtiges Mittel.

279

3.) C. hybridum; „offizinell war sonst das Kraut (herb. P e d i s  A n s e r i n i
s e c u n d i ) . . . Die Pflanze soll narkotischgiftige Eigenschaften besitzen . . . Vielleicht wurde sie auch mit Solanum nigrum verwechselt, deren Blätter auch Ähnlichkeit damit haben". Zum Kap. Nachtschadt gehört bei Bock, um 1550 (nach
Hoppe) auch diese Pflanze; vor innerlicher Anwendung wird gewarnt. Sie ist
noch einmal beschrieben als 4. Art von  „ M i s t m i l t e n  und  B l u o t k r a u t ";
ist „ein tödlich kraut den Schweinen".

4.) C. rubrum; „offizinell war sonst das Kraut (herba Atriplicis sylvestris)". Es ist
nach Hoppe vielleicht „das fürnembst und beruomptest Bluotkraut oder Mist-
milten" (bei Bock); Verwendung des Krautes gegen Dysenterie, Bestandteil volks-
tümlicher Kräuterbüsche.

5.) C. album (= C. viride); „offizinell ist die Pflanze nicht. Sie wird nur erwähnt,
weil sie zuweilen mit anderen Kräutern, z. B. Mercurialis annua, verwechselt
wurde". Nach Hoppe wird die Pflanze von Bock als kleine Scheiß- oder Acker-
Milte beschrieben.

6.) C. fruticosum Schrad. und C. maritimum gehören zu den Kräutern, aus deren
Asche  S o d a  bereitet wird.

Eine Chenopodium-Art ist vielleicht zur Deutung der Blitae aus der Zeit Karls
d. Gr. heranzuziehen. Dragendorff-Heilpflanzen (S. 195) gibt für sie an: B l i t u m
virgatum L., eine Gemüsepflanze. Schreibweise nach Zander-Pflanzennamen:
C. foliosum Aschers.


## Chimaphila

Geiger, um 1830, schreibt über C. umbellata Nutt. (= C. corymbosa Pursh., P y -
r o l a  umbellata L. [Schreibweise nach Zander-Pflanzennamen: **C. umbellata (L.)
Bart.**]): „Diese in Amerika längst schon als Arzneimittel gebrauchte Pflanze wurde
in Europa erst seit 1810 besonders durch englische Ärzte angewendet . . . Offizinell
sind: Die Blätter oder vielmehr die ganze Pflanze (folia Pyrolae umbellatae) . . .
Man gibt die ganze Pflanze in Substanz, in Pulverform, im Aufguß, besser in Abkochung. - Präparate hat man davon das Extrakt . . . ferner eine Tinktur. Die
Pflanze wird in Deutschland weniger gebraucht als sie es verdient". Nach Dragendorff-Heilpflanzen, um 1900 (S. 505 uf.; Fam. P i r o l a c e a e ; nach Schmeil:
P y r o l a c e a e ), wird von C. umbellata Nutt. ( H a r n k r a u t,  N a b e l -
k r a u t,  W a l d m a n g o l d,  W i n t e r g r ü n ) das Blatt „als Epispasticum,
Diureticum, Antirheumaticum, Antarthriticum, auch bei Skrofeln und Phthisis
gebraucht". Verwendung nach Hoppe-Drogenkunde, 1958: Diureticum und Harn-
desinfizienz, besonders bei Gicht und Rheuma. In der Homöopathie bei Blasenkatarrh. Hier ist „Chimaphila umbellata - Doldenblütiges Wintergrün" (Essenz
aus frischer, blühender Pflanze; Hale 1867) ein wichtiges Mittel.
Z i t a t-Empfehlung: **Chimaphila umbellata (S.).**

# Chiococca

Geiger, um 1830, erwähnt C. racemosa W. (= C. scandens Riedel); „offizinell ist: Die Wurzel, Cainca (rad. Caincae). Sie ist von v. Langsdorf als ein vorzügliches Mittel gegen Wassersucht usw. empfohlen worden ... Wahrscheinlich ist sie der Wurzel von Chiococca anguifuga Mart. ähnlich, die auch C a i n c a oder Cahinca und R a i x  p r e t a genannt und auf gleiche Weise gebraucht wird". Nach Meissner, zur gleichen Zeit, gilt die Droge als Drasticum und Emmenagogum. Hoppe-Drogenkunde, 1958, Kap. C. racemosa, schreibt über die Verwendung: Diureticum, Purgans; in der Eingeborenenmedizin bei Schlangenbissen; in der Homöopathie. Dort ist „Cainca" (**C. racemosa L.**, C. densifolia Mart., C. anguifuga Mart.; Tinktur aus getrockneter Wurzelrinde; 1850) ein wichtiges Mittel.

Dragendorff-Heilpflanzen, S. 633 (Fam. R u b i a c e a e ).

# Chionanthus

Nach Dragendorff-Heilpflanzen, um 1900 (S. 525; Fam. O l e a c e a e ), wird von C. virginica L. (= C. trifida Mich., C. latifolia Ait. [Schreibweise nach Zander-Pflanzennamen: **C. virginicus L.**]) „die Wurzelrinde als Tonicum, Febrifugum, bei Icterus, Leberatrophie, auf Wunden und Geschwüre gebraucht". Entsprechendes in Hoppe-Drogenkunde, 1958. In der Homöopathie ist „Chionanthus virginica" (Essenz aus frischer Wurzelrinde; Millspaugh) ein wichtiges Mittel.

# Chlorophora

Nach Dragendorff-Heilpflanzen, um 1900 (S. 172; Fam. M o r a c e a e ), gibt die Frucht von C. tinctoria Gaudich. (= M o r u s  tinctorius L.) ein kühlendes Getränk für Fieberkranke. Hoppe-Drogenkunde, 1958, führt diesen - besonders in Westindien und Brasilien wachsenden - Baum als Stammpflanze des G e l b h o l - z e s (Gelbes B r a s i l h o l z , Echter F u s t i k ) an, aus dem Extrakte zur Färberei gewonnen werden. Der Inhaltsstoff M o r i n dient in der qualitativen Analyse zum Aluminiumnachweis. Schreibweise nach Zander-Pflanzennamen: **C. tinctoria (L.) Gaudich. ex Benth. et Hook. f.** (= M a c l u r a  tinctoria (L.) D. Don ex Steud.).

# Chondodendron

C h o n d o d e n d r o n siehe Bd. V, Cissampelos; Strychnos.
P a r e i r a  b r a v a siehe Bd. II, Tonica.
Zitat-Empfehlung: *Chondodendron tomentosum (S.).*

Nach Dragendorff-Heilpflanzen, um 1900 (S. 234; Fam. M e n i s p e r m a c e a e ), werden Wurzel und Stamm von C. tomentosum R. et P. jetzt als P a r e i r a brava verkauft und bei Harnkrankheiten verwendet [über falsche Pareira → C i s s a m p e l o s]. Nach Hager-Handbuch, um 1930, ist die G r i e s w u r - z e l , Radix Pareirae bravae (von **C. tomentosum Ruiz et Pav.**) „als Diureticum, Emmenagogum und Febrifugum angewandt worden, hat sich aber nicht einge- bürgert". In der Homöopathie ist „Pareira brava" (Tinktur aus getrockneter Wur- zel; 1855) ein wichtiges Mittel. Hoppe-Drogenkunde, 1958, macht entsprechende Angaben.

## Chondrilla

C h o n d r i l l a  siehe Bd. V, Prenanthes.
Zitat-Empfehlung: *Chondrilla juncea (S.)*.
Dragendorff-Heilpflanzen, S. 691 (Fam. C o m p o s i t a e ).

Der K n o r p e l s a l a t bei Dioskurides (gegen Vipernbiß, Durchfall u. a.) wird als **C. juncea L.**, eine zweite Art als deren Varietät latifolia oder als C. ramoissima identifiziert. Nach Dragendorff ist die C h o n d r i l e Galens und die C h o n - d o r i l a der Araber C. prenanthoides Vill. (= P r e n a n t h e s chondrilloides Arduin). Bock, um 1550, bildet als eine der Wegwarten C. juncea L. ab; Verwen- dung wie bei Dioskurides (s. o.).
Geiger, um 1830, erwähnt ebenfalls C. juncea, deren Kraut, Herba Chondrillae veterum, früher benutzt wurde. Er nennt außerdem C. muralis Lam. (= Prenan- thes muralis L.; sie kommt auch in Fischer-Mittelalter, nach altitalienischer Quelle, vor). Diese Art führt Dragendorff nicht, sie ist vielmehr bei ihm identisch mit L a c t u c a muralis E. Mey.

## Chondrus

C a r r a g h e e n  siehe Bd. IV, G 1043.
Zitat-Empfehlung: *Chondrus crispus (S.)*.
Dragendorff-Heilpflanzen, S. 24 (Chondrus), S. 24 uf. (Gigartina); Fam. R h o d o p h y c e a e .

Um 1830 wurde durch Gräfe (Berlin) das I r l ä n d i s c h e M o o s ( P e r l - m o o s , K n o r p e l t a n g , C a r r a g e e n ) in die Therapie eingeführt. Es wurde 1846 in die Preußische Pharmakopöe aufgenommen als C a r a g a h e e n (von F u c u s crispus L. = Chondrus crispus Stackhouse). Dann in allen Pharma- kopöen. Definition des DAB 6, 1926:
Carrageen - Irländisches Moos: „Der von seiner Haftscheibe abgerissene, an der Sonne gebleichte und getrocknete Thallus von *Chondrus crispus (Linné) Stackhouse* und *Gigartina mamillosa (Goodenough et Woodward) J. Agardh*".
Nach Gräfe wirkt der Schleim, der durch Kochen mit Wasser erhalten wird, bei Erkrankungen der Luftwege (Husten, Heiserkeit), Lungensucht, Darmerkrankun- gen. So noch heute.

# Chrysanthemum

C h r y s a n t h e m u m siehe Bd. V, Calendula; Matricaria; Mentha; Spilanthes.
B a l s a m i t a siehe Bd. V, Achillea; Mentha.
R a i n f a r n siehe Bd. II, Anthelmintica. / IV, E 56.
T a n a c e t u m siehe Bd. I, Fel. / II, Anthelmintica; Carminativa; Vesicantia. / IV, C 11, 73. / V, Potentilla.
W u r m k r a u t siehe Bd. V, Borago; Corallina; Sisymbrium; Spigelia.

B e r e n d e s-Dioskurides: - Kap. P a r t h e n i o n, M a t r i c a r i a Parthenium
L.? + + + Kap. W u c h e r b l u m e und Kap. G o l d b l u m e, **C. coronarium**
**L.;** Kap. E l i c h r y s o n, T a n a c e t u m annuum L.?
S o n t h e i m e r-Araber: - Matricaria Parthenium + + + Tanacetum annuum.
F i s c h e r-Mittelalter: - C. parthenium Pers. (= P y r e t h r u m parthenium
DC.) ( f e b r i f u g a, matricaria minor, parthenium, a m a r e l l a, d e n t a -
r i a, o c u l u s c o n s u l i s, m a r e l l a, m e t r a, m e i d e b l u o m e;
Diosk.: parthenion) - - Tanacetum Balsamita L. ( b a l s a m i t a, c o s t u m,
s i s i m b r i u m, c a r d a m i o n, a r t e m i s i a domestica, s o l e m n i c a,
y s p a n i c a, a t h a n a s i a, a r b o r St. M a r i e, m a t e r c a r i a media,
tanacetum, menta saracenica, menta romana, huon, b i w u r z e, unser vrowen
mynte, m a r i e n m y n t e, v e l t m i n t e, b i n e s u g e, sisimbra, cost,
b a l s a m k r a u t, k o s t e n, peywurz, balsammintz) - - - Tanacetum vulgare
L. (tanacetum, matricaria maior seu media, arthemisia domestica, arbor St. Marie,
athanasia, a p i u m rusticum, r e i n e f a r n o, r e f a n o, w u r m k r a u t,
paurnepff, würmfar) + + + C. maius L., C. leucanthemum L., C. pallens ( o c u -
l u s c h r i s t i, a n t i p a t e r, h e r b a St. C h r i s t o f e r i, unser vrowen
minze, haydnisch w u n d t c h r a w t).
B e ß l e r-Gart: - **C. parthenium (L.) Bernh.** (Kap. Febrifuga) - - **C. balsamita L.**
(Kap. Balsamita) - - - **C. vulgare (L.) Bernh.** (Kap. Tanacetum) + + + **C. leucan-**
**themum L.** (Kap. Flores sancti iohannis).
H o p p e-Bock: - Kap. Von M e t t e r, C. parthenium Bernh. (Metterkraut,
M u o t t e r k r a u t, Meidtbluomen) - - Kap. Von F r a w e n k r a u t, C. bal-
samita L. - - - Kap. Von Reinfar, C. tanacetum K. + + + Kap. Von S. Johans-
bluomen ( G ä n ß b l u o m e n, ein groß B e l l i s, K a l b s a u g e n), **C. sege-**
**tum L.** und C. leucanthemum L.
G e i g e r-Handbuch: - Pyrethrum Parthenium Sm. (= Matricaria Parthenium
L., C. Parthenium Pers., Mutterkraut-Bertram, Mettram) - - Balsamita vulgaris W.
(= Tanacetum Balsamita L., gemeine F r a u e n m ü n z e, Balsamkraut, breit-
blättriger R h e i n f a r r n) - - - Tanacetum vulgare (Rheinfarrn, Rhainfarrn,
Wurmkraut, R e v i e r b l u m e) + + + C. Leucanthemum (große M a s l i e -
b e n oder G ä n s e b l u m e, weiße W u c h e r b l u m e, Rindsauge).
H a g e r-Handbuch: - Pyrethrum parthenium Sm. (= C. parthenium Pers.) - - -
Tanacetum vulgare L. (= C. vulgare (L.) Bernh.) + + + Pyrethrum cinerariae-

folium Trev. (= C. cinerariaefolium Benth. et Hook. [Schreibweise nach Zander-Pflanzennamen: **C. cinerariifolium (Trev.) Vis.**]), Pyrethrum carneum Marsch. Bieb. (= C. roseum Web. et Mohr [nach Zander: **C. coccineum Willd.**]).

Z i t a t-Empfehlung: **Chrysanthemum parthenium (S.); Chrysanthemum balsamita (S.); Chrysanthemum vulgare (S.); Chrysanthemum leucanthemum (S.); Chrysanthemum coronarium (S.); Chrysanthemum segetum (S.); Chrysanthemum cinerariifolium (S.); Chrysanthemum coccineum (S.).**

Dragendorff-Heilpflanzen, S. 675—677 (Chrysanthemum und Tanacetum; Fam. C o m p o s i t a e ); Tschirch-Handbuch III, S. 208 (Insektenpulver).

In der antik-arabischen Pharmazie haben C.-Arten eine geringe Rolle gespielt. Nach Berendes-Dioskurides ist in den Kapiteln [a] Wucherblume (Buphthalmon) und [b] Goldblume (Chrysanthemon) C. coronarium L. zu erkennen ([a] Blüten gegen Ödeme und Verhärtungen; für Gelbsüchtige; [b] Blüten zum Verteilen von Fettgeschwülsten; für Gelbsüchtige).

Im Kap. Parthenion kann nach Berendes Matricaria Parthenium L. (= C. parthenium) gemeint sein.

Als Stammpflanze für das Kap. E l i c h r y s o n (→ H e l i c h r y s u m ) ist auch eine Tanacetum-Art erwogen worden (heutige Benennung Chrysanthemum); Sontheimer hat dies übernommen.

Das mittelalterliche Schrifttum, das Fischer zitiert, ist dagegen reicher an C.-Arten. Es treten hervor, mit einer Fülle von Synonymen: 1. C. parthenium, 2. C. balsamita [bei Fischer = Tanacetum Balsamita], 3. C. vulgare [bei Fischer = Tanacetum vulgare]. Als 4. Art kommt C. leucanthemum (nebst 2 anderen gleichzeitig) vor.

Von diesen sind - nach Hoppe - bei Bock, um 1550, zu finden:

1.) C. parthenium, das Mutterkraut. Bock glaubt eine Verwandtschaft im Diosk.-Kap. Parthenion [→ Matricaria] zu finden und lehnt sich dort mit Indikationen an (Laxans, Purgans, Anthelminticum, Frauenheilmittel, Uterinum; zu Umschlägen gegen Entzündungen, Schwellungen, Leibschmerzen; gegen Blähungen und Atembeschwerden).

2.) C. balsamita, das M a r i e n b l a t t , bei ihm Frauenkraut genannt; Bock glaubt die Pflanze in dem Diosk.-Kap. zu erkennen, in dem A l i s m a plantago L. gemeint ist (Antidot; gegen Durchfall, Ruhr, Leibschmerzen; Emmenagogum; äußerlich gegen Schwellungen).

3.) C. vulgare, der Rainfarn [bei Hoppe = C. tanacetum K.]; Bock empfiehlt, die Pflanze wie Kamille und Mutterkraut anzuwenden; als volkstümlich gibt er an: Samen mit Honig und Wein Anthelminticum, gegen Leibschmerzen, schweißtreibend.

4.) C. leucanthemum (nebst C. segetum) werden abgebildet, aber keine med. Verwendung angegeben.

(Matricaria)
In Ap. Lüneburg 1475 waren vorrätig: Aqua matricarie (¹/₂ St.). Die T. Worms
1582 führt: [unter Kräutern] Matricaria (Amarella, Solis oculus, Pseudopar-
thenium, Matronella, Matronaria, Herba uterina, Matron,
Mether, Methram, Metherkraut, Matronkraut); Aqua (dest.) Matri-
cariae (Matronariae. Metherwasser), Oleum (dest.) M. (Meterkrautöle, Meteröle);
die T. Frankfurt/M. 1687, als Simplicium: Herba Matricaria (Mettern, Methern,
Metram, Meter- oder Mutterkraut). In Ap. Braunschweig 1666 waren vorrätig:
Herba matricariae (1 K.), Aqua m. (2 St.), Essentia m. (12 Lot), Oleum m. (1 Lot),
Sal m. (3¹/₂ Lot), Syrupus m. (6 lb.).
Die Ph. Württemberg 1741 beschreibt: Herba Matricariae (Artemisiae tenuifoliae,
parthenii minoris, Mutterkraut, Mettrich; Uterinum, gegen Blähungen und Nie-
renstein); Aqua (dest.) Matricariae. Die Stammpflanze heißt bei Hagen, um 1780:
Matricaria Parthenium.
Die Krautdroge verblieb noch einige Zeit in Länderpharmakopöen des 19. Jh., so
in Ph. Preußen 1799—1829, Ph. Sachsen 1820 (von Matricaria Parthenii L. =
Pyrethri Parthenii Willd.), Ph. Hessen 1827. Geiger, um 1830, schrieb über die
Verwendung: „Wie die Kamillen, wiewohl die Pflanze in neueren Zeiten (mit Unrecht) selten gebraucht wird. - Präparate hatte man: Wasser und Öl". Jourdan,
zur gleichen Zeit, gibt über die Wirkung an: „Reizend, antihysterisch, die Regeln
und Würmer treibend".
Bei Hoppe-Drogenkunde, 1958, wird C. Parthenium, Mutterkraut, erwähnt, als
„in der Homöopathie und Volksheilkunde gebraucht". In Hager-Handbuch, um
1930, erscheint die Pflanze (ihre Blüten) als Insektenpulver-Droge.


(Balsamita)
Die T. Worms 1582 führt: [unter Kräutern] Menta Saracenica (Menta corymbifera maior, Saluia Romana, Frauwenmüntz, Frauenbalsam, Römischsal-
bey); die T. Frankfurt/M. 1687: Herba Mentha Sarracenica (Corymbifera
major, Romana, Mentha Sanctae Mariae, Frauenmüntz, Frauenbalsam, Ma-
rienmüntz, Pfannkuchenkraut). In Ap. Braunschweig 1666 waren vorrätig: Herba menthae Saraceni. (1 K.), Aqua m. Sarac. (2 St.), Oleum m. Sarac.
(2 Lot).
Hagen, um 1780, berichtet über „Frauenmünze, Römische Münze, Marienblätt-
chen (Tanacetum Balsamita) ... Die Blätter (Hb. Balsamitae maris, Menthae Saracenicae s. Romanae, Costi hortorum, Tanaceti hortorum) wurden vor Zeiten in
Apotheken gesammelt". Bei Geiger, um 1830, heißt die Pflanze Balsamita vulgaris W.; „offizinell ist: das Kraut und der Same (herba et semen Balsamitae, Costi
hortorum) ... Man gibt das Kraut im Aufguß. Es wird von Ärzten kaum verschrieben, wiewohl es ein sehr kräftiges Mittel ist; auch ist es eines der gebräuchlichsten Hausmittel beim Landvolk. Den Samen hat man mit Erfolg gegen Spul-

würmer gegeben". Nach Jourdan, zur gleichen Zeit, ist Balsamita „reizend, jetzt wenig in Gebrauch, übrigens als Magen- und Menstruation beförderndes Mittel angesehen".

In der Homöopathie ist „Tanacetum Balsamita" (Essenz aus frischem, blühenden Kraut) ein weniger wichtiges Mittel.

(Tanacetum)

In Ap. Lüneburg 1475 waren vorrätig: Aqua tanaceti (3 St.). Die T. Worms 1582 führt: [unter Kräutern] Tanacetum (Athanasia, Reinfarn, Wurmfarn, Wurm-kraut); Oleum (dest.) Tanaceti (Rheinfarnöle); die T. Frankfurt/M. 1687, als Simplicia: Flores Tanaceti (Rheinfarn-Blumen, Wurmkraut-Blumen), Herba Tana-cetum (Athanasia, Rheinfahren, Wurmkraut), Semen T. (Reinfarn oder Wurm-krautsamen). In Ap. Braunschweig 1666 waren vorrätig: Herba tanaceti ($^{1}/_{2}$ K.), Aqua t. (1 St.), Oleum (coct.) t. (9 lb.), Oleum (dest.) t. (1 lb., 13 Lot), Sal t. ($1^{1}/_{2}$ Lot).

Die Ph. Württemberg 1741 beschreibt: Herba Tanaceti vulgaris (lutei, Athanasiae, Rheinfarn, Wurmfarn; Anthelminticum, Nephriticum, Vulnerarium, Uterinum; äußerlich als Dekokt bei Krätze und Sommersprossen), Flores Tanaceti (Rhein-farn-, Wurmkraut-Blumen; Anthelminticum, sonst wie Kraut), Semen Tanaceti (Rheinfarn-Saamen; Carminativum, Anthelminticum; Uterinum, Emmenago-gum); Aqua (dest.) T., Extractum T., Oleum (dest.) Tanaceti. Die Stammpflanze heißt bei Hagen, um 1780: Tanacetum vulgare (Reinfahr, Reinfarrn, Wurmfarrn). Drogen und Zubereitungen blieben üblich in Länderpharmakopöen des 19. Jh. In Ph. Preußen 1799: Flores Tanaceti (R a i n f a r n b l u m e n, von Tanacetum vulgare), Herba T., diese Bestandteil der Species ad Fomentum. In Ausgabe 1827—1846 Flores T. und Oleum (dest.) T. In Erg.-B. 2, 1897: Oleum, Folia und Flores T. (von T. vulgare), in Erg.-B. 6, 1941: Oleum, Flores und Herba T. (von C. Tanace-tum Karsak). In der Homöopathie ist „Tanacetum vulgare - Rainfarn" (Essenz aus frischen Blättern und Blüten; Buchner 1840) ein wichtiges Mittel.

Geiger, um 1830, schrieb über Anwendung von Tanacetum vulgare: „Man gibt den Rheinfarrn, besonders die Blumen und Samen in Substanz, in Pulverform, als Latwerge, ferner im Aufguß; auch äußerlich zu Überschlägen usw. wird das Kraut gebraucht. - Präparate hat man: ätherisches Öl und Extrakt, ehedem noch destil-liertes Wasser und Essenz.

Diese kräftige, stärkende, und vorzüglich wurmwidrige Pflanze wird in neueren Zeiten weniger gebraucht als sie es verdient. - Das Kraut setzt man wohl auch anstatt Hopfen zum Bier. Es wirkt fäulniswidrig, wenn Fleisch damit gerieben wird, und soll Flöhe und Wanzen vertreiben".

In Hager-Handbuch, um 1930, sind Herba und Flores Tanaceti als selten ge-brauchte Wurmmittel angegeben. Hoppe-Drogenkunde, 1958, schreibt über C. vulgare (= Tanacetum vulgare): Verwendet werden: 1. das Kraut („Anthelminticum gegen Ascariden und Oxyuren. Äußerlich als Antiparasiticum (obsolet). - Neuerdings bei Migräne und Neuralgien empfohlen. - In der Homöopathie als Anthelminticum und bei Dysmenorrhoe"); 2. die Blüte („vgl. Herba Tanaceti"); 3. das äther. Öl („Anthelminticum, bes. gegen Ascariden. - Äußerlich als Hautreizmittel bei Rheumatismus").

(Pyrethrum)

Marmé, 1886, schreibt über Flores Chrysanthemi seu Pyrethri (Insektenblüthen) : „Chrysanthemum-Arten aus dem Kaukasus und aus Persien, welche in ihrem Vaterland zur Vertreibung und Tötung von Insekten wahrscheinlich schon seit langen Zeiten in Gebrauch sind, gelangten zu Anfang dieses Jahrhunderts nach Deutschland. Die Verwertung ihrer Blüten als Antiparasiticum ist aber erst vor etwa 50 Jahren im Abendland bekanntgeworden. Statt der persischen und kaukasischen Insektenblüten, welche zuerst 1846 auf den Wiener-Markt kamen [als Stammpflanzen nennt Marmé Pyrethrum roseum Riebust und Pyrethrum carneum Riebust], werden jetzt die kräftiger wirkenden Blüten von Pyrethrum cinerariaefolium Treviranus (= Chrysanthemum cinerariaefolium Bentham und Hooker), einer Composite aus Dalmatien, der Herzegowina und Montenegro bevorzugt. In neuerer Zeit sind auch Kulturen persischer und dalmatischer Chrysanthemumarten in Europa und in Nordamerika mit Erfolg unternommen worden".

Ein weniger wichtiges Mittel der Homöopathie ist „Pyrethrum roseum e floribus" (von C. caucasicum Pers.; Tinktur aus getrockneter Blüte). Aufgenommen in Erg.-Bücher zu den DAB's: (Ausgabe 1897) Flores Chrysanthemi caucasici (von Chrysanthemum bzw. Pyrethrum roseum und C. carneum) und Flores C. dalmatini (von Chrysanthemum bzw. Pyrethrum cinerariaefolium); (Ausgabe 1916) Flores C. dalmatini (von C. cinerariae folium Bentham u. Hooker); (1941) Flores C. cinerariaefolii (Insektenblüten, Flores Pyretri, von C. cinerariaefolium Visiani).

Über die Anwendung der Flores Pyrethri bzw. des Pulvis Florum Pyrethri (Insektenpulver, Mottenpulver, Schnackenpulver, Kapuzinerpulver) schreibt Hager-Handbuch, um 1930: „Bewährtes Vertilgungsmittel für Insekten aller Art, für Ungeziefer auf Menschen, Tieren und Pflanzen. Zum Ausstreuen bedient man sich kleiner Gazebeutel oder der aus einem Gummiball mit angesetztem Holzrohr bestehenden Insektenpulverspritzen, mit denen man das Pulver an Fenstern usw. verstäubt". Nach Hager wird das dalmatinische Insektenpulver von Pyrethrum cinerariaefolium Trev., das persische hauptsächlich von Pyrethrum carneum Marsch. Bieb. gewonnen. Nach Hoppe-Drogenkunde, 1958, dient das Insektenpulver (Flores Chrysanthemi, Pyrethri usw.; verwendet werden die nichtgeöffneten Blütenkörbchen) „medizinisch als Krätzemittel, Anthelminticum gegen Ascariden, Oxyuren, Bandwürmer, Hakenwürmer, auch in der Veterinärmedizin. Insektenvertilgungsmittel".

## Chrysobalanus

Nach Geiger, um 1830, benutzt man von C. Icaco „die angenehm süßen Früchte in Amerika als Obst". Dragendorff-Heilpflanzen, um 1900 (S. 286; Fam. R o s a - c e a e ; nach Zander-Pflanzennamen ist **C. icaco L.** eine C h r y s o b a l a n a - c e e ), gibt von dieser Art an, es sind die „Frucht ( K o k o s - o d e r I c a c o - p f l a u m e ) und Same eßbar; die Emulsionen der letzteren gegen Dysenterie; Wurzel, Rinde, Blatt sind gegen Diarrhöe, Blasenkatarrh, Fluor albus und auch in Salbenform gebraucht". Nach Hoppe-Drogenkunde, 1958, ist das fette Öl von C. icaco ein geschätztes Speiseöl; die Pflanze dient in Brasilien als Adstringens.
Von C. orbicularis wird nach Hoppe der gerbstoffhaltige Rinden- und Wurzel-extrakt zum Haltbarmachen von Netzen benutzt, das fette Öl der Kerne ist Speiseöl.

## Chrysophyllum

C h r y s o p h y l l u m siehe Bd. V, Mimusops.

Dragendorff-Heilpflanzen, um 1900 (S. 519 uf.; Fam. S a p o t a c e a e ), nennt 9 C.-Arten und 14 L u c u m a-Arten (keine Gattung Pradosia). Von der brasilia-nischen Lucuma glycyphloeum Casaretti (= C. Buranham Ried.) soll die Cortex M o n e s i a e herkommen (gegen Magenschwäche, Durchfall, Hautgeschwüre etc.). In Hager-Handbuch, Erg.-Bd. 1949, wird als Stammpflanze der Cortex Monesiae angegeben: P r a d o s i a latescens Radlk. (= Lucuma glycyphloea Mart. et Eichl., C. Buranham Ried., C. glycyphlaeum Casaretto). In Hoppe-Drogenkunde, 1958, ist ein Kap. C. glycyphloeum (= Pradosia latescens, Lucuma glycyphloea); Cortex Monesiae wird verwandt als Adstringens, Tonicum, Expec-torans; Gerbmaterial.
In der Homöopathie ist „Monesia" (Tinktur aus getrockneter Rinde) ein weniger wichtiges Mittel.

## Chrysosplenium

M i l ( t ) z k r a u t (oder -chraut) siehe Bd. V, Ceterach; Phyllitis; Polystichum.
Zitat-Empfehlung: *Chrysosplenium alternifolium (S.); Chrysosplenium oppositifolium (S.)*.
Dragendorff-Heilpflanzen, S. 268 (Fam. S a x i f r a g a c e a e ).

Nach Geiger, um 1830, war **C. alternifolium L.** ( G o l d m i l z , S t e i n k r e s s e ) „in früheren Zeiten schon als Arzneimittel gebräuchlich ... Offizinell ist: Das Kraut oder vielmehr die ganze blühende Pflanze (herba Chrysosplenii, N a s t u r - t i i petrei, S a x i f r a g a e aureae) ... Ehedem wurde das Kraut als gelinde eröffnendes (?) Mittel gebraucht, bei Leberkrankheiten usw. Jetzt ist es außer Gebrauch. Es soll, sowohl frisch, als gekocht genossen, heftiges Erbrechen veranlassen, - auch sei es den Schafen schädlich". Geiger erwähnt ferner die entsprechende Verwendung des Krautes von **C. oppositifolium L.** Jourdan, zur gleichen Zeit, erwähnt beide Arten als „eröffnend, harntreibend, gegen Asthma und Brustkrankheiten".

## Cibotium

Zitat-Empfehlung: *Cibotium barometz (S.).*
Dragendorff-Heilpflanzen, S. 58 uf. (Fam. C y a t h e a c e a e ; nach Zander D i c k s o n i a c e a e );
Tschirch-Handbuch II, S. 249.

Über den asiatischen Farn A s p i d i u m Barometz schreibt Geiger, um 1830: „Von dieser nicht genau beschriebenen Pflanze ist die Wurzel unter dem Namen B a r o m e t z , s c y t h i s c h e s L a m m ( Agnus scyticus) bekannt. Sie liegt über der Erde, ist sehr dicht mit wolligen gelben Spreublättchen bedeckt, und hat nach Abschneiden der Fasern einigermaßen die Gestalt eines Lamms. Sie gab zu der Fabel Anlaß, daß sie rund um sich her alles Gras abfresse, und wenn man sie verletze, blute, und den Geschmack von Lammfleisch habe". Diese Erzählung ist nur ein Teil der seltsamen Vorstellungen, die man sich von dieser Pflanze machte, die mehr ein Kuriosum als ein Arzneimittel war. Tschirch hat einen längeren Abriß geschrieben, der mit den Indienreisen im 16. Jh. beginnt. Eine zeitlang fanden dann die Haare geringfügiges pharmazeutisches Interesse. In Hirsch's Universalpharmakopöe (1890) sind als Präparat der Russischen Pharmakopöe aufgeführt: Pili Cibotii ( P e n g h a w a r - D j a m b i , Paleae Cibotii seu stypticae, P i l i h a e m o s t a t i c i ) : Die vom Grunde der Wedelstiele und von den dicksten (oberirdischen) Teile der Wurzeln abgelösten dünnen, weichen, glänzenden, gelblichen oder bräunlichen Haare von Cibotium glaucescens K., C. Baromez Sm. u.a. Dieses Produkt ist auch im Hager, um 1930, beschrieben ( P a l e a e h a e m o - s t a t i c e , F a r n h a a r e , W u n d f a r n ); „Pharmazeutisch gebräuchlich sind zurzeit nur die Spreuschuppen, früher kamen die ganzen mit den Haaren besetzten Stammstücke in den Handel ... Anwendung: Als blutstillendes Mittel. Ihre erhebliche Wirkung steht außer Zweifel, es ist aber zu bedenken, daß sie häufig ziemlich unrein (Staub) sind, so daß es gewagt erscheinen muß, sie auf offene Wunden zu bringen. Sie werden deshalb heute kaum mehr angewandt. - Technisch benutzt man sie in großer Menge (besonders in Nordamerika) als Stopf- und Polstermaterial". Entsprechendes in Hoppe-Drogenkunde, 1958.
In der Homöopathie ist „Penghawar Djambi" (C. Baromez Kze. u. C. Djambianum Hook; Tinktur aus Spreuhaaren) ein weniger wichtiges Mittel (Schreibweise der ersteren nach Zander-Pflanzennamen: **C. barometz (L.) Sm.** = C. assamicum Hook., Vegetabilisches Lamm).

Ci

# Cicer

H e s s l e r-Susruta; Grot-Hippokrates; B e r e n d e s-Dioskurides (im Kap. E r b s e ); T s c h i r c h-Araber; F i s c h e r-Mittelalter: C. arietinum L. (cicer, c i t r u l l u s, k e c h e r a, k i c h e r n; Diosk.: e r e b i n t h o s, k r i o s).
H o p p e-Bock: Kap. Z y s e r n Erweissen, C. arietinum L.
G e i g e r-Handbuch: C. arietinum ( K ü c h e r e r b s e, R o t k i c h e r, deutsche und französische K a f f e e b o h n e ).
Z i t a t-Empfehlung: Cicer arietinum (S.).

Dragendorff-Heilpflanzen, S. 331 (Fam. L e g u m i n o s a e ).

Dioskurides verwendet die K i c h e r e r b s e ebenso wie die Gartenerbse (→ P i s u m ). Kräuterbücher des 16. Jh. übernehmen solche Indikationen (gegen Wassersucht; Diureticum, Lungenheilmittel - nach Avicenna -; gebräuchlichste Indikation: Steinbeschwerden).
Gewisse Bedeutung erlangten dann die Samen. Man findet sie in einigen Taxen, z. B. T. Frankfurt/Main 1687: Semen Ciceris albi, weiße Küchern, Z i e s e r e r b s e n, und Semen Ciceris rubri, rote Küchern (beide Sorten noch in T. Württemberg 1822). In Ap. Braunschweig 1666 waren von den weißen und roten je 9 lb. vorrätig. Die Ph. Württemberg 1741 beschreibt Semen Cicerum rubrorum (sativorum, Küchern, Ziesern; treibt Gifte aus, Verwendung im Kindbett). Geiger, um 1830, schreibt: „Die Samen wurden ehedem als harntreibend, bei Leberübeln usw. gebraucht. Das Mehl (Farina Ciceris) brauchte man als erweichende Umschläge ... Geröstet dienen sie [die Samen] als Kaffeesurrogat".

# Cichorium

B e r e n d e s-Dioskurides: Kap. S e r i s, - C. Intybus L. (die schmalblättrige, etwas bittere) - - C. Endivia L. (die breitblättrige, latticharttige).
S o n t h e i m e r-Araber: - C. Intybus - - C. Endivia.
F i s c h e r-Mittelalter: - C. intybus L. cf. C a l e n d u l a ( s o l s e q u i u m, cicorea, s p o n s a s o l i s, i n t u b a, a m b r o s i a n a, m i r a s o l i s; Blüte: d i o n y s i a, s u n n e n w i r b e l, hindefre, himellouch, sunnrayd, w e g e- w a r t b l u m e, w e g w y ß, weglug; Diosk.: seris, p i c r i s, cichorea, i n t y-

bus agrestis) - - **C. endivia L.** (intubus, e n d i v i a domestica, l a c h i t a
agreste, t a r a x a c o n, g e n s d i s t e l, g e n s z u n g; Diosk.: seris, picris,
intybus) [bei Beßler-Gart auch als Synonyme: wilt l a t i c h, d i s t e l, s c a -
r i o l a, s u d i s t e l].

H o p p e-Bock: - C. intybus L. (wild wegwart, Sonnenwürbel, S o n n e n -
k r a u t) - - C.endivia L., kommt zweimal vor, so im Kap. Von Endiuia (das
größt, zam Endiuia, Genß zung) [dort nur beschrieben] und im Kap. Von Wegwart
abgebildet als „zam Wegwart, das recht zam Cichorea".

G e i g e r-Handbuch: - C. Intibus (gemeine Wegwart, Cichorie, H u n d l ä u f t e)
- - C. Endivia.

H a g e r-Handbuch: - C. intybus L. ( Z i c h o r i e, Wegwarte).

Z a n d e r-Pflanzennamen: - Von **C. intybus L.** gibt es die **var. intybus** (wilde
Zichorie), **var. foliosum Hegi** (Salatzichorie, C h i c o r é e) und **var. sativum DC.**
(Wurzel-, Kaffeezichorie) - - Von **C. endivia L.** gibt es die **var. crispum Lam.**
(Krause Winterendivie), die **var. endivia** (Schnittendivie) und **var. latifolium Lam.**
(Breitblättrige Endivie, E s c a r i o l).

Z i t a t-Empfehlung: **Cichorium intybus (S.); Cichorium endivia (S.).**

Dragendorff-Heilpflanzen, S. 693 uf. (Fam. C o m p o s i t a e); Tschirch-Handbuch II, S. 205 uf. (Radix
Cichorei); Bertsch-Kulturpflanzen, S. 229—232; D. A. Wittop-Koning u. A. Leroux, La Chicorée dans l'Histoire
de la Médecine et dans la Céramique pharmaceutique, Beiheft zur Revue d'Histoire de la Pharmacie, Nr. 215,
1972.

( C i c h o r i e )

Die Wegwarte, C. intybus L., ist nach Tschirch-Handbuch eine alte germanische
Zauberpflanze; diente auch beim Liebeszauber. Nach Dioskurides haben Cichorie
und Endivie (siehe unten) gleiche Wirkungen (sind adstringierend, kühlend, gut
für den Magen; gekocht stellen sie den Durchfall; zu Umschlägen bei Herzleiden,
gegen Podagra und Augenentzündungen, gegen Skorpionbiße (Kraut und Wurzel
als Umschlag), gegen Rose). Kräuterbuchautoren übernehmen solche Indikationen;
nach Bock nimmt man auch die Samen mit Wein gegen Fieber, Kraut und Wurzel
gegen Wassersucht, Blätter zu Umschlägen, Destillat bei Pestbeulen.

In Ap. Lüneburg 1475 waren vorrätig: Aqua cicarii (3 St.). Die T. Worms 1582
führt: [unter Kräutern] C i c o r e a (Cichorium, A m b u b e i a, P a n c r a -
t i u m, Taraxacon et Altaraxacon Arabum, T r o x i m u m, Intybum erraticum, Endiuia Syluestris, A m a r a g o, A m b u g i a Plinii, Wegweiß, Wegwart,
H i n d l e u f f, Sonnenwirbel); Flores Cichorii, Radix C. (Cichoreae, Wegwartwurtzel); Succus Cichorei (Wegwartensafft), Aqua (dest.) C. (Wegweiß oder Weg-
wartwasser), Conserva Florum cichoreae (Wegweißblumenzucker), Radices cichorii conditae (Eingemacht Wegwartwurtzel), Sirupus de succo c. (Wegwartensyrup),
Sirupus de c. cum Rhabarbaro (Wegwartensyrup mit Rhabarbara); in T. Frank-
furt/M. 1687, als Simplicia: Flores Cichorii (Wegwart-Blumen), Herba Cichorium
(Cichorea, Solsequium, Wegweiß, Wegwart, Sonnenwirbel, Sonnenkraut, Sonnen-

wendel), Radix Cichorii (als Synonym u. a. Cichorem), Semen C. (Wegweiß-
saamen). In Ap. Braunschweig 1666 waren vorrätig: Flores cichor. ($^1/_2$ K.), Herba
c. ($^1/_2$ K.), Radix c. (20 lb.), Semen c. ($^1/_4$ lb.), Aqua (dest.) c. (3 St.), Aqua c. ($^3/_4$ St.),
Condita rad. c. (250 lb.), Confectio c. (22 lb.), Conserva c. florum (3 lb.), Conserva
c. rad. (9 lb.), Essentia c. (3 Lot), Extractum c. (3 Lot), Oxisacchari c. D. Kon.
(6 lb.), Pulvis c. ($5^1/_2$ lb.), Syrupus c. ex succi (8 lb.), Syrupus de c. cum rhab.
(14 lb.), Sal c. (30 Lot).
Die Ph. Württemberg 1741 beschreibt: Radix Cichorii hortensis (Sativi, Seris sativae, Wegwarten-, Garten-Wegwarten-, Hindläufften-Wurtzel; gegen Leber- und
Gallenleiden), Radix Cichorii (Cichoriae agrestis seu silvestris, wilde Wegwarten,
Wegweiß-, Hindläufft-Wurtzel; gleiche Tugenden wie die vorige), Herba Cichorii
hortensis (Wegwartenkraut, Sonnenwendkraut; Tugenden wie die Wurzel, selten
in Gebrauch), Flores C. (Wegwartenblumen; Hepaticum, zur Herstellung der Con-
serva), Semen C. hortensis (sativi, Wegwarten-Saamen; Hepaticum, in Emulsio-
nen); Aqua C. (aus frischem Kraut destilliert), Conditum Rad. C., Conserva e
Flor. C., Syrupus de C. cum Rhabarbaro. Stammpflanze bei Hagen, um 1780:
C. Intybus; Kraut, Wurzel, Blumen und Samen sind offizinell.
Aufgenommen in preußische Pharmakopöen (1799—1812): Radix Cichorei
(Cichorienwurzel, von C. Intybus); Wurzeldroge später auch noch in einigen an-
deren Länderpharmakopöen (Hessen, Bayern, Sachsen). In der Homöopathie ist
„Cichorium" (Essenz aus frischer Wurzel) ein weniger wichtiges Mittel.
Über die Anwendung schrieb Geiger, um 1830: „Man gibt die Wurzel (sie soll nur
von der wildwachsenden C. Intibus gesammelt werden) in Abkochung; gewöhnlich
wird sie anderen Wurzeln usw. zugesetzt. - Präparate hat man: Extrakt, Sirup mit
Rhabarber, auch überzuckerte Wurzel, und ehedem Wasser und Conserve. Kraut,
Blumen und Samen werden jetzt nicht mehr gebraucht . . . Die kultivierte Pflanze,
Wurzel und Kraut, werden als Gemüse, zu Salat usw. gebraucht . . . Sie gehört zu
den gebräuchlichsten K a f f e e s u r r o g a t e n , Cichorienkaffee; wiewohl darunter nicht allein geröstete Cichorien, sondern noch viele andere Wurzeln, Samen
usw. (M ö h r e n , G e r s t e u. a.) kommen".
Anwendung nach Hager-Handbuch, um 1930: „Zuweilen als Laxans, angebaute
Zichorienwurzeln werden getrocknet und geröstet in großen Mengen als Kaffee-
Ersatz verwendet". Nach Hoppe-Drogenkunde, 1958, werden von C. Intybus
benutzt: 1. Die Wurzel („Tonicum, Depurativum, Stomachicum. - In der Homöopathie bei Leber- und Gallenerkrankungen. - Kaffeesurrogat. - Zur Herstellung
von Alkohol, besonders in den Oststaaten"); 2. das Kraut („Tonicum, Amarum,
Lebermittel").

(E n d i v i e)
Die alten Ansichten über Wirkungen der Endivie, C. endivia L., siehe oben unter
Cichorie. Bock, um 1550, beschreibt - nach Hoppe - C. endivia L. als zahme Endivie

(Anwendung angelehnt an das Diosk.-Kap. Seris; er fügt hinzu: Destillat als durst-stillender Trank bei Pest, Fieber, gegen Schweißausbruch und Lungenleiden, im Umschlag bei Leberleiden) und bildet die Pflanze als zahme Wegwarte ab (Indikationen gleichfalls dem Diosk.-Kap. Seris entnommen).

In Ap. Lüneburg 1475 waren vorrätig: Semen endivie (5 qr.), Aqua e. (6 St.). Die T. Worms 1582 führt: [unter Kräutern] Endiuia (Intybus, Intybum, Seris, Endiuia alba, Endiuien, A n t i s i e n , weiß Endiuien); Semen Endiuiae (Intybi, Endiuien-samen); Succus E. (Intybi latifolii, Endiuiensafft), Succus E. (Intybi, Endiuien-wasser), Sirupus de succo endiuiae (Endiuiensyrup), Sirupus de e. compositus (Der groß Endiuiensyrup); in T. Frankfurt/M. 1687, als Simplicia: Herba Endivia Seris (Intybus sativa, Endivien), Semen E. (Endiviensaamen). In Ap. Braunschweig 1666 waren vorrätig: Herba endiviae (¹/₂ K.), Radix e. (2 lb.), Semen e. (1 lb.), Aqua e. (1¹/₂ St.), Conserva e. (2 lb.), Essentia e. (15 Lot), Syrupus e. ex succo (1¹/₂ lb.), Syrupus de e. comp. (2³/₄ lb.).

In Ph. Württemberg 1741 sind aufgenommen: Herba Endiviae majoris (Latifoliae, Intybi hortensis, A n d i v i e n , Endivien; Refrigerans, Hepaticum), Semen En-diviae albae (sativae, Scariolae, Intybi sativae, Cichorii latifolii, Tournefort, Endi-vien-Winter-Endivien-Saamen; kommt zu den Sem. 4. frigid. min.; Refrigerans, gegen Gelbsucht und Leberleiden, in Emulsionen) [einige Synonyme sprechen bei dieser Samen-Droge allerdings für eine → L a c t u c a-Art, die diese Samen lie-ferte]. Bei Hagen, um 1780, heißt die Stammpflanze C. Endiuia; Kraut und Samen sind offizinell, ist in den Gärten ein bekanntes Küchengewächs.

Geiger, um 1830, erwähnt C. Endivia; „offizinell war ehedem: das Kraut und der Same. - Der allgemeine Gebrauch dieser Pflanze als Salat und Gemüse ist bekannt". Jourdan, zur gleichen Zeit, bemerkt: das Kraut wird mehr in der Küche, denn als Heilmittel angewendet. Der Same ist Bestandteil der sog. Sem. 4. frigida minora. In Hoppe-Drogenkunde, 1958, wird zu C. Endivia nur erwähnt, daß die Blätter als Salat verwendet werden.

## Cicuta

C i c u t a  siehe Bd. II, Maturantia; Succedanea. / V, Conium.

F i s c h e r-Mittelalter: **C. virosa L.** und C o n i u m maculatum L. (cicuta, s o l a r e g i a , c i c o n i a , conium, t o x i c a , c o n i s a , t e u c l a , solago, s c h e r l i n g , w o t i c h , w i t z e r l i n g , w ü t t e r i c h ; Diosk.: k o n e i-o n , a e t h u s a , cicuta).
B e ß l e r-Gart: Kap. Cicuta, C. virosa L. und Conium maculatum L.
G e i g e r-Handbuch: C virosa (Gift-Wütherig, Wasser-S c h i e r l i n g ).
Z i t a t-Empfehlung: **Cicuta virosa (S.).**

Dragendorff-Heilpflanzen, S. 487 (Fam. U m b e l l i f e r a e ).

Mit Cicuta wird in älteren Quellen überwiegend → Conicum maculatum bezeichnet. Hagen, um 1780, beschreibt sehr genau den Wasserschierling, C. virosa (Wüterich, Wütscherling), um Verwechslungen mit dem anderen Schierling (Conium) zu verhindern; das Kraut (Hb. Cicutae aquaticae) „wird nie zum innerlichen Gebrauche, sondern bloß zum äußerlichen, vornehmlich zum Schierlingspflaster, angewandt. Man nehme sich sehr wohl in acht, daß der schon beschriebene Schierling nicht mit diesem verwechselt werde . . . gehört zu den schrecklichsten Giften". In Ph. Preußen 1799 wurde aufgenommen: Herba Cicutae virosae. Geiger schreibt über die Pflanze: „Offizinell waren sonst die Wurzel und das Kraut (rad. et herba Cicutae aquaticae), welches in der neuen bayerischen Pharmakopöe wieder aufgenommen wurde . . . Der Wasserschierling wird jetzt als Arzneimittel selten angewendet. Ehedem wurde die Wurzel (selten das Kraut) häufig äußerlich gegen Geschwülste und Verhärtungen der Drüsen, Krebs usw., auch (getrocknet) innerlich gebraucht. - Präparate hat man davon ein Pflaster (empl. Cicutae aquaticae), welches die Schweden, nach Linnés Vorschlag, in ihre Pharmakopöe aufnahmen".
In der Homöopathie ist „Cicuta virosa - Wasserschierling (Wütherich Hahnem.)" (Essenz aus frischem Wurzelstock mit Wurzeln; Hahnemann 1821) ein wichtiges Mittel. Nach Hoppe-Drogenkunde, 1958, wird von C. virosa verwendet: 1. Das Kraut in der Homöopathie; 2. die Frucht in der Homöopathie, bei Epilepsie; 3. die Wurzel in der Homöopathie bei Psychosen, Krämpfen und Epilepsie.

## Cimicifuga

Cimicifuga siehe Bd. IV, Reg.; G 426.
Zitat-Empfehlung: *Cimicifuga racemosa (S.).*
Dragendorff-Heilpflanzen, S. 223 (Fam. R a n u n c u l a c e a e).

In Erg.-B. 6, 1941, ist aufgenommen: Rhizoma Cimicifugae (Z i m i z i f u g a - wurzelstock, Nordamerikanische S c h l a n g e n w u r z e l); „der getrocknete, nach der Fruchtreife gesammelte und zerschnittene Wurzelstock mit den Wurzeln von C. racemosa Elliot"; dazu das Fluidextrakt. Die Droge wird bei Hoppe, 1958, im Kap. Actea racemosa beschrieben; Verwendung des Rhizoms „Sedativum, Antirheumaticum, Antineuralgicum, Antiasthmaticum. - In der Homöopthie [wo „Cimicifuga - W a n z e n k r a u t " (C. racemosa L.; Essenz aus obiger Droge; Hale 1867) ein wichtiges Mittel ist] als Stimulans bei Funktionsstörungen der weiblichen Geschlechtsorgane. Bei klimakterischen Beschwerden".
In Hager-Handbuch, um 1930, heißt die Stammpflanze **C. racemosa (L.) Nuttal** (= C. racemosa [Torr.] Barton, A c t a e a racemosa L.); „Anwendung. Die Droge und das daraus gewonnene Cimicifugin sind gegen Asthma und Brustleiden, auch als Antipyreticum empfohlen worden. Die Wirkung soll ähnlich wie die der Digitalis sein". Geiger ,um 1830, führt die Pflanze als Actaea racemosa L. (= C. Serpentaria Pursh., traubentragendes C h r i s t o p h s k r a u t , amerikanische

Schlangenwurzel); „eine längst schon in Amerika als Arzneimittel gebräuchliche Pflanze; wurde 1823 vorzüglich von Garden und anderen amerikanischen Ärzten angerühmt. - Wächst in Nordamerika wild und wird bei uns in Gärten gezogen ... Man gibt die Wurzel im Aufguß. Frisch zerquetscht wird sie in Amerika schon lange gegen den Biß der Klapperschlange aufgelegt. Dr. Garden gebrauchte sie mit Erfolg an sich selbst gegen Lungenschwindsucht. Auch wandte er eine daraus bereitete Tinktur an". Nach Jourdan, zur gleichen Zeit, ist die Droge „adstringierend, nach Garden der Digitalis analog, bei Brustkrankheiten empfohlen".

## Cinchona

C i n c h o n a siehe Bd. IV, G 377, 378. / V, Cascarilla; Catesbaea; Exostemma; Remijia.
C h i n a siehe Bd. II, Analeptica; Antepileptica; Antiarthritica; Antidysenterica; Antisyphilitica; Diaphoretica; Expectorantia; Febrifuga; Masticatoria; Succedanea; Specifica; Stomatica. / III (Chinatinktur, zusammengesetzte). / IV, C 32, 57—59, 81; E 3, 95, 98, 170, 178, 271, 288; G 317, 374, 771, 818, 943, 949, 1075, 1140, 1215, 1217, 1395, 1501, 1616, 1741, 1752, 1821. / V, Alnus; Cascarilla; Catesbaea; Exostemma; Galipea; Geum; Magnolia; Nectandra; Remijia; Salix; Smilax; Weinmannia.
F i e b e r r i n d e siehe Bd. V, Antelaea; Croton.
Zitat-Empfehlung: *Cinchona calissaja (S.); Cinchona ledgeriana (S.); Cinchona officinalis (S.); Cinchona pubescens (S.).*
Dragendorff-Heilpflanzen, S. 621—626 (Fam. R u b i a c e a e ); Tschirch-Handbuch I, S. 992—1001 (Chinologie), III, S. 550—556; F. v. Gizycki, Einheimische Chinasurrogate, Die Pharmazie 6, 280—286 (1951); Gilg-Schürhoff-Drogen: Kap. Die Chinarinde, S. 117—126.

Nach Tschirch-Handbuch ist es fraglich, ob die Eingeborenen von Peru die Chinarinde vor dem Eintreffen der Europäer (1513) allgemein arzneilich verwendeten; nur in der Gegend von Loxa scheint der Nutzen als Fiebermittel bekannt, aber geheimgehalten gewesen zu sein; um die Bekanntmachung des Mittels in der ersten Hälfte 17. Jh. erwarben sich die Jesuiten Verdienste ( „ J e s u i t e n p u l v e r " ); seit der zweiten Hälfte 17. Jh. spielen Geheimmittel, wie Chinaweine, Chinaelixiere, eine Rolle, die Droge wird in Arzneitaxen verzeichnet. In T. Frankfurt/M. 1687 heißt sie C h i n a C h i n a ( K i n k i n n a Cortice febrifugo); in Ap. Lüneburg 1718 waren 24 lb. Cortex Chinae Chinae (Perubianische F i e b e r R i n d e ) vorrätig.
Von Schröder, 1685, wird China de China im Kap. C i n n a m o m u m abgehandelt. „Sie wird heutigen Tages in unterlassenden, täglichen, 3- und 4tägigen Fiebern sehr stark gebraucht, doch war derer Wirkung bisweilen zweifelhaft, bisweilen aber auch gut"; man infundiert die gepulverte Rinde mit Weißwein oder man bereitet Tinkturen und Essenzen daraus. Nach Valentini, 1714, heißt der Baum, von dem die Rinde geschält wird, G a n n a n a p e r i d e , „wächst in Amerika, absonderlich in dem Königreich Peru, in der Provinz Quitto, nächst der Stadt Loxa, und zwar auf den Gebirgen"; die Rinde wird in 3 Sorten gehandelt: 1. die geringste; wird oben auf den Gebirgen gesammelt; ist dick, inwendig bleich. 2. die Mittelgattung; ist zarter, höher an Farbe. 3. die beste; ist mitten an den Bergen zu haben;

ist die bitterste und braunste. Bei einigen Materialisten gibt es noch eine 4. Art, Bastard-China genannt, „ist auswendig ganz grau, rauh und mosig, inwendig schwarz, welcher entweder von anderen Rinden mit der Aloe gefärbt und bittergemacht wird . . . oder aber die alte und verfaulte China China, weswegen sie wohlfeiler, aber bei weitem so kräftig nicht ist, wie die wahre und unverfälschte"; den Armen gibt man E n z i a n w u r z e l n , die Europäische Kinkinna genannt werden.

Die Ph. Württemberg 1741 führt Cortex Chinae Chinae (Kinkina, Q u i n q u i n a , C o r t e x   P e r u v i a n u s   s.Antifebrilis s. Antiquartius s. Febrifugus, China-Fieber-Rinde; die Wirkung gegen Fieber ist allen bekannt; Tonicum, Roborans; das Mittel verdient es, als göttlich bezeichnet zu werden); als Präparate Extractum Corticum Chinae Chinae, Syrupus Kinae Kinae (ein Fieber-, Stärkungs-, Magenmittel).

Zur Zeit Hagens, um 1780, heißt der „Fieberrindenbaum Cinchona officinalis, wächst in der Gegend der Stadt Loxa oder Loja in dem Königreiche Peru jederzeit auf Bergen, nie auf Ebenen . . . Diese seit anderthalbhundert Jahren so sehr berühmte Rinde wird Chinarinde, Fieberrinde oder P e r u v i a n i s c h e   R i n d e genannt. Sie wird bei trockenem Wetter abgeschält und nachher an der Sonne getrocknet. Durch dieses Abschälen sterben die Bäume aus, und da man um die Anbauung derselben nicht eben sehr besorgt sein soll, so kann dieses heilsame Arzneimittel einstens sehr selten werden. Die Spanier verschicken die Chinarinde in Tierhäute eingepackt, und nennen einen solchen Ballen, der bis 150 Pfunde enthält, eine Z e r o n n e . Hierin ist grobe, mittlere und feine Rinde durcheinander gemischt, die durch Auslesen nachher erst sortiert werden . . . Man wählt zum inneren arzneiischen Gebrauch diejenige aus, die aus dünnen feingerollten Stücken besteht, von außen rauch, braun, schwärzlich oder grau ist, inwendig aber die Farbe des Kanells hat. Im Bruche muß sie nicht faserig oder pulverhaft sein, sondern glänzend. Dieses ist das sicherste Kennzeichen einer wirksamen Rinde, und wenn dicke Stücke einen gleichen Bruch haben, so sind sie den dünnschaligen an Güte nicht nachzusetzen . . . Die sehr bitteren, nicht zusammengerollten, dicken und innerhalb weißen oder grauen Rinden sind schlecht. Man gibt gemeiniglich der China, die über England kommt, vor der Holländischen den Vorzug . . . Von demselben Baume, von dem die jetzt gedachte Rinde herkommt, rührt wahrscheinlich auch die rote oder Spanische Chinarinde (Cortex Chinae s. Peruvianus ruber) her, die erst im Jahr 1779 . . . allgemein bekannt wurde. Sie ist allzeit ungleich dicker als die gewöhnliche Rinde und hat eine mehr ins rote fallende braune Farbe, die der dunkelen Kassienrinde gleichkommt . . . Diese möchte wohl von dem Stamm und den dickeren Ästen des Chinabaums, und die gewöhnliche von den dünneren Ästen und Zweigen eben desselben Baumes gesammelt werden".

Um 1830 füllt die Besprechung von Chinarinden in den Lehrbüchern und Lexika schon viele Seiten. Meissner hebt einleitend zum Stichwort China seines Lexikons folgendes hervor: Erst seit etwa 1680 wurde der Gebrauch der China in fast ganz Europa allgemein. „Obschon man aber das Vaterland der China kannte, so war doch damals ihr wahrer Ursprung, d. h. der Baum, von dem sie kam, unbekannt.

Der berühmte La Condamine . . . machte zuerst 1738 den Baum bekannt . . . Linné beschrieb ihn unter dem Namen Cinchona officinalis. Da aber dieses Mittel sehr häufig angewendet und sein Verbrauch weit beträchtlicher wurde, so vermengten die Kaufleute in der neuen Welt, welche damit Handel trieben, die Rinden mehrerer andern Arten der nämlichen Gattung miteinander, die alle unter dem nämlichen Namen nach Europa kamen. Den reisenden Botanikern, welche diesen Teil der neuen Welt untersucht haben, verdankt man die Kenntnis und die botanische Bestimmung einer großen Menge der im Handel verbreiteten Arten . . . Gegenwärtig ist die Zahl der Arten oder Sorten, die man im Handel findet, ausnehmend groß, ja man bringt uns sogar unter dem allgemeinen Namen China, Rinden aus der neuen Welt, die gar nicht zur Gattung Cinchona gehören . . . Trotz der von den Gelehrten gesammelten Nachweisungen, kennt man doch noch nicht gehörig den Ursprung aller im Handel vorkommenden Rinden . . . Man hat die verschiedenen Chinaarten nach der Textur und vorzüglich nach der Farbe unterschieden. Alle im Handel vorkommenden Chinarinden können unter 4 Hauptrubriken gebracht werden, nämlich die grauen, die gelben, die roten und die weißen Chinarinden".

§ 1  Graue Chinarinden; von C. condaminea v. Humboldt und Bonpland; aus Loxa; spanische Bezeichnung C a s c a r i l l a  fina; die geschätzteste und wirksamste Sorte.
§ 2  Gelbe Chinarinden
a) gelbe K ö n i g s r i n d e  oder  C a l i s a y a ; C. cordifolia Mutis; aus Peru, Provinz Calisaya;
b) orangegelbe Chinarinde; C. lancifolia Mutis; Peru; ist selten im Handel.
§ 3  Rote Chinarinden; C. oblongifolia Mutis; Peru, Neu-Granada; häufig im Handel.
§ 4  Weiße Chinarinden; C. ovalifolia Mutis (Cascarilla peluda); ziemlich selten im Handel.
Außer diesen wahren Chinarinden kommen noch viele falsche auf den Markt. Die wahren S o r t e n  ähneln sich in der Wirkung.

Geiger, zur gleichen Zeit, teilt die Rinden nach Inhaltstoffen, die seit etwa 1820 bekannt waren, ein; von den etwa 27, damals beschriebenen Arten, hebt er 7 hervor:

1. C. Condaminea Humb. (C. officinalis L.); von La Condamine 1738 zuerst beschrieben; wächst in gebirgigen Gegenden in Peru (bei Loxa usw.).
2. C. lancifolia Mutis; von Mutis 1772 entdeckt; wächst in Neugranada (Santa Fe usw.) auf Bergen.
3. C. purpurea Ruiz et Pavon; von Ruiz und Pavon 1779 zuerst, später von Humboldt als Cinch. scrobiculata beschrieben; wächst auf den peruvianischen Anden.
4. C. cordifolia Mutis; von Mutis 1772 entdeckt; wächst auf den Gebirgen Neugranadas, nach Pavon auch in Quito (Loxa).
5. C. ovalifolia Humb. (C. Humboldiana Römer und Schultes).
6. C. pubescens Vahl; von Vahl genau bestimmt; wächst auf den Anden in Peru (Gegend von Pozuzo, Panao und Huanuco).
7. C. oblongifolia Mutis; von Mutis 1772 entdeckt; wächst nach Pavon auf den peruvianischen Gebirgen (bei Loxa), nach Humboldt und Bonpland in Neugranada (bei Mariquita).

Geiger teilt - abgesehen von den falschen Chinarindensorten - in 3 Abteilungen ein:

*Erste Abt.: Chinarinden mit vorwaltendem C i n c h o n i n.*

A. Graue Sorten.
Graue China (China Huanuco). Diese Rinde soll erst seit 1799 in Spanien bekannt geworden sein. Wahrscheinlich war sie aber schon viel früher in Europa bekannt. Die Mutterpflanze ist noch unbekannt. Vielleicht von C. purpurea abstammend?

B. Braune Sorten.
1. Braune China (China Huamalies, China fusca). Die braune China ist gleichzeitig mit der grauen, mit welcher sie häufig verwechselt wurde und noch wird, in Europa eingeführt worden. Die Mutterpflanze dieser so häufig angewendeten China ist noch unbekannt. Etwa C. lancifolia?
2. Jaen- oder Ten-China, blaß-graubraune China (China jaen). Die Jaen-China scheint eine der am frühesten eingeführten Chinaarten zu sein, aber öfter mit den beiden vorhergehenden verwechselt oder unter dieselben gemengt worden. Nach v. Bergen ist die Mutterpflanze derselben C. pubescens.
3. Loxa- oder Kron-China (China Loxa, China corona). Diese Chinaart ist wohl mit am frühesten in Europa eingeführt worden. Schon gegen Ende des 17. Jh. ist von ihr die Rede. Die Mutterpflanze dieser Rinde ist C. Condaminea.
4. Pseudoloxa- oder dunkle Jaen- oder Ten-China (China Pseudo-Loxa). Diese Art ist v. Bergen aufgestellt und erst seit einigen Jahren von der Loxa genauer unterschieden worden, mit der sie früher häufig verwechselt wurde . . . Nach v. Bergen ist C. lancifolia (oder nitida) die Mutterpflanze.

*Zweite Abt.: Chinarinden mit vorwaltendem C h i n i n .*

Echte Königs-China (China regia vera, China Calisaya).
Die Königs-China führte schon Condamine im Jahre 1738 an, aber erst im Jahr 1789 fing sie an, allgemein zum Arzneigebrauch in Europa eingeführt zu werden. Die Mutterpflanze ist nach v. Bergens Angabe noch unbekannt; gewöhnlich leitet man sie von C. cordifolia ab. Die Königs-China kommt teils in Röhren, teils in flachen Stücken vor (China regia convoluta bzw. plana).

*Dritte Abt.: Chinarinden, in welchen Cinchonin und Chinin in fast gleichem stöchiometrischen Wert vorhanden sind.*

A. Rote Sorte.
Rote China (China rubra). Die rote China kam schon zu Anfang des 18. Jh. nach Europa, ihr mehr ausgebreiteter Gebrauch datiert sich aber vom Jahr 1779; als die Mutterpflanze wird gewöhnlich C. oblongifolia angegeben; v. Bergen bestreitet diese Meinung und erklärt, daß die Species, welche sie liefert, noch unbekannt sei.

B. Gelbe Sorten.
1. Harte, gelbe China (China flava dura, Quina amarilla, China de Carthagena der Franzosen). Die gelbe China kam wahrscheinlich erst zu Ende des vorigen Jh. in den Handel und wurde häufig (z. T. noch jetzt) mit Königschina verwechselt. Die Mutterpflanze dieser China ist nach v. Bergen C. cordifolia.

2. Faserige, gelbe China (China flava fibrosa, China de carthagena der Holländer). - Diese und die vorhergehende Sorte gehen unter dem Namen China regia media, Ch. Havanna, Ch. naranjada, Ch. de Santa Fe, Ch. Bogotensis (wohl auch fälschlich als China nova). Diese Rinde kam gleichzeitig mit der vorhergehenden in den Handel, mit der sie nicht selten verwechselt und vermischt wird. Die Mutterpflanze derselben ist nach v. Bergen noch unbekannt.

Diese beiden letzteren Arten sollten für sich nicht zum Arzneigebrauch, sondern nur zur Darstellung von Chinin und Cinchonin verwendet werden.

„Anwendung. Die Chinaarten gibt man in Substanz, in Pulverform, auch Mixturen, Latwergen und Pillen beigemengt; ferner im Aufguß und Abkochung . . . Präparate hat man davon: das Extrakt (extractum Chinae). Es wird aus allen Chinaarten bereitet. In Deutschland versteht man darunter in der Regel (wenn es nicht anders vorgeschrieben ist) das Extrakt von brauner oder grauer China, wozu die zuerst beschriebene Huanuco jeder anderen vorzuziehen ist . . . das kalt bereitete Extrakt, wesentliches Chinasalz (extractum Chinae frigide paratum, Garayanum, sal essentiale Chinae) ... eine Tinktur (tinct. Chinae), Wein (vinum chinatum) und China-Syrup (syrupus Chinae). Sie ist ferner Bestandteil des e l i x i r i i R o b . W h i t e (tinct. Chinae compositae)".

In Wiggers Grundriß der Pharmakognosie, 1853, füllt die Besprechung der „Cinchonea" 36 Seiten. Zur Situation schreibt er: „Diese Abteilung führt zur Betrachtung der zahlreichen Rinden, welche seit dem Jahr 1632 unter dem gemeinschaftlichen Namen Chinarinden, Cortices Chinae, nach Europa gekommen sind, und deren Geschichte eine ebenso ausgezeichnete als interessante Stelle in der Pharmakognosie einnimmt, indem sie so wichtige und unentbehrliche Arzneikörper betrifft, so umfangreich ist und so viele Begriffe und Unsicherheiten einschließt, wie keine andere, so daß Jeder, der sie erschöpfend und klar abzuhandeln versucht, sehr bald zu der Überzeugung kommen muß, das vorgesteckte Ziel ohne Unvollkommenheiten und Unwahrheiten noch nicht erreichen zu können, und daher entweder Lücken lassen oder diese mit Hypothesen ausfüllen muß.

Allerdings verlangt die Arzneikunde unter gewissen von ihr eingeführten Namen nur drei ausgewählte Rinden, die wir offizinelle Chinarinden nennen; man würde sich aber sehr in der Meinung irren, daß mit der Kenntnis dieser allen Anforderungen völlig genügt wäre; denn einerseits ist der Begriff der drei offizinellen Rinden von Anfang an und in dem Maße auf immer bessere Rinden übertragen worden, als solche bekannt wurden ... und andererseits ist wohl kein Markt mit so vielen ganz fremden Rinden zur gänzlichen oder teilweisen Unterschiebung bezogen worden, wie der der China ... Großartig und ungewöhnlich sind die Bestrebungen und Opfer zu nennen, durch die man von Anfang an bis auf den heutigen Tag die Verhältnisse der Chinarinde im Inlande und Auslande zu erforschen gesucht hat. Daher liegt über dieselben eine Literatur vor, welcher man kaum mächtig werden kann ... Die Zurückführung der Chinarinden auf ihren Ursprung betrifft den unvollkommensten und unsichersten Teil unserer Kenntnisse über dieselben ... Will man nur ganz unbestreitbare Bestimmungen gelten lassen, so reduziert sich unser ganzes Wissen von dem Ursprung der Chinarinde nur darauf,

1.) daß wir die Abstammung der China regia und mehrerer falscher Chinarinden sicher kennen;

2.) daß alle übrigen Chinarinden mit wenigen Ausnahmen von Bäumen herrühren, die der Familie der C i n c h o n e e n angehören;

3.) daß die Rinden, welche eigentlich nur verstanden werden, wenn von China oder Chinarinden die Rede ist, ausschließlich von Arten der Gattung Cinchona, den sog. Chinabäumen herstammen.

Daher verteilen wir die Chinarinden in zwei Gruppen:

α) Wahre oder echte Chinarinden, Cortices Chinae veri, wovon es dann also eben so viele Sorten geben muß, als Arten von der Gattung Cinchona, Fieberrindenbaum, existieren, und wovon dann wiederum eine jede Sorte drei Arten umfaßt, indem wir in Bezug auf die medizinische Bedeutung derselben Stamm-, Ast- und Zweigrinden von jedem Baum zu unterscheiden haben. Die Anzahl der China-bäume ist noch nicht sicher festgestellt [Wiggers nennt dann 21 Arten].

*β*) Neue oder falsche Chinarinden, Cortices Chinae novis s. falsi. So genannt, weil sie erst später als die wahren Chinarinden und dann für diese als Substitutionen vorgekommen sind und noch vorkommen. Die Stammbäume derselben, welche einem großen Teil nach gesellschaftlich mit den Chinabäumen leben, gehören, wie schon gesagt, mit wenigen Ausnahmen einer Reihe von Gattungen derselben Fa-miliengruppe, nämlich der Cinchoneen an". Er nennt Arten von C a s c a r i l l a , L a s i o n e m a , E x o s t e m m a , R e m i g i a , H y m e n o d i c t y o n u. a.

Die Systematik von Wiggers zeigt folgende Zusammenstellung:

1. Braune Chinarinden, Cortices Chinae fusci. Sie sind die Ast- und Zweigrinden derselben Bäume, deren Stammrinden die Chinasorten der beiden folgenden Abteilungen bilden; die echten derselben enthalten vor-herrschend Chinagerbsäure und Cinchonin neben nur wenig Chinin. Die beste kommt im Handel unter dem Namen Huanuco-China, China Huanuco s. China Guanuco, vor, sie muß angewandt werden, wenn von Pharmacopöen und Ärzten Cortex Chinae fuscus verlangt wird. Sie stammt nach Virey und Fée von C. glan-dulifera, nach Hayne von C. cordifolia, und Weddell gibt C. micrantha, C. purpurea, C. lanceolata und C. glandulifera als Stammpflanzen von 4 Varietäten dieser Rinde an, wozu unstreitig die Rinden gehören, welche früher unter dem Namen China grisea und China de Lima als besondere Sorten unterschieden wurden. Sie wurde 1799 in Spanien bekannt. Kommt aus der Provinz Huanuco nach Lima und von da zu Schiff nach Europa.

Verwechslungen und Substitutionen:
a) China Loxa. Loxa-China. Ist früher am häufigsten als Cortex Chinae fuscus angewandt und für die beste China gehalten worden, so daß sie deshalb in der Arzneikunde den Spezialnamen Cortex Chinae optimus s. officinalis bekam. Als Stammpflanze vermutet Heyne die C. scrobiculata, während Weddel die C. Condaminea aufstellt; kommt aus den Provinzen Loxa, Cuenca und Granada in Columbien und auch aus Peru über Spanien.
China coronalis s. China Uritusinga, Kron-China, ist eine zweifelhafte Chinarinde, welche Heyne von der C. Condaminea ableitet und welche früher bloß für den spanischen Hof geschält worden und niemals auf er-laubtem Wege in den Handel gekommen sein soll. Wir dürfen also wohl nicht mehr hoffen, über sie gehörigen Aufschluß zu erhalten. Meistens und nicht ohne Grund hält man sie für keine besondere China, sondern nur für sorgfältig gesammelte, ausgewählte, feine Stücke von China Loxa.
b) China Jaen pallida, Blasse Jaen-China. China Ten. Sehr häufig als Cortex Chinae fuscus gebraucht und der China Huanuco beigemischt. Als Stammpflanze wird C. ovata vermutet; kommt aus Peru.
c) China Jaen nigricans s. China Pseudoloxa. Dunkle Jaen-China. Ungefähr seit 32 Jahren unterschieden. Häufig als Cortex Chinae fuscus benutzt und nicht selten für die wahre China coronalis gehalten. v. Bergen leitet sie von C. lancifolia, C. nitida und C. lanceolata ab. Goebel nimmt an, daß sie ebenfalls von C. ovata erhalten werde und daß ihre Verschiedenheit von der blassen Jaenchina durch einen feuchten und dumpfen Standort der Bäume veranlaßt würde. Nach Weddell ist sie die Rinde von C. scrobiculata; sie kommt aus Peru.
d) China Jaen s. de Para fusca. Braune Jaen-China. Vor 8 Jahren von Winckler aufgestellt. War 1845 in beträchtlicher Menge in Suronen von Para nach London gekommen.
e) China Huamalies. Braune China. In dünnen Röhren bis zum Jahre 1820 am allgemeinsten als Cortex Chinae fuscus benutzt. Kommt über Lima. Auf europäischen Lagern findet sie sich nach der verschiedenen Größe und Form sortiert. Weddell unterscheidet eine rostfarbige von C. micrantha, eine dünnröhrige rötliche von C. purpurea und eine dunkelgraue von C. hirsuta.
f) China Piton. China montana. China sanctae Luciae. China martinicensis. Piton-China. Berg-China. S t . L u c i e n r i n d e . Stammt von Exostemma floribundum. Wie es scheint aus dem Handel verschwunden.
g) China caribaea. Cortex Chinae caribaeus s. jamaicensis. Caraibische Chinarinde. Jamaikanische Fieber-rinde. Seit 1763 bekannt. Stammt von Exostemma caribaeum. Ebenfalls ganz in Vergessenheit geraten.

2. Gelbe Chinarinden. Cortices Chinae flavi.

Enthalten neben wenig Chinagerbsäure und Cinchonin viel Chinabasen, namentlich Chinin, und Chinasäure. Die beste darunter ist diejenige, welche im Handel unter dem Namen Königs-China, China regia, bekannt ist, und welche demnach angewandt werden muß, wenn Pharmacopöen und Ärzte Cortex Chinae flavus oder Cortex Chinae regius verlangen. Nach Heyne sollte die Rinde von C. cordifolia und nach v. Schlechtendal von C. angustifolia sein, während Weddell erst 1847 den Stammbaum als eine bis dahin noch unbekannt Cinchona-Art entdeckte und C. calisaya genannt hat. Sie wurde 1790 bei uns bekannt, schon 1792 in die preußische Pharmacopoe aufgenommen, und seitdem ist sie als die wertvollste Chinarinde bekannt und allgemein so in Gebrauch gezogen, daß sie nicht allein alle anderen Chinarinden verdrängt, sondern selbst auch die beste China fusca zu einem, vielleicht nicht immer gerechtfertigten, sehr beschränkten Gebrauch gebracht hat. Man unterscheidet davon:

a) China regia convoluta. Königs-China in Röhren (Bedeckte Königs-China). Umfaßt die Ast- und Zweigrinden mit allen Schichtungen von C. calisaya, so daß sie eigentlich den braunen Chinarinden angehörte.

b) China regia plana. Flache Königs-China. China Calisaya. Calisaya-China (Unbedeckte Königs-China). Das Derma der Stammrinden von C. calisaya.

Verwechslungen und Substitutionen:

a) China pseudoregia von C. scrobiculata, C. pubescens, C. boliviana, C. ovata, C. pseudoregia nach Martiny und nach Reichel.

b) China flava dura. Harte gelbe China. Stammt sehr wahrscheinlich von C. cordifolia, während Weddell C. pubescens und C. condaminea als Stammpflanze aufstellt.

c) China flava fibrosa. Holzige gelbe China. Als Stammpflanzen werden C. lancifolia und C. purpurea bezeichnet, während Weddell vielleicht richtiger C. pubescens angibt.

Sowohl die China flava dura, als auch die China flava fibrosa sind ursprünglich in der Arzneikunde unter dem Namen Cortex Chinae flavus angewendet worden, bis sie durch die China regia in der Art verdrängt wurden, daß sie aus dem Handel fast ganz verschwanden.

d) China flava nova. Neue gelbe China. Von Winckler vor etwa 8 Jahren aufgestellt. Abstammung unbekannt.

e) China de Cusco vera. Wahre Cusco-China. Abstammung unbekannt. Kam 1829 aus der Provinz Arequipa in Peru.

f) China de Cusco flava.

g) China rubiginosa. Rostfarbene China. Wurde 1829 durch v. Bergen als eigene Sorte bestimmt. Die Abstammung ganz unbekannt.

3. Rote Chinarinden. Cortices Chinae rubri.

Die beste ist die im Handel unter dem Namen Rote China, China rubra s. China hispanica bekannte Rinde, welche angewandt werden muß, wenn Pharmacopöen und Ärzte Cortex Chinae ruber verlangen. Hayne, Geiger u. m. A. nehmen C. oblongifolia als Stammpflanze an; v. Bergen erklärt die Stammpflanze für unbekannt, Dierbach nimmt die botanisch fast ganz unbekannte C. colorata dafür an, und Weddell bezeichnet C. nitida als Stammbaum.

Verwechslungen:

a) China maracaibo. Der Abstammung nach unbekannt. Seit 1829 von Philadelphia aus in den Handel gekommen.

b) China nova. China nova surinamensis. China rosea. China Savanilla. Neue China. Surinamische China. Seit 56 Jahren bekannt. Stammt nach Hayne von C. oblongifolia, nach Anderen von Portlandia grandiflora.

c) China nova brasiliensis. China de Rio Janeiro. China de Bahia. China pseudo-rubra. Neue brasilianische China. Stammpflanze: Buena hexandra. Weddell bezeichnet dagegen Cascarilla Riedeliana als Stammbaum.

d) China california. Californische China. Abgeleitet von B u e n a obtusifolia oder Buena hexandra.

e) China de Para rubra. Diese von Winckler aufgestellte Chinarinde ist sehr wahrscheinlich nur China nova brasiliensis.

f) China Azahar. Über den Ursprung ist nichts bekannt.

## Die Preußischen Pharmakopöen geben folgendes an:

1799: Cortex Chinae fuscus s. officinalis (Cortex Peruvianus, olim Cortex Kina Kinae, Gewöhnliche Chinarinde; von C. officinalis); Cortex Caribaeus (Caraibische Rinde, von C. Caribaea); Cortex Chinae flavus s. regius (Gelbe Chinarinde, Königs Chinarinde, von noch nicht genügend definierten Cinchonaarten); Cortex Chinae ruber (Rote Chinarinde, von noch nicht genügend definierten Cinchonaarten).

1813: Cortex Chinae fuscus s. officinalis (von C. Condaminea Humboldt); Cortex Chinae flavus s. regius (von C. cordifolia Mutis?); Cortex Chinae ruber (von C. oblongifolia Mutis?).

1827/29: China, Cortex fucus s. officinalis (Cortex Peruvianus, Braune Chinarinde; von C. Condaminea Humboldti?); China, Cortex regius (Königs-Chinarinde; von C. angustifolia Ruiz s. C. lancifolia Mutis?); China, Cortex ruber (Rote Chinarinde; von C. angustifolia Ruiz?).

1846: Cortex Chinae fuscus s. officinalis (von C. glandulifera Ruiz et Pavon sec. Poeppig. - C. scrobiculata Humb. et Bonpl. - C. micrantha Ruiz et Pavon sec. Endlicher); Cortex Chinae regius (Arbor Americae occidentali-meridionalis ignota).

1862: Cortex Chinae fuscus s. officinalis (Braune oder Graue Chinarinde; von C. micrantha Ruiz et Pavon, C. macrocalyx et C. Uritusinga Pavon, C. Condaminea Humboldt et aliae species); Cortex Chinae Calisayae (Königschina; von C. Calisaya Weddell).

In das DAB 1, 1872, wurden 3 Drogen aufgenommen:

1.) Cortex Chinae fuscus (Braune Chinarinde; von C. micrantha Ruiz et Pavon et aliae species generis Cinchonae);

2.) Cortex Chinae Calisayae (Kalisayarinde, Königschina; von C. Calisaya Weddell);

3.) Cortex Chinae ruber (Rote Chinarinde; v. C. succirubra Pavon et altera non satis nota species).

Hager führt dazu in seinem Kommentar, 1874, aus:

„Die Cinchonen, welche die Chinarinde liefern . . . sind immergrüne Bäume und Sträucher der Wälder der Andenkette Südamerikas . . . Die Franzosen haben verschiedene Cinchonen, welche die besseren Chinarinden liefern, im Jahre 1851 nach Algier zu verpflanzen gesucht, ohne jedoch zu befriedigenden Erfolgen zu gelangen. Erfolgreicher erscheint die Cinchonenzucht auf der Insel Réunion (Bourbon) zu werden. Glücklicher waren die Holländer, welche unter Beihilfe des Botanikers Hasskarl in den Jahren 1854 bis 1856 eine Cinchonenkultur nach den Hochebenen Javas verlegten, welche heut sich eines befriedigenden Gedeihens erfreut und einen wohltätigen Einfluß auf unseren Chinarindenmarkt in Aussicht stellt. Im Jahre 1852 machte der englischer Botaniker Royle die Ostindische Kompanie auf das Gelingen einer Cinchonenkultur auf den blauen Bergen der Malabarküste und den südlichen Vorbergen des Himalaja aufmerksam. Vermittels der Bemühungen der Botaniker Markham, Spruce und Cross, sowie des Gärtners Mac Ivor und Anderer entstanden in Ostindien an verschiedenen Orten, besonders zu Utacamund, Cinchonapflanzungen. Es wurden ferner Pflanzungen angelegt in Hakgalla auf Ceylon, zu Dardschiling am südöstlichen Himalaja, auf Jamaika, Trinidad, dann auf Neu-Seeland und zu Brisbane im Queensland an der Ostküste Australiens ...

Gemeiniglich teilt man die Chinarinden des Handels in 4 Klassen, nämlich in

1. Braune oder Graue oder Perurinden (Huanoco-China, Loxa-China, Lima-China, Jaen-China);
2. Gelbe oder Bolivarinden (Calisaya-China, Cusco-China, Pitaya-China etc.);
3. Rote;
4. falsche oder unechte, welche von den Gattungen L a d e n b e r g i a , Exostemma etc. herkommen (Para-China, China nova, Brasilianische rote China, Piton-China etc.).

*zu 1. Cortex Chinae fuscus s. officinalis.* Diese Ware kommt meist in Röhren, auch in flachen von der Rindenschicht befreiten Stücken in den Handel. Die Röhren bestehen aus den Ast- und Zweigringen der C. micrantha, C. purpurea, C. lanceolata, C. glandulifera Ruiz u. Pavon. Die Pharmakopöe läßt der Huanoco- und auch der Loxa-China den Vorzug geben. Verwechselt können diese Rinden werden mit anderen braunen Rinden, denen aber der Harzring fehlt, z. B. der blassen Jaen-China (Ten-China), der Pseudo-Loxa (China Jaen nigricans, dunkle Jaen-China) und der Huamalies-China (Yuamalies-China, braune China).

*zu 2. Cortex Chinae Calisayae.* Kommt in zwei Formen vor, in Röhren und in flachen Stücken. Erstere nennt man bedeckte, letztere unbedeckte. Sie kommt von C. Calisaya Weddell aus Bolivia und dem südlichen Peru.

a) Unbedeckte oder flache Calisaya-China, sog. Monopol-Calisaya-China [Fußnote Hagers: Der angestrengte Chinarindenexport aus Bolivia ließ die Regierung daselbst eine Ausrottung der geschätzteren Cinchonenarten, da an eine Nachpflanzung nicht gedacht wurde, befürchten. Im Jahre 1833 übertrug daher die Regierung den Alleinhandel (Monopol) einer Kompanie zu La Paz, untersagte sogar 1854 die Ausfuhr gänzlich, so daß die nach dieser Zeit im Handel vorkommende unbedeckte Calisaya aus aufgehäuften Lagern der Monopolware herrührte oder durch Schmuggelhandel ausgeführt wurde]. Man unterscheidet im Handel eine Bolivianische oder Monopolware und eine Peruanische Ware. Die unbedeckte Calisaya ist der (zimmtbraune) Bast des Stammes. In der Regel fehlen die Rindenschichten. Unsere Pharmakopöe, welche nur diese Ware in den Gebrauch ziehen läßt, hat eine genügende Beschreibung gegeben ... Von Wichtigkeit ist die Untermischung und Verwechslung der unbedeckten Calisaya mit anderen Rinden von geringerem Werte. Solche Rinden sind: Flache Guanoco-China (wahrscheinlich die Stammrinde von C. micrantha u. rotundifolia Weddell), flache Carabaya-China (Calisaya fibrosa oder sog. leichte Calisaya oder rote Cusco-Rinde, von C. scrobiculata), Pitaya-China (Pitoya-China, kommt aus Neu-Granada), flache Cusco-China (China de Cusco), Carthagena-China (China flava fibrosa).

b) Die bedeckte oder gerollte Calisaya-China wird von der Deutschen Pharmakopöe nicht zugelassen, weil sie weniger alkaloidreich ist als die unbedeckte ...

*zu 3. China rubra.* Diese unterscheidet sich durch ihre rote oder bräunlichrote Farbe und einen dünn- und langsplitterigen Bruch. Sie enthält mehr Chinin als Cinchonin. Man unterscheidet eine korkige (suberosa) und eine harte (dura) rote China. Erstere kommt von C. succirubra Pav., letztere nach Weddel von C. ovata var. erytroderma. Die erste kommt in flachen, rinnen- oder röhrenförmigen Stücken vor, welche letzteren jedoch nicht offizinell sind ... Die China rubra dura bildet flache oder etwas gebogene Rinden ...

Anwendung. Die Chinarinden werden im Aufguß, der Abkochung, in Pulvermischung bei Schwächeleiden der Brustorgane oder des Darmkanals, Nachtschweiß, bei profusen Eiterungen, bei septischen Zuständen, passiven Blutungen, skrofulösen Leiden gegeben. Äußerlich wendet man sie zu Einstreupulvern, Zahnpulvern, in der Abkochung zu Waschungen, Einspritzungen etc. an. Die Anwendung ist überall da angezeigt, wo man roborierende und styptische Wirkung zugleich erzeugen will".

Als Zubereitungen aus „Cortex Chinae" hatte Ph. Preußen 1799 aufgenommen: Extractum Chinae frigide paratum, Tinctura Chinae composita (= E l i x i r r o b o r a n s ); das DAB 1 führte: (aus Cortex Chinae fuscus) Extractum Chinae fuscae, Extractum Chinae frigide paratum, Tinctura Chinae, Tinctura Chinae composita, (aus Cortex Chinae Calisayae) Vinum Chinae.

In DAB 2, 1882, bis DAB 7, 1968, ist nur eine Cortex Chinae (von C. succirubra Pavon) aufgenommen. Als Zubereitungen blieb im DAB 6: Extractum Chinae spirituosum, Extractum Chinae fluidum, Tinctura Chinae, Tinctura Chinae composita, Vinum Chinae. In Erg.-B. 6, 1941, steht: Cortex Chinae calisayae (von C. Calisaya Weddell), Elixir Chinae (mit Calisayarinde), Extractum Chinae aquosum, Sirupus Chinae. In DAB 7: Zusammengesetzte Chinatinktur. In Hager Handbuch, um 1930, sind die Verhältnisse folgendermaßen geschildert:

„Die Chinarinden des Handels stammen von einer Anzahl zur Zeit fast ausschließlich kultivierter Arten der Gattung Cinchona. Die Arzneibücher fordern als offizinelle Droge hauptsächlich die Rinde von C. succirubra Pavon, lassen aber zum Teil daneben die Rinden von C. calisaya Weddell und C. Ledgeriana Howard zu. Die Heimat der Cinchonen sind die Kordilleren Südamerikas . . . Kultiviert in der Heimat, besonders aber in Britsch-Indien, auf Ceylon und Java, ferner in Westindien, Westafrika und anderen Tropenländern. Wieviele Arten die Gattung Cinchona umfaßt, darüber gehen die Ansichten der Botaniker weit auseinander, die Arten sind schwer auseinanderzuhalten, da sie leicht Bastarde bilden."

Hager beschreibt dann

1.) Cortex Chinae (Cortex Cinchonae, Fieberrinde, Rote Chinarinde; die Stamm- und Zweigrinde von C. succirubra Pavon);

2.) Cortex Chinae Calisayae (Cortex Chinae regius, Gelbe Königsrinde; die Rinde der angebauten C. calisaya Weddell);

3.) Cortex Chinae fuscus (Braune Chinarinde; von C. officinalis Hooker und deren Varietät C. Ledgeriana Howard, heimisch in Ekuador, Bolivien, kultiviert auf Java, Britsch-Indien, und als Huanocorinde von C. micrantha Ruiz et Pavon, Peru).

„Anwendung. Die Chinasäure, die Chinagerbsäure, das Chinovin und die übrigen Bestandteile bedingen noch eine besondere Wirkung als Tonicum, Amarum, Adstringens und Antisepticum. Die Rinde kann daher in vielen Fällen nicht durch Chinin ersetzt werden. Äußerlich wird sie hin und wieder noch als Pulver, Extrakt oder Tinktur bei schlaffen, schlechteiternden Geschwüren, bei Gangrän, Decubitus, bei skorbutischem Zahnfleisch und bei Haarkrankheiten in Form von Pomaden verwendet. Als Streupulver rein oder mit Kohle, Myrrhe u. a., als Zahnpulver mit Kohle, Myrrhe und aromatischen Substanzen. Innerlich als Dekokt gegen Verdauungsbeschwerden, als Tonicum und Amarum."

In der Homöopathie ist „China - Chinarinde" (C. succirubra Pavon; Tinktur aus getrockneter Rinde der jüngeren oder älteren Zweige; Hahnemann 1805) ein wichtiges, „China fusca" (C. micrantha Ruiz et Pavon; Tinktur aus getrockneter Rinde) ein weniger wichtiges Mittel.

In Zander-Pflanzennamen sind folgende Arten aufgeführt:
1.) C. calissaja Wedd.
2.) C. ledgeriana Moens ex Trim.
3.) C. officinalis L.
4.) C. pubescens Vahl (= C. succirubra Pav. ex Klotzsch).

## Cinnamodendron

Nach Dragendorff-Heilpflanzen (S. 449; Fam. C a n e l l a c e a e - W i n t e r a - n a c a e ), liefert die [westindische] C. corticosum Miers: „falsche Wintersrinde" (→ W i n t e r a n a ).
Die Rinde der brasilianischen C. axillare Endl. (= C a n e l l a axill. Nees et Mart.) soll bei Scorbut, Fiebern, als Stomachicum, empfohlen worden sein.

## Cinnamomum

C i n n a m o m u m siehe Bd. II, Abortiva; Analeptica; Anonimi; Antapoplectica; Aromatica; Cephalica; Emmenagoga; Peptica; Succedanea. / III, Camphora; Confectio de Cinamomo regia. / IV, A 45; E 10, 72, 258; G 967, 1061. / V, Canella; Cassia; Cinchona; Drimys; Dryobalanops; Lavandula.
C a m p h e r siehe Bd. IV, E 63, 107, 149. / V, Dryobalanops.
C a m p h o r a siehe Bd. II, Alexipharmaca; Analeptica; Antepileptica; Anthelmintica; Anticancrosa; Antipsorica; Antirheumatica; Defensiva; Diaphoretica; Odontica; Ophthalmica. / III, Reg.; Pulvis bezoardicus camphoratus. / IV, D 3, 7; G 1340. / V, Blumea; Dryobalanops.
C a n e l l a siehe Bd. IV, D 1; G 1062.
K a m p h e r siehe Bd. IV, E 17, 27, 38, 49, 50, 120, 135, 139, 162, 167, 189, 207, 214, 282, 303, 309, 314, 315, 320, 322, 327, 343, 353, 356, 367, 368, 376, 384; G 181, 209, 228, 288, 335, 340, 366, 422, 452, 643, 957, 978, 1069, 1088, 1165, 1267, 1298, 1410, 1457, 1466, 1513, 1553, 1625, 1726, 1734, 1746, 1808. / V, Bocconia.
M a l a b a t h r u m siehe Bd. II, Succedanea.
Z i m t siehe Bd. I, Ambra; Vipera. / II, Antiarthritica; Carminativa; Stimulantia. / III (Spiritus Salis ammoniaci aromaticus). IV, B 4; C 34; E 6, 30, 40, 61, 73, 74, 103, 158, 183, 192, 213, 241, 270, 281, 289, 301, 313, 340; G 1007, 1051, 1069, 1153, 1221, 1412, 1496, 1554, 1660. / V, Canella; Costus; Dicypellium; Drimys; Syzygium.
Z i m t c a s s i a siehe Bd. IV, E 262; G 1819.
Z i m t k o n f e k t siehe Bd. III, Reg.

D e i n e s-Ägypten: - Cinnamomum (Kassienlorbeer).
G r o t-Hippokrates: - ( C a s s i a ; Zimt).
B e r e n d e s-Dioskurides: - Kap. K a s s i a und Kap. Zimmt, C.-Arten, wie C. Cassia Blume (chinesischer Zimmt), C. ceylanicum Breyn. (Ceylon-Zimmt); Kap. M a l a b a t h r o n , L a u r u s Cassia L. oder C. Cassia Nees, C. aromat. Nees, C. Tamala Nees.
T s c h i r c h-Sontheimer-Araber: - Laurus Cassia, Laurus Cinnamomum, Laurus Malabathrum - - Laurus Camphora.
F i s c h e r-Mittelalter: - C. Cassia Blume (cassia lignea; Diosk.: k i n n a m o - m u m ); C. ceylanicum Brayn ( c i n a m o m u m , z i m e m i t t e n , c y m e t -

r i n d e n , k a n e l ); C. aromaticum Nees - - (Camphora siehe Dryobalanops).
B e ß l e r-Gart: - Kap. Cassia lignea ( m e l o c h m a , x i l o c a s s i a , m a s o -
l i t e s ) , C.-Arten, bes. C. cassia (Nees) Blume (oder C. tamala (Spr.) Nees et
Eberm.?); Kap. Cinamomum ( c y n a m o m u m , zymetrynden, k a n o l ,
darsen), C.-spec. bes. C. zeylanicum Nees; Kap. M a l a b a s t r u m ( f o l i u m
p a r a d i s i ), C.-Arten (?).
G e i g e r-Handbuch: - P e r s e a Cassia Spr. (= Laurus Cassia L.); Persea Cin-
namomum Spr. (= Laurus Cinnamomum L.) - - Persea Camphora Spr. (= Laurus
Camphora L.).
H a g e r-Handbuch: - C. cassia (Nees) Blume; C. ceylanicum Breyne - - C. cam-
phora (L.) Nees et Eberm. (= Laurus camphora L.).
Z a n d e r-Pflanzennamen: - 1. **C. aromaticum Nees** (= C. cassia Bl.), Zimt-
kassie; 2. **C. zeylanicum Bl.** (Ceylonzimtbaum) - - **C. camphora (L.) Sieb.** (Kamp-
ferbaum).
Z i t a t-Empfehlung: **Cinnamomum aromaticum (S.)**; **Cinnamomum zeylanicum
(S.)**; **Cinnamomum camphora (S.)**.

Dragendorff-Heilpflanzen, S. 238-241 (Fam. L a u r a c e a e ); Tschirch-Handbuch II, S. 1270-1273 (C. chinensis), S. 1281 uf. (C. ceylanicum), S. 1133-1138 (Camphora).

( Z i m t )
Nach Tschirch-Handbuch ist Zimt das älteste Gewürz; Schumann wird zitiert:
„Das Zimtland katexochen des Altertums und Mittelalters war zweifelsohne
China, es besaß das fast ausschließliche Monopol bis zur Auffindung des Gewürzes
in Ceylon"; wurde sehr frühzeitig durch Handel von China nach Indien, Arabien
und an die Somaliküste gebracht, wo ihn die Ägypter und Uraraber holten und
nach dem Nordwesten brachten; man unterschied schon in frühester Zeit 2 Sorten:
kinnamomum (cinnamomum) und kasia (kassia); was sie waren ist sicher nicht
mehr festzustellen; nach Galen ist zwischen kasia und kinnamomum kein wesent-
licher Unterschied.
Dioskurides beschreibt
1.) von der Kassia mehrere Sorten von verschiedenen Orten, Geschmack, Farbe
(hat erwärmende, harntreibende, austrocknende, adstringierende Kraft; zu Augenmitteln; mit Honig gegen Leberflecke; befördert Menstruation; gegen Otterbiß,
innere Entzündungen; als Sitzbad und Räucherung bei Frauenleiden).
2.) Auch vom Kinnamomon gibt es zahlreiche Sorten (sämtlicher Zimt hat erwärmende, harntreibende, erweichende, verdauungsbefördernde Kraft; fördert die
Menstruation, treibt die Frucht ab; äußerlich mit Myrrhe gegen giftige Tiere; entfernt Verdunkelungen der Pupille; mit Honig gegen Leberflecken und Sommersprossen; gegen Husten und Katarrh, Wassersucht, Nierenleiden, Harnverhaltung;
wird den kostbaren Salben zugemischt).
3.) Eine 3. Droge [die man nach Berendes C.-Arten zuschreibt] ist Malabathron.
Sie ist im Gegensatz zu den beiden vorigen, bei denen es sich um Zweige oder Rin-

den handelt, eine Blattdroge (hat dieselbe Kraft wie die Narde, harntreibend, magenstärkend; gegen Augenentzündungen; zum Wohlgeruch des Mundes).

Über die Stammpflanzen dieser Drogen - bis ins 16. Jahrhundert hinein - läßt sich kaum mehr sagen, als daß sie chinaheimische C.-Arten waren, darunter sicher C. aromaticum Nees.

Nach Tschirch-Handbuch wird Ceylonzimt im hohen Mittelalter spärlich erwähnt; im 16. Jh. ist er in Europa bekannt; Garcia da Orta kannte ihn schon geschält (1536), er war damals 40mal so teuer als der von Java und den Philippinen; seit 2. Hälfte 17. Jh. wurde die Ausfuhr des Ceylonzimts ein Monopol der holländisch-ostindischen Compagnie, dann (seit 1796) britischer Handelsgesellschaften (bis 1832). Als Stammpflanze kann man C. zeylanicum Bl. angeben.

Ist im 16. Jh. nur von „Zimt" die Rede, so können beide Stammpflanzen (chinesische und ceylanische) in Frage kommen, es zeigt sich in der Literatur auch später noch, daß die Drogen durcheinandergeworfen wurden (siehe unten bei Schröder). Aus den Arzneitaxen ergibt sich dagegen ein klares Bild, deutlich zu unterscheiden sind Cassiarinde und Zimtrinde. So sind schon in Ap. Lüneburg 1475 nebeneinander vorhanden (I.) Cassia lignea (3 qr.) und (II.) Cinnamomus (8 lb.); außerdem gibt es (III.1) Flores cinamomi (3 qr.).

Die hierher gehörigen Gewürzsorten in T. Worms 1582 sind:

I.) Caßia lignea (Xylocaßia, Cassienrinde, Mutterzimmat) [doppelt so teuer wie die folgende].

II.1) Cinnamomum (Cinamomum, Cinnamum, C a n e l l a. Zimmet, Zimmet-röhren, Zimmetrinden, R h ö r l e n, Canel).

II.2) Cinnamomum crassum ( D a r s e n u m, Grober dicker Zimmet) [gleicher Preis wie vorher].

II.3) Cinnamomi fragmenta ( S c a u a z o n u m materialistarum, Scauazonzimmet, Stoßzimmet) [halb so teuer wie der vorige].

III.2) Folia Cinnamomi (Zimmatblätter).

III.3) Folium (seu F o l i u m   i n d u m, Malobathrum, Malabathrum, B e t - r u m, B a t r u m, Batrum seu Betrum indicum, T e m b u l u m, P h y l l o n, Phyllon indicon, Phyllon scylmatos Aetii. I n d i s c h   b l a t, Indianisch S a m m k r a u t).

In T. Mainz 1618 gibt es:

I.1) Cassia ligna (Gemein Mutterzimmet).

I.2) Cassia lignea selecta (auserlesen Mutterzimmet).

II.1.1) Cinamomum commune (seu non delectum, Gemein oder Grober Zimmet-rinden).

II.1.2) Cinamomum breve (Zimmet in kurzen Stücklein).

II.1.3) Cinamomum selectissimum (Wolauserlesen Zimmetrinden).

II.2) Cinamomum longum (Zimmet in langen Stücken).

III.2) Folia Cinamomi (Zimmetblätter).
III.3) Folium indum (seu Malabathrum, Indianisch Blatt).


In T. Frankfurt/M. 1687 gibt es:
I.) Cassia lignea (Xylocassia, Mutterzimet oder Caßienrinden).
II.2) Cinamomum longum optimum Darsenum (Zimmet in langen Stücken).
III.3) Folia Indum (seu Malabathrum. Indianisch Saamkraut).


In Ap. Braunschweig 1666 waren vorrätig:
Zu I.) Cassia lignea (10 lb.), Extractum c. l. (3¹/₂ Lot).
Zu II.) Cinamom. brev. und C. long. (zusammen 60 lb.), Pulvis c. (3 lb.), Aqua c. cum aqua cordialis (¹/₂ St.), Aqua c. cum succo cydoniae (¹/₂ St.), Aqua c. cum vino (1¹/₂ St.), Balsamum c. (3 Lot), Candisat. c. (15 lb.), Confectio c. (14 lb.), Confectio factit. c. (13 lb.), Elaeosaccharum c. (10 Lot), Extractum c. (6¹/₂ Lot), Oleum c. (2 Lot), Sal c. (4 Lot), Species diacinamomi (4 Lot), Spiritus c. (¹/₂ lb.), Syrupus c. cum vino (8 lb.).
C.-Drogen, vor allem „Cinnamomum" selbst, waren Bestandteil vieler großer Composita (in Ph. Nürnberg 1546 - und zum größten Teil auch noch später - z. B. in fast allen Confectiones aromaticae - nach Nicolai, Mesue, Avicenna u. a. -, auch in vielen Confectiones opiatae, einschließlich Theriak und Mithridat). Nach Ph. Augsburg 1640 kann anstelle von Cassia lignea: Cinnamomum optimum genommen werden. Die Unklarheit der Vorstellungen, die man sich von den Drogen machte, zeigt Schröder, 1685, im Kap. Cinnamomum:
„Sind Rinden von einem ausländischen Baum gleichen Namens. Von der Cassia und dem Zimmet der Apotheken wird sehr gestritten. Denn etliche halten diese beiden für eins und sagen, sie seien nur dem Namen nach unterschieden, andere schreiben, sie seien nur dem Ort nach unterschieden und kommen nicht von zweierlei Art Bäumen. Andere wollen, sie kommen von einerlei Baum und nennen die äußere grobe Rinde Cassia, die innere zartere aber Zimmet. Andere halten dafür, sie kommen von unterschiedenen Bäumen, die doch einander sehr gleich seien ... Die neuen Scribenten halten der Apotheker Zimmet für die wahre Cassia der Alten, meinen auch daß, wenn in der Griechen Rezepten die Xylocassien, d. i. lignea cassia erfordert werde, man den Canel gebrauchen solle. Wer diese aber unterscheiden will, der kann unter der gröberen Rinde die Cassien, unter der zarteren aber den Zimmet verstehen ... Diese Bäume wachsen in Zeilan gar häufig und geben vortrefflichen Zimmet, da hingegen in der Provinz Malavar und Jaba oder Java solcher viel schlechter ist ...
Der rote Zimmet, der wohlriecht und einen an sich ziehenden scharfen Geschmack hat, ist der beste. Der auf diese Weise ausgelesene Zimmet wird Darsenum genannt. Er wärmt und trocknet, eröffnet, zerteilt, befördert den Monatsfluß und Geburt, erquickt alle Geister und Lebensglieder, taugt zur Kochung. Daher ge-

braucht man ihn in Schwachheit der Kräfte, Ohnmachten und kalten Zuständen des Haupts, Magens und der Mutter. Es wird auch unter die gifttreibenden Mittel gerechnet, wie Dioscorides bezeugt, daher er zum Theriak, Mithridat und Alkermes Confect kommt".

In Ph. Württemberg 1741 werden aufgeführt:

I.) Cassia lignea (Xylo-cassia, Mutter-Zimmet, Caßien-Rinden; Rinde des Baumes C a n e l l i f e r a Malabarica; Wirkung wie Cinnamomum, aber schwächer).

II.) Cinnamomum (Canella Zeylanica, Zimmet, Canell; Calefaciens, Siccans, Roborans, Menstruation und Geburt befördernd; vor allem Cordiale); Aqua C. buglossata, Aqua C. cordialis, Aqua C. cydoniata, Aqua C. sine vino, Aqua C. spirituosa, Aqua C. vinosa, Balsamum C., Confectio C. regia, Elaeosaccharum C., Oleum (dest.) C., Spec. Diacinnamomi, Syrupus C.

III.) Folia Indi (Malabathri, T a m a l a p a t r i , Canellae silvestris Malabaricae, Indianisch Blatt; das Malabathrum der Alten ist unbekannt, unsere Blätter stammen vom gleichen Baum wie Cassia lignea; Alexiterium, Balsamicum, Uterinum, Diureticum; werden für Theriak und Mithridat gebraucht).

Um 1780 (Hagen) ist die Situation etwas anders geworden: Es werden 3 Zimtbäume unterschieden, aufgefaßt als Laurus-Arten. Es gibt:

A) Den Wahren Zimmetbaum (Laurus Cinnamomum). „Er wächst vorzüglich in Zeilon, und die Holländer haben daher noch immer den Alleinhandel damit ... Man erhält davon den Zimmt und die Zimmtblumen. Der braune Zimmet, braune Kanell oder Zimmetrinde (Cinnamomum verum seu acutum) ist die innere Rinde. Man bekommt sie in Röhren ... ein Pfund gibt 1, selten 2 Quentchen, oft aber ungleich weniger ätherisches Öl (Oleum Cinnamomi). Dieses so teure Öl wird meistenteils aus Zeilon gebracht, wo man es durch die Destillation aus den Zimmtstücken und Brocken, welche beim Einpacken abfallen und abgebrochen werden, erhält ...

Die Zimmetkelche oder Zimmetnägelchen (Calyces Cassiae Zeylanicae, Clauelli Cinnamomi), die man auch fälschlich Zimmtblumen, Kassienblumen oder Kassiensamen (Flores seu Semen Cassiae, Semen P h e l l a n d r i i exotici) zu nennen pflegt, sind eigentlich die unentwickelten und noch nicht aufgebrochenen Blumen oder vielmehr Kelche".

B) Indianischer Zimmtbaum (Laurus Cassia), „ist dem vorigen so ähnlich, daß ihn einige auch nicht einmal als verschieden davon ansehen wollen. Er wächst in Sumatra, Java, Malabar, Martinike und ebenfalls auch in Zeilon. Die innere Rinde, die man davon über England bekommt, wird Zimmetsorte (Cinnamomum Indicum, Cassia cinnamomea) genannt. Sie ist dem wahren Zimmet sehr ähnlich, doch etwas dicker ... Man pflegt diese Zimmetsorte oft mit der Kassienrinde zu verwechseln. Von eben demselben Baum sollen die Indianischen Blätter (Folia Indi seu Malabathri) herkommen".

C) Kassienbaum (Laurus Malabathrum), „ist in Ostindien, vornehmlich Malabar einheimisch. Man sammelt davon diejenige Rinde, die in Apotheken unter dem Namen Kassienrinde oder Mutterzimmet (Cassia lignea, Xylocassia) bekannt ist. Sie ist gleich dem Kanell in Röhren gerollt und auch im Ansehen, Farbe, Geruch und Geschmack ihm ähnlich".

Um 1830 schildert Geiger die Sachlage folgendermaßen:

A) Persea Cinnamomum Spr. (= Laurus Cinnamomum L.). „Der Zimmt war den Alten bekannt, wiewohl der häufige Gebrauch der Zimmtrinde erst in spätere Zeiten fällt. - Der echte Zimmtbaum wächst in Ceilon und Cochinchina. Wird auch jetzo in Südamerika gebaut ... Offizinell ist: Die Rinde, ceilanischer, echter, langer Zimmt, brauner Canel (cort. Cinnamomi ceilanici, veri, longi seu acuti, Canella ceilanica) ... Aus den Wurzeln des Zimmtbaums erhält man Kampher, aus den Blättern ein dem Gewürznelkenöl im Geruch und Geschmack sehr ähnliches Öl, womit letzteres wohl verfälscht vorkommt; die Früchte liefern ein fettes und ätherisches, dem Wacholderöl ähnlich riechendes Öl ... Man gibt den Zimmt in Pulverform, ferner im Aufguß mit Wasser oder Wein".

B) Persea Cassia Spr. (= Laurus Cassia L.). „Wird wie die vorhergehende Art längst schon auf Zimmt benutzt. - Wächst in Ostindien, Kochinchina und wird auch in Südamerika kultiviert ... Offizinell ist auch: Die Rinde, Cassienzimmt, chinesischer oder indischer, auch cajenser Zimmt, Zimmtsorte (Cassia cinnamomea, Cinnamom. chinense, indicum, cajense). Nach Lechenault soll auch dieser Zimmt von P. Cinnamomum kommen, und P. Cassia nur eine bittere und wenig aromatische Rinde liefern. Nach den Beobachtungen der Gebrüder Nees v. Esenbeck ist aber die Rinde stark gewürzhaft zimmtartig ... Unter dem Namen Cajenne-Zimmt kommt seit ein paar Jahren aus Südamerika Zimmt, der dem eben beschriebenen ganz gleich, nur meistens etwas heller, ins gelbliche gefärbt ist ... Der englische Zimmt ist die Rinde vom Stamm und älteren Zweigen ... Anwendung. Wie die vorhergehende Art. Die Zimmtsorte wird bei uns in der Regel häufiger gebraucht als der ceilanische Zimmt; wohl deshalb, weil der Preis viel niedriger ist und der weit stärkere, wenn auch minder angenehme, scharf aromatische Geschmack ihn als vorzüglich wirksam bezeichnen. Nach Nees v. Esenbeck enthält auch dieser Zimmt mehr ätherisches Öl als der ceilanische. - Präparate hat man dieselben von diesem Zimmt als von dem ceilanischen".

C) Persea malabatrum? (=Laurus malabatrum L.). „Diese Species wurde allein von Reede beschrieben, von mehreren Botanikern aber ihre Eigentümlichkeit nicht anerkannt ... Wächst auf Malabar ... Offizinell ist: Die Rinde, Cassienrinde, Mutterzimmt (Cassia lignea, Xylocassia) (welche man von diesem noch problematischen Baum ableitet); sonst auch die Blätter (folia Indi seu Malabatri), welche nach Anderen von der vorhergehenden Art sein sollen. Nach Nees von Esenbeck kommen auch von diesem Baum die Zimmtblüthen, Zimmtnägelein (flores Cassiae, clavelli, Cinnamomi) ... Der Mutterzimmt wird wie der Zimmt gebraucht, jetzt aber selten, meistens im Aufguß; ebenso werden die Zimmtblumen wie der Zimmt benutzt, doch ist ihr Gebrauch in neueren Zeiten wegen der Wohlfeile des Zimmts, von dem sie ein Surrogat sein sollen, wieder sehr eingeschränkt". Hundert Jahre später (Hager-Handbuch, um 1930) gibt es:

A) von C. ceylanicum Breyne [= C. zeylanicum Bl.]: Cortex Cinnamomi (ceylanicus) (Echter Zimt oder Kanel). „Anwendung. Zur Herstellung von Zimtwasser, von Tinkturen, als Gewürz, zur Gewinnung des ätherischen Öls".

B) von C. cassia (Nees) Blume [= C. aromaticum Nees]:

1.) Cortex Cinnamomi Cassiae (Chinesischer Zimt, Mutterzimt, Zimtkassia). „Anwendung. Als Gewürz und nach einigen Arzneibüchern zur Herstellung von Zubereitungen"; für den Apotheker empfiehlt es sich, auch für den Handverkauf, nur Ceylonzimt zu führen.

2.) Flores Cassiae (Zimtblüten, Clavelli Cassiae, Zimtnägelein, Zimtkelche). Anwendung: als Gewürz.

3.) „Der sog. englische Zimt, China Cinnamom, ist ein ungeschälter Zimt; er soll von älteren, dickeren Zweigen von C. cassia gesammelt werden".

C) Als Verfälschung des Ceylonzimts wird u. a. genannt: Cassia lignea, Holzzimt, Holzkassia, Mutterzimt; stammt von C. Burmanni Blume [Schreibweise nach Zander-Pflanzennamen: **C. burmanii Bl.**]. „Der Baum ist nicht in Kultur".

In preußische Pharmakopöen und DAB's war aufgenommen:

(Ph. Preußen) Ausgabe 1799—1829, „Cassia cinnamomea, Zimmet-Caßia", von Laurus Cassia; daraus bereitet: Aqua Cinnamomi simplex u. vinosa, Oleum C., Syrupus C., Tinctura C.; Bestandteil von Acetum aromaticum, Aqua aromatica, Electuarium aromaticum, Elect. Theriaca, Elixir Aurantium comp., Mixtura oleoso-balsamica, Pulvis aromaticus, Syrupus Rhei, Tinctura aromatica, Tinctura Opii crocata, Vinum martiatum. Ausgaben 1827—1829 außerdem „Cinnamomum acutum. Zimmt" von Laurus Cinnamomum Linn. (und das Zimmtöl daraus); 1846, „Cassia cinnamomea" von Cinnamomum-Art? und „Cinnamomum acutum" von C. Zeylanicum? Nees ab E., Laurus Cinnamomum L.; 1862 „Cortex Cinnamomi Cassiae" von C. Cassia Fr. Nees. seu C. aromaticum Chr. Nees, und „Cortex Cinnamomi Zeylanici" von C. Zeylanicum Breyn.

DAB 1, 1872, „Cortex Cinnamomi Cassiae" von C. Cassia Blume und „Cortex Cinnamomi Zeylanici" von C. Zeylanicum Breyn (Laurus Cinnamomum Linn.); aus Zimmtkassie wird hergestellt: Aqua C., Aqua C. spirituosa, Oleum C. Cassiae, Syrupus C., Tinctura C.; Bestandteil von Aqua aromatica, Elixir Aurantii comp., Electuarium Theriaca, Decoctum Sarsaparillae comp. mitius, Pulvis aromaticus, Spiritus Melissae comp., Syrupus Rhei, Tinctura aromatica, Tinctura Chinae comp., Tinctura Opii crocata; aus Zimt wird hergestellt: Oleum C. Zeylanici. Ausgabe 1882 „Cortex Cinnamomi", von chinesischen C.-Arten; 1890—1900, „Cortex Cinnamomi" von C. Cassia; 1910 von C. ceylanicum Breyne; 1926 von C. ceylanicum Nees; 1968 von C. zeylanicum Blume (außer „Zimt": Zimtöl, aus der Rinde). In den Erg.-Büchern weiterhin Cortex Cinnamomi chinensis von

C. cassia (Nees) Blume. In der Homöopathie ist „Cinnamomum - Ceylon-Zimt"
(Tinktur aus getrockneter innerer Rinde; Buchner 1840) ein wichtiges Mittel.
Nach Hoppe-Drogenkunde, 1958, werden verwendet:
A) Kap. C. ceylanicum; 1. die Rinde („Stomachicum, Geruchs- und Geschmacks-
korrigens, Gewürz, bes. zu Backwaren. In der Likörindustrie"); 2. das äther. Öl
der Rinde, 3. das äther. Öl der Blätter (beide ätherischen Öle „Medizinisch als
Stomachicum und bei Frauenleiden. - Geruchs- und Geschmackskorrigens. - Ge-
würz ...").
B) Kap. C. Cassia; 1. die Rinde (Gewürz); 2. das äther. Öl der Rinde (Stomachicum); 3. die Blüte (Gewürz, Aromaticum).

(Verschiedene weitere Drogen)
Wiggers, um 1850, beschreibt noch folgende drogenliefernde C.-Arten:
1. C. Culilawan Nees (= Laurus Culilawan L.), Molukken. Liefert die Echte
Culilawanrinde, Cortex Culilawani verus. Auch in Geiger-Handbuch,
um 1830; Stammpflanze Laurus Culilaban („die Rinde dieses Baumes erwähnte
bereits 1680 Rumpf ... Jetzt wird sie selten mehr gebraucht"). War aufgenommen
in Ph. Württemberg 1741: Cortex Culilavvan (Culilavan, Caryophilloides, bittere
Zimmet-Rinde; bei den Eingeborenen äußerlich bei Leibschmerzen, Koliken, heftigem Kopfschmerz; das Öl ist Carminativum, Roborans, Stomachicum); Essentia
Culilawan. Nach Hagen, um 1780, heißt der Kulilabanbaum: Laurus Culilaban. Nach Dragendorff-Heilpflanzen, um 1900, als Stomachicum, Antiscorbuticum, auch gegen Cholera empfohlen. Erwähnt bei Hoppe-Drogenkunde.
2. C. Xanthoneurum Blume. Liefert die Papuanische Culilawanrinde. Cortex
Culilawani papuanus. Nach Dragendorff gegen Kolik, Diarrhöe, Krampf usw. gebraucht und mitunter auch als Massoy [siehe unter 4] nach London gebracht.
3. C. javanicum Blume. Liefert Sintocrinde, Cortex Sintoc. Nach Dragendorff Tonicum und Stomachicum.
4. C. Kiamis Nees (= C. Burmanni Blume) liefert wahrscheinlich die Massoy-
rinde, Cortex Massoy. Wird nach Dragendorff bei Diarrhöe, Magenkrampf
etc. gebraucht. Nach Hoppe wird die Massoi-Rinde von C. massoia geliefert;
C. Burmanni gibt er als Stammpflanze von Cassia lignea an [so auch in Hager-
Handbuch, wie bereits vorn erwähnt].
5. C. Tamala Nees (= Persea Tamala Sprengel). Liefert a) Mutterzimmet, Cortex
Malabathri; b) Indische Blätter, Folia Malabathri seu Indi. Entsprechendes bei
Dragendorff. Auch Hoppe gibt an, daß von C. tamala die Blätter in Ostindien
als Folia Malabatri gehandelt werden, außerdem liefert die Pflanze auch Cassia
lignea [siehe bei 4].
6. C. Loureirii Nees (Laurus Cinnamomum Loureiro). Japan, China. Liefert die
Zimmetblüten, Flores Cassiae seu Clavelli Cinnamomi. Dragendorff bezweifelt
diese Angabe [mit Recht, siehe vorn bei C. aromaticum]. Nach Hoppe liefert die
Pflanze eine Art Chinesischen Zimt oder Saigon-Zimt.

(C a m p h o r a)

Über die ältere Geschichte des (Borneo-)Kampfers → Dryobalanops. Nach
Tschirch-Handbuch tritt erst im 16. Jh. mit der Entdeckung des Seeweges nach
Ostindien sicher Laurineencampher im Handel nach Europa auf. Im 17. Jh. ist
er die übliche Ware. Schröder, 1685, beschreibt den Borneocampher als zwar
beste, aber selten zu uns kommende Ware. „Die zweite kommt aus China oder
Cnicheu, die man insgemein in Europam bringt in Gestalt runder Brötlein . . Sie
widersteht der Fäulung und dem Gift, daher gebrauchte man selbe in der Pest
und anderen bösen Krankheiten und Fiebern sehr oft . . . Sie sollen auch der
Veneri ein Gebiß anlegen . . . die Empfahung verhindern und eine frühzeitige
Geburt und Abortum verursachen . . . Äußerlich gebraucht man sie öfters und
zwar in kühlenden, paregorischen Stirnumschlägen".

In Ap. Braunschweig 1666 waren vorrätig: Gummi camphori (4 lb.), Essentia c.
(8 Lot), Oleum c. (1½ Lot), Spiritus c. (2 Lot), Spiritus theriacalis camphoratus
(3 lb.), Trochisi de c. (3 Lot), Unguentum albi camphoratum (2 lb.); außerdem
Lignum camphoratum (1¼ lb.).

Über das L i g n u m   c a m p h o r a t u m  herrscht im 18. Jh. Unklarheit. Valentini, 1714, schreibt: „Vor einigen Jahren brachte ein Materialist ein noch
unbekanntes Holz aus Ostindien, welches ganz wie Campher riecht und schmeckt,
so er Lignum camphoratum nannte: Ist ein rötlichbraunes, leichtes und gestreiftes
Holz; ob es aber von demjenigen Baum sei, wo der Campher ausfließt, wie es
scheint, oder ob es dessen Geruch doch an sich habe, auch was es für Qualitäten
habe, steht zur weiteren Erkundigung". Als Droge in den üblichen Quellen nicht
nachgewiesen. Thon, 1829, hat in seinem Warenlexikon „K a m p h e r h o l z,
das vom japanischen Kampherbaume abstammende Holz. Es ist im frischen
Zustande weich und hat eine weiße Farbe, ausgetrocknet ist es hart und nimmt
dann ein rötliches, oft gestreiftes Aussehen an. Wegen seines dem Kampher ähnlichen Geruchs wird es von Ameisen, Würmern usw. vermieden und deshalb gern
zu Kisten, Kleiderschränken usw. verarbeitet".

In Ph. Württemberg 1741 ist verzeichnet: Camphora (C a p h u r a, C a m p -
b e r, Kampfer, K a p t e r; von einer japanischen Laurusart; Alexipharmacum,
Anodynum); Oleum Camphorae liquidum et butyraceum.

Die Stammpflanze heißt bei Hagen, um 1780: Kampherbaum (Laurus Camphora);
„die Bauern in Japan und China, welche sich der Bearbeitung des Kamphers, der
daher auch Japanischer oder Chinesischer Kampher heißt, unterziehen, verfahren
damit auf folgende Art. Sie zerschneiden den Stamm, die Äste und Wurzeln in
kleine Stücke, schütten sie in einen wie eine Destillierblase gestalteten eisernen
Topf, gießen Wasser darauf und setzen einen mit Binsen und Stoppeln ausge-
fütterten tönernen Helm, der einen Schnabel hat, damit er nicht zerspringe,
darüber. Nachdem das Wasser eine Zeitlang gekocht hat, findet man den Kampher
als kleine gelbe Körner am Stroh hängen. Dieser körnige, gelbe und durch Stroh

verunreinigte, rohe Kampher (Camphora cruda) wird nach Amsterdam gebracht, wo er gereinigt oder raffiniert wird, indem man ihn blos an sich oder mit zugesetztem lebendigem Kalke oder gepulverter Kreide, die das gelbfärbende brenzliche Öl zurückhalten, nochmals in Gläsern sublimiert, da er denn ganz weiß und in einem Stück sich oben am Sublimierglase ansetzt, die unreinen und fremdartigen Teile aber zurückbleiben. Dieses ist derjenige Kampher, der bei uns nur allein im Gebrauche ist . . Er ist so flüchtig, daß er sogar ohne die geringste Hitze in verschlossenen Gefäßen verfliegt. Es ist eben nicht sehr lange her, und an einigen Orten noch gebäuchlich, daß man in die Gläser, worinnen man den Kampher aufbehielt, L e i n s a m e n schüttete, welcher der Verzehrung des Kamphers vorbeugen sollte. Ich glaube immer, daß an diesem Vorgeben der Eigennutz mehr Anteil als die Unwissenheit und der Aberglaube gehabt hat, weil man beim Verkaufe den Leinsamen mit dem Kampher wohlbedächtig mitwog."

Angaben in preußischen Pharmakopöen: Ausgabe 1799-1829, „Camphora" von Laurus Camphora; 1846-1862, von Camphora officinarum Nees ab E. In DAB's: Ausgabe 1872, wie zuvor; zur Herstellung von Linimentum ammoniato-camphoratum, Lin. saponato-camphoratum ( O p o d e l d o k ) und Lin. sap.-camph. liquidum, Oleum camphoratum, Spiritus camphoratus, Vinum camphoratum; Bestandteil von Spiritus Angelicae comp., Tinctura Opii benzoica, Unguentum Cerussae camphoratum, Unguentum ophthalmicum comp. 1882-1900, von Cinnamomum Camphora; 1910, von C. camphora Linné (Nees und Ebermaier), „Die durch Sublimation gereinigte Ausscheidung des Holzes"; 1926, von C. camphora (Linné) Nees et Ebermaier (Schreibweise nach Zander: C. camphora (L.) Sieb.), „Die durch Zentrifugieren und durch Sublimation gereinigten Destillationsprodukte des Harzes"; hier ist außerdem Camphora synthetica aufgenommen. DAB 7, 1968, führt „Campher" (D-Campher, DL-Campher) ohne Angabe der Provenienz; aufgenommen ist ferner: Starkes Campheröl und Campherspiritus. In der Homöopathie ist „Camphora - Kampfer" (DAB-Ware; Hahnemann 1818) ein wichtiges Mittel.

Geiger, um 1830, handelt den Kampfer noch unter Persea Camphora Spr. ab. „Anwendung. Der Kampher wird innerlich in Pulverform und Mixturen gegeben. Man muß ihn mit wenig Weingeist abreiben, und zu wässerigen Mixturen muß er mit Gummischleim, Eidotter usw. gebunden werden. Äußerlich wird er für sich, oder mit Species gemengt, oder auf Leinwand usw. gerieben, angewendet. Wird außerdem öfters Salben, Pflastern zugesetzt, oder in Essig, Weingeist, Äther usw. gelöst, angewendet". Bei Meissner, zur gleichen Zeit, wird die Anwendung und Wirkung seitenlang beschrieben. Angaben von Hager, 1874: „Der Kampfer wirkt in kleineren Gaben beruhigend, in größeren erregend auf das Nervensystem und erstreckt diese Wirkung besonders auf die Nerven der Respiration, Circulation und Geschlechtsorgane. Man gibt ihn als lähmungswidriges, krampfstillendes, resorbierendes Mittel bei Krankheiten des Darmkanals, des Herzens, der Respirationsorgane, bei Nervenkrankheiten, Nymphomanie, Hautkrankheiten, gegen Opium- und Cantharidenvergiftung. Äußerlich wendet man ihn in typhösen, in brandigen Zuständen, gegen Speichelfluß, Rheumatismus, Nervenschmerzen etc. an. Als ein gutes Zahnschmerzmittel dient eine gesättigte Lösung des Kampfers in Ätherweingeist oder Chloroform. Häufig ist der Gebrauch, den Kampfer in kleinen Stücken in Watte gehüllt gegen Zahnschmerzen in das Ohr zu stecken. Zur Beseitigung roter Wangen und zur Erzeugung blaßer Gesichtsfarbe tragen junge Damen bisweilen Kampfer auf der Brust". In Hager-Handbuch, um 1930, heißt es: „Anwendung. Äußerlich in Form von Salben als Antisepticum bei schlaffen Geschwüren, jauchiger Eiterung. In Substanz als ableitendes Mittel, indem man z. B. bei Zahn- und Ohrenschmerz ein Stückchen Campher, in Watte gehüllt, in den Gehörgang steckt. Ferner als reizendes und ableitendes Mittel in Form der verschiedenartigsten Einreibungen, hauptsächlich als Campherspiritus bei den mannigfaltigsten Zuständen. Äußerliche Campheranwendung soll die Milchsekretion unterdrücken. Innerlich ist er in kleineren Gaben ein wertvolles Mittel zur Anregung des Herzens und der Atmung. Man gibt ihn in Pulver, Emulsion oder Pillen bei drohendem Kollaps, besonders bei Lungenentzündung und anderen Zuständen akuter Kreislaufschwäche, bei Vergiftungen mit Narcoticis, als Expektorans. Größere Gaben wurden früher als Sedativum bei Delirium, Epilepsie, Nymphomanie, Kantharidenvergiftung gegeben. Subkutane Injektionen werden namentlich bei Kollaps angewandt . . . Technisch zur Herstellung des Celluloids, zur Herstellung gewisser Sorten rauchschwachen Schießpulvers, ferner als Mottenmittel".

Hoppe, 1958, Kap. C. Camphora, schreibt über Verwendung: 1. der Campher („Für pharmazeutische Zwecke: Excitans bei Collaps, Atmungs- und Herzstimulans. Bei Bronchitis, Infektionskrankheiten, bes. Pneumonie, Cholagogum, Antaphrodisiacum. - Antisepticum, Wundmittel. - In Form von Emulsionen und Linimenten äußerlich bei Rheuma, Neuralgien etc. - In der Veterinärmedizin. - Schädlingsbekämpfungsmittel (bes. gegen Motten). Bestandteil von Desinfektionsmitteln"); 2. das Campheröl („Medizinisch als Einreibemittel").

## Cirsium

Cirsium    siehe Bd. V, Acanthus.
D i ( e ) s t e l siehe Bd. V, Cichorium; Cnicus; Dipsacus; Echinops; Eryngium; Onopordum; Sonchus.

B e r e n d e s-Dioskurides: Kap. H i p p o p h a i s t o n,  C. stellatum? Kap. A k a n t h a,  C. stellatum All.? Kap. L e u k a k a n t h a,  C. tuberosum All? S o n t h e i m e r-Araber: C. stellatum; C. tuberosum. F i s c h e r-Mittelalter: C. acaule All. ( c a m e l e o n t a  alba, lac coagula, c a r - d u s  coagula, l e b e r w u r z ); C. arvense Scop. ( a s t o n e ); C. lanceolatum W. (cameleonta nigra, s p i n a  arabica, cardus asini maior).

H o p p e-Bock: Kap. Von gemein H a b e r d i s t e l , C. arvense Scop. [Schreib-weise nach Zander-Pflanzennamen: **C. arvense (L.) Scop.**]; Kap. Von W i s e n K o e l , C. oleraceum Scop. [Schreibweise nach Zander: **C. oleraceum (L.) Scop.**]; Kap. Von E b e r w u r t z , C. acaule Web. [Schreibweise nach Zander: **C. acaule (L.) Scop.**] (Klein Eberwurtz, weiss c h a m e l e o n )*

G e i g e r-Handbuch: C. eriophorum Scop. (= Carduus eriophorus L., C n i c u s eriophorus W., wollige Kratzdistel, Walldistel); C. arvense Lam. (= S e r r a t u l a arvensis L., Acker-Kratzdistel); C. oleraceum All. (= Cnicus oleraceus L.); C. lanceolatum Scop. (= Carduus lanceolatus L.); C. palustris Scop. (= Carduus palustre L.).

Z i t a t-Empfehlung: **Cirsium arvense (S.); Cirsium oleraceum (S.); Cirsium acaule (S.); Cirsium eriophorum (S.).**

Dragendorff-Heilpflanzen, S. 689 (Fam. C o m p o s i t a e).

Zur Deutung einiger Dioskurides-Kapitel sind C.-Arten, neben anderen Gat-tungen, herangezogen worden. In mittelalterlichen Quellen, vor allem italieni-schen, finden sich - nach Fischer - Hinweise auf C.-Arten. Bock, um 1550, bildet einige ab; Geiger, um 1830, erwähnt mehrere, von denen 2 offizinell gewesen sein sollen.

1. C.eriophorum Scop. [Schreibweise nach Zander: **C. eriophorum (L.) Scop.**]; lieferte Herba Cardui eriocephali.
2. C. arvense Lam.; lieferte herba et flores Cardui hämorrhoidalis.

Hoppe-Drogenkunde, 1958, beschreibt nur C. oleraceum; Verwendung in der Volksheilkunde.


## Cissampelos

C i s s a m p e l o s  siehe Bd. II, Digerentia. / V, Chondodendron.

In Ph. Württemberg 1741 ist aufgenommen: Radix Pareirae bravae (Americani-sche G r i e ß w u r t z e l ; von einem unbekannten brasilianischen Baum; De-mulcans, Diureticum, bei spastischen Schmerzen, Nieren- und Gelenkleiden, Was-sersucht; als Pulver, Dekokt oder Essenz). Nach Hagen, um 1780, heißt die Stammpflanze C. Pareira; die Wurzel wird durch die Portugiesen aus Brasilien gebracht. Um 1830 ist die Droge nach Aussage von Geiger, auch Meissner, fast obsolet. Dragendorff-Heilpflanzen, um 1900 (S. 236; Fam. M e n i s p e r m a - c e a e ), schreibt über C. Pareira L., „deren Wurzel man früher für P a r e i r a ausgab, hat auf diesen Namen keinen Anspruch [→ C h o n d o d e n d r o n ], wird aber in Ceylon und Indien gegen Fieber, Diarrhöe, äußerlich bei Geschwüren usw. benutzt". Auch in Hager-Handbuch, um 1930, steht bei Pareira: C. Pareira

L. ist nicht, wie früher angenommen wurde, als Stammpflanze zu betrachten; sie liefert eine sog. falsche Radix Pareirae". So auch in Hoppe-Drogenkunde, 1958.

## Cistus

C i s t u s  siehe Bd. II, Antidysenterica; Emmenagoga. / V, Cytinus; Helianthemum.
L a d a n u m  siehe Bd. I, Ambra. / II, Cicatrisantia.

D e i n e s-Ägypten: C. villosus var. creticus.

G r o t-Hippokrates: C. creticus.

B e r e n d e s-Dioskurides: Kap. K i s t o s , C. villosus L. und C. salvifolius L.; Kap. L a d a n u m , C. creticus L. oder C. monspeliensis.

S o n t h e i m e r-Araber: C. creticus; Tschirch-Araber: C. villosus L.

F i s c h e r-Mittelalter: C. creticus L. ( l a u d a n u m ,   c a s u s ); C. monspeliensis L. (altital.: ladano).

B e ß l e r-Gart: Kap. Laudanum, Harz von C.-Arten, besonders C. ladaniferus L., C. villosus L. subsp. creticus (L.) Boiss., C. cyprius L., C. monspeliensis L.

G e i g e r-Handbuch: C. creticus (cretische C i s t r o s e ), C. ladaniferus, C. cyprius; C. Ledon Lam., C. laurifolius, C. salvifolius, C. villosus.

H a g e r-Handbuch: Kap. Ladanum, C. polymorphus Willd. (= C. creticus L.), C. cyprius L., C. ladaniferus L. u. a. C.-Arten.

Z a n d e r-Pflanzennamen: **C. ladanifer L., C. creticus L.** (= C. incanus auct. non L., C. villosus auct. vix L., C. polymorphus Willd.), **C. monspelensis L.**

Z i t a t-Empfehlung: **Cistus ladanifer (S.); Cistus creticus (S.); Cistus monspelensis (S.).**

Dragendorff-Heilpflanzen, S. 446 uf. (Fam. C i s t a c e a e); Peters-Pflanzenwelt, S. 66 ff. (Kap. Das Sonnenröschen); C. Dambergis, Sur le Ladanum de Crète, in: Vorträge der Hauptversammlung . . . in Innsbruck, Teil II, Allgemeine Vorträge (Veröff. d. Int. Ges. f. Gesch. d. Pharmazie, Neue Folge, Bd. 24), Stuttgart 1964, S. 7 uf.

Mit C.-Arten befaßt sich Dioskurides - nach Berendes - in 2 Kapiteln:

1.) Vom Kistos gibt es nach Blütenfarbe eine männliche Art [C. creticus L.] und eine weibliche [soll C. salvifolius L. sein] (sie haben zusammenziehende Kraft, daher - in Wein - gegen Diarrhöe; zu Umschlägen gegen fressende Geschwüre, für Brand- und Wundsalben). Geiger, um 1830, erwähnt C. villosus; „die Blumen (flores cisti maris) waren bei den Alten offizinell".

2.) Eine andere Art vom Kistos liefert Ladanum (adstringiert, erwärmt, erweicht, eröffnet; verhindert Ausfallen der Haare; gegen Ohrenschmerzen; Uterinum; Zusatz zu schmerzstillenden Arzneien und Hustenmitteln; gegen Durchfall; harntreibend).

In Ap. Lüneburg 1475 waren 2 lb. 1 qr. Lapdani vorrätig. Die T. Worms 1582 führt [im Kap. von den getrockneten Säften, Gummi, Tränen, Harzen] Ladanum

(Lada, L a d o n, L a p d a n u m, L e d u m, Laudanum officinarum. Laudanum) und Ladanum vulgare (Gemeiner Laudanum); in T. Frankfurt/M. 1687: Gummi Ladanum optimum. In Ap. Braunschweig 1666 waren vorrätig: Gummi laudani (5 lb.), Pulvis l. (³/₄ lb.). Außerdem eine Anzahl von Präparaten, in denen der Name Laudanum vorkommt: Extractum laudani hysterici, Extr. l. opiat. nach Croll und nach Hartmann u. a. Hierbei handelt es sich um Opiumpräparate, die im 18. Jh. sehr geschätzt wurden. So stehen z. B. in der Ph. Wien 1765 ein Laudanum liquidum, Laudanum Caesareum completum und incompletum, Laudanum cydoniatum, Laudanum diureticum, L. hystericum, L. opiatum completum u. incompletum. Das Laudanum liquidum Sydenhamii erhielt in Ph. Preußen 1799 die Bezeichnung Tinctura Opii crocata, das alte Synonym wurde bis zum DAB 1, 1872, beibehalten. Wittstein leitet in seinem Etymologisch-chemischen Wörterbuch (1847) diese Bezeichnung von laudare (loben) ab, sie galt für Beruhigungsmittel, besonders aus Opium, in denen man das Wesentliche einer Substanz vereinigt glaubte. Dieser Sprachgebrauch kam durch Paracelsus auf, er hatte nichts mit der Cistus-Droge zu tun.

Schröder, 1685, schrieb vom Ladanum: „ist ein Liquor, der aus des Cisti ( L e b - d o n genannt) Blättern herausschwitzt, oder es ist eine massa, der massa pilularum nicht gar ungleich, die sich zerreiben läßt, von dunkler, aschenfarbener Farbe, brennt und gibt sodann einen angenehmen Geruch von sich, wird deswegen unter anderen Räucherwerken sehr oft gebraucht . . . Vom Ursprung des Ladani schreibt Dioskurides, daß, wenn die Böcke das Laub vom Cistus abweiden, ihnen der Saft an ihren Bärten hängenbleibe, den man hernach herauskämme . . . [Anwendungen wie bei Dioskurides] . . . Bereitete Stücke: 1. Das destillierte Öl; 2. Die Pillen vom Ladano".

Die Ph. Württemberg 1741 führt [im Kap. De Gummi et Resinis] Ladanum (Labdanum, Ladan; Nervinum, selten innerlich gegeben; in Pflastern gegen Katarrhe, für die Nerven, und zum Räuchern). Nach Hagen, um 1780, wird Ladangummi von der Kretischen Ziste (C. Creticus) gewonnen; „die Blätter schwitzen bei warmem Wetter ein klebriges Harz aus, welches sich auf der Oberfläche derselben ausbreitet und von den armen griechischen Mönchen auf eine sehr mühsame Art zur heißesten Jahreszeit und in der größten Tageshitze eingesammelt wird. In der Levante wird es nachher, um das Gewicht zu vermehren, mit einem feinen, schwarzen, eisenhaltigen Sande vermischt, so daß oft ein ganzes Pfund bei uns kaum vier Unzen reines Harz enthält. Man bringt es gemeiniglich in einer gewundenen Gestalt zu uns" [Fußnote von Hagen: „Dieses gewundene Ladanum (Ladanum in tortis), welches ganz trocken ist, ist das teuerste und kommt aus Kreta. Für die Hälfte des Preises verkauft man das schmierige (Lad. liquidum), welches aus Kanada kommt und die Härte eines Extraktes hat. Das Spanische kommt in Stangen gleich dem Lakritzsaft vor, und das Barbarische ist weicher als dieses und als das gewundene"].

Geiger, um 1830, gibt 3 C.-Arten als Stammpflanzen an; es gibt folgende Sorten: 1. Ladanum in massis, in großen z. T. bis 25 Pfund schweren Massen; ist selten im Handel, ebenso wie das Ladanum e barba (aus dem Bart von Ziegen abgeschabt); 2. Gewundenes Ladanum (L. in tortis), die gewöhnliche Sorte, oft ein Kunstprodukt aus Harzen, Sand usw.; das echte kam früher aus Kreta. 3. Ladanum in Stangen (L. in baculis), kommt aus Spanien; 4. Flüssiges Ladanum (L. liquidum), kommt aus Canada, die Stammpflanze ist unbekannt, man trifft es kaum mehr im Handel. „Anwendung. Ehedem wurde das Ladanum innerlich als nervenstärkendes Mittel usw. gebraucht. - Man hatte davon eine Tinktur (tinct. Ladani) und nahm es zu mehreren Zusammensetzungen, Salben und Pflaster. Jetzt macht es noch ein Ingredienz des Ofenlacks, des Räucherpulvers und der Räucherkerzchen aus".

Das Harz Ladanum ist in Hager-Handbuch, um 1930, beschrieben. Die beste Sorte ist die zyprische (L. in massis). „Eine zweite Ware, Ladanum in tortis, gewundenes Ladanum, war ursprünglich ein Gemenge von Weihrauch und Sand mit echtem Ladanum, in dünne Stangen ausgerollt, dann spiralig übereinandergewunden, ist heute aber meist ein Kunstprodukt"; Ladanum in baculis (von C. ladaniferus L.) wird in Spanien, Portugal und Frankreich gewonnen. [Über Anwendung keine Angaben]. Hoppe-Drogenkunde, 1958, sagt im Kap. Cistus villosus var. creticus darüber aus: „Medizinisch bei Bronchialerkrankungen. - Zu Pflastern. - In der Parfürmerieindustrie und Kosmetik als Fixateur, bes. bei Seifenparfüms. In der Seifenindustrie"; in Brasilien wird C. villosus als Depurativum, bes. bei Behandlung lepröser Erkrankungen gebraucht.


## Citrullus


C i t r u l l u s  siehe Bd. II, Quatuor Semina. / V, Cicer; Lagenaria.
C o l o c y n t h i s  siehe Bd. II, Hydropica; Opomphalica; Panchymagoga; Phlegmagoga; Purgantia. / IV, D 2; G 1139.
C o l o q u i n t e n  siehe Bd. IV, C 34; E 174, 298, 337; G 1814.
C o l o q u i n t i d a  siehe Bd. V, Lagenaria.
K o l o q u i n t e n  siehe Bd. I, Fel. / IV, C 3.


D e i n e s-Ägypten: - C. coloquinthus L. - - C. vulgaris Schrad.
H e s s l e r-Susruta: - C u c u m i s  colocynthis - - C u c u r b i t a  citrullus.
G r o t-Hippokrates: - Coloquinthe.
B e r e n d e s-Dioskurides: - Kap. K o l o q u i n t h e , Cucumis Colocynthis L.
T s c h i r c h-Sontheimer-Araber: - Cucumis Colocynthis - - C. vulgaris.
F i s c h e r-Mittelalter: - C. Colocynthis Schrader (coloquintida, cucurbita alexandrina, wild c u r b e z , k ü r b i ß ; Diosk.: k o l o k y n t h i s , cucurbita silvatica).

Ci

H o p p e-Bock: - C. colocynthis Schr. (Kap. Von Coloquinten; Biter Kürbs, wild Kürbs, Geißkürbs, frembd Coloquinten) - - C.vulgaris Schr. (im Kap. Von . . . Citrullen; ein Geschlecht der Cucumeren).

G e i g e r-Handbuch: - Cucumis Colocynthis (Coloquintengurke, Coloquinten, Coloquintenapfel, P u r g i r g u r k e) - - Cucurbita Citrullus (W a s s e r - m e l o n e).

H a g e r-Handbuch: - **C. colocynthis (L.) Schrad.** (= Cucumis Colocynthis L.).

Z a n d e r-Pflanzennamen: - - Die Wassermelone, früher C. vulgaris Schrad. (auch Cucurbita citrullus L., M o m o r d i c a lanata Thunb.) heißt jetzt: **C. lanatus (Thunb.) Matsum et Nakai.**

Z i t a t-Empfehlung: **Citrullus colocynthis (S.); Citrullus lanatus (S.).**

Dragendorff-Heilpflanzen, S. 649 uf. (Fam. C u c u r b i t a c e a e); Tschirch-Handbuch II, S. 1610 uf.; P. Cuttat, Beiträge zur Geschichte der offizinellen Drogen [dabei Fructus Colocynthidis] (Dissertation) Basel 1937.

(C o l o c y n t h i s)
Nach Berendes ist im Dioskurides-Kapitel von der Kolokynthis die Koloquinthe [C. colocynthis (S.)] gemeint (das Mark der Frucht purgiert; Zusatz zu Klistieren bei Ischias, Paralyse, Kolik; als Zäpfchen zum Töten des Embryos; zu Mundspül- wasser bei Zahnschmerzen. Saft der frischen Frucht gegen Ischias). Kräuterbuch- autoren des 16. Jh. übernehmen solche Indikationen (bei Bock, um 1550, als Lat- werge mit drastischer Wirkung; Samen gegen Gelbsucht). In Ph. Nürnberg 1546 sind die Trochisci A l h a n d a l i Mesuae beschrieben, eine Zubereitung aus Pulpa Colocynthidis, Oleum Rosacei, Tragacantha, Gummi Arabicum und Bdellium; kommen anstelle von Koloquinthen in andere Kompositionen.
In Ap. Lüneburg 1475 waren vorrätig: Pulpe coloquintidis (5 oz.), Trochisci alhan- dali (½ oz.). Die T. Worms 1582 führt: [unter Früchten] Colocynthis ( S y c i o - n i a, Cucurbita Siluestris seu syluatica, Cucurbitula. Coloquint, Wilderkürbs, Coloquintapffel), Colocynthidis medulla (Das Marck von Coloquinten); Semen Colocynthidis (Coloquintensamen), Trochisci Alhandal (seu de colocynthide, Kügelein von Coloquinten). In T. Frankfurt M. 1687, als Simplicia: Colocynthis ( C h a n d e l, H a n d e l et Handhal, Coloquintäpffel), hujus medulla (Colo- quintenmarck), Semen Colocynthidis (Chandel, Handel et Handhal, Coloquinten- saamen). In Ap. Braunschweig 1666 waren vorrätig: Colocynthid. (53 lb.), Extrac- tum c. (3 Lot), Oleum c. Qu. (4½ lb.), Species hyerae colocynth. (6 Lot), Trochisci alhandali (18 Lot).
Die Ph. Württemberg 1741 beschreibt: Colocynthis (fructu rotundo minor, Colo- quinten; sehr heftiges Purgans; wird nie in Substanz gegeben, sondern in Wein infundiert oder in Kräutersäckchen und als Trochisci Alhandal), Semen Colo- cynthidis (Coloquinten-Saamen; kaum in Gebrauch, sonst wie die Frucht); Extrac- tum C., Oleum C., Trochisci Alhandal. Die Stammpflanze heißt bei Hagen, um

1780: Cucumis Colocynthis (Koloquinte); die geschälten Früchte werden unter dem Namen Koloquinten oder Koloquintenäpfel getrocknet von Aleppo zu uns gebracht; in ihrem Mark sind eine Menge Samen enthalten; wird das Mark, ohne die Samen, mit einem Schleim von Tragant und Arabischem Gummi durchstoßen, getrocknet und dann gepulvert, so nennt man das entstandene Pulver Trochisci Alhandal.

Die Koloquinthen blieben pharmakopöe-üblich. Aufgenommen in Ph. Preußen 1799: Colocynthis (von Cucumis Colocynthis); zur Herstellung von Colocynthis praeparata (= Trochisci Alhandal), Extractum C., Tinctura Colocynthidis. Die Droge heißt in Ausgabe 1862: Fructus Colocynthidis (von Citrullus Colocynthis Arnott seu Cucumis Colocynthis L.). In DAB 1, 1872: Fructus C. und Fructus C. praeparati, Extractum C. und Extractum C. compositum, Tinctura Colocynthidis. Die Stammpflanze heißt seit Ausgabe 1910: C. colocynthis (L.) Schrader. So noch in DAB 6, 1926; hier außer der geschälten Frucht Koloquinthen-Extrakt und -Tinktur; in Erg.-B. 6, 1941, Fructus C. praeparati und Extractum C. comp. In der Homöopathie ist „Colocynthis - Koloquinte" (Tinktur aus geschälten, entkernten Früchten; Hahnemann 1821) ein wichtiges Mittel.

Geiger, um 1830, schrieb über Coloquinten: „Man gibt das von den Kernen befreite Mark in Substanz, in Pulverform. Es muß mit Tragant angestoßen und nach dem Trocknen gepulvert werden; ferner in Abkochung. Die Anwendung erfordert große Vorsicht, wegen der heftigen Wirkung. - Präparate hat man außer dem Pulver Tinktur und Extrakt und nahm das Mark zu mehreren Zusammensetzungen. Die Samen sind außer Gebrauch." Nach Jourdan, zur gleichen Zeit, ist die Koloquinte „eines der heftigsten Reizmittel, eines der kräftigsten drastischen Purgiermittel".

Hager-Handbuch, um 1930, gibt an: „Anwendung. Als drastisches Abführmittel einige Male täglich in Pulver, Pillen, Tinktur, Abkochung. Bei entzündlichen Zuständen der Bauchorgane und bei Schwangerschaft zu vermeiden! - Als Ungeziefermittel gegen Wanzen u. a. in Form einer Abkochung, mit der man die Wände usw. bestreicht." Entsprechendes bei Hoppe-Drogenkunde, 1958.

(Citrullus)

Bock, um 1550, bildet - nach Hoppe - die Wassermelone, C. vulgaris Schr., in Zusammenhang mit Cucumis-Arten und mit → Ecballium ab und bezieht sie in die Indikationen ein [→ Cucumis Melo]. In Ap. Lüneburg 1475 waren vorrätig: Semen citrulli (2 lb., 1 qr.) [hierbei kann es sich vielleicht um Kichererbsen → Cicer gehandelt haben]. Die T. Worms 1582 führt: Semen Citrulli (Citrullensamen), Semen C. excorticati (Außgescheelt Citrullensamen). In T. Frankfurt/M. 1687: Semen Anguriae (seu Citrulli, Cucumeris Citrulli, Indianischer Kürbssaamen, Angurien oder Citrullen Kern), Semen Anguriae Excorticatum (ausgeschälte Citrullen). In Ap. Braunschweig 1666 waren vorrätig: Semen citrulli (6½ lb.).

Ci

Die Ph. Württemberg 1741 beschreibt: Semen Citrulli (Anguriae, folio Colocynthidis secto, semine nigro, Augurien-Wasser-Melonen-Saamen; Refrigerans, Demulcans). Die Stammpflanze heißt bei Hagen, um 1780: Cucurbita Citrullus
(W a s s e r m e l o n e). So wird sie auch bei Geiger, um 1830, erwähnt: „Davon
waren die den gemeinen Kürbiskernen ähnlichen aber schwarzen Samen (sem.
Citrulli) offizinell. - Sie wurden wie jene gebraucht und gehörten auch zu den
sem. 4 frigid. major. - Das Fleisch dieser Frucht schmeckt angenehm, etwas aromatisch süß, ist sehr kühlend, und wird besonders in südlichen Ländern häufig genossen. — Man verordnet es auch als diätetisches Mittel bei entzündlichen Krankheiten."
Bei Dragendorff-Heilpflanzen, um 1900, heißt die Pflanze: C. vulgaris Schrad.
(= Cucumis Citr. Seringe, Cucurbita Citr. L., Anguria Citr. Blakw.; Wassermelone, A r b u s e).


## Citrus

C i t r u s siehe Bd. II, Abstergentia; Acidulae; Acopa; Alexipharmaca; Analeptica; Antipsorica; Aphro-
disiaca; Aromatica; Carminativa; Cephalica; Digerentia; Refrigerantia. / III, Elixir Citri; Essentia Citri /
IV, A 41. / V, Plumeria.
A u r a n t i u m siehe Bd. II, Cephalica. / III (Elixir Aurantii compositum). / IV, A 42; B 17; E 257, 258;
G 642, 1060, 1206, 1740.
C i t r o n e siehe Bd. IV, B 4; C 55, 63, 81; E 51, 79, 80, 93, 170, 202, 217, 253, 338, 1823; F 10; G 773,
789, 1712.
B e r g a m o t t siehe Bd. IV, E 64, 74, 79, 134, 141, 158, 170, 217, 338; G 1823.
C u r a c a o s c h a l e n (Cortex Aurantii fructus Curacau) siehe Bd. IV, G 1496.
O r a n g e siehe Bd. II, Antispasmodica; Carminativa. / IV, G 1519, 1752, 1805.
P o m e r a n z e n siehe Bd. II, Antepileptica; Antiscorbutica; Febrifuga; Stimulantia. / III, Tinctura
Martis cum Vino malvatico et Pomis Aurantiis. / IV, B 4; E 61, 102, 137, 145, 151, 210, 225, 229, 234, 241,
251, 262, 265, 289, 339, 357; G 220, 952, 1217, 1546, 1796.
P o m e r a n z e n e l i x i r siehe Bd. III, Reg.
P o m e r a n z e n g e i s t siehe Bd. III, Reg.
P o m e r a n z e n s c h a l e siehe Bd. III, Spiritus Salis ammoniaci aromaticus.
P o m e r a n z e n s c h a l e n e s s e n z siehe Bd. III, Reg.
Z i t r o n e siehe Bd. II, Antiscorbutica; Prophylactica. / III, Pulveres (compositi speciales); Tartarus tar-
tarisatus liquidus citratus. / V, Humulus.
Z i t r o n e n ö l siehe Bd. III, Reg.


H e s s l e r-Susruta: - C. medica - - C. aurantium + + + C. acida.
B e r e n d e s-Dioskurides: Kap. Medische Äpfel, eine C.-Art (C. decumana L.).
T s c h i r c h-Sontheimer-Araber: - C. medica [Sontheimer auch:] C. medica
limon - - C. Aurantium.
F i s c h e r-Mittelalter: - C. medica L. (b o n c i t h e r u s, m e d i c a, c i d-
r u m, c i d r a n g u l u m, pomum aque seu adae seu citrina, j u d e n a p f e l)
- - C. aurantium L. (a r a n g u s; Diosk.: m e d i k o n, citria).
B e ß l e r-Gart: - Kap. P o m a c i t r i n a (ist eyn apphel) und Kap. Citrum (eyn
baum), C. medica L.


322

H o p p e-Bock: - Kap. Judenöpffel (Citrinaten und Limonen), C. medica L. - - Kap. P o m e r a n t z e n , C. aurantium L.

G e i g e r-Handbuch: - C. medica (gemeine C i t r o n e , Sauercitrone); mehrere Varietäten, von denen mehrere als Arten getrennt werden:

1.) die gemeine Citrone, a) große Citrone ( C i t r o n a t e ), b) monströse Citrone, c) florentiner Citrone.

2.) L i m e t t e n (C. Limetta), a) kleine Limette ( P e r e t t e ), b) A d a m s - a p f e l ( R o s e n a p f e l ), c) B e r g a m o t t e (C. Limetta Bergamium).

3). L i m o n e n (C. Limonum), mit einer Menge Formen: gestreifte, calabrische, kleine, süße, Rosolin-Limone, B i g n e t t e , Kaiser-Limone, Paradis-Limone.

- - C. aurantium ( P o m e r a n z e ). Ebenfalls eine Menge Varietäten, zum Teil als Arten getrennt:

1.) Bittere Pomeranze (C. vulgaris Dec.); unterschieden werden große, gehörnte, spanische, myrthenblättrige Pomeranze, A p f e l s i n e usw.

2.) Süße Pomeranze ( O r a n g e , C. aurantium Dec.); davon unterschieden ge- meine Orange, balearische, chinesische, genuesische, kleine, goldgelbe Orange.

+ + + C. decumana ( P a m p e l m u s-Citrone, P a r a d i e s a p f e l ).

H a g e r-Handbuch: - 1. C. medica L. subspec. limonum (Risso) Hooker fil. (= C. Limonum Risso [Schreibweise nach Zander-Pflanzennamen: **C. limon (L.) Burm. f.**]), Zitrone (Sauerzitrone, Limone).

2. C. medica subspec. Cedra ( Z i t r o n a t z i t r o n e ) [Schreibweise nach Zan- der: **C. medica L.** mit mehreren Varietäten].

- - 1. C. aurantium L. subspec. amara L. (= Citrus vulgaris Risso, C. Bigaradia Duhamel) [Schreibweise nach Zander: **C. aurantium L. ssp. aurantium**].

2. C. aurantium L. subspec. dulcis L. (= C. Aurantium Risso subspec. sinensis Engl.), Apfelsine [Schreibweise nach Zander: **C. sinensis (L.) Pers.**].

3. C. aurantium L. subspec. bergamia Wight et Arn., Bergamotte [Schreibweise nach Zander: **C. aurantium L. ssp. bergamia (Risso et Poit.) Engl.**]. + + + C. ma- durensis Lour. (= C. nobilis Lour.), M a n d a r i n e [Schreibweise nach Zander: **C. reticula Blanco**].

Zander nennt außer obigen noch, zu C. decumana gehörig:

1. **C. maxima (Burm.) Merrill.** (= C. aurantium var. grandis L., C. decumana (L.) L., C. grandis (L.) Osbeck), Riesenorange oder Pampelmuse.

2. **C. paradisi Macf.** (= C. decumana var. racemosa (Risso et Poit.) Roem., C. ra- cemosa), G r a p e f r u i t .

Z i t a t-Empfehlung: **Citrus limon (S.); Citrus medica (S.); Citrus aurantium ssp. aurantium (S.); Citrus sinensis (S.); Citrus aurantium ssp. bergamia (S.); Citrus reticula (S.); Citrus maxima (S.); Citrus paradisi (S.).**

Dragendorff-Heilpflanzen, S. 357-359 (Fam. R u t a c e a e ); Tschirch-Handbuch II, S. 851-853.

Nach Tschirch-Handbuch ist die Heimat der Citrusgewächse, die insgesamt A g r u m i genannt werden, Indien; die Griechen lernten durch die Alexanderzüge (4. Jh. v. Chr.) die Kultur von C. medica L. kennen; Theophrast gab daraufhin die erste Beschreibung einer C.-Art (des medischen oder persischen Apfels), nach Tschirch C. medica Risso, die Zitronatzitrone; zur Zeit des Plinius (1. Jh. n. Chr.) Akklimatisierungsversuche in Italien, dort dann bald umfangreiche Kultur; um 1000 über die Alpen gekommen (Nennung von C e d r i a  p o m a in St. Gallen).

Die Sauerzitronen (eigentlich Limonen) sind erst später aus Indien über Persien und Arabien nach dem Mittelmeergebiet nach Europa gekommen; im 12. Jh. wahrscheinlich Kultur in Spanien, 1260 Erwähnung bei Palermo, im 13. Jh. in Palästina in Kultur; dann rasche Verbreitung.

Die bittere Pomeranze (C. aurantium L., Orange) war den Indern bekannt; kam im 9./10. Jh. nach Arabien usw., um 1000 nach Sizilien, dann nach Nordafrika, Spanien, Italien; 1340 werden A r a n c i in Venedig genannt; bald in Kultur genommen.

Die süße Pomeranze (C. sinensis, Apfelsine), in China heimisch, war den alten Indern nicht bekannt; sie wurde im 15./16. Jh. von den Portugiesen aus Südchina nach Europa (Lissabon, Spanien) gebracht und verbreitete sich von dort über alle Mittelmeerländer, auch nach Amerika.

Die Bergamotte ist seit dem Ende des 17. Jh. bekannt, die Mandarine seit dem 19. Jh.

Nach Dioskurides sind die medischen oder persischen Äpfel, die Citria der Römer, allbekannt; Berendes führt Gründe an, als Stammpflanze C. decumana L., die P o m p e l m u s, anzunehmen (Verwendung in Wein gegen tödliche Gifte; regt Stuhlgang an; Abkochung als Mundwasser; Saft von Frauen gern gegen Ekel in Zeiten der Schwangerschaft genommen; bewahrt Kleider vor Mottenfraß). Reichhaltige medizinische Verwendung erst in der arabischen Zeit üblich geworden. Vandewiele berichtet in seinem Buch (1962) über De Grabadin van Pseudo-Mesues (XI.-XII. Jh.), daß in diesem Arzneibuch 35 mal Zitrone vorkommt (14 mal nicht spezifiziert, 16 mal Schale, 4 mal Blätter, 1 mal Samen); als Stammpflanze gibt er C. medica L. an. Diese Pflanze ist - nach Hoppe - auch bei Bock, um 1550, abgebildet; er wiederholt die Anwendungen nach Dioskurides, die auch für die ebenfalls abgebildete C. aurantium L. (Pomeranze) gelten sollen.


( C i t r u s )
Bis Anfang 18. Jh. ist „Citrus" in der Regel die Zitronatzitrone, C. medica L. (medica = aus Medien). In Ap. Lüneburg 1475 waren vorrätig: Cortex citri (1 lb., 1 qr), Carnium c. (2 lb.), Semen c. (1 lb. 3 qr.) Conserva c. (1 lb.).
Die T. Worms 1582 führt: Semen Citrei mali (Cedromeli, Medici mali, C o c h y - m e l i, M a l i  a ß y r i i  s e u  h e s p e r i i. Citronensamen, Judenöpfel kernen), Semen Citrei mali excorticati (Außgescheelt Citronen körner); [unter Früchten] Citria mala (Medica mala. Citronenöpffel, Jüdenöpffel); Succus Citrei mali (Aci-

ditas mali citrei. Der sauwer Safft der Citronen oder Jüdenöpffel); Aqua (dest.) Malorum citreorum ex tota substantia (Citronen oder Jüdenöpffelwasser von der gantzen Substantz gedistiliert); Cortex Citrei mali (Citronen oder Jüdenöpffelrinden); Extractio corticum malorum citreorum (Extract von Citronen oder Jüdenöpffelrinden); Conserva Corticum citrei mali (Citronenrinden oder Jüdenöpffelrindenzucker), Conserva Flores citri conditi (Eingemacht Citronenblumen); Citreorum malorum caro condita (Eingemachter Citrinat oder Jüdenöpffel), Citreorum malorum caro cum corticibus condita (Eingemachter Citrinat mit den Rinden), Citreorum malorum cortices conditae (Eingemacht Citronenrinden); Sirupus ex succo malorum citreorum (Acidatis malorum citreorum, Citrinatsafftsyrup), Sirupus Corticum malorum citreorum (Citrinatrindensyrup); [unter purgirenden Confecten] Diacitrum solutiuum Falconis (Purgirende Citronentäfflein), Diacitrum solutiuum D. Theodori; Confectio Corticum mali citrei (Citronenrinden mit Zucker überzogen).

In T. Frankfurt/M. 1687 sind verzeichnet: [unter gebrannten Wässern von köstlicheren Drogen] Aqua Citri corticum (Citronenschelffenwasser), Aqua Citri florum (Citronenblüthwasser); Conditum Citriorum carnis (eingemacht Citronenmarck), Conditum C. corticum (eingemachte Citronenschalen), Conditum C. florum (eingemachte Citronenblüth); Conserva Citricarnis (Citronenmarck-Zucker); Cortex Citri (Citronen Schalen); Elixir Citri Schröderi ex Tentzelio (Citronen Elixir); Essentia C. (Citronen-Essentz), Essentia C. sicca; Flores Citri (Citronenblüth); [unter kostbaren dest. Ölen] Oleum Citricorticum (Citronenschalenöhl); Semen Citri mali (Citronenkern), Semen C. mali excorticatum (gescheelte Citronenkern); Spiritus C. e corticibus cum Spir. Vini (Citronenschalen Brandtwein); Succus C. mali (Citronensafft); Syrupus C. corticum cum moscho Aug. (Citronenschalen Syrup mit Bisam), sine moscho (ohne Bisam), Syr. C. totius (Citronen Syrup); [unter stärkende gegossene Zuckertäfelein] Tabulae e Citri succo et corticibus (Citronen täflin); [unter Purgir-Täflein] Tabulae Diacitri solutivi (laxierende Citronentäflein); Tinctura C. corticum (Citronenschalen Tinctur).

In Ap. Braunschweig 1666 waren vorrätig: Citria malori (150 Stück), Cortex citri (2 lb.), Semen c. (4 lb); Aqua c. ex cort. (1 St.), Aqua c. ex flor. (1/2 St.), Aqua c. ex pulpi (1/2 St.), Aqua ex succo c. ex pulp. (1 St.), Balsamum c. (1 Lot), Candisat. carn. c. (15 lb), Candisat. cort. c. (10 lb.), Citronen Bisquitt (10 lb.), Condita carnis c. (40 lb.), Condita c. florum (3 lb.), Condita cort. c. (43 lb), Conserva c. ex cort. (5 lb.), Conserva c. e pulp. (4 lb.), Conserva c. flor. (1/2 lb), Elaeosaccharum c. (10 Lot), Elixier c. (4 lb.), Extractum cort. c. (4 Lot), Morsuli ex succo c. (3 lb, 16 Lot), Oleum cort. c. (22 Lot), Pulvis cort. c. (1/4 lb), Sal c. (12 Lot), Spiritus c. (9 St.), Succus c. (7 St.), Syrupus acetosi c. (5 lb.), Syrupus cort c. (71/2 lb.), Theriaca cum citro (11/4 lb.), Trücken Citrinat (20 lb.).

Im Kap. Citrus schreibt Schröder, 1685: „Malus citria, medica, Assyrica ist ein ausländischer Baum ... Z i t r o n e n b a u m ... In Apotheken hat man die

Früchte oder Zitronen, die Rinden und Körner, selten aber die Blüte. Die Früchte sind der Größe nach unterschieden: etliche sind so groß wie die Melonen, etliche kleiner; andere sind wie die Lemonien, etliche sind länglich, etliche rund; in Apotheken hat man die kleineren, die fleischiger sind, und dann auch die großen.

Die Zitronen (mit der Schale und dem Fleisch) dienen gegen Gift, widerstehen der Fäulung und den bösen Krankheiten, vertreiben die Würmer, treiben den Schweiß; die Schale ist warm im 1. und trocken im andern Grad (nach andern wärmt und trocknet sie im 3. Grad), das Fleisch kühlt und feuchtet, ebenso der ausgepreßte Saft. Die Zitronenkörner wärmen und trocknen im 3. Grad, machen dünn, digerieren, vertreiben die Würmer. Die ganzen Zitronen dienen gegen Gift . . ." Bereitete Stücke sind:

1.) Die eingemachten Zitronen. Sie werden meistens eingemacht, wenn sie noch nicht gar reif sind, mit Schalen und dem zerschnittenen Fleisch, nur daß man die Körner herausnimmt. Die unsrigen nennen dies einen Zitronat. Auf gleiche Weise können auch die kleinen eingemacht werden, und zwar entweder ganz oder in Stücke zerschnitten.

2.) Die eingemachten Rinden. Sie werden, nachdem ihnen das Bittere etwas genommen worden, mit Zucker eingemacht.

3.) Die eingemachte Blüte.

4.) Conserven aus der Blüte und aus dem Inneren, wenn man die Schalen und Körner wegtut und den Saft austrocknet. Dieser wird aus Italien gebracht, unter dem Namen Agre di Credo, Acredo Citri, und taugt vortrefflich bei Schwachheiten und fiebriger Hitze.

5.) Rinden Confect.

6.) Wasser aus den Schalen.

7.) Spiritus.

8.) Öl; dieses geht mit dem Wasser bei der Destillation herüber (man kann auch ein Öl aus den Körnern pressen, allein ist es nicht gebräuchlich).

9.) Saft; dieser wird aus dem Fleisch gedrückt und zum Gebrauch verwahrt, wird von etlichen Zitronenwein genannt, besonders wenn er mit ein wenig Saltz-Zucker fermentiert worden ist.

10.) Syrupus acetositatis citri, aus dem Saft und Zucker.

11.) Morsulae citri. Citri laxativi.

12.) Balsam aus dem destillierten Öl und Muskatöl.

13.) Solvir Lattwerg von Zitronen.

14.) Zitronen-Essenz, hierbei eine flüssige und eine trockene (diese wird bereitet aus frischen Zitronenschalen, wenn man sie mit schönem weißen Zucker besprengt, selben mit dem Rücken eines Messers wieder abschabt, auf einen zinnernen Teller, bis der Zucker wie ein Saft wird. Dieses wiederholt man so oft, bis der Zucker eine trockene Consistenz bekommt.

Im 18. Jh. verdrängt (in Deutschland und wohl auch anderen mitteleuropäischen

Ländern) die zuvor weniger gebräuchliche Limone die Zitronatzitrone. Citrus medica L. wird zur Sammelart mit Unterarten, die Ausdrücke Zitrone und Limone in manchen Gegenden zu Synonymen. Im 19. Jh. geht der medizinische Gebrauch der eigentlichen C. medica L. (auch als C. medica Cedra usw. bezeichnet) immer mehr zurück; im DAB 1, 1872, ist C. medica L. noch eine der beiden Stammpflanzen für Cortex Fructus Citri, im Kommentar schreibt Hager dazu, daß nur die Schalen der Früchte von C. Limonum Risso (Limonen) offizinell seien. Der Succus Citri in Erg. B. 6, 1941, soll von C. medica L. stammen.

Im Handel blieb für Backzwecke das Zitronat. So schreibt Hager-Handbuch, um 1930, über C. medica subspec. Cedra: „liefert Citronat, C e d r a t oder S u c - c a d e. Die noch grünen, bis zu 3 Pfund schweren Früchte schneidet man mittendurch und kocht sie nach dem Entfernen des Fruchtmarks in Salzwasser weich. Zum Versand gelangen die Schalen in Fässern mit Salzlake. Der Kandierprozeß, dem ein 5tägiges Auswässern vorausgeht, nimmt mehrere Wochen in Anspruch, ehe der Zucker die Schale völlig durchzogen hat. Nach 2monatlichem Lagern erst ist das Citronat verkaufsfähig. — Anwendung findet das Citronat als gewürziger Zusatz zu Backwerk und Morsellen".

( L i m o n u m )
In Inventurliste Lüneburg 1475 ist (ohne Mengenangabe) genannt: Siropus de limonibus. In T. Worms 1582 gibt es: Limonia ( L e m o n i a mala, Lemonen, Lemonenöpffel), Limonia maiora, Muria condita (Lemonen im Saltzwasser, gesalzen Lemonen), Limonia parua, Muria condita (Die kleinen gesalzenen Limonen); Succus Limonii mali (Melonensafft); Aqua (dest.) Malorum limoniorum ex tota substantia (Lemonenwasser von der gantzen Substantz); Cortex Lemonii mali (Melonen schelen oder rinden); Extractio corticum malorum lemoniorum (Extract von Lemonen rinden); Lemoniorum malorum cortices conditae (Eingemacht Lemonenrinden), Lemonia mala integra condita (Gantze eingemachte Lemonen); Sirupus e succo lemoniorum malorum (Acidatis malorum lem., Melonensafftsyrup); Confectio Corticum lemoniorum (Lemonenrinden mit Zucker überzogen).
Die T. Frankfurt/M. 1687 verzeichnet: Cortices Limoniorum (Limonien Schalen); Semen Limonum (Limonenkern), auch excorticatum (gescheelt); Succus Limonum (Limonien safft); Syrupus Limonum e succo (Limonien Syrup). In Ap. Braunschweig 1666 waren vorrätig: Limoni in muria (20 Stück), Condita limoni integri (22 lb.).
Das Kap. Limonia mala bei Schröder, 1685, ist recht kurz. „Lemonien. Sind Äpfel von Lemonien-Bäumen . . . Derer ist ein großer Unterschied, sowohl wegen ihrer Form, Rinden, als auch dem Fleisch und Saft nach. Nach Matthiolus Meinung sind sie klein oder groß. Daher sie auch unterschieden werden in süße, saure und süßlich-saure. Sie gleichen in den Kräften den Zitronen, nur daß sie etwas säuerlicher sind und deswegen mehr kühlen und trocknen; man gebraucht sie meistens bei Fiebern und anderen hitzigen Krankheiten, bei Steinleiden und dergleichen". Be-

reitete Stücke sind: 1. ausgepreßter Saft; 2. Syrup vom ausgepreßten Saft und Zucker; 3. das Wasser aus der Blüte, die man aber gar selten hat.

In Ph. Augsburg 1640 ist angegeben, daß Succus Limonum anstelle von Succus Citri genommen werden kann. Um Mitte 18. Jh. wird zwischen Limonen und Citronen kaum noch unterschieden, die Verwendung von Limonen in der Pharmazie überwiegt, die Produkte erhalten die Bezeichnung „Citrus". So schreibt Haller, 1755, im Lexikonstichwort: Citrae malus, Citronenbaum, über die Früchte: „die meisten, die zu uns gebracht werden, sind mehr Limonen als Citronen und zwar saure". Als Stammpflanze für Schale, Öl und Saft von „Citrus" steht bei Hahnemann, 1797, ebenso wie als Stammpflanze für Frucht, Schale und Essenz von „Limon": C. medica L.; zu Citrus schreibt er: „Man bedient sich der Zitronen selten bei uns; sie haben gleiche Eigenschaften wie die Lemonien, nur daß ihr Saft etwas weniger sauer ist." Bei anderen Autoren und in Zukunft werden die Limonien (in Deutschland) als Zitronen bezeichnet.

In Ph. Württemberg 1741 sind aufgenommen: Semen Citri (Mali Citri, Citronen-Saamen; Calefaciens, Attenuans, tötet Würmer); Cortex Citri (Citronen-Schalen; von diversen Citrusarten; Calefaciens, Alexipharmacum; Cardiacum, Carminativum), Flavedo Corticum Citri; Aqua (dest.) Cort. Fruct. C., Aqua Cornu Cervi citrata, Conchae citratae, Conserva C. ex pulpa, Elaeosaccharum C., Oleum Corticum C., Spiritus Cort. C., Succus C., Syrupus Acetositatis C., Syrupus C. e toto, Syrupus Corticum Citri.

Im 19. Jh. blieb noch vieles im offiziellen Gebrauch. In Ph. Preußen 1799 sind aufgenommen: Oleum de Cedro (von Citrus Medica-Varietäten); Poma Citri (von C. Medica); Succus Citri (Bestandteil von Syrupus Citri); Elaeosaccharum Flavedinis Citri. In DAB 1, 1872: Cortex Fructus Citri (Citronenschale; Bestandteil von Decoctum Sarsaparillae comp. mitius, Spiritus Melissae comp.); Syrupus Succi Citri (aus Fructus Citri); Oleum Citri (Citronenöl, Oleum de Cedro; Bestandteil von Acetum aromaticum, Acidum aceticum aromaticum, Ceratum Cetacei rubrum, Mixtura oleosa-balsamica, Pulvis ad Limonadam). Citronenschale in DAB's bis 1910; in Erg. B. 2; 1897: Citronen (frische Früchte von C. Limonum), Citronensaft und Citronensirup; Saft u. Sirup noch Erg. B. 6, 1941. Das Citronenöl (Oleum Citri) ist noch aufgenommen in DAB 7, 1968 (gewonnen durch Auspressen der frischen Fruchtschalen; in früheren Zeiten war auch destilliertes Öl offizinell). Schreibweise der Stammpflanze um 1970: C. limon (L.) Burm. f.

Über die Anwendung schreibt Jourdan, um 1830: „Der Saft hat die Eigenschaft aller vegetabilischen Säuren. Die Rinde ist tonisch und blähungstreibend. Die Samen besitzen ebenfalls tonische Kräfte." Nach Hager-Handbuch, um 1930: [Citronenschale, Cortex Citri fructus. F l a v e d o  C i t r i] „als Aromaticum und Amarum"; [Oleum Citri] „medizinisch nur als Aromaticum und als Geschmackskorrigenz. Ausgedehnte Verwendung findet es in der Parfümerie, zur Herstellung von Likören und Limonaden, als Gewürz zum Backen".

(Aurantium)

Bock, um 1550, bildet im Kap. Pomerantzen - nach Hoppe - C. aurantium L. ab; Verwendung der Früchte wie die „Judenöpffel" (→ Citrus); Schalen gegen Magenerkrankungen.

In T. Worms 1582 sind aufgenommen: [unter Früchten] Aurantia (Arantia, Chrysea, Nerantzia, Aurea mala, Mala nerantia, Poma Nerantzia, Pomerantzen); Succus Aurantiorum malorum (Pomerantzensafft); Aqua (dest.) Malorum aurantiorum acidorum (Sawer Pomerantzenwasser von der gantzen Substantz); Cortex Aurantiorum malorum (Pomerantzenschelen oder rinden); Extractio corticum arantiorum (Extract von Pomerantzen rinden); Conserva Flores arantiorum conditi (Eingemacht Pomerantzenblumen); Arantzia integra condita (Gantze eingemachte Pomerantzen), Arantziorum cortices conditae (Eingemachte Pomerantzenschälen); Confectio Corticum arantziorum (Pomerantzenrinden mit Zucker uberzogen).

Die T. Frankfurt/M. 1687 verzeichnet: Conditum Aurantiorum corticum (eingemachte Pomerantzenschalen), Conditum Aurantiorum florum (eingemachte Pomerantzenblüt); Conserva Aurant. florum (Pomerantzenblüth-Zucker); Cortex Aurant. (Pomerantzen-Schalen), Flores Aurant. (Pomerantzenblüth), Oleum Aurant. (Pomerantzenschelffen öhl), Semen Aurant. (Pomerantzenkern), Spiritus Aurant. e corticibus (Pomerantzenschalen Brandtwein), diesen auch mit Vinum Malvat.; Syrupus Aurant. e cort. (Pomerantzenschelffen Syrup), Tinctura Aurant. cort. (Pomerantzenschelffen Tinctur). In Ap. Braunschweig 1666 waren vorrätig: Cortex arantiarum (58 lb); Aqua a. cort. ($^1/_2$ St.); Aqua a. ex toto (5 St.); Aqua a. flor. ($^1/_4$ St.); Balsamum a. ($^1/_2$ Lot); Candisat. cort. a. (21 lb); Condita a. integr. (3$^1/_4$ lb.); Condita cort. a. (19 lb.); Condita a. florum (4$^1/_2$ lb.); Conserva cort. a. (1 lb.); Elaeosaccharum a. (40 Lot); Extractum cort. a. (7 Lot); Oleum cort. a. (10 Lot); Pulvis a. cort. (3$^1/_2$ lb.); Syrupus a. ex succo (7$^1/_2$ lb.).

Schröder, 1685, führt im Kap. Malus aurantia aus: „Die Früchte ... sind entweder süß oder sauer oder weinicht. Die sauren und weinigen werden den anderen vorgezogen und besitzen mit den Zitronen gleiche Tugenden, nur daß sie etwas schwächer wirken. In Apotheken hat man 1. die Pomerantzen ... 2. die Rinden, sind etwas hitziger, und gebraucht man sie gemeiniglich in Grimmen des Leibes, die von den Winden herkommen, dem beschwerlichen Harnen, ja sie taugen auch vortrefflich bei Fiebern und treiben den Schweiß." Bereitete Stücke sind:

1.) Wasser aus den Blumen; dieses wird mit einem besonderen Namen Nampha, Napha, Laufam oder Angelica genannt. Es treibt den Schweiß, wird zu wohlriechenden Sachen, wie zu Herz-Umschlägen gebraucht.

2.) Wasser aus den Rinden.

3.) Ausgepreßter Saft aus den sauren Pomerantzen, welcher aber selten gebraucht wird.

4.) Syrup aus dem sauren Saft und Zucker, ist aber in seltenem Gebrauch.

5.) Die eingemachten Schalen. Sie werden von dem Bitteren etwas gereinigt und mit Zucker eingemacht.

6.) Conserve aus den Blumen. Sie wird aus Frankreich, Spanien und Welschland zu uns gebracht.

7.) Pomerantzen Lattwerge oder Gelatina.

8.) Destilliertes Öl aus den Schalen.

9.) Balsam aus dem Öl.

10.) Pomerantzensalbe.

Die Ph. Württemberg 1741 beschreibt: Flores Aurantiorum (Pomerantzenblüth; Alexipharmacum, Cordiale); Semen Aurantiorum (Pomerantzenkern, Pomerantzen-Saamen; Alexipharmacum, Diaphoreticum, Anthelminticum), Cortex Aurantiorum (Arantiorum, Pomorum Aurantiorum, Pomerantzen-Schaalen; Tonicum, Carminativum, Antiscorbuticum), Flavedo Corticum Arantiorum; Aqua (dest.) Flores A., Aqua (dest.) Cort. Fruct. A., Aqua Cort. A. cum Vino, Conditum Cort. A., Elaeosaccharum A., Essentia Cort. A. spirituosa, Essentia Cort. A. cum Vino Malvatico, Oleum Cort. A., Spiritus Cort. A., Syrupus Cort. A., Tinctura Martis cum Vino Malvatico et Pomis Aurantiis.

Der Pomeranzenbaum heißt bei Hagen, um 1780: C. Aurantium; „der Gebrauch desselben in Apotheken ist beträchtlich. Die Blätter (Fol. Aurantiorum) wurden vor kurzem stark gesucht. Die Blumen, die Oranienblüthe (Flor. N a p h a e) genannt werden, werden zur Destillation des Oranienwasser gebraucht, und da sie im Trocknen ihren Geruch verlieren, salzt man sie auf Vorrat ein [Fußnote Hagen's: „Wird eine ansehnliche Menge O r a n i e n b l ü t h e mit Wasser destilliert, so erhält man außer dem sehr angenehm riechenden Wasser auch ein darüber schwimmendes rötliches und höchstwohlriechendes ätherisches Öl, welches N e r o - l i ö l (Essentia seu Oleum Neroli) genannt wird"]. Die unreifen Früchte (Poma seu Fructus Aurantiorum viridum seu immaturorum), die auch K u r a s s a ä p f e l (Aurantia curassauiensia) genannt werden, sind von der Größe einer Erbse bis zu einer Kirsche, und werden entweder getrocknet oder mit Zucker schon eingemacht zu uns geschickt. Von den reifen Früchten werden selten die Samen, um desto häufiger aber die getrockneten Schalen (Cort. Aurant.) gebraucht. Wenn das weiße, schwammige, unangenehm schmeckende Mark (Albedo Aurant.) davon ausgeschält worden, so nennt man das Übrigbleibende: das Gelbe der Pomeranzenschalen (Flauedo Aurant.). Die Kurassaischen Schalen (Cort. de C u r a s s a w ), die aus der Amerikanischen Insel Kurassao kommen, sollen von unreifen Früchten gesammelt werden, sind ungleich dünner und angenehmer von Geschmack und Geruch".

Die Verwendung blieb vielartig bis zur Gegenwart. In Ph. Preußen 1799: Cortices Aurantiorum (Pomeranzenschalen, von C. Aurantium), zur Herstellung von Elixir Aurantiorum comp., Extractum Cort. Aur., Oleum Cort. Aur., Syrupus Cort. Aur., Tinctura Chinae comp., Tinctura Cort. Aur.; Cortices Aurantiorum

Curassaviensium (von C. Aurantium var. Curassaviensis); Folia Aurantii; Poma
Aurantiorum immatura (Unreife Pomeranzen), für Elixir Aurant. comp., Tinctura
amara; Aqua Florum Aurantii (= Aqua Naphae, aus frischen Blüten mit Wasser
destilliert), daraus Syrupus Florum Aur.

In DAB 1, 1872: Cortex Fructus Aurantii (Pomeranzenschale, von C. vulgaris
Risso α amara Linn.), zur Herstellung von Extractum Aur. Corticis (dies für Elixir
amarum, Extractum Helenii), Elixir Aur. comp., Syrupus Aur. Cort., Tinctura
Aur. Cort., Tinctura Chinae comp., Tinctura Rhei vinosa; Fructus Aurantii im-
maturi, für Tinctura amara; Flores Aurantii; Folia Aurantii; Aqua Florum
Aurantii (zur Herstellung von Syrupus Amygdalarum, Syr. Aur. Florum); Oleum
Aurantii Corticis; Oleum Aurantii Florum (für Mixtura oleosa-balsamica, Pasta
gummosa).

Als Simplicia waren noch vorhanden, in DAB 6, 1926: Fructus Aurantii immaturi
(Unreife Pomeranzen, von C. aurantium L. subspec. amara L.) und Pericarpium
Aurantii (Pomeranzenschale); als Präparate Elixier, Fluidextrakt, Sirup und Tink-
tur. In Erg. B. 6, 1941: Folia Aurantii, Flores A.; Oleum A. Flores (= Oleum
Neroli), Oleum A. Pericarpii, Sirupus A. Floris, Aqua A. Floris, Extractum A.,
Tinctura A. Fructus immaturi. In DAB 7, 1968: Pomeranzenschale (Pericarpium
Aurantii, von C. aurantium L. subspec. aurantium); Pomeranzentinktur.

In der Homöopathie sind „Aurantii cortex“ (Essenz aus frischer Rinde der
Früchte) und „Citrus vulgaris“ (Essenz aus frischer Schale der reifen Früchte) weniger wichtige Mittel.

Über Anwendungen ist in Hager-Handbuch, um 1930, ausgeführt: [Cortex
Aurantii fructus] „in verschiedenen Zubereitungen als appetitanregendes und die
Verdauung beförderndes Mittel“; [Oleum Aurantii corticis] „in der Parfümerie
und zur Herstellung von Likören“; [Flores Aurantii] „nur noch in der Volksmedizin“ - nach Hoppe-Drogenkunde: Nervenberuhigungsmittel, gegen Husten, Ge-
ruchs- und Geschmackskorrigens; [Folia Aurantii] „selten, als Aromaticum“.


(Bergamotta)

Hagen, um 1780, berichtet: „Von einer Abart der Pomeranzen, die auf der Insel
Barbados wachsen und Bergamotten genannt werden, erhält man durchs Auspres-
sen der frischen Schalen ein sehr wohlriechendes Öl, welches unter dem Namen
Bergamott- oder Oranienöl (Oleum seu Essentia Bergamotto) bekannt ist.“

Wiggers, um 1850, gibt als Stammpflanze die „Spielart Citrus medica Bergamia“
an; das Öl wird in Italien wie das Oleum Citri gewonnen. In preußischen Pharmakopöen von 1827 (Bergamottae Oleum; technisches Produkt aus Früchten von
Citrus Aurantium Varietäten) bis 1846 (Oleum Bergamottae, von C. Limetta
Risso). In DAB 1, 1872: Oleum Bergamottae (von C. Bergamia Risso). Bestandteil
von Acidum aceticum aromaticum und Ceratum Cetacei rubrum. Dann in die

Erg. Bücher. Verwendung nach Hager-Handbuch, um 1930, in der Parfümerie. Die Stammpflanze heißt um 1970 C. aurantium L. ssp. bergamia (Risso et Poit.) Engl.


(Apfelsine)
Von der Apfelsine, die um 1930 (Hager-Handbuch) C. aurantium L. subsp. dulcis L., um 1970 (Zander-Pflanzennamen) C. sinensis (L.) Pers. heißt, ist nach Hager das Oleum Aurantii dulcis in der Parfümerie und Likörindustrie in Gebrauch. Außerdem werden - nach Hoppe-Drogenkunde, 1958 - in Frankreich und USA die getrockneten Schalen der reifen Früchte verwendet (Tonicum, Aromaticum. - Geschmackskorrigens).
Die Früchte sind schon lange als Obst im Gebrauch. Valentini, 1714, schreibt über die „Aepffel-Sin oder Poma Aurantia Sinensia ... Den Kräften nach kommen sie in Ansehen der Schalen mit den anderen Pomerantzen überein und ist wohl schade, daß so viel hundert davon von den leckerhaften Leuten, so das Mark nur daraus saugen, weggeschmissen werden, da doch solche mehr Tugenden in sich haben, als der mittlere Teil. Das Fleisch hergegen hat eine viel andere Eigenschaft als der anderen Mark, weil es süß und deshalb mehr laxiert als anhält. Doch stärkt es auch die Natur und Lebensgeister und dient zugleich gegen alle Fäulung, Scharbock und dergleichen".
Nach Thon's Warenlexikon, um 1830, kommen große Mengen von Apfelsinen, die jedoch empfindlicher beim Transport sind als Citronen, in den Handel; „die Apfelsinenfrucht wird besonders in den wärmeren Ländern, auf Seereisen usw. häufig genossen und daher ein wichtiger Handel damit getrieben. Ihr Saft ist ungemein erquickend und kühl und wird als ein wirksames Mittel wider den Scharbock gehalten".


## Cladonia

Flechten von geringer pharmazeutischer Bedeutung. Hagen, um 1780, beschreibt ein Scharlachfarbenes Moos (Lichen cocciferus); „es wird ihm an manchen Orten der Name Feuerkraut, Fieberkraut oder Fiebermoos (Herba Ignis, Herba Musci pyxidati) gegeben". Diese Flechte heißt um 1830 (Geiger) C. coccifera Baumg. (= C. extensa Hoffm., Lichen cocciferus L., Cenomyce coccifera Ach., scharlachrote Becherflechte). Nach Geiger sammelt man an ihrer Stelle auch C. pixidata (= Lichen pixidatus L., Büchsenflechte, gemeine Becherflechte); „diese ist eigentlich unter dem Namen Muscus pyxidatus offizinell ... Man gebrauchte beide Flechten besonders in Brustkrankheiten, gegen Keuchhusten usw.".

In Hoppe-Drogenkunde, um 1950, ist die C l a d o n i a c e e C. rangiferina aufgenommen (im hohen Norden zur Gewinnung von Alkohol; zur Darstellung der
Usninsäure).

Dragendorff-Heilpflanzen, S. 49 (Fam. L e c i d e a e).


# Claviceps

M u t t e r k o r n   siehe Bd. IV, G 46, 460, 566, 567, 1322, 1333, 1660.
S e c a l e  c o r n u t u m   siehe Bd. II, Haemostatica. / IV, G 1114. / V, Capsella.

D e i n e s-Ägypten: M u t t e r k o r n .
G r o t-Hippokrates: Mutterkorn (?).
T s c h i r c h-Sontheimer-Araber: S e c a l e cornutum bzw. C. purpurea Tul.
F i s c h e r-Mittelalter: C. purpurea Tul. (quaroun as-sonnboul).
G e i g e r-Handbuch: Mutterkorn (Secale cornutum, C l a v u s ).
H a g e r-Handbuch: **C. purpurea (Fries) Tulasne** auf Secale cereale L. (Mutter-
korn; Fungus Secalis, Clavus secalinus, E r g o t u m secale, Mater secalis, S c l e -
r o t i u m  Clavus,  H u n g e r k o r n ,  R o g g e n m u t t e r ,  K r i e b e l -
k o r n ,  S c h w a r z k o r n ).
Z i t a t-Empfehlung: **Claviceps purpurea (S.).**

Dragendorff-Heilpflanzen, S. 32 (Fam. P y r e n o m y c e t e s); Tschirch-Handbuch III, S. 163 uf.; R. Kobert,
Zur Geschichte des Mutterkorns, Hist. Stud. aus dem Pharmakolog. Inst. d. Kgl. Univ. Dorpat, Bd. I,
Halle/Saale 1889, S. 1-47; H. O. Münsterer, Die Secalevergiftung, eine mittelalterliche Volksseuche, Münch.
med. Wschr. 97, 1035 uf. (1955); F. Ficker, Mutterkorn und Ergotismus im Volksleben und in der Kunst,
Dtsch. Apotheker-Ztg. 111, 1973-1979 (1971).


In die preußischen Pharmakopöen wurde Mutterkorn als Secale cornutum 1827
aufgenommen (monströse Samen von Secale cereale L.); so bis zur Ausgabe von
1846. Die nächste Ausgabe, 1862, gibt bei Secale cornutum an: „Claviceps purpurea Tulasne. Pyrenomycetes Fries". Hager beschreibt in seinem Kommentar
zum DAB 1 im Jahre 1874 eingehend und, fußend auf den Arbeiten Tulasnes (um
1850), weitgehend richtig die Verhältnisse: „Claviceps purpurea Tulasne, Mutter-
kornpilz, purpurfarbener N a g e l k o p f , wächst auf verschiedenen Gramineen,
besonders auf den Ähren des Roggens (Secale cereale). Dieser Kernpilz durchläuft
drei wesentlich unterschiedene Entwicklungsstadien ... Alle drei Entwicklungsstadien dieses Kernpilzes faßte Tulasne, welcher dieselben erforschte, mit dem Namen Claviceps purpurea zusammen. Läßt man auch die Namen S p h a c e l i a
segetum Leveillé, Sclerotium Clavus DC. und C o r d i c e p s purpurea Fries
gelten, so sind die Entwicklungsstadien der Claviceps purpurea kurz angedeutet,
wenn wir sagen: das erste Entwicklungsstadium besteht in der Sphaceliabildung,
das zweite Stadium in der Sclerotiumbildung, das dritte in der Cordicepsbil-

dung ... Die Charakteristik, welche die Pharmakopöe von dem offizinellen Mutterkorn, dem sterilen Stroma des Mutterkornpilzes gibt, ist vortrefflich und bedarf keiner weiteren Besprechung". Das DAB 6, 1926, definiert Secale cornutum: „Das auf der Roggenpflanze gewachsene, bei gelinder Wärme getrocknete Sklerotium von Clavipecs purpurea (Fries) Tulasne".

Als das Mutterkorn offizinell wurde, war die Wirkung bzw. Anwendung noch umstritten. Dulk berichtet in seinem Kommentar zur Ph. Preußen 1829: „Das Mutterkorn äußert sehr verderbliche Wirkungen, so daß der Genuß desselben den Tod nach sich ziehen kann. Dessen ungeachtet hat man dasselbe in den Arzneischatz eingeführt, und es zur Beförderung der Wehen und Beschleunigung der Geburt in Pulverform zu 5-10 Gran oder auch im Aufguß, nach Anderen in der Aufkochung gegeben, jedoch nicht eher, als bis der Muttermund erweitert ist. Nach Charles Hall (1826) wirkt das Mutterkorn giftig und zerstört alle Funktionen des Lebens ... er befürchtet, daß es selbst nach den Regeln der Kunst angewendet häufiger nachteilig als von guter Wirkung sein werde".

Nach Hager (1874, Kommentar zum DAB 1) gibt man Mutterkorn zur Erzeugung künstlicher Frühgeburt, zur Verstärkung der Wehentätigkeit, bei Blutungen, Samenfluß, chronischem Tripper, Leukorrhöen. Außer der Droge selbst sind im DAB 1 aufgenommen: Extractum Secalis cornuti (Mutterkornextrakt, Ergotinum, Extractum haemostaticum) und Tinctura Secalis cornuti. Die Tinktur verschwand im DAB 2, 1882; in DAB 3, 1890, kam Extractum Secalis cornuti fluidum hinzu. Alle Zubereitungen verschwanden aus dem DAB 6, 1926. Im Erg. B. 6, 1941, stehen: Extractum Sec. corn., Tinctura Sec. corn. u. Tinctura Sec. corn. Acido parata (= Tinctura haemostyptica). Über die Wirkung schreibt Hager, um 1930: „Das Mutterkorn bewirkt Gefäßverengung, Blutdrucksteigerung und Kontraktion des Uterus ... Zur Verstärkung der Wehen wird Mutterkorn nur in der Austreibungsperiode angewandt, da es sonst wegen der inkonstanten Zusammensetzung der Droge zu Tetanus uteri kommen kann. Dagegen wird es mit Vorteil in der Nachgeburtsperiode und zur Stillung der verschiedenen gynäkologischen Blutungen mit Erfolg angewandt." Mutterkornpräparate (Alkaloide) und -Spezialitäten gibt es in reicher Zahl. Auch in der Homöopathie ist „Secale cornutum - Mutterkorn" (Tinktur aus der trockenen Droge; Hartlaub u. Trinks 1832) ein wichtiges Mittel.

Ehe das Mutterkorn offiziell in die Therapie eingeführt wurde, hatte es schon eine lange Geschichte. Nach der Berichterstattung Tschirchs reicht die Kenntnis in Mitteleuropa bis in die mythische Zeit zurück. In der Antike war es nicht ganz unbekannt, aber von geringer Bedeutung; im alten China wurde es wahrscheinlich benutzt. Der epidemische Ergotismus (Ignis sacer, St. Antoniusfeuer, Kribbelkrankheit) ist seit 9. Jh. sicher belegt; er hat viele Opfer gekostet. Epidemien in Deutschland 1596, 1649, 1736. Erst als das Getreide besser gereinigt wurde, hörten die Massenerkrankungen auf.

Die medizinische Verwendung findet im 16. Jh. bei Lonicerus (1582) ihren Nieder-
schlag. In seinem Kräuterbuch (zitiert nach der Ausgabe 1679) steht als Nota zum
„Rocken oder Korn": „Von den K o r n z a p f e n , Latine Clavi Siliginis: Man
findet oftmals in den Ähren des Rockens oder Korns lange schwarze harte schmale
Zapfen, welche benebens und zwischen dem Korn, so in den Ähren ist, heraus-
wachsen und sich lang heraustun, wie lange Nägelein anzusehen; sind innwendig
weiß, wie das Korn, und dem Korn gar unschädlich. Solche Kornzapfen werden
von den Weibern für eine sonderliche Hilfe und bewährte Arznei für das Aufstei-
gen und Wehetum der Mutter gehalten, wenn man derselbigen drei etlichmal einnimmt und gebraucht".

Auch spätere Autoren empfahlen gelegentlich das Mutterkorn als wehenanregen-
des Mittel, die Anwendung blieb jedoch so gering oder auf Hebammen beschränkt,
daß in den Apotheken bis zum 19. Jh. nichts davon zu merken war; dann jedoch
wurde das Mutterkorn zu einem wichtigen Arzneimittel.

## Clematis

C l e m a t i s  siehe Bd. II, Antidysenterica; Rubefacientia; Vesicantia. / V, Bryonia; Vinca.
Zitat-Empfehlung: *Clematis recta (S.); Clematis flammula (S.); Clematis vitalba (S.).*
Dragendorff-Heilpflanzen, S. 229 uf. (Fam. R a n u n c u l a e a e).

Die K l e m a t i s  bei Dioskurides wird nach Berendes für C. Vitalba L. oder C.
cirrhosa L. gehalten (die Frucht führt Schleim und Galle nach unten ab; Blätter
gegen Aussatz). Sontheimer findet bei I. el B.: C. Flammula. Nach Fischer wird in
mittelalterlichen Quellen beschrieben: C. Flammula L. ( f l a m m u l a , a m p e -
l o s a g r i a , clematis, v i t i s a g r e s t i s , J o v i s f l a m m a ); C. cirrosa; C.
vitalba L. (klematis, v i t a l b a , c a p r i f o l i u m , s p l e n o n , s p l e n a r i a ;
Diosk.: klematis). In Bocks Kräuterbüchern, um 1550, ist nach Hoppe C. vitalba L.
im Kap. W a l t r e b e n  oder  L y n e n , abgebildet (Abkochung der Wurzel in
Meerwasser gegen Wassersucht; Saft und Blüten als Salbe gegen Hautkrankheiten).
Um 1780 nennt Hagen die Verwendung von B r e n n k r a u t (C. recta; Kraut
nebst Blumen = Herba F l a m m u l a e J o u i s ). Um 1830 sind nach Geiger 3
Arten im Gebrauch:
1.) C. erecta [Bezeichnung nach Zander-Pflanzennamen: **C. recta L.**]; „diese Pflanze
kam durch Störck 1769 als Arzneimittel in Aufnahme ... Offizinell ist: das Kraut
und die Blumen (herba et flores Clematidis erectae, Flammulae Jovis) ... Man
gebraucht das frische und getrocknete Kraut äußerlich und innerlich im Aufguß,
zerquetscht, sowie den ausgepreßten Saft. Das frische Kraut, auf die Haut gebracht,
kann als blasenziehendes Mittel benutzt werden, auch das getrocknete wird in
Substanz als Pulver äußerlich bei Krebsgeschwüren usw. eingestreut. - Präparate
hat man davon: das Extract (extr. Flammulae Jovis) ... Anstatt dieser Pflanze

werden auch folgende beide in ähnlichen Fällen angewendet". Nach Dragendorff, um 1900, „als Diaphoreticum, Diureticum, Antisyphiliticum verwendet".

2.) C. Flammula [nach Zander: **C. flammula L.**];

3.) C. Vitalba [nach Zander: **C. vitalba L.**]; „offizinell waren sonst die Wurzel und Blätter, auch Stengel (rad., folia et stipites Clematidis sylvestris). Beide Pflanzen sind äußerst scharf; haben gleiche Eigenschaften wie C. erecta und können ebenso angewendet werden. Die Bettler bedienen sich der letzteren auch, um künstliche Geschwüre zu erregen".

Offizielle Verwendung fand C. recta: in Ph. Preußen 1799 bis 1829 waren Herba Clematidis erectae seu Flammulae Jovis aufgenommen (Anwendung nach Kommentator Dulk: Das Pulver wird in krebsartige Geschwüre eingestreut).

In der Homöopathie sind „Clematis - Steife Waldrebe" (C. recta L.; Essenz aus Stengeln mit Blättern und Blüten; Hahnemann 1837) und „Clematis Vitalba - gemeine Waldrebe" (Essenz aus frischen Blättern) wichtige Mittel.


## Cleome

In Dragendorff-Heilpflanzen, um 1900 (S. 262; Fam. C a p p a r i d a c e a e ; nach Zander-Pflanzennamen: C a p p a r a c e a e ), werden 18 Arten genannt. In Hoppe-Drogenkunde, 1958, gibt es ein Kapitel C. gigantea (Wurzel und Blätter dieser brasilianischen Pflanze werden gegen Asthma und Bronchitis verwendet). Bei Hessler-Susruta kommt C. pentaphylla vor.


## Clerodendrum

Unter den 9 C.-Arten bei Dragendorff-Heilpflanzen, um 1900 (S. 568; Fam. V e r b e n a c e a e ), denen vielfältige Wirkungen zugeschrieben werden, befindet sich C. infortunatum Gärt., die bei Hoppe-Drogenkunde, 1958, ein Kapitel hat (Blatt als Febrifugum). Außerdem bei Dragendorff C. neriifolium Wall. (= V o l - k a m e r i a inermis L. fil.), die bei Hessler-Susruta vorkommt.


## Clitoria

Dragendorff-Heilpflanzen, um 1900 (S. 332; Fam. L e g u m i n o s a e ), nennt unter 4 C.-Arten die indische **C. ternatea L.**; „Wurzel und Same emetisch und purgierend. Erstere gegen Bräune, letzterer als Emmenagogum gebraucht, das Kraut bei Hautkrankheiten, Gicht, Geschwüren, äußerlich appliziert". Nach Hoppe-Drogenkunde, 1958, sind Blatt und Wurzel: Laxans, Diureticum. C. ternata kommt bei Hessler-Susruta mehrfach vor.

# Cneorum

Als Stammpflanze von Folia O l i v e l l a e wird von Geiger, um 1830, C. tricoccum L., Spanischer Z e i l a n d , angegeben. Nach Dragendorff-Heilpflanzen (S. 372; Fam. C n e o r a c e a e ), werden die Blätter (und Beeren) als Drasticum, Diureticum, Antisyphiliticum gebraucht. Schreibweise nach Zander-Pflanzennamen: **C. tricoccon L.** Die Pflanze wird in Fischer-Mittelalter (altital.: f i l l o ) genannt. Zitat-Empfehlung: **Cneorum tricoccon (S.).**

# Cnicus

C n i c u s  siehe Bd. II, Calefacientia; Exsiccantia; Tonica. / V, Carthamus; Cirsium; Geum.
A t r a c t y l i s  siehe Bd. II, Exsiccantia. / V, Carlina.
A t r a k t y l i s  siehe Bd. V, Centaurea.
C a r d u (u) s  siehe Bd. V, Argemone; Carlina; Centaurea; Cirsium; Dipsacus; Euphorbia; Lactuca; Myristica; Onopordum; Silybum.
C a r d u u s  b e n e d i c t u s  (oder C a r d o b e n e d i c t u s ) siehe Bd. II, Alexipharmaca; Anthelmintica; Antiarthritica; Antipleuritica; Diaphoretica; Febrifuga; Lithontriptica; Quatuor Aquae; Stomachica. / IV, A 14; C 36, 62; E 258; G 226. / V, Acanthus.
K a r d o b e n e d i k t e n  siehe Bd. IV, E 84; G 957.

B e r e n d e s-Dioskurides: Kap. Weiße A k a n t h a , *C. ferox L.*
F i s c h e r-Mittelalter: C. benedictus L. cf. G e u m ( b e n e d i c t a , c a r d u s b e n e d i c t u s , s e n e t i o n , e r i g e r o n , s e d u m , s e n a t i o n , e n t r i c o m o n , c a r d u n c e l l u s , h e r b a t u r a , c i n a r i o , c r u c e m i n z e , b o r n w u r t z , k r e b s w u r t z , unser frawen d i s t e l , klein k r e u z w u r t z ); C. ferox L., Centaurea benedicta u. O n o p o r d o n Acanthium L. ( b e d u g a r , a c a n t i s leuce, s p i n a alba, h a g d o r n ).
B e ß l e r-Gart: Kap. Bedugar, C. ferox L., S i l y b u m marianum (L.) Gaertn. ( C e n t a u r e a scabiosa L.?).
H o p p e-Bock: C. benedictus L. ( C a r d o B e n e d i c t , Teutsch A c a n t h u s ).
G e i g e r-Handbuch: Centaurea benedicta L. (= Cnicus benedictus Gärtn. Vaill.; Cardobenedikten, B i t t e r d i s t e l ).
D r a g e n d o r f f-Heilpflanzen: C. Benedictus Gärtn. (= C a r b e n i a benedicta Ach., C a l c i t r a p a lanuginosa Lam.); C. ferox L.
H a g e r-Handbuch: **C. benedictus L.** (= Carbenia benedicta Benth. et Hook.).
Z i t a t-Empfehlung: **Cnicus benedictus (S.);** **Cnicus ferox (S.).**

Dragendorff-Heilpflanzen, S. 689 (Fam. C o m p o s i t a e); Tschirch-Handbuch III, S. 809.

Nach Tschirch hat C. benedictus bis zum Ausgang des Mittelalters kaum eine Rolle in der Medizin gespielt; „erst im 16. Jh. erlangte sie eine ziemliche Berühmtheit, besonders durch das z. B. von Brunschwig beschriebene Aqua cardui benedicti, das in keiner Apotheke fehlte und dessen z. T. kunstvoll ausgeführte große Gefäße jetzt Schmuckstücke jedes historisch-pharmazeutischen Museums sind".

Bock, um 1550, zählt - nach Hoppe - eine Fülle von Indikationen auf, angelehnt an Dioskurides (sein Kap. A t r a c t y l i s , → C a r t h a m u s ; gegen Schmerzen, Skorpionstiche, Schlangenbisse) und Brunschwig (Kraut innerlich gegen Migräne, Pest, Typhus, 4tägiges Fieber, Schmerzen, Steinbeschwerden, Schwindel; zur Stärkung des Gedächtnisses und Gehörs; Purgans, Diaphoreticum, Emmenagogum; das Destillat innerlich und äußerlich gegen Gifte, Augenleiden, Verbrennungen, Pestbeulen, Krebs).

In T. Worms 1582 sind verzeichnet: als Krautdroge Carduus benedictus (Carduus sanctus, A t r a c t y l i s hirsuta, Gesegnet distel, S p i n n e n d i s t e l , B o r n w u r t z ); Semen, Succus, Aqua (dest.) Cardui benedicti; in T. Frankfurt/M. 1687 außerdem Radix Cardui benedicti (Rad. Acanthi Germanici). In Ap. Braunschweig 1666 waren vorrätig: Herba cardbenedict. (1 K.), Semen cardbenedict. (1¼ lb.), Aqua c. b. (6½ St.), Aqua c. b. cum vino (1 St.), Aqua ex succo c. b. (1½ St.), Conserva c. b. (9 lb.), Essentia c. b. (1 lb. 8 Lot), Extractum c. b. (9 Lot), Pulvis c. b. (3 lb), Sal c. b. commun. (17 Lot), Sal c. b. essent. (5 Lot), Syrupus cardbenedicti (12¾ lb.).

Die Ph. Württemberg 1741 hat: Radix Cardui benedicti (Cardui sancti; seltener im Gebrauch, meist wird das Kraut genommen), Herba Card. ben. (Cnici sylvestris; Polychrestum, gegen Magenleiden), Semen Card. ben. (Alexipharmacum, Antipleuriticum, gegen Blattern und Masern; zu Emulsionen); Essentia, Extractum u. Syrupus Cardui benedicti.

Ph. Preußen 1799: Herba Card. ben. (von Centaurea Benedicta) u. Extractum Card. ben. Seit Ph. Preußen 1846 heißt die Droge Folia Card. ben. (1846 von Cnicus benedictus Gaertn. Dec., 1862 von Cnicus benedictus L.).

DAB 1, 1872, wieder Herba Cardui benedicti; so bis DAB 6, 1926 („Die getrockneten Blätter und krautigen Zweigspitzen mit den Blüten von Cnicus benedictus Linné"); auch der Extrakt blieb offizinell.

Über Anwendung schrieb Geiger, um 1830: „Man gibt die Cardobenedikten in Substanz, in Pulverform selten, mehr im Aufguß oder Abkochung . . . Die Tierärzte verschreiben das Kraut häufig. Es macht einen Bestandteil der Sindischen Latwerge aus. Der Same wird kaum mehr gebraucht. Das Landvolk verlangt ihn noch wie den Mariendistelsamen gegen Seitenstechen". Hager, 1874: „Ein bitteres magenstärkendes Mittel, welches meist nur Handverkaufsartikel ist und aus welchem ein Extrakt bereitet wird". Hager, um 1930: „Als appetitanregendes und tonisierendes Bittermittel als Pulver, Pillen, Infus oder Dekokt, auch bei Intermittens empfohlen". Hoppe-Drogenkunde, 1958, Kap. C. benedictus schreibt: Verwendet werden 1. das Kraut („Amarum, bes. bei Dyspepsie, Gallen- und Leberleiden. - In der Homöopathie [wo „Carduus Benedictus - B e n e d i k -

t e n d i s t e l " (Essenz aus frischem, blühenden Kraut; 1826) ein wichtiges Mittel ist] bei Leberleiden, Icterus, Hydrops, Gicht. - Volksheilmittel bei Geschwüren und Frostbeulen "); 2. die reife Frucht („Amarum. - Volksheilmittel ").

## Coccoloba

C o c c o l o b a   siehe Bd. V, Pterocarpus.
Zitat-Empfehlung: *Coccoloba uvifera (S.).*
Dragendorff-Heilpflanzen, S. 191 uf. (Fam. P o l y g o n a c e a e).

Nach Geiger, um 1830, liefert C. uvifera ( S e e t r a u b e )  K i n o  occidentale seu americanum. Auch Hager, um 1930, gibt C. uvifera Jacq. als Stammpflanze (für Jamaika- oder westindisches Kino) an. Schreibweise nach Zander-Pflanzennamen: **C. uvifera (d.) L.**

## Cocculus

C o c c u l u s   siehe Bd. V, Jateorhiza; Menispermum.

In Dragendorff-Heilpflanzen, um 1900 (S. 235; Fam. M e n i s p e r m a c e a e ), werden 13 C.-Arten genannt, darunter
1.) C. Leaeba D. C., als Tonicum in Indien gebraucht. Nach Hager-Handbuch, um 1930, wird die Wurzel als Diureticum und gegen Fieber in Afrika genommen; aus den Früchten bereiten die Araber ein gegorenes Getränk „Khumr vol magnoon ". Nach Hoppe-Drogenkunde, 1958, heißt die Stammpflanze C. pendulus.
2.) **C. laurifolius D. C.**; Curarewirksam; in Hager-Handbuch erwähnt, bei Hoppe-Drogenkunde „Mittel gegen Erkältungskrankheiten ".
3.) C. filipendula Mart.; in Brasilien bei Vergiftungen als Antidot. Nach Hager-Handbuch energisches Diureticum; entsprechend bei Hoppe-Drogenkunde.

## Cochlearia

C o c h l e a r i a   siehe Bd. II, Antiscorbutica; Hydropica; Masticatoria; Vesicantia. / IV, A 5; C 62; G 942. /
V, Armoracia; Coronopus; Raphanus.
L ö f f e l k r a u t   siehe Bd. IV, E 7, 262, 270, 363; G 483. / V. Bupleurum.
Zitat-Empfehlung: *Cochlearia officinalis (S.).*
Dragendorff-Heilpflanzen, S. 253 (Fam. C r u c i f e r a e).

Schröder, 1685, schreibt im Kap. Cochlearia: „ L ö f f e l k r a u t  wirds genannt, weil die Blätter einem Löffel gleichen. Etliche nennen sie auch B r i t a n n i c a m , aber nicht recht ... Bei uns wächst es in Gärten ... Es wächst in Holland am Meer von sich selbst gar häufig. In Apotheken hat man die Blätter, die man frisch gebrauchen soll, nicht aber trocken ... Es wärmt und trocknet im 2. bis 3. Grad, eröffnet, dient der Milz und treibt den Schweiß, macht die fixen Feuchtigkeiten flüchtig, widersteht der Fäulung. Daher ist es nützlich in hypochondrischen und tartarischen Krankheiten, besonders im Scharbock, in dessen Heilung es sehr berühmt ist, und wird inner- und äußerlich in Gurgelwasser gebraucht (wenn das Zahnfleisch fault), wie ingleichem in Bädern, in Resolvierung der Gliedmaßen"; die bereiteten Stücke sind: 1. Conserve aus den Blättern; 2. Destilliertes Wasser aus frischen Blättern; 3. Syrup aus dem Saft und Zucker; 4. Flüchtiges Salz aus dem Salz; 5. Spiritus aus den fermentierten Blättern; 6. Ausgepreßter Saft; 7. Destilliertes Öl.

Vieles hiervon steht in den Arzneitaxen der Zeit. In Ap. Braunschweig 1666 waren vorrätig: Herba cochleariae (½ K.), Semen c. (5 lb.), Aqua c. (1 St.), Aqua (e succo) c. (½ St.), Aqua c. cum vino (½ St.), Conserva c. (9 lb.), Essentia c. (½ lb.), Essentia c. (in forma Extract) (15 Lot), Extractum c. (5 Lot), Oleum (dest.) c. (1 Lot), Oleum c. (coctum et expressum) (4½ lb.), Spiritus c. per se (½ lb.), Spiritus c. cum Spiritus vini (4 St.), Syrupus c. (9½ lb.), Tinctura c. (1 lb.).

Die Ph. Württemberg 1741 führt auf: Herba Cochleariae folio subrotundo (Löffelkraut; Aperitivum, Diureticum, Antiscorbuticum); Semen Cochleariae (rotundifoliae hortensis, Löffelkraut-Saamen; Antiscorbuticum, wie das Kraut); Aqua C., Conserva C., Extractum C., Spiritus C., Syrupus C. (alle Präparate aus Kraut). Bei Hagen, um 1780, heißt die Stammpflanze: C. officinalis. So auch weiterhin. Aufgenommen in Ph. Preußen 1799—1862: Herba Cochleariae (als Präparate in Ausgabe 1799: Aqua C., Conserva C., Spiritus C.); in DAB 1872-1900: Herba C. und Spiritus C. In Erg. B. 1916 noch Spiritus C., auch in Erg. B. 1941 (hier aber aus I s o b u t y l s e n f ö l bereitet).

Geiger, um 1830, schreibt über **C. officinalis L.**: „Man gebraucht das frische Kraut in Substanz. Ißt es als Salat, auf Butterbrot usw.; äußerlich wird es zerquetscht auf scorbutische Geschwüre gelegt. Auch der ausgepreßte Saft wird ähnlich angewendet. - Präparate hat man: Wasser, hält sich nicht lange; Spiritus und Conserve, auch Syrup, auch das ätherische Öl wurde, wiewohl selten, angewendet. Das Extract ist ein unwirksames Präparat. - Der Same dient auch zur Darstellung von Löffelkrautgeist; das Produkt ist aber nicht so fein flüchtig scharf, riecht und schmeckt widerlicher. - In nördlichen Gegenden wird das Löffelkraut häufig mit saurer Milch oder Molken, auch mit Salz eingemacht, verspeist.

Auch von C. anglica (englischem oder Meer-Löffelkraut) ... wird das Kraut (herba Cochleariae marinae), zum Teil in England, ähnlich dem vorhergehenden gebraucht. Es ist milder als jenes.

Ferner C. glastifolia ... Davon wurde auch das Kraut (herba Cochleariae brittanicae) gebraucht. Es soll schärfer als das gemeine Löffelkraut schmecken".

Hager, 1874, gibt beim Löffelkraut keine Anwendung an; beim Spiritus C. schreibt er: „Mit Wasser verdünnt wird der Löffelkrautspiritus zum Gurgeln und zum Waschen bei schwammigem oder scorbutischem Zahnfleisch, auch als schmerzlinderndes Mittel gebraucht." Im Hager, um 1930, steht bei Cochlearia: „Anwendung. In Form des Löffelkrautspiritus zu Mund- und Gurgelwässern, bei Erkrankungen des Zahnfleisches; das frische Kraut wird als Salat oder Gemüse gegen Scorbut genossen, der ausgepreßte Saft gegen Gicht und Reumatismus." Entsprechendes in Hoppe-Drogenkunde, 1958.

In der Homöopathie ist „Cochlearia officinalis - Löffelkraut" (Essenz aus frischem, blühenden Kraut) ein wichtiges Mittel.

## Cochlospermum

Nach Dragendorff-Heilpflanzen, um 1900 (S. 447; Fam. B i x a c e a e ; nach Hoppe-Drogenkunde, 1958, Fam. C o c h l o s p e r m a c e a e ), ist 1. von C. Gossypium D. C. (= B o m b a x Goss. L., W i t t e l s b a c h i a Goss. Mart.) Rinde aromatisch, gibt harziges Exsudat, liefert K u t e r a g u m m i . Hoppe hat für diese Art ein Kap.: C. gossypium; verwendet wird das Gummi (Kuteragummi, K e t i r a g u m m i ) in Lebensmittelindustrie. 2. C. insigne St. Hill. (= Wittelsbachia ins. Mart., M a x i m i l i a n e a regia Schrank); Wurzel gegen Abszess. Nach Hoppe ist Wurzel ein Abführmittel. 3. C. tinctorium A. Rich.; Wurzel zum Gelbfärben, Emmenagogum.

## Cocos

C o c o s siehe Bd. V, Elaeis.
C o c o s n u ß siehe Bd. V, Lodoicea.
C o c o s ö l siehe Bd. IV, E 322.
K o k o s siehe Bd. IV, G 457.

H e s s l e r-Susruta; S o n t h e i m e r-Araber; F i s c h e r-Mittelalter; B e ß l e r-Gart (N u x i n d i c a , n e r e g i l ); G e i g e r-Handbuch; H a g e r-Handbuch: C. nucifera L.
Z i t a t-Empfehlung: Cocos nucifera (S.).

Dragendorff-Heilpflanzen, S. 100 (Fam. P r i n c i p e s - P a l m a e ; nach Zander-Pflanzennamen: Palmae); Tschirch-Handbuch II, S. 710 uf.

Nach Tschirch-Handbuch wurde die Cocospalme in Indien seit 3000-4000 Jahren benutzt; die Cocosnuß ist Symbol der Fruchtbarkeit; erste sichere Erwähnung von Cocos in der europäischen Literatur im 6. Jh.; mit der arabischen Medizin wurde die Cocosnuß in Europa offizinell.

In Ap. Lüneburg 1475 waren 2 oz Nucis Indice vorrätig. Die T. Worms 1582 führt: Nuces Indicae (C a r y a   I n d i c a ,   I n d i a n i s c h n ü ß) und Nucis Indicae medulla (Indianischer Nußkern, das Mark von Indianischen Nüssen).

Bei den bisher genannten „Indianischen Nüssen" dürfte es sich tatsächlich um Cocosnüsse gehandelt haben, da in den gleichen Quellen auch M u s k a t n ü s s e vorkamen. Daß diese ebenfalls als Nuces indicae bezeichnet wurden, schreibt schon Cordus in Ph. Nürnberg 1546 beim Oleum Moschelinum: „In diesem Rezept bedeutet Nux Indica nicht jene große Nuß, die häufig nux genannt wird, sondern Muskatnuß"; diese Bezeichnung war im 18. Jh. allgemein üblich (→ M y r i s t i c a). Im 17. Jh. verlieren die Cocosnüsse an Interesse. In T. Augsburg 1646 stehen noch Nuclei Nucis Indicae majores (mit hohem Preis); die Nuces Indicae conditae der T. Frankfurt/M. 1687 sind wiederum eingemachte Muskatnüsse. In Ap. Braunschweig 1666 waren (neben kandierten Muskatnüssen) 13 lb. Condita nuc. Indicae vorrätig.

Im Museum Museorum befaßt sich Valentini (1714) eingehend mit den „Indianischen K l a p p e r -   o d e r   C o c o s - N ü s s e n ... Was den Nutzen und Gebrauch der Cocosnüsse anlanget, so haben dieselbigen nicht weniger als der ganze Baum einen überaus großen Nutzen, indem sie nicht allein eine gute Nahrung geben, davon sich etliche hundert Millionen Seelen ernähren und die Schwindsüchtigen sich erhalten sollen: sondern auch den natürlichen Samen vermehren, auch ihrer Fett- und Öligkeit halben den Stein-Schmerzen wehren können. Weswegen dann auch aus dem Kern ein zweifaches Öl von den Indianern gepreßt wird, eins aus den frischen, welches gelinde laxiert und den harten Leib erweicht: das andere aus den dürren oder etwas gerösteten Kernen, welches sie nicht allein zu den Lampen brauchen, sondern es dient dasselbe auch den contracten Gliedern und Gliederschmerzen ... Aus der harten und holzigen Schale dieser Nüsse macht man allerhand Galanterien, als Trinkgeschirr, Löffel, Dosen udgl., absonderlich wann sie äußerlich schön poliert werden; wozu diese Nüsse bei den Materialisten sehr gesucht werden. Was davon abgeht, kann man entweder zu Tintenpulver brauchen oder zu Kohlen verbrennen, welche den Goldschmieden sehr dienlich sind".

Jourdan, um 1830, bringt unter dem Stichwort Cocos lediglich C. butyracea L., den B u t t e r b a u m , der als Stammpflanze von Oleum Palmae („man macht fast keinen Gebrauch davon") angegeben wird. Ausführlicher beschreibt Geiger, zur gleichen Zeit, die Cocospalme, aber weniger wegen ihrer pharmazeutischen Bedeutung, sondern aus Allgemeininteresse: „Das P a l m ö l wird zu Einreibungen, zu Salben und Pflaster usw. gebraucht. Bei uns wird es jetzo kaum mehr angewendet. - Die Cocospalme ist eins der nützlichsten Gewächse des heißen Erdstrichs; alle Teile derselben werden benutzt. Die Wurzeln schmecken bitter und adstringierend, werden gegen Diarrhöe, Ruhr usw. gebraucht; aus den Blütenkolben der eröffnenden Blumen fließt nach Abschneiden der Spitze sehr viel süßer Saft (T o d d y ,   T o n w a c k ), der gesammelt und als kühlendes Getränk benutzt wird; häufig läßt man ihn gähren und erhält so Palmwein, und durch Destillation (häufig mit Zusatz von Reis und Syrup) A r a k ; oder man dampft den frischen Saft schnell ab und bereitet daraus Palmzucker. Die junge unreife Frucht enthält vorzüglich viel Saft, der als kühlendes Getränk in hitzigen Krankheiten, mit Zucker vermischt, in Brustkrankheiten usw. gebraucht wird. Der Saft der reifen Nüsse, so wie der Kern dienen als angenehmes und kräftiges Nahrungsmittel. Das Öl wird teils an Speisen, teils zum Brennen, Beteeren usw. benutzt. Man hat zweierlei: 1. durch Auskochung bereitet, welches dünn, farblos, geruchlos ist und 2. durch Auspressen erhalten, welches butterartig erstarrt und einen eigenen Geruch hat. Die faserige äußere Haut wird zum Polieren und Scheuern von Holzwaren, vorzüglich aber zu sehr dauerhaften Stricken ( C o i r ), zu Tauwerken usw. benutzt. Die harte holzige Schale der Nuß wird zu Trinkgeschirren und allerlei Gerätschaften verarbeitet. Die Hütten der Eingeborenen sind mit Palmlaub bedeckt, auch verfertigt man davon Körbe usw., die Blättchen benutzt man als Schreibpapier. Die junge Blätterkrone ist ein vortreffliches Gemüse; kurz alle Teile dieser königlichen Palme werden auf mannigfaltige Weise benutzt".

In DAB 1, 1872 (und DAB 2, 1882, dann Erg. Bücher) wurde Oleum Cocois bzw. Ol. Cocos (von C. nucifera L.) aufgenommen. Hager schreibt 1874 in seinem Kommentar zum Kokosöl ( K o k o s b u t t e r ): „Man hat das Kokosöl dem Schweinefett und Olivenöl substituiert, jedoch steht sein eigentümlicher Geruch dieser Verwendung sehr entgegen. Englische Ärzte wenden es an Stelle des Lebertrans an. In der Seifenfabrikation, besonders zur Darstellung kosmetischer Seifen, wird es in großen Mengen verarbeitet". In Hager-Handbuch, um 1930, steht im Kap. Cocos: „Cocos nucifera L. Cocospalme. Eine der wichtigsten Nutzpflanzen ... Verbreitet ist der Baum über die Tropen der ganzen Erde, wird vielfach kultiviert ... Ein Teil der Bäume dient ausschließlich der Palmweingewinnung, die Früchte, die Cocosnüsse, dienen hauptsächlich zur Gewinnung des getrockneten Fruchtfleisches, der K o p r a , aus dem das Cocosfett erhalten wird". Bei Oleum Cocos, Cocosbutter, steht über Anwendung: „Zur Darstellung von Seife, als Salbengrundlage, als Speisefett". Entsprechendes in Hoppe-Drogenkunde, 1958.

# Coffea

C o f f e a  siehe Bd. IV, G 311.
K a f f e e  siehe Bd. II, Stimulantia. / IV, G 368, 881. / V, Beta; Cichorium; Cola; Corylus; Crataegus; Hordeum; Quercus.
Zitat-Empfehlung: *Coffea arabica (S.); Coffea canephora (S.); Coffea liberica (S.); Coffea racemosa (S.).*
Dragendorff-Heilpflanzen, S. 634 (Fam. R u b i a c e a e); Tschirch-Handbuch III, S. 387 uf.; R. Folch Andreu, Suriosidades históricas el Cafe, Farmacia Nueva Nr. 271, 1959; J. Mylius, Zur Geschichte der Kaffeekohle, Pharmazie 5, S. 407-408 (1950).

Nach Tschirch-Handbuch ist der K a f f e e „von seiner abyssinischen Heimat, in der aus ihm, nachdem er geröstet, wie es scheint, schon vor längerer Zeit ein Getränk bereitet wurde, erst im 15. Jh. . . . nach Arabien gebracht worden (nach anderen schon im 13. Jh.)"; von Aden aus rasche Einführung des Gebrauchs von Kaffebohnen in Arabien, Ägypten, Türkei; im 17. Jh. nach Italien, dann in ganz Europa.

Aufgenommen in T. Frankfurt/M. 1687: Coffé. Die Ph. Württemberg 1741 beschreibt: [unter Früchten] Coffée (Caffée, Caffea, Coffe, Caffe-Bohnen; Frucht eines Baumes, der von einigen J a s m i n u m arabicum, Lauri folio, genannt wird; Roborans für den Magen, Antihypnoticum). Bei Hagen, um 1780, heißt die Stammpflanze: C. Arabica (Kaffeebaum); die Samen, die unter dem Namen Kaffee oder Kaffebonen (Semina Coffeae) bekannt genug sind, kamen im Jahr 1657 zuerst nach Marseille und haben sich danach in ganz Europa ausgebreitet; man hat im Handel vornehmlich fünferlei Sorten. Der aus Arabien und vorzüglich aus dem Königreiche Yemen, welches der eigentliche Geburtsort des Kaffees ist, kommt, ist der beste und wird Levantinischer Kaffee genannt. Die Bohnen sind klein und von bleichgelber Farbe, die ins Grüne fällt. Diesem folgt der Javanische, der groß und gelb ist und aus Ostindien gebracht wird. Noch größer ist der, welcher aus Westindien kommt und Surinamischer Kaffee genannt wird, dem man aber den aus Martinike, der kleiner ist, vorzieht. Die Bohnen des Bourbonnischen fallen am meisten ins Weiße".

Als einige gebräuchliche C.-Arten nennt Zander-Pflanzennamen: **C. arabica L.** (Kaffeestrauch, Bergkaffee) mit den **var. abyssinica A. Chev.** und **var. mokka Cramer; C. canephora Pierre ex Froehner** (= C. robusta Lind.; Kongokaffee, Robustakaffee); **C. liberica Bull ex Hiern** (Liberiakaffee); **C. racemosa Lour.** (Inhambanekaffee).

Nach Geiger, um 1830, wurde der arabische Kaffee (C. arabica L.) von Grindel im Jahr 1809 als Arzneimittel vorgeschlagen; es gibt viele Sorten; sie unterscheiden sich in der Größe (die kleinsten sind der Moccakaffee, die größten die westindischen Sorten), in der Farbe (grüner, brauner Kaffee), nach der Herkunft (ostindischer, levantischer, westindischer, dabei aus Cuba, Havanna, Surinam usw.); als Arzneimittel wird der Kaffee selten gebraucht. Grindel und mehrere Ärzte rühmen den rohen Kaffee als ein vorzügliches Mittel gegen Wechselfieber anstatt China. Es läßt sich allerdings vieles von diesem wirksamen Mittel erwarten. Man gibt ihn in Substanz in Pulverform oder in Abkochung. - Präparate hat man davon: Ein Extrakt (extr. sem. Coffeae). Von dem K a f f e i n hat man bis jetzt noch keinen Gebrauch gemacht. - Die bekannteste Anwendung des gerösteten Kaffees ist zum Hausgebrauch als diätetisches Mittel (doch wird er auch als Arzneimittel wie der ungeröstete gebraucht). Er ist ein sehr gutes Hilfsmittel gegen berauschende und narkotische Substanzen, Opiumvergiftung usw. Man hat von demselben eine weingeistige Tinktur (tinct. Coffeae) . . . Der geröstete Kaffe hat einen lieblich aromatischen Geruch und beträchtlich, aber angenehm bitteren Geschmack. Der heiße Aufguß, welcher mit oder ohne Zucker und Milch getrunken wird, ist ein erweckendes Getränk. Der tägliche Gebrauch und Mißbrauch ist aber auch nicht wenigen Menschen schädlich".

In Hager-Handbuch, um 1930, ist über Verwendung von Semen Coffeae (Kaffeebohnen, von C. arabica L., auch C. liberica Bull.) ausgeführt: „Von einer arzneilichen Verwendung des Kaffees als anregendes Mittel, bei Vergiftungen usw. kann kaum gesprochen werden, sie fällt mit derjenigen als Genußmittel zusammen. Zu erwähnen ist die äußerliche Anwendung in Schnupfpulver und als desodorierendes Mittel. Sehr ausgedehnt ist die Verwendung als anregendes Getränk". Nach Hoppe-Drogenkunde, 1958, werden von C. arabica verwendet: 1. die Samenkerne („ C o f f e i n  wirkt auf das Zentralnervensystem. Kleine Dosen beleben und steigern die Gesamtarbeitsleistung, sie steigern auch die Herzmuskelleistung. Arzneiliche Anwendung bei chronischen Herzkrankheiten als Stimulans. - Bei Vergiftungen, Kopfschmerzen, Migräne... Homöopathisch bei nervösen Erregungen, bei Migräne, als Schlafmittel"); 2. die Kaffeekohle („Bei Angina, Scharlach und Diphterie. Bei Paradentose sowie Magen- und Darmstörungen. Carminativum. Bei Magenkrebs als giftbindendes und reinigendes Mittel. Äußerlich bei Ekzemen. In der Homöopathie").

In der Homöopathie ist „Coffea - Kaffee" (Tinktur aus ungerösteten Kaffeebohnen; Stapf 1823) ein wichtiges Mittel. In Erg. B. 6, 1941, steht Carbo Coffeae („Durch Zubereitung aus dem Samen von Coffea arabica Linné, C. liberica Bull, C. robusta Linden und anderen Coffea-Arten" gewonnenes Pulver).


# Coix


H e s s l e r-Susruta: C. barbata.
G r o t-Hippokrates: C. Lachryma.
F i s c h e r-Mittelalter: C. Lacryma L. ( p a t e r n o s t r i ).
H o p p e-Bock: C. lacrymae jobi L. (?) (großer  S t e i n s a m e n ).
G e i g e r-Handbuch: C. Lacrima ( H i o b s t h r ä n e , Thränengras).
Z a n d e r-Pflanzennamen: **C. lacryma-jobi L.**
Z i t a t-Empfehlung: **Coix lacryma-jobi (S.).**


Dragendorff-Heilpflanzen, S. 77 uf. (Fam. G r a m i n e a e).


Nach Jourdan, um 1830, wendet man die Samen von C. Lacryma L. (Semen Lacrymae Job s. L i t h a g r o s t i s ) als harntreibend an. Nach Hoppe-Drogenkunde, 1958, in China bei Lungenleiden, Diabetes - zu Rosenkränzen und Ketten.

# Cola

Cola siehe Bd. IV, G 1546. / V, Dimorphandra.
Kola siehe Bd. IV, G 1740.
Zitat-Empfehlung: *Cola acuminata (S.); Cola nitida (S.)*
Dragendorff-Heilpflanzen, S. 432 uf. (Fam. S t e r c u l i a c e a e ); Tschirch-Handbuch III, S. 423 uf.

Nach Tschirch-Handbuch wurden afrikanische K o l a s a m e n seit 2. Hälfte 16. Jh. Europäern bekannt (bei den Negern Nahrungs-, Genuß- und Arzneimittel); 200 Jahre später wurde eine Stammpflanze erstmalig beschrieben ( „ S t e r - c u l i a acuminata"); die Gattung Cola wurde 1832 von Schott und Endlicher beschrieben und von Sterculia abgetrennt; inzwischen hatte sich die Pflanze weiterverbreitet: Ost- und Westindien (Kola kauende Negersklaven brachten sie nach Amerika); größere Aufmerksamkeit erweckte sie erst, als 1865 C o f f e i n in den Samen entdeckt war; Apotheker und Drogenfirmen bemühten sich um die Einführung in den Arzneischatz.

Marmé beschreibt 1886 Surrogate der K a f f e e s a m e n : „Ein sehr zweckmäßiges Ersatzmittel würden die Früchte von Sterculia acuminata Schott und Endlicher geben, deren Samen unter dem Namen Kola, G u r a oder O m b e n e im Inneren und an der Westküste von Afrika, besonders im frischen Zustande, als Nahrungs-, Genuß- und Arzneimittel allgemein gebraucht und in neuerer Zeit auch nach Europa gebracht werden".

Aufgenommen in Erg. B. 2, 1897: Semen Cola (von C. acuminata); daraus bereitet: Kolawein und -fluidextrakt. Erg. B. 4, 1916: Semen Colae (von C. vera K. Schumann); daraus bereitet außer Kolawein und -fluidextrakt eine Tinktur. Dasselbe in Erg. B. 6, 1941; außerdem Kolaextrakt. In der Homöopathie ist „Kola - Kolanuß" (von C. vera K. Schumann und C. Ballayi Cornu; Tinktur aus reifen Samen) ein wichtiges Mittel.

In Hager-Handbuch, um 1930, werden 2 Stammpflanzen angegeben:

1.) C. acuminata (Pal. de Beauv.) R. Br. (Ballay Cornu, kleine Cola) mit der Varietät trichandra K. Schum. [Schreibweise nach Zander-Pflanzennamen: **C. acuminata (P. Beauv.) Schott et Endl.**]; liefert die 4- bis 6teilige Colanuß.

2.) C. vera K. Schum. (Sierra-Leone-Cola, große Cola) mit der Varietät sublobata Warb. [Schreibweise nach Zander: **C. nitida (Vent.) Schott et Endl.**]; liefert die sog. 2teilige Colanuß des Handels; „Zur Kultur sollte nur die hochwertige, ‚echte', zweiteilige Cola verwendet werden ... In Afrika finden die Colanüsse außerordentlich ausgedehnte Verwendung als anregendes Genußmittel bei den Eingeborenen. Man legt dort den größten Wert darauf, sie frisch zu verwenden ... Nach vielen vergeblichen Versuchen gelingt es jetzt auch, die Colanüsse frisch nach Europa zu bringen und so zu verarbeiten; der größte Teil gelangt aber getrocknet zu uns. Man pflegt sie auch vor der Verwendung oder Verarbeitung zu rösten, da sie hierdurch einen an Kaffee erinnernden Geschmack bekommen; indessen ist hiermit ein Verlust an Coffein und Theobromin verbunden ... Man hat versucht, auch bei uns die Colanuß als Genußmittel anstelle von Kaffee und Tee einzuführen, bisher aber mit geringem Erfolg. Medizinisch verwendet man sie bei Migräne, Neuralgien, gegen Erbrechen, Seekrankheit, Diarrhöen, ferner als stimulierendes Mittel und als Herztonicum und Diureticum, meist in Form von Extrakten, Pastillen u. a.".

Cola-Erfrischungsgetränke (mit Colaextrakt) haben inzwischen den Weltmarkt erobert, so z. B. „Coca-Cola" der Coca-Cola-Company, Wilmington (USA).

## Colchicum

Colchicum siehe Bd. II, Alterantia; Antiarthritica; Antirheumatica; Diuretica; Febrifuga. / III, Acetum Colchici. / IV, E 152; G 443, 1430.
Herbstzeitlose siehe Bd. IV, E 154.
Hermodactylus siehe Bd. II, Panchymagoga; Phlegmagoga. / V, Centaurea; Limonium.
Hermodatteln siehe Bd. V, Iris.

Berendes-Dioskurides: Kap. Zeitlose, **C. autumnale L.** (oder **C. variegatum L.** ?).
Tschirch-Sontheimer-Araber: C. autumnale.
Fischer-Mittelalter: C. autumnale L. u. variegatum L. (hermodactylus, citamus, scilla, basarca, bulbus agrestis, efemero, huntloch, zeitloze, lausblume, mosdoken, herbstlilgen, quelckenwurz, uchtwurzel; Diosk.: kolchikon, allium agreste).
Beßler-Gart: C.-Arten, bes. C. autumnale L. (hermodactylus, zytlois, achineron, colinticon, sturagen, surumen, citelosen, heilheupt).
Hoppe-Bock: C. autumnale L. (wyse Zeitlosen, Uchtbluomen, naket huoren).
Geiger-Handbuch: C. autumnale (Herbst-Zeitlose, Wiesen-Safran, nackte Hure); C. variegatum (bunte Zeitlose).
Hager-Handbuch: C. autumnale L.
Zitat-Empfehlung: **Colchicum autumnale (S.); Colchium variegatum (S.).**

Dragendorff-Heilpflanzen, S. 114 uf. (Fam. Liliaceae); Tschirch-Handbuch III, S. 138 uf.; K. Rüegg, Beitrag zur Geschichte der offizinellen Drogen Crocus, Acorus Calamus und Colchicum (Diss.), Basel 1936; Peters-Pflanzenwelt: Kap. Die Zeitlose, S. 39-42.

Von Dioskurides wird die Zeitlose nur als Giftpflanze genannt (sie tötet durch Erstickung ähnlich wie die Pilze). Bei den Arabern galt die Pflanze (orientalische C.-Arten? Hermodactylus tuberosus (L). Mill.?) als Abführmittel und Aphrodisiacum, auch gegen Gicht. Die Kräuterbuchautoren des 16. Jh. bilden die Herbstzeitlose ab, warnen vor innerlicher Anwendung. Bock hebt die Wirkung als

Läusemittel hervor und gibt einige äußerliche Indikationen an (zerstoßene Wurzel mildert Schmerzen; mit Honig und Gerstenkleie zerstoßen, zieht sie Dornen, Pfeile usw. aus; erweicht Geschwüre, gegen Verrenkungen, Hautflecken). Über die Namen schreibt Fuchs: „Zeitlos wird von den Griechen und Lateinischen Colchicum und E p h e m e r u m genannt. Nie nachfolgenden Ärzte und KräKutler habens Hermodactylum genannt".

In Ap. Lüneburg 1475 waren vorrätig: Hermodactyli ($^1/_2$ lb.), Radix hermodactyli ($^1/_2$ lb.), Pillulae hermodactyli (3 oz.). Die T. Worms 1582 führt unter Wurzeln: Hermodactyli (Colchizi, Ephemeri deleterii s. letalis, C a n i n e c a e, P a n i s c i c o n i a e, B u l b i c a n i n i, Hermodactelwurtz, Wiesen-Zeitlosen u. Uchtblumenwurtz, Naket Huren, S t o r c h e n w e c k u. Storchenbrodtwurtz, H u n d s h o d e n, W i n t e r b l u m e n w u r t z, S p i n n b l u m e n - u. Leußblumenwurtz). In Taxe Frankfurt/M. 1687 sind Hermodactyli als frembde weiße Zeitlosenwurtzel bezeichnet. In Ap. Braunschweig 1666 gab es Radix hermodactili (16 lb.), Pillulae de h. (6 Lot). In Ph. Württemberg 1741 stehen Radix Hermodactyli (Colchici alba radice C.B.J.B., Hermodatteln, fremde Zeitlosenwurtzel; mildes Laxans, Purgans; Zusatz zu antiarthritischen und antivenerischen Dekokten; in Kollyrien).

Die eigentliche Apothekendroge ist nach der Beschreibung Hagens, um 1780, die „Syrische Zeitlose (Colchicum Illyricum). Neuere Schriftsteller halten dafür, daß diese die Pflanze sei, von welcher die Hermodakteln (Hermodactyli, Rad. Hermodactyli) die Wurzeln sind [Fußnote: Tournefort behauptete zu seiner Zeit, daß der Hermodakteln die Wurzeln von I r i s tuberose waren]. Sie kommen aus der Türkei, sind etwas platt, eckig, beinah herzförmig, von außen gelblich, inwendig weiß und fast von keinem Geschmack und Geruch". Über die Zeitlose, Lichtblume (Colchicum autumnale) schreibt er: „Die Wurzel ist eine fleischige, saftige Zwiebel (Radix Colchici) ... wird blos frisch in Apotheken zur Verfertigung des Lichtblumenhonigs (Oxymel Colchici) angewandt".

Auch Meissner, um 1830, unterscheidet 2 Drogen:

1.) Hermodactyli, A n i m a a r t i c u l o r u m, Hermodatteln ... kommen aus Ägypten und Natolien zu uns. Man ist über die Pflanze, die sie hervorbringt, noch nicht einig. Nach der am allgemeinsten verbreiteten Meinung kommen sie von der Iris tuberose L. Einige schreiben sie einer Art F r i t i l l a r i a und Andere dem Colchicum illyricum zu. Diese letzte Meinung scheint uns die wahrscheinlichste zu sein ... Wenigstens rühmten die Alten von den Hermodatteln gleiche Wirkungen wie wir sie jetzt am Colchicum erkennen. Auch dürften sie wohl am wahrscheinlichsten von Colchicum variegatum (bunte Zeitlose) kommen. Übrigens hat diese Frage für die Therapie kein großes Interesse, da die Hermodatteln jetzt beinahe obsolet sind".

2.) Colchicum autumnale L., Herbstzeitlose, w i l d e r S a f r a n. „Mehrere Ärzte haben die Zwiebel des Colchicums innerlich in Pulverform, in Weinessig oder in Oxymel verordnet. Die Krankheiten, in denen man dieses Mittel mit dem meisten Erfolge angewendet hat, sind die verschiedenen Arten Wassersuchten. Es wirkt wie die anderen diuretischen und abführenden Mittel. Man hat es auch beim Asthma, bei den chronischen Lungenkatarrhen, bei den arthritischen Affektionen angeraten, allein seine Eigenschaften sind noch lange nicht auf sichere Beobachtungen gegründet".

Während die Hermodactyli (von **Hermodactylus tuberosus (L.) Mill.** [= Iris tuberosa L.] oder von **C. variegatum L.**, nach Dragendorff auch von **C. speciosum Stev.** (= C. illyricum Friw.) und C. luteum Bak.) im 19. Jh. ganz verschwanden, gewann C. autumnale L. echte Bedeutung. Geiger, um 1830, schreibt dazu: „Störck brachte sie im vorigen Jahrhundert wieder mehr in Aufnahme und in neuester Zeit ist sie, durch englische Ärzte als ein wichtiges Mittel erprobt, jetzt auch bei uns ziemlich allgemein in Gebrauch ... Offizinell ist: Die Wurzel, Blume und der Same (rad., flores et sem. Colchici)". In Pharmakopöen setzte sich vor allem die Samendroge durch. Zunächst nahm Ph. Preußen 1829 Radix (bzw. Bulbus) Colchici auf; in Ausgabe 1846 Radix C. u. Semen C.; in DAB 1, 1872, bis DAB 6, 1926, Semen C. Als Zubereitungen im DAB 1: Acetum C., Oxymel C., Tinctura C., Vinum Colchici. In DAB 6 noch Tinktur, in Erg. B. 6 Acetum Colchici.

Über die Wirkungen schreibt Hager, 1874: „Die Zeitlosensamen gehören zu den narkotischen Mitteln. In wiederholten kleinen Gaben erzeugen sie Ekel, Erbrechen und Abführen, in starken Gaben blutige Stuhlgänge, Magenentzündung und heftige Wirkungen auf das Nervensystem. Sie wirken vermindernd auf die Zahl der Pulsschläge. Man gibt sie in Form der Tinktur, eines Weinauszuges etc. als ein spezifisches Mittel gegen Gicht und Rheumatismus". Hager-Handbuch, um 1930: „Anwendung. In Form der Tinktur, besonders bei Gicht und Rheumatismus, auch mit zweifelhaftem Erfolg bei Gonorrhöe und Leukorrhöe. Größere Gaben bewirken Durchfall". Beschrieben sind noch Tubera Colchici - „Anwendung. Selten, wie die Samen" -, Flores C. und verschiedene Zubereitungen.

In der Homöopathie sind „Colchicum - Zeitlose" (Essenz aus frischen Knollen; Stapf 1826) und „Colchicum e seminibus - Zeitlose" (Tinktur aus reifen Samen) wichtige Mittel.


## Coleus

Dragendorff-Heilpflanzen, um 1900 (S. 585 uf.; Fam. L a b i a t a e ), nennt 7 C.-Arten, darunter:
1.) **C. atropurpureus Benth.** (zur Verhinderung der Konzeption und gegen Kolik). Ist erwähnt in Hoppe-Drogenkunde, 1958 (Blätter gegen Hämorrhoiden; Menstruationstee).

2.) C. aromaticus Benth. (= C. amboinicus Lour., P l e c t r a n t h u s amb. Spr.) - gegen Intermittens, Kolik, Durchfall, als Diaphoreticum. Nach Hager-Handbuch, Erg. Bd. 1949, Blätter von **C. amboinicus Lour.**, auch gegen Husten, Asthma, nach Hoppe auch als Febrifugum.

Das Kapitel bei Hoppe ist überschrieben: C. esculentus [Schreibweise nach Zander-Pflanzennamen: **C. esculentus (N.E.Br.) G. Tayl.**]; verwendet wird die Knollenstärke als Nährmittel.

## Collinsonia

Geiger, um 1830, beschreibt die nordamerikanische **C. canadensis L.**; „Collinson brachte die Pflanze im 18. Jh. nach Europa, Linné benannte sie nach ihm ... Offizinelle Teile sind: Die Wurzel und das Kraut (radix et herba Collinsoniae) ... Bei uns gebraucht man sie nicht. In Amerika benutzt man das Kraut zu Umschlägen. Die Abkochung soll ein Mittel gegen den Biß der Klapperschlange sein. Die Wurzel hat nach Hooker diuretische und tonische Eigenschaften und soll treffliche Dienste in der Wassersucht leisten"; C. scabra Pers. (= C. praecox Walt.) wird ähnlich verwendet, die Wurzel verschreibt man in Amerika anstatt der virginischen Schlangenwurzel.

Bei Hoppe-Drogenkunde, 1958, ist ein Kap. C. canadensis; die Gattung ist - auch in Hager-Handbuch, Erg.-Bd. 1949 - den L a b i a t a e zugeordnet. Radix Collinsoniae wird als Adstringens verwendet, in der Volksheilkunde bei Steinleiden und Harngries. In der Homöopathie ist „Collinsonia canadensis - Grieswurzel" (Essenz aus frischem Wurzelstock; Hale 1867) ein wichtiges Mittel.

## Colocasia

C o l o c a s i a   siehe Bd. V, Dieffenbachia; Mentha; Zantedeschia.
Zitat-Empfehlung: *Colocasia esculenta (S.).*

Dragendorff-Heilpflanzen, um 1900 (S. 105; Fam. A r a c e a e ), beschreibt C. antiquorum Schott (= C. esculenta Schott, C a l a d i u m esculentum Vent., A r u m esculentum L., Arum Colocasia L. [Schreibweise nach Zander-Pflanzennamen: **C. esculenta (L.) Schott var. antiquorum (Schott) Hubbard et Rehd.**]); Wurzelstock und Stengel gekocht als Nahrungsmittel in Asien, Südamerika, Ägypten; frisch zu Umschlägen und bei Schlangenbiß; soll nach Theophrast schon im alten Ägypten kultiviert worden sein. Nach Hessler bei Susruta, nach Sontheimer bei I. el B. verzeichnet. Fischer-Mittelalter nennt Arum Colocasia L. als faba d'egitto (altital.), außerdem C. Necker als f a b a   e g y p t i a c a (im lat. Hortus sanitatis).

# Colutea

C o l u t e a   siehe Bd. V, Coronilla.
Zitat-Empfehlung: *Colutea arborescens (S.); Colutea orientalis (S.).*

Geiger, um 1830, schreibt über C. arborescens ( B l a s e n s t r a u c h ), daß die Blätter davon (folia Coluteae, S e n n a e Germanicae) als Abführmittel gebraucht wurden. Dragendorff-Heilpflanzen, um 1900 (S. 320; Fam. L e g u m i - n o s a e ), nennt **C. arborescens L.** und C. cruenta Dryand. (= C. orientalis Lam., C. sanguinea Mill.; Schreibweise nach Zander-Pflanzennamen: **C. orientalis Mill.**): „Blätter purgierend und Ersatz der Senna, Same emetisch". Nach Hoppe-Drogenkunde, 1958, wurden Folia Coluteae (von C. arborescens) „früher als Ersatz für Sennesblätter empfohlen, aber als Laxans ungeeignet, da keine Emodine vorhanden sind. Giftdroge".

# Combretum

C o m b r e t u m   siehe Bd. IV, Reg.

Von den 9 C.-Arten, die Dragendorff-Heilpflanzen, um 1900 (S. 480 uf.; Fam. C o m b r e t a c e a e ), aufführt, hat die westafrikanische C. Raimbaultii Heck. ein Kapitel in Hager-Handbuch, um 1930, und Hoppe-Drogenkunde, 1958, erhalten. Nach Dragendorff wird das Blatt gegen Tropen- und Gallenfieber benutzt, nach Hager „Folia Combreti", auch K i n k e l i b a h genannt, gegen Schwarzwasserfieber, nach Hoppe außerdem bei Morphiumentziehungskuren.

# Commiphora

C o m m i p h o r a   siehe Bd. V, Opopanax; Protium.
A m y r i s   siehe Bd. V, Boswellia; Bursera; Calophyllum; Canarium; Convolvulus; Protium.
B d e l l i u m   siehe Bd. II, Attrahentia; Diuretica; Exsiccantia; Lithontriptica. / IV, C 34; G 1814. / V, Acacia; Daucus.
G i l e a d b a l s a m   siehe Bd. IV, G 1819 (auch Synonym für Mekkabalsam).
M e k k a b a l s a m   siehe Bd. II, Antiarthritica. / IV, G 1819. / V, Myroxylon; Protium.
M y r r h a   (oder   M y r r h e ) siehe Bd. I, Gallus; Vipera. / II, Abortiva; Abstergentia; Alexipharmaca; Anodyna; Antiphthisica; Calefacientia; Discutientia; Emmenagoga; Expectorantia; Mundificantia; Putrefacientia; Sarcotia. / III, Elixir proprietatis Paracelsi; Essentia Myrrhae cum Spiritus Salis ammoniaci. / IV, B 20; C 23, 34, 36, 45, 62, 74; D 1, 6; E 6, 91, 193, 204, 244, 388; G 287, 483, 773, 789, 952, 966, 1153, 1814. / V, Crocus; Myroxylon; Narcissus; Smyrnium; Styrax; Tetranthera.
O p o b a l s a m u m   siehe Bd. V, Myroxylon; Protium.

D e i n e s -Ägypten; Grot-Hippokrates: - „ M y r r h e " --- „ O p o b a l s a - m u m ,  M e k k a b a l s a m " .

B e r e n d e s-Dioskurides: - Kap. Myrrhe, B a l s a m e a Myrrha Engl. (= B a l -
s a m o d e n d r o n Nees v. Es.) - - Kap. B d e l l i o n , 1. C. africana Engl.
(= Balsamea africana Engl.); 2. Balsamodendron Commiphora Roxb. oder Balsamodendron Mukul Hook. - - - Kap. B a l s a m , Balsamodendron gileadense
Kunth (= A m y r i s g i l e a d e n s i s L.),

T s c h i r c h-Sontheimer-Araber: - „Myrrha" - - „Bdellium" - - - Amyris gileadensis.

F i s c h e r-Mittelalter: - C. Myrrha Engl. u. C. opobalsamum Engl. (myrrha, balsamus, m i r r a ); Balsamodendron Myrrha Ehrb. (myrrha, mirra) - - C. africana
Engl. (bdellium) - - - Balsamodendron gileadense Kth. (balsamum); Amyris gileadensis (bei Avic.).

B e ß l e r-Gart: - C.-Arten, besonders **C. molmol Engl.,** C. abyssinica (Berg)
Engl., C. schimperi (Berg) Engl. (Mirra, s m y r n a, a c h a n t u s ) - - **C. mukul
Engl. u. C. africanum Engl.** (Bdellium, b y d e l l i u m ) - - - **C. abyssinica Engl.**
u. a. (Balsamus) [nach Zander-Pflanzennamen auch: **C. opobalsamum (L.) Engl.**].

G e i g e r-Handbuch: - Amyris Myrrha Nees v. Es. (= Balsamodendron Myrrha
Nees v. Es.; Myrrhenbaum) - - Bdellium ( D a u c u s gummifer Lam.? B o -
r a s s u s-Art? Amyris-Art?) - - - Amyris gileadensis L. (= Balsamodendron gileadense Kunth; Mekka-Balsam-Baum).

H a g e r-Handbuch: - Kap. Myrrha, C. abyssinica Engl., C. Schimperi Engl. u. a.
-4- C. Kataf Engler (= Balsamodendron Kataf Kunth).

Z i t a t-Empfehlung: **Commiphora molmol (S.); Commiphora abyssinica (S.);
Commiphora opobalsamum (S.); Commiphora africanum (S.); Commiphora
mukul (S.).**

Dragendorff-Heilpflanzen, S. 367-369 (Fam. Burseraceae); Tschirch-Handbuch III, S. 1127 ff. (Myrrha);
Peters-Pflanzenwelt: Kap. Der Balsamstrauch, S. 125-128, Kap. Der Myrrhenbaum, S. 119-124.

( M y r r h a )

Nach Tschirch-Handbuch hat dieses Gummiharz seit den alten Hochkulturen eine
große Rolle gespielt; in Ägypten zum Einbalsamieren, für Salböl; um die Zeit-
wende kannte man etwa 8 afrikanische (troglodytische) und arabische (erythrä-
ische) Handelssorten.

Anwendung nach Dioskurides sehr vielseitig (hat erwärmende, betäubende, aus-
trocknende, adstringierende Kraft; Uterinum, befördert die Menstruation (in
Zäpfchen); gegen Husten, Heiserkeit, Seiten- und Brustschmerzen, Durchfall,
Nierenleiden, Schüttelfrost, Würmer, Mundgeruch; mit Wein und Öl als Spülung
macht sie Zähne und Zahnfleisch fest; äußerlich für Kopf- und Ohrenleiden,
Flechten, Haarausfall, Augengeschwüre).

In Ap. Lüneburg 1475 waren 2 lb. Mirre und 1 oz. Trochisci de mirra vorrätig.
Die T. Worms 1582 unterscheidet:

1.) Myrrha Troglodytica (M. rubra, M. optima, Roter Myrrhen, der best Myrrhen);

2.) Myrrha media ( C a u c a l i s Dioscoridis, Der best Myrrhen under den Ge-
meynen, Mittelmäßige Myrrhen);

3.) Myrrha vulgaris ( E r g a s i m a , Vilißima Myrrha, Der gemeyn und aller-
schlechtst Myrrhen).

Die T. Frankfurt/Main 1687 hat nur 1. Myrrha electa (außerlesene Myrrhen),
2. M. communis (gemeine Myrrhen).

Bestandteil vieler Composita (in Ph. Nürnberg 1546 z. B. in: Diacostum Mesuae,
Dialacca Mesuae, Diacurcuma Mesuae, Dialibanum Nicolai, Aurea Alexandrina
Nicolai, Theriaca Andromachi, Mithridatium, Esdrae antidotus Actuario, Pilulae
de agarico Mesuae, Emplastrum Oxycroceum Nicolai, Emplastrum Apostolicum
Nicolai, Unguentum Apostolicon Avicennae, Oleum Moschelinum Nicolai). In
Ap. Braunschweig 1666 waren vorrätig: Myrrha optima (16 lb.), M. communi
(12 lb.), Pulvis m. (3³/4 lb.), Oleum m. per deliq. fact. (6 Lot), Oleum m. per dest.
(2 Lot), Trochisci de m. (2¹/2 Lot).

In Ph. Württemberg 1741 sind aufgenommen: Myrrha (der Baum, von dem sie
gesammelt wird, ist noch nicht klar beschrieben; kommt aus Arabien, Ägypten,
Äthiopien; die durchsichtige, reine Sorte heißt S t a c t e ; Calefaciens, Aperiens,
Attenuans, Discutans; fäulniswidrig); Aqua M., Essentia M., Essentia M. alcalisata,
Oleum sive Liquor M. per Deliquium, Oleum (dest.) M., Trochisci de Myrrha.

Die Ph. Preußen 1799 verzeichnet: Myrrha (äthiopischer, nicht bekannter Baum);
Extractum M., Liquor M., Tinctura M.; Bestandteil von Emplastrum sulphura-
tum, Electuarium Theriaca, Pulvis dentifricus, Spiritus Mastiches compositus.
Angaben über die Stammpflanze in späteren preußischen Ausgaben: 1813-1827
Amyris Kataf Forskohl? 1829-1846 Amyris Kataf Forsk. (Balsamodendri
Myrrhae Nees); 1862 (Gummi-resina Myrrha) von Balsamodendron Ehren-
bergianum Berg, vielleicht auch Balsamodendron Myrrha Nees. Das DAB 1, 1872,
verzeichnet: Myrrha (Stammpflanze wie Ph. Preußen 1862); Extractum M.,
Tinctura M.; Bestandteil von Aqua foetida antihysterica, Electuarium Theriaca,
Unguentum Terebinthinae compositum. Angaben über die Stammpflanze in
späteren DAB's: 1882-1890 Balsamea Myrrha (Balsamodendron Myrrha); 1900
Commiphora abyssinica u. C. Schimperi; 1910, Mehrere Arten der Gattung Commiphora; 1926-1968, Mehrere Arten der Gattung Commiphora, besonders von
**C. molmol Engler.**

Über die Anwendung schrieben:

Geiger, um 1830: „Man gibt die Myrrhe in Substanz, in Pulverform, in Pillen,
auch Mixturen beigemengt, äußerlich und innerlich . . . Außerdem kommt die
Myrrhe zu vielen aromatischen Kompositionen, Pillen, Latwergen, Zahnpulvern,
Zahntinkturen, destillierten Wässern und Geistern, Pflaster und Salben". Er unter-
scheidet folgende Handelsformen: „Offizinell ist: Das von selbst ausfließende
Gummiharz, Myrrhe, rote Myrrhe (Myrrha, gummi Myrrhae, Myrrha rubra,
Myrrha pinguis) . . . Im Handel unterscheidet man auserlesene Myrrhe (Myrrha

selecta) und in Sorten (Myrrha in sortis). Die erstere ist die vorzüglichste und besteht aus unregelmäßigen, unebenen, rauhen, matten oder wenigglänzenden Körnern oder Stücken von verschiedener Größe ... Die kleineren, etwas glänzenden Körner kommen auch unter dem Namen Myrrhe in Körnern oder in Tränen (Myrrha in granis seu lacrymis) vor".

Hager, 1874: „Man gibt die Myrrhe als ein tonisches Mittel bei chronischen Schleimflüssen und Blutungen der Luftwege und der Urogenitalorgane, selbst bei Zuckerruhr. Meist wird sie äußerlich bei Leiden der Zähne und des Zahnfleisches, zu Mundwässern, Gurgelwässern, als Heilmittel für schlechteiternde Wunden und Geschwüre benutzt".

Hager-Handbuch, um 1930: „Innerlich selten bei übermäßiger Schleimabsonderung der Luft- und Harnwege in Pillen, Pulvern oder Emulsionen ... Häufiger äußerlich bei Entzündungen der Mandeln, Bronchialkatarrhen und Zahnfleischentzündungen als Pinselungen und Gurgelwasser (zweckmäßig als Tinctura Myrrhae); zu Räucherungen bei Luftröhrenkatarrh; zum Verband jauchiger Wunden".

In der Homöopathie ist „Myrrha" (Tinktur aus dem Harz) ein weniger wichtiges Mittel.


(Bdellium)

Gehört ebenfalls zu den hochgeschätzten, wohlriechenden Spezereien des Altertums. Dioskurides kennt mehrere Sorten, vor allem eine arabische und eine - unreinere - indische. Verwendung vielseitig (erwärmt, erweicht; mit Speichel angerührt verteilt es Verhärtungen, Kropf, Wasserhodenbrüche; Uterinum in Zäpfchenform oder als Räucherung; gegen Steinleiden, Krämpfe, Brustschmerzen, Husten, Biß giftiger Tiere; Diureticum; in Salben gegen Verhärtungen und Knoten der Sehnen).

In Ap. Lüneburg 1475 waren 3 qr. Bdellium vorrätig. Bestandteil zahlreicher großer Composita (in Ph. Nürnberg 1546 z. B. in: Lithontribon Nicolai, Mithridatium Damocratis, Pilulae foetidae Mesuae, Emplastrum de Meliloto Mesuae, Unguentum Apostolicon Avicennae). Die Spezialpflaster des Paracelsus, O p o - d e l d o k von ihm unter Benutzung des Wortes Bdellium genannt, standen im 17. Jh. in Pharmakopöen und enthielten das Gummiharz. Es ist regelmäßig in Apotheken bis zum 18. Jh. zu finden. In Ap. Braunschweig 1666 waren vorrätig: Gummi bedellii (12 lb.), Pulvis b. (1½ lb.), Oleum b. (5 Lot), Pilulae b. (8 Lot), Unguentum de b. (1 lb.).

Die Ph. Württemberg 1741 beschreibt Bdellium (Gummi Bdellium; von einem bis jetzt nicht richtig bekannten Baum, der in Guinea, Arabien, Medien und Indien wächst, auch in Amerika; Wirkungen wie Myrrhe; kommt in den Mithridat und einige Pflaster). Seit 19. Jh. nicht mehr in offiziellem Gebrauch; wird noch als Verfälschung von Myrrhe angegeben. Geiger, um 1830, beschreibt es bei einer Möhren-Art, Daucus gummifer Lam.; „Daß das Bdellium von genannter Pflanze kommt, ist indessen zweifelhaft, besonders da als der Standort der Pflanze nur das südliche Europa angegeben wird, und das Bdellium, wie erwähnt, aus Arabien kommt. Sprengel leitet es von einer in Arabien und Ostindien wachsenden Palmenart Borassus flabelliformis ab. Vielleicht möchte es aber von einer Amyris-Art kommen? ... Anwendung. Jetzt höchst selten. Ehedem wurde es innerlich in Substanz gebraucht, äußerlich zu Räucherungen. Auch setzte man es Pflastern zu. Es kann, zumal da es häufig verfälscht vorkommt, wohl entbehrt werden".

Wiggers, um 1850, unterscheidet: 1. Afrikanisches Bdellium, von H e u d e l o t i a africana Guillem et Perottet (= Balsamodendron africanum Arnott, Amyris Niouttout Adams); 2. Indisches Bdellium, von Balsamodendron Mukul Hooker. Bei Dragendorff-Heilpflanzen, um 1900, heißen die Pflanzen:
1. C. africana Engl. (= Balsamodendron afric. Arn., Heudelotia afric. A. Mich.);
2. C. Mukul Engl. (= Balsamodendron Mukul Hook.); auch von Balsamodendron Playfairii Hook. (zu C. Myrrha gehörig).

Selbst in Hoppe-Drogenkunde, 1958, sind die Verhältnisse noch unklar. Er leitet Bdellium (Falsche Myrrha) von Balsamodendron africanum ab; „Balsamodendron Mukul soll die Stammpflanze des indischen Bdellium sein ... Die Angaben über die Stammpflanzen sind in der Literatur unterschiedlich. - Vgl. Commiphora-Arten". Unter „Daucus" wird erwähnt: „D. hispanicus, Südeuropa, liefert bei Einschnitten in den Stengel ein Gummiharz, Bdellium siculum".


( O p o b a l s a m u m )
Im Kap. Balsam beschreibt Dioskurides einen (kleinen) Baum, der nur in Indien in einem bestimmten Tal und in Ägypten wachsen soll; nach Anlegung von Schnitten fließt aus ihm das sog. Opobalsamon aus (wirkt in hohem Grade erwärmend; gegen Pupillenverdunklungen, Erkältungen der Gebärmuttergegend; befördert Menstruation und Verdauung, treibt Harn; gegen Biß giftiger Tiere). Nach Berendes war schon zur Zeit des Mittelalters der echte Balsam aus dem Handel verschwunden. Valerius Cordus, 1546, schreibt im Kommentar zum Theriaca Andromachi, der Opobalsamum enthalten sollte, daß der echte entbehrt wird und daß man ihn durch Oleum Charyophyllorum ersetzt. In der Ph. Augsburg 1640 wird als Ersatz angegeben: Oleum Nucis Moschatae; wird „Balsamum" verschrieben, kann Oleum Caryophyllorum genommen werden.

In T. Worms 1582 ist aufgeführt: Opobalsamum (Lacrymae balsami, Balsamum Judaicum, Jüdischer Balsam, Natürlicher Balsam), in T. Mainz 1618: Opobalsamum (Indischer Balsam). Die Ph. Württemberg 1741 führt: Balsamum Orientale verum (Opobalsamum, Balsam de Mecha, Ägyptiacum, Balsam von Mecha; die Stammpflanze wird als Carpobalsamum beschrieben; der Balsam war einst kostbar und sehr selten, jetzt ist er leichter zu erhalten, die größte Handelsmenge ist allerdings C o p a i v a b a l s a m ; der in der ganzen Welt berühmte Balsam wird innerlich und äußerlich genommen; Polychrestum, Antasthmaticum, gegen Steinleiden). Um 1780 (Hagen, Spielmann) wird als Stammpflanze Amyris Opobalsamum L. angegeben.

Geiger, um 1830, schreibt bei Amyris gileadensis L.: „Der seit den ältesten Zeiten hochberühmte Balsam wird nach den neuesten Angaben von dieser Art erhalten. - Wächst in Arabien ... Bei den Orientalen steht dieser Balsam als Arzneimittel, Salbe und Rauchwerk im höchsten Ansehen. Bei uns wird er wegen seinem teuren Preis und der häufigen Verfälschung höchst selten angewendet. Seine Wirkung ist der des Copaifabalsams und ähnlicher analog. Amyris Opobalsamum L. ist nach Kunth von Amyris gileadensis nicht verschieden".

Bei Dragendorff, um 1900, heißt die Stammpflanze C. Opobalsamum Engl. (= Balsamodendron gileandense Kth., Amyris gilead. L.); Schweinfurth bezeichnet als Mutterpflanze Balsamodendron Opobalsamum Kth. (= Amyris Opobals. L.), das einige für eine Var. des vorigen halten und das er für identisch mit Bals. Ehrenbergianum Berg erklärt. In Hoppe-Drogenkunde, 1958, ist der Mekkabalsam - Verwendung in der Parfümindustrie - von C. Opobalsamum abgeleitet. Die Pflanze heißt bei Zander-Pflanzennamen: **C. opobalsamum (L.) Engl.**

In der Homöopathie ist „Amyris gileadensis - Mekkabalsam" (weingeistige Lösung) ein wichtiges Mittel.

### (X y l o b a l s a m u m)

In seinem oben genannten Balsamkapitel beschreibt Dioskurides auch das Holz des Balsambaumes, das Xylobalsamon genannt wird (wäßriger Aufguß gegen Verdauungsschwäche, Krämpfe, Tierbisse, treibt Harn; äußerlich bei Kopfwunden, zieht Knochensplitter aus). In Ap. Lüneburg 1475 waren 1 lb. Xilobalsam vorrätig. In T. Worms 1582 steht [unter Hölzern] Xilobalsam (Lignum balsami, B a l s a m h o l t z). Ist Bestandteil der Trochisci Hedychroi Galeni. Kommt im 17. Jh. aus dem offiziellen Gebrauch. Die Ph. Augsburg 1640 läßt an seiner Stelle Lignum Aloes nehmen.

### (C a r p o b a l s a m u m)

Eine weitere Droge vom Balsambaum sind bei Dioskurides die Früchte (innerlich gegen Seitenstechen, Lungenentzündung, Husten, Lendengicht, Fallsucht, Schwindel, Atemnot, Leibschneiden, Harnverhaltung, Biß giftiger Tiere; Räucherung und Sitzbad bei Frauenleiden).

In Ap. Lüneburg 1475 waren 3 qr. Carpobalsamum vorrätig. Die T. Worms 1582 verzeichnet [unter Früchten] Carpobalsamum (G r a n a b a l s a m i , B a l s a m - k ö r n e r). Cordus, 1546, schreibt im Kommentar zum Diathamoron Nicolai, der die Droge enthalten sollte, daß sie ebenso wie Opobalsamum und Xylobalsamum nicht zu haben ist; er empfiehlt stattdessen destillierte Öle (Ol. Cinnamomi und Ol. Charyophyllorum); von dem Ersatz durch Cubebae, Caryophylli oder Cardamomum (z. B. in Theriakrezepten) hält er nichts. Die Ph. Augsburg 1640 läßt jedoch für Carpobalsamum C u b e b a e verwenden. In die Ph. Württemberg 1741 ist aufgenommen: Carpobalsamum (Balsam-Körner, die Frucht vom Balsam-Baum; selten in Gebrauch, wird für den echten Theriak gebraucht; Stomachicum, Nervinum, Vulnerarium, Diureticum). Meissner, um 1830, erwähnt die Droge (ebenso wie Geiger): „Carpobalsamum. Unter dieser Benennung fand man früher in den Offizinen die Früchte des Balsambaums von Mecca [Stammpflanze also wie bei → Opobalsamum] . . . Werden nicht mehr von den Ärzten angewendet. Sie machen einen Bestandteil des Theriaks und einiger anderer, sehr zusammengesetzter Mittel aus".

( O p o p a n a x )

Dragendorff, um 1900, schreibt, neuerdings würde behauptet, daß Balsamodendron Kafal Kth. (= C. abyssinica Engl., Amyris Kafal Forsk.) die Mutterpflanze des jetzt verkauften O p o p o n a x resp. Bissa Bol (welche auch von C. erythraea Engl. abgeleitet wurde) sei. Diese Angabe hat sich im Prinzip gehalten. In Hager-Handbuch, um 1930, wird als Lieferant von Opopanax: C. Kataf Engl. (= Balsamodendron Kataf Kunth) genannt; man stellt aus Opopanax durch Wasserdampfdestillation das Oleum Opopanax - für Parfümerie - her. Auch Hoppe-Drogenkunde, 1958, beschreibt das Gummiharz bei C. Kataf; „echtes Opopanax wird kaum noch gehandelt, es stammt von [→] Opopanax Chironium und O. persicum". Beßler-Gart bemerkt allerdings, daß das heutige Opopanax nicht von C. kataf, sondern von C. erythraea (Ehrenbg.) Engl. abstammt.

## Comocladia

Nach Dragendorff-Heilpflanzen, um 1900 (S. 397; Fam. A n a c a r d i a c e a e ), ist von C. integrifolia Jack. „Frucht eßbar, Rinde soll hypnotisch wirken und in Martinique als Sternutatorium dienen"; desgleichen C. Brasiliastrum Poir. und C. dentata Jacq.; letztere soll giftige Ausdünstung haben. In der Homöopathie ist „Comocladia dentata (Guao)" (Essenz aus frischer Rinde; Hale 1873) ein wichtiges Mittel.

## Conium

C o n i u m  siehe Bd. V, Cicuta.
S c h i e r l i n g  oder  S c h e r l i n g  siehe Bd. I, Spongia. / II, Maturantia; Narcotica; Resolventia. / IV. C 16. / V, Aethusa; Chaerophyllum; Cicuta.

G r o t-Hippokrates: C. maculatum.
B e r e n d e s-Dioskurides: Kap. S c h i e r l i n g , **C. maculatum L.**
T s c h i r c h-Sontheimer-Araber: C. maculatum.

F i s c h e r-Mittelalter: C. maculatum L. cf. Cicuta (conium, a p o l l i n a r i a , s c h e r l i n g ).

B e ß l e r-Gart: Kap. C i c u t a , C. maculatum L. und Cicuta virosa L.

H o p p e-Bock: Kap. Schirling, C. maculatum L. ( W ü t e r i c h ).

G e i g e r-Handbuch: C. maculatum (gefleckter Schierling).

H a g e r-Handbuch: C. maculatum L.

Z i t a t-Empfehlung: **Conium maculatum (S.).**

Dragendorff-Heilpflanzen, S. 487 (Fam. U m b e l l i f e r a e ); Tschirch-Handbuch III, S. 219-221.

Nach Berendes-Dioskurides gehört das K o n e i o n (= Schierling) zu den vernichtenden Giften, es tötet durch „Erkältung" (in der Medizin benutzt man Saft aus Dolden — Zusatz zu schmerzlindernden Kollyrien, in Salben gegen Geschwüre und Rose; Kraut und Dolde zu Umschlägen auf Hoden, Kataplasma für Genitalien, vertreiben Milch, verhindern Wachsen der Brust und Entwicklung der Hoden). Von der Verwendung als Giftbecher — öffentliches Strafmittel der Athener — schreibt Dioskurides, im Gegensatz zu Plinius (bei dem der Schierling Cicuta heißt), nichts.

Nach Hoppe bildet Bock, um 1550, C. maculatum L. ab und lehnt sich mit den Indikationen an das Dioskurideskapitel an (Krautsaft - auch gebranntes Wasser - gegen „hitzige presten", das sind fieberhafte Krankheiten, Pest oder Typhus; gegen Schwellungen und Schmerzen; Kraut, Saft und Destillat gegen Hautentzündungen, als Schlafmittel; Antaphrodisiacum).

In Quellen vom Mittelalter bis zum 18. Jh. werden C.-Drogen - besonders Kraut und Samen - meist mit der Bezeichnung Cicuta angegeben (gelegentlich werden die Drogen auch von dieser Cicuta gestammt haben). In Ap. Lüneburg 1475 waren 2 oz. Semen cicute vorrätig. Die T. Worms 1582 führt: [unter Kräutern] Cicuta (Conium, C a t e c h o m e n i u m , D o l i a , A m a u r o s i s , Wüterich, Schirling, D o e l k r a u t , W u n t z e r l i n g ); Semen Cicutae (Conii, Wüterich oder Schirlingssamen); in T. Frankfurt/M. 1687 Herba Cicuta (Schürling, Wüterich, D o l l k r a u t ). In Ap. Braunschweig 1666 waren ³/₄ lb. Semen cicutae vorrätig.

In Ph. Württemberg 1741 sind aufgenommen: Herba Cicutae majoris (Schierling, Wüterich; sehr giftig, wird nur äußerlich, als Resolvens, benutzt); Emplastrum de Cicuta cum Ammoniaco wird mit Succus Cicutae hergestellt. Hagen, um 1780, beschreibt Schierling (Erdschierling, C. maculatum) sehr genau, weil er oft verwechselt wird (z. B. mit C h a e r o p h y l l u m bulbosum); in Apotheken hat man Kraut und Samen (Hb. Sem. Cicutae, Conii); aus dem frischen Krautsaft macht man durch Eindampfen ein Extrakt.

In die preußischen Pharmakopöen wurde die Krautdroge aufgenommen (1799: Herba C. maculati seu Cicutae maculatae, von C. maculatum; hieraus bereitet: Emplastrum Conii, aus frischer Pflanze Extractum C.); in DAB's (1872-1900)

Herba Conii; dann Erg.-Bücher (Erg.-B. 6, 1941: Herba Conii und Extractum C., dies aus frischem Kraut). Zubereitungen im DAB 1, 1872, waren: Emplastrum C. und Empl. C. ammoniacatum (aus Herba Conii), Extractum C. (aus frischem Kraut), daraus Unguentum C. und Ungt. narcotico-balsamicum Hellmundii.

In der Homöopathie ist „Conium - Schierling" (Essenz aus frischem, blühenden Kraut; Hahnemann 1815) ein wichtiges Mittel.

Über die Anwendung schrieb Geiger, um 1830: „Man gibt den Schierling in Substanz, in Pulverform innerlich und äußerlich, zu Umschlägen usw., im Aufguß. - Präparate hat man davon den eingedickten Saft oder das Extract, gewöhnlich aus dem frischen Kraut bereitet (succ. inspissatus seu extractum Conii, Cicutae); ferner eine Tinctur (tinct. Conii seu Cicutae), die jedoch selten gebraucht wird. Pflaster (empl. Conii s. Cicutae) und aufgegossenes Öl (ol. Conii s. Cicutae). Ehedem war auch der Same (sem. Cicutae) gebräuchlich". Nach Hager, 1874, gehört das Schierlingskraut „zu den stark narkotischen Arzneimitteln. Man gibt es innerlich als ein auflösendes und alterierendes Mittel gegen Skrofeln, Drüsengeschwülste, Krebs etc., auch als schmerzlinderndes und krampfstillendes Mittel und Antaphrodisiacum etc., in ähnlichen Fällen wird es auch äußerlich gebraucht". Nach Hager, um 1930, werden Herba Conii (Herba Cicutae, Dollkraut, Fleckschierlingskraut, Giftpetersilie, Tollkörbel, Z i e g e n k r a u t ) ebenso wie die Fructus Conii (Semen Conii, Fructus Cicutae) gebraucht: „Selten, innerlich bei Asthma, Keuchhusten, Neuralgien in Pulver oder Pillen; äußerlich als schmerzstillendes Mittel in Aufgüßen und Abkochungen, zu Injektionen, Gurgelwässern, Klistieren". Nach Hoppe-Drogenkunde, 1958 (Kraut- oder Fruchtdroge): „Sedativum, Analgeticum, Antispasmodicum, Antaphrodisiacum ... In der Homöopathie bei Schwindelanfällen, Reiz- und Krampfhusten, bei Drüsenschwellungen, bei Alterskachexie".

## Conringia

Nach Dragendorff-Heilpflanzen, um 1900 (S. 260; Fam. C r u c i f e r a e ), ist C. orientalis Dum. (= B r a s s i c a orientalis L., E r y s i m u m perfoliatum Crtz. [Schreibweise nach Zander-Pflanzennamen: C. orientalis (L.) Dumort.]) Gemüsepflanze. Nach Hoppe-Drogenkunde, 1958, wird die Pflanze als Ölpflanze (für Speiseöl) kultiviert.

## Convallaria

C o n v a l l a r i a siehe Bd. II, Cordialia; Diuretica; Errhina; Hydropica. / IV, G 456. / V, Maianthemum; Polygonatum.
L i l i u m c o n v a l l i u m siehe Bd. II, Antapoplectica; Antiparalytica; Cephalica.
M a i b l u m e siehe Bd. II, Antispasmodica.

F i s c h e r -Mittelalter: C. majalis L. ( l i l i u m c o n v a l l i u m , m e y b l o m e n , t a l l i l i g e n , wild l i l i g e n , w e i ß w u r z , g l o c k e l l i l i g e n ).

H o p p e-Bock: C. maialis L. ( M e i e n b l u o m e n ).
G e i g e r-Handbuch: C. majalis (gemeine M a i b l u m e ).
H a g e r-Handbuch: C. majalis L. ( M a i g l ö c k c h e n ).
Z i t a t-Empfehlung: **Convallaria majalis (S.).**

Dragendorff-Heilpflanzen, S. 126 (Fam. L i l i a c e a e ); Gernoth Rat, Die Convallaria majalis, ihr Weg durch die Geschichte, in: Convallaria Glykoside und die quantitativen Probleme der Herzglykosidwirkung, Köln (Madaus) 1959; Ernst Schultes, Entwicklung der Convallaria-majalis-Forschung, Gießner vet.-med. Diss. 1953.

Nach Hoppe zählt Bock, um 1550, die Indikationen für das Maiglöckchen nach Brunschwig, um 1500, auf (gebranntes Wasser gegen Sprachstörungen, Ohnmacht, krampfartige Schmerzen, Vergiftung, Herzschwäche, Augenerkrankungen, Gedächtnisschwund). In T. Worms 1582 sind verzeichnet: Flores Lilii convallii (Lilii verni, Meyenblumen), Conserva Florum lilii convallii (Meyblumenzucker). In T. Frankfurt/M. 1687 außerdem Radix Liliorum convallium. In Ap. Braunschweig 1666 waren vorrätig: Flores lilior. convall. (1 K.), Pulvis l. c. ($^1/_4$ lb.), Acetum l. c. ($^1/_2$ St.), Aqua l. c. (5 St.), Aqua l. c. cum vino (6 St.), Conserva l. c. ($2^1/_2$ lb.), Extractum l. c. (4 Lot), Essentia l. c. (13 Lot), Oleum l. c. ($5^1/_4$ lb.), Spiritus l. c. per se (3 lb.), Spiritus l. c. cum vino (4 lb.), Spiritus l. c. ambrat. (1 lb.).
Die Ph. Württemberg 1741 führt Flores Liliorum convallium (Convallariae Linn., Mayenblumen; Cephalicum; bewegen den Stuhlgang; Errhinum, Sternutatorium); daraus werden bereitet: Aqua L. c. cum vino und Spiritus Lil. convallium. Die Blüten wurden auch in Ph. Preußen 1799 aufgenommen; sie sind Bestandteil des Pulvis sternutatorius (beide bis Ausgabe 1829). Noch in einigen Länderpharmakopöen des 19. Jh. (Flores Convallariae majalis in Ph. Hamburg 1852). In Erg.-B. 2, 1897, stehen Flores, Herba und Tinctura Convallariae; so noch Erg.-B. 6, 1941.
Geiger, um 1830, schreibt über die Verwendung: „Ehedem gebrauchte man die Blumen, Wurzel und Beeren gegen Fallsucht, auch als Wurmmittel usw. Jetzt werden die getrockneten Blumen noch als Niesemittel benutzt ... Die Blumen machen noch einen Bestandteil des offizinellen Niespulvers (pulv. sternutatorius) aus. Auch nahm man sie ehedem zu mehreren anderen Kompositionen als: aqua apoplectica, antiepileptica usw.". Meissner, zur gleichen Zeit, führt aus: „Das dest. Wasser ihrer Blüten wurde für beruhigend und antipasmodisch gehalten; jetzt ist es aber beinah obsolet. Bei uns findet das Acetum Liliae convallar. noch als Hausmittel vielfache Anwendung".
Um 1880 begann man sich stärker für C. majalis wegen der Herzwirkung zu interessieren, doch ebbte die Begeisterung wieder ab. In Eulenburgs Enzyklopädie, [4]1908, steht: „Die Droge und das daraus gewonnene Convallamarin wurden eine zeitlang als Digitalisersatz sehr empfohlen, indes hat sich nach neueren Beobachtungen die Convallaria als ziemlich unverlässig und als Ersatz der Digitalis bei Herzkrankheiten wenig geeignet erwiesen". Hager, um 1930, schreibt: „Das

Kraut wurde früher wie Digitalis als Herzmittel angewandt, ist dann in Vergessenheit geraten und wird jetzt wieder angewandt".

Hoppe-Drogenkunde, 1958, gibt zu Folia Convallariae majalis an: „Cardiacum, bes. bei Herzschwäche, bei Reizleitungsblockierung, bei Arteriosklerose, bei Herzneurose, und in Fällen, wo Digitalis nicht angezeigt ist. - Herzdiureticum ... In der Homöopathie [wo „Convallaria majalis - Maiblume" (Essenz aus frischer, blühender Pflanze) ein wichtiges Mittel ist] bei kompensierten und dekompensierten Herzfehlern etc. - Wichtiges Mittel bei echter Herzneurose. Bei Angina pectoris nervosa. - In Rußland gegen Epilepsie".


## Convolvulus

C o n v o l v u l u s   siehe Bd. V, Aquilaria; Calystegia; Exogonium; Genista; Ipomoea.
C o n v o l v o l u s   siehe Bd. V, Solanum.
C o n v o l v u l i s   siehe Bd. V, Vanilla.
L i g n u m   r h o d i n u m   siehe Bd. II, Antisyphilitica.
S c a m m o n i a   siehe Bd. V, Calystegia; Ipomoea.
S c a m m o n i u m   siehe Bd. II, Adjuvantia; Anthelmintica; Cholagoga; Opomphalica; Panchymagoga; Purgantia. / III, Diagrydium rosatum.
R e s i n a   S c a m m o n i a e . / IV, C 8, 33; E 12, 34, 288, 298; G 1837.
S c a m m o n i u m h a r z   siehe Bd. III, Reg.
S o l d a n e l l a   siehe Bd. II, Diuretica; Hydragoga. / V, Chenopodium.


H e s s l e r-Susruta: + + + C. argenteus; C. pes caprae (bei Drag. = I p o m o e a maritima R. Br.); C. repens (bei Drag. = Ipomoea aquatica Forsk.).
D e i n e s-Ägypten: + + + C. hystrix.
G r o t-Hippokrates: - C. Scammonia.
B e r e n d e s-Dioskurides: - C. Scammonia L. (Kap. P u r g i r w i n d e) -- C. arvensis L. (Kap. A c k e r w i n d e) + + + C. Dorycnium L. oder C. monspeliensis? (Kap. D o r y k n i o n); C. althaeoides L.? (Kap. M e d i o n).
T s c h i r c h-Sontheimer-Araber: - C. scammonia L. - - C. arvensis.
F i s c h e r-Mittelalter: - C. Scammonea (s c a m p h o n i a, n i e s w o r z, s p e r b u r z, s c h m e r w u r z; Diosk.: skammonia, skambonia, c o l o p h o n i u m) -- C. arvensis L. u. C. sepium L. (l i g u s t i c u m, v u l v u l a, c o r n o l a, p o l i g o n i a, ligustrum, v o l u b i l i s, convolvulus, w i n d a, g e n s e b l u o m e, m e g e d e b l u m e n, w i l d l i l i g e n, w e i ß g l o k k e n k r u t; Diosk.: h e l x i n e, v o l u t u   l a p a r u) --- C. Soldanella L. (t u r b i t, t r i p o l i o n, s o l d a n a, f i g a l e l l a; Plin.: t r i f o l i u m marinum).
B e ß l e r-Gart: - C. scammonia L. (d y a g r i d i o n; scammonea, s c a m e n e a) -- C. spec., vielleicht C. arvensis L. (w y n d e, c u s s u s, y e b l e c h) --- C. soldanella L. (s o l d a n e l l a, a z a r, c h a c h i l l e).
H o p p e-Bock: - - C. arvensis L. (klein weiß W i n d g l o c k e n).

G e i g e r-Handbuch: - C. Scammonia L. (Scammonium-Winde) - - C. arvensis (Ackerwinde) - - - C. Soldanella (= C a l y s t e g i a  Soldanella R. et Sch.; M e e r k o h l ) - 4 - C. scoparius (B e s e n w i n d e) + + + C. operculatus Gomes (= Ipomoea operculata Mart.).

H a g e r-Handbuch: - C. scammonia L.

Z i t a t-Empfehlung: **Convolvulus scammonia (S.); Convolvulus arvensis (S.); Convolvulus soldanella (S.).**

Dragendorff-Heilpflanzen, S. 553 (Convolvulus), 554-557 ( I p o m o e a ); Fam. Convolvulaceae; Tschirch-Handbuch II, S. 1336 uf. (C. scammonia).

( S c a m m o n i u m )

Nach Tschirch-Handbuch ist Scammonium eines der ältesten Arzneimittel und eines der beliebtesten auch im Mittelalter; es wird schon im Corpus Hippocraticum unter den Abführmittel erwähnt; bei den Arabern (z. B. Avicenna, Mesue, Ibn Baithar) war Scammonium als M o h a m u d a h , Skamonia, Colophonia (nach der Stadt Kolophon) oder, in ausgehöhlten Q u i t t e n gedämpft, als D i a g r y d i u m bekannt und viel verwendet; im 10./11. Jh. wurde es in England benutzt.

Dioskurides beschreibt eingehend die Gewinnung des Saftes aus der Wurzel, wie er aufgefangen und getrocknet wird (Anwendung zum Purgieren, evtl. mit verschiedenen Zusätzen, wie Salz, schwarzer Nieswurz; als Kataplasma bei Ischias; in Wolle als Zäpfchen in Gebärmutter eingelegt, tötet den Embryo; verteilt Drüsen, gegen Aussatz; mit Essig und Rosenöl zum Besprengen bei chronischen Kopfleiden). Die ersten Kräuterbuchautoren in Deutschland kennen die Pflanze noch nicht, während die Saftdrogen allgemein in Gebrauch sind.

In Ap. Lüneburg 1475 waren vorrätig: Scamonea (7½ qr.), Diagridium (3 oz.). In T. Worms 1582 sind verzeichnet: Scammonium (Scammonia, L a c r y m a e A p o p l e u m e n i , L a c r y m a  d a c t y l e i , Lacryma volubilis Syriacae s. Antiochena, L a c r y m a  S a n i l i , Scamonea officinarum); [unter Trochisci] D a c r y d i u m (Scammonea praeparata, Trochisci seu pastilli de scammonea, Bereyt Scammony). In Taxe Frankfurt/M. 1687: Scammonium crudum und praeparatum, das letztere = Diagrydium, hierbei D. rosatum u. D. sulphuratum. In Ap. Braunschweig 1666 gab es: Gummi scammoni (4 lb.), Extractum s. (7 Lot), Trochisci diagridii (13 Lot), Extractum diagridii (17 Lot), Diagridium antimoniatum (5 Lot), Diagridium sulphuratum (10 Lot), Trochisci diagridii (13 Lot). Die Ph. Württemberg 1741 führt: Scammonium (harziger, fester Saft aus der Wurzel von Convolvulus Syriacus; Purgans, vorsichtig zu verwenden, am besten mit einem Süßholzdekokt verarbeitet); Diacrydium Liquiritia edulcoratum; Diacrydium rosatum u. D. sulphuratum; Resina Scammonii.

Hagen, um 1780, schreibt über „Skammoneumwinde (Convolvulus Scammonia), wächst auf dem Gebirge, welches sich von Antiochien bis zum Berge Libanon erstreckt, und auch in Syrien. Aus der Wurzel derselben, die in der Mitte lauter Gefäße, die einen Milchsaft führen, enthält, wird dieser, nachdem er eingetrocknet worden, in ansehnlichen Stücken von grauer oder schwärzlicher Farbe unter dem Namen Skammonium (Scammonium) verschickt. Man verfährt, um ihn zu erhalten, auf folgende Weise. Nachdem der obere Teil der Wurzel von der Erde entblößt worden, schneidet man den Kopf derselben in einer schiefen Richtung ab und setzt ein Gefäß unter den niedrigen Teil des Schnittes, da denn der milchige Saft innerhalb 12 Stunden auströpfelt, und nachher zum Trocknen in die Sonne gestellt wird. Dieses unverfälschte Skammonium ist leicht, im Bruche glänzend und zerbrechlich ... So rein aber wird es höchst selten verschickt, sondern der ausgetröpfelte Milchsaft wird entweder mit dem aus der Wurzel, Stengeln und Blättern durchs Auspressen erhaltenen Safte, oder meistenteils mit Mehl, Asche, Sand, Kraftmehl udgl. vermischt und dann getrocknet. Von diesem muß dasjenige zum arzneiischen Gebrauche gewählt werden, welches den vorher angezeigten Eigenschaften am nächsten kommt. Das beste ist das Aleppische (Scammon. de Aleppo), und dieses ist auch ungleich teurer als das Smyrnische (Sc. de Smyrna), welches von vielen ganz verschiedenen Pflanzen untereinander gesammelt wird, schwerer und schwärzer ist ... Man hatte vor Zeiten sehr viele Verbesserungsarten dieses Skammoniums, um seine zu stark purgierende Kraft zu mildern. Es wurde dasselbe in einem Mörser entweder in Quittenbirnensaft oder in einem Dekokt von Rosenblättern oder von Süßholz aufgelöst, die milchige Auflösung von dem Bodensatze abgesondert und bei sehr gelinder Wärme bis zu seiner eigentlichen Härte wiederum abgedampft. Im ersten Fall hieß es Diagrydium oder Diacrydium cydoniatum, im zweiten, rosatum, im dritten glycirrhizatum oder liquiritia edulcoratum. Weil aber diese Bereitungen die Feuchtigkeit der Luft stark anziehen, so ersann man eine andere Methode. Es wird nach dieser das feingestoßene Skammonium über einen Bogen Löschpapier dünn ausgebreitet und auf ein Haarsieb gelegt. Man hält dieses ungefähr eine Viertel Stunde lang über brennenden Schwefel ... Diese Korrektion bekommt den Namen geschwefeltes Skammonium (Diagrydium s. Diacrydium sulphuratum). Auch dieses ist nicht mehr sehr gebräuchlich, und man hält das Skammonium meistenteils blos an sich gepulvert unter diesem Namen vorrätig".

Die Droge blieb noch längere Zeit im 19. Jh. offizinell. Die Ph. Preußen 1799 schrieb vor: Scammonium Halepense (v. Convolvulus Scammonia); so bis Ausgabe 1846. Andere Sorten sind nach Geiger, um 1830: 2. Sc. de Smyrna, 3. Sc. antiochicum; ist die schlechteste Sorte. Zu Verfälschungen wird Sc. monspeliacum genommen; es kommt aus dem südl. Frankreich und Spanien und wird aus der Wurzel von C y n a n c h u m monspelianum gewonnen.

Im DAB 1, 1872, ist Radix Scammoniae (von C. Scammonia L.) aufgenommen. Nach Hagers Kommentar waren die Scammoniumsorten des Handels zu uneinheitlich und zu oft verfälscht. Dem Vorbild der Britischen Pharmakopöe folgend, hatte man deshalb die Wurzel aufgenommen und ließ das Harz selbst herstellen; „Unsere Pharmakopöe rezipierte die Skammoniawurzel zu demselben Zwecke, obgleich das Scammoniaharz bei uns in Deutschland kaum gebraucht wird und nur für den purgierbedürftigen Engländer unentbehrlich ist". Die Droge verschwand dann aus den deutschen Pharmakopöen (über Radix und Resina Scammoniae des Erg.-B. 6 → Ipomoea).

In der Homöopathie ist „Scammonium" (weingeistige Lösung des eingetrockneten Milchsaftes) ein weniger wichtiges Mittel.


(Soldanella)

Der Meerkohl, C. soldanella L., hat im 17./18. Jh. eine gewisse Rolle gespielt. In einigen Taxen und Pharmakopöen sind Herba Soldanellae (T. Augsburg 1646: „id est B r a s s i c a marina") aufgenommen. In Ap. Braunschweig 1666 waren vorrätig: Herba soldanelli ($^{1}/_{4}$ K.), Essentia s. (25 Lot), Extractum s. (5 Lot). Die Ph. Württemberg 1741 führt: Herba Soldanellae (Brassicae marinae, Convolvuli marini rotundifolii, Meerkohl, Meerwinde, Meerglöcklein; gegen Wassersucht, da es Wasser oder Serum austreibt). Bei Hagen, um 1780, heißt die Stammpflanze C. Soldanella. Nach Jourdan, um 1830, wirkt die Droge (von Calystegia Soldanella Röm. et Sch.) purgierend; nach Geiger, zur gleichen Zeit, wird sie nicht mehr gebraucht.


(Lignum Rhodium)

Nach Hoppe-Drogenkunde, 1958, liefert C. scoparius das ätherische Oleum Ligni Rhodii, Rosenholzöl. Dieser Ansicht ist auch Geiger, um 1830: „Convolvulus scoparius. Eine schon lange bekannte Pflanze. - Wächst auf den canarischen Inseln (Teneriffa) ... Von diesem Strauch leitet man das R o s e n h o l z , Lignum Rhodii, ab ... Vorwaltende Bestandteile: Ätherisches Öl und Harz ... Anwendung: In Pulver- und Pillenform, selten. Präparate davon: Oleum Ligni Rhodii. NB. Einige leiten das Rosenholz von G e n i s t a canariensis ab, andere von einer Art A s p a l a t u s ... Nach Geoffroy kommt aus den Antillen eine Art unter dem Namen Jamaicanisches Rosenholz von A m y r i s balsamifera L.". Nach Jourdan, zur gleichen Zeit, wird das Öl mehr als Schönheits-, denn als Arzneimittel gebraucht.

Das Holz war im 16.-18. Jh. apothekenüblich (seit 17. Jh. auch das Öl). In T. Worms 1582 steht (außer Lignum Rhodium, Rhodiserholz [→ Aquilaria]) Lignum rosaceum (R h o d o x y l o n , Rosenholz). In Ap. Braunschweig 1666 waren vorrätig: Lignum Rhodii (30 lb.), Oleum Ligni Rhodii (1 lb., 6 Lot); in Ap. Lüneburg 1718 Lignum Rhodii (21 lb.), Ol. Ligni Rhodii (2 oz.). Die Ph. Württemberg 1741 führt: Lignum Rhodium (Rosen-Holtz; wird auch Aspalathum genannt; mehr als Odoramentum als innerlich; zur Blutreinigung, treibt Harn und Schweiß); Aqua (dest.) Lign. Rhod., Oleum Lign. Rhodii. Die Stammpflanze heißt bei Hagen, 1780: „Besemwinde (Conuoluulus scoparius) wächst auf der Insel Barrancas bei der Stadt St. Crux, und soll eher das Ansehen einer Geniste oder des Pfriemenkrauts als einer Winde haben. Von diesem Strauche leitet man jetzt das in Apotheken gebräuchliche Rosenholz (Lignum Rhodium) her ... Bei der Destillation mit Wasser wird daraus das Rosenöl (Oleum L. Rhodii) erhalten ... Dasjenige, was aus Hamburg kommt, ist gemeinhin mit vielem ausgepreßtem Öl verfälscht".

( V e r s c h i e d e n e )
1.) Die H e l x i n e des Dioskurides wird nach Berendes als Ackerwinde, C. arvensis L. gedeutet (der Saft der Blätter hat den Bauch lösende Kraft). Nach Hoppe bildet Bock, um 1550, diese Winde ab (Indikationen in Anlehnung an „unsere Empirici": gegen Schmerzen beim Harnlassen und Steinbeschwerden; gebranntes Wasser aus Blüten - nach Brunschwig - innerlich und äußerlich gegen Entzündungen und fieberhafte Krankheiten). Nach Geiger, um 1830, diente ehedem von C. arvensis das Kraut (herba Convolvuli minoris) als Abführmittel. In der Homöopathie ist „Convolvulus arvensis - Ackerwinde" (Essenz aus frischem, blühenden Kraut; Starke 1837) ein wichtiges Mittel.
2.) Nach Berendes beziehen sich einige weitere Kapitel bei Dioskurides auf C.-Arten, so Kap. D o r y k n i o n auf C. monspeliensis oder C. dorycnium L. (scheint schlafmachend zu sein; die Samen zu Liebeszwecken), Kap. M e d i o n evtl. auf C. althaeoides (die Wurzel stellt den roten Fluß).

## Conyza

C o n y z a  siehe Bd. II, Emmenagoga; Resolventia. / V, Blumea; Erigeron; Inula; Pluchea; Vernonia.

Dragendorff-Heilpflanzen, um 1900 (S. 663; Fam. C o m p o s i t a e ), nennt 7 C.-Arten im Text, im Register aber 25, es sind also zahlreiche Pflanzen zunächst als C.-Arten betrachtet, dann aber anders zugeordnet worden. Das wichtigste Beispiel ist C. squarrosa, die unter dieser Bezeichnung ein Kapitel in Hoppe-Drogenkunde, 1958, hat, die bei Dragendorff jedoch richtig als → Inula-Art beschrieben wird.
In Berendes-Dioskurides wird zweimal C. candida L. genannt, zum Kap. A r k t i o n und zum Kap. K a k a l i a . Bei Dragendorff ist die Pflanze unter I n u l a candida Cass. zu finden (im Orient gegen Gelbsucht, Harnbeschwerden, Würmer gebraucht).

Co

# Copaifera

Copaifera siehe Bd. V, Hymenaea; Myroxylon.
Balsamum Copaivae siehe Bd. II, Diuretica.
Zitat-Empfehlung: *Copaifera langsdorfii (S.); Copaifera multijuga (S.); Copaifera officinalis (S.); Copaifera reticulata (S.).*
Dragendorff-Heilpflanzen, S. 297 (Fam. Leguminosae).

Nach Dragendorff, um 1900, wird der Copaiva-Balsam (gewonnen von zahlreichen C.-Arten) zuerst 1625 von Purchas in Europa erwähnt. Bis gegen Mitte 18. Jh. ist neben der Bezeichnung Balsamum Copaivae (Copaibe, Copaite) die Bez. Weißer Indianischer oder Amerikanischer Balsam, Bals. Indicum album, auch Bals. Peruvianum album oder ähnliches üblich (in T. Frankfurt/M. 1687 steht: Balsamum Indicus albus seu Mexikanus, weißer Indianischer Balsam; in T. Braunschweig-Wolfenbüttel 1721: Balsamum Copaivae - Weißer Ind. Balsam; in Ap. Lüneburg 1718 waren von Gummi Balsami Americani albi fluidi seu Olei de Copayba, Weißer Americanischer Balsam, 1 lb. 8 oz. vorrätig). Immer, wenn die Ware erheblich billiger ist, als der schwarze Perubalsam, was in der Regel der Fall ist, dürfte es sich um Copaivabalsam gehandelt haben, da der echte weiße Perubalsam besonders hoch im Preis eingeschätzt wurde. Seit Mitte 18. Jh. (z. B. Württemberg 1741) wird deutlich unterschieden zwischen Balsamum Indicum album [→ Myroxylon] und Balsamum de Copaiba (Copahu, Copaivae, Balsam von Copaiva; Gonorrhoicum, Diarrhoicum, Dysentericum; äußerlich als Vulnerarium).

Hagen, um 1780, schreibt vom „Kopaivabaum (Copaifera officinalis), wächst in Brasilien, auf der Insel Maranhon und den Antillischen Inseln ... Nach einem gemachten Einschnitte, der tief und zur rechten Zeit geschieht, fließt der bekannte Kopaiv- oder Kopahubalsam heraus ... Er ist ein flüssiges Harz, welches dünner als der Terpentin und von hellgelber Farbe ist, mit der Zeit aber undurchsichtiger, zäher und zum Gebrauche untauglich wird ... Doch hat man zweierlei Gattungen, die sich nach ihrem Vaterlande unterscheiden. Der Balsam, der von Brasilien kommt, ist dünn, klar, wohlriechend und von blasser Farbe: derjenige dagegen, der von den Antillischen Inseln seinen Ursprung zieht, ist dick, goldgelb und von unangenehmen Geruch".

Angaben der preußischen Pharmakopöen: Ausgabe 1799-1813, „Balsamum Copaivae" von C. officinalis; 1827, von C. multijugae Hayne u. a. Arten; 1829-1862, verschiedene C.-Arten. In DAB's: Ausgabe 1872, von C. multijuga Hayne u. a. C.-Arten; 1882-1890, von C. officinalis u. C. Guianensis; 1900-1910, C.-Arten, besonders C. officinalis, C. guyanensis, C. coriacea; 1926, C.-Arten, besonders C. Jacquinii Desfontaines, C. Langsdorffii Desf., C. guyanensis Desf., C. coriacea Martius.

In Zander-Pflanzennamen werden als offizinelle C.-Arten aufgeführt: **C. langsdorfii Desf.; C. multijuga Hayne; C. officinalis (Jacq.) L.; C. reticulata Ducke.**

Um 1830 schreibt Geiger von der Gattung C., daß man früher nur eine Art kannte, die Linné C. officinalis nannte, daß jetzt Hayne 16 Arten zählt, darunter C. multijuga Mart. (liefert den meisten blaßgelben Copaiva-Balsam, der seit einigen Jhs. bekannt ist), C. bijuga Hayne, C. Jacquini Desf. (= C. officinalis Jacquin), C. Langsdorffii Desf., C. coriacea Mart. Zwei Sorten werden unterschieden: die weiße aus Brasilien und die gelbe von den Antillen. „Anwendung. Man gibt den Balsam tropfenweise für sich auf Zucker oder mit Wasser oder Zuckerwasser gemengt, welchem Gemenge man etwas tinctura amara zusetzt, ferner in Emulsion, mit Gummi und Eidotter oder arabischer Milch abgerieben; in Pillenform ... zu Injektionen als Emulsion, in Salben. - Auch das ätherische Öl hat man, innerlich und äußerlich angewendet, gegen hartnäckige Rheumatismen, Lähmungen usw. sehr wirksam gefunden. - Der Copaivabalsam dient auch in der Ölmalerei zu Firnissen".

Auch Hager, 1874, unterscheidet Brasilianische Ware (P a r a b a l s a m, aus der Provinz Para), die die offizinelle ist, und Westindische oder Antillische Ware, die selten auf den europäischen Markt gebracht wird. „Die Wirkung des Copaivabalsams ist der des Terpentins sehr ähnlich, jedoch weniger reizend und erhitzend. Er vermehrt die Sekretionen der Schleimmembranen und erhöht die Tätigkeit der Haut und der Harnwerkzeuge. Die Absonderungen nehmen einen dem Balsam ähnlichen Geruch an ... Man gibt ihn bei chronischen Lungenkatarrhen, bei Nieren- und Harnsteinen, besonders bei Tripper ... Balsamum Copaivae siccum seu inspissatum oder Resina Copaivae oder A c i d u m   c o p a i v i c u m ist der getrocknete Harzrückstand aus der Destillation des Balsams mit Wasser".

Anwendung nach Hager-Handbuch, um 1930: „Innerlich und äußerlich in Form von Injektionen, Klistieren und Suppositorien bei Gonorrhöe, ferner bei Cystitis und auch wohl bei Augenblennorrhöen ... Innerlich am besten in Kapseln ... Äußerlich wird der Balsam bisweilen gegen Krätze verordnet".

In der Homöopathie ist „Balsamum Copaivae - Kopaivabalsam" (weingeistige Lösung; Hahnemann 1805) ein wichtiges Mittel. Zahlreiche C.-Arten liefern Kopal; Hoppe-Drogenkunde, 1958, hebt C. Demeusei hervor, gibt Westafrikanischen   K o p a l.

## Copernicia

C a r n a u b a w a c h s   siehe Bd. IV, G 364.
*Zitat-Empfehlung: Copernicia prunifera (S.).*

Dragendorff-Heilpflanzen, um 1900 (S. 94; Fam.  P r i n c i p e s ; nach Zander-Pflanzennamen:  P a l m a e ), führt unter den 5 C.-Arten auf: C. cerifera Mart.

(= C o r y p h a cer. Arr.); „Mark zu Palmenmehl, Früchte und Knospen als Nahrungsmittel, Wurzel als Diuretic., bei Blennorrhoe, als Ersatz der Sarsaparilla, Same ölig und zu Emulsionen gebraucht, auch als Kaffee. Aus den Blättern C a r n a u b a w a c h s ". Hager-Handbuch, um 1930, schreibt über Verwendung von Cera Carnaubae: „Zur Herstellung von Kerzen, Firnis, Wachstuch, Bohnermasse, Schuhputzmitteln, Petroleumseifen, Phonographenplatten und -walzen, Glanzpapier, zur Appretur von Geweben. Pharmazeutisch ist es als Salbenbestandteil an Stelle von Bienenwachs zusammen mit Ceresin vorgeschlagen worden". In Hoppe-Drogenkunde, 1958, Kap. C. cerifera, findet man fast nur technische Verwendungszwecke des Blattwachses (Cera Carnauba, C e r a P a l m a r u m ); aus dem Mark gewinnt man S a g o , aus den Samen ein Kaffeesurrogat. Schreibweise nach Zander-Pflanzennamen: **C. prunifera (Mill.) H. E. Moore** (= C. cerifera (Arr. da Cam. ex Koster) Mart.).


## Coptis

Nach Dragendorff-Heilpflanzen, um 1900 (S. 222; Fam. R a n u n c u l a c e a e ), wird von C. trifolia Salisb. (= H e l l e b o r u s trifolius L., A n e m o n e Groenlandica Oed.) - Nordeuropa, Nordamerika, Nordasien - der Wurzelstock und Wurzeln bei Aphthen und Mundgeschwüren, auch als Stomachicum angewendet. Ähnlich, und auch bei Erkrankungen der Conjunctiva, C. aspleniifolia Pursh., C. anemonaefolia Sieb. et Zucc., C. Teeta Wall. In Hager-Handbuch, um 1930, ist Rhizoma Coptidis (von C. anemonefolia Sieb. et Zucc., auch von C. japonica Makino) aufgeführt. Wird nach Hoppe-Drogenkunde, 1958, in Ostasien als Magenmittel gebraucht; C. trifolia liefert Radix Coptidis trifoliae - in USA als bitteres Tonicum verwendet. Schreibweise nach Zander-Pflanzennamen: **C. trifolia (L.) Salisb.**
Z i t a t-Empfehlung: **Coptis trifolia (S.).**


## Corallina

C o r a l l i n a siehe Bd. V, Alsidium.
Dragendorff-Heilpflanzen, S. 25 (Fam. R h o d o p h y c e a e ).

In T. Worms 1582 ist unter Kräutern verzeichnet: Corallina ( M u s c u s corallinus, B r y o n Thalaßion, M e e r m o o s , C o r a l l e n m o o s ); in T. Frankfurt/M. 1687 auch mosicht W u r m k r a u t genannt. In Ap. Braunschweig 1666 waren $1/2$ K. Herba Corallina, in Ap. Lüneburg 1718 3 lb. davon vorhanden. Die Ph. Württemberg 1741 beschreibt die Droge als Anthelminticum. Im 19. Jh. nicht mehr offizinell. Stammpflanze nach Wiggers, um 1850, C. officinalis L. (= N o -

d u l l a r i a  officinalis M.); gewöhnlich ist diese Alge zerstückelt und mit anderen Arten untermengt. Die Droge wurde durch das Korsikanische Wurmmoos (→ A l s i d i u m ) verdrängt.

## Corchorus

C o r c h o r u s  siehe Bd. V, Anagallis.
Zitat-Empfehlung: *Corchorus olitorius (S.); Corchorus capsularis (S.).*
Dragendorff-Heilpflanzen, S. 419 uf. (Fam. T i l i a c e a e ).

Fischer-Mittelalter zitiert **C. olitorius L.** und andere Corchorus spec. ( m u l a - c h a des jüngeren Serapion), auch Sontheimer bei I. el B. In Hager-Handbuch, um 1930, werden C.-Arten als Lieferanten von J u t e genannt. Nach Hoppe-Drogenkunde, 1958, liefert **C. capsularis L.** ein fettes Öl (Jutesamenöl; Speise- und Brennöl).

## Cordia

S e b e s t e n  siehe Bd. II, Expectorantia.

D e i n e s-Ägypten; H e s s l e r-Susruta; G r o t-Hippokrates; B e r e n d e s-Dioskurides (Kap. P e r s e a ); T s c h i r c h-Sontheimer-Araber: *C. myxa L.*
F i s c h e r-Mittelalter: C. Myxa L. und Sebestena L. (sebesten, perseo).
G e i g e r-Handbuch: C. Myxa.
Z i t a t-Empfehlung: **Cordia myxa (S.).**

Dragendorff-Heilpflanzen, um 1900 (S. 558 uf.; Fam. B o r r a g i n a c e a e ; nach Schmeil-Flora: B o r a g i n a c e a e ), nennt 22 C.-Arten, darunter C. Myxa L. (= C. Sebestena Forsk., C. officinalis Lam., V a r r o n i a abyssinica D. C., Sebestena officinalis Gärtn.); Ostindien, Java, Arabien, Ägypten, in Abyssinien heiliger Baum; Frucht (Sebestenen, B r u s t b e e r e n ) bei Husten, Brustbeschwerden, Rinde zu Gargarismen, Wurzel als Purgans. Bei Hoppe-Drogenkunde, 1958, ist nur ein kurzes Kap. C. atrofusca (verwendet wird fettes Samenöl); C. officinalis, wie die vorige brasilianisch, wird darin als Rheumamittel erwähnt.

( S e b e s t e n a )
Die Brustbeeren haben in der antiken Medizin keine Rolle gespielt, obwohl der sie liefernde Baum bekannt war. Dioskurides berichtet von den eßbaren Früchten; die Blätter wirken blutstillend. Aufschlußreich ist das Kap. Sebesten bei Schröder, 1685: „Sie gehören unter die Pflaumen Art. Davon haben die Griechen nichts geschrieben, sondern nur die Neueren. Die Araber habens Sebesten ge-

nannt . . . In Apotheken werden gefunden M y x a e , M y x a r i a , Sebesten, Brust-Beerlein. Sie sind eine Frucht von einem Baum, der schier den Pflaumenbäumen gleicht, wie dann auch die Beerlein den kleinen Pflaumen nahekommen und einen Stein in sich haben. Sie werden aus Syrien und Ägypten gebracht. In Welschland sind sie gar selten gewesen, nun aber werden sie bald in allen Gärten gefunden.

Die Brustbeerlein sind der Wärme und Kälte nach gemäßigt, feuchten, erweichen, mildern die Schärfe der Feuchtigkeiten, werden gebraucht in scharfen Katarrhen und Harn-, Gallen-Fiebern, der Verstopfung des unteren Leibes, kurz, wie sie der Figur nach den Damascenischen Pflaumen gleichen, also haben sie auch einerlei Kräfte. Sie taugen auch in Entzündungen der Lungen und dem Seitenstechen"; bereitete Stücke sind: Latwerge, Sirup, Decocta und Elegmata.

In Ap. Lüneburg 1475 waren vorrätig: Sebesten (1/2 lb.). Die T. Worms 1582 führt unter Früchten: Sebesten (Sebestena, Myxa, Myxaria, P r u n e o l a pectoralia nigra, Schwartzbrustbeerlein) und Sebestenen pulpa (Das Marck von Sebesten); beides in T. Frankfurt/M. 1687. In Ap. Braunschweig 1666 waren 4 lb. Sebestium vorrätig.

Die Ph. Württemberg 1741 hat unter Früchten: Sebestenae (Sebesten, Myxae, schwartze Brust-Beerlein; Demulcans, gegen Katarrhe, Harnleiden, Gallige Fieber; in Dekokten). Stammpflanze nach Hagen, um 1780: C. Myxa; „da sie überhaupt selten frisch und unverdorben nach Europa kommen, so werden sie zum arzneischen Gebrauche sparsam angewandt". Geiger, um 1830, schreibt über C. Myxa: „Offizinell ist: Die Frucht, Sebesten (Sebestenae, Myxae). Im Handel kommen sie runzelig, fast schwarz, von der Größe kleiner Pflaumen vor . . . Anwendung: Ehedem gegen Brustbeschwerden in Getränken. Jetzt wendet man sie bei uns nicht mehr an, besonders da sie selten gut im Handel vorkommen, sondern meist wurmstichig oder zu hart ausgetrocknet und geschmacklos sind. - In ihrer Heimat (Ägypten usw.) werden sie aber noch als Arznei und Nahrungsmittel häufig benutzt".

## Coriandrum

C o r i a n d r u m  siehe Bd. II, Carminativa; Cephalica; Peptica; Succedanea. / IV, B 52; G 796. / V, Asplenium; Zacyntha.
K o r i a n d e r  siehe Bd. IV, E 14, 185; G 438, 1412.
Zitat-Empfehlung: *Coriandrum sativum (S.).*
Dragendorff-Heilpflanzen, S. 500 (Fam. U m b e l l i f e r a e ); Tschirch-Handbuch II, S. 840 uf.

Der K o r i a n d e r , besonders der Same von C. sativum L., gehört - nach Berendes - „zu den ältesten Gewürzen und ist so bekannt, daß Dioskurides die Pflanze nicht beschreibt. Er fand schon in der altägyptischen Medizin Verwendung. Moses vergleicht das Manna mit Koriandersamen"; entsprechende Angaben in Tschirch-Handbuch. Die Pflanze wird genannt in Hessler-Susruta, Deines-

Ägypten, Grot-Hippokrates, Berendes-Dioskurides, Tschirch-Sontheimer-Araber, Fischer-Mittelalter (coriandrum, c o r i o n, corianum, a c e t a b u l a, c h o - l i n d e r; Diosk.: k o r i o n, korianon), Hoppe-Bock (Kap. Vom Coriander; C o l i a n d e r). Anwendung nach Dioskurides äußerlich und innerlich (das Korion hat kühlende Kraft; zu Kataplasmen bei Rose und Geschwüren, Hodenentzündungen, Karbunkeln, zerteilt Drüsen und Geschwülste. Same in Wein treibt Bandwurm und befördert Samenbildung. Saft zu Salben gegen Hautentzündungen). Kräuterbuchautoren des 16. Jh. übernehmen solche Indikationen; Bock fügt - nach Hoppe - hinzu, daß die Früchte, in Wein oder Essig eingelegt und wieder getrocknet als Stomachicum dienen, Essigfrüchte auch als Konservierungsmittel für gesalzenes Fleisch.

In Ap. Lüneburg 1475 waren vorrätig: Semen coriandri praeparati (1 qr.), Confectio c. (ohne Mengenangabe). Die T. Worms 1582 führt: Semen Coriandri (Coriani, Corii, Coriander oder Coliandersamen), Semen C. praeparati (Bereyter Coriander), Semen C. Hispanici (Coriandri magni, Spanischer Coriandersamen); Confectio C. (Corianderzucker, Zuckererbsen), Confectio Seminum Coriandri solutiua seu cathartica (Purgirend Corianderconfect), Oleum (dest.) C. (Corianderöle). In T. Frankfurt/M. 1687: Semen Coriandri (Coriandersaamen) und Semen C. praep., ferner Aqua, Confectio, Oleum Coriandri. Die Ap. Braunschweig 1666 hatte vorrätig: Semen coriandri (26 lb.), Aqua c. (1 St.), Confectio c. (24 lb.), Oleum c. (8 Lot), Pulvis c. (1½ Lot).

Schröder, 1685, zählt als „bereitete Stücke" des Coriandrum auf: 1. Der bereitete C. [Semen C. praeparati]; der Samen wird eine Nacht durch in Essig mazeriert und nachher getrocknet. 2. Die Confection aus dem bereiteten Samen. 3. Das destillierte Wasser; dies ist aber selten im Gebrauch. 4. Das Öl; dies steigt mit dem Wasser herüber.

Die Ph. Württemberg 1741 beschreibt: Semen Coriandri vulgaris (sativi, majoris, Coriander-Saamen; Stomachicum, Carminativum, Antifebrile); Aqua (dest.) Sem. C., Confectio C., Oleum Coriandri. Die Stammpflanze heißt bei Hagen, um 1780: C. satiuum.

Aufgenommen in die preußischen Pharmakopöen; 1799-1846 als Semen Coriandri (von C. sativum L.), 1862 (als Fructus C.). Ebenso in DAB 1, 1872, dann in den Erg.-Büchern (noch 1941). Zubereitungen mit der Droge im DAB 1, 1872, waren: Electuarium e Senna, Spiritus Melissae compositus.

Über die Anwendung von Semen Coriandri (Koriander, S c h w i n d e l k ö r - n e r) schrieb Geiger, um 1830: „Man gibt den Koriander in Substanz, in Pulverform. - Als Präparat hat man noch den überzuckerten Koriander (confectio semin. Coriandri) ... Ehedem hatte man auch das ätherische Öl und Wasser ... Der Koriander wird häufig als Gewürz an Speisen usw. verwendet. Übermäßig angewendet kann er indessen leicht schädlich wirken; er erregt dann Schwindel, Verdunkelung des Gesichts, Heiserkeit usw.".

In Hager-Handbuch, um 1930, ist angegeben: „Anwendung. Als magenstärkendes und blähungtreibendes Mittel, häufiger als gewürziger Zusatz zu Abführmitteln, als Küchen- und Biergewürz; mit Zucker überzogen als Confectio Corian-
dri". Nach Hoppe-Drogenkunde, 1958, werden von C. sativum verwendet: 1. die
Frucht („Stomachicum, Spasmolyticum, Carminativum. - Bestandteil von Ein-
reibemitteln gegen Rheumatismus. - Volksheilmittel bei Geschwüren. - Bier- und
Küchengewürz (Lebkuchen). - Rohstoff für Gewürzextrakte. - Bestandteil des
‚Curry-Powder'. - In der Likörindustrie"); 2. das äther. Öl der Frucht („In der
Gewürz-, Likör- und Nahrungsmittelindustrie"). Das frische Kraut dient zu
Auflagen bei Entzündungen und Geschwüren.

## Coriaria

Geiger, um 1830, erwähnt C. myrtifolia; „offizinell ist nichts davon"; man hat
in Paris die Sennesblätter damit verfälscht. Dragendorff-Heilpflanzen, um 1900
(S. 392; Fam. C o r i a r i e a e ; nach Zander-Pflanzennamen: C o r i a r i a-
c e a e ), nennt 6 C.-Arten, darunter **C. myrtifolia L.** und *C. ruscifolia L.* Von
diesen ist in der Homöopathie „Coriaria myrtifolia - M y r t e n s u m a c h "
(Essenz aus frischen Blättern) ein wichtiges, „Coriaria ruscifolia" (Tinktur aus getrockneten Beeren) ein weniger wichtiges Mittel. Nach Hoppe-Drogenkunde,
1958, werden die Blätter von C. myrtifolia (G e r b s t r a u c h b l ä t t e r , Französischer S u m a c h , S c h m a c k ) außer in der Homöopathie als Gerbmaterial und Mittel zum Schwarzfärben verwendet; die Früchte dienen als Stimulans.
Auch die Rinde von C. ruscifolia L. (= C. sarmentosa Forst.?) dient als Gerbmaterial, die Pflanze zum Schwarzfärben .

## Cornus

H a r t r i e g e l  siehe Bd. V, Ligustrum; Rhamnus.

G r o t-Hippokrates: - C. mas.
B e r e n d e s-Dioskurides: - Kap. K o r n e l k i r s c h e , C. mascula L.
T s c h i r c h-Sontheimer-Araber: - C. mascula.
F i s c h e r-Mittelalter: - **C. mas L.** (cornus, c o r n u a , e r l i z b a u m , w e-
h o r n ; Diosk.: k r a n i a ) - - **C. sanguinea L.** (s a n g u i n a r i u m , c r a-
n e a , cornu, hartrigeln).
H o p p e-Bock: - Kap. Welsch Kirsen, C. mas L. (Cornelbaum, K u r b e r-
b a u m , T h i e r l i n b a u m )- - C. sanguinea L. (H a r t r i e g e l ).
G e i g e r-Handbuch: - C. mascula (gelber oder männlicher H o r n s t r a u c h ,
Kornelkirsche, J u d e n k i r s c h e , K o r n e l d ü r l i t z e ) - - C. sanguinea
(roter Hornstrauch, Hartriegel, H u n d s d ü r l i t z e ) + + + C. florida.

Z i t a t-Empfehlung: **Cornus mas (S.); Cornus sanguinea (S.); Cornus circinata (S.); Cornus florida (S.); Cornus amomum (S.); Cornus alternifolia (S.).**

Dragendorff-Heilpflanzen, S. 504 (Fam. C o r n a c e a e).

Nach Berendes-Dioskurides wirkt die Frucht des Baumes Kornelkirsche, die auch als Nahrungsmittel dient, wohltätig bei Bauchfluß und Dysenterie; aus dem brennenden grünen Holz tritt eine Flüssigkeit aus, die sich zum Einreiben gegen Flechten eignet. Kräuterbuchautoren des 16. Jh. geben entsprechendes an, so Bock, um 1550 (Früchte gegen Diarrhöe, Dysenterie; Abkochung der Blätter oder jungen Zweigen, auch die getrockneten Blätter und Zweige selbst, zum Umschlag bei Wunden und offenen Geschwüren).
Die T. Worms 1582 führt: [unter Früchten] C o r n a ( W e l s c h k i r s c h e n , D i r l i t z e n , H o r n k i r s c h e n , T h i e l e n , K o r n l e n , H e r l i t - z e n , Corneelbeeren); Succus Cornorum (Cornelen- oder Welschkirschensafft), Rob cornorum (Gesottener Thierlen- oder Cornelbeernsafft); in T. Frankfurt/M. 1687: Rob Cornorum (Cornellensafft). Aufgenommen in Ph. Württemberg 1741: [unter Früchten] Corna arboris (Corni hortensis, fructus exsiccati, Cornel-Kirschen, R u h r - K i r s c h e n , Dürlützen; Refrigerans, Siccans, gegen Bauchfluß); Roob Cornorum (aus frischen Früchten). Die Stammpflanze heißt bei Spielmann, 1783: Cornus Mas L.
Geiger, um 1830, beschreibt C. mascula; „die Früchte [fructus Corni] hat man bei Durchfällen und Ruhr empfohlen. - Sonst hatte man davon ein Roob fruct. Corni. - Sie werden außerdem teils frisch, teils eingemacht an mehreren Orten häufig genossen. - Die Blätter hat man als Surrogat des Thees angepriesen. - Das harte dauerhafte Holz dient zu Tischler- und Dreherarbeiten".
Geiger erwähnt ferner C. florida; „die Rinde und die Rinde der Wurzel sind sehr adstringierend und werden in Amerika als Fiebermittel wie China gebraucht". Außerdem erwähnt Geiger C. sanguinea; „hiervon waren auch ehedem die Früchte (Baccae Corni foeminae) offizinell". Bock, um 1550, hatte diese Art als Hartriegel abgebildet, aber keine Indikationen dafür gegeben (lediglich technische Verwendung des Holzes beim Wagenbau).
Jourdan, um 1830, handelte 4 C.-Arten ab:
1.) C. mascula L.; „man wendet die Frucht, die sog. Kornelkirsche, Herlitze (fructus Corni) an".
2.) C. circinata l'Hér.; die Rinde wird für fieberwidrig gehalten. Dr. Ives gibt sie bei chronischer Ruhr und Diarrhöe, Dyspepsie etc.".
3. C. florida L.; „man wendet vorzüglich die Wurzelrinde an, aber auch die des Stamms und der kleinen Zweige, bisweilen selbst die Blüten, Früchte und Samen. Die erstere ist am wirksamsten. Sie hat einen sehr adstringierenden Geschmack und gilt für fieberwidrig".

4.) C. sericea L.; „die Rinde desselben gilt als fieberwidrig".

Diese Arten werden in Hoppe-Drogenkunde, 1958, im Kap. Cornus florida erwähnt. In der Homöopathie sind „Cornus circinata - Rundblättriger Hartriegel" (C. circinata L'Hérit.; Essenz aus frischer Rinde; Hale 1867), „Cornus florida - Großblütiger Hartriegel" (C. florida L.; Essenz aus frischer Rinde; Hale 1867) und „Cornus sericea" (C. sericea L'Hérit. [Schreibweise nach Zander-Pflanzennamen: C. amomum Mill.]; Essenz aus frischer Rinde; Millspaugh) wichtige Mittel, während „Cornus alternifolia" (C. alternifolia L.; Essenz aus frischen Blättern) ein weniger wichtiges Mittel ist.

## Coronilla

Coronilla  siehe Bd. V, Securidaca.
Kronwicke  siehe Bd. IV, G 461.

Fischer-Mittelalter: - Arthrolobium scorpioides D. C. (erba ambrosiana, ambruoscia, borissa).
Hoppe-Bock: - - - C. varia L.
Geiger-Handbuch: - - C. Emerus (Skorpionkronwicke, Scorpionsenne) - - - C. varia (bunte Kronwicke, Petsche).
Dragendorff-Heilpflanzen: - C. scorpioides Koch (= Arthrolobium scorpioides D. C., Ornithopus scorp. L.) - - C. Emerus L. - - - C. varia L.
Hager-Handbuch: - C. scorpioides Hoch. [Schreibweise nach Zander-Pflanzennamen: C. scorpioides (L.) W. D. J. Koch] - - C. emerus L. - - - C. varia L.
Zitat-Empfehlung: Coronilla scorpioides (S.); Coronilla emerus (S.); Coronilla varia (S.).

Dragendorff-Heilpflanzen, S. 324 (Fam. Leguminosae; nach Schmeil-Flora: Papilionaceae; nach Zander: Leguminosae).

Drogen von geringer pharm. Bedeutung. Immerhin stehen die 3 Arten, die vereinzelt in älteren Quellen nachweisbar sind, in Hager-Handbuch, um 1930:
1.) C. scorpioides Hoch. „Anwendung. Selten, als Diureticum, ferner als Herzmittel wie Digitalis". Die Pflanze ist in altital. Quellen belegt. Dragendorff berichtet, daß die Blätter purgierend wirken, ekel- und brechenerregend; sie wurden früher gegen Skorpionbiß empfohlen. Für diese Pflanze ist in Hoppe-Drogenkunde, 1958, ein Kap.: Herba Coronillae scorpioides sind „herzwirksame Droge (digitalisähnlich). - Diureticum".
2.) C. emerus L. (schwarze Kronwicke). „Die Blätter, Folia Coluteae scorpioidis, wurden früher als Purgans benutzt, finden sich auch als Surrogat für Folia Sennae". Das gleiche berichtet Geiger, um 1830.

3.) C. varia L. (bunte Kronwicke): liefert Herba Coronillae variae (falscher B i t - t e r k l e e , G i f t w i c k e , S c h a f l i n s e n k r a u t ). Anwendung nach Hoppe-Drogenkunde wie C. scorp.; nach Geiger als Diureticum. Bock, um 1550, beschreibt - nach Hoppe - diese Pflanze als S t e i n w i c k e und meint, daß sie gegen Schmerzen und Schwellungen angewandt werden kann.

## Coronopus

C o r o n o p u s   siehe Bd. V, Lepidium; Ranunculus; Plantago.

Die Pflanze zum Dioskurides-Kapitel G l a u x wird nach Berendes unter anderem auf S e n n e b i e r a Coronopus Poir. bezogen (befördert Milchabsonderung). Fischer-Mittelalter nennt Senebiera Coronopus L. u. S. procumbens L. ( e r b a c a r a r a , e r b a s t e l l a , a m b r o s i a coronopo). Geiger, um 1830, erwähnt C. Ruelli Dalech. (= C o c h l e a r i a Coronopus L., Ruellischer K r ä h e n f u ß ); „davon war das frische Kraut (herba Coronopi repentis, N a s t u r t i i verrucosi) officinell . . . Die Asche war Bestandteil des S t e p h e n ' s c h e n M i t t e l s g e g e n d e n B l a s e n s t e i n . Die Pflanze wird in mehreren Gegenden als Gemüse und Salat gegessen". Dragendorff-Heilpflanzen, um 1900 (S. 252; Fam. C r u c i f e r a e ), berichtet bei S e n e b i e r a Coronopus Poir. (= C. Ruelli Dolech., Cochlearia Coronopus L.): „Kraut und Same gegen Scorbut, Asche gegen Blasenstein gebraucht; gilt für die Glaux Galen's und seiner Zeitgenossen, die auch I. el B. unter diesem Namen erwähnt". In Schmeil-Flora ist eine **C. squamatus (Forsk.) Asch.** (= C. procumbens Gil., C. ruellii All.) beschrieben. In der Homöopathie ist **C. didymus L. Sm.** als „Lepidium bonariense" (Essenz aus frischen Blättern) ein weniger wichtiges Mittel.

## Cortusa

Geiger, um 1830, erwähnt C. Matthioli ( B e r g s a n i k e l ); „offizinell war sonst das Kraut (herba Cortusae Matthioli, S a n i c u l a e montanae); schmeckt adstringierend". Nach Dragendorff-Heilpflanzen, um 1900 (S. 512; Fam. P r i - m u l a c e a e ), wird das Kraut dieser europäischen und sibirischen Alpenpflanze bei Lithiasis, Ischias etc. verwendet. Schreibweise nach Zander-Pflanzennamen: **C. matthioli L.** Z i t a t-Empfehlung: **Cortusa matthioli (S.).**

# Corydalis

C o r y d a l i s   siehe Bd. V, Aristolochia; Dicentra.
Zitat-Empfehlung: *Corydalis claviculata (S.); Corydalis cava (S.); Corydalis fabacea (S.).*
Dragendorff-Heilpflanzen, S. 250 uf. (Fam. P a p a v e r a c e a e ).

Nach Berendes wird das I s o p y r o n  des Dioskurides (von Sprengel) als C. cla-
viculata Pers. gedeutet [die Pflanze heißt in Schmeil-Flora: **C. claviculata (L.) Lam.
et DC.**, Rankender L e r c h e n s p o r n ]; verwendet wird der Same (mit Met
getrunken bei Brustschmerzen und Husten; bei Blutspeien und Leberleiden).
Als mittelalterlich zu belegende Art nennt Fischer nur C. cava L.; er verweist auf
A r i s t o l o c h i a  rotunda (Synonyme siehe dort) und C y c l a m e n . Nach
Hoppe bildet Bock, um 1550, als H o l w u r t z , ab: C. cava Schw. et K. (dieses
Geschlecht ist inwendig hohl) und C. solida Sw. (ganz rund und nicht hohl); bezüglich der Indikationen bezieht er sich auf das, was Dioskurides über → Aristolochia geschrieben hatte.
In Apotheken hießen Corydalis-Drogen in der Regel Aristolochia, so in T. Worms
1582: Aristolochia concava (Capni chelidoniae seu phragmatis, Pseudoaristolo-
chiae, P e d i s  g a l l i n a c e i , r a d i c i s  c o n c a v a e ). Später gibt es meist
3 Sorten, so in T. Mainz 1618:
1.) Rad. Aristolochiae rotundae verae et maioris seu aristolochiae officinarum seu
radicis cavae verae; Runde oder Große Welsche Osterlucey oder Grosse Holwurz.
2.) Rad. Aristolochiae rotundae mediae seu f u m a r i a e  bulbosae maioris, Mittelmässige, Runde Osterlucey oder Mittelmässige, Runde Holwurz. In Ap. Braunschweig 1666 waren von Radix arist. rotund. vulgar. 12 lb. vorrätig.
3.) Rad. Aristolochiae rotundae minoris seu Aristolochiae fabaceae seu fumariae
bulbosae minoris herbariorum. In Ap. Braunschweig 1666 waren von Rad. arist.
fabaceae ¹/₂ lb. vorrätig.
zu 1. Über diese Droge → Aristolochia.
zu 2. Die Droge heißt in Ph. Württemberg 1741 Radix Aristolochiae rotundae
vulgaris (Fumariae bulbosae, radice cava majore, Hohlwurtzel, gemeinde runde
Hohlwurtz, H e r t z - W u r t z ; Tugenden wie die anderen Aristolochia-Arten,
sonst noch als Mittel zur Kindbettreinigung, zur Beförderung der Menses und
zum Austreiben des toten Fötus). Nach Geiger, um 1830, wird unter Hohlwurzel
(rad. Aristolochiae cavae seu rotundae vulgaris) die Wurzel verstanden von:
Corydalis bulbosa Pers. (= Fumaria bulbosa α L., knolliger Lerchensporn oder
E r d r a u c h ). Bei Dragendorff, um 1900, heißt die Pflanze C. tuberosa D. C.
(= C. bulbosa Pers., C. cava Wahlb., B u l b o c a p n u s  cava Bernh., H o h l -
w u r z , T a u b e n k o p f ); „Wurzelknolle (Aristolochia cava) als Emmenagogum
und Anthelminiticum gebraucht". In Hoppe-Drogenkunde, 1958, heißt die
Pflanze C. cava (= C. tuberosa), in Schmeil-Flora C. cava (L.) Schw. et K., Hohler

Lerchensporn, in Zander-Pflanzennamen **C. cava (L. emend. Mill.) Schweigg. et Koerte.**

zu 3. Die Droge heißt in Ph. Württemberg 1741: Radix Aristolochiae fabaceae (Fumariae radice bulbosa, rotunda, non cava, C. B. Pseudofumariae, kleine runde Holwurtzel, Osterlutzeywurtz; Exsiccans, Absorbens; Zusatz zu Medizinwein für Schwindsüchtige, Wassersüchtige und gegen Gelbsucht). Nach Geiger wird unter dem Namen: bohnenartige Osterluzey (rad. Aristolochiae fabaceae) die Wurzeln verstanden von C. fabacea Pers. (= Fumaria bulbosa $\beta$ L.) und C. Halleri (= Fum. bulbosa $\gamma$ L.). Bei Dragendorff steht C. fabacea Pers. (= C. intermedia Mér., Bulbocapnus fab. Bernh., Fumaria fabacea Pers.) als Stammpflanze der Knolle „Aristolochia fabaceae" (wird wie C. cava gebraucht, auch gegen Fieber). Bei Schmeil-Flora heißt der Mittlere Lerchensporn **C. fabacea (Retz.) Pers.**

## Corylus

A v e l l a n a siehe Bd. IV, C 9. / V, Jatropha; Theobroma.

B e r e n d e s-Dioskurides: Kap. H a s e l n ü s s e , C. Avellana L.

T s c h i r c h-Araber: C. Avellana [Tschirch-Sontheimer-Araber, A v e l l a n a indica].

F i s c h e r-Mittelalter: **C. avellana L.** ( c o r i l u s , n u x a v e l l a n a e s. c o r y l i s. p o n t i c a s. m i n u t a s. p a r v a ; Diosk.: k a r g a pontica).

H o p p e-Bock: C. avellana L. (wild Haselnuß); **C. maxima Mill.** (zame rote Rhuornuß).

G e i g e r-Handbuch: C. Avellana ( H a s e l s t a u d e , Haselnußstrauch); C. tubulosa W. (= C. maxima Mill., große Haselnuß, L a m b e r t n u ß ).

H a g e r-Handbuch: C. avellana L.; C. tubulosa Willd. (Lambertsnüsse); **C. colurna L.** (türkische Nüsse, D i c k n ü s s e ).

Z i t a t-Empfehlung: **Corylus avellana (S.); Corylus maxima (S.); Corylus colurna (S.).**

Dragendorff-Heilpflanzen, S. 168 (Fam. B e t u l a c e a e ; nach Schmeil-Flora: C o r y l a c e a e ; nach Zander: Betulaceae).

Nach Dioskurides kann man Haselnüsse innerlich und äußerlich verwenden (fein gestoßen, mit Honigmet, gegen Husten; geröstet mit etwas Pfeffer gegessen, gegen Katarrh; gebrannt, mit Fett, als Pomade gegen Haarausfall). Kräuterbuchautoren des 16. Jh. übernehmen diese Indikationen.

In T. Worms 1582 sind enthalten: Nuces avellanae ( N u c e s p o n t i c a e s. h e r a c l e o t i c a e s. p r a e n e s t i n a e , Avellanae, L e p t o c a r i a , Haselnüß), N u c e s L o n g o b a r d i c a e (Rot Haselnüß, Lampertischnüß, R h u r n ü ß ); in T. Frankfurt/M. 1687: Nuces Avellanae contra pestem (zugerichtete Haselnüß wider die Pest), Spiritus H e r a c l i n u s . In Ap. Braunschweig 1666 waren vorrätig: Spiritus heraclini (6¼ lb), Liquor hercl. (10 Lot), Oleum heracl. (2½ Lot).

In welcher Weise Haselnußstrauchdrogen im 17. Jh. geschätzt wurden, zeigt Schröder, 1685, im Kap. Corylus und Avellana: „In Apotheken hat man das Holz, die Früchte und derer M i s t e l. Das Holz hat man selten für sich in Apotheken, wo man daraus nicht einen Spiritus oder Öl destillieren will. Man nimmt aber den wilden Haselstrauch. Daraus bereitet man wie gesagt einen Spir. und Öl, die in der schweren Not, so von Hexerei herkommt, große Kräfte besitzen . . . Rp. Haselholz (darauf Misteln gewachsen), schneids in Stücklein, damit füll eine Retorte halbvoll, tus in einen Ofen und destillier in offenem Feuer erstlich den sauren Liquorem und dann das dicke Öl, dieses scheide vom Liquore durch ein Filtrum und rektifiziers im Sand mit lebendigem Kalk. Etliche halten dieses für das Öl Ligni Heraclini Rulandi . . . Es ist ein vortreffliches Mittel für die hinfallende Sucht und wider die Würmer, die es nicht nur tötet, sondern auch unten austreibt . . . Man lobt es auch in der harten Geburt . . . Es treibt die tote Frucht und Nachgeburt, tötet die Zahnwürmer und vertreibt die Läuse.

Wenn man mit einer Haselgerte eine Schlange schlägt, so erstarrt sie ganz, daher zu schließen, daß dergleichen Holz wider die Schlangen diene. Man bereitet auch davon die Wünschelruten . . .

Gegen Hexerei . . . brenne in einem sauberen Backofen ein noch frisches Haselholz zur Asche, selbe siebe durch. Darauf laß den verdächtigen Kranken mitten in der Nacht darauf harnen und stelle das mit Harn gefüllte Glas auf ein Feuer, daß der Liquor wegdampfe; wenn nun die Krankheit gezaubert ist, so findet man bei der hinterbliebenen Asche Haar.

Die Frucht gibt der Arznei den Kern, die Schalen und das innere Häutlein. Die Körner . . . widerstehen dem Gift, den Stichen der giftigen Tiere [weiter folgen die Indikationen wie bei Dioskurides]. Wenn man die Schalen zerpulvert, so adstringieren und verstopfen sie, besonders den Bauch und der Weiber weißen Monatsfluß. Quercetanus bereitet daraus ein sonderbares Mittel für das Seitenstechen, indem er Corallen und Hecht-Kiefer dazu tut.

Die inneren Häutlein haben mit den Schalen gleiche, wo nicht höhere Kräfte. Diese Frucht kommt auch in die Confection Looch de Pino, sie lindern auch die Schärfe des Harns, zeugen einen Samen etc. Derer ausgepreßtes Öl taugt zu Hauptschüppelein. Die Schalen sind, wie gemeldet, ein sonderbares Mittel zum Seitenstechen.

Das Mehl von den Sprossen kann man im Frühling sammeln und ist ein gutes Stück für die schwere Not.

Bereitete Stück. Aus dem Holz 1. der Spiritus . . . (N. Der destillierte Essig des Haselholzes taugt für die Gonorrhöe in den Franzosen. 2. Das Öl . . . Beide haben eine erwärmende, incidierende schmerzstillende Kraft, dienen für die schwere Not und Zahnschmerzen . . .

Bereitete Stück aus den Haselnüssen. Das ausgepreßte Haselnuß-Öl. Wenn man die Glieder damit schmiert, so legt es alle Schmerzen. (N. Sie kommen auch in etliche Arzneien, die wider Gift dienen, allwo die zahmen, roten, länglichen den anderen vorzuziehen)".

Valentini, 1714, faßt sich kürzer: Er berichtet, daß die Haselnüsse zuweilen auch von den Materialisten geführt werden; es gibt 3 Sorten:

1.) „Die Nuces Ponticas oder Welsche Haselnüsse aus Italien, welche dick und groß und beinahe als ein Herz formiert sind.

2.) Die Blut- oder Lamperts-Nüsse, welche länglich und inwendig um den Kern eine blutrote Schale haben . . .

3.) Die Zeller-Nüsse, welche von Zell, bei Würzburg, aus dem Frankenland kommen und an der Größe, Figur, wie auch der Güte den Lamperts-Nüssen gleichkommen, nur daß sie anstatt der roten Schale eine weißgelbliche haben.

Diese Nüsse dienen nicht allein zur Nahrung und auf dem Nachtisch zu gebrauchen, sondern man kann sie auch anstatt der Mandeln oder mit diesen zu den Emulsionen und Mandel-Milchen nehmen. So könnte man auch ein Öl daraus pressen".

Haller, um 1750, schreibt über die Haselstaude Corylus, daß man davon „auch die bekannten Haselnüsse (avellana) hat, von denen man das oleum avellanarum auspreßt; man braucht zwar von dieser Staude heutzutag nimmer viel unter den Ärzten, doch haben die Alten viel von dem Mehl oder Staub aus den Kätzlein (sulphur coryli) gemacht und dieses wider die fallende Sucht sehr gelobt". Er erwähnt weiter die Haselmistel und das Oleum heraclinum.

Geiger, um 1830, vermerkt bei Corylus Avellana: „Offizinell waren ehedem: das Holz und die Nüsse (lignum et nuces Coryli, nuc. Avellanae) und der Blumenstaub ( P o l l e n , julorum Coryli). Aus dem Holz bereitete man durch trockene Destillation ein brenzlich ätherisches Öl (ol. corylinum, heraclinum), was gegen Würmer, Epilepsie, auch Zahnschmerzen usw. gebraucht wurde. Die Kohle dient den Malern als Reiskohle. Die als beliebtes Obst bekannten Haselnüsse können zu Emulsionen wie Mandeln benutzt werden; sie liefern durch Auspressen (wenn reinlich verfahren wird) ein mildes blaßgelbes Öl, welches dem Mandelöl ganz gleichgesetzt und ebenso angewendet werden kann. Die unreifen Früchte werden, mit Salz und Essig eingemacht, als Nußsalat verspeist; die reifen dienen wohl auch als K a f f e e s u r r o g a t . . . Der Blumenstaub wurde gegen Epilepsie gebraucht, auch benutzt man ihn als Streupulver wie L y c o p o d i u m , letzteres soll auch damit verfälscht werden".

Über C. tubulosa W. (Lampertnuß) schreibt er: „Im nördlichen Europa einheimisch und bei uns kultiviert. Unterscheidet sich von der vorhergehenden Art durch die größeren, länglichen, vorn zartbehaarten Nüsse . . . die Früchte (avellanae oblongae, lombardicae) werden wie die vorhergehenden gebraucht".

In Hager-Handbuch, um 1930, ist unter Corylus nur das fette Öl der Kerne auf-

Co

geführt. „Anwendung. Als Speiseöl". In Erg.-B. 6, 1941, sind Folia Coryli avellanae verzeichnet. Nach Hoppe-Drogenkunde, 1958, Kap. C. avellana, werden verwendet: 1. das Blatt („Zu Teegemischen . . . Die Droge wird anstelle von Hamamelis bei Varizen, Periphlebitiden, varikösen Ulzera und zur Behandlung von Hämorrhagien empfohlen"); 2. die Rinde („Zur Verkürzung der Blutungszeit und Beschleunigung der Blutgerinnung. Ersatz für Cortex Hamamelidis"); 3. das Öl der Nüsse („Speiseöl. - In der Kosmetik. - Zur Seifenfabrikation. - Brenn- und Maschinenöl"); die Nüsse der verschiedenen Haselarten, wie C. avellana, C. tubulosa [= C. maxima Mill.], C. colurna u. a. werden als bekannte Trockenfrüchte in großen Mengen gehandelt . . . Man unterscheidet runde, längliche und platte Nüsse von zahlreichen C.-Arten und deren Bastarden. Bedeutende Mengen von Haselnüssen werden in der Schokoladen-, Zuckerwaren- und Backindustrie gebraucht.

## Coscinium

Nach Dragendorff-Heilpflanzen, um 1900 (S. 235; Fam. M e n i s p e r m a c e a e), liefert C. fenestratum Colebr. (= M e n i s p e r m u m fenestr. Gärtn., P a r e i r i a medica Lindl.) das C o l u m b o h o l z ; Wurzel als Stomachicum. Hoppe-Drogenkunde, 1958, führt die Droge unter der gleichen Stammpflanze; bitteres Magenmittel.

## Costus

C o s t u s siehe Bd. II, Cephalica; Diuretica. / V, Achillea; Canella; Drimys; Petasites; Saussurea.

H e s s l e r-Susruta: C. arabicus, C. speciosus.
B e r e n d e s-Dioskurides: Kap. K o s t u s, C. arabicus L. oder C. speciosus Lam.
S o n t h e i m e r-Araber: C. arabicus, C. hortensis, C. indicus, C. marinus.
B e ß l e r-Gart: C. speciosus.
G e i g e r-Handbuch: C. speciosus Smith. (= C. arabicus L.).
Z a n d e r-Pflanzennamen: **C. speciosus (J. G. Koenig) Sm.**
Z i t a t-Empfehlung: **Costus speciosus (S.).**

Dragendorff-Heilpflanzen, S. 146 (Fam. Z i n g i b e r a c e a e); Tschirch-Handbuch II, S. 1010 uf.

Vom Kostus der Antike, einer Wurzeldroge, gibt es nach Dioskurides eine beste Sorte (weißer arabischer) und 2 weitere (dunkle), nämlich eine indische und eine syrische (Kostus hat erwärmende, harntreibende, menstruationsbefördernde Kraft; Uterinum; gegen Otternbiß; mit Wein und Wermut gegen Krämpfe u. Blähungen; mit Met reizt er zum Liebesgenuß; treibt den Bandwurm ab. Äußerlich mit Öl gegen Fieberschauer und Lähmungen; gegen Sonnenbrandflecken. Zusatz zu Salben und Antidoten). Als Sorten nennt Plinius eine schwarze und eine weiße, Mesue eine süße und eine bittere.

Es läßt sich nicht sicher feststellen, welches die Stammpflanzen waren; verschiedene Möglichkeiten sind in Tschirch-Handbuch zusammengestellt (er nimmt an, daß der berühmte sog. arabische Kostus von einer → S a u s s u r e a gewonnen wurde; auch Costus-Arten und andere kommen in Frage).

Costus war Bestandteil der großen Antidote (Theriak, Mithridat), die vom 16.-18. Jh. pharmakopöe-üblich waren, ebenso wie das Oleum costinum (nach Mesue), das mit Öl und Wein aus mehreren Drogen, darunter Costus, ausgezogen wurde.

Die Apotheken führten allgemein 2 Sorten. In Ap. Lüneburg 1475 waren vorrätig: Costus dulcis (1 qr.), Costus amarus ($^1$/$_2$ lb.); Oleum costi ($^1$/$_2$ lb.), Pulvis dyacosti (2 oz). Die T. Worms 1582 führt unter Radices: Costum dulce (Costus dulcis, Süß·Costenwurzel) und Costum amarum (Costus amarus, Bitter Costenwurzel). Die Ph. Augsburg 1640 gibt an, daß bei Verordnung von „Costus" ohne Zusatz, „amarus" zu nehmen ist. Für Oleum Costi wird in der Regel bittere, für die Antidote die süße Droge genommen.

Wie unklar die Verhältnisse noch im 17. Jh. waren, zeigt die Schilderung von Costus bei Schröder, 1685: „Die Apotheken teilen solche in die süße und bittere, doch sind solche nicht der Art, sondern nur dem Alter nach unterschieden, wie Clusius dafür hält, denn die frischeren Kräuter sind süßer und werden endlich mit dem Alter bitterer. Unser Autor führt unterschiedene Arten dieses Gewächses auf, allein sagt Bontius, daß eine einzige Art der Costenwurtz sei und daß die alten Medici selbe vielmehr des Alters halber unterschieden haben. Sie ist ein fremdes Gewächs, das bei den Alten zwar bekannt und berühmt, doch niemals recht beschrieben worden, daher auch den Neuen derer Erkenntnis niemals recht offenbar gewesen. Alle zwar halten dafür, daß sie eine Wurzel sei und daß das ganze Gewächs außer der Wurzel nichts wert sei; aber von was für einem Stamm sie komme, ob sie aus einem einzigen oder aus unterschiedenen herstamme, hat noch keiner recht gemeldet . . . In Apotheken ist die wahre Costenwurtz eine Rinde, so äußerlich aschenfarb und innerlich weiß. Die frische, dichte, wohlriechende, bittere, nicht wurmstichige Costenwurtz ist die beste. Und wird die bittere Costenwurtz genannt H e l e n i i Commagenii Radix, Costus comagerinus adulterinus Officinarum, Cost. officin. amarus oder Helenium comagenum. Die süße Costenwurtz wird genannt costus dulcis officinarum, oder adulterinus, costi pharmacopolarum species major, costus dulcis Officinarum.

Sie dient dem Magen, der Leber, der Mutter und dem Gries, wärmt und trocknet im 3. Grad, eröffnet und zerteilt, daher taugt sie in der Kolik, dem verstopften Monatsfluß und Harn, Wassersucht und Gicht.

Die bereiteten Stücke: 1. Costenöl Mesue; 2. Pilulae marocostimae; 3. Electuarium Caryocostinum".

In Ap. Braunschweig 1666 waren vorrätig: Radix costi veri ($2^{1/4}$ lb.), Radix costi amari (2 lb.), Radix costi dulcis (2 lb.), Species diacostini (6 Lot), Oleum costini ($^{1/2}$ lb.).

Auch im 18. Jh. herrscht über die Droge noch keine Klarheit. Allmählich setzt sich die Ansicht durch, wie die folgenden Zitate belegen, daß die echten Costusdrogen, bitter und süß, von einer Costusart abstammen. Zugleich wird es üblich, für den süßen Costus weißen Z i m m t ( → W i n t e r a n u s u. D r i m y s ) zu nehmen.

Die Ph. Württemberg 1741 leitet Radix Costi amari (Officinalis, Comagenii, iridem redolentis, bittere Costuswurtz; kam einst aus Arabien und Syrien und wurde daher arabicus und syriacus genannt, wächst aber auch in Malabar, Brasilien und Surinam) und Radix Costi dulcis (süße Costuswurzel) von der gleichen Pflanze ab (beide Drogen haben gleiche Tugenden: Stomachicum, Uterinum, Carminativum, Alexipharmacum; sie werden für Theriak gebraucht; sie geben dem Harn einen veilchenartigen Geruch). Über die Pflanze und ihre beiden Drogen schreibt Hagen, um 1780: „Kostuspflanze (Costus Arabicus), wächst in Syrien, Arabien, Jamaika und anderen amerikanischen Gegenden. Es ist von dieser perennierenden Pflanze die Rinde der Wurzel, die Kostenwurzel oder Arabischer Kostus (Costus Arabicus s. corticosus, Cortex Winternanus spurius) manchmal, wiewohl fälschlich, weißer Kanell ( C a n e l l a alba) genannt wird, offizinell . . . Der süße (Costus dulcis) und der bittere Kostus (C. amarus) sind wahrscheinlich nur in Absicht des Geburtsortes und des Alters verschieden. So lange er frisch ist, ist er weiß; wenn er aber eine zeitlang gelegen hat, bekommt er eine dunklere Farbe und wird bitter“.

Die gleiche Sachlage kommt klar bei Trommsdorff, 1822, zum Ausdruck: „Costus amarus seu corticosus und Costus dulcis. Beides sind Rinden einer Wurzel, nur zu verschiedenen Zeiten eingesammelt . . . Die Pflanze, welche beide Kostus liefert, heißt Costus arab. Linn., nach Dr. Smith aber ist es eine eigene Art, die er Costus speciosus nennt . . . Sie wächst in Ostindien in feuchten Wäldern“. Geiger, um 1830, schreibt entsprechendes. Er fügt hinzu: „Sehr häufig wird der Kostus verwechselt, namentlich mit weißem Zimmt und Winter'scher Rinde . . . Der [echte] Kostus kommt jetzt im Handel kaum (oder höchst selten) vor und alles, was man in den Apotheken unter dem Namen Kostus hat, ist in der Regel aber der Canella alba (Costus corticosus) oder cortex Winteranus. Anwendung. Der Kostus wird jetzt kaum mehr als Arzneimittel benutzt (wenigstens der echte). Er war Ingredienz des Theriaks usw. — Tabaksfabrikanten suchen ihn noch begierig, um dem Tabak einen angenehmen Geruch zu geben.“

Die Deutung der Droge erfährt noch eine weitere Variation. Nach Wiggers, um 1850, ist die Stammpflanze des bitteren und süßen Kostus: A u c k l a n d i a Costus Falconer (→ Saussurea).

# Cotinus

Nach Fischer kommt in mittelalterlichen Quellen R h u s cotinus ( s c o d a - n u s ) vor. Geiger, um 1830, erwähnt Rhus Cotinus ( P e r ü c k e n - B a u m ); offizinell waren sonst die Blätter (fol. Cotini); adstringierende Rinde gegen Wechselfieber; das Holz wird unter dem Namen V i s e t h o l z , G e l b h o l z , zum Gelbfärben benutzt. Dragendorff-Heilpflanzen, um 1900 (S. 398; Fam. A n a c a r d i a c e a e ), schreibt über Rhus Cotinus L., daß die gerbstoffreichen Blätter, auch Wurzeln, zu Gurgel- und Mundwässern empfohlen wurden; das Holz ( F i s e t , F u s t i k ) hat gelben Farbstoff; ist die K o k k y g e a des Theophrast. In Hoppe-Drogenkunde, 1958, ist ein Kap.: C. Coggygria (= Rhus cotinus); verwendet werden 1. das Blatt („Gerbmaterial. Zum Schwarzfärben"); 2. das Holz („früher Färbemittel für Seide und Wolle. Zur Darstellung des Extrakts, welcher als C o t i n i n gehandelt wird"). Schreibweise nach Zander-Pflanzennamen: **C. coggygria Scop.**
Z i t a t-Empfehlung: **Cotinus coggygria (S.).**

# Cotoneaster

Dragendorff-Heilpflanzen, um 1900 (S. 272 uf.; Fam. R o s a c e a e ), nennt 4 C.-Arten, darunter C. integerrima Medic. Gesch. [nach Zander-Pflanzennamen: **C. integerrimus Medik.**]: „Frucht bei Diarrhöe verordnet. Nach Leclerc die M u s a I. el B.". Diese Art heißt bei Geiger, um 1830, M e s p i l u s Cotoneaster ( Q u i t t e n m i s p e l ); Beeren ehedem gegen chronische Diarrhöen.

# Coutarea

Nach Dragendorff-Heilpflanzen, um 1900 (S. 630; Fam. R u b i a c e a e ), dient die Rinde von C. speciosa Aubl. als Quina de Pernambuco, C o p a l c h e , gegen Wechselfieber und bei Indigestionen. In Hager-Handbuch, Erg.-Bd. 1941, wird als Stammpflanze von Copalchirinden [→ C r o t o n ] C. latifolia D. C., C. pterosperma und C. hexandra (Jacq.) Schum. aufgeführt; Diureticum, Stimulans, gegen Diabetes. Entsprechende Angaben in Hoppe-Drogenkunde, 1958.

# Crataegus

C r a t a e g u s siehe Bd. IV, Reg. / V, Berberis; Mespilus; Sorbus.

B e r e n d e s-Dioskurides: - Kap. O x y a k a n t h a , C. Oxyacantha L.? + + + Kap. M i s p e l , C. tanacetifolia Pers. oder C. Azarolla Grieseb.?

T s c h i r c h-Sontheimer-Araber: - „Spina alba" +++ M e s p i l u s Azarolus
bzw. C. Azarolus L. [Schreibweise nach Zander-Pflanzennamen: **C. azarolus L.**].
F i s c h e r-Mittelalter: - C. oxyacantha L. vgl. R o s a ( b e d e g a r, s p i n a
a l b a, a r b u s t u s, h a g e n, w i z d o r n, h a g d o r n; Diosk.: oxyakan-
tha) +++ C. Azarolus L. ( v e r s i g k-Avic.-); C. tanacetifolia Pers. (mespilus).
H o p p e-Bock: - C. oxyakantha L. (Hagendorn, H u n d s d o r n, H a g -
o e p f f e l).
G e i g e r-Handbuch: - Mespilus Oxyacantha Gärtn. (= C. Oxyacantha L.,
W e i ß d o r n, M e h l d o r n, M e h l b e e r s t r a u c h) +++ Mespilus
monogyna Ehrh. (= C. monogyna Jacq.).
H a g e r-Handbuch: - C. oxyacantha L. [Schreibweise nach Zander: **C. laevigata
(Poir.) DC.**].
Z i t a t-Empfehlung: **Crataegus laevigata (S.); Crataegus azarolus (S.); Crataegus
monogyna (S.); Crataegus pentagyna (S.); Crataegus nigra (S.); Crataegus tana-
cetifolia (S.).**

Dragendorff-Heilpflanzen, S. 273 uf. (Fam. R o s a c e a e).

In der Regel wird Oxyakantha des Diosk. auf C. laevigata (Poir.) DC. bezogen
(Frucht gegen Durchfall und Fluß der Frauen; Wurzel zum Umschlag zieht
Splitter und Dornen aus), so auch von Bock, um 1550 (entsprechende Indikationen; auch ein Destillat wird verwandt). Um 1830 wird die Pflanze erwähnt.
Geiger schreibt: „Davon waren ehedem die Beeren, auch Blätter und Blumen
(baccae, folia et flores O x y a c a n t h a e, Spinae albae) offizinell. - Die Früchte
wurden ehedem in der Ruhr verwendet. Sie werden von nordischen Völkern,
auch bei uns von armen Leuten, roh genossen oder zu Mus gekocht. Durch Gärung
erhält man aus ihnen eine Art Wein und Bier, auch sehr guten Branntwein. Sie
werden als K a f f e e s u r r o g a t benutzt. Die Blätter werden als Tee getrunken, ebenso die Blumen, welche durch Destillation ein angenehm riechendes Wasser (aqua florum Spinae albae) geben. - Diese Teile werden wohl auch von dem
sehr nahe verwandten Mespilus monogyna Ehrh., Crataegus monogyna Jacq.
(einweibigem Weißdorn usw.) gesammelt ... Von beiden wird das schöne, weißliche, geaderte, harte, zähe Holz zu Stöcken und allerlei Gerätschaften benutzt".
Jourdan bemerkt: „Man wendet die Blüten an ... Mit lauwarmem Wasser auf-
gegossen, werden sie bisweilen als Hausmittel gegen Husten gebraucht. Die
Materia medica verliert an ihnen nichts".
In Hager-Handbuch, um 1930, ist ein kurzes Kapitel: Crataegus. „Beschränkte
Anwendung finden: Flores und Folia Crataegi oxyacanthae, Weißdornblüten und
Weißdornblätter, und ein aus den Früchten (Samen) hergestelltes Fluidextrakt
[ins Erg.-B. 6 1941, wurden aufgenommen: Fructus und Flores C., aus letzterem
Fluidextrakt; in DAB 7, 1968: Weißdornblüten: Die getrockneten Blüten euro-
päischer Arten der Gattung Crataegus, besonders von C. oxyacantha L., C. mono-

gyna Jacq., C. pentagyna Waldst. et Kit., C. nigra Waldst. et Kit., C. azarolus L.].
Die getrockneten und gerösteten Früchte finden auch als Kaffee-Ersatz Verwendung ... Die aus Blüten und Samen hergestellten Zubereitungen werden bei Herzerkrankungen angewandt. Sie wirken tonisch, vermindern die Pulszahl und bringen Ödeme zum Verschwinden ... Extractum Crataegi fluidum, als Herztonicum empfohlen ... Tinctura Crataegi oxyacanthae soll eine tonische Wirkung auf das Herz ausüben".

In Hoppe-Drogenkunde, 1958, heißt es:

1.) Blüten und Blätter: „Kreislauf-, Herz- und Gefäßmittel, bes. bei Hypertonien, Insuffizienz in höherem Alter, Coronarschäden (Steigerung der Durchblutung), Angina pectoris, bei Mitralstenose und kombinierten Mitralfehlern, Sedativum bei Herzneurosen. - Zur Unterstützung und Ergänzung von Digitalis. - In der Homöopathie bei Herzschwäche, Herzklappenfehlern, Arteriosklerose, Angina pectoris, cardialem Hydrops".

2.) Frucht: „Herzmittel, bes. bei ermüdetem Herzmuskel und Myocarditis acuta. Bei Altersherz, Coronarsklerose, Hypertonie, Angina pectoris. - Zur Wirkungssteigerung von Digitalis, Strophantus, Convallaria u. a. - In der Homöopathie im gleichen Sinne".

In der Homöopathie ist „Crataegus - Weißdorn" (Essenz aus frischen, reifen Früchten; Anschutz 1900) ein wichtiges Mittel.

Unter den 20 C.-Arten, die Dragendorff, um 1900, aufführt, befinden sich, außer C. oxyacantha L.: C. Azarolus L. (= Mespilus Azarolus Sm.; Frucht magenstärkend, gegen Erbrechen und Durchfall) und C. tanacetifolia Pers. (= Mespilus tanacetifolia Poir. [Schreibweise nach Zander-Pflanzennamen: **C. tanacetifolia (Lam.) Pers.**]). Beide sind zur Deutung arabischer Arzneipflanzen (bei I. el B.) herangezogen worden. Nach Berendes ist die M i s p e l bei Dioskurides C. tanacetifolia Pers. (dem Magen bekömmlich; adstringierend, hemmt den Durchfall).


# Crepis


Fischer nennt mittelalterliche Quellen zu: C. tectorum L. und L e o n t o d o n autumnale? ( s o l s e q u i u m minus seu agreste, c a l e n d u l a agrestis, c y - p e r u s agrestis, c a p u t  m o n a c h i, d e n s  l e o n i s, e l i o t r o p i u m agreste, p i p o w e, p f a f f e n p l a t, wiltringele, p i m p a n ), ferner zu C. capillaris L. oder Leontodon spec. ( p a l a c i u m leporis, h a s e n s t r a u c h, h a s e n f ü ß ).

Beßler identifiziert das Gart-Kapitel: Palacium leporis mit **C. tectorum L.**; auch **C. capillaris (L.) Wallr.** und A s p a r a g u s-Arten werden angezogen.

Nach Hoppe ist bei Bock, um 1550, C. tectorum L., eine C o m p o s i t e (Hasen-

strauch, Hasen L a t t i c h ), abgebildet, unter Angabe verschiedener an einem Dioskurides-Kapitel mit unbekannter Pflanze orientierten Indikationen.
Z i t a t-Empfehlung: **Crepis tectorum (S.); Crepis capillaris (S.).**

## Cressa

Die eine Art der A n t h y l l i s bei Dioskurides wird - nach Berendes - als C. cretica L. identifiziert (die Wurzel bei Harnverhaltung und Nierenleiden; als Zäpfchen mit Honig und Milch bei Gebärmutterentzündungen). Die Droge kommt - nach Sontheimer - bei Ibn Baithar vor, hat aber später keine offizielle Verwendung gefunden. Geiger, um 1830, erwähnt die Pflanze (kretischer K r e ß ), von der man das Kraut, Herba Anthylleos creticae maritimae, benutzt habe. Nach Dragendorff-Heilpflanzen, um 1900 (S. 552; Fam. C o n v o l v u l a c e a e ), wird von C. cretica L. - Mittelmeerländer, Indien - „Kraut gegen Lithiasis, als Diureticum und Blutreinigungs- und Wundmittel gebraucht".

## Crithmum

C r i t h m u m siehe Bd. V, Eryngium.
Zitat-Empfehlung: *Crithmum maritimum (S.).*

**C. maritimum L.** kommt nach Grot bei Hippokrates, nach Berendes bei Dioskurides vor (Kap. M e e r f e n c h e l ; gegen Harnverhaltung und Gelbsucht, befördert Menstruation), nach Sontheimer bei I. el B., nach Fischer in altital. Quellen ( h e r b a i m p e r i a l i s , c r e t a n u s marinus, c i c e r erraticum); Beßler bezieht darauf das Gart-Kapitel Cretanus (merdisteln, Chritimon).
Geiger, um 1830, erwähnt C a c h r y s maritima Spr. (= C h r i t h m u m maritimum L., Meerbacille); „offizinell war sonst das Kraut (herba Crithmi, F o e n i c u l i marini)". Nach Dragendorff-Heilpflanzen, um 1900 (S. 494; Fam. U m b e l l i f e r a e ), dient das Kraut des S e e f e n c h e l s „als Digestivum, Diureticum, Anthelminticum und als Gewürz".

## Crocus

C r o c u s siehe Bd. I, Vipera. / II, Abortiva; Adstringentia; Anodyna; Emmenagoga; Peptica. / III, Elixir proprietatis Paracelsi. / IV, A 50; E 9, 104; G 646, 819. / V, Carthamus; Curcuma.
S a f r a n siehe Bd. II, Antiarthritica. / IV, B 47; C 34, 40, 74, 78; E 7, 42, 50, 103, 204, 244, 292, 298, 299, 301; G 952, 1553, 1814. / V, Colchicum; Curcuma; Flemmingia.

H e s s l e r-Susruta; Deines-Ägypten; G r o t-Hippokrates; B e r e n d e s-Dioskurides (Kap. S a f r a n ); S o n t h e i m e r-Araber; F i s c h e r-Mittelalter:

**C. sativus L.** (crocus, c r o c c u m , crocus ortulanus seu affricus s. usualis s. hortensis; Diosk.: k r o k o s ); C. luteus L.

H o p p e-Bock: C. sativus L.

G e i g e r-Handbuch: C. sativus L.; C. autumnalis Mill.

H a g e r-Handbuch: C. sativus L. var. α auctumnalis.

Z i t a t-Empfehlung: **Crocus sativus (S.).**

Dragendorff-Heilpflanzen, S. 139 (Fam. I r i d e a e ; nach Schmeil-Flora Fam. I r i d a c e a e ); Tschirch-Handbuch II, S. 1466-1469; K. Rüegg: Beiträge zur Geschichte der off. Drogen Crocus, Acorus calamus und Colchicum, (Dissertation) Basel 1936; M. Tscholakowa: Zur Geschichte der med. Verwendung des Safran, (Diss.) Leipzig 1929; R Folch Andreu, Una Droga que Tiende a Desaparecar del Tesoro Medicinal: El Azafran, Farmacognosie 17, 145-224 (1957); Peters-Pflanzenwelt: Kap. Die Safranpflanze, S. 23-28; A. E. Schubiger, Der Safranhandel im Mittelalter und die Zünfte zu Safran in Basel, Zürich und Luzern, in: Die Vorträge der Hauptversammlung ... in Luzern 1956 (Veröff. d. Int. Ges. f. Gesch. d. Pharm., Bd. 10, N. F.), Wien 1957, S. 177-186.

Crocus, das sind - nach DAB 6, 1926 - „die getrockneten Narbenschenkel von Crocus sativus Linné", ist eine der großen Drogen der Antike, die bis zur Gegenwart Bedeutung behalten haben. Nach Dioskurides ist C. harntreibend, adstringierend; mit Wasser als Salbe gegen Rose, Augen- und Ohrenflüsse, mit Milch zu Ohren- und Mundsalben; wirkt gegen Rausch; die Wurzel treibt Urin. In gesonderten Kapiteln wird noch die Bereitung des Safransalböls beschrieben (hat erwärmende, schlafmachende Kraft; reinigt Wunden; hilft gegen Gebärmutterleiden, gegen beginnenden Star) und des K r o k o m a g m a , eines Safranteiges - nach Berendes besteht er aus Safran und M y r r h e -, der als Rückstand bei der Safransalbölbereitung erhalten wurde (Augenmittel; harntreibend, erweichend, erwärmend, Verdauung befördernd).

Bock, um 1550, lehnt sich bezüglich der Indikationen - nach Hoppe - an Dioskurides und Plinius an (gegen Herzschwäche, Gift u. Pest, Gelbsucht, Emmenagogum, Stomachicum; bei Brust-, Leber-, Lungen-, Nieren- und Blasenschmerzen; gegen Trunkenheit; als Salbe mit Milch bei Augenleiden; Safranpflaster gegen Sehnenzerrungen u. ä., Färbemittel für Speisen). Fuchs, zur gleichen Zeit, bemerkt außerdem: Safran reizt zur Unkeuschheit.

In Ap. Lüneburg 1475 waren 2 lb. Crocus und 1 lb. Emplastrum oxicroceum (aus Crocus, Essig, Pech, Colophonium u. a. Harzen) vorrätig. Die T. Worms 1582 führt unter Gewürz oder Spezerei: Crocus (Crocum, C y n o m o r p h u s , S a n g u i s H e r c u l i s , S a h a f a r a n arabum) und Crocus communis (gemeiner Saffran). In T. Frankfurt/M. gibt es 3 Sorten: C. Arragonicus, der etwa halb so teuer ist wie die beiden gleichteuren C. Austriacus u. C. Orientalis. In Ap. Braunschweig 1666 waren vorhanden: C. oriental. (4 lb.), Essentia C. (9 Lot), Extractum C. (6 Lot), Oleum C. (³/₄ lb.), Oleum C. orient. (1 Lot), Pulvis C. orient. (1 lb.), Trochisci de Croco (2³/₄ Lot).

Die Ph. Württemberg 1741 hat: Crocus (beste Ware aus Österreich und England; Anodynum, Cordialum, Pneumonicum, Uterinum); Elixir anticolicum crocatum (mit Spir. C.), Emplastrum de Galbano crocatum, Extractum C., Spiritus C., Syrupus C., Syrupus diacodium crocatum, Tinctura Croci.

Die Ph. Preußen 1799 nahm auf: Crocus (von C. sativus var. autumnalis seu C. autumnalis Hoffmanni), Tinctura Opii crocata; auch im Electuarium Theriaca enthalten.

DAB 1, 1872: Crocus (C. sativus Linn.), Emplastrum Galbani crocatum, Empl. oxycroceum, Syrupus C., Tinctura C., Tct. Opii crocata; Bestandteil von Elixir proprietatis Paracelsi, Tct. Aloes comp.

DAB 6, 1926: Crocus, Tct. Opii crocata; Erg.-B. 6, 1941: Sirupus und Tct. Croci, Empl. oxycroceum.

Über die Verwendung schreibt Geiger, um 1830, lediglich, daß er in Pulverform, seltener im Aufguß, innerlich und äußerlich gebraucht wird; dient ferner als ein bekanntes Gewürz und zum Färben. Hager, im Kommentar zum DAB 1, ausführlicher: „Der Safran, der in der Hauswirtschaft häufig zum Färben der Speisen gebraucht wird, vertritt bei Kindern die Stelle des Opiums. Er wird häufig als ein schmerz- und krampfstillendes, auch als ein Menstruation und Wehen antreibendes Mittel, äußerlich bei Entzündung der Drüsen (Brüste), Panaritien, Haemorrhoidalknoten, einigen Augenleiden, Gesichtsschmerz angewendet. In großen Gaben bewirkt er Abortus".

Hager, um 1930: „Anwendung. Früher als Stomachicum, Antihystericum und Emmenagogum als Pulver oder Tinktur, als Sirup bei Keuchhusten und Krämpfen. Größere Gaben sollen Abortus bewirken. - Zum Färben von Speisen, zarten Geweben, Gardinen, zuweilen noch als Gewürz". Weitere Anwendungen nach Hoppe-Drogenkunde, 1958: In Spanien als Antispasmodicum und Sedativum offizinell; Geschmacks- und Geruchskorrigens sowie Färbemittel für galenische Präparate etc. In der Homöopathie [dort ist „Crocus - Safran" (Tinktur aus getrockneten Narben; Stapf 1822) ein wichtiges Mittel] bei Gemütsstörungen, chronischen Zuckungen und Menorrhagie.


## Croton

Croton siehe Bd. II, Acria; Antirheumatica; Purgantia. / IV, E 208; G 957, 1838. / V, Aleurites; Cascarilla; Coutarea; Crozophora; Exostemma; Mallotus; Roccella; Stillingia; Styrax.
Cascarilla siehe Bd. II, Amara; Analeptica; Carminativa; Cephalica; Febrifuga; Stimulantia. / IV, E 61, 265, 351.

Hessler-Susruta: + + + C. moluccanum.
Sontheimer-Araber: - C. Tiglium.
Fischer-Mittelalter: - C. Tiglium L. (bei Serap.).
Geiger-Handbuch: - C. Tiglium (Purgir-Croton, Tiglibaum) - - C. Eluteria Sw. (= Clutia Eluteria L.) + + + C. superosus? u. a. Arten.
Hager-Handbuch: - **C. tiglium L.** (= Tiglium officinale Kltz.) - - C. elu-

teria (L.) Bennet (Schreibweise nach Zander-Pflanzennamen: **C. eluteria Benn.**)
+ + + C. niveus Jacqu.; C. Malambo Karst. u. a. Arten. Über C. lacciferus →
Aleurites.

Z i t a t-Empfehlung: **Croton tiglium (S.); Croton eluteria (S.).**

Dragendorff-Heilpflanzen, S. 375-378 (Fam. E u p h o r b i a c e a e ); Tschirch-Handbuch II, S. 585 (C.
Tiglium); III, S. 803 uf. (Cascarilla).

( T i g l i u m )

Nach Tschirch-Handbuch waren die Crotonsamen den alten indischen Ärzten
wohlbekannt; nach Persien gelangten sie von China; den alten Arabern bekannt,
durch sie kamen sie in die europäische Medizin; Serapion, Avicenna und Ibn
Baithar gedenken ihrer und der Benutzung als Purgans; seit 1578 in Europa
bekannt. In T. Frankfurt/M. 1687 sind aufgenommen: Grana T i l l i (seu Ricini
Americani). Ernsting, 1741, schreibt dazu: „Grana Tiglia, Grana Tilli. I t a l i e -
n i s c h e   P i l l e n ,   G r a n a d i l l e n … kommen von einem Gewächse, das
einige  p i n u s  indica, andere aber  g a p p u l a  nennen, aus Ostindien. Die
Bader und Landstreicher bedienen sich selbige noch, weil sie stark Purgieren
machen. Sie werden in den Apotheken angetroffen und sonsten  R i c i n u s
Americanus, Amerikanische  S p r i n g - K ö r n e r ,  genannt". Aufgenommen
in Ph. Württemberg 1741: Grana Tiglia ( P u r g i e r - K ö r n e r ; kommen aus
Malabar; heftiges Purgans, vorsichtig abzugeben; gegen Wassersucht). Nach
Hagen, um 1780, heißt der Purgirholzbaum Croton Tiglium; „die Purgirkörner
sind selten mehr im Gebrauch". Geiger, um 1830, schreibt über C. Tiglium:
„Eine schon vor mehr als 200 Jahren in Europa als Arzneimittel bekannte Pflanze,
wurde in neuerer Zeit besonders von Short, Perri, Conwell u. a. wieder angerühmt … Anwendung. Man gibt die von den Schalen befreiten Kerne in Substanz, in Pulverform, in sehr geringen Dosen, größere Dosen erregen leicht das
heftigste Purgieren mit Brechen, und 4 Körner sollen schon hinreichen, einen
Menschen zu töten, daher sie jetzo selten in Substanz gegeben werden, sondern
das ausgepreßte Öl (Ol. Crotonis), welches seit einigen Jahren in kleinen,
1 Drachme haltenden versiegelten Fläschchen, mit der Aufschrift Croton Oil a
Short, nebst gedrucktem Gebrauchszettel aus London kommt. Es läßt sich jedoch
dieses Öl leicht durch Auspreßen aus den Kernen selbst bereiten. Außer dem Öl
schlägt Caventou Croton-Seife und Pope eine Tinctur (tinct. semin. Crotonis)
vor. Ehedem tauchte man eine Zitrone oder Pomeranze in Crotonöl einige
Wochen lang, bestreute sie dann mit gelbem Sandel. Um zu Purgieren, rieb man
nur mit den Händen die Zitrone ( P o m u m   c a t h a r t i c u m ) und roch an
dieselben, worauf bald laxieren erfolgte".

Oleum Crotonis wurde in preußische Pharmakopöen aufgenommen: Ausgabe
1827-1829, von C. Tiglium Linné; 1846, von C. Tiglium L. und C. Pavana

Hamilt.; 1862, von Tiglium officinale Klotzsch. In den DAB's bis 1926: „Das aus den geschälten Samen von Croton tiglium Linné gepreßte, fette Öl". Hager schreibt 1874 über das Öl: „Mit der Haut in Berührung gebracht wird das Croton-öl schnell resorbiert, und es erzeugt nach mehreren Minuten lebhaften brennen-den Schmerz, dann Röte, zuletzt einen blasen- und pustelartigen Ausschlag. Selbst auf den Unterleib eingerieben, erzeugt es heftiges Laxieren, sogar blutige Stühle. Innerlich genommen wirkt es drastisch bis zu den äußersten Graden der Schleim-hautentzündung, sogar tödlich. Innerlich gibt man es zu $^1/_4$-1 Tropfen in Emul-sionen, um schnelles Abführen zu bewirken und besonders entzündliche und apoplektische Zustände des Hirns abzuleiten. Äußerlich dient es als ein kräftiges Ableitungsmittel". Im Hager-Handbuch, um 1930, steht: „Man benutzt es äußer-lich zu ableitenden Einreibungen. Innerlich wirkt es drastisch abführend. Man gibt es daher als Laxans, wenn alle Mittel im Stiche lassen, mit Zucker verrieben oder zusammen mit Rizinusöl; die Wirkung tritt ungemein schnell ein".

Hoppe-Drogenkunde, 1958, Kap. C. Tiglium, schreibt über Verwendung: 1. der Same („In der Homöopathie [dort ist „Croton Tiglium - Purgierkörner" (Tinktur aus reifen Samen; Buchner 1840) ein wichtiges Mittel] bei explosiven Diarrhöen. - Bei juckenden Ekzemen. - Zu Hautreizmitteln. - In China als Abführmittel be-nutzt"); 2. das fette Öl der Samen („Stärkstes Abführmittel. - Wegen seiner star-ken Reizwirkungen nur selten verordnet. - Zu Hautreizmitteln. In der Veterinär-medizin").


## (Pavana)

Nach Hager-Handbuch, um 1930, liefert C. Pavana Hamilton: Samen, die etwas kleiner und dunkler sind als die vorigen, aber noch heftiger wirken. Die Pflanze ist in Ph. Preußen 1846 mit als Stammpflanze von Crotonöl angegeben. Der Name Pavana kommt schon früher in offiziellen Quellen vor. In Ph. Württemberg 1741 ist aufgenommen: Lignum Moluccense (Pavana, Molluccanisch Pur-gier-Holtz; kommt vom gleichen Baum, der die Grana Tiglia liefert; hefti-ges Purgans, brechenerregend, schweißtreibend; wird bei chronischen Krankheiten angewandt, bei 4tägigem Fieber und Wassersucht). Auch Hagen, um 1780, ist der Meinung, daß Stammpflanze von Samen und Holz die gleiche (C. Tiglium) ist. Valentini, 1714, beschreibt das Holz entsprechend, es hat in deutschen Apotheken kaum eine Rolle gespielt.


## (Cascarilla)

Nach Tschirch-Handbuch wurde die westindische Droge erst in der 2. Hälfte des 17. Jh. in Europa bekannt. In der Ap. Lüneburg 1718 waren von Cortex China Novae seu Chaquerille 4 lb. vorrätig. In Ph. Württemberg 1741 ist aufgenommen: Cortex Cascarillae (C h a c a r i l l a e, C h a g r i l l e n-Rinde; Sedativum, Balsamicum, Tonicum, Diapnoicum, Discutiens); Aqua (dest.), Essentia, Extractum Corticum Cascarillae, Syrupus Cascarillae. Die Stammpflanze heißt nach Hagen, um 1780: Croton Cascarilla. Die „Rinde ist unter den Namen K a s k a r i l l, Cascarillae, Chacarillae, E l e u t h e r i a e bekannt".

Angaben der preußischen Pharmakopöen: Ausgabe 1799, „Cortex Cascarillae", von C. Cascarilla. Oder von Clutia Eluteria? (zur Herstellung von Extractum und Tinctura Cascarillae; Bestandteil des Elixir Aurantiorum comp., Species ad suffiendum); 1813, von C. Eluteria; 1827-1846, von C. Eluteria Swartzii; 1862, von C. Eluteria, Cascarilla et Sloanei Bennett et C. lineare Jacquin. In DAB's: 1872, von C. Eluteria, C. Cascarilla Bennett (zur Herstellung von Extr. Casc., Tinct. Casc.; Bestandteil von Elix. Aurant. comp.); 1882-1910, von C. Eluteria; dann Erg.-Bücher (1941: „Die getrocknete Ast- und Stammrinde von Croton eluteria (L.) Bennet").

Um 1830 schrieb Geiger über die Anwendung: „Man gibt die Rinde in Substanz, in Pulverform, Latwergen und Pillen; ferner im Aufguß und Abkochung. - Präparate hat man das Extrakt; ferner hatte man ehedem Wasser, Öl, Tinktur und Syrup, von denen aber jetzo bei uns kaum mehr etwas gebraucht wird. Die Rinde kommt ferner zu manchem Rauchwerk. Man mengt sie auch unter Rauchtabak". Außer von C. Eluteria Sw. wird die Cascarillrinde (falsche graue F i e - b e r r i n d e) von anderen C.-Arten abgeleitet (z. B. C. Cascarillae L., C. linearis Jacq., C. nitens Sw.). Anwendung nach Hager-Handbuch, um 1930: „In kleinen Gaben als appetiterregendes Mittel bei Magen- und Darmkatarrhen ... Auch zu Räuchermitteln verwendet, ferner zu Schnupfpulvern, Zusatz zum Tabak und zu Likören". Nach Hoppe, 1958: „Aromaticum-Amarum bei Dyspepsien. - Zusatz zu Räuchermitteln und Schnupfpulvern". In der Homöopathie ist „Cascarilla - Cascarillrinde" (Tinktur aus getrockneter Rinde; Allen 1876) ein wichtiges Mittel.

(C o p a l c h i)

Nach Geiger, um 1830, kommt „seit ein paar Jahren unter dem Namen Copalchi-Rinde eine Droge aus Mexiko, die allda gegen Fieber, ähnlich wie China, gebraucht wird. Nach von Humboldts Vermutung kommt sie von C. superosus". Wiggers, um 1850, schreibt: „Croton Pseudochina Schlechtendal. In Mexiko. Liefert die Copalchirinde. Cortex Copalchi seu C o p a l k e. Die Quina blanca der Mexikaner. Daher auch mexikanische Bitterrinde oder Fieberrinde genannt. Kam 1817 nach Hamburg".

Bei Dragendorff, um 1900, heißt die Stammpflanze *C. niveus Jacq.* (= C. Pseudochina Schlecht., C. Cascarilla Don., C. suberosus H. B. K.); liefert die als Fiebermittel empfohlene Copalcherinde u. aromat. Balsam. In Hager-Handbuch, um 1930, ist die Rinde unter „Verfälschungen und Verwechslungen" der Cascarilla aufgeführt. Verwendung nach Hoppe, 1958, als „Aromaticum, Antidiabeticum".

# Cr

## Crozophora

Crozophora  siehe Bd. V, Roccella.
Bezetta, Torna Solis, Tornusol  siehe Bd. I, Reg.

Berendes-Dioskurides: Kap. Heliotropon, Croton tinctorium L.
Fischer-Mittelalter: C. tinctoria A. Juss. (altital.).
Geiger-Handbuch: C. tinctoria Adr. Juss. (= Croton tinctorium L., Lackmuspflanze) [auch: Tournesolia tinctoria Scop.].
Zander-Pflanzennamen: **Chrozophora tinctoria (L.) A. Juss.**
Zitat-Empfehlung: **Chrozophora tinctoria (S.).**

Dragendorff-Heilpflanzen, S. 378 (Fam. Euphorbiaceae).

Die Identifizierung des Heliotropon bei Dioskurides, des Heliotropion tricoccon bei Plinius, als Chrozophora tinctoria (S.) ist unsicher.
In der Ap. Lüneburg 1475 waren 1 lb., 1 qr. Tornusol vorhanden. Tornesol, Tournesol, Torna solis, ist in Arzneitaxen des 16.-18. Jh. verzeichnet. Beschaffenheit und Herstellung ist unklar. Es kann sich um ein Farbstoffpräparat oder um gefärbte Tücher handeln, die man zum Färben verwendet, da sie den Farbstoff leicht wieder abgeben. Die Farbe kann rot oder blau sein; wahrscheinlich waren die Tücher bis Anfang 18. Jh. meist rot, deshalb auch Rotläppchen genannt, später auch blau, d. h. ohne Säurezusatz bereitet. Über die Stammpflanze, deren Saft, besonders der Beeren, verwendet wird, gibt es verschiedene Ansichten. Da es sich um ein gewerbliches Produkt handelte, fehlte der Einblick in die Fabrikationsgeheimnisse.
Schröder beschreibt 1685 in seinem Arzneibuch Torna solis als Tücher, mit einem Saft getränkt, anfangs grün, dann bläulich werdend. Wenn man sie in Wasser legt, färben sie dieses wie einen Claretwein. Nach Dodonaeus stammt der Saft von Heliotropium tricoccum, nach anderen von Rhamnus cathartica.
Lemery unterscheidet in seinem Lexikon einfacher Drogen (³1716):
1.) Tornesol en drapeau, aus Konstantinopel, mit Cochenille rotgefärbt. Ebenso Tornesol en coton, aus Portugal.
2.) Eine andere Sorte Tornesol en drapeau, rotgefärbt, mit dem Saft der Früchte von Heliotropium tricoccum und etwas Säure hergestellt; kommt aus Languedoc.
3.) Tornesol en pâte ou en pain ou en pierre, auch Orseil genannt, ebenfalls aus Heliotropium tricoccum. Es ist blau. Kommt hpt. aus Holland, weniger gutes aus Lyon.
Die Sorten (2) und (3) beschreibt auch Valentini in seinem Museum Museorum (²1714): Vor allem die Holländer machen aus Heliotropium tricoccum mit Hilfe von Urin, Kalk und einer grauen Erde, Perelle genannt, eine Masse, die sie in kleine Fässer schlagen: Tornesol en pâte. Oder man formt und trocknet viereckige Stückchen oder Kuchen davon: Tornesol en pierre. „Bei uns heißt es

insgemein L a c m u s ". Gebrauch bei Zuckerbäckern und Malern. Gießt man über diese Farbe etwas saures, so wird sie rot. Dieses ist Orseille de Lyon und, auf lange, schmale Lappen gebracht, getrocknet und zusammengerollt: Torna solis. Davon waren in Ap. Braunschweig 1666 vorrätig: 25 lb.

Die Ph. Württemberg 1741 führt 2 Sorten der Tücher:

1.) Torna solis rubra, B e z e t t a , Tornesol, Farb- oder S c h m i n k f l e c k - l e i n , S p a n i s c h e r F l o r ; mit Cochenille gefärbt, aus der Türkei kommend.

2.) Torna solis caerulea, Bezetta caerulea, blaue Farbflecklein; werden aus Lacca caerulea (Lacmus, Orseille) und „ex Heliotropi tricocci sive Ricinoidis succo Tournefortii, calce et urina" bereitet.

Hagen, um 1780, nennt als Stammpflanze die M a u r e l l e , Croton tinctorium, eine in Frankreich häufige Pflanze. Man taucht Leinenläppchen in ihren Saft und bringt sie in eine Ammoniakatmosphäre (aus Ätzkalk und Urin), wobei sie blau werden. Sie werden häufig nach Holland verkauft; „noch vor kurzem glaubte man, daß daselbst daraus der Lakmus verfertigt würde, welches aber sehr unwahrscheinlich ist. Wahrscheinlicher scheint es, daß man sich ihrer daselbst zum Färben des Weines und Bereitung der blauen Bezetta oder blauen Schminkfleckchen, die auch Tournesol genannt werden (Bezetta seu Torna solis coerulea) bedient, indem man die Farbe aus den groben Languedokischen Tüchern auszieht und feinere Leinwand damit färbt". In einer Fußnote bemerkt Hagen, daß die rote Bezette, rotes Tournesol, aus der Gegend von Konstantinopel kommt und mit Cochenille hergestellt wird.

Geiger, um 1830, verwendet bereits den Gattungsnamen Crozophora. Man bereitet aus der Pflanze - wie bei Hagen beschrieben - blauen Tornesol, Bezetta coerulea. „Die Blätter und Samen gebrauchte man gegen Würmer und den scharfen Saft zur Vertilgung der Warzen". Geiger beschreibt ferner, daß man aus der Pflanze auch Lackmus hergestellt hat; „nach neueren Angaben wird aber der Lakmus jetzo nicht mehr von dieser Pflanze, sondern von P a r m e l i a Roccella erhalten". Auch in Thon's Waaren-Lexikon (1832) wird F ä r b e r - K r o t o n (Croton tinctorium) noch als möglicher Lieferant von Lackmus angegeben.

Hoppe-Drogenkunde (1958) führt C. tinctoria als Stammpflanze von Tournesol, einem Farbstoff „zum Färben von Backwaren, Likören und Käse, besonders in Holland".

## Crudya

Nach Dragendorff-Heilpflanzen, um 1900 (S. 229; Fam. L e g u m i n o s a e ), wird von der brasilianischen C. obliqua Gries. der Same innerlich und äußerlich gegen Hautkrankheiten gebraucht. Entsprechend bei Hoppe-Drogenkunde, 1958: Fabae I m p i g e m oder P a r a c a x i b o h n e n bei Hautleiden.

## Cryptostegia

Nach Dragendorff-Heilpflanzen, um 1900 (S. 546; Fam. A s c l e p i a d a c e a e ), ist von **C. grandiflora R. Br.** der „Milchsaft brechenerregend, liefert K a u t - s c h u k . Auch das Blatt sehr giftig, ohne daß Alkaloid nachweisbar". Nach Hoppe-Drogenkunde, 1958, enthält das Blatt (herzwirksame Droge) Glykoside.

## Cucubalus

C u c u b a l u s   siehe Bd. V, Silene; Solanum.
T a u b e n k r o p f   oder   T a u b e c r o p f   oder   T a u b e n c h r o p f e n   siehe  **Bd.** V, Anthyllis; Fu-
maria; Verbena.
Zitat-Empfehlung: *Cucubalus baccifer (S.).*

Geiger, um 1830, erwähnt C. bacciferus L. (= S i l e n e baccifera Willd., L i c h - n a n t h u s scandens Gmel., T a u b e n k r o p f ); das Kraut (herba Cucubali, V i s c a g i n i s bacciferi, A l s i n e s baccifer) „wurde ehedem als kühlendes Mittel und gegen Blutflüsse angewendet". Nach Dragendorff-Heilpflanzen, um 1900 (S. 208; Fam. C a r y o p h y l l a c e a e ), wird von **C. baccifer L.** (= Lych- nis baccif. Scop., Silene baccif. Roth) das Kraut gegen Blutflüsse gebraucht; „soll in Amerika als „B e l l a d o n n a silvestris de la Casa de Campo" verkauft sein".

## Cucumis

C u c u m i s   siehe Bd. II, Antiphlogistica; Discutientia; Diuretica; Humectantia; Quatuor Semina. / V,
Citrullus; Ecballium; Lagenaria.
M e l o   siehe Bd. II, Quatuor Semina.
M e l o p e p o n e s   siehe Bd. II, Diuretica.

D e i n e s-Ägypten: - C. Melo - - „Gurke" $+ + +$ C. Chate L.
H e s s l e r-Susruta: $+ + +$ C. madraspatanus; C. utilatissimus.
G r o t-Hippokrates: - „M e l o n e " -- „G u r k e ".
B e r e n d e s-Dioskurides: - Kap. Melone, C. Melo L. - - Kap. Gebaute Gurke, C. sativus L.
T s c h i r c h-Sontheimer-Araber: - C. Melo - - C. sativus.
F i s c h e r-Mittelalter: - C. Melo L. (melones, m i l l u n e n ; Diosk.: p e p o n [Plin. m e l o p e p o ]) -- C. sativus L. (pepo, a n g u r i u m , e r d a p f e l , p h e d e m , p l u t z e r n ; Diosk.: h e m e r o n s i k y o n ).
H o p p e-Bock: - **C. melo L.** (Melone, P f e d e m ) -- **C. sativus L.** (C u c u - m e r ).

G e i g e r-Handbuch: - C. Melo (Melonen-Gurke, Melone) - - C. sativus (Garten-Gurke, Kukumer).

H a g e r-Handbuch: - C. melo L. - - C. sativus L. + + + C. myriocarpus Naud.; C. utilissimus Roxb.; C. citrullus Ser.; C. trigonus Roxb.

Z i t a t-Empfehlung: **Cucumis melo (S.); Cucumis sativus (S.).**

Dragendorff-Heilpflanzen, S. 650 uf. (Fam. C u c u r b i t a c e a e ).

( M e l o )

Nach Grot-Hippokrates dient die Melone als Laxans und Diureticum. Auch Dioskurides beschreibt ihre arzneilichen Tugenden (Fleisch der Melone treibt Harn; zu Umschlag bei Augenentzündung; Saft mit Samen zum Reinigen der Gesichtshaut. Wurzel wirkt brechenerregend; heilt Grind, mit Honig aufgelegt). Bock, um 1550, bildet - nach Hoppe - die Melone ab; er kennt Formen mit länglichen oder runden, gelben oder grünen Früchten; Indikationen gibt er, angelehnt an Dioskurides, gemeinsam für Melone, Gurke, Wassermelone und Spritzgurke an (Früchte bei hitzigen Seuchen, d. h. akuten fieberhaften Erkrankungen; Samen gegen Nieren- und Blasenleiden, zu Salbe gegen fleckige Gesichtshaut).

In Ap. Lüneburg 1475 waren vorrätig: Semen melonum (2½ lb.). Die T. Worms 1582 führt: Semen Melonum (Melopeponum, Melonensamen), Semen M. excorticatum (Außgescheelt Melonensamen); ebenso T. Frankfurt/M. 1687 (Melonenkern und gescheelt Melonenkern). In Ap. Braunschweig 1666 waren vorrätig: Semen melonum (7 lb.).

Die Ph. Württemberg 1741 beschreibt: Semen Melonum (Melonen-Saamen, Melonen-Kern; Refrigerans, Demulcans, Nephriticum). Die Stammpflanze heißt bei Hagen, um 1780: C. Melo; „ist in der inneren Tartarei zu Hause und wird häufig bei uns gebaut. Der Same (Sem. Melonum) ist offizinell". Die Semen Melonum (Melonenkörner) waren noch in Ph. Preußen 1799 aufgenommen.

Geiger, um 1830, schreibt von der Melone: „Eine seit den ältesten Zeiten bekannte und zum Teil als Arzneimittel benutzte Pflanze. - Ist in Ostindien zu Hause; wird häufig in warmen Ländern (bei uns in Mistbeeten) kultiviert". Es gibt: „Frühmelone, weiße Melone, gereifte Melone, Netzmelone, C a n t a l u -p e n usw. - Offizinell sind: die Samen (semen Melonum) . . . Anwendung. Wie die Kürbiskerne. Sie gehören auch zu den sem. 4. frig. maj. - Die Früchte sind eine beliebte Speise . . . Sie werden auch als diätetisches Mittel verordnet". Nach Hoppe-Drogenkunde, 1958, wird von C. Melo das Öl der Samen verwendet (Speise- und Brennöl, zur Seifenfabrikation).

( C u c u m e r )

Die Gurke dient bei Hippokrates als Laxans und Diureticum. Nach Dioskurides ist die gebaute Gurke (nach Berendes C. sativus L.) gut für die Blase, ruft durch ihren Geruch aus der Ohnmacht zurück; Same treibt mäßig Harn, mit Milch bei

Blasengeschwüren. Blätter zu Umschlag bei Hundsbiß. Bock, um 1550, bildet die Gurke ab und gibt Indikationen gemeinsam mit der Melone an [siehe oben].

In Ap. Lüneburg 1475 waren vorrätig: Semen cucumeris (6¹/₂ lb.). Die T. Worms 1582 führt: Semen Cucumeris (Cucumeris, Cucumernsamen) und Semen C. excorticati (Außgescheelt Cucumernsamen); in T. Frankfurt/M. 1687 das gleiche (Cucumersaamen, Gurckensaamen oder Kern, und gescheelt Cucumernkern). In Ap. Braunschweig 1666 waren vorrätig: Semen cucumeris (8³/₄ lb.).

Die Ph. Württemberg 1741 beschreibt: Semen Cucumeris sativi (Gurcken-Cucumern-Saamen; Refrigerans, Demulcans). Die Stammpflanze heißt bei Hagen, um 1780: C. satiuus (Gurke); „der Samen (Sem. Cucumeris) ist in Apotheken gebräuchlich".

Geiger, um 1830, schreibt zu C. sativus: „Die Gartengurke ist der Melone sehr ähnlich ... Es gibt auch von der Kukumer eine Menge Varietäten: gemeine weiße Kukumer, gelbe Schlangen-Kukumer, kleine Früh-Kukumer usw. - Offizinell sind: die Früchte oder vielmehr der frischgepreßte Saft derselben (succ. rec. Cucumeris) und die Samen (semen Cucumeris) ... Den ausgepreßten Saft der Gurken gibt man als kühlendes Mittel innerlich bei Lungensucht usw. (neuere Erfahrungen bestätigen seine Wirksamkeit). Äußerlich wird er als Schönheitsmittel zum Reinigen der Haut, gewöhnlich mit Milch vermischt, angewendet. Die Samen gibt man als Emulsion. - Als Präparat hat man die Gurkenpomade. Die Samen gehören zu den semen 4 frigid. major. - Die Früchte werden unreif, häufig roh, als Salat usw. gegessen oder als Gemüse zubereitet. Auch macht man die kleinen und die großen Gurken mit Salz oder Essig und Gewürzen ein (Salz- und Essiggurken) und benutzt sie als Zugemüse zu Fleisch usw. -

Von Cucumis acutangulus (scharfeckiger Gurke), C. Dudain (persischer Gurke, Apfelmelone), C. Chate (türkischer Gurke, ägyptischer Melone), C. prophetorum (P r o p h e t e n g u r k e), C. anguineus (Schlangengurke; nicht mit der Varietät der gemeinen zu verwechseln) - werden die Früchte ebenfalls gegessen".

Nach Hoppe-Drogenkunde, 1958, wird von C. sativus das Öl der Samen als Speiseöl (bes. in Frankreich) verwendet.


## Cucurbita

C u c u r b i t a siehe Bd. II, Quatuor Semina. / V, Bryonia; Citrullus; Lagenaria.
K ü r b i s ( s ) siehe Bd. IV, G 235, 957, 1797. / V, Citrullus; Lagenaria.
Zitat-Empfehlung: *Cucurbita pepo (S.); Cucurbita maxima (S.); Cucurbita moschata (S.).*
Dragendorff-Heilpflanzen, S. 652 (Fam. C u c u r b i t a c e a e ).

Ob der K ü r b i s (bei Hippokrates als Laxans verwendet) bei Dioskurides - wie es Berendes annimmt - **C. pepo L.** ist, dürfte nach Beßler [→ L a g e n a r i a ] sehr fraglich sein (zu Umschlägen bei Ödemen und Eiterbeulen, auf den Kopf bei Sonnenstich, gegen Augenentzündung und Podagra; Saft gegen Ohrenschmerzen;

leichtes Purgans). Tschirch-Sontheimer-Araber hatten sich auch für C. Pepo entschieden. Fischer-Mittelalter zitiert dagegen C. anguinus bei Avic. und C. Melopepo L. und → Lagenaria in bezug auf das Diosk.-Kap. kolokyntha [Synonyme → Lagenaria].

Bock, um 1550, bildet - nach Hoppe - im Kap. Indianisch öpffel oder Z u c c o - m a r i n (Summeröpffel), C. pepo L. ab und gibt in Anlehnung an Dioskurides, wo dieser sich über Cucurbitaceen ausläßt, Indikationen für die Samen (geschält gegen Schmerz bei Harnenthaltung und Blasensteinen).

Die offizinellen Semen Cucurbitae lassen sich nicht eindeutig einer bestimmten Cucurbitacee zuordnen, als Stammpflanzen kommen, außer (bes. in späteren Quellen) C. pepo L. und anderen C.-Arten, hauptsächlich Lagenaria infrage.

In Ap. Lüneburg 1475 waren vorrätig: Semen cucurbitae (5 lb.). Die T. Worms 1582 führt: Semen Cucurbitae (Cucurbitae camerariae, Cucurbitae perticalis, K ü r b s e n s a m e n ), Semen Cucurbitae excorticatae (Außgescheelt Kürbsensamen); das gleiche in T. Frankfurt/M. 1687 (als Kürbssamen oder Kern bezeichnet). In Ap. Braunschweig 1666 waren vorrätig: Semen cucurbitae (2 lb.).

Die Ph. Württemberg 1741 beschreibt: Semen Cucurbitae (Kürbsen-Kern; Refrigerans; zu Emulsionen); Syrupus de Cucurbita Mesues. Hagen, um 1780, beschreibt den „Flaschenkürbis (Cucurbita lagenaria). Hiervon wird der Kürbissamen (Sem. Cucurbitae) gesammelt. Er kann auch vom Mandelkürbis (Cucurbita Pepo) genommen werden". Auch Geiger, um 1830, nennt als Stammpflanze der semen Cucurbitae sowohl C. Lagenaria als auch C. Pepo (gemeiner Garten- oder Feldkürbis, P e p o n e ); „man gibt die Samen in Emulsion. - Als Präparat hat man ausgepreßtes fettes Öl (Ol. Cucurbitae) ... die Samen gehörten zu den seminibus 4 frigidis majoribus. Das Fleisch der Früchte ist eßbar, das des Flaschenkürbis aber bitter. Die Indianer lieben es dennoch. Das süßliche Fleisch des gemeinen Kürbis wird auf mancherlei Weise zubereitet, mit Milch gekocht (Kürbisbrei) usw. vom Landvolk genossen. Der Saft kann auf Sirup und Zucker benutzt werden ...

Anstatt von diesen Arten werden die Samen auch von Cucurbita Melopepo (Melonen-Kürbis, Turbankürbis, türkischem Bund), einer in Ostindien einheimischen bei uns als Zierpflanze gezogenen Art ... genommen. - Ferner von Cucurb. verrucosa (warzigem Kürbis), dessen Früchte dem Gartenkürbis ähnlich, aber etwas kleiner und mit vielen warzigen Höckern besetzt sind, können sie genommen werden".

In Hager-Handbuch, um 1930, werden als Lieferanten von Kürbiskernen (Semen Cucurbitae) genannt: Verschiedene C.-Arten, hauptsächlich C. maxima Duchesne, C. pepo DC. und C. moschata Duchesne mit zahlreichen Formen (diese Stammpflanzen sind auch in Erg.-B. 6, 1941, genannt); über Verwendung steht geschrieben: „Die Kürbiskerne werden seit langer Zeit als Bandwurmmittel angewandt; worauf ihre Wirkung zurückzuführen ist, ist bisher nicht festgestellt ... Das fette

Öl wird als Speiseöl, die Preßkuchen als Viehfutter verwendet". Verwendung der Samen nach Hoppe-Drogenkunde, 1958; „Vermifugum gegen Spul- und Bandwürmer. - In der Homöopathie [wo „Cucurbita Pepo - Kürbis" (Essenz aus frischem Samen) ein wichtiges Mittel ist] auch bei Seekrankheit und Schwangerschaftserbrechen".

## Cuminum

C u m i n u m  siehe Bd. II, Diuretica; Quatuor Semina. / V., Ammi; Carum; Nigella.
Zitat-Empfehlung: *Cuminum cyminum (S.).*
Dragendorff-Heilpflanzen, S. 499 uf. (Fam. U m b e l l i f e r a e ); Tschirch-Handbuch II, S. 1098 uf. (bei Carum Carvi).

Hessler-Susruta nennt C. cyminum, Deines-Ägypten und Grot-Hippokrates „ K ü m m e l ", worunter nach Tschirch-Handbuch **C. cyminum L.** zu verstehen ist. Diese Pflanze meint Dioskurides - nach Berendes - im Kapitel vom gebauten K y m i n o n (ist angenehm für den Mund, besonders das äthiopische - an 2. Stelle kommt das ägyptische, dann das übrige -; ist erwärmend, adstringierend, austrocknend; gegen Leibschneiden und Blähungen, Orthopnöe, Biß giftiger Tiere; zu Umschlägen bei Hodenschwellungen, hemmt Fluß der Frauen und Nasenbluten; im Trank und als Salbe macht es bleiche Hautfarbe). Bei Tschirch-Sontheimer-Araber wird C. Cyminum, auch bei Fischer-Mittelalter genannt ( c i m i - n u m, c. alexandrinum, c a r u i agreste, c a r d u m e n, c h u m i, kümel, gartchumel). Nach Hoppe ist die Pflanze beschrieben bei Bock, um 1550, im Kap. Von Römischem Kümmel (Indikationen wie bei Dioskurides, siehe oben).
In Ap. Lüneburg 1475 waren vorrätig: Cimini (14 lb.), Dyacimini (1 lb.). Die T. Worms 1582 führt: Semen Cymini (Cumini, Cymini satiui seu Romani, R ö m i s c h e r k ü m m e l,  G a r t e n k ü m m e l,  K r ä m e r k ü m m e l ), Species Diacymini, Tabulae confectionis Diacymini (Krämerkümmel Confect), Oleum (dest.) Cymini (Römischkümmelöle); in T. Frankfurt/M. 1687, als Simplicia: Semen Cymini (Cumini Romani, R ö m i s c h - P f e f f e r, Kram Kümmel, Kümmich). In Ap. Braunschweig 1666 waren vorrätig: Semen c y m i n i (340 lb.), Aqua c. (1¹/₂ St.), Elaeosaccharum c. (10 Lot), Oleum c. (14 Lot), Pulvis c. (4¹/₂ lb.), Rotuli diacymini (16 Lot), Species diacymini (10 Lot). Die Ph. Augsburg 1640 verordnete, daß bei Verschreibung von „Cuminum" die äthiopische Ware zu nehmen sei.
In Ph. Württemberg 1741 stehen: Semen Cymini (Cumine semine, longiore, hortensis, F o e n i c u l i orientalis, Römischer Kümmel, langer Kümmel; Carminativum, Dissolvens, Diureticum); Emplastrum de C., Oleum (dest.) Cumini. Die Stammpflanze heißt bei Hagen, um 1780: C. Cyminum; der Samen (Sem. Cumini) heißt meist Kraam- oder M u t t e r k ü m m e l.

Aufgenommen in Länderpharmakopöen des 19. Jh., z. B. Ph. Preußen 1799-1829 (Semen Cumini und Oleum Sem. C.). Fructus Cumini in Erg.-B. 2, 1897.

Geiger, um 1830, schrieb über die Anwendung von C. Cyminum (römischer Kümmel, Mutterkümmel, H a b e r k ü m m e l): „Man gibt den römischen Kümmel in Substanz und im Aufguß. - Präparate hat man davon: Das ätherische Öl (ol. Cumini); ehedem noch ein Pflaster (empl. Cumini)". Kommentator Dulk, 1829, vermerkt zu Cuminum: „Der Mutterkümmel wird bisweilen als Carminativum, häufiger in den Haushaltungen, als Gewürz zum Brote, oder wie in Holland, zum Käse, oft auch als Tierarznei benutzt, wo er unter den Hafer gemischt den Pferden Freßlust erregen soll". Hager-Handbuch, um 1930, schreibt über „Anwendung. Ähnlich wie Kümmel bei Verdauungsschwäche, Kolik, auch in der Tierheilkunde, als Gewürz für Brot, Kuchen und Käse". Entsprechendes steht bei Hoppe-Drogenkunde, 1958.

## Cunila

C u n i l a   siehe Bd. V, Hedeoma; Origanum; Satureja.

Geiger, um 1830, erwähnt C. thymoides; „das Kraut (herba Cunilae thymoides) war offizinell"; von C. mariana wird das Kraut (herba Cunilae marianae) in Nordamerika als Fiebermittel gebraucht. Dragendorff-Heilpflanzen, um 1900 (S. 580; Fam. L a b i a t a e), nennt C. mariana L. (= Z i z y p h o r a mariana Röm. et Sch.), Virginien, dient als Diaphoreticum, Emmenagogum, gegen Schlangenbiß, Fieber; C. microcephala Benth., gegen Husten, Lungenkatarrh benutzt. Bei Hoppe-Drogenkunde, 1958, gibt es ein Kap. C. microcephala; verwendet wird das Kraut in Brasilien in Form galenischer Präparate. Hager-Handbuch, Erg.-Bd. 1949, gibt die Vorschrift für ein Fluidextrakt.

## Cupania

Nach Dragendorff-Heilpflanzen, um 1900 (S. 695; Fam. S a p i n d a c e a e), wird von der westindischen C. americana L. (= C. tomentosa Sw.) „Blatt und Frucht als Adstringens bei Blennorrhöe und Blasenkatarrh, Same eßbar, amylonreich, gegen Blutspeien und Diarrhöe angewendet". Hoppe-Drogenkunde, 1958, hat ein kurzes Kap. C. tomentosa; Rinde und Blatt wird als Adstringens verwandt. Die Samen von C. racemosa werden bei Geschwüren und Rheuma benutzt.

## Cuphea

Dragendorff-Heilpflanzen, um 1900 (S. 462; Fam. L y t h r a c e a e), führt 6 C.-Arten, darunter C. viscosa: „(ob viscosissima St. Hil.? = C. lutescens Pohl) -

Paraguay - soll wie Digitalis wirken". In der Homöopathie ist „Cuphea viscosissima" (**C. viscosissima Jacq.**; Essenz aus frischer Pflanze) ein weniger wichtiges Mittel.

## Cupressus

C u p r e s s u s  siehe Bd. II, Adstringentia. / V, Santolina.
C y p r e s s e n   siehe Bd. V, Ajuga; Santolina.
C y p r e s s e n ö l   siehe Bd. IV, Reg.

G r o t-Hippokrates; B e r e n d e s-Dioskurides (Kap. C y p r e s s e ); S o n t - h e i m e r-Araber; F i s c h e r-Mittelalter; G e i g e r-Handbuch; H a g e r - Handbuch: **C. sempervirens L.**
Z i t a t-Empfehlung: **Cupressus sempervirens (S.).**

Dragendorff-Heilpflanzen, S. 71 (Fam. C o n i f e r a e ; nach Schmeil-Flora Fam. C u p r e s s a c e a e );
Peters-Pflanzenwelt: Kap. Die Zypresse, S. 169-176.

Über die Verwendung der Cypresse macht Dioskurides längere Ausführungen. Sie adstringiert und kühlt; Blätter mit Wein u. Myrrhe gegen Blasenkatarrh und Harnverhaltung; äußerlich blutstillend, gegen Haut- und Augenentzündungen, Karbunkel, mit Wachssalbe magenstärkend; Früchte bei Blutsturz, Dysenterie, Husten; äußerlich, mit Feigen gestoßen, erweichen sie Verhärtungen und heilen Nasenpolyp.
Auch im Abendland gewann die Pflanze etwas Bedeutung. In Ap. Lüneburg 1475 war eine kleinere Menge Nux cupressi ($^1/_2$ qr.) vorhanden. Die T. Worms 1582 verzeichnet Nuces cupressi vel c y p a r i s s i (S p o e r i t i d e s , S p h a e r i a Theophrasti, Globuli seu Pilulae cyparissi, G a l v u l i Plinii, Cypressennüß) und Lignum Cupressi. Die Ph. Augsburg 1640 gibt an, daß bei Verordnung von „Cupressus" die Nüsse für adstringierende Arzneien, die Blätter oder das Holz für Diuretica zu nehmen sind. Die Ap. Braunschweig 1666 hatte $^1/_2$ lb. von den Nüssen und $^3/_4$ lb. vom Holz vorrätig. Nach Ph. Württemberg 1741 sind die Nüsse (Cupressi Nuces, Cupressen-Nüsse) Adstringentien; sie wirken bei Diarrhöe, Bettnässen; das Holz (Lignum Cupressinum, Cupressi officin., Cupressen-Holtz) ist ein Refrigerans, Siccans, Adstringens, Sudoriferum, Diureticum. Die Stammpflanze heißt bei Hagen, um 1780: „Zipressenbaum (Cupressus semperuirens); man brauchte davon vor Zeiten die weiblichen Zapfen, die man uneigentlich Zipressennüsse (Nuces Cupressi seu G a l b u l i ) nannte ... Das Zipressenholz (Lign. Cupressi) war ehemals ebenfalls offizinell".
Zur Zeit Geigers, um 1830, wurden diese Drogen kaum noch gebraucht. Dafür war das aus den Blättern und jungen Zweigen erhaltene, stark und etwas widerlich riechende, destillierte Öl, Oleum Cupressi, als Wundmittel und zum Vertreiben von Motten aufgekommen. Es gelangte Anfang 20. Jh. in die Erg.-Bücher.

Nach Hager-Handbuch, um 1930, wirkt es als Inhalation bei Keuchhusten. Hoppe-Drogenkunde, 1958, Kap. C. sempervirens, schreibt über Verwendung des äther. Öls der Blätter und jungen Zweige: „Bestandteil von Asthmamitteln. - Bei Keuchhusten. - Bestandteil von Coniferendüften, die in Krankenzimmern versprüht werden"; ferner werden verwendet: Die gerbstoffhaltigen Früchte - Fructus Cupressi - und das Holz - Lignum Cupressi - in der Volksheilkunde. In der Homöopathie ist „Cupressus sempervirens" (Essenz aus frischen Früchten und Blättern) ein weniger wichtiges Mittel.


## Curcuma

C u r c u m a  siehe Bd. III, Charta exploratoria lutea. / IV, E 61, 204. / V, Chelidonium; Garcinia.
K u r k u m a p a p i e r  siehe Bd. III, Reg.
Z e d o a r i a  siehe Bd. I, Vipera. / II, Aromatica; Cephalica; Peptica; Prophylactica; Succedanea. / IV, C 34; E 23, 365; G 952. / V, Aconitum; Artemisia.
Z i t t w e r  siehe Bd. IV, E 30, 236, 244, 339; G 1553. / V, Artemisia.

H e s s l e r-Susruta: - C. longa - - C. Zedoaria + + + C. zanthoriza; C. reclinata; C. zerumbet; C. amado.

T s c h i r c h-Sontheimer-Araber: - C. longa bzw. rotunda - - C. Zedoaria Rosc.

F i s c h e r-Mittelalter: - C. (rotunda) longa L. ( c h e l i d o n i u m  maius, m e m i t h e ) - - C. Zedoaria L. (zeodaria, z e d u a r i u m, curcuma, z i t t - v a r) + + + C. Zerumbet Roxb. ( z i r u m b e r).

B e ß l e r-Gart: - - C. zedoaria Rosc. (zedoar, zeduaria, z y t w a n, z e r u m - b e t, c e d e u e r).

G e i g e r-Handbuch: - C. longa L. (= A m o m u m  Curcuma Jacq.) - - C. aromatica Salisb. (= C. Zedoaria Roxb.).

H a g e r-Handbuch: - C. longa L. - - C. zedoaria Rosc. + + + **C. aromatica Salisb.; C. angustifolia Roxb.**, C. rubescens Roxb., C. leucorrhiza Roxb.

Z a n d e r-Pflanzennamen: - **C. longa L.** (= C. domestica Val.) - - **C. zedoaria (Bergius) Roxb.**

Z i t a t-Empfehlung: **Curcuma longa (S.); Curcuma zedoaria (S.); Curcuma aromatica (S.); Curcuma angustifolia (S.).**

Dragendorff-Heilpflanzen, S. 142 uf. (Fam. Z i n g i b e r a c e a e); Tschirch-Handbuch III, S. 914 (Rhiz. Curcumae); II, S. 1062 uf. (C. Zedoaria).


( C u r c u m a )
Nach Tschirch-Handbuch erwähnt Dioskurides nebenbei, daß es in Indien eine ingwerähnliche, beim Kauen safranfarbige Pflanze gebe, die wahrscheinlich C. longa L. war; aus der gleichen Quelle schöpft Plinius, der seine C y p i r a auch mit Ingwer und Safran vergleicht. Bei I. el B. heißt die Pflanze, bzw. ihre Wurzel, K u r k u m. „Man sagt, daß dieses Wort die Wurzel einer Pflanze be-

zeichne, welche Dioskurides Chelidonium majus nennt. Dieses ist eine Art großer Wurzeln, die die Färber zum Färben benutzen ... Die Perser nennen die Pflanze S a f r a n , weil sie auf ähnliche Weise gelb färbt wie der Safran ... Diese Wurzeln sind den Wurzeln des Ingwer ähnlich. Sie kommen unter die der Krätze nützliche Pflaster, ziehen die Feuchtigkeit der Geschwüre an, schärfen die Sehkraft und vertreiben Leukome der Augen" (zitiert nach Tschirch-Handbuch I, S. 610). Der arabische Name Kurkum kam in der Form von Curcuma erst im 15. Jh. auf (vorher C y p e r i s , C r o c u s indiacus u. a.). In Ap. Lüneburg 1475 waren 1 oz. Radicis curcume vorrätig. Die T. Worms 1582 nennt unter Wurzeln: Curcuma (Cyperus indicus, T e r r a m e r i t a , G e e l s u c h t w u r t z e l , G i l b - w u r t z e l ). In Ap. Braunschweig 1666 waren vorrätig: Radix curcumae (3 lb.), Pulvis c. (3½ lb.), Rotuli diacurcum. (6 Lot), Species diacurcumi (16 Lot).

Die Ph. Württemberg 1741 hat Radix Curcumae (Gilbwurtz, Gelbsuchtwurtz, gelber I n g w e r - Curcum, Terra merita; Incidans, Resolvens; gegen Wassersucht und Gelbsucht; die Inder benutzen die Droge zum Gelbfärben der Speisen anstelle von Crocus). Hagen, um 1780, berichtet, daß die Wurzel von Amomum Curcuma Jaquin, der Linné den Namen Curcuma longa gab, als G u r k e m e y (gelber Ingber, Rad. Curcumae, Curcuma longa) aus Ostindien nach Europa, Asien und Amerika verschickt wird. „Man unterscheidet davon die runde Kurkume (Curcuma rotunda), die rund und knollig ist, aber weniger gefärbt und unwirksamer als jene sein soll." In Ph. Preußen 1799 ist aufgenommen: Radix Curcumae (von Amomum Curcuma Jacq.); Bestandteil von Unguentum Althaeae. Ausgabe 1829: von Curcuma longa Linn.; dann entfallen. In DAB 1, 1872: Rhizoma Curcumae (von C. longa L. u. C. viridiflora Roxb.); dann Erg.-Bücher (Erg.-B. 6, 1941, nur noch von C. longa L.).

Nach Geiger, um 1830, wird die Kurkuma „innerlich (jedoch selten) in Pulverform gegeben. Das grüne Niespulver enthält nach einigen Vorschriften Kurkuma. Wird übrigens in der Pharmazie mehr zum Färben von Salben (ungt. Althaeae, ad labia) angewendet, ferner als Reagens auf Alkalien. - Dient sonst auch noch in Haushaltungen als Gewürz". In Hager-Handbuch, um 1930, werden unterschieden:

1.) Rhizoma C. rotundae, „Wurde früher als der Haupt- und Zentralknollen, der Hauptwurzelstock, angesehen, jetzt faßt man sie als die verdickten unterirdischen Internodien von Blattknospen auf";

2.) Rhiz. C. longae, „die unverdickten, früher als Seiten- oder Nebentriebe des Hauptwurzelstocks angesehenen Rhizome ... Anwendung: Früher als Magenmittel und bei Gelbsucht, jetzt nur noch als Färbemittel, auch zu Butter- und Käsefarben und als Gewürz, besonders als Bestandteil des C u r r y p u l v e r s . Der weingeistige Auszug, Curcumatinktur, dient als Reagens zum Nachweis von Borsäure und zum Gelbfärben von Likören und Schnäpsen, das weingeistige Extrakt oder ein öliger Auszug zum Färben von Fett und fetten Ölen". Durch

Wasserdampfdestillation erhält man Oleum Curcumae. Hoppe-Drogenkunde, 1958, Kap. C. domestica (= C. longa) schreibt über Verwendung des Rhizoms: „Cholagogum und Cholereticum ... Gewürz".

## (Zedoaria)

Die Droge, bei der es in früher Zeit nicht immer sicher ist, daß es sich um C. zedoaria (Bergius) Roxb. handelte, wurde nach Tschirch-Handbuch durch die Araber nach dem Westen gebracht; sie spielte in der arabischen Medizin eine Rolle (u. a. als Antidot), vor allem war sie Gewürz, das auch im Abendland sehr geschätzt war.

Die Ap. Lüneburg 1475 hatte 2 lb. Zeduarii vorrätig. Die T. Worms 1582 führt unter Gewürzen: Z u r u m b e t h (sive Zurumbethum, Pseudozedoaria, Zedoaria vulgo medicorum et officinarum, Z i t t w a n); [unter destillierten Ölen] Oleum Zedoariae. Die Ap. Braunschweig 1666 hatte: Zedoariae (56 lb.), Pulvis z. (3 lb.), Aqua z. cum vino (1/2 St.), Condita radic. z. (1 lb.), Essentia z. (8 Lot), Extractum z. (7 Lot), Oleum z. (1/2 Lot). In Ph. Württemberg 1741 sind verzeichnet: [unter Aromatibus] Zedoaria (Zittwerwurtz; Alexipharmacum; Calefaciens, Siccans, bei Kolikschmerzen, bewegt Menses, gegen Würmer); Aqua Z. simplex u. anisata, Extractum Z., Oleum Zedoariae.

Nach Hagen, um 1780, heißt die Stammpflanze Amomum Zedoaria (Fußnote: „Linnee nennt die Pflanze, die den Zittwer gibt, K a e m p f e r i a rotunda"). „Es wird davon in Apotheken die Wurzel unter dem Namen langer Zittwer oder Zittwerwurzel (Zedoaria longa) gehalten ... Man unterscheidet davon den runden Zittwer (Zedoaria rotunda), der schwächer und unwirksamer sein soll. Beide kommen von ein und derselben Pflanze, wovon die runde der obere, die lange aber der untere Teil der Wurzel ist. Man erhält sie aus Madagaskar und verschiedenen Gegenden Ostindiens: der beste lange Zittwer wird aus Ceylon gebracht."

Die Ph. Preußen 1799 hat Radix Zedoariae (von Kaempferia rotunda seu Amomum Zedoaria Bergii); Bestandteil von Electuarium aromaticum, Electuarium Theriaca, Tinctura aromatica. Ausgabe 1827, 1829: von Curcuma Zedoaria Rosc., C. Zerumbet Roxb.; ab 1846 nur noch C. Zedoaria Rosc.; ab 1862 Bezeichnung der Droge: Rhizoma Zedoariae. So in DAB 1, 1872; dort Bestandteil von Aqua foetida antihysterica, Electuarium Theriaca, Tinctura Aloes comp., Tinctura amara. In DAB 6, 1926: Rhizoma Zedoariae - Zitwerwurzel. „Getrocknete Querscheiben oder Längsviertel der knolligen Teile des Wurzelstocks von Curcuma zedoaria Roscoe". Nach Hager, um 1930, benutzt man die Droge als Magenmittel in Teemischungen und Tinkturen. Nach Hoppe, 1958, als „Stomachicum, Aromaticum, Cholereticum. - Gewürz. In der Likörindustrie".

## (Verschiedene)

Nach Hager, um 1930, liefert C. aromatica Salisb. ein Rhizom, das man wie C. longa verwendet, es wird B l o c k z i t w e r , Rhizoma C a s s u m u n a r

genannt. C. angustifolia, C. rubescens u. C. leucorrhiza liefern ostindisches
A r r o w r o o t.

## Currania

Nach Berendes-Dioskurides, Kap. E i c h e n f a r n , verwendet man die Wurzel
dieser D r y o p t e r i s zum Umschlag, um Haare zu vertreiben; die meisten
Autoren zitieren dazu P o l y p o d i u m Dryopteris L. (einige A d i a n t u m
nigrum L.). Auch Tschirch-Sontheimer-Araber nennen Polypodium Dryopteris.
Nach Dragendorff-Heilpflanzen, um 1900 (S. 58; Fam. P o l y p o d i a c e a e ),
ist P h e g o p t e r i s Dryopteris Fée (= Polypodium Dryopteris L.) in Peru
Volksheilmittel; „möglicherweise bei Gal. und Diosc., bei I. el. B. Druopthâris
genannt und wie Polypodium vulgare gebraucht". Der Farn ist nach Zander-
Pflanzennamen eine A s p i d i a c e e und heißt: **C. dryopteris (L.) Wherry**
(= Polypodium dryopteris L., A s p i d i u m dryopteris (L.) Baumg., Phegop-
teris dryopteris (L.) Fée, N e p h r o d i u m dryopteris (L.) Michx., L a s t r e a
dryopteris (L.) Bory, G y m n o c a r p i u m dryopteris (L.) Newm., T h e l y p -
t e r i s dryopteris (L.) Slosson, Dryopteris linnaeana C. Chr., C a r p o g y m -
n i a dryopteris (L.) A. et D. Löve).
Z i t a t-Empfehlung: **Currania dryopteris (S.).**

## Cuscuta

C u s c u t a  siehe Bd. II, Splenetica.
A n d r o s a c e  siehe Bd. II, Digerentia; Diuretica; Exsiccantia.
E p i t i m u m  siehe Bd. V, Trifolium.
E p i t h y m u m  siehe Bd. II, Diuretica; Exsiccantia; Melanagoga; Purgantia. / V, Ajuga.
E p i t h y m i s  siehe Bd .V, Satureja.

B e r e n d e s-Dioskurides: Kap. F l a c h s s e i d e , C. Epithymum L.
T s c h i r c h-Sontheimer-Araber: C. Epithymum.
F i s c h e r-Mittelalter: C.-spec. cf. L o n i c e r a ; C. epithymum L. ( e p i t h i -
m u m ;  Diosk.: e p i t h y m o n ,  i n v o l u c r u m );  C. epilinum (cuscuta,
b a l d o n i a ,  b l a n d o n i a ,  b r i s c u s ,  b r u n c u s ,  p o d a g r a  l i n i ,
p a s t a  l i n i ,  e p i t i m u m ,  w i d e r w i n d e ,  f i l t z k r a u t ,  s y d e ,
w i n t i c h ,  n e s s e l s e y d e n ).
H o p p e-Bock: C. epilinum W. (Seiden V i l t z k r a u t ); C. europaea L. (Rot
Viltzkraut).
G e i g e r-Handbuch: C. Epithymum (kretische T h y m s e i d e ); C. europaea
(Flachsseide).

S c h m e i l-Flora: **C. epithymum (L.) Murr.** ( Q u e n d e l s e i d e ); **C. epilinum Weihe** (Flachsseide); **C. europaea L.** (europäische N e s s e l s e i d e ).
Z i t a t-Empfehlung: **Cuscuta epithymum (S.); Cuscuta epilinum (S.); Cuscuta europaea (S.).**

Dragendorff-Heilpflanzen, S. 557 uf. (Fam. C o n v o l v u l a c e a e ).

(E p i t h y m u m )
Als Epithymon beschreibt Dioskurides - nach Berendes - die Quendelseide (purgiert nach unten Schleim u. schwarze Galle; Spezificum bei Melancholie u. Aufblähung). Die ersten Kräuterbuchautoren des 16. Jh. bilden die Pflanze nicht ab, die Droge ist jedoch schon apothekenüblich. In Ap. Lüneburg 1475 waren 1½ lb. Epithimi vorrätig. Die T. Worms 1582 verzeichnet unter Kräutern: Epithymum (Epithymus, Caßyta thymi, Thymseiden). In Ap. Braunschweig 1666 gab es: Herba epithymi (¼ K.), Syrupus de e. (3 lb.). In Ph. Württemberg 1741 steht Herba Epithymi (Epithymi Cretici, C a s s u t h a e minoris, Cuscutae Thymi, Cretische Thym-Seydt; Purgans, treibt Harn und Menses).
Nach Hagen, um 1780, wurde die Thymseide, Epithymum, vor kurzer Zeit noch für eine Abart von C. Europaea gehalten. „Da sie vornehmlich den T h y m i a n umwindet, so hat sie auch den Geruch davon. Sie wird aus Kleinasien und Kreta gebracht und dahero auch Kretische Thymseide oder Thymdotter (Hb. Epithymi Cretici) genannt". Nach Geiger, um 1830, wurde die Thymseide wie die Flachsseide als Purgiermittel gebraucht, „vorzüglich von den Alten. Häufig mögen wohl beide verwechselt worden sein, da man ehedem mehr auf die Pflanzen gesehen hat, auf der sie wachsen, als auf die Schmarotzerpflanze. - Man hatte davon ein Extrakt, aus dem frischen Kraut bereitete man eine Tinktur und mehrere Zusammensetzungen". Die Droge war schon Anfang 19. Jh. obsolet und verschwand dann ganz aus dem Arzneischatz.

(C u s c u t a )
Bock, um 1550, identifizierte das Epithymon des Dioskurides mit C. europaea L.; die Pflanze heißt bei ihm rotes Viltzkraut, das weiße Geschlecht ist C. epilinum W.; die Indikationen wurden nach Brunschwig, um 1500, ergänzt (innerlich u. äußerlich bei Krankheiten, die „von schwarzer melancholischer Feuchtigkeit im Leib herkommen", bei Gelb- und Wassersucht; gegen Leber- u. Milzleiden; Destillat gegen Syphilis; reinigt das Geblüt).
In Ap. Lüneburg 1475 waren 2½ St. Aqua c u s t a t a e vorrätig. Die T. Worms 1582 führt unter Kräutern: Cuscuta (C a ß y t h a , Cassutha, Podagra lini, Flachsseiden, Seidenkraut, D o t t e r n , Filtzkraut); in T. Frankfurt/M. 1687 heißen sie auch Herba A n d r o s a c e s . In Ap. Braunschweig 1666 gab es: Herba cuscutae (½ K.), Aqua (dest.) c. (¾ St.), Aqua e succo c. (2½ St.), Essentia c.

(14 Lot), Extractum c. (1½ Lot). Die Ph. Württemberg 1741 führt Herba Cuscutae majoris (Cassuthae, Flachsseyden, Filtzkraut, Flachsdotter; Spleneticum, Hepaticum; Aperiens, Abstergens). Nach Hagen, um 1780, heißt die Stammpflanze C. Europaea; sie ist eine Schmarotzerpflanze. Das Kraut (Hb. Cuscutae) wird gesammelt. Ebenso wie Epithymum wird die Droge nach Geiger, um 1830, kaum noch gebraucht.

In der Homöopathie ist „Cuscuta europaea - T e u f e l s z w i r n " (Essenz aus frischer, blühender Pflanze) ein wichtiges Mittel. Nach Hoppe-Drogenkunde, 1958, ein Laxans.


## Cyclamen

C y c l a m e n   siehe Bd. II, Attrahentia; Emmenagoga. / V, Aristolochia; Corydalis.

G r o t-Hippokrates: C. persicum.

B e r e n d e s-Dioskurides: Kap. E r d s c h e i b e , C. graecum.

T s c h i r c h-Sontheimer-Araber: C. europaeum, C. alterum.

F i s c h e r-Mittelalter: C. europaeum L. (a r t a n i t a , f e l   t e r r a e , m e l v u l p i n u m , o r b i c u l a r i s , a l c a n n a , cyclama, c a s s a m u s , m a - l u m   t e r r a e , p a n i s   p o r c i n u s , v u l g a g o , l e o n t o p o d i u m ; Diosk.: k y k l a m i n o s , r a p u m   t e r r a e , u m b i l i c u s   t e r r a e ); C. persicum bei Avicenna.

H o p p e-Bock: C. europaeum L. ( W a l t   R u o b e n , E r d a p f f e l , cyclaminus).

G e i g e r-Handbuch: C. europaeum (Erdscheibe, S c h w e i n s b r o d , S a u - b r o d ); als Arten der Alten: C. persicum, C. hederaefolium.

Z a n d e r-Pflanzennamen: C. europaea L. emend. Ait. heißt jetzt: **C. purpurascens Mill.**

Z i t a t-Empfehlung: **Cyclamen purpurascens (S.).**

Dragendorff-Heilpflanzen, S. 513 (Fam. P r i m u l a c e a e ).

Von den sehr reichlichen Anwendungsmöglichkeiten, die Dioskurides aufzählt, wählt Bock, um 1550, nur einige aus (Wurzel mit Wein als Schwitzkur gegen Gelbsucht; äußerlich gegen Kropf, Hämorrhoiden, Hautflecken); die Hinweise auf die Wirkung als Abortivum und Aphrodisiacum läßt er weg.

In Ap. Lüneburg 1475 waren 2 oz. Panis porcini vorrätig. In T. Worms 1582 steht Radix Cyclamini (seu Cyclaminis, I c h t h i o t e r i , P a n i s   f a u n i , Panis Alcurit, C h e l o n i i , C h y l i n e s , T e s t u d i n a r i a e , Panis terrae, Orbicularis seu herbae orbicularis, Umbilici terrae, C a s s a m i seu Cassani, T r y m p h a l i t a e , A r t h a n i t a e , H a r t h a n i t a e , Q u a s s a m i , Panis porcini, Rapi terrae, Rapi porcinae. Sawbrot, Schweinßbrot, Erdscheibe).

In T. Frankfurt/M. 1687 Radix Cyclaminis (Cyclamini veri, Umbilici Terrae s. Arthanitae, Panis Porcini, Schweinsbrodtwurtz). In Ap. Braunschweig 1666 waren 5 lb. Radix cyclaminis vorrätig. Die Ph. Württemberg 1741 hat Radix Cyclaminis (Arthanitae, Schweinsbrodt, Erdapffel, Waldrüben, Erdscheibwurtz; Resolvens; Vorsicht, da Menses und Foetum treibend; frisch in die Unguentum de Arthanita). Diese Salbe wurde von Mesue her übernommen, so stehen in Ph. Nürnberg 1546 2 Vorschriften (Ungt. de Artanita maius und minus Mesue; verwendet wird hierfür Succus Artanitae). Droge und Salbe verschwinden im 19. Jh. aus der offiziellen Therapie. Geiger schreibt um 1830: „Den Saft der frischen Wurzel hat man als Purgiermittel gebraucht. Es gehört große Vorsicht dazu. Schon äußerlich auf den Unterleib gelegt, soll er purgierend wirken und die Würmer abtreiben. - Die getrocknete Wurzel wirkt viel schwächer; gebraten wird sie ohne Nachteil genossen und hat einen kastanienähnlichen Geschmack". Verwendung der Knolle (Rhizoma Cyclaminis) nach Hoppe-Drogenkunde, 1958: „In der Homöopathie [dort ist „Cyclamen - A l p e n v e i l c h e n " (Essenz aus frischem Wurzelstock nebst Wurzeln; Hahnemann 1826) ein wichtiges Mittel], bes. bei Gicht, Rheuma und Neuralgien. Uterinum und Nervinum. - Früher in der Allopathie als Drasticum und Emmenagogum"; äther. Öl für Parfümindustrie.

## Cyclopia

Unter den 6 kapländischen C.-Arten bei Dragendorff-Heilpflanzen, um 1900 (S. 310; Fam. L e g u m i n o s a e ), befindet sich C. galioides D. C. („Blätter als Honig- oder B u s c h t e e bei Brustleiden und als Teesurrogat im Gebrauch"). Diese ist in Hoppe-Drogenkunde, 1958, aufgenommen; verwendet wird das Kraut ( H o n i g t e e ) bei Brustleiden in der Eingeborenenmedizin.

## Cydonia

C y d o n i a siehe Bd. II, Analeptica; Anonimi; Antiemetica; Emollientia; Stomachica. / III, Extractum Cydoniarum ferrarium.
Q u i t t e siehe Bd. I, Cera. / III, Fermentum anodynum; Tincturae Martis. / IV, C 81. / Aegle; Convolvulus.

G r o t-Hippokrates: P y r u s Cydonia.
B e r e n d e s-Dioskurides: Kap. Quittenäpfel, Pirus Cydonia L.; Kap. Quittenöl, C. vulgaris Pers.
T s c h i r c h-Sontheimer-Araber: Pyrus Cydonia; C. indica.
F i s c h e r-Mittelalter: C. vulgaris Pers. (c o t a n u s , c i t o n i u s , q u o t a - nus, c o c t a n u s , c u t i n a , c h u t e n , q u i t t e n , k ü t t e n , q w i d - d e n , q u e t t e ).

B e ß l e r-Gart: Kap. Citonia, **C. oblonga Mill.**; Kap. C r i s o l i m a , C. oblonga Mill. f. maliformis Mill. [Apfelquitte].

H o p p e-Bock: C. oblonga Mill. (Quitten, Küttenöpffel, G o l d ö p f f e l ).

G e i g e r-Handbuch: Pyrus Cydonia L. (= Cydonia vulgaris Pers.).

H a g e r-Handbuch: C. vulgaris Pers. (= P i r u s Cydonia L.).

Z i t a t-Empfehlung: **Cydonia oblonga (S.).**

Dragendorff-Heilpflanzen, S. 274 (Fam. R o s a c e a e ); Tschirch-Handbuch II, S. 336 uf.

Nach Tschirch-Handbuch war die Quitte den Griechen schon in sehr früher Zeit bekannt, sie wurde auf Kreta in großem Umfang kultiviert, auch gab es Kulturquitten schon im 7. Jh. vor Christus in Kleinasien und Griechenland nebst Sizilien; die Frucht war wegen des Duftes und ihrer zahllosen Samen als Symbol der Schönheit, Liebe und Fruchtbarkeit, der Aphrodite heilig. Nördlich der Alpen ist der Baum wohl besonders durch die Benediktiner eingebürgert worden (Klosterplan St. Gallen, Capitulare, Anfang 9. Jh.).

Von Dioskurides ist umfangreiche medizinische Verwendung beschrieben (1. Quittenäpfel: Sie sind harntreibend; gebraten oder roh für solche, die am Magen, an Dysenterie, Blutspeien und Cholera leiden; Aufguß gegen Magen- und Bauchfluß; roher Saft gegen Orthopnöe; Abkochung als Injektion bei Mastdarm- und Gebärmuttervorfall; mit Honig eingemacht zum Harntreiben; rohe Quitten zu Kataplasmen bei Magen- und Darmleiden, bei schwärenden Brüsten, Leberverhärtung, Condylomen; zur Herstellung von Salböl (= Melinon). 2. Blüten: Trocken oder frisch für Kataplasmen, zum Adstringieren, bei Augenentzündungen; mit Wein getrunken gegen Blutsturz, Bauchfluß, übermäßige Menstruation). Dioskurides beschreibt in einem besonderen Kapitel: Die Bereitung des Quittenöls (mit fettem Öl. Es adstringiert, kühlt; gegen krätzige Geschwüre, Kleingrind, Frostbeulen; als Injektion für die Gebärmutter, harnstillend, hält Schweiß zurück. Getrunken gegen einige giftige Tiere wirksam). Kräuterbuchautoren des 16. Jh. übernehmen solche Indikationen.

In Ap. Lüneburg 1475 waren vorrätig: Semen citoniorum (1¹/₂ qr.), Siropus c. (2 lb.), Oleum c. (¹/₂ lb.), Conserva c. (¹/₂ lb.), Conserva c. cum melle (20 lb.), Diacitonicum cum saccharo et speciebus (1¹/₂ lb.), Dyacitonicum sine speciebus cum zuccaro (16 lb.), Diacitonicum sine spec. cum melle (8 lb.), Rob de citoniis (ohne Mengenangabe).

Viele Rezepte mit Quitten nach arabischen Autoren in Ph. Nürnberg 1546 (z. B. Diacitonium Nicolai, Oleum Citoniorum Mesuae, M i v a cytoniorum Mesuae, Miva c. aromatico Nicolai). Die T. Worms 1582 führt: Semen Cydoniorum (Cotoneorum, Kütten- oder Quittenkern); [unter Früchten] Cydonia seu citonea exsiccata (Gedörrt Küttenschnitz); Aqua (dest.) Cydoniorum (Quitten- oder Küttenwasser); Conserva C. (Diacydonion simplex, Gemeyn Quittenlatwerg);

Cydonia condita (Eingemacht Quitten); Rob C. (Gesottener Küttensafft); Sirupus C. (Miva cydoniorum, Küttensyrup), Sirup. C. aromaticus (Miva c. aromatica, Gewürzter Küttensyrup); S. C. solutivus D. Theodori (Purgirender Küttensyrup); Diacydonium simplex (Quitten Latwerg); D. compositum seu aromaticum (Gewürtzt Quittenlatwerg); Oleum Cydoniorum (M e l i n u m , Quittenöle).

In Ap. Braunschweig 1666 waren vorrätig: Cydonia exsiccati (10 lb.), Semen cydoniorum (¹/₂ lb.), Aqua c. (1 St.), Condita c. (15 lb.), Conserva c. florum (¹/₂ lb.), Diacydon. lucid. (5 lb.), Diacydon. purgant. Gos. K. (1 lb.), Diacydon. simpl. (40 lb.), Gelatina c. (20 Sch.), Mel c. (24 lb.), Oleum c. (11 lb.), Spiritus c. (1¹/₂ lb.), Succus c. (8 St.), Syrup. c. (15 lb.), Syrup. myva c. (25 lb.).

Die Ph. Württemberg 1741 führt: Semen Cydoniorum (Quitten-Kern, Quitten-Saamen; Mucilaginosum; Refrigerans, Temperans); Aqua Cinnamomi cydoniata, Conditum Fructus C., Panis C. cum Aromatibus, Roob C., Spiritus C., Succus C., Syrupus C., Tinctura Martis cydoniata, Vinum Cydoniorum. Aufgenommen in preußische Pharmakopöen: Ausgabe 1799 Semen Cydoniorum (von Pyrus Cydonia); 1813 (von Cydonia vulgaris); 1827-1862 (von C. vulgaris Persooni). In DAB 1, 1872: außer Samen noch Mucilago C. (Quittenschleim). Dann beide in Erg.-Bücher (noch 1941: von C. vulgaris Persoon).

Über die Anwendung schreibt Geiger, um 1830: „Die Quitten werden geschält und in Scheiben zerschnitten getrocknet, und in Abkochung gegeben, wo sie so wie beim Kochen ihr Herbes fast ganz verlieren und ziemlich süß werden. - Präparate hat man davon: den Saft, Syrup, Mus (succus, syrupus, roob, gelatina, miva, pulpa Cydoniorum oder Diacydonium lucidum simplex genannt), auch Marmeladen; die eingemachten Quitten und Quittenbrot (conditum et panis Cydoniorum). Der Saft enthält vorzüglich ziemlich viel Ä p f e l s ä u r e und paßt darum besser als der meiste Apfelsaft zur Bereitung eines guten Eisenextrakts und Tinktur (extr. et tinctura Ferri cydon.). - Von den Kernen bereitet man den Quittenschleim (mucilago sem. Cydoniorum). - Die Quitten werden nicht roh, sondern nur gekocht oder eingemacht, mit Zucker und Gewürz, oder indem man sie anderem Obst zusetzt, um ihm einen angenehmen Geruch und Geschmack zu geben, genossen. Der Saft gibt mit Zucker, Weingeist und Gewürzen einen angenehmen Likör (Quittenliqueur) oder durch Gärung mit Zucker, Wein (Quittenwein) und Weingeist".

Bei Hager-Handbuch, um 1930, ist nur vermerkt: „Zur Bereitung von Quittenschleim für schleimige Mixturen, Augenwässer, für kosmetische Zwecke". Hoppe-Drogenkunde, 1958, gibt an: 1. Frucht: frisch zu Marmeladen und Gelees. - Arzneilich bei Hals- und Magenbeschwerden. 2. Same: „Mucilaginosum (bes. bei Husten). - Quittenschleim ist eine reizlose, fettfreie Salbengrundlage. - In der Kosmetik. - Appreturmittel in der Textilindustrie, in der Zeugdruckerei".

## Cymbalaria

Cymbalaria siehe Bd. V, Linaria; Umbilicus.
Zitat-Empfehlung: *Cymbalaria muralis (S.)*.

Nach Fischer kommt in mittelalterlichen (altital.) Quellen vor: Linaria cymbalaria (umbilicus veneris, cimbalia). Geiger, um 1830, erwähnt Linaria Cymbalaria W. (= Antirrhinum Cymbalaria L., Cymbalaria muralis Pers.; Zymbelkraut); „davon war das Kraut (herba Cymbalariae) offizinell"; Verwendung ähnlich wie → Linaria vulgaris. Nach Dragendorff-Heilpflanzen, um 1900 (S. 603; Fam. Scrophulariaceae), ist Linaria Cymbalaria Mill. „Mittel gegen Skorbut, Krätze und für Wunden". Schreibweise nach Zander-Pflanzennamen: **C. muralis Ph. Gaertn., B. Mey. et Scherb.** (= Linaria cymbalaria (L.) Mill.).

## Cymbopogon

Schoenus siehe Bd. II, Adstringentia.

Hessler-Susruta: - Andropogon schoenanthus + + + Andr. aciculatus.
Berendes-Dioskurides: - Kap. Bartgras. Andropogon Schoenanthus L. - - Kap. Kalmus, Andr. Nardus L.
Tschirch-Araber: - Andropogon Schoenanthus.
Fischer-Mittelalter: - - Andropogon Nardus L. cf. Nardostachys (calamo odorato).
Geiger-Handbuch: - C. Schoenanthus Spr. (= Andropogon Schoenanthus L., Kamelheu) - - Andropogon Nardus - - - Andr. Iwarancusa.
Hager-Handbuch: C. schoenanthus Spreng. - - C. nardus Rendle - - - C. iwarancusa Schult. + + + C. citratus Stapf (Lemongras); C. flexuosus Stapf; C. Martini Stapf (= Andropogon Martini Roxb., Andr. Schoenanthus Flück. et Hanb.; Geraniumgras, Rusagras).
Zander-Pflanzennamen: - **C. schoenanthus (L.) Spreng.** - - **C. nardus (L.) W. Wats.** - - - **C. iwarancusa (Roxb.) Schult.**
Zitat-Empfehlung: **Cymbopogon schoenanthus (S.); Cymbopogon nardus (S.); Cymbopogon iwarancusa (S.).**

Dragendorff-Heilpflanzen, S. 78 uf. (unter Andropogon; Fam. Gramineae).

(Schoenanthum)
Vom Schoinos werden nach Dioskurides Blüte, Halm und Wurzel gebraucht (treibt Harn und Menstruation, verteilt Winde, befördert Verdauung, eröffnet. Trank der Blüte daher gegen Blutsturz, Magen-, Lungen-, Leber-, Nierenleiden;

Zusatz zu Gegengiften. Wurzel bei Wassersucht und Krämpfen; für Sitzbad bei Gebärmutterentzündung).

In Ap. Lüneburg 1475 waren Squinanthi (1 lb., 2 oz) vorrätig. Die T. Worms 1582 führt: [unter Kräutern] S q u i n a n t h u m (Schoenanthum, S c h o e - n u s, J u n c u s odoratus, P a s t u s c a m e l o r u m. K a m e e l h e w, K a m e e l s t r o); in T. Frankfurt/M. 1687: Schoenanthum (stipites Schoenanthi, Squinanthi, Camelstroh). Die Ap. Braunschweig 1666 hatte: Herba squinanthi (1 lb.), Flores s. (¹/₄ K.). Aufgenommen in Ph. Württemberg 1741: Herba Schoe- nanthi (Junci odorati aromatici, Cameelheu, Cameelstroh; Calefaciens, Sub- adstringens, Discutans, harn- und mensestreibend; gut für Kopf und Bauch; kommt zum T h e r i a k [Theriaca Andromachi, schon nach Ph. Nürnberg 1546, dort auch Bestandteil des Diacostum Mesuae]). Stammpflanze nach Hagen, um 1780: Andropogon Schoenanthus (Kameelheu, Kameelstroh); „ist eine Art Binsen oder Gras (Hb. Schoenanthi, Squinanthi), welches in den arabischen Wüsten häufig wächst und von Alexandrien über Marseille vor Zeiten gebracht wurde ... Hieraus soll das in vorigen Zeiten gebräuchliche Oleum S y r a e oder Z i e r a e erhalten werden".

Geiger, um 1830, beschreibt C. Schoenanthus Sprengel; „offizinell ist: Die ge- trocknete Pflanze (herba Schoenanthi) ... Anwendung. Ehedem im Aufguß und Abkochung als magenstärkendes usw. Mittel, wie der Kalmus. - Im Orient bereitet man daraus durch Destillation ein hellblaues, wohlriechendes Öl, das der Melisse oder Citrone ähnlich riecht und als Zusatz zu Speisen und Getränken verwendet wird". In Hager-Handbuch, um 1930, ist die Pflanze lediglich als Lieferant des Kamelgrasöls genannt. Ähnlich bei Hoppe-Drogenkunde.

( V e r s c h i e d e n e )

Der Gewürzhafte Kalmus des Dioskurides ist - nach Berendes - unter anderem für Andropogon Nardus L. gehalten worden. Hagen, um 1780, beschreibt: „India- nischer S p i k a n a r d (Andropogon Nardus), wächst in Ostindien ... In Apo- theken wird davon unter angezeigtem Namen die Wurzel ( S p i c a Indica, Spica nardi, N a r d u s Indica) aufbehalten". Geiger, um 1830, notiert dazu: „Von [Andropogon Nardus] leitete man früher die indische Narde ab, bis Sprengel, auf die Beobachtungen von Jones gestützt, sehr wahrscheinlich machte, daß die Narde von V a l e r i a n a Jatamensi komme. Dr. Wallig erregt neuerdings Zweifel gegen diese Angabe, und sucht den Ursprung der Narde wieder in einer Andro- pogon-Art". Dragendorff, um 1900, schreibt über Andropogon Nardus L. (= Andr. citriodorus Desf., C. Nardus Spr.), daß die Wurzel bei Magenkrank- heiten und Fieber verwendet wird; liefert C i t r o n e l l a ö l. Auch Hager- Handbuch, um 1930, gibt als Stammpflanze von Oleum Citronellae (Ceylon- Citronellöl) C. nardus Rendle (= Andropogon Nardus L.) an; das Öl wird als Riechstoff für Seifen und bei der Likörherstellung gebraucht. Hoppe-Drogenkunde, 1958, macht längere Ausführungen über das ätherische Öl in den Kapiteln: Andropogon Nardus var. flexuosus (= Andr. flexuosus, C. flexuosus, C. citratus) und Andropogon Nardus subsp. genuinus (= Andr. citratus, C. nardus, C. Winterianus).

Geiger erwähnte zusammen mit der vorangegangenen Art, als einem weiteren indischen N a r d e n g r a s : Andropogon Iwarancusa. Hager, um 1930, beschreibt C. iwarancusa Schult. (= Andropogon Iwarancusa Jones) als Lieferanten der I w a r a n k u s a w u r z e l (Radix Iwarancusae, Rad. V e t i v e r i a e , Indische N a r d e n w u r z e l ).

## Cynanchum

C y n a n c h u m  siehe Bd. V, Convolvulus; Damia; Sarcostemma.
H i r u n d i n a r i a  siehe Bd. II, Vulneraria. / V, Chelidonium.
S c h w a l b e n w u r ( t ) z  siehe Bd. V, Asclepias, Chelidonium.
V i n c e t o x i c u m  siehe Bd. II, Alexipharmaca. / IV, A 10.

B e r e n d e s -Dioskurides: Kap. H u n d s w ü r g e r , C. erectum L.; Kap. K i r k a i a , C. nigrum R. Br.?
S o n t h e i m e r-Araber: C. Vincetoxicum; C. erectum; C. nigrum.
F i s c h e r -Mittelalter: V i n c e t o x i c u m  asclepiadea L. ( a s c l e p i a , vicetoxia, p a n a r a t i a , t r a c h e n w u r z , tratzenwurz, schwalbwurz).
H o p p e -Bock: Kap. S c h w a l b e n w u r t z , Vincetoxicum officinale Mch.
G e i g e r -Handbuch: C. Vincetoxicum Pers. (= A s c l e p i a s  Vincetoxicum L., gemeiner Hundswürger, Schwalbenwurzel); C. erectum L. (= P e r g u l a - r i a  erecta Spr. [bei Dragendorff-Heilpflanzen unter M a r s d e n i a  erecta R. Br.]).
H a g e r -Handbuch: **C. vincetoxicum (L.) Pers.** (= Vincetoxicum officinale Mönch).
Z i t a t-Empfehlung: **Cynanchum vincetoxicum (S.).**

Dragendorff-Heilpflanzen, S. 548 (Cynanchum), 549 (Vinecetoxicum) (Fam. A s c l e p i a d a c e a e ).

In Berendes-Dioskurides wird zum Kap. Kirkaia, neben mehreren anderen Deutungen, eine C.-Art herangezogen, und zum Kap. Hundswürger die orientalische C. erectum L. [die nach Dragendorff eine Marsdenia-Art ist] (dieses Apokynon hat Blätter, die Tiere lähmen). Ältere Botaniker haben - wie in Berendes-Dioskurides, Kap. Asklepias erwähnt ist - Asclepias Vincetoxicum L. hier zur Deutung herangezogen (Wurzeln in Wein bei Leibschneiden und Bissen giftiger Tiere; Blätter zu Umschlägen gegen böse Leiden der Brüste und der Gebärmutter). Auch Bock, um 1550, der C. vincetoxicum (L.) Pers. abbildet, lehnt sich an dieses Kapitel mit den Indikationen an (außerdem Pulver aus Kraut und Wurzel als Streupulver auf Wunden).

Die T. Worms 1582 führt: Radix Vincetoxici (Asclepiadis, H i r u n d i n a r i a e , C i ß i i , C i s s o p h y l l i , H e r b a e h e d e r a l i s , Schwalbenwurtz), auch in T. Frankfurt/M. 1687 Radix Hirundinariae (Vincetoxici, Schwalbenwurtz). In Ap. Braunschweig 1666 waren vorrätig: Radix vincetoxici (22 lb), Extractum v. (3 Lot).

Die Ph. Württemberg 1741 beschreibt: Radix Hirundinariae (Asclepiadis, Vincetoxici, Schwalbenwurtzel; Alexipharmacum, Incidans, Resolvens, Diureticum, gegen Wassersucht); Essentia Vincetoxici. Bei Hagen, um 1780, heißt die Stammpflanze: Asclepias Vincetoxicum. Verwendung nach Geiger, um 1830: „Die Wurzel wird in Pulverform verordnet, selten für Menschen, meistens in der Tierarzneikunde. - Präparate hatte man ehedem davon: ein Extrakt, Wasser und Tinktur; auch setzte man das Pulver mehreren Zusammensetzungen bei. Die sonst gebräuchlichen Blätter und Samen werden nicht mehr angewendet". Jourdan, zur gleichen Zeit, schreibt zu Asclepias Vincetoxicum L. bzw. deren Wurzel (radix Vincetoxici s. Hirundinariae seu C o n t r a y e r v a e germanicae): „Reizend, brechenerregend, purgierend, schweiß- und harntreibend. Man wendet sie vorzüglich bei Wassersucht, Skrofeln und Amenorrhöe an". Hager-Handbuch, um 1930, gibt nur an: „Anwendung. In der Tierheilkunde" und Hoppe-Drogenkunde, 1958: „gegen Wassersucht. - In der Homöopathie [wo „Vincetoxicum" (Essenz aus frischen Blättern) ein weniger wichtiges Mittel ist] als Diaphoreticum und Diureticum. - In der Veterinärmedizin".

# Cynara

B e r e n d e s -Dioskurides: Kap. G o l d d i s t e l ( S k o l y m o s ), C. Scolymus L. (?).

S o n t h e i m e r -Araber: C. Scolymus; C. sylvestris; C. hortensis.

F i s c h e r -Mittelalter: C. Scolymus L.; C. Cardunculus L., C. acaulis.

H o p p e -Bock: C. cardunculus L. subsp. cardunculus L. und var. altilis DC. ( W e l s c h d i s t e l , S t r o b i l d o r n ).

G e i g e r -Handbuch: C. Cardunculus (Artischocke).

Z a n d e r -Pflanzennamen: **C. scolymus L.** ( A r t i s c h o c k e ) und **C. cardunculus L.** ( K a r d o n e , Gemüseartischocke).

Z i t a t -Empfehlung: **Cynara scolymus (S.); Cynara cardunculus (S.).**

Dragendorff-Heilpflanzen, S. 688 (Fam. C o m p o s i t a e ).

Nach Berendes ist unsicher, ob der Skolymos des Dioskurides die Artischocke war oder eine andere Komposite ( S c o l y m u s maculatus L.?) (Wurzel gegen üblen Körpergeruch; treibt Harn; frisches Kraut als Gemüse). Bock, um 1550, wiederholt - nach Hoppe - die Anwendungen der Skolymos bei der Welschdistel: Diureticum, gegen Achselschweiß; er ergänzt: Wurzel Durst hervorrufend, Aphrodisiacum; Blütenköpfe als Gemüse verwendet. In Deutschland wurde die Artischocke nicht offiziell als Arzneimittel gebraucht. Geiger, um 1830, weiß von Anwendungen, wie sie auch Meissner, zur gleichen Zeit, angibt: „Ehemals hat man jedoch auch von der Artischocke bei der Behandlung mehrerer Krankheiten, z. B. der chronischen Leberentzündungen und vorzüglich der Wassersucht, Gebrauch gemacht. Man empfahl den Saft der Wurzel ... und vermengte ihn mit gleichen Teilen eines edlen Weins. Gegenwärtig wird diese Pflanze nicht mehr als Heilmittel benutzt, während man sie als Nahrungsmittel häufig genießt".

Nach Hoppe-Drogenkunde werden Artischocken verwendet als Antidiabeticum, Cholereticum, Diureticum; bei Arteriosklerose. In der Homöopathie ist „Cynara Scolymus" (Essenz aus frischer Pflanze) ein weniger wichtiges Mittel.


## Cynodon

C y n o d o n   siehe Bd. V, Agropyron.

H e s s l e r-Susruta: P a n i c u m  dactylon.
B e r e n d e s-Dioskurides: Kap. A g r o s t i s , C. Dactylon Pers. (?).
S o n t h e i m e r-Araber: Panicum dactylon.
F i s c h e r-Mittelalter: C. Dactylon Pers. ( s a n g u i n e l l a ).
B e ß l e r-Gart: **C. dactylon (L.) Pers.** ( g r a m e n ,  g r a ß ).
G e i g e r-Handbuch: D i g i t a r i a  stolonifera Schrader (= Panicum Dactylon L., Cynodon Dactylon Rich., Sprossendes F i n g e r g r a s ,  H u n d s z a h n , B e r u n d a g r a s ).
H a g e r-Handbuch (Erg.): C. dactylon Pers. (= Panicum dactylon L., P a s p a - l u m  umbellatum Lam.).
Z i t a t-Empfehlung: **Cynodon dactylon (S.).**

Dragendorff-Heilpflanzen, S. 85 (Fam. G r a m i n e a e ); Tschirch-Handbuch II, S. 224.

Die Agrostis des Dioskurides wird i. a. als das Hundszahngras, C. dactylon (L.) Pers., identifiziert. Die Wurzel, fein gestoßen, verklebt als Umschlag Wunden; die Abkochung gegen Leibschneiden, Harnbeschwerden, Blasengeschwüre; zertrümmert den Stein. Als Droge nur südlich der Alpen gebraucht (Heimat gemäßigte und subtropische Gebiete). Geiger, um 1830, schreibt darüber: „In Italien, Spanien und dem südl. Frankreich wird die Wurzel (radix D a c t y l o n i s ) so wie bei uns die Quecken [→ Agropyron] angewendet". Im Hager (Erg., 1949) heißt die Droge: Rhizoma Graminis italici (Rhiz. D a c t y l i , Rhiz. Cynodontis, G r a m a ).

# Cynoglossum

C y n o g l o s s u m  siehe Bd. II, Anodyna. / V, Lappula; Omphalodes.

B e r e n d e s-Dioskurides:  Kap.  H u n d s z u n g e ,  **C. officinale  L.**  (oder
C. pictum Ait.?).
S o n t h e i m e r-Araber: C. officinale.
F i s c h e r-Mittelalter: C. officinale  L.  ( c i n o g l o s s a ,  j a c e a  n i g r a ,
d i g i t u s  v e n e r i s ,  herba  m i r i s t i c a ,  hundezunga, huntszunge, hunds-
kraut; Diosk.:  k y n o g l o s s o n ,  l i n g u a  c a n i s ).
H o p p e-Bock: Kap. Hundszungen, C. officinale L.
G e i g e r-Handbuch: C. officinale (Hundszunge); C. omphalodes L. (= O m -
p h a l o d e s  verna Mönch.; lieferte ehedem folia oder herba Omphalodeos seu
U m b i l l i c a r i a e ).
H a g e r-Handbuch: C. officinale L.
Z i t a t-Empfehlung: **Cynoglossum officinale (S.).**

Dragendorff-Heilpflanzen, S. 561 (Fam.  B o r r a g i n a c e a e ;  Schreibweise nach Schmeil-Flora:  B o r a -
g i n a c e a e ).

Vom Kynoglosson werden nach Dioskurides Blätter (mit Schweinefett zerstoßen
zur Heilung von Hundsbissen, Fuchskrankheit und Verbrennungen) und Kraut
(gekocht, mit Wein eingenommen, erweicht den Bauch) verwendet. Kräuterbuchautoren des 16. Jh. übernahmen diese Indikationen. Bock, um 1550, fügt in Anlehnung an Brunschwig (nach Hoppe) hinzu: Wurzel, gebranntes Wasser, Saft
oder Pulver gegen Hämorrhoiden, Destillat als Vulnerarium, Saft gegen Geschwüre. Das Kraut soll auch zu Haarwuchsmitteln dienlich sein.
Die T. Worms 1582 führt: [unter Kräutern] Cynoglossum (Cynoglossa, Lingua
canina, Hundszung); Radix Cynogloßi (Cynoglossae, Linguae caninae, Hunds-
zungenwurtz); beide Drogen auch in T. Frankfurt/M. 1687. In Ap. Braunschweig
1666 waren vorrätig: Herba cynogloss. ($^1/_4$ K.), Radix c. ($5^1/_2$ lb.), Aqua c.
($1^1/_2$ St.), Pilulae de c. (3 Lot).
Die Ph. Württemberg 1741 führt: Radix Cynoglossae majoris vulgaris (Cynoglossi sive Linguae caninae, Hundszungenwurtzel; Refrigerans, Adstringens, Vulnerarium); Pilulae de C., Pil. de C. cum Castoreo. Stammpflanze nach Hagen,
um 1780, C. officinale; „die Wurzel und das Kraut (Rad. Hb. Cynoglossi) wird
gesammelt". Über die Anwendung schreibt Geiger, um 1830: „Ehedem wurde die
Pflanze gegen Husten, bei Durchfällen, und äußerlich bei Geschwülsten gebraucht.
Sie soll narkotische Eigenschaften besitzen ... Präparate hatte man sonst: Ein
Extract (extractum Cynoglossi) und destilliertes Wasser (aqua Cynoglossi). Jetzt
kommt das Pulver noch zu der gebräuchlichen massa pillularum de Cynoglosso. -
Der Geruch der frischen Pflanze soll Läuse und anderes Ungeziefer vertreiben".

In Hager-Handbuch, um 1930, sind kurz beschrieben: Herba und Radix Cyno-glossi; „Anwendung. Früher als schmerzlinderndes Mittel, innerlich und äußer-lich". Nach Hoppe-Drogenkunde, 1958, werden Kraut und Wurzel als Anti-diarrhoicum verwendet. In der Homöopathie ist „Cynoglossum" (Essenz aus frischer, im Herbst gesammelter Wurzel von C. officinale L.) ein weniger wich-tiges Mittel.

## Cynometra

Cynometra siehe Bd. V, Aquilaria.

Dragendorff-Heilpflanzen, um 1900 (S. 296; Fam. L e g u m i n o s a e ), führt 3 C.-Arten, darunter C. cauliflora L. (Frucht als Roborans gebraucht). Liefert nach Hoppe-Drogenkunde, 1958, Cynometragummi.

## Cynomorium

Nach Geiger, um 1830, wird die ganze Schmarotzerpflanze C. coccineum L., ge-trocknet, als M a l t h e s e r s c h w a m m ( F u n g u s m e l i t e n s i s ) ange-wandt; „ehedem wurde diese Pflanze häufig gegen Blutflüsse aller Art, Diarrhöe, Mundfäule, alte Geschwüre usw. gebraucht. Jetzt ist sie obsolet". Nach Jourdan, zur gleichen Zeit, heißt die adstringierend wirkende Droge auch Herba Cynomori. Nach Dragendorff-Heilpflanzen (S. 184; Fam. B a l a n o p h o r a c e a e ), soll die Pflanze schon Ibn al Baithar bekannt gewesen sein, Tschirch gibt sie für arab. Quellen an.

## Cyperus

Cyperus siehe Bd. I, Scorpio. / II, Cephalica; Cicatrisantia; Diuretica; Emmenagoga; Exsiccantia. / V, Alpinia; Betula; Crepis; Curcuma; Dorstenia.

H e s s l e r-Susruta: C. pertenuis; C. juncifolius; C. rotundus.
D e i n e s-Ägypten: C. rotundus; C. esculentus.
B e r e n d e s-Dioskurides: Kap. C y p e r n g r a s , C. rotundus L., C. longus L.; Kap. P a p y r u s , C. Papyrus L.
S o n t h e i m e r-Araber: C. rotundus; C. Papyrus.
F i s c h e r-Mittelalter: Cyperus spec. wie **C. esculentus L., C. longus L., C. ro-tundus L.** ( i u n c u s triangularis, d e n s c a b a l l i n u s , d a n i s t u s , dens equinus, e r i s c e p t r o n , a p p a r i l l a , c i p e r u s babylonicus, p i p e r

nigrorum, w i l d z y t b a r, wilder g a l g a n ); C. Papyrus L. ( p a p i r u s, b i n o z, s e m b d e ; Diosk.: papyros).

B e ß l e r-Gart: C. longus L. u. C. rotundus L. ( c i p e r u s ); **C. papyrus L.** ( f i l a g o, w u n t k r u t, c a r t a f i l a g o, b a p p i r u s, borchti).

H o p p e-Bock: C. longus L. (wilder galgan); **C. flavescens L.** (klein R i e d t G r a ß u. k l e i n B i n t z e n g r a s geschlecht).

G e i g e r-Handbuch: C. rotundus L. (= C. tetrastachys Tenor. Presl.); C. longus (Galgantcyper); C. esculentus (eßbares Cypergras).

Z i t a t-Empfehlung: **Cyperus esculentus (S.); Cyperus longus (S.); Cyperus rotundus (S.); Cyperus papyrus (S.); Cyperus flavescens (S.).**

Dragendorff-Heilpflanzen, S. 90-92 (Fam. C y p e r a c e a e ); Peters-Pflanzenwelt, S. 17-22 (Kap. Papyrusstaude).

( C y p e r u s l o n g u s u. r o t u n d u s )
Dioskurides nennt 2 Arten des K y p e i r o s nach der Verschiedenheit der Wurzeln: die einen sind länglich wie Oliven (Stammpflanze wird mit C. longus L. identifiziert), die anderen rundlich (C. rotundus L.); in den Wirkungen werden sie nicht unterschieden (die Wurzeln haben erwärmende, eröffnende, harntreibende Kraft; gegen Blasensteine, Wassersucht, Skorpionstiche; als Räucherung bei Erkältungen, menstruationsbefördernd; als feines Pulver gegen Geschwüre; Zusatz zu erwärmenden Umschlägen). In Kräuterbüchern des 16. Jh. sind solche Indikationen übernommen.

In Ap. Lüneburg 1475 waren 4¹/₂ lb. Radix Ciperis vorrätig. In allen Taxen und Pharmakopöen bis Ausgang des 18. Jh. kamen 2 Sorten vor: (T. Worms 1582) Rad. Cyperi (Junci quadrati, Erysisceptri, Junci angulosi seu trianguli, Cyperi rotundi, Rund Cyperwurtz, Wildergalgan) und Rad. Cyperi longi (Cyperi Romani, Lang Cyperwurtz). In Ap. Braunschweig 1666 waren 2 lb. runde und 6 lb. lange, in Ap. Lüneburg 1718 8 lb. runde und 8 oz. lange Rad. Cyperi vorhanden. Die Ph. Württemberg 1741 führt, mit Angabe gleichartiger Wirkung: Rad. Cyperi longi odorati (P a n i c u l a sparsa speciosa) und Rad. Cyperi rotundi (Orientalis majoris, Cyperi Syriaci et Cretici; vor allem Riechmittel bzw. Räucherwerk; innerlich als Stomachicum, Discutiens, Diureticum).

Geiger, um 1830, schreibt über
a) C. rotundus L. „Ehedem gebrauchte man die Cypernwurzel als magenstärkendes Mittel usw. - Man hatte eine Tinktur (tinct. Cyperi rotundi). Jetzt setzt man sie noch dem Räucherwerk bei (Berliner Räucherpulver)".
b) C. longus. „Anwendung wie die runde Cypernwurzel. Jetzt benutzt man sie bei uns kaum mehr".

( C y p e r u s e s c u l e n t u s )
Über das eßbare Cyperngras schreibt Geiger: „Die Wurzel dieser Grasart wird schon lange als Speise und zum Teil auch als Arzneimittel gebraucht. - Wächst im

südlichen Europa, Griechenland und Ägypten, und wird an mehreren Orten, auch in Deutschland (Baden usw.) gebaut ... Offizinell: Die Wurzel, E r d m a n d e l (rad. Cyperi esculenti, B u l b u l i t h r a s i, D u l c i n i a) ... Ehedem hat man die Erdmandeln gegen Brustkrankheiten gebraucht. In Spanien verfertigt man daraus eine Orgeate, die süßer ist als von Mandeln. - Sonst werden sie auch an manchen Orten häufig als eine angenehme nahrhafte Speise genossen, teils roh oder geröstet, oder Backwerk usw. beigemischt. Auch werden sie seit einiger Zeit als ein vorzügliches Surrogat des Kaffees empfohlen". Nach Hoppe-Drogenkunde, 1958, wird die Knolle (Erdmandeln, T i g e r n ü s s e, Z u l u n ü s s e, G r a s - m a n d e l n) zu Ernährungszwecken, bes. in der Krankentherapie benutzt, und das fette Öl daraus als Speiseöl.

(P a p y r u s)
Die große kulturgeschichtliche Bedeutung der Papyrusstaude beruht auf der Ver- arbeitung des Stengelmarks zu Beschreibstoffen, den Papyri. Von Ägypten aus gelangten sie in die ganze antike Kulturwelt und wurden erst seit dem 2. Jh. n. Chr. allmählich durch das Pergament verdrängt. Über medizinische Verwen- dung berichtet Dioskurides, daß man damit Fisteln öffnen kann, indem man Papyrus mazeriert, in Leinen einschlägt und trocknet; in den Fisteln wirkt er dann wie ein Preßschwamm. Die Asche von Papyrus hilft gegen Geschwüre. Die Pflanze wird im spätmittelalterlichen Gart - nach Beßler - berücksichtigt, ein Ein- dringen in die spätere Therapie ist jedoch nicht festzustellen gewesen.

## Cypripedium

Von C. calceolus L. (F r a u e n s c h u h, M a r i e n s c h u h) ist nach Geiger, um 1830, nichts offizinell. Nach Dragendorff-Heilpflanzen, um 1900 (S. 148; Fam. O r c h i d a c e a e), wirken die Rhizome und Wurzeln mehrerer C.-Arten wie Valeriana.
Die nordamerikanische C. pubescens R. Br. liefert für die Homöopathie als „Cypripedium pubescens - Frauenschuh, N e r v e n w u r z e l" (Essenz aus frischem Wurzelstock; Hale 1867) ein wichtiges Mittel. Es ist nach Hoppe- Drogenkunde, 1958: Nervinum, Sedativum.
Schreibweise nach Zander-Pflanzennamen: **C. calceolus L. var. pubescens (Willd.) Correll** (= C. pubescens Willd., C. parviflorum Salisb., C. luteum Ait.).

## Cytinus

H y p o c i s t i s  siehe Bd. II, Anonimi; Antidysenterica.

T s c h i r c h-Sontheimer-Araber: C. hypocistis L.
F i s c h e r-Mittelalter: C. Hypocistis L. (y p o q u i s t i d a).

B e ß l e r-Gart: *C. hypocistis L.* ( I p o q u i s t i d o s ).
G e i g e r-Handbuch: C. Hypocistis.
Z i t a t-Empfehlung: **Cytinus hypocistis (S.).**

Dragendorff-Heilpflanzen, S. 188 (Fam. R a f f l e s i a c e a e).

In Ap. Lüneburg 1475 waren ¹/₂ lb. Ypoquistidis vorrätig. Die T. Worms 1582 führt H y p o c i s t h i s (Succus inspissatus O r o b e t h r i vel b a r b a e h i r c i n a e, H i p o q u i s t i d o s officinarum. Ein Safft also genannt). Bestandteil des Diacodion Mesuae (Ph. Nürnberg 1546), des Mithridatum Andromachi, des Theriaks und anderer großer Composita. In Ap. Braunschweig 1666 waren 4¹/₂ lb. Gummi hypocistidi vorrätig. In Ph. Württemberg 1741 steht Hypocistidis Succus (Stammpflanze eine Art O r o b a n c h e ; Refrigerans, Siccans, Adstringens; für Theriak und Mithridat).
Hagen, um 1780, beschreibt: „Hipoziste (Cytinus Hypocistis), ist eine einjährige Schmarotzerpflanze, die keine Blätter sondern einen beschuppten Stengel hat, und an den Wurzeln der Z i s t u s s t a u d e n in Portugal, Spanien, Italien und in den mittägigen Teilen von Frankreich wächst und sich vom Safte derselben, indem sie ihn aussaugt, ernährt. Aus dem Safte der ganzen Pflanze, oder vielmehr, wie andere wollen, der Beeren, erhält man in der Levante und einigen Teilen Frankreichs den Zisten- oder Hipozistensaft (Succus Hypocistidis), der bis zur Dicke eines harten Extrakts abgeraucht wird“.
Nach Geiger, um 1830, war von C. Hypocistis „der eingedickte Saft der Pflanze, in späteren Zeiten die Beeren (succus et baccae Hypocistis) offizinell ... Er wurde gegen Blutflüße, Diarrhöen usw. gebraucht; jetzt ist er obsolet“.

# Cytisus

C y t i s u s  siehe Bd. II, Digerentia. / V, Genista; Laburnum; Lonicera; Lotus; Medicago; Spartium.
B e s e n g i n s t e r  siehe Bd. IV, F 37.
S a r o t h a m n u s  siehe Bd. V, Capparis; Genista; Spartium.
Zitat-Empfehlung: *Cytisus scoparius (S.).*
Dragendorff-Heilpflanzen, S. 313 (Fam. L e g u m i n o s a e).

Nach Fischer-Mittelalter ist das S p a r t i o n des Dioskurides (→ Spartium, dort mittelalterliche Synonyme) außer mit S p a r t i u m junceum L. auch mit Spartium scoparium L. [Schreibweise nach Zander-Pflanzennamen: C. scoparius (L.) Link] zu identifizieren. Diese Pflanze ist in Kräuterbüchern des 16. Jh. abgebildet; Bock verzeichnet - nach Hoppe - im Kap. P f r i m m e n Indikationen, die an ein Dioskurides-Kapitel angelehnt sind, das sich eigentlich auf E r i c a arborea L. bezieht (Samen oder Blütendestillat gegen Steinbeschwerden; Umschläge bei Schlangenbissen; zu Salbe gegen Knieschmerzen).
In Ap. Lüneburg 1475 waren vorrätig: Cortex g e n e s t e (1 lb. 2 oz.), Flores genst. (keine Mengenangabe), Semen genest. (2 lb.). Die T. Worms 1582 verzeich-

net: Flores G e n i s t a e (Genestae, Genestrae, Spartii, S c o p a r t i i, Genistae scopariae, G i n s t e r n b l ü h e, Pfrimmenblühe), Semen Genistae. Die T. Frankfurt/M. 1687 hat außerdem Sal und Sal essentiale Genistae; die Blüten werden auch als Teutsche C a p p e r n bezeichnet. In Ap. Braunschweig gab es: Flores genistae (¹/₄ K.), Semen g. (¹/₂ lb.), Aqua (dest.) g. (2 St.), Aqua e succo g. (¹/₂ St.), Conserva g. (1¹/₂ lb.), Essentia g. (15 Lot), Sal g. (5 Lot).

Die Ph. Württemberg 1741 führt: Flores Genistae (Genistae scopariae angulosae, Ginster-, Pfriemen-, Krautblumen, K ü n s c h r o t e n ; Spleneticum, Nephriticum, Antiscorbuticum, Diureticum, Vomitativum, Laxans), Semen Genistae angulosae (Scopariae, Künschroten-Samen; treibt Stuhl und Harn, gegen Wassersucht, erregt in großen Dosen Erbrechen). Nach Hagen, um 1780, gibt die ganze Pflanze ( G e n s t , P f r i e m e n k r a u t ; Spartium scoparium) nach dem Verbrennen mehr feuerfestes Laugensalz als die meisten übrigen Gewächse.

Nach Geiger, um 1830, liefert Genista scoparia Lam. (= Spartium scoparium L.) die ehedem offizinellen Herba, Flores et Semen Genistae s. Spartii scoparii. Anwendung wie Färbeginster [→ Genista], mit dem die Pflanze oft verwechselt wird. Man hatte als Präparate Sal, Aqua, Syrupus; Conserva Genistae aus den Blumen. Die Blumenknospen werden an einigen Orten wie Kapern eingemacht (Brohm-Kapern). Die Zweige hatte man anstatt Hopfen an Bier getan. Die Blumen dienen zum Gelbfärben.

Nach Hager, um 1930, wirken Flores Genistae von S a r o t h a m n u s scoparius (L.) Wim. (= Cytisus scoparius Link, Genista scoparia Lam.) als Diureticum, Purgans; bei Gicht, Rheuma, Leberleiden; Blutreinigungsmittel. Außerdem wird als Droge genannt: Herba Spartii scoparii (Summitates Scoparii s. Genistae). Aufgenommen in Erg.-B. 6, 1941: Herba Sarothamni scoparii. Verwendet werden - nach Hoppe-Drogenkunde, 1958 - von C. scoparius 1. die Blüte („Diureticum. - In der Homöopathie [dort ist „Spartium scoparium" (Essenz aus frischen Blüten) ein weniger wichtiges Mittel] bei Hypotonie und Myocarditis. Herzmittel. Zur Unterstützung der Diphteriebehandlung"); 2. das Kraut („Kreislaufmittel … bei Reizleitungsstörungen des Herzens und postinfektiösen Myocardschäden angewandt. Diureticum"); 3. die Wurzel und der Same (Verwendung wie das Kraut).